U0162175

国家出版基金项目
NATIONAL PUBLICATION FOUNDATION

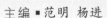

西安城墙遗产保护与研究丛书

主编▪范明 杨进

明清民国西安城墙维修保护史研究

史红帅 ————▪著

西安出版社

图书在版编目（CIP）数据

明清民国西安城墙维修保护史研究 / 史红帅著 .— 西安：西安出版社，2022.9

（西安城墙遗产保护与研究丛书 / 范明，杨进主编）

ISBN 978-7-5541-5794-7

Ⅰ . ①明… Ⅱ . ①史… Ⅲ . ①城墙—建筑史—研究—西安—明清时代—民国 Ⅳ . ① TU-098.12

中国版本图书馆 CIP 数据核字（2022）第 253886 号

明清民国西安城墙维修保护史研究

MINGQING MINGUO XI'AN CHENGQIANG WEIXIU BAOHUSHI YANJIU

史红帅　著

出 版 人：屈炳耀
出版统筹：李宗保　贺勇华
项目策划：张正原
审　　稿：卜风贤
责任编辑：陈梅宝　张正原
责任校对：王　瑜　李亚利　韩一婷
责任印制：尹　苗
装帧设计：西安飞铁广告文化传播有限公司

出版发行：西安出版社
社　　址：西安市曲江新区
　　　　　雁南五路 1868 号影视演艺大厦 11 层
电　　话：（029）85253740
邮政编码：710061

印　　刷：中煤地西安地图制印有限公司
开　　本：787mm×1092mm 1/16
印　　张：39.75
字　　数：521 千
版　　次：2022 年 9 月第 1 版
印　　次：2022 年 10 月第 1 次印刷
书　　号：ISBN 978-7-5541-5794-7
定　　价：188.00 元

△本书如有缺页、误装，请寄回另换

《西安城墙遗产保护与研究丛书》编委会

学术顾问

安家瑶　郑建国　铁付德

主　任

周德嘉　杨　进

副主任

郑　毅　吴　春　刘创鸿

何建斌　张世联　魏海娜

主　编

范　明　杨　进

执行主编

吴　春　王　肃

编　委

史红帅　吴　春　王　肃　李俊连　庞　磊

刘　海　郭柱社　高　衡　杜德新　钱春宇

李　欢　张　凯　王　伟　王　龙　赵　丹

王　辛　朱　媛　陈　琛　郑晓轩　白　延

郭利锋　钱文辉　唐　恺

作者简介

史红帅

陕西咸阳人，分别于1997年、2000年、2003年在西北大学历史系、陕西师范大学历史地理研究所、北京大学历史地理研究中心获得史学学士、硕士、博士学位。2006—2007年为美国中央华盛顿大学历史系访问学者，2011—2012年为日本学术振兴会外籍研究员、学习院大学东洋文化研究所客员研究员，2016—2017年为英国剑桥大学、李约瑟研究所访问学者。现为陕西师范大学西北历史环境与经济社会发展研究院教授、博士生导师。研究方向为历史城市地理、中西交流史。

出版有《明清时期西安城市地理研究》（中国社会科学出版社，2008年）等专著和译著13部，发表学术论文30余篇，主持完成国家社科基金项目、国家清史纂修项目、教育部人文社科项目等10余项课题，成果先后9次获得陕西省哲学社会科学优秀成果二等奖、陕西高等学校人文社会科学研究优秀成果一等奖、西安市哲学社会科学优秀成果一等奖等奖项。

总序

　　城墙，是远古先民告别蒙昧、进入文明时代的要素之一。它是古代城市的重要构成要素，不仅具有防御性功能，更是社会经济文化发展的重要载体和政治统治的象征。中国幅员辽阔，历史绵长，疆域的相对稳定和文化发展的延续性成就了一脉相承的东方文明，筑造了数目众多的城垣建筑。然而，由于战火和岁月的侵蚀，宋元及更早时期的古代城市城墙大多湮没于地下或仅保留基址和残段。能够基本完整保留至今的西安城墙，成为体现我国古代城垣建筑的重要代表。

　　西安城墙是明洪武三年至十一年（1370—1378）在唐长安皇城的基础上扩建而成，轮廓呈封闭的长方形，周长13.74千米，是现存规模最大、保存最完整的古代城垣建筑，更是千年古都西安最重要的标志性古建筑，展现了中华民族在政治、军事、建筑、科技、文化等领域的杰出成就，见证了西安城市发展过程中具有转折意义的重要事件，成为第一批全国重点文物保护单位。经过整体保护和环境整治后的遗产景区——西安城墙，形成了与现代都市环境和谐共存的独特历史文化景观，体现出东方文明持久的生命力，是中华民族当之无愧的文明瑰宝。

西安城墙环绕围护着古都西安，似阅尽沧桑的老人沉稳淡定、默默无言，把无数历史秘密深藏在厚重斑驳的青砖之间。2015年2月，中共中央总书记、国家主席、中央军委主席习近平在西安城墙考察调研时指出："这是世界级的宝贝，要保护传承好。"古老的西安城墙如何在新时代承担起展示历史遗存及古代文明，弘扬中华文化、古城文化及构建西安当代文明的光荣使命，是新一代城墙工作者的历史责任。因此，加强对西安城墙的研究和保护，就成为一项重要而又迫切的任务。

为了更好地保护和传承西安城墙的历史文化，实现遗产的保护、利用和可持续发展，西安城墙的遗产保护团队总结多年来的研究和工作实践，组织编写了《西安城墙遗产保护与研究丛书》，全面揭示城墙遗产的历史、价值以及保护与管理的状况，不仅弥补了明清民国时期西安城墙历史研究的短板，而且系统性地对唐长安城含光门遗址防渗工程等近年来西安城墙文化遗产的保护实践工作进行了梳理，提炼出可供全国众多城墙遗址保护参照借鉴的经验、办法和实用（关键）技术。同时，总结阐释了西安城墙保护概论，整理了微地质环境等基础资料，特别是对文保工作新理念在实际工作中的应用进行了提炼升华，率先创造性地提出了文物本体安全四色分级预警体系，迈出了西安城墙践行预防性保护理念的关键一步。

本套丛书以翔实、可靠、丰富的内容反映遗产的构成、价值、特点和保护实践，坚持科学、系统地描述遗产，以充分的资料展示良好的保护和管理现状，力求诠释西安城墙的历史文化价值及独有的文化魅力。同时，以专业的视角、通俗的语言，深入浅出地从城墙建设保护史、遗产监测、地质条件、文保工程技术、预防性保护等多维度、深层次、系统性地展开探讨研究，既有理论深度，又与遗产保护实际工作紧密联系，展现了当代西安城墙文化遗产保护传承工作的业绩和水平。

如今，文化遗产保护传承的国际关注度日益提升，已成为全人类共同关注的话题和刻不容缓的任务。出版《西安城墙遗产保护与研究丛书》就是用行动落实好习总书记殷殷嘱托的重要举措，也是我国明清城墙联合申报世界文化遗产的题中之义，希望本套丛书也能为我国文化遗产的保护传承事业作出实质性的贡献。

安家瑶

2022 年 6 月

目录

绪　论

一、研究意义与现状

（一）研究意义

在充分利用多元史料的基础上，对明清民国时期西安城墙维修保护的历程及影响进行深入研究，兼具学术意义和现实价值。

就学术意义而言，首先，本研究有助于推动学界对封建时代后期至近代西安城墙维修保护史实及景观变迁历程的深入认识，可为中国城墙史研究提供实证性案例，促进城墙史研究理论的总结；其次，本研究以西安城墙维修保护活动、工程、事件为研究重点，探讨"城工"（即城垣维修工程）与明清民国时期区域社会、城市景观、工程技术、生态环境等多要素之间的相互影响，可进一步深化西安城市史、历史地理、社会史、环境史等相关学科的研究内容；最后，本研究时段集中在"后都城时代"的明清民国时期，即长期以来学界研究相对薄弱的阶段，而历次西安城墙维修工程作为相应时期城乡地区引人瞩目的建设活动，与区域发展、城市变迁具有千丝万缕的联系，以之为核心的跨学科、跨领域研究能够拓展古都学的研究范畴，也有益于推动当今长安学研究的深度与广度。

就现实价值而言，一方面，本研究考订和论述西安城墙维修工程与保护举措的诸多细节（包括工料、工艺、技术），有益于深入探查封建时代及至近代城墙修筑所使用的传统材料、工艺、工程做法与流程等，可为今后保护城墙建筑风貌，修复城墙墙体、城楼、城门、海墁等提供技术与工程方面的参考和借鉴；另一方面，对明清民国时期西安城墙维修、保护史实，以及与区域、城乡社会之间的相互影响和关系进行探究，对与之相关的人物与事件进行考订、复原，能够极大丰富西安城墙的文化内涵，并可为今后西安城墙大遗址保护与利用、申报世界文化遗产提供史料依据和智识支撑。

（二）研究现状

长期以来，西安城墙作为城市史、建筑史、历史城市地理、大遗址保护与利用等领域的研究对象之一，其沿革与传承、形态与规模、城墙本体保护技术与方法、景观规划与设计、旅游开发与利用等均属研究热点，学界业已取得丰硕成果。

基于当前各领域代表性论著分析，西安城墙的研究概况具有如下基本特征：

第一，在城市史、历史城市地理研究领域，有关西安城墙的探讨集中在兴建时间、城周规模、特殊形态等方面，如吴永江《关于西安城墙某些数据的考释》（《文博》1986年第6期）、辛德勇《有关唐末至明初西安城的几个基本问题》（《陕西师大学报》1990年第1期）、刘瑞《西安城墙"团楼"考》（《文博》2000年第5期）、尚民杰《明西安府城增筑年代考》（《文博》2001年第1期）、辛玉璞《试解西安半圆城角谜》（《华夏文化》2003年第1期）等。学者们依据考古和文献资料，对城墙建设、维修与保护的某些细节问题进行了深入考证，对长期以来的某些错谬看法进行了辩驳。同时，从事历史城市地理研究的学者在论述明清民国西安城市格局变迁时也对城墙演变进行了探讨，如吴宏岐、党安荣《关于明代西安秦王府城的若干问题》（《中国历史地理论丛》1999年第3辑），吴宏岐、史红帅《关于清代西安城内满城和南城的若干问题》（《中国历史地理论丛》2000年第3辑），阎希娟、吴宏岐《民国时期西安新市区的发展》（《陕西师范大学学报》2002年第5期），等等，多从较为宏观的角度论述城墙变迁与城市格局之间的相互关系。

相较而言，在涉及城墙的论述中，城市史专题论文的内容因题目所限，略显破碎化，而历史城市地理的研究则缺乏城墙研究的针对性，且两者均未能从"中观"角度对城墙维修工程、保护史实进行探讨。基于这一认识，笔者在搜集大量清代奏折档案的基础上，撰有《清乾隆四十六年至五十一年西安城墙维修工程考——基于奏折档案的探讨》（《中国历史地理论丛》2011年第1辑）一文，对清代西安城墙最大的一次维修工程进行了综合考证、分析，是从工程史角度出发对西安城工进行综合研究的一次有益尝试，并获得了若干崭新认识，为本专题研究的开展形成了良好开端。

第二，在规划史、建筑史、考古学与古建修缮等领域，学者们对西安城墙的规划思想与理念、城墙局部建筑形态、城楼内部遗迹、箭楼复原等进行了不同层面的探讨，如俞茂宏、张学彬、方东平《西安古城墙研究：建筑结构和抗震》（西安交通大学出版社，1994），王树声《明初西安城市格局的演进及其规划手法探析》（《城市规划汇刊》2004年第5期），贺林《西安城墙长乐门城楼维修工程》（《文博》2005年第4期），西安西门城楼考古调查组《西安城墙西门城楼内部隔断遗迹考古调查报告》（《文博》2005年第5期），苏芳《西安明代城墙与城门（城门洞）的形态及其演变》（西安建筑科技大学2006年硕士学位论文）及张基伟、贺林《西安城墙永宁门（南门）箭楼复建研究》（《文博》2012年第2期），等等。这些研究成果对于当今城墙、城楼等修缮工程具有重要参考价值，但不足之处在于缺少纵向、横向的比较研究，资料来源较为单一，对传统工料、工匠、技术的认识尚待深化，且单就城墙而论城墙，较少涉及与城墙相关区域的社会、经济、文化、生态环境等方面的影响与作用。

第三，在城墙遗址保护与利用领域，随着近年来西安大遗址保护、开发的不断深入，与城墙相关的实用性研究方兴未艾，来自建筑设计、城市规划、景观生态等领域的学者集中探讨了城墙保护历程、历史风貌保护、城墙遗址病害及其防护等众多理论与实证问题，研究成果迭出，如于平陵、张晓梅《西安城墙东门箭楼砖坯墙体风化因素研究报告》（《文物保护与考古科学》1994年第2期），李兵《建国后西安明城墙的保护历程及其启示》（《四川建筑》2009年第1期），黄四平、王肃《西安明城墙遗址主要病害勘察及成因分析》（《咸阳师范学院学报》2011年第6期），董芦笛、钟晓莉、赵海燕《西安城墙历史风貌保护与环城公园建设历程评介》（《风景园林》2012年第2期），冯楠、王蕙贞、王肃等《西安城墙"泛碱"病害分析及保护研究》（《文物保护与考古科学》2012年第2期），等等。这类研究现实应用性很强，均着眼于当前城墙的保护与开发，就城墙遗址所出现的具体问题提出针对性的规划与解决方案，但有待拓展之处表现在其研究时段都集中在当代，对历史时期，尤其是与当今关联最为紧密的明清民国西安城墙维修工程与保护活动并未追根溯源，鲜有深入探究，因而在借鉴西安传统城工经验方面尚有深化的空间。

第四，近年来，从工程史角度对城墙修筑事件、活动及保护举措进行研究已日益引起学界关注，但探讨的多是南方地区的城工，如徐斌《略论明清时期的修城经费——以湖北为中心》（《中南民族大学学报》2003年第1期）、黄敬斌《利益与安全——明代江南的筑城与修城活动》（《史林》2011年第3期）、马亚辉《乾隆时期云南之城垣修筑》（《中国边疆史地研究》2012年第2期）等，涉及区域中心城市或者某一区域城市体系城墙修筑工程的经费来源、匠夫群体、修城频次等。相较之下，有关明清民国西安城墙工程的研究颇显不足，其薄弱状况与古都西安的重要地位不相适应。近年来，笔者所撰《清乾隆四十六年至五十一年西安城墙维修工程考——基于奏折档案的探讨》（《中国历史地理论丛》2011年第1辑）、《清代灞桥建修工程考论》（《中国历史地理论丛》2012年第2辑）等论文，均从工程史角度出发，对西安城乡建设工程进行探究，业已引起学界关注。

第五，在以上西安城墙的专题性研究之外，从20世纪80年代起，陆续出版了多部有影响的通论性、综合性著作，如张景沸、景慧川《西安城墙史话》（陕西旅游出版社，1987），西安市文物管理局《西安城墙》（陕西人民出版社，2002），张永禄《西安古城墙》（西安出版社，2007），俞茂宏、王源、俞涛等《西安古城墙和钟鼓楼：历史、艺术和科学》（西安交通大学出版社，2009），秦建明《西安城墙·历史卷》（陕西科学技术出版社，2012），以及李昊、叶静婕、沈葆菊《墙志：历史进程中的西安明城城墙》（中国城市出版社、中国建筑工业出版社，2020年），等等。这类成果往往图文并茂，对于了解城墙的变迁沿革、基本形态、防御特征和与之相关的传说、逸事等具有重要价值，大大加强了对西安城墙认知、阐释的系统性，但也存在一些明显的问题。

由于相关成果未能致力于系统挖掘第一手文献，采用史料基本上以地方志等传统单一类型文献为主，致使若干说法陈陈相因，在综合利用多元化史料考订工程细节方面较为欠缺，难以一窥西安城墙维修工程与保护史实的原貌；加之撰著者在引用文献时，除来源于地方志等传统文献外，也吸纳了部分无法证实的传说、轶事，或者转引大量第二手乃至于第三手资料，使得论述的力度、可信度有所削弱；部分成果往往以词条形式呈现，在论述时大多采用兵书或断代建筑类官书中的记载，缺乏从整体角度对西安城墙单一或历次维修工程、保护措施、保护理念等多种要素及其之间的联系进行针对性探讨，也甚少涉及西安城墙维修与保护个案的来龙去脉，且撰述内容多属于对城墙防御体系的静态描述，即重点在于分析已经形成的城池建筑景观，而忽略了城池景观的塑造过程、参与维修与保护的社会群体。

值得一提的是，西安市档案馆编《民国西安城墙档案史料选辑》（内部资料，2008）是研究西安城墙史的学者必备的重要资料。作为一项基础性的档案文献整理工作，该书的编印属于嘉惠学林之举，功莫大焉。笔者借鉴了这一档案文献整理工作，在本书附录中专门精选出了30余则中国第一历史档案馆保存的清代西安城墙维修工程档案，以便于研究者和读者参考阅读、利用。

相较于国内的多角度研究和众多成果，国外学界对西安城墙的研究主要是将城墙与西安城市整体发展变迁的探讨结合在一起，或将西安城墙作为世界城墙发展史中的典型案例进行分析，尚未形成对城墙的系统性研究，更缺少从工程史角度对城墙维修、保护史实进行探讨，但其研究成果在西方学界已有较大影响。美国明尼苏达大学教授詹姆士·特雷西（James D. Tracy）编著《城墙：全球视野中的城市轮廓》（*City Walls: The Urban Enceinte in Global Perspective*，Cambridge University Press，2000），即将西安城墙置于世界视野下进行论述；法国建筑历史学家法约勒·吕萨克·布鲁诺（Fayolle Lussac Bruno）作为现任联合国教科文组织科学委员会和波尔多历史遗产保护区地方委员会委员，1990年以来，主要与西安建筑科技大学合作进行了西安城市史项目的研究，编著有《西安，现代世界的古老城市：1949—2000年城市形态的演进》（*Xi'an, an Ancient City in a Modern World, Evolution of the Urban Form 1949—2000*, Cahiers De L'Ipraus, 2007），该书的多篇论文在探讨"都城时代"与"重镇时代"西安城市形态、格局演变时，均重视城墙维修与保护的重要作用；法国著名汉学家魏丕信（Pierre-Etienne Will）所撰《西安1900—1940：从一潭死水到抗战中心》（*Xi'an 1900—1940: From Isolated Backwater to Resistance Center*）则对清末民国西安城市格局、形态与城墙关系进行了分析，该文被收入香港科技大学教授苏基朗（Billy K.L.So）与哥伦比亚大学教授曾小平（Madeleine Zelin）合编的《共和时期中国城市空间的新面貌：隐现的社会、法律与政府律令》（*New Narratives of Urban Space in Republican Chinese Cities: Emerging Social, Legal and Governance Orders*,BRILL,2013）一书。前述魏丕信先生的文章是迄今所见欧美学者对近代西安城市发展最为经典的论述，其中有关西安城墙地位与作用的认识清晰而独到。

　　基于对以上研究现状的认识，本研究将在充分挖掘、整理、分析中西文史料的基础上，对明清民国西安城墙维修工程、保护史实及其影响进行个案与综合研究。

二、研究目标、内容与前期基础

（一）研究目标

　　本书以明清民国时期（1368—1949）为主要研究时段，以西安城墙为研究对象，以历次建设维修工程、活动、事件等为研究重点，基于工程史的研究视角，融合城市史、社会史、环境史等学科理论与方法，对明代以迄民国

581年间西安城墙建设与维修的历史进行个案与综合研究，全面梳理城墙维修、保护的诸多细节，系统阐明城墙兴废的历史过程，客观总结、评价城墙修筑与保护的经验教训，深入探查封建时代后期至近代转型期西安城墙景观面貌的发展变迁，以及西安城工与区域城乡社会之间的相互影响与关系，以期推进西安城市史、历史城市地理、古都学、长安学等领域的研究，并为当今西安城墙保护与利用提供参考和借鉴。

（二）研究内容

本书从工程史的"中观"角度出发，结合城市史、规划史的"宏观"角度和建筑史、技术史的"微观"角度，对明清民国时期西安城墙维修工程与保护举措的主要内容，包括维修背景、前期规划、工程规模、工程管理、资金来源、主修人员、工匠民夫、工程做法、技术特点、工料来源与运输、工程期限、竣工验收、质量保证等进行综合研究，并进一步揭示城墙维修工程与区域、城市、社会、景观、环境、文化之间的相互关系与影响。

笔者认为，明清民国时期西安城墙的历次维修及日常保护，与区域、城市的政治、经济、军事、文化等多方面状况及其变迁紧密相关，城墙维修与保护不应仅被认为属于单纯的军事防御措施，而应将之视为封建时代晚期至近代西安城乡地区的重大建设工程之一，其与建盖庙宇、兴建学校、修桥铺路、筑造堤坝、开渠凿井等区域性大中型工程均属具有复杂性、系统性的建设活动，对于城市各项功能的正常运转和维系发挥了重要作用。从这一角度而言，明清民国西安城墙的历次维修工程及日常保护举措自然不会像地方志中只言片语所载的那样简单，而是有着丰富的内容值得深入研究。

明清民国时期，西安作为西北重镇、陕西省会，甚至一度成为陪都西京所在，城市的军事、政治、经济和文化地位极其重要，城墙建设和维修堪称城乡地区的重大工程，受到中央和地方政府、民间社会的高度重视和关注，得到官绅士民等各阶层、群体的支持，成为封建时代及至近代"自卫闾阎"

工程的典范，与中央和地方政府、城乡社会、区域环境与城乡景观、城市格局、军事防御、经济、文化、交通等诸多方面发生了紧密联系。

基于这一理解，本研究以城墙维修与保护的活动、工程与举措为主线，结合中外传统史料与档案文献，不仅致力于复原、考订明清民国西安重大城工的面貌、过程与细节，而且将结合历史地理、城市史、社会史、环境史的研究方法与理论，对封建时代后期至近代西安城墙维修、保护与区域城乡社会之间的关系、维修工程对城乡社会、区域环境、城市景观的影响，以及与经济、文化、交通等之间的相互作用进行深入研究。

除绪论、结论之外，各章框架如下：

第一章　重镇雄城：明代前中期西安城墙的拓展与维修

第二章　城中之城：明代秦王府城墙的修筑与景观

第三章　众志成城：清代前中期西安城墙维修工程

第四章　旗民之界：清代西安满城与南城城墙的兴废

第五章　捍患御侮：清代后期西安城墙大修工程

第六章　金城汤池：明清西安护城河的开浚与利用

第七章　岿然屹立：民国西安城墙维修的背景

第八章　固圉之道：民国西安城墙的维修与利用

第九章　培植风景：民国西安护城河的疏浚与利用

上述各章编排以及章节内容撰述的逻辑关系是：第一，依照时代顺序分为明代、清代、民国三大阶段，以展现不同阶段城墙维修与保护的时代特征与差异；第二，在特定时期内的城墙维修史实，论述时按照先大城、次关城、后内城的顺序，主要是基于维修工程的规模差异；第三，在具体章节中分析城墙维修工程个案时，着重讨论历次维修工程的缘起、背景、督工官员、施工群体、施工过程、资金筹募、建材采买、工程管理、竣工验收、工程影响等；第四，有鉴于护城河在形态、功能、景观、维护等方面与城墙具有显著区别，因此专列第六章、第九章，分别论述明清西安护城河、民国西安护城河的修浚与利用情况。

为便于读者更为直观地了解、认识西安城墙维修保护、景观变迁的历史，笔者在绘制多幅地图的基础上，收入了若干老照片和现状照片，图文并茂有益于古今对照。同时，为了突出各个阶段城墙维修工程、保护利用的主要特点和鲜明特色，笔者依据每一章的重点内容，在章名上采取了主副标题的形式。另外，为助益学术讨论和研究，本书精选了一批奏折档案等珍贵文献作为附录，以便研究者进一步开展深入探讨。

需要说明的是，明、清、民国时期各类史料在记述西安城墙、护城河相关修筑工程、建设事件时，涉及的地名及度量衡、货币、建筑材料等单位、规格信息复杂多样，且同一时期的文献中往往有记述不尽一致之处，为保持史料信息的准确性，正文中除少量相关表述依照当今习惯改动外，其余信息均依据原始计量单位描述，不再特别换算和备注。

（三）前期基础

笔者在已完成的《明清时期西安城市地理研究》（中国社会科学出版社，2008）、《西北重镇西安》（西安出版社，2007）、《清乾隆四十六年至五十一年西安城墙维修工程考——基于奏折档案的探讨》（《中国历史地理论丛》2011年第1辑）等论著基础上，在搜集明清民国西安城墙相关传统史志资料、中央与地方档案、老旧报刊资料、舆图与影像、外文史料的过程中，深刻认识到西安城墙建修工程不仅仅是军事防御措施，而且是具有复杂性、系统性的社会化建设活动，与区域和城乡社会、经济发展、文化习俗、生态环境、人文景观等之间的关系极其紧密。因此，本书将在缜密、审慎考订、探究明清民国西安历次城工细节、人物、事件的基础上，系统阐明城墙建修的历史过程，总结城墙建修的经验教训，揭示城墙建修工程与区域社会、军事、环境、经济、交通运输、产业发展、工程技术等之间的相互联系与互动作用。

笔者在过去的10余年间，对与明清民国西安相关的各类历史文献已经进行了较为系统的搜集、整理和分析，并撰写、刊行了有关西安城市史、历史城市地理的论著。近五六年来，笔者致力搜集与"重镇时代"西安城墙建设、维修紧密相关的明人文集、清代中央和地方档案、民国老旧报刊和档案资料，以及近代外国人往来、驻留西安留下的数量庞大的行纪、日记、调查报告、新闻报道、照片和地图资料等，多种类型、不同语种的文献对于本研究的创新与突破奠定了坚实基础。

以清代档案为例，笔者在中国第一历史档案馆、台湾"中央研究院"近代史研究所等机构搜集、整理了10余万字的朱批与录副奏折、户科题本等档案，编制完成《清代西安城墙修筑档案史料辑录》；同时，对以英文、日文为主的大量外文史料进行了整理，编制完成《近代域外人士视野中的西安城墙史料与影像辑录》等基础资料集，对基于中外文史料深入研究明清民国西安城墙建修工程及其影响大有裨益；此外，笔者还对陕西省图书馆、西安市档案馆、陕西师范大学图书馆等处所藏的清末民国报刊，包括《秦中官报》《丽泽随笔》《西安市工季刊》《西京日报》《西京民报》《公意日报》《长安日报》《长安晚报》《西安日报》《新秦日报》《青门日报》《雍报》《西北晨报》等进行了初步搜检，整理出了众多与清末民国西安城墙建修工程相关的新闻报道等，对于将工程史与城市史、社会史、环境史等结合起来进行研究提供了便利。

三、研究思路与方法

（一）研究思路

本书立足于多元史料，以明清民国时期西安城墙维修、保护的历程为研究主线，尝试开展跨学科交叉性研究。

首先，笔者在有关明清民国西安城市与城墙的较多实证研究基础上，完善了此前编制的《清代西安城墙修筑档案史料辑录》《近代域外人士视野中的西安城墙史料与影像辑录》等资料集，对封建时代后期至近代西安城墙维修、保护的史实形成了系统认识，为本研究奠定了坚实基础；其次，鉴于以往相关论著在研究深度、准确性等方面有待提高，因而本书从个案角度出发，对明清民国时期西安城墙历次修筑工程（尤其是大中型工程）和保护活动的具体细节进行考订、对勘和分析，以期厘清城建史实，复原城工面貌；最后，与个案研究相呼应，本书也从综合角度对明清民国西安城墙修筑工程、保护举措与区域社会、军事、经济、文化、生态等多重要素之间的相互影响和作用进行探究，以期获得具有规律性、普遍性的可靠结论，促进对封建时代后期至近代西安城市发展历程的深刻理解。

（二）研究方法

作为具有跨学科、交叉性的综合研究，本书综合利用历史地理学、城市史、社会史、古都学等学科领域的研究方法，论述了明清民国西安城墙维修工程与保护活动。具体包括：

第一，文献分析。本书通过深入解读长期搜集、整理的各类型、多语种历史文献，包括正史、杂史、实录、档案、地方志、文集、行纪、日记、谱牒、调查报告、历史报刊、考古资料、碑刻、地图、照片等，借以梳理明清民国西安城墙维修工程的蛛丝马迹，复原兼具复杂性和系统性的社会化城工面貌。

第二，数理统计。本书在研究明清民国西安城墙维修工程规模、资金额度、工料数量、工料价格、运输费用、匠夫酬劳等问题时，多角度统计、分析历史文献中的各类数据，以求结合定性与定量研究，得出客观、可靠的结论。

第三，实地考察。在研究及撰述过程中，笔者进行了有针对性的实地考察，不仅涉及城墙本体及其附属设施，而是深入城墙工程原料产地（如秦岭北麓和北山等地）、护城河水源地及龙首渠、通济渠沿线等处进行踏查，同时就民国年间西安城墙维修工程事件开展广泛的口述史调查，以印证、弥补历史文献之记载。

第一章

重镇雄城：明代前中期
西安城墙的拓展与维修

明清时期，西安城池防御体系是由西安大城、"城中之城"（即明代秦王府城和清代八旗满城）、关城、护城河四部分构建而成，协同发挥防御功能。其中西安大城城墙，即现今可见的"明城墙"是最重要的防御主体，也是明清近600年间朝廷和地方官府屡屡维修、保护的主要城市设施和景观。

在上述较大规模城工中，按照维修经费数额来源划分，可分为动用官府经费和官绅士民捐款修城两大类；按照参与城工劳动者的类别划分，可分为征募工匠修城、军民协同修城两大类；按照修城缘起划分，可分为由于自然原因（如风吹雨淋、鸟鼠侵凌、地震毁坏）和人为原因（如战争损毁、不慎失火）造成的城墙及其附属建筑毁坏；按照修缮内容划分，则可分为重点修缮墙身（即砖砌和夯土墙体）、楼座房屋（如城楼、卡房、角楼、官厅等附属建筑）两大类。另外，按照工期、工料来源等，也可对上述城工进行不同分类，进而加深我们对明清时期西安城墙维修、保护诸史实的了解和理解。

应当指出的是，以上的明清西安城工，是指规模相对较大的维修和保护工程，事实上，城墙的"岁修"，即平常的修缮和保护也是地方官府和驻军的日常事务之一。因此，概括而言，西安城墙的维修活动分为日常的添修维护与某些年份的较大规模整修，这两类活动相辅相成，推动了西安城墙面貌的保存和景观的一脉相承。以下将基于地方史志和奏折档案等文献，对明清西安城墙历次维修史事逐一进行考订，尤其是对不为前人所知的清代西安诸多城工细节进行揭示，以期推进西安城墙维修保护历史的研究。

第一节　周四十里：
明代初年西安大城墙的拓展

明初西安大城在宋京兆府城和元奉元路城的基础上加以扩筑拓展，与此同时，在城内兴建规模宏大、城高池深的秦王府城。王城与大城构成了内外双重城，这是明清西安城空间格局的第一次重大变化。

一、拓展缘起

明洪武二年（1369）三月，大将徐达攻占元奉元路，奉元城遂改称"西安城"。这一时期，元朝贵族虽被迫退出华北、中原，但从大都退至应昌（今内蒙古赤峰市克什克腾旗境内）的元顺帝作为统治集团的政治共主，仍有一定的军事实力。所谓"引弓之士，不下百万众也；归附之部落，不下数千里也；资装铠仗，尚赖而用也；驼马牛羊，尚全而有也"，"元亡而实未亡耳！"①屯兵甘肃、盘踞西北的扩廓帖木儿亦拥众数十万，曾反攻原州、泾州、兰州、凤翔等地；其他数支小股元军也不断骚扰西北各地。西安城作为西北最重要的区域中心城市和军事重镇，是明朝军队向西北出击、荡平元残余势力的后方基地。而宋元旧城城区狭小，难以容纳大量驻军和相应人口，城池扩展势在必行。

明初西安城重要的政治地位也在一定程度上促进了城区规模的扩大。洪武二年九月，朱元璋置临濠（今安徽凤阳）为中都时，曾以西安作为国都选址之一。②后虽因西安地处西北，漕运供给不便，未能成为大明首善之地，

---

① （清）谷应泰：《明史纪事本末》卷十，清文渊阁四库全书本。
② （清）托津等辑：《明鉴》，清嘉庆二十三年精刊本。

但却奠定了西安在当时政治格局中的重要地位。宋元旧城区的规模已然与西北乃至西部最重要城市的地位不相适应。

洪武年间，朱元璋为巩固全国统治并确保北部边防，"许修武事以备外侮"①，封诸子至各军政重镇为藩王。朱元璋封次子朱樉为秦王，驻守西安。作为藩王之首，秦王"富甲天下，拥赀千万"②，与北京的燕王、大同的代王等同为边境藩王而手握重兵，有"天下第一藩封"之称，因而府城规格高、规模大。但元奉元路城空间相对局促狭小，秦王府城的选址与兴建便对西安大城的拓展提出迫切要求。

二、拓展时间

明初在宋元旧城东北隅兴建秦王府城时，基于朱元璋"秦用陕西台治"③的营建要求，即依元奉元城东北隅陕西诸道行御史台署旧址兴建，以减少营作工程量。秦王府城的选址从根本上决定了西安城的拓展方向，即向东、北拓展大城以便将秦王府城环护其中。而如何将秦王府城置于城市近似中心的考虑则在一定程度上决定了大城向东、北拓展的具体规模。

《明太祖实录》洪武六年（1373）秋七月条内详记长兴侯耿炳文、陕西行省参政杨思义、都指挥使濮英等为修西安城一事呈递朱元璋的奏表，"陕西城池已没，军士开拓东大城五百三十二丈，南接旧城四百三十六丈。今又再拓北大城一千一百五十七丈七尺，而军力不足，西安之民耕获已毕，乞令助筑为便。中书省以闻。上命俟来年农隙兴筑，仍命中书省考形势，规划为图以示之，使按图增筑，无令过制，以劳人力"④。由此可知，至明洪武六

---

① 《明太祖实录》卷一百三，洪武九年正月甲子。

② （清）谷应泰：《明史纪事本末》卷七十八《李自成之乱》，清文渊阁四库全书本。

③ 《明太祖实录》卷五十四，洪武三年七月辛卯。

④ 同上书，卷八十三，洪武六年六月丙寅。

年（1373），西安东大城拓筑工程已经开始。从现有资料分析，拓展大城与修建秦王府城大致同时进行，即明洪武四年（1371）开始兴建秦王府城之际，也正是大城拓建之时，由此至洪武六年才会出现"军士开拓东大城五百三十二丈，南接旧城四百三十六丈"的情况。

　　由于从洪武四年起开始兴建秦王府城，城区同时向东拓展，必先拆除宋元旧城的东、北两面城墙，这些建筑材料极可能用于新城墙的建设，因而旧城墙的拆除已经是大城拓展工程的开始。至洪武十一年（1378），朱樉就藩西安，西安大城拓展完成。

　　从嘉靖《陕西通志》所附《陕西省城图》可以推测，东关城（即东郭新城）的兴建也当是明初西安城拓展工程的一部分。东关城的修筑就是为了

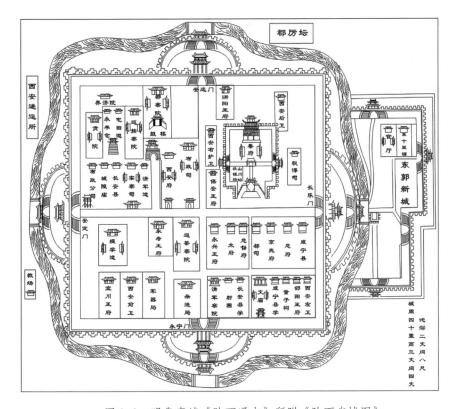

图 1-1　明代嘉靖《陕西通志》所附《陕西省城图》

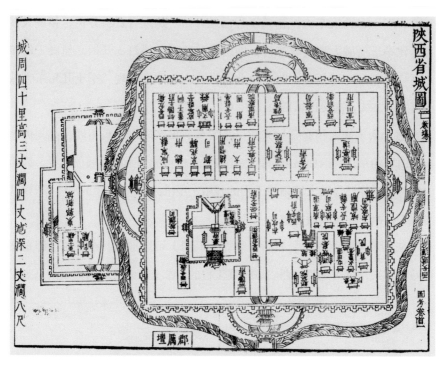

图 1-2　明代万历《陕西通志》所附《陕西省城图》

将城东的部分高地包括进来，其不规则形状实际也是按照地形的走向。从东关与其他三关城形制、规模的巨大差异也可推测其并非同一次工程的结果，其他三关城不仅规模远小于东关城，且形状均为近似矩形，而东关城城墙走向并不规则，呈弧状。

三、城墙规模及其景观

　　城墙是封建时期城市建设的重要内容之一，它已经不仅仅是一种以形态承载功能的城防设施，更成为统治力量的象征。明初城池扩展后，西安城墙长度成为反映城市规模的主要指征之一，城墙长度的盈缩也直接关系到城市形制和空间格局的变迁。西安城作为封建社会晚期中国较大的区域中心城市，其"城周"数据及其形成来源的考订对这一时期城市规模的研究具有重要意义。

（一）中西文献所载城墙规模

对于明初增筑后的西安城规模，明清史志与清末西方文献中有"周四十里"、"周二十五里"、"周二十里"或"十英里"等多种记述。这些记述之所以不尽一致，多是因对西安城形制的认识有较大差异。现存最早记述明西安城周数据的嘉靖《陕西通志》在《陕西省城图》中注"城周四十里"。陕西都御史项忠作于成化元年（1465）的《新开通济渠记》亦载："（西安府）即宋之永兴军，其城围阔殆四十里许，军民杂处，日饱菽粟者亡虑亿万计。"[①]雍正《陕西通志》载："洪武初，都督濮英增修，周四十里。"乾隆《西安府志》载："按西安省城，《通志》云'周四十里，高三丈'。以今尺度之，周遭计长四千三百二丈，实二十三里九分。"[②]顾炎武《肇域志》载，陕西西安府"城周四十里，府志。自黄巢寇长安，焚毁宫室，韩建仍弃旧城，筑京兆府城，是为今城。张祉记云：'周二十五里'"。嘉庆十五年（1810）陶澍《蜀辁日记》载，西安城"周围仅二十里"[③]。在清后期的官方档案中，亦载及基于实测的城周数据（不含四关城），即"西安省城周遭二十七里有零"[④]"西安城垣周围二十七里三分"[⑤]等。民国《陕西交通挈要》则云"西安城周围约四十里"[⑥]。应当指出，"四十里"之说系指西安大城与东关城墙长度之和，"二十三里"为西安大城周长的约数。

城墙规模包括城周长度、城墙高厚等，是近代西方人在观察西安城时最易留下深刻印象的方面。被欧美、日本等国人士誉为"中国最宏伟的城市之

---

① （明）项忠：《新开通济渠记》，碑存西安碑林。

② 乾隆《西安府志》卷九《建置志上·城池》，清乾隆刊本。

③ （清）王锡祺：《小方壶斋舆地丛钞》第七帙，清光绪十七年上海著易堂铅印本。

④ 库克吉泰：《奏为筹款兴修西安城墙卡房等工事》（同治六年九月初十日），录副奏折，中国第一历史档案馆，档案号：03-4988-038。

⑤ 穆隆阿：《奏为接署西安将军印务阅操点验军器马匹事》（同治五年九月十七日），朱批奏折，中国第一历史档案馆，档案号：04-01-18-0046-049。

⑥ 刘安国：《陕西交通挈要》第六章《重要都会》，中华书局，1928，第30页。

图 1-3　清末西方人拍摄的西安西南城角

一"[1]的西安城，"规模宏壮，街市填咽"[2]"城墙高大，鼓楼雄壮"[3]，其中最重要的表征就是宏伟高大的城墙。

清至民国，往来陕西的西方游历者、考察者在看到雄壮宏伟的西安城墙时，莫不为之震撼，多将之与都城北京乃至于西方大城市相比。1906年，日本教习足立喜六初抵西安时，"在东关门前，换乘绮丽的马车，振作威仪入城。城墙之伟大，城门之宏壮与门内之热闹，均可令人惊异"[4]。同时，欧美、日本等各国人士对西安城墙关注的重点不同，在描述城周等数据时多采用本国使用的长度单位，如英里、俄里、法里、町等。

清前期，罗马尼亚学者尼古拉·斯帕塔鲁·米列斯库载西安城周"15俄里"（约16公里），"十分壮观而坚固"[5]。法国传教士李明勘测了约

① Harold Frank Wallace, *The Big Game of Central and Western China, Being an Account of a Journey from Shanghai to London over land across the Gobi Desert*, New York:Duffield and Company, 1913, pp.31-33.

② ［日］竹添井井：《栈云峡雨稿》，冯岁平点校，三秦出版社，2006，第81页。

③ 東亜同文書院編：『虎穴竜頷·青海行』，東亜同文書院，大正十一年（1922），第95頁。

④ ［日］足立喜六：《长安史迹研究》，王双怀、淡懿诚、贾云译，三秦出版社，2003，第14页。

⑤ ［罗］尼古拉·斯帕塔鲁·米列斯库：《中国漫记》，蒋本良、柳凤运译，中国工人出版社，2000，第100页。

"3古法里"的西安城墙，称四个墙面"笔直"，"半干涸半盛水"的护城河景致美观，城墙宽且高，而城门与北京的相似，"非常宏伟"①。1901年10月前后，英国军人马尼福尔德考察时则称西安"环绕四周的城墙长达16英里"②。在英国浸礼会医务传教士姜感思大夫看来，西安堪与北京、曼彻斯特等相提并论，"在中国历史上，西安作为帝国的都城，要比北京长久得多。西安城规模巨大，城墙周长有15英里，比曼彻斯特大得多"③。1907年，丹麦探险家何乐模测量西安城墙"高约35英尺，而周长肯定至少长达12英里"④。同年，东亚同文书院豫秦鄂旅行班的学生在述及西安城周时载："城墙呈长方形，南北二十一町，东西三十一町。东西门以北七町，以南十四町，南北门以东十五町，以西十六町；宽五丈，高廿四丈余。"⑤1910年3月8日，《泰晤士报》援引1月31日记者从西安发出的报道载："西安城墙周长12英

图1-4　清末西安城西南角楼
（北美瑞挪会传教士白锦荣拍摄）

---

① ［法］李明：《中国近事报道》，郭强、龙云、李炜译，大象出版社，2004，第91页。

② C.C.Manifold, Recent Exploration and Economic Developmentin Centraland Western China, *The Geographical Journal*, Vol.23, No.3.（Mar., 1904），p.305.

③ Richard Glover, *Herbert Stanley Jenkins, M.D., F.R.C.S., medical missionary, Shensi, China:with some notices of the work of the Baptist Missionary Society in that country*, London:Carey Press, 1914, pp.32-33.

④ ［丹］何乐模：《我为景教碑在中国的历险》，史红帅译，上海科学技术文献出版社，2011，第59页。

⑤ 豫秦鄂旅行班：『豫秦鄂旅行班　第一卷　第一編　地理』，明治四十年（1907），日本外务省外交史料馆，保存书类番号：B-1-6-1-372，第42页。

里，高大的城楼与北京的城楼一样壮丽，令人难忘。"[1]1911年，英国博物学家华莱士到访西安，亦载西安城墙"约2.25英里长，1.25英里宽，箭楼保护良好，辉煌壮丽，北京之外没有其他城市堪与比肩"[2]。

民国前期，虽然西安城整体发展落后迟滞，但城墙基本上延续了原有的雄伟景象和阔大规模，这一时期抵达西安考察的西方人（尤其是日本人）也对城墙规模留下深刻印象，如称之为"关中伟观"[3]"算得堂堂的大城墙"[4]等。1914年4月4日，《泰晤士报》又载："西安的城墙比北京的更高大壮丽。周长15英里，没有一处的高度小于30英尺。在某些地方，高达70英尺，每隔一段距离就有巨大的带有射击孔的城楼，防御力量大为增强。城墙得到了很好维修"。[5]1915年，东亚同文书院第13期生在与其他古都和区域中心城市比较后得出结论，"当今的西安府城是仅次于北京、南京的'天下大城'之一，较四川省城成都更大"[6]。1922年，该书院第20期生在此结论上更进一步，指出西安城"较四川成都城周还要多六华里"[7]。

在多语种文献中，近代西方人对西安城墙规模的记述多不一致，其间出入甚大，反映出不同国家、不同职业、不同学科背景的西方人士在获取西安城墙规模相关信息时来源不一，而不尽一致的多种数据又通过著述、报道等种种渠道在西方世界流传，形成与实际状况之间的较大差异。以下列表反映

　　① Across China and Turkestan, *The Times*, Thursday, Mar.7, 1910.

　　② Harold Frank Wallace, *The Big Gameof Centraland Western China, Being an Account of a Journey from Shanghai to London overl and across the Gobi Desert*, New York: Duffield and Co., 1913, p.40.

　　③ 青島守備軍民政部鉄道部：『調査資料』第九輯，大正七年（1918），第148—150頁。

　　④ ［日］沪友会编：《上海东亚同文书院大旅行记录》，杨华等译，商务印书馆，2000，第305页。

　　⑤ Advance of White Wolf. Ancient Capital of China Threatened, *The Times*, Apr.4, 1914.

　　⑥ 東亜同文会：『支那省別全誌』第七巻『陝西省』，東亜同文会，大正六年（1917）—九年（1920），第26頁。

　　⑦ 東亜同文書院編：『金声玉振·長安の月を戀ひて』，東亜同文書院，第237頁。

近代西方人对西安城墙周长数据的不同记述：

表1-1　近代西方人所记西安城周数据一览表

序号	记载者	国别	时间	所记周长
1	韦廉臣（Alexander Williamson）	英国	1867	30里[①]
2	贝尔（Mark S.Bell）	英国	1887	8—10英里（约25—32里）[②]
3	佛尔克（Alfred Forke）	德国	1892	40里[③]
4	基尼（A. H. Keane）	英国	1896	24英里（约77里）[④]
5	何乐模（Frits Holm）	丹麦	1907	12英里（约39里）[⑤]
6	华莱士（Harold Frank Wallace）	英国	1911	约9.5英里（长2.25英里、宽1.25英里，约30里）[⑥]
7	汤姆森（John Stuart Thomson）	美国	1913	24英里（约77里）[⑦]
8	东亚同文书院第13期生	日本	1915	40里[⑧]
9	高野龟之助	日本	1916	25里[⑨]

[①] Alexander Williamson, *Journeys in North China, Manchuria, and Eastern Mongolia; with Some Account of Corea*, London:Smith, Elder&Co., 1870, p.379.

[②] Mark S. Bell, From Peking to Kashgar, *Journal of the American Geographical Societyof New York*, Vol.22.（1890）, pp.95-99.

[③] Alfred Forke, *Von Pekingnach Ch'ang-an und Lo-yang, eine Reise in den Provinzen Chihli, Shansi, Shensi und Honan*, Mittbeilungen des Seminars fur Orientaliscbe Spracben zu BerlinI（Ⅰ）:1-126, 1898, p.68.

[④] A. H. Keane, *Asia*, Vol.1, *Northern and Eastern Asia*, London: Edward Stanford, 1896, p.406 .

[⑤] ［丹］何乐模：《我为景教碑在中国的历险》，史红帅译，上海科学技术文献出版社，2011，第59页。

[⑥] Harold Frank Wallace, *The Big Game of Central and Western China, Being an Account of a Journey from Shanghai to London overland across the Gobi Desert*, New York: Duffield and Co., 1913, p.40.

[⑦] John Stuart Thomson, *China Revolutionized*, Indianapolis: Bobbs-Merrill Company, 1913, p.433.

[⑧] 東亜同文会：『支那省別全誌』第七卷『陝西省』，東亜同文会，大正六年（1917）一九年（1920），第27頁。

[⑨] 大道寺徹：『陝西省、甘肅省地方旅行報告書』，『支那鉄道関係雑件調查書ノ部』第一卷，外務省外交史料館，保存書類番号：1-7-3-025，第652頁。

（续表）

序号	记载者	国别	时间	所记周长
10	松本文三郎	日本	1918	24里[1]
11	东亚同文书院第20期生	日本	1922	40里[2]
12	《昭和十年度北支旅行报告》	日本	1935	24—25里[3]
13	《支那事変戦跡の栞》	日本	1938	30里[4]
14	《新修支那省别全志》第6卷《陕西省》	日本	1941	40里[5]

　　西方人所记清末民国西安城周数据主要来源于地方文献、对时人的访谈以及个人的踏勘估测，相互并不一致。应当指出，上表中的城周数据仅指西安大城周长，而未包括四关城。数据大致可分两类：一是25至39里；一是77里。前者多为作者亲历西安城的考察数据，后者则由于文献作者误以西安城为正方形，遂有西安城"方形城区每边长达6英里"[6]的记述，由此得到的城周规模就远大于实际长度。

　　民国前期，部分西方学者参考地方志数据，对西安城周规模有了更为准确的认识。1918年9月14日，日本佛教学者松本文三郎抵达西安考察，记

① 松本文三郎：『支那仏教遺物·西安懐古』，大鐙閣，大正八年（1919），第67頁。
② 東亜同文書院編：『金声玉振·長安の月を戀ひて』，東亜同文書院，大正十二年（1923），第237頁。
③ 結城令聞：『昭和十年度北支旅行報告』，『東方学報』昭和十一年（1936）第六冊，第45頁。
④ 陸軍画報社編：『支那事変戦跡の栞』下卷，陸軍恤兵部，昭和十三年（1938）。
⑤ 支那省別全誌刊行会編：『新修支那省別全誌』第六卷『陝西省』，東亜同文会，昭和十六年（1941）—二十一年（1946），第303頁。
⑥ A. H. Keane, *Asia*, Vol.1, *Northern and Eastern Asia*, London: Edward Stanford, 1896, p.406;John Stuart Thomson, *China Revolutionized*, Indianapolis: Bobbs-Merrill Company, 1913, p.433.

载西安城"号称周回二十四里"①。大致同一时期的日文文献亦称西安"周围环绕城墙二十余里，外侧包砖，内侧夯土"②。1935年9月23日，日本佛教学者结城令闻等人在西安拜访了陕西省通志局的陈子怡先生，请教了有关古长安与民国西安城之间的关系等问题，便明确了"现在的长安与古代长安相比，规模显著缩小"，"其城墙东西7里，南北5里，周长约24里"③。显然这一认识已经接近于西安大城墙（不含四关城墙）的实测数据。

除了西安城周数据之外，近代西方人尤其是日本学者对城墙的高厚多有关注，松本文三郎记载"（西安）城墙环绕，高三丈四尺，底部厚六丈，顶部厚三丈八尺"④。其他相关记述如"高三丈余，厚四丈"⑤"高三丈四尺，厚三丈八尺乃至六丈"⑥"城高三丈四尺，底厚六丈，顶厚三丈"⑦等似乎均参考了西安传统方志的说法，大体一致。

据考古实测数据，西安城垣周长13912米，平面呈东西向长方形。⑧可见，有些西方游历者所记数字与实测数据相当接近。笔者依据1936年陕西省

---

① 松本文三郎：『支那仏教遺物·西安懐古』，大鐙閣，大正八年（1919），第67頁。

② 日本青年教育会編：『世界一周·洛陽長安の旅』，『青年文庫』大正七年（1918）第一編。

③ 結城令聞：『昭和十年度北支旅行報告』，『東方学報』昭和十一年（1936）第六冊，第132頁。

④ 松本文三郎：『支那仏教遺物·西安懐古』，大鐙閣，大正八年（1919），第67頁。

⑤ 日本青年教育会編：『世界一周·洛陽長安の旅』，『青年文庫』大正七年（1918）第一編，第256頁。

⑥ 川田鉄弥：『支那風韻記·長安の感慨』，大倉書店，大正元年（1912），第44—46頁。

⑦ 結城令聞：『昭和十年度北支旅行報告』，『東方学報』昭和十一年（1936）第六冊，第132頁。

⑧ 西安市地方志馆、西安市档案局编：《西安通览》，陕西人民出版社，1993，第191页。

陆地测量局所绘《陕西省城图》^①初步量算，西安东关城墙长约7.5里，西关4.3里，南关3里，北关3.5里。四关城墙总长18.3里，大城以28里计，则清代西安城周约46里。明清史志所载西安城"周四十里"，虽然未必精确，但与实际情形略相吻合。

（二）明清西安"城周四十里"的"名与实"

清乾隆时曾对西安大城进行过实测，乾隆《西安府志》载："按西安省城，《通志》云'周四十里，高三丈'。以今尺度之，周遭计长四千三百二丈，实二十三里九分。"^②虽然明尺与清尺有微小差异，但明代所载"城周四十里"与清代及近年实测结果相差较大，自清代以来不断有研究者试图给予合理解释，然众说纷纭，莫衷一是。

民国《咸宁长安两县续志》引光绪十九年（1893）《陕西舆图馆测绘图说》之实测数据"城周四千三百九十丈，为二十四里三分零。……又满城周二千六百三十丈，为十四里六分零"^③，并据此释云："按城制周四十里，各记载皆同，舆图馆所谓实测为二十四里三分零者，盖就两县辖境而言，加以所测满城十四里六分零，则仍与四十里之说相差无几，言四十者举大数也。"^④这种解释虽然在数字上与"四十里"略合，然未察满城乃清初所筑，以此解释明代已出现之"城周四十里"说无异于缘木求鱼，不堪一驳。

当前有研究者在解释"城周四十里"说时，认为"明初扩建西安城，先筑秦王府，接着修拱卫王城的大城圈，王城（今称'新城'）与今所指的西安城墙是一个整体，'城周四十里'说，是指二者周长之和。然二者之和亦

---

① 陕西省陆地测量局：《陕西省城图》（1：10000），民国二十五年（1936）三月，彩色，中国国家图书馆藏。
② 乾隆《西安府志》卷九《建置志上·城池》，清乾隆刊本。
③ 民国《咸宁长安两县续志》卷四《地理考上》，民国二十五年铅印本。
④ 同上。

不足四十里，盖超过三十里即称四十里"。①

实际上，秦王府城与西安城的扩筑基本上是同时进行的，并无明显的先后之分。虽然二者构成了城中之城的防御体系，具有一体性，但是二者的功能还是大有区别，王城环护秦王府，同时隔开城区其他部分，使秦王府自成一体，而西安大城则起到保卫阖城官民的作用，相对于西安大城来说，秦王府城仅是城内一处重要建筑物，它并不能同大城一起发挥保卫全城官民的作用，因此"城周四十里"不应是二者周长的简单相加。可见，这一说法之误仍同《咸宁长安两县续志》之误，即数字虽然略合，但结合历史实际考虑，显然缺乏合理性。

"城周四十里"说之成因，需从明人记述中寻找答案。

首先，从前述清乾隆、光绪时两次实测数据分析，可以肯定"四十里"不是西安大城之周长。其实明人早对扩筑后的西安大城周长进行过实测，曾任陕西布政使的曹金记隆庆二年（1568）以砖甃城事云："（西安城）周二十三里，崇三丈四尺"。②可以看出，虽然这一数据与乾隆及光绪时实测数据有所出入，但均大体反映了西安大城之周长。曹金更进一步记述了隆庆二年对西安大城除东南隅（即南门至东门之间的城墙）以外部分的测量结果："周环咨度，丈凡三千六百八十有奇。"③而据民国《续修陕西通志稿》载清乾隆四十六年（1781）陕西巡抚毕沅修城事云"南门至（城）东南角，七百三十四丈五尺，……东南角至东门二百五十丈"④，则南门至东门的城墙长约984丈。明尺与清尺虽有细小差别，但基本上一致，因此可视此984丈即明代之980余丈，与3680丈相加，可得4660丈。按清制以180丈为一

<hr>

① 吴永江：《关于西安城墙某些数据的考释》，《文博》1986年第6期，第88—89页。

② 康熙《咸宁县志》卷二《建置·城池》，清康熙刊本。

③ 同上。

④ 民国《续修陕西通志稿》卷二百《拾遗》，民国二十三年铅印本。

里，又近人吴承洛在所著《中国度量衡史》中考证明尺略小于清尺①，因此可知明代所测西安大城周长约25里，这与前述曹金所记23里约略相当。

其次，所谓"城周"当然应是指圈围城区的城墙总长度。咸宁、长安两县辖境的城区部分在明代嘉靖年间就已经包括大城墙和东关城墙，二者是完整的一体，虽然在城墙形制上还有所区别，但所圈围的地区均属城区，因此明人在测算"城周"时毫无疑问是将大城城墙和东关城墙合计计算的。

从嘉靖、万历《陕西通志》城图及相关记载看，东关城的形成可追溯到明洪武年间拓展大城之际。当时不仅修建了大城和秦王府城城墙，也应当修建了东关城，这从增修工程完毕的次年开浚龙首渠的记载中可觅得线索。东关城的兴建使位于城东新城区秦王府城的防卫更为巩固。龙首渠自城东引浐水入城，在可利用宋元旧渠故道的便利之外，也应是为了兼顾东关城的用水。

嘉靖、万历《陕西通志》所附《陕西省城图》均以东关为西安的重要组成部分。明人王用宾记嘉靖五年（1526）修城事云："明太祖肇基洪武，疆理天下，命都督濮英增修之，广袤四十里。"②项忠《新开通济渠记》亦载西安"城围阔殆四十里许"，从"广袤""围阔"等语辞推断，"四十里"必然是将东关城包括在内。从性质、功用上分析，东关城与西安大城为真正意义上的防御整体，二者互相依恃，共同防御外来侵扰，因而将东关城之周长计入西安城周长中符合情理。

据1936年陕西省测量局实测《陕西省城图》（一万分之一尺）量算，可知东关城墙长约8里，若与明人曹金所记西安大城周长23里相加，约31里；

① 郑天挺、谭其骧主编《中国历史大辞典》（上海辞书出版社，2000）及沈起炜主编《中学教学全书·历史卷》（上海教育出版社，1996）载明营造尺为31.8厘米，明里为572.4米，清尺为32厘米，清里为576米。由此推算明清1里约为180丈。

② （清）王用宾：《重建城楼记》，收入康熙《咸宁县志》卷八《艺文》，清康熙刊本。

若与后世实测大城周长约28里相加，则为36里，两者均超过30里，接近40里之数，这当是明代方志称西安"城周四十里"的来由。明清西安"城周四十里"的庞大规模为城市内部功能区的发展提供了充裕的空间，也为西北重镇城市地位的确立奠定了空间基础。

第二节　缘旧增新：
明代嘉靖五年西安城墙修筑工程

城垣、城壕不仅是城市防御体系中最为重要的组成部分，也是城市景观中十分引人瞩目的构景要素。城垣在建成之后，由于长期风雨侵凌、地震灾害和战火毁坏等自然与人为因素，造成墙土剥蚀、城砖跌落、城楼卡房等倾圮毁损，因而需要经常进行维护、修缮乃至于重建，借以维系城高池深、金城汤池的城市景观，保持和增强城市的整体防御能力。从这一角度而言，城垣维修活动在城市的延续发展过程中起到了重要作用，是城市生命力得以长久延续的重要途径。同时，城垣维修工程（即城工）作为区域城乡建设中最重要的工程类型之一，往往与城乡社会各个阶层之间发生紧密联系，也反映出不同历史阶段区域社会经济的发展状况和水平。

西安城垣自明代初年奠定基本规模和面貌之后，在明清时期也经历了多次维修，其中不乏耗资巨大、持续时间长的重大工程。有明一代，先是洪武年间都督濮英主持城垣扩展工程，在城墙上"设麗楼九十八所，环堵崇墉之制始肃"，随后地方官府在嘉靖五年（1526）、隆庆二年（1568）也相继对城垣进行过较大规模的修缮。虽然清人赵希璜对明代西安城垣维修工程的规模和内容用"稍稍补缀之"①形容，但实际上历次城工均耗费了大量人力、物力和财力，尤其是嘉靖五年（1526）陕西巡抚王荩重修城楼、隆庆二年（1568）陕西巡抚张祉为城墙外侧甃砖特别值得关注。有赖于"少保"王用宾和陕西布政使曹金的记述，我们能够对嘉靖、隆庆年间的两次城工有更多的认识。

一、城工缘起

嘉靖五年，西安城垣之所以开展大规模的维修工程，主要是由于自明初洪武年间都督濮英增修之后，在此后长达约170年的时间内，由于"风雨震凌，鸟鼠巢穴"，导致城墙"木斯朽焉，石斯圮焉"。从王用宾所撰《重修城楼记》的表述分析可知，在明代前中期造成西安城墙主体与附属建筑体系破损颓毁的主要因素是自然原因，长期的风吹雨淋、频繁且严重的地震灾害造成了城墙、城楼、卡房等处墙土、梁柱、砖瓦的剥落、坍塌、破损，同时大量飞鸟、老鼠等在墙缝、屋檐、墙体、马面等处筑窝、打洞，也在一定程度上影响到城墙建筑体系的稳固和观瞻。

具体而言，风吹雨淋作为气候因素，短期内对于庞大的城墙建筑体系影响细微，但经年累月之下，尤其是在明初至嘉靖五年维修之际，其对城墙的影响不容小觑。西安城墙一直是由夯土筑就城墙本体，素有"土城"②之称。夯土城墙虽然也堪称坚固，但耐久性远逊砖城，长期的风雨吹淋，土墙墙体剥落、坍陷等问题逐渐出现，并随岁月流转而日益严重，久而久之，会引发墙顶的崩陷、墙体的大段坍塌。

在风雨等气候要素之外，飞鸟、老鼠、白蚁乃至于虫菌等生物要素也是

---

① （清）赵希璜：《研栖斋文集》卷一《重修西安府城记》，清嘉庆四年安阳县署刻本。

② 康熙《咸宁县志》卷二《建置》，清康熙刊本。

引起夯土城墙、城楼、卡房等建筑破损、外观黯然的重要原因。城墙的裂缝和城楼的飞宇、翘角、斗拱等都是鸟类（如麻雀、燕子等）喜于栖身筑窝的地方，鸟粪的长期积累会对木构建筑形成腐蚀。已有学者指出，鸟类经常栖息会造成斗拱的损毁。古建筑檐下斗拱处是麻雀、沙燕、鸽子等鸟类经常栖息、筑巢的地方，鸟食、鸟粪自然少不了"滋润"平板枋和斗拱构件，时间长了便会滋生大量细菌，从而破坏木材结构，影响木材强度，最终导致斗拱等木构件腐朽、损毁。[①]

而城身、城根、护城河岸等处平日往来人迹稀少，鼠类多择其地掘洞栖藏，对夯土城墙、城壕的稳固性也构成潜在的威胁。虽然飞鸟、老鼠、虫菌等相对于庞大的城墙防御体系而言，看似微不足道，但其数量极多，在长期的活动过程中不可避免地对城池安全、样貌构成负面影响。一旦气候因素和生物因素结合起来，其破坏力就更为巨大。例如，雨水会随着墙面、墙根的鼠洞灌入墙身，引发墙体坍卸。

由于自然原因造成城墙上述问题的出现，严重影响到城墙的坚固程度，进而使城市防御体系的严密性和安全性大为降低，"守国保民，防御弗称"[②]；同时，作为明代西安最为重要的城市景观，颓毁、破损的城墙也极不美观，使西安民众与外地往来人士对城墙雄伟壮阔的印象大打折扣。

嘉靖三年（1524）冬，王荩出任陕西巡抚之初，即有下级官员向其禀报西安城墙圮坏、长期失修的情况。由于刚刚出任新职，王荩对陕西尤其是西安的各方面情况尚未了然于胸，因而决定将维修西安城墙的"板筑之役"延后进行。王荩首先采取了严肃政纪、整顿吏治的措施，对官场、军队的陋

---

① 张志伟：《浅析古建筑中斗拱损毁的原因与维修》，《古建园林技术》2010年第2期，第17—18页。

② （明）王用宾：《重建城楼记》，收入康熙《咸宁县志》卷八《艺文》，清康熙刊本。

习、腐败等进行整治，并且察核西安等地民间疾苦，兴利除弊，所谓"乃皇皇然立政陈纪，正诸吏习，儆诸军实，酌诸民之利病而兴革焉"即言此。明确制度、严厉执行、为民造福等做法一方面在很大程度上改变了官场、军队的弊病，有益于吏治清明，另一方面又凝聚了城乡民心，借以赢得社会大众的广泛拥戴，这些对于此后顺利开展大规模的城墙维修工程奠定了良好基础。

嘉靖四年（1525），在此前"铺垫性"的整顿吏治、严明军纪、为民兴利等举措之下，城乡社会秩序井然，官民心意相通，"百度咸秩，众志用熙"，因而开展大规模城工的各项条件基本具备。陕西巡抚王荩指出："城郭沟池以为固，亦国之所重也，顾弊弊若斯乎哉？"认为城池作为城防最重要的基础，属"国之所重"，不能再任由城墙衰颓而不维护。于是下令陕西、西安各级官府与驻地卫所军队相互协同，"周视慎度，聿兴厥工"。在王荩的领导下，参与前期筹划城墙维修工程的官员众多，涉及陕西御史、布政使、按察使、都指挥使、西安知府等军、政两大系统，包括时任陕西巡按御史郭登庸、王鼎，陕西布政司布政使宋冕、孙慎，参政杨叔通，参议孟洋，按察司按察使唐泽和副使张宏、江玠，佥事姚文清、王钧、刘雍，都指挥周伦、张镐、赖铭，西安府知府赵伸，等等。[①]各级官员集思广益，能更为周全地考虑城工的大小事项，其中不乏具备丰富城乡建设经验者。虽然从已有史料中难以洞察工程的具体规模，但从这一份官员名单就可看出，陕西地方官府对于此次城工极为重视，主要由省一级官员协商统筹，而西安知府很有可能是基于"地利之便"而负责督理整个工程，可以进而推测的是，咸宁、长安两县作为管辖城区的最低一级行政区，其各自知县无疑负责更为具体的维修监督和指导事务。

---

① （明）王用宾：《重建城楼记》，收入康熙《咸宁县志》卷八《艺文》，清康熙刊本。

　　作为省级的建设工程，在嘉靖五年（1526）西安城墙维修过程中，既有各级地方官府参与，也有驻军协同，这与明代西安护城河等大型工程建设中军民协作分工的情况一致。动用驻军参加城墙维修、疏浚城壕，有助于减少招募雇用民夫，"于民为弗病"，减轻了城工对民众的消极影响。

二、施工过程

　　在近六个月的施工过程中，督工者和建设者始终以"缘旧增新，仍坚易腐"①为基本原则，前者当是指砖、石建筑而言，后者则主要针对木构建筑和部件。一方面依据城垣及其砖、石、木质附属建筑破损的实际状况采取"补修"的方式，从而大幅节约经费开支；另一方面能够更好地承袭和保持城墙原本的建筑工艺和原有风貌，而不是大拆大建，以至于在重修过程中破坏了原本的建筑格局。这一原则在后来的西安城墙维修工程中均加以采用，由此较好地保存了城墙本体与附属建筑的风貌，使其得以一脉相承。

　　在此次城墙维修工程中，官府与民众的协作关系主要体现在"财出于官，力用于民"②的统筹安排方面，即维修所需的大额经费由官府划拨，负责具体施工的大量工匠与民夫则从民间招募、雇用。从资金的流动角度分析，维修工程经费主要用于购买工具与物料、支付运输脚价、采买工粮、支付工匠与民夫的劳酬。就此而言，官府的大量修城资金会在此过程中支付给"间接"参与修城的制售建筑工具、提供建筑物料和工粮的匠人、商贩、运输业者、农民，以及"直接"参与建设活动的工匠与民夫，实际上完成了一次"官府公帑"向"个人劳酬"的转移，由此使得大量经费进入区域城乡社会流通领域，在一定程度上促进手工业、商业、农业等的发展，也增加了民

---

　　① （明）王用宾：《重建城楼记》，收入康熙《咸宁县志》卷八《艺文》，清康熙刊本。

　　② 同上。

众收入。大型工程建设对区域社会经济的促进、刺激之功由此得以凸显，特别是在灾荒年份开展的"以工代赈"建修工程。

在施工过程中，陕西巡抚王荩与各级官员分工合作、各司其职，在督工监理、划分工程量等方面采取了"分阅其功，均在其劳"①的做法，即不仅明确相应官员的职责，由其分别办理，相互协作，监理工程质量，而且为参加施工的建设者（包括民众和军队）划分相应的工段，使其工程量较为均等，不致畸轻畸重。这一做法合理利用了人力，在一定程度上减轻了督工官员、维修匠夫的压力，有助于在较短时间内高效地完成维修任务。

此次城工始于嘉靖五年（1526）正月二十日，至六月十五日竣工，前后历时近6个月。②从维修工程的时段来看，兴工时间选择在初春回暖，大地解冻之际，也是农历年后的农闲时节，既有利于砌筑土石工程，又不妨碍工匠民夫的农活。至夏初竣工，对参与维修工程的农民返乡夏收和秋种的影响也减低到最低程度。由此不难看出，工期起始时间的选择与工期的长短，也应处于陕西巡抚王荩及各级官员的统筹之中。

三、工程特点

此次城工结束后，王用宾撰《重建城楼记》载其过程，以资后世备览。作为时任官员之一，他的认识与评价充分反映出嘉靖五年城工的鲜明特征。

王用宾指出，各地的城建工程与施政者的勤惰大有关联，分成鲜明的两类："夫天下之政，锐者喜作，喜作则烦，故有新作南门、雉门者矣；怠者裕蛊，裕蛊则废，故有世室居坏，视而弗葺者矣。"他认为无论是"锐者"，还是"怠者"，都有其弊端，"二者皆非也"。相较之下，嘉靖五年

---

① （明）王用宾：《重建城楼记》，收入康熙《咸宁县志》卷八《艺文》，清康熙刊本。

② 同上。

城工，与这两类官员主持开展的建设活动迥然不同。

第一，此次城工在动用人力方面，以"择可劳焉，与众相宜"为标准，招募、雇用工匠与民夫均尽量避免扰及民众的正常生活与生产，以获得较为广泛的支持；同时，为维修工程制定的相关规章、要求等简洁明了，"规程省约"，在实施时容易操作。此次维修工程不仅采取了"补修"的做法，也对可能出现的潜在问题予以解决，"及时举坠，先事防虞"[①]，由此可以避免城墙较长段落的坍卸等严重问题发生。维修规章和要求不烦琐，对当时存在的问题以及隐患进行处理和消除，也就能在较长一段时间内使城墙面貌和景观得以良好保持。

第二，虽然此次工程量较大，但能够在短短六个月内顺利竣工，就是由于前期筹划周密细致之故；维修中经费开支精打细算，以"省约"为度，动用工匠、民夫数量众多且效率较高，有"绩宏而令密，工繁而用俭，力众而效速"之称。正是由于这些综合因素，城工经费得以节省，也获得了民众的支持，堪称一次"于财为弗伤，于民为弗病"[②]的典范城建工程。

从嘉靖五年（1526）的城垣维修工程过程来看，大规模的城工是一次需要地方官府、驻军、城乡民众共同参与的建设活动，既需要具有远见卓识的主政官员动议，也需要其与各级官员之间相互分工、协调建设过程，还需要充裕的经费、物料和人力支撑。在人力方面，由于城垣工程的复杂性，既需要从事搬运物料、协助建筑的普通民夫，也需要懂得较为繁杂工艺、技术的工匠。只有决策者、筹划者、督工者、建设者之间紧密配合，相互协作，辅之以物料的采买和运输、施工过程中工匠的精益求精、监工者与验收者的一丝不苟，方能顺利完成庞大而复杂的城工。

---

① （明）王用宾：《重建城楼记》，收入康熙《咸宁县志》卷八《艺文》，清康熙刊本。

② 同上。

第三节　甓城浚壕：
明代隆庆二年至三年西安城墙大修工程

在嘉靖五年（1526）维修城工之后，时隔42年，西安城又于隆庆二年（1568）迎来了一次里程碑式的建修工程。嘉靖五年城工由于原始文献记载简略，难以一窥城工细节，对具体建设过程无从得见其详，只能从地方志收录的《重修城楼记》总结其概要过程和特征。相较而言，关于隆庆初年城工，同样是见载于康熙《咸宁县志》，记述较为详细，留下了诸多"数据化"信息。

就维修工程的具体内容和涉及面来看，嘉靖五年城工的建设重点是"重修城楼"，而隆庆初年城工则是一次涉及城墙与护城河的系统性维修工程。这次城工无论是在动用人力还是耗费物力与财力等方面，以及对城墙防御体系坚固程度的提升方面，均超过了嘉靖五年的城工。

一、城工缘起

康熙《咸宁县志》卷二《建置》载："隆庆间都御史张祉以土城年远颓圮，甓砌以砖，濬其壕。"由此可知这是一次综合性的城池整修工程，不仅为城墙外侧和城顶砌砖包护，而且疏浚了城壕，对于城防体系的强化起到了至为重要的作用。

此次城工缘起，与嘉靖五年大致相同，主要是由于"周二十三里，崇三丈四尺"的西安城墙作为"土城"，无法避免风雨、鸟鼠等自然因素的破坏，以至于出现"历年滋久，摧剥渐极"的状况，加之以"频岁地震，楼宇台隍颓欹殆尽"，较为频繁的地震加剧了城墙、城河的破损，这种情形不能不引起作为"保治之责者"①的地方主政官员们的高度关注。

在嘉靖五年（1526）重建城楼之后，西安城墙虽然一如往昔地受到风吹雨淋、鸟鼠侵扰等自然因素的负面影响，但影响更为显著的因素则是关中及其周边地区频发的地震灾害。相较而言，风雨、鸟鼠等自然因素属于长期性、渐进性的影响力量，虽然一时一地看上去力度不大，但久而久之负面影响则会日益凸显；地震则属于短时性、突发性的影响因素，平时对城墙并无影响，一旦爆发，破坏力巨大，造成城垣坍卸、城楼塌毁等严重后果。

"自古地震，关中居多。"②嘉靖五年城工完竣后，仅隔29年，关中地区即于嘉靖三十四年（1555）农历十二月十二日夜发生大地震，被称为"盖近古以来书传所记未有之变也"。秦可大在《地震记》中以细腻笔触载及此次震情："是夜，予自梦中摇撼惊惶，身反覆不能贴褥，闻近榻器具若人推堕，屋瓦暴响，有万马奔腾之状。……比明，见地裂横竖如画，人家房屋大半倾坏。其墙壁有直立者，亦十中之一二耳。人往来哭泣，慌忙奔走，如失穴之蜂蚁。"③足见这次地震对于建筑的破坏之大，以及对民众造成的恐慌之深。

这次地震震中位于潼关、华州一带，"自潼关蒲坂奋暴突撞，如波浪愤沸，四面溃散，故各以方向漫缓，而故受祸亦差异焉"。关中各府州县在地震中死亡人数众多，"受祸大数，潼蒲之死者什七，同华之死者什六，渭南之死者什五，临潼之死者什四，省城之死者什三，而其他州县则以地之所剥，别近远，分浅深矣"。从省城西安的死难者人数比例就可以看出，这场地震对于西安城乡地区的影响巨大。毫无疑问，由于地震发生于深夜，震区民众多因墙倒屋塌而亡，这种强度的地震，势必对环绕省城的城墙、城楼等

---

① 康熙《咸宁县志》卷二《建置》，清康熙刊本。

② 康熙《咸宁县志》卷八《艺文》，清康熙刊本。

③ 同上。

造成极大破坏。此次地震后的次年，即嘉靖三十五年（1556），与关中相距不远的固原也发生了大地震，"其祸亦甚"①。

二、工程进展

关于此次城工的兴工、竣工时间，康熙《咸宁县志》记载为"隆庆间"，而未明言隆庆二年（1568），这是由于记载此次工程经过的原始文献即陕西布政使曹金的"记文"是在工程进行期间撰述的，尚无法预知确切的竣工时间。不过，从曹金的记述来看，此次工程至少分为三个阶段进行：第一阶段为东南隅样板工程；第二阶段为东北隅工程；第三阶段为西北、西南隅工程。曹金记述的正是第一、第二阶段工程。即便如此，在这份殊为珍贵的记述中，包含的城工信息十分丰富，值得深入分析。

隆庆元年（1567），逢新皇登基，对中央朝廷和地方官府而言均堪谓"图治之始"，是开创国家与社会新局面的良好契机，"尤宜急补蔽捄漏"。朝廷"为思患豫防"，决定大力维修各省会、州县城池，"缮修城堑"成为"天下诸省会郡邑"的重要任务之一。西安作为陕西省会，国防地位十分重要，所谓"东接晋壤，西北塞垣"，处于山西与西北长城之间，而且所处关中地区自然环境优越，有"沃野千里"之称。曹金由此评价西安的重要区位称"所谓要害，孰有急于此哉"，认为西安城墙维修确实应尽快开展。但是由于此次工程"工费繁巨"，开支巨大，加之正处于"灾沴靡敝之余"，因而主管城工的官员"计无所措"，只能暂时搁置。

隆庆元年冬，张祉奉旨出任陕西巡抚。与嘉靖五年（1526）城工之前陕西巡抚王荩相似，张祉在大规模开展城工之前，也采取了"饬纲维，厘奸诡，肃武备，罢远戍，均田粮，修水利，平剧盗，疏泉渠，议赈贷，缩财用"等一系列重要举措，在政治、军事、经济、治安等多个领域开展革新。

① 康熙《咸宁县志》卷八《艺文》，清康熙刊本。

第一，城乡社会的正常运作有赖于各项制度、规章的确立以及严格实施，因而张祉重新申饬各项政令纲纪，严令官民遵守；第二，在社会治安方面，惩处城乡地区作奸犯科者，铲除恶名远扬的盗匪；第三，在军事领域，加强军队建设，提高其战斗力，停止向边远地区派遣驻军；第四，在农业领域，不仅推进田赋改革，而且修治水利基础设施，疏浚泉水、引水渠等水系，改善灌溉环境和水体景观；第五，在财政、商贸方面，商讨开展赈济与借贷，节约各方面开支。在上述革新过程中，陕西巡抚张祉"约己率下"，带头垂范，"殚厥心力"，因而能够获得官民的普遍支持，为大规模城工的开展奠定了良好的人力、民心与舆论基础。

从整体上看，隆庆二年（1568）城工分为至少三大阶段。

第一阶段：

在各项革新措施相继开展并完成之际，城池维修工程也进入了第一阶段。在张祉的指导下，"其楼宇台隍之倾者树，欹者正，塞者濬，植柳种荷，亦既改观矣"。即先是对坍卸、倒塌、歪斜的城墙、城楼等进行针对性修缮；同时，对护城河中阻塞、淤积之处进行疏浚、淘挖，在城壕边栽种柳树，在城河中种植荷花。经过初步修缮、疏浚，城墙、城楼、城河面貌焕然一新，尤其是护城河的景致变化最大，在城壕两岸栽种柳树，又在城河中种植莲花，形成"岸上柳"与"水中莲"交相辉映、相得益彰的美丽景象，此后护城河就成为"垂柳"与"浮莲"共同构成的城市绿带。一方面，城墙、城楼由修缮之前的坍卸、歪斜的面貌变为宏伟、严整的金城汤池景象，充分显现出西安城墙的防御功能得到恢复和提升；另一方面，护城河在疏浚基础上，又由官府植柳种莲，予以环境建设和美化，则彰显了西安护城河在雄浑之外的秀美一面，也反映出护城河不仅仅是作为城防体系的组成部分之一，而且成为西安城市水环境景观的重要构件。

值得指出的是，早在成化初年开凿通济渠引水入城以及灌注护城河时，即已开展过在护城岸栽种柳树、在护城河中种莲养鱼等环境治理、美化措施，而且在弘治年间对西安的"城中之城"——秦王府城两重城垣之间的护城河也进行过大规模种植荷花、美化环境的建设活动。可以推测的是，成化、弘治时期的护城河环境建设史实，对隆庆二年（1568）城工第一阶段有一定的影响。

虽然前述原始文献记述仅寥寥数语，但在维修城墙、城楼、疏浚护城河、栽柳种莲的过程中，也需要动用大量的人力、财力和物力，并且分为土建工程与绿化工程两大部分。修缮城墙、城楼、疏浚城壕等需要大量工匠和民夫，而种植柳树、栽种莲花则需要具有绿化特长的人员来指导和实施。从明代前中期西安开渠引水、疏浚城壕等工程事件来看，护城河在一定程度上是城乡水系的组成部分，其沿岸栽植柳树的做法，与通济渠在城外渠道两岸栽种柳树的做法一致，对于加固城壕土岸、减少壕岸坡地水土流失和坍卸具有积极作用，同时，种植莲花在美化景观之外，有助于增加护城河水活力，减少污臭气味。

第二阶段：

在完成第一阶段对西安城墙、城楼、护城河的维修与环境建设之后，此次西安城工即进入第二阶段，重点在于将原本的"土城"重修为"砖城"。由于西安大城将近28里，因而工程较第一阶段更为浩大。

陕西巡抚张祉认为，由于西安城墙为"土垣"，因而难以抵御风雨、鸟鼠、地震等诸多负面因素的影响，决议为城墙砌砖，使之改为"外砖内土"的"砖城"，增强防护能力，也能持续久远。在此指导思想下，张祉下令砍伐大量"早河柳"作为燃料，由陕西按察司拨付给烧造砖瓦等建材的官员与工匠，以便烧制此次甃砌城墙所需的大量城砖。需要指出的是，陕西布政使曹金在记文中所载的"早河柳"，遍检史籍，难详其意。而揆诸西安周边河流植被状况，此处应当是指"皂河柳"[①]，即皂河河岸两侧种植的大量

---

① （宋）宋敏求：《长安志》第十一《县一》，民国二十年铅印本。

柳树。"早"与"皂"同音，且字形有相近之处，曹金原意应当是指"皂河柳"。之所以致误，当属刊刻者之偏差。

皂河位于西安城西，离城较近，采伐其两岸柳树作为烧砖燃料，能够大幅度节约交通运输等开支。就当时的实际情况而言，西安城四郊之地基本上都已垦作农田，难得一见大面积的林木，而皂河河身较长，沿岸河柳数量庞大，若进行适度地"间伐"，或者采伐树枝而非主干，不进行"根株净尽"式地滥伐，则不仅能够为烧砖提供大量燃料，而且也不会对皂河沿岸植被和绿化景观造成根本性的破坏。早在成化初年西安城西通济渠开凿引水之初，地方官府就在陕西巡抚项忠、西安知府余子俊等指导下，在通济渠沿岸（包括护城河）种植了大量柳树，而通济渠是引潏河、皂河水入城的，因而皂河两岸种植柳树也符合当时在河渠沿岸种树固岸的一贯做法。若以成化初年在皂河两岸栽种柳树起计算，至隆庆二年（1568）时，这些柳树已经生长逾百年之久，堪称枝繁叶茂的大树，即便是采伐大量树枝，不伤及主干，也足可为烧砖提供大量燃料。

就烧砖的工艺而言，燃料是关键，原料土则是基础。西安地处黄土高原南缘的关中平原，城郊土壤也适合烧制砖瓦，因而在这方面并不会开支太大。虽然曹金记文并未明载烧砖的地点，但考虑到燃料来自近郊，砖窑应当也不会距城太远，这样能节约大量运输费用。

曹金作为时任陕西按察使，从陕西巡抚张祉处领命之后，便指示咸宁县主簿李中节、长安县主簿董宜强等官员"监造"烧砖。先后新烧城砖逾48万块。与此同时，又对西安城中龙首渠、通济渠的废旧渠道进行疏浚，获得"废渠砖"10万块，总计为此次城工备砖超过58万块。在前期砖料准备妥当之后，"方图肇工"，可见砖料是此次改"土城"为"砖城"的核心工料。从乾隆后期陕西巡抚毕沅指导的维修工程所需砖块数量来看，58万块砖很有可能只是此次城工所需城砖的一部分。曹金的记文并未提及城工后期的情况，因而实际所用城砖数量更大。曹金在记文中并未提及城砖尺寸，但新烧造的城砖无疑为此后明清西安城墙所用城砖奠定了基本规制。一般城工中所用城砖尺寸应当统一，否则不利于砌筑。从此次城工大量使用"废渠砖"的情况似可推测，新烧城砖尺寸与原来砌造引水渠道的城砖尺寸一致。当然，"新烧砖"与"废渠砖"尺寸不一也有可能，即用于不同城段的砌筑，但一般不会在同一城段混用。

就在新烧城砖和"废渠砖"备妥开工之际，陕西巡抚张祉奉朝廷之命将调任"南都"——南京。对于大型城建工程而言，动议、主修官员在工程期间的异地调动有时会对工程进度造成极大影响。为了避免此一问题，张祉专门邀集主管民政与军事的首要官员，包括陕西左布政使上党人栗士学（又称栗永禄[①]），陕西按察使曹金，陕西按察司"臬长"豫章人刘汝成，参知潮阳人陈宗岩、副都御史楚郢人曾以三、睢阳人张天光、古睦人李君佐，以及"阃帅"（即统兵在外的将军）蒲坂人娄允昌、宁羌人丁子忠、镇西人丘民等人，向其阐明此次维修城工的重要意义。

张祉指出，他虽然希望接任官员"不宜喜功动众"，但由于城池维修工程已经兴工，不可就此中辍。只是在城工的开展策略上应当采取稳步推进、分段施工的方式，而不是全面铺开。张祉引用"筑舍道旁，三年不成"的典故来说明城工应尽快付诸实施，而不是在纷纭讨论中耽误进度。这则典故说的是一个人要在路边盖房子，他每天都向路过的人征求意见，结果三年过去了，房子也没有盖起来。陕西左布政使等军政官员均对张祉的意见表示赞同，认为"万夫之喋喋，不如一弩之矫矫，谓空言弗若行事也尚矣。况四序成于寸晷，千仞始于一篑"，希望张祉在调任离开西安前尽快筹划。即便得到了最高层级行政与军事官员们的支持，张祉仍认为应与更多中下级地方

---

① （明）杨博：《本兵疏议》卷二十三《覆巡抚陕西侍郎张瀚修城开堰叙功行勘疏》，明万历十四年刻本。

官员进行沟通、协商，以便工程顺利开展。他随后又与有"治行超卓"①之称的西安府知府邵畯，"职任贤能"②的西安府同知苏璜、宋之韩和通判谢锐及节推刘世赏，咸宁县知县贾待问，长安县知县薛纶，以及诸卫使、千夫长、百夫长等军队将领商议修城之事，众人"莫不跃然，咸对如诸司言"，均表示支持。从后来陕西巡抚张瀚题奏报请奖叙的名单来看，这些人均赫然在列，表明均在此次城工中发挥了重要的督工作用。如贾待问后来还升任陕西巡抚。

张祉之所以要自上而下地与省级、府级和县级地方官员以及驻军将领进行协调，争取获得军地两方面的支持，就是由于西安城既是省会、府城，又是两县县城，而城墙、护城河的修筑，不仅关系到地方文化景观是否壮阔雄伟，更为重要的是，城工亦属于军事防御体系的建设，与军队的关系密不可分。获得地方官府的支持，城工在财力、物料等方面就能较为充裕，在运输及与区域社会的协调方面能更为顺畅；而与军队将领通力协作，则有助于调动军队参与到城墙与护城河的维修中来，在人力方面能较少扰动普通民众。

在与各级军政官员取得共识后，陕西巡抚张祉进一步明确官员职责，指定由西安府同知宋之韩"倅总其事"，全面负责城工事宜，指挥陈图、田羽负"分理"之责，而协助配合、"赞襄提调"者为西安府知府邵畯。从这一任命可以看出，西安府官员作为介于省、县之间的桥梁，在城工过程中能够起到承领省级官员命令，督察县级官员具体监工等事宜的作用。同时，由军队系统的卫所指挥协助办理，也能更好地发挥军队的人力优势。

就在筹划大规模开展砖砌城墙等工程期间，有"边戍逋者"，即本应派往边疆戍边却逃散四处的军卒1400人，按照大明律法应全数抓捕惩处。张祉

---

① （明）高拱：《高文襄公集》卷十四《掌铨题稿·条巡按御史王君赏举劾违例疏》，明万历刻本。

② 同上。

遂移咨陕西巡按御史、督府大司马河东淄川王君赏，提议利用这1400名军卒参加城工。王君赏一向敬重张祉，又考虑到甓砌土城的工程堪称"大防"，于是"忻然"同意，并且指出调用这些军卒参加城工，与征募民夫在本质上并无区别，同时采取"筑以代摄"的方式，招募逃散军卒赶赴西安城工处所参加劳动，从而免于抓捕、惩处，堪称一举两得的"正法"。在招募逃散军卒参加城工的告示发布后，散在各地的"逋卒欢声响应，不召而咸集"。这反映出该决策确属明智，既免于耗费大量人力四处抓捕逃跑军卒，又能够减少社会治安中的隐患因素；对于军卒自身来说，也可借此城工机会免除被惩处的命运。而最重要的是，采取此项措施，不用搅扰区域城乡社会，就能在较短时间内聚集1400名青壮年劳动力，为后续城工的开展奠定了坚实的人力基础。

由于参加城工人员数量众多，每日饮食需要消耗大量"匠饩"，即工粮，系"取诸官廪之余"，从省、府、县各级官仓划拨。

督工官员、城砖、劳力、工粮等皆一一到位之后，唯独甓砌城墙所需的建材"焚石"——石灰尚无着落。陕西左布政使栗土学与时任府尹曹金就此向张祉汇报，指出当时其他各省在征纳公粮时，允许输粟吏"纳楮以资公需"，即以货币代替粮食缴纳，唯独陕西未采取此项措施。因而建议由州县"自营输工所"，向西安城墙工地自行运输石灰，"事竣乃止"。这一建议得到张祉的首肯。

在人力、工粮、工料等准备就绪后，张祉等依照城工惯例，"卜日告土神，率作兴事"。选择良辰吉日开工兴建是一种源远流长的建筑文化传统，对于督工者、承建者而言，都希冀神灵能够保佑工程的顺利进行和施工者的安全等，获得心理上的慰藉和鼓舞。

在首先针对咸宁县所辖东南城墙的甓砌工程中，为增强防御能力，曹金建议将原有的"女墙"形制加以改进，"令外方内阔，中辟一窦，斜直下阙"。经过改筑后的女墙"金以为利御"。至此，东南隅城墙的甓砖、改筑女墙工程完成。作为第一阶段的样板工程，东南城墙的维修始于六月二日，经过闰六月，至七月二日告成，前后历时62天。经过甃砌砖石，这一段的土墙变为"外砖内土"的砖墙，"而东南一隅屹然金汤矣"，坚固程度大为提升。东南隅城工竣工之后，陕西巡抚张祉"巡行其下，喜动颜色"，遂与同行的副都御史张天光商议全面开展甃砌城墙事宜，并再次下令由西安府同知宋之韩负责"总理"。

由于东北、西北、西南三段城墙"周环咨度"，进行丈量后，测得三段总长共计3680余丈，以长度和工程量划分为120"功"，每"功"需要100名劳力完成，共需12000名劳力。而当时参加城工的"卫卒"总数为6000名，按此计算，每名"卫卒"仅需调用2次，即可完成全部工程。在城工中调用"卫卒"，无须像征募民间匠夫那样支付大量工钱，只需提供工粮，能大幅节省开支。

西安府同知宋之韩在初步查勘、估计上述三段城工的工程量之后，统计所需城砖、石灰和购买工粮的费用，总计需银25800余两。陕西巡抚张祉在获知这一开支总额后，称"一邑一郡城，费且巨万，况省会乎？"认为这一开支数额相较而言较为合理，倘若因为开支巨大知难而退，其后继任者可能也会继续怀有畏难情绪，城工就会搁置。张祉深知若自己继续留任陕西，城工则可继续，可惜自己即将调任南京，不得不在行前安排好后续城工事宜。

张祉将后续城工所需经费及城工进展情况告知"督府暨监察侍御淄川四山王公、襄阳楚山潘公、普安明谷李公"等官员，这些官员皆要求下属官员积极协助。此时正值督府奉朝廷旨意，饬令相关官员重视"城堑"的建设和维护，而张祉的修城之举"适有符焉"，恰好与当时的朝廷政令紧密相应。都督府的官员将省城西安的城墙与边地长城联系起来看待，认为西安城工也关系到边疆地区的稳固，所谓"塞垣譬则门户也，省会譬则堂奥也，堂奥巩固则内顾亡虑矣！"这里所说的"塞垣"即指长城（边墙），认为长城犹如大门，而西安如同厅堂，西安城墙修缮兼顾，就如同厅堂、腹地安稳，自然有利于长城边塞的稳固和防守。都督府官员将"内地民出钱助边"①建设、维修长城的大量拖欠、逃避款项征收后，供给西安城工使用，"以资成功"。这种做法一方面反映出西安城墙维修与长城（边墙）建设同属军事防御体系的性质，因而得到都督府的大力支持，另一方面，长城（边墙）维修具有专门的经费来源，以"逋金"（即被拖欠的应征款项）作为西安城工经费，既促进了长城维修经费的征收，也为西安城墙维修提供了充裕的经费来源。

在都督、侍御的"轸念""协心"和鼎力支持之下，城工的后续工程能够得以继续，陕西巡抚张祉为了彰显前述官员的"美意"，遂以告示的形式张榜各地。"关中父老靡不踊跃欢欣"，纷纷赞扬主导和支持西安城工的官员："自督府公之莅我疆圉也，吾西土无烽火之惊焉；自侍御公之联辔八水也，吾秦氓无狐鼠之扰焉；自中丞公之抚我邦家也，吾灾余孑遗人人自以为更生焉，庆莫大矣！乃今一德同猷，固我缭垣，吾秦何幸？其永有赖乎！"充分反映了地方民众对于有德政的官员的拥戴，以及省级军政官员在城池建修上通力协作的精神。民众关于"吾西土""吾秦氓""抚我邦家""固我缭垣"等的表述，虽然经由曹金进行了文字加工，但能透视出西安城工对于强化和凝聚民众的乡土情怀与家园意识具有推动作用。西安城西北、西南隅维修属于此次城工的第三阶段，但由于曹金未记载，迄今无法得窥其中细节。

在工料、劳力、工粮、经费等一一落实到位之后，工地自东南隅转移至东北隅，即从东门（长乐门）至北门（安远门）。这是西安城墙四隅中最长的一段。"东南隅迤西"即西北、西南隅两段的数百丈，西安知府邵畯建议在东北隅完工之后再陆续推进。

---

① （明）陈懿典：《陈学士先生初集》卷十六《资政大夫吏部尚书五台陆公行状》，明万历刻本。

虽然工程尚在进展当中，但由于陕西巡抚张祉要调任南京，即将离开西安，因而主修人西安知府邵畯"更恐始之不载，将终之无征也"，希望将此城工过程曲折记录下来。于是率领下属官员拜访陕西布政使曹金，请记其事。曹金在记文最后总结称，他在读到《诗·大雅·韩奕》所载韩侯初受王命，有"实墉实壑"之语时，曾慨叹"自古王公守国，曷尝不以城池为重哉？"读到《诗·小雅·黍苗》"我徒我御，我师我旅"时，又充分认识到自古城工无不动用大量人力、无力、财力，所谓"营城之役，有不动众者乎？"历史上大量城池维修工程的必要性和艰巨性，也能够在此次西安城工中得以体现。

曹金指出此次城工之所以堪称一次里程碑式的工程，就是由于"此陕城者，繇唐而来，历五季宋元，入我国家，垂七百年间，未有营以砖者"。明代西安城是在唐代皇城的基址上扩建而成，具有悠久的历史，从这一角度而言，曹金的评述可谓一语中的。在此之前，文献中均未见记载西安城墙为砖城，自张祉甃砌之后，则土城变为砖城，无论是城墙外在的景观面貌，还是内在的防御能力，都大为提升。同时，曹金认为，正是由于砖城的营建较土城需要耗费更多的人力、物力、财力，因而在长达约700年间，从唐长安的皇城，到五代改建的长安城，以及宋、金、元、明前期的西安城墙，均为土城。至隆庆二年（1568），陕西巡抚张祉敢于完成前人未曾实施过的甃砌工程，先以东南隅城墙为前期样板工程，"非心切乎民而有是耶？"曹金固然是以此褒扬张祉，但也可视为是赞扬以其为首的众多军政官员。正是这些官员群体能够"心切乎民"，才会维修、加固能够保障阖城官民安全、维护区域稳定的重要基础性防御工程。在曹金看来，张祉在奉命调离之际，还能始终关注城工进展，多方联系，积极解决经费等问题，安排好其调离后的建设事宜，以确保甃砌工程不因主政官员调任而半途中辍。曹金在记文中引用《周易》卷三《蛊卦》之语，赞扬张祉在离任之前坚持安排好修城之举堪称

"孜孜斡国之蛊"，就此而言，"岂可与世之愤然穷日者同年而论哉？"此处引用《孟子·公孙丑》中的典故，盛赞张祉的做法远非某些好大喜功但却只有一时热情的人可比。

依照工程进度和工程量大小推算，东北、西北、西南三隅的甃砌城砖工程很有可能延续至隆庆二年（1568）底，乃至于隆庆三年（1569）。此当属第三阶段城工建设，惜因史料缺载，详细情形难以一探究竟。

三、城工奖叙之议

此次工程完工后，陕西官府计划向朝廷奏请奖叙城工参与官员。隆庆六年（1572）正月，巡抚陕西兵部左侍郎张瀚向朝廷奏请奖叙修筑西安城及泾阳等县渠堰的督工监司、守令等。明穆宗朱载垕认为地方官员负责重修城垣、水利设施属于任内职责，并非额外功劳，因而无须奖励、议叙，对提出此议的张瀚停发2个月俸禄，以示责罚。[①]从这一处理过程看，明朝廷虽然也重视城垣的保护、修缮，但注重强调此事属于官员日常事务和责任，若有疏失，难免惩处。清朝廷对城垣督工、监工和办理官员，则往往以升迁的方式予以奖励，对于捐款修城的官员更是明确奖叙规章。明朝与清朝在城垣维修、保护方面的中央政令之差别，无疑会影响到地方官员在城垣修缮方面的积极性、主动性。

需要提及的是，明崇祯十七年（1644），李自成攻入明朝都城北京，明朝作为全国统一政权灭亡。随后清军入关，当年冬季，李自成起义军兵败，率军返回西安。在此期间，起义军一部在潼关一带防守，同时"日夜修城濠，为固守计"[②]。西安作为李自成起义军建立大顺政权的起始之地，此时在面临清军进攻之际开展的城墙与城壕修筑工程，均是从军事防御目的出

---

① （清）谈迁：《国榷》卷六十七，清钞本。

② （清）李邺嗣：《杲堂诗文钞》卷六《通议大夫奉敕赞理军务巡抚陕西等处地方兼制川北都察院右副都御史玄若高公行状》，清康熙刻本。

发，可以想见起义军驱使大量民众参与加固城垣、浚深城壕的情形。但该工程属于仓促之举，缺乏系统筹划，且在军情急迫之下，李自成起义军撤离西安，向湖北败退。明代西安城墙、护城河的最后一次修缮工程也就草草收场了。

第四节　奠定四关：
明代末年四关城墙的建设

东、西、南、北四座关城是西安城池防御体系的重要组成部分，也是与大城共同构成明清民国时期西安城市格局的重要空间基础。毋庸置疑，四座关城的城墙与西安大城城墙一样，值得进行深入探讨，但是在以往的研究和讨论中，四关城墙的形态、规模与重要作用却被忽略。究其原因，主要是由于四座关城城墙在中华人民共和国成立后被彻底拆除，仅留存了当今可见的西安大城墙，给人们在空间感知和认识上形成了不完整的印象。

在明清民国时期，四关城墙与大城墙一样经历了多次维修，这类城工自然也应当视为西安城墙的维修保护活动，对于"资防御""壮观瞻"发挥了重要作用。与西安大城墙城周在明初形成后即固定下来有所不同的是，四座关城中的东关城占地规模庞大，城墙长度远超其他三座关城，在清代后期还再次拓展，这是基于其外围没有护城河环护的实际情况，通过扩建部分城身来延展城墙长度，扩大关城城区。

相较于居于核心的西安大城墙，四关城墙的相关文献记载极少，以下结合地方史志与奏折档案，对其建修时序、规模与关城景观进行分析和论述。

一、明代西安四关城墙的修筑

西安城的四个关城作为城市空间扩展的基本途径，虽然兴建时间上有先后，格局和规模大小也有区别，但从根本上来说都是基于军事要素而兴起的。四个关城构成对城市最外围的保护，在攻防频繁的战争时代，关城发挥了重要的军事价值。明末西安四关城的完善使城市空间进一步得到扩展，这是继移建钟楼之后城市空间的第三次变化。

康熙《咸宁县志》载四关城起建时间云，"历崇祯末巡抚孙传庭筑四郭城"①，民国《咸宁长安两县续志》亦沿称"明末始筑四关城"②，实则从现有嘉靖、万历《陕西通志》所附《陕西省城图》来看，东关城在明前期已然存在，且被称作"东郭新城"，并非晚自明末方始兴建。

前文对明代西安"城周四十里"说进行辨析时已指出，东关城应是明初扩城工程的一部分，其长度被计入城墙总长"四十里"之中。在明初西北军事形势仍相对紧张的情形之下，虽然秦王府城与西安大城已经构成了双重城的防御格局，但对于"天下第一藩封"的秦王来说，保障其安危仍显得不够，因此又修筑了东关城。从嘉靖、万历《陕西通志》所附《陕西省城图》可以看出东关城的南北长度占到整个东城墙的一半多，这就构成了对新扩的东城区更有力的外围防护。以秦王府为中心来看，防护体系就有府城内城（砖城）、府城护城河、府城外城（萧墙）、大城、大城护城河、东关城等多圈层防护网，从而能使秦王府城处于最为安全的地位。因而新建西、南、北三关城，同时对东关城进行维修的时间当是明末。南、北、西三关城的兴建也是起源于拱卫所在城门的需要。

四关城皆为夯土筑成，自明至清末有改变。清光绪二十六年（1900）粤籍官员伍铨萃游西安城时即记述关城状况云："（正月）十五壬午望，……

① 康熙《咸宁县志》卷二《建置》，清康熙刊本。
② 民国《咸宁长安两县续志》卷四《地理考上》，民国二十五年铅印本。

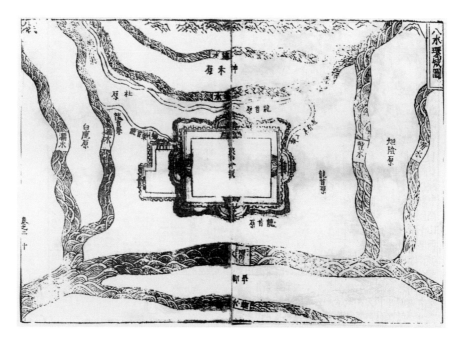

图 1-5　嘉靖《陕西通志》所附《八水环城图》反映的西安大城与东关城

出南门，城三重，土围外重。"①明末新建西、南、北三关城之后，西安城由此前的四区一关的空间格局转变为四区四关的空间格局，这一格局对此后城市功能区，尤其是商贸区的发展产生了深远的影响。

二、四关城墙规模与关城景观

（一）四关城墙规模

民国《咸宁长安两县续志》卷四《地理考上》对四关城数据有较为准确的记载，其中虽然东关城在清代后期曾有扩充，但规模极小，用这一数据反映明清西安城四关的相对比例关系不受影响。

按照明营造尺为31.8厘米，明里为572.4米，清尺为32厘米，清里为576米，两者之间相差微弱，可忽略不计，以清尺数据进行换算。旧制平均一步

---

① （清）伍铨萃：《北游日记》，载吴相湘主编《中国史学丛书》，学生书局，1976。

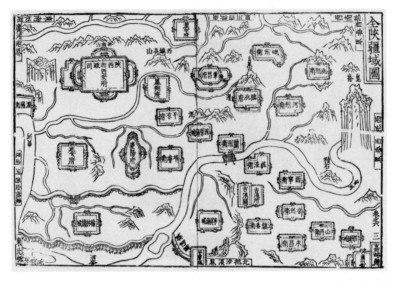

图 1-6　嘉靖《陕西通志》所附《全陕疆域图》反映的西安大城与东关城

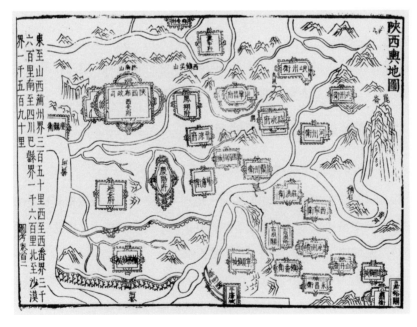

图 1-7　万历《陕西通志》所附《陕西舆地图》反映的西安大城与东关城

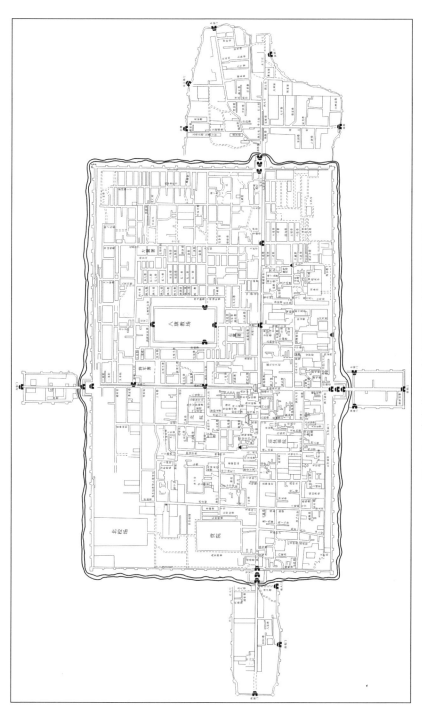

图 1-8　清光绪十九年（1893）《陕西省城图》

为五尺，十尺为一丈，则一步约合今1.6米。四关城中除东关城为不规则长方形外，其余三关均为长方形，东关城面积在计算时已将其不规则处予以考虑。由于东关城墙早已拆毁无存，但根据现存民国二十四年（1935）四月实测绘制的1：100000比例尺地形图量算可知东关城城墙长度约为8里。

表 1–2　明清西安四关城墙与关城规模 ①

区域	形状	长（明清步/今公里）	宽（明清步/今公里）	面积（平方公里）
东关	不规则	东西1085/约1.74	南北914/约1.46	2.03
西关	长方形	东西880/约1.41	南北320/约0.51	0.72
北关	长方形	南北440/约0.7	东西232/约0.37	0.26
南关	长方形	南北350/约0.56	东西190/约0.3	0.17

从关城所占面积来看，南关最小，这一点在光绪《西安府图》上反映得并不明显，但按照实测数据计算的结果应较地图绘制更能准确反映关城的占地大小。大城面积约为12.16平方公里，则东关城仅占其约六分之一，这与地图所反映的比例关系基本吻合。

明清西安城八区面积合计为14.31平方公里，考虑到量算的误差，明清西安城占地面积约在15平方公里。各区所占比例分别为：（东北城区29.35%，西北城区27.95%，东南城区12.3%，西南城区11.67%，东关11.81%，西关3.98%，北关1.53%，南关1.4%。）

（二）关城格局与景观

1. 内部格局

四关城内部格局的共同特征在于均有一条与大城城门相对、与四门大街

---

① 中国人民政治协商会议碑林区委员会文史资料研究委员会编《碑林文史资料》第3辑（1988）载黄云兴《八仙庵〈忙笼会〉》称东关"幅员十二多平方里"，未知所据。中国人民政治协商会议陕西省西安市委员会文史资料研究委员会编《西安文史资料》第2辑（1982）载田克恭《西安城外的四关》称西关面积"约有东关的十分之三"，称北关面积"大致相当东廓城的十分之一"，称南关面积"看来有东关的十分之一"。

图 1-9　足立喜六《长安史迹研究》图版 18 西安南门城楼向南眺望

图 1-10　足立喜六《长安史迹研究》图版 17 西安城南门

相贯通的主干道，将四关城分成基本对称的两部分。关城主干道可视为城内四门大街向外的延伸，使关城与大城紧密联系起来。关城内的其他街巷均布设于四条干道两侧。基于关城自身的军事性，除东关城以外的其他三关城中的街巷、居民区相对较少。

东关城为西安府城东面的门户和进出的必经之地，至清代后期，东关城中划分为 12 坊，有 11 街、4 堡、24 巷，以东关社统之，隶于咸宁县。东关

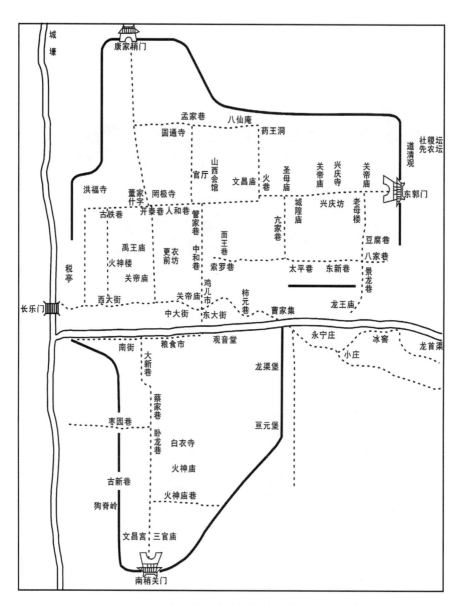

图 1-11　东关城墙走向图

内有罔极寺、圆通寺、兴庆寺、八仙庵、北极宫、圣母宫等著名寺院道观；
又有官厅、厘税局、鲁斋书院、山西会馆等。清同治年间东关城曾有小规模
的空间扩展过程，民国《咸宁长安两县续志》载"郭城自嘉庆宁陕兵变，当

道筹防，营缮一新，同治八年（1869）拓筑东郭，檄邑绅杨彝珍董其役，辟新郭门，谓之新稍门，以小庄、永宁庄并入郭内；寻辟郭东北门以便关民耕种，从士绅商民之请也"①。东关的新郭门和东北郭门为同治八年新开，此前东关仅有三门，同南关、西关郭门的数量相同。

　　西关城为长安县管辖，平面形制为横长方形。关城西墙中部开西郭门，南墙中部偏西开南郭门，北墙中部偏东开小门，关城东段南北两侧开南火门、北火门，合五门。关城中部有东、西大街，从西郭门直通护城壕吊桥，为从西面进出府城的必经通道和城门防御工程。

　　北关城南抵东、西火巷，平面形制为纵长方形。中有南北向北关大街贯通郭门至北门护城壕前。咸宁、长安两县以北关城中央南、北大街为界东西分治。

　　南关城，属咸宁县管辖，形制为南北长东西短的纵长方形。关城中部南、北大街为南郭中轴线。南墙中部开有南郭门，东、西墙北部开有东、西两郭门。

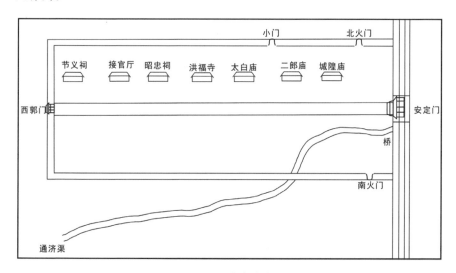

图 1-12　西关城墙走向图

<hr />

① 民国《咸宁长安两县续志》卷四《地理考上》，民国二十五年铅印本。

图 1-13　北关城墙走向图

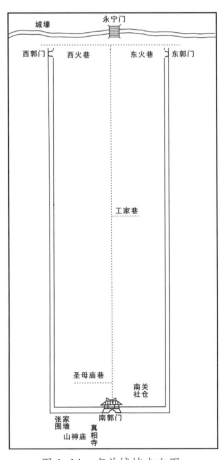

图 1-14　南关城墙走向图

2. 景观特征

明清西安四关城因位于城乡接合的城市边缘区，同时又位处出入城市的交通孔道，人流所经，在军事意义之外，商业贸易、宗教信仰、迎来送往等活动较为活跃，由此关城中分布有众多的市场、店铺、厘税局、官厅以及寺宇。从城市景观而言，四关城最显著的特征在于"亦城亦乡"，尤以东关城为代表。

明代东关城中就有秦王封地和园林，居民也多为在扩城时圈入城区的农民，相当多的土地在东关之外。清同治八年（1869）开辟东郭门，就是为了便于"关民"外出耕种。而东关城内依然有片片农田，长乐坊原尊德中学（现西安市第三中学）所在地，迄至民国十四年（1925）还是一片麦地。[①]民国尚且如此，明清东关内农田的数量当更多，从而形成"城市农业"这一封建城市中特有的景观。东关城中还分布有较多园林、花圃。1896年在英国伦敦出版的《亚洲》第1卷《北亚和东亚》即载西安"关城里分布有众多园林、田地"[②]。光绪十七年（1891）四月初七粤籍官员伍铨萃游览东关城花园，在《北游日记》中载："路游花园四五处，经龙渠堡、景龙池，村落园花少，茂树小池，紫碧错杂。牡丹芍药均已罢放，惟榴花梅桂夹竹桃尚盛，余购兰二盆，金英菊一盆归。"[③]东关内花园既多，花神庙遂由此兴盛，"花神会"也成为东关的重要祭祀和传统活动之一。东关中既有较多花园，又有若干村落。与农业生产方式相适应，东关内村落的聚居形态、命名方式等也与大城内街巷坊里有较大差异，这就在农业景观之外又以农村聚落的形式增添了东关城的乡土气息。

第五节　渠水所经：
西安城墙水门的位置与形态

西安大城城墙除了四座城门之外，在城墙上还开设有水门。水门顾名思义，即为引水入城或排水出城的通道。对于明清西安城墙而言，水门就是

---

① 黄云兴：《八仙庵〈忙笼会〉》，载《碑林文史资料》第三辑，1988，第125页。

② A. H. Keane, *Asia*, Vol.1, *Northern and Eastern Asia*, London: Edward Stanford, 1896, p.406.

③ （清）伍铨萃：《北游日记》，载吴相湘主编《中国史学丛书》，学生书局，1976。

指引龙首渠、通济渠从城外入城的门，属于供水体系的基础工程设施。就目前史料记载来看，仅提及乾隆中叶为军事防御的需要，堵塞了入城水门，也就堵塞了龙首渠、通济渠的入城路径，即龙首渠、通济渠穿过大城城墙的孔洞。由于史志中对西安水门记载寥寥，因而其形态、规模、位置等具体信息难得其详。不过，从水门的功能、龙首渠与通济渠的入城位置等可以推测出其大致情况。

西安城墙水门仅供渠水入城，并非用于往来交通，因而其形态当属拱券式孔洞，长度与墙身厚度一致，约6丈，而高度、宽度似也不会过于狭隘。为了防止渠水侵蚀墙体，西安城墙水门应系以砖甃砌或石条甃砌券洞，既能确保墙身免于渠水冲刷，又能够保障渠水不混入墙土，有碍清洁卫生。

在一定程度上，西安城墙水门实际上可以视为龙首渠、通济渠的重要节点，成为引水渠在城内与城外渠道的关键段落。就此而言，西安城墙的2座水门应分别位于城东龙首渠、城西通济渠入城之处，龙首渠入城之处应在长乐门以南第2座与第3座马面之间的墙根位置，通济渠入城之处位于安定门以南第2座与第3座马面之间的墙根位置。龙首渠利用时间较短，其入城水门的情况和具体位置难以细致考察，而通济渠由于在明清民国时期屡次维修，反复开启利用，因而其位置、变迁情况较为清楚。

基于陕西省内各城垣水门的普遍情况，可以推测的是，西安城墙水门既不同于潼关城垣为潼河穿城而过筑砌的过河水门，也不同于高陵县为城区雨水顺畅流出而开设的泄雨水门[1]，而是引水入城的水门。很有可能会在类似高陵县城水门设置铁栅栏之外，设置如潼关水门（水关）中的水闸，以便调节入城水量，防止水量过大溢出水渠，造成冲淹城区街市房舍的情况。因而西安城墙水门的基本形态属于砖石甃砌拱券的孔洞，但其中亦设置有铁栅栏、闸板等，充分考虑到了引水通畅、调节水量、城区治安等需要。

---

① 嘉靖《高陵县志》卷一《建置志》，明嘉靖二十年刊本。

第二章

城中之城：明代秦王府城墙的修筑与景观

明清时期，西安城墙体系颇为复杂，除了城周约14公里的大城墙外，与之相互依凭、组合防守的还有堪称"城中之城"的城墙，即明代的秦王府城墙、清代的满城城墙。倘若研究西安城墙维修保护的历程，而忽略了曾经是西安城池防御体系中重要组成部分的秦王府城墙和满城城墙，不能不说是一大缺憾。明代的秦王府城墙与清代的满城城墙不仅从形态、规模上来说，具有城墙作为防御工程的实质，而且在城市内部格局划分、市容景观塑造等方面具有深远影响。

早在战国时期，列国都城在建设时便出现了"筑城以卫君，造郭以守民"的规划思想和布局模式。居于明代西安东北隅的秦王府城，和当时众多区域中心城市兴起的藩王府城一样，是供十三世秦王及其眷属等大量人口居住之地。同西安大城城墙既有联系，又有区别的是，秦王府城拥有双重城墙，其间环绕护城河。虽然在明代，秦王府城的双重城墙和护城河并未经受战火的考验，但也是历世秦王屡有维修、保护的基础设施，尤其是护城河，成为秦王着力营建的"水域园林"，成为西安城中环境优美的地方之一。从某种意义上来说，秦王府城的护城河与城墙充分发挥了"壮观瞻"的功能，对于丰富明代西安城市景观具有积极作用。

清代八旗满城作为隔离性的军事堡垒，兴建于西安城内东北隅，其城墙与西安大城墙紧密相依，在结构上彼此关联、互通，这一点同明代秦王府城墙单独矗立在城内截然不同。满城城墙的兴建，不仅为西安八旗军兵及其眷属"圈"出了一大片专属居住区，而且使西安城墙的结构更趋复杂，防御功能也因而大为增强。从1911年辛亥革命爆发时的满城攻防战即可看出，满城城墙与西安大城城墙彼此相连，使得八旗军队延长了抵抗新军进攻的时间。

因此，"城中之城"的城墙应当被视为明清西安城墙的一部分，而不应当被忽略。其建设、维修和变迁的历史，也是西安城墙维修、保护和变迁的历史，尤其是在城墙、护城河的管理、维修、保护和利用方面，有较多的历史经验值得借鉴和参考。

第一节　宫城十里：
明代西安秦王府城墙的修筑与变迁

　　明代西安秦王府城与大城内外呼应，共同形成两道城河、三重城墙的典型重城结构，这是西安城作为明代西北军事、政治重镇的重要景观特征之一。秦王府城作为明洪武十一年至崇祯十六年（1378—1643）十三世秦王所居之地，内部布局肃穆严整，建筑庄严华美，园林景致如画。

一、秦王府选址与重城格局的形成

　　秦王府城的选址遵循了明太祖的要求，并直接决定了大城的扩展方向和规模。据《明太祖实录》载："（洪武三年秋七月辛卯）诏建诸王府。工部尚书张允言：'诸王宫城宜各因其国择地，请秦用陕西台治，晋用太原新城，燕用元旧内殿，……'上可其奏，命以明年次第营之。"①可见秦王府城与其他藩王府选址借用原有城市大型建筑基址一样，所谓"国之亲王府基，……要之必取郡地之最广与风气最适中者用之"②。遂在元代陕西诸道行御史台署旧址的基础上进行建设。这在当时天下初定，民力尚未恢复的情况下可减少军民役作。在明初曾屡获战功的长兴侯耿炳文于洪武二年（1369）跟随徐达大军攻进西安，旋即驻守于此，并在秦王受封后被拜为秦府左相都金事。他在主持秦王府建造之外，也同时身为西安大城扩建工程的负责人之一，从这一点而言，秦王府城的兴建与西安大城向东、北的扩建当有统一的规划，又几乎是同时开工建造，同时竣工完成。秦王府城自洪

---

①《明太祖实录》卷五十四，洪武三年七月辛卯。
②（明）朱国祯：《涌幢小品》"王府"条，明天启二年刻本。

武四年（1371）开始兴建，至洪武九年（1376）基本竣工，在洪武十一年（1378）秦王就藩西安时已完全竣工。

从明初分封各藩王所建府邸选址看，基本都处于城市核心区，在各个城市都形成了城中之城的格局，尤其以西安、成都、太原、大同、北京、济南、武汉、长沙、桂林、南阳等城市为代表。藩王府城在很大程度上影响甚至决定了这些城市内部格局和功能区的形成与发展。明初部分区域中心城市的拓展主旨就在于容纳规模庞大的藩王府城。藩王府城成为城市布局的核心，直接影响到城乡其他功能区的布设。藩王府城及其郡王府在清代一般均由重要官署和军事机构承继，对清代官署和军政机构的分布影响深远。如八旗驻防城一般多依藩王府城旧址兴建，西安秦王府之外，太原晋王府、成都蜀王府等在清代均先后成为满城所在地或八旗驻地。

二、秦王府重城形态与城墙规模

（一）重城形态

明代秦王府城在与西安大城构成重城形态之外，本身也是内外重城结构。按照明代亲藩府宅的统一规定，藩王府城池均为重城结构，内城为王府城的宫城，其外皆有周垣。从嘉靖《陕西通志》、康熙《陕西通志》和雍正《陕西通志》的城图中，可以明显看出，秦王府城的城廓形态是呈内外二重城垣，东西窄、南北长，并且南面稍向外凸出的倒"凸"字形。这一形态当是仿照南京皇城和宫城而建造的。

嘉靖《陕西通志》对秦王府重城形制有明确记载，其内为砖城，外有萧墙。"萧墙周九里三分；砖城在灵星门内正北，周五里，城下有濠，引龙首渠水入。"[①]当时明西安府城号称"周四十里"，实际大城（不含东关城

[①] 嘉靖《陕西通志》卷五《藩封》，明嘉靖二十一年刻本。

墙）周长约14公里，由两者城周长度相比可见秦王府规模之大，不仅成为西安城最大的建筑群，而且也令其他城市诸藩王府难以望其项背。

（二）城墙规模

明弘治八年（1495）兵部尚书马文升曾指出秦王府城规模居各藩王府之首，"洪武年间，封建诸王，惟秦、晋等十府规模宏壮，将以慑服人心，藉固藩篱"①，主要反映在占地面积、城墙高厚、城河深广与宫室间数等方面。

1. 秦王府内城——砖城的占地面积

西安大城城区（不含关城）面积约11.5平方公里，现以此为比照对象考察近年来关于明代秦王府内城——砖城的实测数据，以估算其占地面积。列表如下：

表 2-1　明代西安秦王府内城规模数据表

数据来源	形制	长、宽（米）	周长（米）与面积（平方公里）
《明秦王府建置考暨现状调查》②	长方形	东、西墙长731，南、北墙长427	2316/0.31
《秦王府北门勘查记》③	长方形	长671、宽408	2158/0.27
《中国文物地图集·陕西分册》④	长方形	南北约700、东西约430	2260/0.3
《陕西省西安市地名志》	长方形	南北671、东西408	2158/0.27

① （清）龙文彬：《明会要》卷七十二《方域二·亲王府》，清光绪十三年永怀堂刻本。

② 卢晓明、景慧川：《明秦王府建置考暨现状调查》，1989年油印本。

③ 陕西省考古研究所北门考古队：《明秦王府北门勘查记》，《考古与文物》2000年第2期，第17—21页。

④ 国家文物局主编：《中国文物地图集·陕西分册·下》，西安地图出版社，1998。

暂以砖城为规整长方形，依上述数据计算，则面积约为0.3平方公里。按照明1里长度为572.4米，砖城"周五里"应为2862米，比最大实测数据2316米尚多500余米，这正可说明砖城并非规整长方形，历次实测数据均未包括砖城向南凸出部分，从而出现误差较大的情况。表中历次所测长度当均小于砖城的实际长度，因而其面积应不少于0.3平方公里，即约为西安大城面积的1/38。秦王府外城萧墙因其废毁已久，尚未有实测数据，但其占地规模无疑更大。

明初分封于北京的燕王，与秦王同为"塞王"，手握重兵，而其府城占地规模则远小于秦王府城。《春明梦余录》载明洪武年间起建的燕王府基址规模云，"明洪武元年八月大将军徐达遣指挥张焕计度元皇城，周围一千二十六丈，将宫殿拆毁。至二十二年封太宗为燕王，命工部于元皇城旧基建府"。按明清时期约以180丈为一里计算，则燕王府周长约5.7里，明显小于秦王府"萧墙周九里三分"，仅比秦王府内城稍大。与明代其他藩王府城相较，秦王府占地规模也罕有其比。如开封周王府萧墙九里十三步，高二丈许，"紫禁城"高五丈。[①]银川庆王府萧墙周二里，高一丈三尺。[②]成都蜀王府砖城周五里，高三丈五尺，外罗萧墙。[③]这些区域中心城市藩王府城的占地规模都小于秦王府城。

清人在考察秦王府城基址后，也将其占地规模与都城南京的宫城相提并论，指出"明代紫禁城尚在，完整如新，且其地址宽于南京。明祖本志在都秦，……太子亡而作罢"[④]。万历重修《明会典》载藩王府城的标准规模

---

① （明）佚名：《如梦录》卷三《周藩纪》，清光绪至民国间河南官书局刊本。

② 嘉靖《宁夏新志》卷一《王府》，明嘉靖刻本。

③ 万历《四川总志》卷二《蜀府》，明万历刻本。

④ （清）唐晏：《庚子西行记事》，刘承干校，载《中国野史集成》编委会、四川大学图书馆编《中国野史集成》第47册，巴蜀书社，1993。

为，"定亲王宫城周围三里三百九步五寸，东西一百五十丈二寸五分，南北一百九十七丈二寸五分"①，而秦王府内城远大于这一规定。

2. 秦王府城的城池与宫室规模

嘉靖《陕西通志》载秦王府砖城"高二丈九尺五寸，下阔六丈，女墙高五尺五寸，城河阔五丈，深三丈"②。明人朱国祯在《涌幢小品》"王府"条载，亲王府制"城河阔十五丈，深三丈"③。万历重修《明会典》卷一百八十一《王府·亲王府制》亦载城河"阔十五丈"。当时西安大城城河阔仅八丈，作为城市中心区的秦王府城河不大可能超越这一数字，故以五丈为准。从名称差异分析，萧墙当为夯土墙，砖城则以砖石包砌土墙。砖城实际高度约11.5米，比藩王府城的统一规定高出2米余。实测砖城上宽约6.5米，下宽约11.5米。上阔与规制基本相符，下阔则窄于规制宽度。砖城墙体的这种结构，较统一形制更加高耸，且墙壁略呈梯形，坚实浑厚，大大增强了城墙的防御能力。④

明秦王府城的宫室规模史志中未有明确记载，《明会典》载藩王府殿宇等级的统一规定云，"正殿基高六尺九寸，月台高五尺九寸，正门台高四尺九寸五分，廊房地高二尺五寸，王宫门地高三尺二寸五分，后宫地高三尺二寸五分"⑤。曾官至首辅的明人朱国祯在《涌幢小品》中载藩王府制云，"正殿基高六尺五寸、月台五尺九寸，各有定数，而殿之尺寸不著。秦府殿高至九丈九尺，大相悬绝，岂秦、晋、燕、周四府，乃高皇后亲生，故优之，诸子不得与并耶"⑥，表明秦府殿宇规模在诸王府中居于首位，宫室数

① 万历重修《明会典》卷一百八十一《工部一·亲王府制》，明万历内府刻本。

② 嘉靖《陕西通志》卷五《藩封》，明嘉靖二十一年刻本。

③ （明）朱国祯：《涌幢小品》"王府"条，明天启二年刻本。

④ 张永禄主编：《明清西安词典》，陕西人民出版社，1999，第63页。

⑤ 万历重修《明会典》卷一百八十一《工部一·亲王府制》，明万历内府刻本。

⑥ （明）朱国祯：《涌幢小品》"王府"条，明天启二年刻本。

目也应在其他藩王府之上。①又《明史·舆服志》载洪武十二年（1379）诸王府告成，"（其制）凡为宫殿室屋八百有奇"，因此秦王府城宫室数目亦当在"八百"之上。除大门楼、小门楼、墙门、井之外，藩王宫室的标准规模为807间，虽然秦王府城从整体上均大于定制，但基本格局和宫室的间架数当不会与此相差太远。

明洪武九年（1376）"定亲王宫殿门庑及城门楼皆覆以青色琉璃瓦"②，秦王府城宫殿建筑在兴建之初和此后重修中便按照规定大量使用青色琉璃瓦，这些琉璃瓦均来自渭北同官县秦王封地。③琉璃厂位于同官故城东南40里，今铜川市立地坡盆景峪。"正统、景泰、天顺、成化间，皆尝经理督造。迨嘉靖甲申（嘉靖三年，1524）、乙未（嘉靖十四年，1535）之

图 2-1　明秦王府砖城南侧城墙遗址　　图 2-2　明秦王府砖城南侧城墙遗址
　（2018年5月31日，笔者拍摄）　　　　（2018年5月31日，笔者拍摄）

---

① 王璞子：《燕王府与紫禁城》，《故宫博物院院刊》1979年第1期，第70—77页。
② 万历重修《明会典》卷一百八十一《工部一·亲王府制》，明万历内府刻本。
③ 秦凤岗：《立地坡琉璃厂》，载《铜川城区文史》第二辑，1989，第45—46页。

图 2-3　明秦王府砖城南侧城墙遗址中可见瓦片

（2018年5月31日，笔者拍摄）

图 2-4　新城广场南侧明秦王府城墙遗址

（2018年5月31日，笔者拍摄）

岁，秦宫室及承运等殿，复动工重建，而琉璃之费无穷。"①从秦王府修造
工程专设琉璃厂、"琉璃之费无穷"的情况也可见其规模之大。

① 民国《同官县志·工商志》，民国三十三年铅印本。

图 2-5　新城广场南侧明秦王府城墙遗址
（2018年5月31日，笔者拍摄）

图 2-6　皇城东路明秦王府砖城东侧
城墙遗址

（2003年9月陕西省人民政府将"明秦
王府城墙遗址"列为陕西省第四批文物保
护单位。2008年9月8日，笔者拍摄）

图 2-7　皇城东路明秦王府砖城东侧城墙遗址
（2008年9月8日，笔者拍摄）

图 2-8　陕西省政府大院内明秦王府砖城城墙旧址

（2008年9月8日，笔者拍摄）

图 2-9　陕西省政府北门内侧明秦王府砖城城墙遗址

（2008年9月8日，笔者拍摄）

第二节　堑环子城：
秦王府城墙各门与护城河

秦王府城内区域依其职能可分为四大区，由中轴线自南而北可分别视为祭祀区（砖城西南部、萧墙灵星门西北）、宫殿区（砖城内大部区域）与园

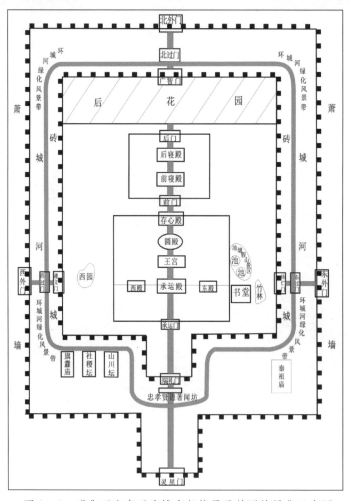

图 2-10　明代西安秦王府城内部格局及其园林绿化示意图

林区（主要在砖城内东部、后花园及护城河），在砖城与萧墙之间的外围地区，还布设有秦王府下辖的众多官署和部分王府军队，为官署、护卫以及服务人员生活区。

一、城门名称与位置

秦王府城主要宫殿与砖城四门名称，均按照朱元璋洪武七年（1374）的统一规定而命名，即"定亲王国所居前殿曰承运，中曰圆殿，后曰存心。四城门南曰端礼，北曰广智，东曰体仁，西曰遵义。上曰：'使诸王能睹名思义，斯足以藩屏帝室，永膺多福矣'"[①]。四门的命名显然是按照"仁、义、礼、智"的古训而制定的，目的就在于使诸藩王身居各地府城之中而能"睹名思义"，不忘"藩屏帝室"的重任。

正是由于对秦王府城的双重城形制和内部格局缺乏了解，所以关于秦王府城的12门，存在诸多错误认识。如《西安市莲湖区地名录》称秦王府四门为"东称东华门，南称端履门，……西称西华门，北称后宰门"[②]，就将明清两代地名相互混淆。东华门和西华门的名称就目前所见资料看，最早出现在康熙《咸宁县志》和《长安县志》城郭图的标注中，西华门因其作为满城的西三门之一而有记述，但东华门尚未见到有文献记载。不过从上述二城郭图的标注中可以看出，东华门并非满城中的地名，而是作为"废秦王府"的门名加以标注。从武汉楚王府、太原晋王府的城门设置情况来看，东华门、西华门在明代就已经出现了，由此推测东华门、西华门也应是秦王府的东西二门。从晋王宫城有东、西、南华门推断，西安的东、西华门实际上就是体仁门和遵义门，只是到清代修建了满城之后，秦王府萧墙被拆毁，砖城也改为八旗教场，东华门可能仍用来称呼砖城东门，而西华门则用以称呼满城西

---

① 《明太祖实录》卷八十七，洪武七年正月乙亥。

② 西安市莲湖区地名办公室编：《西安市莲湖区地名录》（内部资料），1984，第56页。

面中间一门了。

王城与萧墙之间的城河上还因建有桥梁而设有"过门"，皆以所处方位命名，有"东过门，在体仁门前左右廊东""西过门，在遵义门前左右廊西""北过门，在广智门前左右廊北"。南过门虽未见记载，但存在无疑。护城河上所建桥梁与大城护城河上的吊桥有很大的差异。吊桥为活动桥，军事防御特色十分突出，而秦王府城四过门所建的则是极具景观观赏价值的固定"廊桥"。桥上建廊，既可遮风避雨，又与桥下护城河园林绿化带结为一体，成为西安城市园林中绝无仅有的廊桥景观。据嘉靖《陕西通志》记载，秦王府外城萧墙与内城砖城四门相对，也设有4门，除南门灵星门外，其余3门按其方位称为东外门、西外门、北外门。秦王府城从内到外共有3层12门，四方位各门相对。万历重修《明会典》载藩王府城共有大小门楼46座，而秦王府城仅12座门，因而可能在萧墙上还有其他门楼。砖城限于内城地位，四周还有护城河，四门之外当未开设其他门。

由灵星门、端礼门、承运门、圆殿、存心殿、广智门、北过门、北外门所构成的南北轴线，及由东外门、东过门、体仁门、承运门、遵义门、西过门、西外门所构成的东西轴线均十分明显。承运门与砖城南门端礼门之间（即今新城广场址）、端礼门与萧墙灵星门之间、灵星门与西安城东大街之间各有一广场。三个广场纵向次第排列，强化了南北中轴线的作用。[①]

二、护城河建设及其景观

明宗室以其政治上的显赫地位和经济上享有的诸项特权多在府宅内营建规模较大的园林，各城市中藩王府均有园林化建设。[②]明代西安更以宗室园林为城市园林的主体。其中尤以号称"天下第一藩封""拥赀数

---

① 吴宏岐、党安荣：《关于明代西安秦王府城的若干问题》，《中国历史地理论丛》1999年第3辑，第149—164页。

② （明）佚名：《如梦录》卷三《周藩纪》，清光绪至民国间河南官书局刊本。

百万"^①"今天下诸藩无如秦富"^②的秦王府园林规模最大、布局构景最具匠心、景观层次最为丰富。

秦王府城从整体上看宛如一座大花园，秦简王朱诚泳在《小鸣稿》中即描绘说"府城外内，水陆草木之花甚多"^③。秦王府园林主要由三部分组成，砖城内东部书堂附近为秦王及其子弟读书之所，园林意境高雅清幽；后花园规模较大，花草树木种类繁多，充分体现了王府园林的风格；护城河园林则以广阔水面和莲花为主要特色。

明嘉靖年间陕西左布政使张瀚在《松窗梦语》中载秦府砖城内东部"台池鱼鸟之盛"云："书堂后引渠水为二池，一栽白莲。池中畜金鲫鱼，从池上击梆，鱼皆跃出，投饵食之，争食有声。池后垒土垒石为山，约亭台十余，座中设几席，陈图史及珍奇玩好，烂然夺目。石砌遍插奇花异木，方春海棠舒红，梨花吐白，嫩蕊芳菲，老桧青翠，最者千条柏，一本千枝，团栾丛郁，尤为可爱。"^④可见秦府园林中池塘的构景之功突出。池中鱼莲动静相映，池畔假山亭阁倒映水中，四周花树团簇，品类奇异。成化年间秦简王朱诚泳有诗赞云："朱明守夏熏风凉，花开正作黄金妆。红者惟红白者白，宫城十里飘清香。金鱼无数长过尺，出水荷翻尾摇赤。"^⑤记池旁假山云："好山四面画屏开，百斛青螺净如洗。……假山虽假有真趣，云影倒蘸涵天光。"^⑥秦王府虽假亦真的山水风光尽得自然之趣。书堂周围广植竹林，取意清幽，充分体现了园主的个人情趣与爱好。秦简王《宾竹轩记》记载了秦王府竹林的形成及其中"宾竹轩"的得名："予书堂之西轩，旧有丛竹，岁

---

① （清）彭孙贻：《流寇志》卷八，清钞本。
② （明）倪元璐：《倪文贞奏疏》卷十《救秦急策疏》，清文渊阁四库全书本。
③ （明）朱诚泳：《小鸣稿》卷九《瑞莲亭记》，清文渊阁四库全书本。
④ （明）张瀚：《松窗梦语》卷二《西游纪》，清钞本。
⑤ （明）朱诚泳：《小鸣稿》卷三《临池》，清文渊阁四库全书本。
⑥ （明）朱诚泳：《小鸣稿》卷三《玩假山池亭》，清文渊阁四库全书本。

久枝叶殄瘁，几无留良焉。乃命侍人悉芟除之，别植数百本，不三二岁，蓊然成林，萧然有洞庭九嶷之趣，予甚乐之。……遂颜其轩曰'宾竹'。"能"蓊然成林"的竹林规模在这一时期西安城市园林中并不多见。

作为秦府园林的主体，后花园规模远较书堂周围园林为大，且蓄养孔雀、仙鹤等珍禽，其内"植牡丹数亩，红紫粉白，国色相间，天香袭人。中畜孔雀数十，飞走呼鸣其间，投以黍食，咸自牡丹中飞起竞逐，尤为佳丽"①。后花园中各色牡丹竞吐嫩蕊，广达数亩，其间孔雀时翔时栖，鸣叫不已，宾客进奉的数只仙鹤也为秦府园林增色不少。"放之庭下自舒逸，有时飞上苍松巅。落地蹁跹如寄傲，风动霜翎舞还蹈"②，正是对仙鹤绰约神姿的生动描绘。这样声色兼备的园林俨然已具帝王苑囿的气象。

秦府后花园的美景其实远不止此，成化年间秦简王朱诚泳有诗咏云：

城中寸金营寸土，我爱斯园带花坞。依稀风景小蓬莱，始信神仙有宫府。钱刀不惜走天涯，殷勤远致江南花。沿阶异草多葱芡，参天老木何槎牙。谁移泰华终南石，巧作山峰叠青壁。山下池中几种莲，赤白红黄更青碧。金鲤银鲂玳瑁鱼，往来自适恒如如。一点红尘飞不到，水晶宫殿涵清虚。花时最爱花王好，魏紫姚红开更早。玉盘斜莹寿安红，却为迷离被花恼。两行槐幄夹高柳，时送清风到户牖。绿荫啼鸟共幽人，爽气自能消宿酒。黄花采采开深秋，满林红叶霜初收。几度醉游明月夜，天香万斛沾轻裘。山头一夜风吹雪，万木萧条寒栗烈。索笑闲寻绿萼梅，三种还分蜡红白。松柏苍苍斑

---

① （明）张瀚：《松窗梦语》卷二《西游纪》，清钞本，收入康熙《长安县志》卷三《物产》，清康熙刊本。

② （明）朱诚泳：《小鸣稿》卷三《悼鹤》，清文渊阁四库全书本。

竹青，相看同结岁寒盟。满前好景道不得，四时诗兴还相萦。①

　　虽然文学化的描述难免夸张，但从中依然可看出秦府园林在四季轮替中的景观变迁：春天的万紫千红、夏天的绿荫覆地、秋天的红叶黄菊、冬天的红梅傲雪，使秦王府园中四季风景均有引人入胜之处。秦王府园林营建规模之大，也反映在其中动植物及建筑材料的来源之广。不仅孔雀、仙鹤来自南方，园中花草也是"钱刀不惜走天涯，殷勤远致江南花"而得来。累叠假山之石源出"泰华"②，千竿翠竹移自"渭川"。秦王还着力于园林花卉的栽培，明人徐应秋在《玉芝堂谈荟》中载"王敬美先生在关中时，秦藩有黄牡丹盛开宴客。敬美甚诧，以重价购二本携归。至来年开花则仍白色耳，始知秦藩亦以黄栀水浇其根而为之耳"③，由此形成的园林面貌自然较城内其他园林更为丰富多彩。

　　秦王府城双重城墙之间开掘有护城河环绕，有明一代，其军事意义相对较弱，逐渐成为秦王着力营造的大规模园林化区域。成化年间秦简王营造尤多，引龙首、通济渠水入城河中，形成深三丈、宽五丈、周长超过五里的水面。④城河中种植莲花，建造亭台阁榭，实为西安酷暑之季消凉纳暑的佳地。秦简王称其景色可与西湖相媲美：

　　　　予府第子城外，旧环以堑，引龙首渠水注焉。岁久渠防弗治，
　　水来益微，堑遂涸矣。弘治壬子（弘治五年，1492——笔者注）春，

---

　　①　（明）朱诚泳：《小鸣稿》卷三《后园写景》，清文渊阁四库全书本。
　　②　（明）朱诚泳：《小鸣稿》卷二《假山》，清文渊阁四库全书本。
　　③　（明）徐应秋：《玉芝堂谈荟》卷三十六《牡丹谱》。
　　④　（明）王世贞：《弇山堂别集》卷二十六《史乘考误七》，清文渊阁四库全书本，载许襄毅任陕西巡抚时"与镇守内臣同游秦王内苑，厮打堕水，遗国人之笑"，表明秦府城园林水面相当大。

监司修举水利，渠防再饬，暂水乃通，盖一二十年，平陆复为澄波也。予喜甚，遂命吏植莲其中。复即体仁门外为亭，水中以寓目。亭之北则旧有长廊十余间，牖皆南向，与亭相对而连属焉。是岁夏季，莲乃盛开，……花香袭人，端可与西湖较胜负。①

秦王府护城河园林化的一大特色在于以莲花和水景取胜。朱诚泳在《瑞莲亭记》中即云："予府城外内，水陆草木之花甚多，而莲品为尤甚。一日偶至体仁门之南廊，俯瞰清泠芳敷掩映朱华，绿带缘沟覆池，乃饰左右廊其室为亭，将与知音者赏之。亭成，有嘉莲产池中，两歧同干，并蒂交辉，光彩夺目，臣民观者为之色动。"②明弘治七年（1494）永寿王朱秉櫟《瑞莲诗图附清门帖》中直接将护城河部分区域称为莲塘，"秦藩体仁门外莲塘数亩，时花盛开，众中一茎并蒂两花，香清可爱，诚世之罕见者也"，表明当时护城河的防御功能已经衰退，而园林美化成为主要功能。永寿王赋诗云："雕槛朱闳瞰碧涟，绕亭云锦净芳妍。鹦鹦燕燕肩肩并，小小真真步步联。匀粉润沼荷上露，吹香晴散镜中天。分明瑞应宜男飞，麟跳螽斯不浪传。"③

---

① （明）朱诚泳：《小鸣稿》卷九《瑞莲诗序》，清文渊阁四库全书本。

② 同上

③ （明）朱秉櫟：《瑞莲诗图碑》，存西安碑林。

第三章

众志成城：清代前中期西安城墙维修工程

　　经过明代洪武前期长兴侯耿炳文等主持的城垣扩展工程，西安形成了大城城墙与东关城墙相互依傍的城墙格局，城市规模也随之扩大。此后随着隆庆初年陕西巡抚张祉主持的墁砖工程，西安大城城墙由土城一变而为砖城，城墙坚固程度与防御能力得以进一步提升。至明末崇祯年间，陕西巡抚孙传庭督饬兴建西、南、北三座关城，自此形成了西安大城城墙与四座关城城墙相互呼应的规整形态。

　　随着明朝覆亡、清朝肇兴，西安城墙作为城市和区域的标志性景观跨越了朝代更迭，既属于前朝的军事设施和文化遗产，又成为新兴王朝赖以维系统治秩序和保障阖城官民安危的重要防御基础。有清一代，西安城墙既能在兵凶战危之际发挥保障之功，又可在承平之时大壮观瞻，增强城市居民的安全感、自豪感。对于游历、途经西安的外来人士而言，高大雄阔的城墙往往给他们留下了至深的印象，直接影响了对西安的整体评价和历史追忆。如乾隆三十三年（1768），新上任的四川学政孟超然从北京前往成都途中，于十一月初七日抵达西安。他在当天的日记中即记载西安"由北而南，城郭宏峻，市廛周密"①。同治九年（1870）五月间，西征营务处总办裴荫森抵达西安办理公务期间，"遍览城垣，慨然于周秦汉唐建都于此，拥百二河山之固，所谓九州之上腴也"②。西安城墙在清代268年间的壮阔景象和延续利用，有赖于众多精心筹划、周密组织的维修活动。

　　据笔者初步统计，在明代西安城墙的三次较大规模维修之外，清代西安城墙就经历了超过20次维修活动，包括传统史志和论著中载称的12次，即顺治十三年（1656）、康熙元年（1662）、乾隆二年（1737）、乾隆二十八年（1763）、乾隆四十六年（1781）、咸丰七年（1857）、同治元年（1862）、同治二年（1863）、同治四年（1865）、光绪二十二年（1896）、光绪二十四年（1898）、光绪二十九年（1903），以及笔者在对中国第一历史档案馆所藏与清代西安城墙维修有关的奏折档案搜检统计后发

---

① （清）孟超然：《使蜀日记》卷一，清嘉庆二十年刻本。
② （清）裴士骐：《裴光禄年谱》卷二，清光绪刻本。

现的8次。城工未见清代以来陕西地方史志和当今论著提及，分别是：嘉庆十五年（1810）[①]、嘉庆二十年（1815）[②]、道光元年（1821）、道光七至八年（1827—1828）[③]、道光十五年（1835）[④]、咸丰三年（1853）[⑤]、同治六年（1867）[⑥]、光绪三十三年（1907）[⑦]等年份城墙维修工程。考虑到文献记载的缺漏，实际进行的城墙维修工程活动无疑更多。

在上述较大规模城工中，按照维修经费数额来源划分，可分为动用官府经费和官绅士民捐款修城两大类；按照参与城工劳动者的类别划分，可分为征募工匠修城、军民协同修城两大类；按照修城缘起划分，可分为由于自然原因（如风吹雨淋、鸟鼠侵凌、地震毁坏）和人为原因（如战争损毁、不慎失火）造成的城墙及其附属建筑毁坏；按照修缮重点划分，则可分为修缮墙身（即砖砌和夯土墙体）、楼座房屋（如城楼、卡房、角楼、官厅等附属建筑）两大类。另外，按照工期、工料来源等，也可对上述城工进行不同分类，进而加深我们对明清时期西安城墙维修、保护诸史实的了解和理解。

应当指出的是，上述初步统计的西安城工，是指规模相对较大的维修和保护工程，事实上，城墙的"岁修"，即平常的修缮和保护也是地方官府和驻军的日常事务之一。因此，概括而言，西安城墙的维修活动分为日常的添

---

① 董教增：《奏为西安省会城垣坍损详请补修事》（嘉庆十五年十二月十一日），朱批奏折，中国第一历史档案馆，档案号：04-01-37-0061-038。

② 朱勋：《奏为借项修建西安省垣城楼事》（嘉庆二十年九月初九日），朱批奏折，中国第一历史档案馆，档案号：04-01-37-0069-003。

③ 徐炘：《奏为筹议捐修省会城垣事》（道光七年五月二十一日），朱批奏折，中国第一历史档案馆，档案号：04-01-37-0088-005。

④ （清）昆冈等修：《钦定大清会典事例》卷四百四十二《礼部·中祀祭岳镇海渎》，清光绪石印本。

⑤ 张祥河：《奏报官民捐修省会西安城垣等工完竣事》（咸丰三年三月二十七日），录副奏折，中国第一历史档案馆，档案号：03-4517-067。

⑥ 库克吉泰等：《奏为筹款兴修西安城墙卡房等工事》（同治六年九月初十日），录副奏折，中国第一历史档案馆，档案号：03-4988-038。

⑦ 松湋：《奏为陈明西安修复城工一律工竣事》（光绪三十三年正月二十日），朱批奏折，中国第一历史档案馆，档案号：04-01-37-0147-002。

修维护与某些年份的较大规模整修，这两类活动相辅相成，推动了西安城墙面貌的保存和景观的一脉相承。以下将基于地方史志和奏折档案等文献，对明清西安城墙历次维修史事逐一进行考订，尤其是对不为前人所知的清代西安诸多城工细节进行揭示，以期推进西安城墙维修保护历史的研究。

第一节　修葺如制：
清顺治、康熙年间西安城墙修筑工程

城池建设与维修（史志中常称为"城工"）是封建时代区域社会官民极其倚重的工程类型，清人有"保国而卫民者，固莫重于城"①"一省之中工程之最大者莫如城郭"②等认识，其建修频次、规模、工费等与自然环境、城防安全、工程质量、官民观念、区域经济发展水平等密切相关，是历史地理、城市史、建筑史、经济史等领域的重要研究内容。③清代陕西城垣数量

---

① （清）张瑚树：《重修城垣碑记》，光绪《绥德州志》卷八《艺文志》，清光绪三十一年刊本。

② 乾隆《大清会典则例》卷一百二十七《工部》，清文渊阁四库全书本。

③ 参见徐斌：《略论明清时期的修城经费——以湖北为中心》，《中南民族大学学报（人文社会科学版）》2003年第1期，第123—126页；黄敬斌：《利益与安全——明代江南的筑城与修城活动》，《史林》2011年第3期，第1—11页，第188页；马亚辉：《乾隆时期云南之城垣修筑》，《中国边疆史地研究》2012年第2期，第37—45页，第148页；史红帅：《清乾隆四十六至五十一年西安城墙维修考论》，《中国历史地理论丛》2012年第2辑，第112—126页；周小棣、沈旸、相睿：《城市防御视角下的明代山西地方城池营建探析》，《东南大学学报（自然科学版）》2012年第6期，第1139—1145页；李龙潜：《明代修建郡县城池的几个问题》，《明清论丛》2012年第12辑，第1—39页；薛樵风：《明代城市砖石城墙修筑的时空过程》，《云南大学学报（社会科学版）》2017年第6期，第61—68页；贾亭立：《明代筑城规模研究》，《城市规划》2017年第12期，第97—103页。

众多，乾隆年间府州厅县城为84座，嘉庆年间增至88座，光绪年间更达90座之多。①清顺治、康熙、雍正时期，尤其是乾隆年间，陕西各地城垣一般由朝廷和地方官府动用国家经费，依"急修""缓修"等批次进行了大规模维修，属于"公帑修城"为主的阶段。在嘉庆、道光、咸丰、同治、光绪朝，陕西官民"捐资修城"活动蔚然风起，捐款成为城工经费的重要来源，城池修筑与区域社会经济、民生、教育等的关联更趋紧密。②

清雍正十三年（1735），由吏部尚书署理陕西总督刘於义、户部尚书总理陕西巡抚史贻直、陕西巡抚硕色奉敕主持编纂的《陕西通志》刊行。这部通志共101卷，分32门、178目，卷帙浩繁，420余万字。其中专列"城池"一卷，编者在卷首语中高度评价了陕西省境各城垣、护城河的重要作用，称：

> 度地居民，轩皇肇制。践华因河，天然形势。由腹逮边，大小维系。崇墉言言，深池洰洰。缮治坚完，塞垣至计。巩固秦疆，如带如砺。建威销萌，浚筑守卫。得厥人和，金汤百世。③

从这一段卷首语中可以看出，当时上自主持编修通志的省级官员，下到负责具体修纂的文人群体，已充分认识到陕西省固然拥有黄河、秦岭等便于防御的地形地势条件，但无论是作为明代的边地，还是清代成为西北内陆省区，陕西省各府州县厅城均需依靠高大的城墙与宽阔的护城河作为捍患御侮的主要设施。而要长期持续地发挥各地城垣的保障之功，就需要官府和

---

① 民国《续修陕西通志稿》卷八《建置三·城池》，民国二十三年铅印本。

② 史红帅：《清中后期陕西捐修城工研究——基于档案的考察》，《中国历史地理论丛》2019年第3辑，第140—158页。

③ 雍正《陕西通志》卷十四《城池》，清文渊阁四库全书本。

民众时常注意修缮城墙、疏浚城壕，以确保城池能在需用之际发挥应有的作用。从区域城市体系的角度而言，陕西全省民众的安全与社会的安定均系于各地城池，即所谓"巩固秦疆，如带如砺。建威销萌，浚筑守卫"；从单体城市角度来说，城墙坚固、城壕深阔能有效保障城市社会的稳定发展，诚所谓"得厥人和，金汤百世"。

相较于雍正《陕西通志》卷十四《城池》卷首语中对城池地位、功能的精辟概括，乾隆四十四年（1779）刊行的《西安府志》卷九《建置志上》则简略称"城池所以卫民，公署所以临民"[①]，认为城池属于保护城区民众安全的防御设施，而衙署则属于官员管理百姓的办公之地。应当说，乾隆《西安府志》的这一认识固然强调了城池的基本功能，但忽略了城池的多方面用途。

一、清朝廷维修与保护城池的重要举措

入清之后，朝廷对于各地城墙、城壕的维修、保护更为重视，工部、兵部、户部等部门与地方督抚等大员基于各地城池维修、保护的实际状况和经验，向皇帝提出了诸多具有可行性的建议，随后以上谕、朱批等形式向全国推广，这些规定和举措对于清代西安城池的修缮、保护也具有重要的指导意义。

从内容上看，朝廷有关城池维修、保护的规定与举措主要包括四个方面。

第一，朝廷在一系列规定中明确了城池维修的责任人、奖惩方式与工费来源。

清朝廷规定，各省城垣的维修工程由该省总督、巡抚、知府、知州、知县等各级地方官员督导、主持。如总督、巡抚作为省级官员，负责督察全省城池维修工程；知府、知州、知县等作为地方官，负责特定区域或单体城

---

① 乾隆《西安府志》卷九《建置志上·城池公署》，清乾隆刊本。

池的维修事宜。在清前期，为了提高地方官维修、保护所在地区城池的积极性，朝廷制定了相应的奖惩制度。顺治十一年（1654）规定，对于及时修葺城垣、城壕的地方官予以奖励，由总督、巡抚具题上报，议叙重用。康熙七年（1668）规定，对于辖区城垣倾圮的地方官，罚俸六个月。雍正五年（1727）工部等议准，各省城垣责成总督、巡抚等省级官员通过巡查等方式，了解各州县城垣实际状况，对于有"微塌"情形的城垣，由该地方官及时修补；对于坍塌过多的城垣，若有官员能够捐资兴修，恢复城垣坚固面貌，则对该捐修官员"量予议叙"，予以提拔。①

　　经过清顺治、康熙两朝的休养生息，社会渐趋安定，经济逐步复苏，国家财力大为提升，因而自雍正朝以后，随着国库相对充盈，"海内丰豫"②，朝廷划拨了大量工费，支持各省城垣修筑工程。雍正九年（1731），工部议准，各省州县城垣维修工程开支在1000两以下的，其工费由"额设存公项"下动用公帑，按年分修，由此可以避免城工经费开支过大影响其他地方建设事务；城工经费超过1000两的，由各省先咨报工部备案，待当地发生荒歉之年，再采取"以工代赈"的方式，雇用灾民维修城池，由此既能通过支付劳酬救济灾民，又能使倾圮城垣重兴坚固，可谓一举两得。嘉庆十三年（1808），嘉庆皇帝发布上谕，强调城垣作为"保障居民"的重要防御设施，各省省城城垣更属"观瞻所系"的标志性城市景观，若有坍塌等维修事宜应需开支工料银两，可在本省布政司库"平余项"下动支公帑作为工费，再由该省巡抚遴选、委派精干督工官员负责城工事宜，同时要求巡抚等省级官员切实查明该城垣坍塌情形是否发生于"保固"时限之内，若在"保固"时限之内，则应追究督工各级官员的责任，并要求其开展

---

① 民国《续修陕西通志稿》卷八《建置三·城池》，民国二十三年铅印本。
② 同上。

"赔修"工程。①

　　第二，朝廷明确了城垣修筑工程的"保固"年限（即质量保证期），并结合实际情况进行调整。

　　乾隆三十三年（1768），乾隆皇帝发布上谕，指出"城垣自应坚固牢筑，非寻常墙垣可比。一经鸠工，自当屹峙数十年"，强调各州县城垣作为保障一方百姓安全的基础设施，应当能够在较长时间内发挥作用，但部分城垣在维修或扩筑后，利用时间较短，即由于风雨侵蚀或自然灾害导致倾圮，朝廷和地方官府则需要再度划拨公帑维修。乾隆皇帝认为，倘若不严格规定城工保固期限，难免会出现督工官员偷工减料、中饱私囊、相互效尤等弊端，由此修筑的城垣难以确保坚固，也背离了皇帝"发帑卫民"的本意。有鉴于此，乾隆皇帝要求此后各省新修城工，总体上以30年为保固年限。对于在修筑竣工后30年内仍需修整的城工，即饬令各级督工官员依据分工责任"赔修"。这一谕令一方面增强了督工官员群体的责任心，督促其既要节约工费，又要提高城工质量；另一方面由督办城工官员出资"赔修"，在一定程度上减轻了朝廷和地方官府划拨公帑重复修城的压力。嘉庆十年（1805），经工部奏准，考虑到各省城垣有土城、砖城、石城等多种类型，墙体质量差别较大，因而规定对于各省城垣中素来没有灰皮、海墁的，易受自然因素影响，其修筑竣工后改为20年保固。由此缩短了保固年限，有利于鼓励地方官员积极开展城工事宜，减轻了官员由于担忧保固年限过长对开展城工"畏手畏脚"的心理压力。②

　　第三，朝廷明确规定城垣维修与保护是地方官员任期内的重要工作，在离任时必须向接任者交接清楚，从制度上确保官员重视城垣的维修与保护。

---

① 民国《续修陕西通志稿》卷八《建置三·城池》，民国二十三年铅印本。
② 同上。

雍正七年（1729），朝廷规定各省若有新修城垣，地方官遇到升转、离任等情况，应将城垣有无坍塌等情况向接任官员交接清楚，以厘清管护责任；若交代不明，以至于城垣出现坍塌，则由前任官出资修补。前后任地方官员在相互交接时，涉及的地方事务较多，而朝廷明确城垣是否完整、有无坍卸等情况则属于最重要的交接内容，凸显出城垣作为地方重大"资产"的地位，同时也反映出维修、保护和管理城垣是州县地方官任内的重要事务之一。为进一步掌握各省城垣的数量、规模、类型等具体信息，乾隆十三年（1748），乾隆皇帝覆准各省总督、巡抚，要求其详细统计各自省区城垣周长里数、高厚丈尺数据，以及截至当年城垣坍塌段落、尺寸等信息，逐一造册，上报朝廷，以备稽查；同时责令各地方官及时修补坍塌城垣，倘若玩忽职守，不及时兴修，致使城垣日渐倾圮，即命地方官赔修，并按照大清律例参革处罚。除要求地方官系统勘测、上报城垣数据之外，乾隆皇帝再度重审，如遇有新旧官员交接，令新任官员依据城垣统计册查明坍塌情形，由前任官赔修，倘若新任官隐匿不报，则由新任官自行赔修。[①]

第四，朝廷明确规定了城垣日常保护的责任群体及措施。

乾隆年间，朝廷定议各州县城垣的日常维护，一方面由"文员"，即知州、知县等地方官负责"随时防护"；另一方面，长期驻守该城垣的营汛官兵也应"稽查防护"。这表明州县官府和当地驻军均属于保护城墙的责任群体。在维修、保护城墙的具体举措方面，乾隆十三年（1748）、乾隆三十三年（1768），工部先后议定，有鉴于雨水冲刷对各地城垣墙体造成坍卸等负面影响，因而提议各地在城垣顶部砖砌海墁，防止雨水渗入墙体，同时在城顶内侧添设宇墙，在城身内则安砌水沟，导引雨水顺流而下。在城顶铺设海墁、在城身内侧添砌水沟等举措，提高了城顶、城身的排水效率，减轻了雨

---

① 民国《续修陕西通志稿》卷八《建置三·城池》，民国二十三年铅印本。

水冲刷带来的负面影响，对各地尤其是北方地区"土城"的保护发挥了重要作用。乾隆五十九年（1794），朝廷将此前要求各总督、巡抚在年终十二月汇奏该省城垣情形的惯例，改为每年十月内咨报，并由军机处统一开单汇奏皇帝。朝廷由此就可通盘掌握全国各省城垣完固、坍卸、维修等总体情况。

嘉庆十一年（1806），工部进一步细化了城垣保护举措，奏准各省城垣在日常维护时，地方官府和驻军可依据城门为节点，分别划定需要保护、管理的段落，并在墙体上钉牌，注明某段派某门卡兵专管，由州、县衙门统一配发斧、镰、箕、担各一具，平日存放在驻守卡房，由卡兵随时照管。若遇到墙身外皮、里皮、女墙（即宇墙）、垛口、炮台等处长出荆棘、小树等，影响墙身稳固，应及时芟除；对于墙体雨漫坑洼之处，应立即修整、填平。负责管护城墙的兵丁如有懈惰，即行斥革；对于勤加守护者，则随时奖拔。嘉庆十八年（1813），工部奏准，各省城如城身里皮、外皮均须砌砖，由该省总督或巡抚专折奏明皇帝，妥善办理。①

清朝廷有关城墙维修、保护的上述制度、规定对于包括陕西省城西安在内的各省城工都具有重要的指导意义，有力地促进了清代各省城垣的持续利用。

值得特别提及的是，清前期，公帑修城在陕西各地城工中占据主导地位，特别是"雍正以后，海内丰豫，城垣修筑多用库帑开支"②，国家资金成为经费的主要来源。捐资修城虽然同时存在，但频次较少。据雍正《陕西通志》统计，清前期84座城垣的重修工程中，捐修城工仅寥寥4次（顺治、康熙各2次），且均属官员捐俸。③该记载或有疏漏，却从一个侧面反映出清前期捐修城工数量确实极少，难以与公帑修城相提并论，这一状况与朝廷

① 民国《续修陕西通志稿》卷八《建置三·城池》，民国二十三年铅印本。
② 同上。
③ 雍正《陕西通志》卷十四《城池》，清文渊阁四库全书本。

的城工政策紧密相关。一方面，清前期顺、康、雍、乾各朝在民生方面采取了"休养生息"的举措，有"薄赋轻徭，远超前代，休养生息，百有余年"之称，在开展城工时以"杜绝民累"为准则，并不主动劝谕绅民捐修。乾隆十五年（1750），乾隆皇帝更进一步谕令"州县城垣无论钱粮上下，统令动项修补"①，明确了城工经费以动用公帑为主，以减轻民众负担。另一方面，在清前期社会渐趋安定，民生日渐复苏，公帑足敷修城之需的情况下，朝廷为防止地方官员借助捐修城工派累百姓，也未鼓励其捐廉修城，尤其是乾隆皇帝认为"大小各官所领养廉，原以资其用度，未必有余可以帮修工作。倘名为帮筑，而实派之百姓，其弊更大"②。正是由于国库较为充盈，朝廷能够调拨充裕经费满足城工需要，因而清前期并未出现大规模鼓励官绅商民捐资修城的情况，陕西也不例外。

清中后期的嘉、道、咸、同、光年间，国家内忧外患深重，财政开支巨大，"军用浩繁，度支既绌，城垣修理渐以不给"③，包括陕西在内的各省城工难以仰赖朝廷拨款。面对城垣年久失修或因战火倾圮的状况，地方官员时常处于"国家经费有常，未敢请帑兴修，而工程又不可缓"④的两难境地。在公帑紧绌的情况下，自嘉庆朝开始，朝廷和官府大力倡导官绅商民捐资修城，并通过一系列奖叙举措推动各地开展捐修城工，这与清前期主要依靠国家拨款修城形成了十分鲜明的对照。咸丰、同治、光绪年间，由于捻军入陕、陕甘大规模战事等战火影响，西安、同州、延安、榆林、鄜州等府州

① 陈弘谋：《奏为遵旨酌筹办理陕省城垣事》（乾隆十六年正月二十三日），朱批奏折，中国第一历史档案馆，档案号：04-01-37-0015-002。

② 陈弘谋：《奏为陕省办理一千两以下城工事》（乾隆十一年二月二十四日），朱批奏折，中国第一历史档案馆，档案号：04-01-37-0010-007。

③ 民国《续修陕西通志稿》卷八《建置三·城池》，民国二十三年铅印本。

④ 史谱：《奏为官民捐修延安府城请鼓励》（道光十三年七月二十日），军机处档折件，台北"故宫博物院"图书文献处，档案号：064598。

"城垣足恃者，赖民力为之缮治"①，捐修一度成为陕西城工的主要形式。

二、顺治康熙年间西安的城墙维修与保护

明代崇祯后期，陕西作为明军与农民起义军交战之地，"残破更甚他省"，西安、延安、绥德、米脂等城被起义军占据，关中、陕北大片地区受战火影响，"赤地千里，十室九空"②，社会经济发展停滞，人口大量逃徙避难，尤其是西安府、凤翔府"所在蹂躏，伤残已极"③。在此大背景下，陕西各地城垣在明末及清初的战火中多有损毁，亟待维修，但入清之后的各地方官府又往往财力支绌，百废待兴之事繁多，难以顾及需要投入大量经费的城工。

就省会西安城而言，明末李自成起义军占据西安时，与守城明军并未进行激烈的攻防交战，对城垣几无破坏，而且在选定西安作为大顺政权都城后的一年内，为加强城防，可能还开展过修缮城垣的小规模工程。清军进入西安城时，亦未发生激烈战事。西安城墙在明末清初的战乱中并未受到显著的负面影响。但是，西安城墙经过自隆庆二年（1568）的大规模整修之后，至清顺治初年，已经过去了近80年之久，风雨、地震、鸟鼠这些自然因素对西安城墙的负面影响又达到了十分严重的程度。尤其是顺治十一年六月初八日（1654年7月21日）西安、延安、平凉、庆阳、巩昌、汉中一带发生大地震，"倾倒城垣、楼垛、堤坝、庐舍，压死兵民三万一千余人，及牛马牲畜无算"④。从《清世祖实录》的记载可以看出，这次地震不仅给包括西安在内的关中、陕北、陕南、甘肃东部地区造成了严重的人员和财产损失，而且严重破坏了这些地区的城墙、堤坝、房屋等基础设施和建筑。

---

① 民国《续修陕西通志稿》卷八《建置三·城池》，民国二十三年铅印本。
② （清）孟乔芳：《孟忠毅公奏议》卷上《奏为安抚全秦历陈事》，清刻本。
③ （清）孟乔芳：《孟忠毅公奏议》卷上《题为经制饷额宜核》，清刻本。
④ 《清世祖实录》卷八十四，顺治十一年六月丙寅。

　　毋庸置疑，西安城墙在此次地震中受损严重。残破的城墙与西安作为清王朝的西北重镇的地位难相适应，当时的西安是清王朝控制西陲、拓展边疆的桥头堡，若西安城墙失修，不仅关乎陕甘军事大势，而且在一定程度上影响到清王朝对整个西部地区的有效统治和疆土拓展，因而西安城墙的维修很快就得到了朝廷和地方官府的重视。大地震过后两年，即顺治十三年（1656），陕西巡抚陈极新便开展了对西安城墙维修的活动。雍正《陕西通志》卷十四《城池》对此仅载："顺治十三年，巡抚陈极新修葺如制。"①细致分析可知，这次工程作为入清之后西安城墙的首次大规模维修，应当是作为陕西省一级的城建工程开展的，由陕西巡抚陈极新主导，势必会牵涉到陕西布政司、按察司、西安府、咸宁县、长安县等地方官府，以及西安驻军。

　　顺治初年，八旗军队进驻西安后，在城内东北隅形成了八旗驻防城，八旗马甲人数额定为5000人。西安城的军力大增，与之相应的军事防御设施——城墙的大规模整修维修也理所应当。陕西巡抚陈极新正是在城市驻军增多、城墙设施需要修缮、大地震灾后重建之际，促进了城墙维修工程的开展。

　　"修葺如制"是陈极新主导的此次城墙维修的基本原则，也是最终效果。这一原则反映出当时确实是为了恢复遭到地震损毁的城墙原貌。所谓的"制"有多层含义：一方面是指城墙在地震之前的形制、形态，如女墙、垛口、城楼、卡房、角楼、官厅等；另一方面，"制"还指城墙建设的"规制"，即是按照朝廷（工部）等有关城墙维修的规定和工程做法来进行"修葺"，包括"帑不虚糜，工归实用"等维修理念。在这些基本原则和理念的指导下，维修竣工的西安城墙以"如制"的面貌重新出现在世人面前，而不

---

　　① 雍正《陕西通志》卷十四《城池》，清文渊阁四库全书本。

是大拆大建。保留城墙自明代以来的基本形制和风貌，这对于西安城墙格局、形态、规制等的保护和继承起到了积极作用，也为后世维修者所沿用。陈极新在出任陕西巡抚之前，曾被认为"刚果郑重"①，而在任职之后，却官声不佳。顺治十三年（1656）四月，大学士管都察院左都御史成克巩在上疏中痛斥陕西巡抚陈极新等人"衰老昏庸，急当更易"②。顺治十六年（1659）闰三月，顺治皇帝在给吏部的谕令中，更是责斥陕西巡抚陈极新的奏章"虚诞恣肆，全失奏对之体"，交吏部对其从重议处。③不过，从西安城墙维修与保护的角度来看，陈极新在陕西巡抚任上开展的修缮举措仍属于功绩一件，值得肯定。

自顺治十三年陕西巡抚陈极新维修西安城墙后仅6年，康熙元年（1662）由于"雨圮"④，即城墙由于大雨灌注导致塌陷，因而陕西总督白如梅、陕西巡抚贾汉复作为省级主官进行筹划，并饬令咸宁知县黄家鼎主持维修西安城池。

在这次城工中，"军地协同"与"分段修城"成为亮点。述及此次维修活动，康熙《咸宁县志》卷二《建置》载云："咸宁分修约七百五十丈，而城垣完固，如巍然千里金汤焉。"⑤城墙的整修工程是西安城各项工程中耗费人力、资金等最巨者，因而多次的整修工程都采用了分区修建的措施，以确保职责分明和工程质量。无疑，长安县和驻城军队也分别有其修治分区。在这一类分区中，通常咸宁、长安两县是按照行政辖区划分的，因咸宁县辖东关、南关，并与长安县分辖北关，因此，工程分区多由咸宁县承担自南门经东门至北门段，而长安县则承担自南门经西门至北门段。咸宁县整修工程

① 《清太宗实录》天聪八年十一月丙午。
② 《清世祖实录》顺治十三年四月辛酉。
③ 《清世祖实录》顺治十六年闰三月乙丑。
④ 雍正《陕西通志》卷十四《城池》，清文渊阁四库全书本。
⑤ 康熙《咸宁县志》卷二《建置》，清康熙刊本。

中有相当大部分为满城东墙和北墙所在，因而无疑会有八旗军兵参与其事。

此次西安城墙维修工程的规模虽然难以称为"巨工"，但筹划者系陕西总督白如梅、陕西巡抚贾汉复，反映出陕西官府对省城西安城工的高度重视。顺治十八年（1661）闰七月，山西巡抚白如梅奉调陕西总督。①康熙五年（1666）九月，白如梅因对战事中官兵伤亡情况隐讳不报而被革职，但保留了太子太保的职衔。②贾汉复在担任陕西巡抚之前，于顺治十三年（1656）六月起任工部侍郎③，这一任职经历无疑丰富了他的工程建设经验，为其在陕任职期间开展包括西安城工、连云栈道等重大工程建设奠定了基础。

作为此次西安城工的主导官员，白如梅、贾汉复在康熙中后期时常被朝廷作为负面典型进行批驳，如康熙二十三年（1684）正月，康熙皇帝在上谕中直接将曾经的封疆大臣白如梅、贾汉复等官员称为"匪人"，斥其"扰害地方，以致百姓困苦已极"。④十二月，康熙皇帝又以贾汉复等为例，点名批评部分汉军高级官员"惟务黩货累民、恣肆放逸，未能谨守法度"⑤，借以警示时任官员。康熙四十八年（1709）九月，康熙皇帝在接见四川巡抚年羹尧时指出，汉军出身的总督、巡抚，如白如梅、贾汉复等人，皆以贪污致富，指示年羹尧应清廉为官，不得搜刮民脂民膏。⑥而实际上，此后年羹尧在任职川陕总督期间，贪污程度之重，骄横风气之盛，更在白如梅、贾汉复等人之上。

康熙元年（1662）西安城墙维修的工程质量显然较高，直至康熙三十八

---

① 《清圣祖实录》顺治十八年闰七月丁亥。
② 《清圣祖实录》康熙五年九月庚戌。
③ 《清世祖实录》顺治十三年六月辛酉。
④ 《清圣祖实录》康熙二十三年正月丙申。
⑤ 《清圣祖实录》康熙二十三年十二月庚子。
⑥ 《清圣祖实录》康熙四十八年九月己酉。

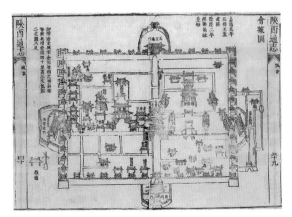

图 3-1　康熙《陕西通志》卷首《会城图》

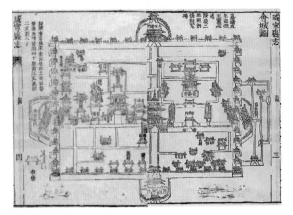

图 3-2　康熙《咸宁县志》卷首《会城图》

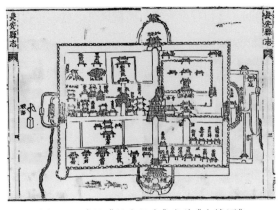

图 3-3　康熙《长安县志》卷首《会城图》

年（1699）才又有"复修"①之役。有关康熙三十八年的维修工程，在雍正
《陕西通志》、乾隆《西安府志》、嘉庆《咸宁县志》、嘉庆《长安县志》
以及民国时期的地方志中，均一笔带过，甚至未曾提及，可能与工程规模较
小有关。

　　综合史料可知，康熙三十七年（1698）十一月，户部右侍郎贝和诺奉
命出任陕西巡抚②，后于康熙三十九年（1700）五月调任四川巡抚。③兵部
尚书席尔达则自康熙三十八年七月起，署理四川陕西总督事宜，④十一月，
席尔达调任礼部尚书，仍署理四川陕西总督事。⑤因而，康熙三十八年省城
西安的城垣维修工程是在川陕总督席尔达、陕西巡抚贝和诺任内开展的。虽
然目前从史料中无从得知席尔达与贝和诺两位省级官员对于西安城工的具体
支持举措，但在康熙三十九年正月，康熙皇帝向赴陕审案的江南江西总督张
鹏翮了解署理川陕总督席尔达"居官何如"时，张鹏翮称其"居官颇优"；

康熙皇帝又询问陕西巡抚
贝和诺的施政能力，张鹏
翮称其"临事精详"。张
鹏翮本人被康熙皇帝称为
"天下廉吏"，而席尔
达、贝和诺能够获其赞
誉，足以反映出他们的官
声颇佳，在办理包括西安
城工在内的陕西军政事务

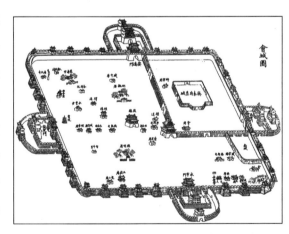

图3-4　雍正《陕西通志》卷六《会城图》

---

　　① 雍正《陕西通志》卷十四《城池》，清文渊阁四库全书本。

　　② 《清圣祖实录》康熙三十七年十一月己未。

　　③ 《清圣祖实录》康熙三十九年五月庚子。

　　④ 《清圣祖实录》康熙三十八年七月庚辰。

　　⑤ 《清圣祖实录》康熙三十八年十一月己亥。

时能够做到妥当周密。^①可以相互对照的是，在康熙三十八年（1699）开展西安城墙维修工程的同一时期，西安东郊灞河上的灞桥也在川陕总督席尔达与陕西巡抚贝和诺等官员的支持、督导下予以重修，因此西安城工与灞桥重修工程之间具有一定的内在联系。

康熙朝是清代陕西城乡建设、经济发展的关键时期，"山川林泽，关梁之政，靡不毕张而备举"，西安城墙维修与灞桥重建工程均是在这一背景下发生的。康熙三十八年七月^②，新任川陕总督席尔达赴任时经过灞桥，"见桥与水平，桥久圮，不可行"，"舆马涉水中，水亦散漫甚浅"^③。随后席尔达对灞桥圮坏的原因进行了调查，下属官员引用西安乡民的传统说法认为"土日高，水益上"，致使"灞桥向跨水面，会与水平"。但席尔达指出当地民众有关灞桥废毁的说法带有宿命论的意味，不利于灞桥重建。席尔达认为，各级官员作为"读圣贤之书"者，应当"传国家之天工"，一切旁门曲学可存而不论，不必拘泥于百姓的传统认识。况且西安作为"秦省之首郡"，灞桥又是"雍郡之古梁"^④，交通地位极其重要，因此官府应积极筹划重建灞桥。

席尔达与时任陕西巡抚贝和诺率先捐俸，不足部分由各级官员捐俸补足。从《重修灞桥记》碑所附22位官员名录可知，捐俸者以省城西安、咸宁、长安两县官员为主，兼及延安、榆林、汉中、凤翔等地官员。督工方面，席尔达任命西安府清军同知张圣弼全面负责督造桥工，抚民同知杨宗义、督粮通判张晟、咸宁县知县董弘彪、长安县知县佟世禄等协助督造，咸

---

① 《清圣祖实录》康熙三十九年正月辛酉。

② 《清史稿》卷一百九十七《表三十七》，民国十七年清史馆本。

③ 中国人民政治协商会议西安市灞桥区委员会文史资料工作委员会编：《古灞桥碑碑文》，载《灞桥文史资料》第6辑，1991，第149—151页。

④ 同上。

宁县丞金国显具体负责监修桥工。因此，这是一次官员捐款倡建并主持建造的工程，与后来由士绅捐款、官民合作的建桥方式区别明显。①

在张圣弼等官员的主持下，"不逾季而桥工落成"。虽然《重修灞桥记》对工程起讫时间并未明载，但根据碑文可大致推得，由于陕西巡抚贝和诺系康熙三十七（1698）年十二月上任②，康熙三十九年（1700）五月初八日调任四川巡抚③，席尔达立碑时间为"康熙三十九年岁□庚辰□□上宗之古"，当时贝和诺已调任四川④，因此灞桥竣工时间当在康熙三十九年五月之前。碑记又提及"新任抚军华公亦乐其成"，而新任陕西巡抚觉罗华显于康熙三十九年五月十七日上任⑤，亦表明五月前灞桥已经竣工。结合"不逾季而桥工落成"的记述，此次桥工很有可能是在康熙三十九年冬春之际进行的。

灞桥竣工后，席尔达与贝和诺等"登临远眺"，但见"石梁高抗，水道远流，雉堞言言，市庐鳞鳞"，自此往来行旅人士不再"苦于水涉"，而西安城各阶层迎来送往的活动"亦可写心"。石质灞桥的建造一改清前期临时木桥和渡船分季使用的窘状。可惜康熙四十四年（1705）灞桥再次圮坏，反映出"灞桥河身均系浮沙，立根难固"⑥确属实际情况，而前述民间父老说法不无道理，但这次重建工程历时较短，资金系官员捐俸，数额有限，虽由

---

① 史红帅：《清代灞桥建修工程考论》，《中国历史地理论丛》2012年第2辑，第118—131页。

② 《清史稿》卷二百零一《表四十一》，民国十七年清史馆本。

③ 《清史稿》卷一百九十七《表三十七》，民国十七年清史馆本。

④ 《清史稿》卷二百七十六《列传六十三》，民国十七年清史馆本。

⑤ 《清史稿》卷一百九十七《表三十七》，民国十七年清史馆本。

⑥ （清）尹继善、张楷：《奏为陕省钱价昂贵酌请动用旧铜鼓铸钱文事》（乾隆六年七月初四日），朱批奏折，中国第一历史档案馆，档案号：04-01-35-1232-005。一说为康熙四十二年被水冲坍，见清明山、文绶：《奏为筹办西安府咸宁县灞河搭盖浮桥设船济渡事》（乾隆三十六年正月十三日），朱批奏折，中国第一历史档案馆，档案号：04-01-30-0504-028。

木桥改为石桥，但在建造技术上并未针对灞河水沙状况做出调整，因而难以逃脱"旋修旋圮"①的结局。

<h1 style="text-align:center">第二节　缮治坚完：
清乾隆四年至五年西安城墙修筑工程</h1>

一、城工背景与缘起

进入乾隆时期后，在全国各地普遍开展城工的大背景下，西安城池维修的频次得以加强，力度也逐渐加大，这与顺治、康熙年间西安小规模城工形成了鲜明对比。究其根源，这种状况既与乾隆朝国力越发强盛，中央和地方管理政策、制度等日益完善有关，也与乾隆皇帝重视各地城垣建设，贤明的地方官员一般能够遵循和贯彻朝廷建设与维修城池的规定有着紧密联系。

乾隆初期，陕西及至全国的城池维修活动更趋频繁。乾隆元年（1736）十二月，朝廷下令"各处城垣偶有些小坍塌，令地方官于农隙及时修补。其原坍塌已多、需费浩繁者，该督抚分别缓急，查明报部"。接此要求，乾隆三年（1738）八月，陕西巡抚张楷以"西安城垣系省会要区，年久坍塌，无以崇保障而壮观瞻"②为由，奏请维修西安城墙和满城界墙。该工程于乾隆

---

① 明山、文绶：《奏为筹办西安府咸宁县灞河搭盖浮桥设船济渡事》（乾隆三十六年正月十三日），朱批奏折，中国第一历史档案馆，档案号：04-01-30-0504-028。

② 张楷：《奏报修筑西安城垣完竣日期事》（乾隆五年十二月初一日），朱批奏折，中国第一历史档案馆，档案号：04-01-37-0006-017。

四年（1739）十一月初十兴工，次年十一月初六竣工。

关于乾隆初年的这次西安城工，《清高宗实录》仅寥寥数语载称：乾隆四年"七月己巳，陕西巡抚张楷奏西安省城城垣及四城门楼必须修葺。下部议行"[①]。由此分析可知，乾隆四年七月二十五日（1739年8月28日），时任陕西巡抚张楷关于维修西安城墙的奏折由乾隆皇帝批示交由工部"议行"，表明此次城工的动议最晚是在当年7月就已经由陕西巡抚张楷以及下属官员商议形成了。从《清实录》所载可知，这次城工维修的重点是"城垣及四城门楼"，可见工程量较大；而从张楷"必须修葺"的用辞来看，显然城墙、城楼的维修事宜已经到了亟待进行的地步了。从康熙三十八年（1699）年西安城墙维修过后，至乾隆四年时，已历经40年之久。西安城墙在长期的风吹雨淋之下，城墙的坍卸和城楼的损毁在所难免，因而维修工程的开展也当属应时而动。

虽然《清实录》中的寥寥数语透露出了十分重要的城工信息，但是关于此次城工的维修目标、督工官员、兴工时间、竣工日期等，均无从得知。经过笔者对大量奏折档案进行爬梳、分析，有幸在中国第一历史档案馆发现了陕西巡抚张楷于乾隆五年十二月初一日（1741年1月17日）上奏的奏折，其中记载的珍贵信息对复原乾隆四年至五年（1739—1740）西安城工的部分细节大有裨益。

陕西巡抚张楷在题为《奏报修筑西安城垣完竣日期事》的奏折中，再次扼要陈述了维修西安城垣的必要性和维修目标。他指出，西安城垣作为"省会要区"，但是"年久坍塌"，这种城垣状况和面貌"无以崇保障而壮观瞻"，在城池防御和城市景观两方面都处于极为尴尬的境地。作为城池防御体系的基础，城墙只有有效发挥"崇保障"之功，才能保护阖城官民的安

---

① 《清高宗实录》卷九十七，乾隆四年七月己巳。

全；而作为城乡景观和市容市貌的重要组成部分，雄伟壮阔、完好无缺的城墙才能"壮观瞻"，悦人耳目，美化居住环境。正是从城墙的这两大功能出发，陕西巡抚张楷与川陕总督查郎阿在乾隆四年（1739）七月二十五日正式提出了"动帑兴修"的建议，并且以"崇保障""壮观瞻"作为维修城墙的目标。结合《清实录》所载可知，这份城工提议在由工部审核之后，最终获得了乾隆皇帝的批准，得以动用"公帑"进行维修。

二、督工官员的拣选

民国《续修陕西通志稿》卷八《建置三·城池》在记述乾隆至宣统之间各类城工事件时，编者评述认为："虽时势有盛衰，辖境有瘠腴，而茧丝保障之所寄，吏才治具之能否，亦可见一端云"①，将城工视为评判地方官员治理才能的重要依据。作为一项规模较大的城建工程，督工官员的遴选和分工尤为重要。张楷委派陕西督粮道纳敏、驿盐道武忱"总理监督"，负有统筹全局、全面督工之责；同时委派西安府理事同知常德、署清军同知王又朴、大荔县知县沈应俞"办料鸠工"，负责具体的购买工料、监理施工等任务。在遴选干练的官员督修城工之外，张楷也未敢置身度外，"仍不时亲身查看督饬"②。

难能可贵的是，奏折中所载的"署清军同知"王又朴在其所撰《介山自定年谱》述及此次城工督工官员云："庚申（1740），六十岁，到陕，署西安府丞，奉委督修省城。余惩先任盐池之役，受创巨，力辞不可。复命理事丞常君德、同州府大荔县令沈君曰（应）俞副之。"③由此不难看出，在王又朴、常德和沈应俞三人中，王又朴是起主导作用的人物，常德和沈应俞是

---

① 民国《续修陕西通志稿》卷八《建置三·城池》
② 张楷：《奏报修筑西安城垣完竣日期事》（乾隆五年十二月初一日），朱批奏折，中国第一历史档案馆，档案号：04-01-37-0006-017。
③ （清）王又朴：《介山自定年谱》，民国屏庐丛刻本。

属于协助者的角色。

从负责督工的官员职衔及其原本负责的管理事务就可以看出，这次城工级别很高，是由陕西巡抚张楷牵头，由督粮道、驿盐道两位省级高官"总理"，又有西安府理事同知、署清军同知、大荔县知县等府、县级官员负责具体事务。督粮道、驿盐道平常主要负责粮食、税收、交通等重要事务，而这些均与城墙建修工程紧密相关，诸如工粮的购买、工料的运输、工具的调配等，两位"专署"官员介入城工，无疑对于从整体上协调城工进展有积极作用。同时，西安府理事同知、清军同知分别作为管理地方、军队的官员，在城工中能够协调军队与地方的分工，在调动军队参与城工方面较为便利，这也反映了西安城墙维修既是一项军事防御工程，也是一项地方城市建设工程。

在竣工之后，时任陕西巡抚张楷上奏朝廷，建议王又朴题补汉中知府，以示奖叙。不过，最终这一提议并未获允准，王又朴奉命留在西安协助办理关中书院。

三、维修重点与工期

在乾隆四年（1739）七月二十五日陕西巡抚张楷上奏之后，又经过工部的审核、乾隆皇帝的朱批，以及前期的筹备工作，西安城墙维修工程终于在乾隆四年十一月初十日（1739年12月10日）开始"兴工"。这次维修工程的对象包括周围四面大墙、女墙、城楼、角楼、铺楼、炮台等倾圮、陈朽的部分，显然涉及土工、木工、石工等多个类型，覆盖西安大城城墙的全部段落。就具体工程做法而言，针对"倾圮""陈朽"两大类问题，采取了"俱行拆卸更新"的举措，因而可以视之为一次极为"彻底"的大规模维修工程，使得西安城墙、城楼等面貌焕然一新。

经过长逾一年的彻底修缮，西安城工于乾隆五年十一月初六日（1740

年12月24日）"全完工竣"①。虽然王又朴在《介山自定年谱》中忆及"辛酉（1741），城工竣，督抚题补汉中府，倅留委协理关中书院事"②，但考虑到奏折的可靠性远较回忆性的"年谱"为高，因而王又朴所言西安城工于1741年竣工不可凭信。在竣工之后，陕西巡抚张楷还进行了严格的验收工作，经过"逐处查勘无异"，才允准将开支的工费、粮食等由督工官员造册，报工部、户部等朝廷主管机构"题销"。至此，此次西安城工才画上了圆满的句号。

需要指出的是，虽然此次城工的动议是由时任陕西巡抚张楷与川陕总督查郎阿联名上奏的，但是竣工的奏报却是由张楷与继任川陕总督尹继善"据实奏闻"③，不过由于川陕总督常驻成都，主要负责西南地区事务，因而其官员的变动对于西安城工并没有实质性的影响。

陕西巡抚张楷在任期间，除了维修西安城墙等大型城建工程外，也注重维修郊区道路等乡村基础设施建设。如与西安城墙维修工程大致在同一时期，张楷还主持督修了榆林北城城墙④、咸宁县库峪一带的道路⑤等，虽然这些工程之间的联系还有待发掘更多资料进行分析，但至少表明城墙维修工程是当时西安乃至陕西城乡地区诸多建设工程之一，而这些工程的开展，与时任巡抚张楷的贤良称职紧密相关。

---

① 张楷：《奏报修筑西安城垣完竣日期事》（乾隆五年十二月初一日），朱批奏折，中国第一历史档案馆，档案号：04-01-37-0006-017。

② （清）王又朴：《介山自定年谱》，民国屏庐丛刻本。

③ 陕西巡抚张楷：《奏报修筑西安城垣完竣日期事》（乾隆五年十二月初一日），朱批奏折，中国第一历史档案馆，档案号：04-01-37-0006-017。

④ 鄂弥达、张楷：《奏请修筑榆林北城城墙事》（乾隆四年九月十六日），朱批奏折，中国第一历史档案馆，档案号：04-01-37-0005-020。

⑤ 张楷：《题为奏销陕西咸宁县修库峪道路并塘房等用银请旨事》（乾隆五年五月二十四日），户科题本，中国第一历史档案馆，档案号：02-01-04-13290-007。

第三节　以工代赈：
清乾隆二十八年西安城工

乾隆《西安府志》卷九《建置志上·城池》在引用雍正《陕西通志》称西安城"周四十里，高三丈"的同时，补充记述了乾隆年间的实测城周数据为4302丈，以当时1里等于180丈换算，为23里9分。此时的西安城墙规制仍延续明代隆庆年以来的"外砖内土"墙体，均高3.4丈，底厚6丈，顶厚3.8丈。[①]

关于乾隆前期的西安城墙维修工程，乾隆《西安府志》卷九《建置志上·城池》仅载称"乾隆二十八年（1763），中丞鄂公奏修，计动帑费一万八千九十四两有奇，至今完固"。这一记述十分简略，可知基本史实是乾隆二十八年陕西巡抚鄂弼上奏朝廷，开展维修城垣的工程，总计开支公帑银18094两。从乾隆二十八年至《西安府志》刊行的乾隆四十四年（1779）之前，西安城垣"完固"坚实。

实则在乾隆五年（1740）西安城墙维修之后，从乾隆八年（1743）陕西巡抚塞楞额奏修全省各地方城池起[②]，直至乾隆后期，陕西官府动用公帑对全省85座（一说84座）厅、州、县城垣普遍进行了较大规模的重修，乾隆《西安府志》所载乾隆二十八年西安城墙修筑工程正是在这一大的背景下开展的，但实际过程远较上述记载复杂，值得细致剖析。

[①] 乾隆《西安府志》卷九《建置志上·城池》，清乾隆刊本。

[②] 塞楞额：《奏为估修陕省各州县城垣用银次第办理事》（乾隆八年闰四月十二日），朱批奏折，中国第一历史档案馆，档案号：04-01-37-0007-008。

一、全省分批开展城工的背景

经过康熙、雍正及乾隆前期朝廷推行恢复与调整治国方略的大背景下，陕西区域社会发展相对稳定，农业、商业等逐渐恢复了活力，这为包括城工建设在内的大规模工程举措奠定了良好基础。

乾隆八年（1743），陕西巡抚塞楞额又将西安城墙与陕西其他29州县城墙同时列入"必应急修"的城垣名单。[①]此后，陕西各州县城池依据兴修的缓急次序相继展开。[②]截至乾隆十年（1745），西安、潼关、华州、临潼四处城墙先后修理完竣。[③]

乾隆十二年（1747）十二月，52岁的陈弘谋调任陕西巡抚。由于前一年陕西省秋收歉薄，农民粮食储备不足，多有流徙他地。乾隆十三年（1748）九月，陈弘谋将此前担任陕西巡抚期间制定的"应兴、应除"事宜再度分发各下属执行，共计24条。其中"应兴"12条，分别为：训饬士习、敦崇孝友、慎重婚配、崇尚节俭、兴修田功、开垦荒地、广行蚕桑、山泽美利、分积社粮、输纳钱粮、修理桥渡、修葺城堡；"应除"12条，分别为：禁止邪教、申饬丧葬、禁止夜戏、严禁赌博、禁止踩曲、查拿打降、严禁刁抗、劝息讼端、切戒轻生、盘诘奸宄、约束军流、稽查游情。

陈弘谋指出，上述事宜关乎教养民生，对于"小民之身家生计，地方之士习民风"均有裨益，因而要求各地方官员向百姓普遍宣讲、积极倡导。值得注意的是，在应兴的12件事宜中，"修葺城堡"位列其中，这属于陕西巡抚明确要求各州县地方官员注意保护、维修治所城垣以及军事要道沿线墩铺

---

① 塞楞额：《奏为估修陕省各州县城垣用银次第办理事》（乾隆八年闰四月十二日），朱批奏折，中国第一历史档案馆，档案号：04-01-37-0007-008。

② 庆复、三和：《奏为遵旨商议分别缓急修理陕省城垣事》（乾隆十年六月初十日），朱批奏折，中国第一历史档案馆，档案号：04-01-37-0009-028。

③ 陈弘谋：《奏为遵旨酌筹办理陕省城垣事》（乾隆十六年正月二十三日），朱批奏折，中国第一历史档案馆，档案号：04-01-37-0015-002。

堡垒等防御设施。在这一背景下，西安城墙作为省会城垣，其维修势必会受到陈弘谋的高度重视。乾隆十六年（1751）八月，陈弘谋个人捐资兴修省城西安的官道。西安城作为四川、甘肃经陕西往来中部、东部的大道节点，又是廓尔喀等周边部族入贡北京的必经之路，但在乾隆前期，西安城中的汉城与满城区域，多是"道尽沙土，一遇雨水之时，泥深数尺，官民商贾车马难行"。为改善这一通行状况，陈弘谋捐出养廉银，用石条、石板、石块等石材铺砌重要的官道，"易土以石"。石质路面在很大程度上解决了以往人行土路之上"晴天一身土，雨天一身泥"的问题，陈弘谋修路之举受到了官民的广泛赞誉，有"秦民德之"的说法。[①]

乾隆十年（1745），乾隆皇帝派遣钦差户部侍郎三和，会同陕甘总督庆复、陕西巡抚陈弘谋查勘陕西全省85座厅、州、县城垣，查明有待维修的城垣工程，并逐一估算工程量，分为急修、次修、缓修三类，按照破损程度依次兴工修筑。[②]陕西省城垣维修工程所需工料经费，由陕西布政司库陆续划拨，来源包括历年征收的商杂畜税、公费余剩银等，属于动用公帑开展的大规模、体系化的城垣修筑工程。

经过约15年的分批次修缮，陕西省已有40余座治所城垣修缮竣工，但仍有一部分城垣尚未开工兴修。乾隆二十五年（1760），乾隆皇帝谕令陕西巡抚钟音查明已修、未修各城垣的具体情形，并逐步落实开展由官民捐款作为经费来源的各地捐修城工，同时敕令需要动用公帑开工修缮的西安府城等41处城垣工程仍旧分为急修、缓修，分批推进。[③]

乾隆二十七年（1762）九月再次对西安城墙加以维修。这次西安城墙

---

① （清）陈锺珂：《先文恭公年谱》卷七，清刻本。

② 鄂弼：《奏为办理陕省城垣情形事》（乾隆二十七年八月二十八日），朱批奏折，中国第一历史档案馆，档案号：04-01-37-0020-015。

③ 同上。

与钟鼓楼维修工程，以及肤施、乾州、邠州、甘泉、合阳（也作郃阳）、泾阳、耀州、宝鸡、郿县、蒲城、三水、淳化等12处城工，估算共需银110000余两。①乾隆二十八年（1763），西安城墙维修工程完工，实际耗银18094两。②乾隆二十七年至二十八年（1762—1763）西安城工的一大显著特征是采取了"以工代赈"的措施，招募大量灾民参与城工，使得"歉收地方贫民得藉佣工就食"③，反映出包括城墙维修在内的大规模城市建设在稳定城乡社会、救荒赈灾等方面也具有重要的调控作用。

可以看出，乾隆前中期在陕西以及其他省区开展的大规模、分批次城工建设属于普遍性的朝廷策略与国家行动，主要经费来源于各地方征收的商杂畜税银、公费余剩银，因而各省城工进展的快慢在一定程度上与区域经济发达程度、地方财政收入额度等因素紧密相关，当然也受到该省城垣数量、存废状况等影响。对于陕西省而言，各厅、州、县城垣大部分需要进行不同程度的修缮，所需城工经费数额巨大，也需雇募大量工匠、民夫，但朝廷和地方财政难以一次划拨充裕工银，在经费、人力等方面无法支持全省各地城垣同时开工兴修，因而朝廷和陕西官府采取查勘分等、分类维修、分批推进等策略，符合陕西省财政收入与各地城垣有待渐次维修的实际状况，具有合理性、可行性。

二、陕西巡抚鄂弼的调查与谋划

乾隆二十七年（1762），鄂弼出任陕西巡抚后，经查核全省城工档案，查明当时有咸阳、醴泉、三原、盩厔、榆林、神木、武功、绥德、永

---

① 鄂弼：《奏为办理陕省城垣情形事》（乾隆二十七年八月二十八日），朱批奏折，中国第一历史档案馆，档案号：04-01-37-0020-015。

② 乾隆《西安府志》卷九《建置志上·城池》，清乾隆刊本。

③ 鄂弼：《奏为办理陕省城垣情形事》（乾隆二十七年八月二十八日），朱批奏折，中国第一历史档案馆，档案号：04-01-37-0020-015。

寿等9座州县城垣修缮工程量较小，均系地方官、绅士等捐修，已先后报
竣；其余列入急修、缓修的省城西安等41处城工，各地方官府均未领取公帑
兴工。①

　　鄂弼对于城垣坍损与维修工程、经费支持等的相互关系有着清醒的认
识。当时陕西省各地城垣多有坍塌之处，"每遇风雨，势必飘淋坍卸"，各
厅、州、县官府陆续报告坍塌情形"不一而足"。若不及时进行续估增修，
城垣停修越久，后续再修时，工料等费用会"愈久愈多，糜费更甚从前"，
反而会增加工费。在乾隆前期，由于全省需要修缮的城垣工程较多，开支巨
大，因此分为急工、次急工、缓工三等，依次兴修。这样一来，陕西省公帑
就"不致匮乏"②，能保障不同类型城工稳步顺利推进。

　　据鄂弼查明，从乾隆十年（1745）起，陕西省历年征收"商杂畜税"
的银两，经奏准留存布政司库，以备开展城工之用，截至乾隆二十七年
（1762）已历17年之久。此项收入除过陆续划拨各地城工开支外，陕西布政
司库积存该项银达38万余两。巡抚鄂弼认为，既然有如此巨额的城工银两长
期贮存在布政司库，属于闲置经费，就无须拘泥于原先划定的急工、缓工批
次，"致使逐年增坍工程愈大，办理愈难，于帑项、地方均无裨益"③。这
一时期较为充裕的城工专项经费为鄂弼加快开展全省城垣修缮工程提供了便
利条件，而当时受旱灾影响亟待寻觅生计的贫民则为各地城工提供了劳动力
保障。

　　乾隆二十七年秋，关中地区的西安府、同州府、凤翔府、乾州等多地
遭受旱灾影响，农作物歉收，乡村地区原本依靠"佣工力作"改善生计的大

---

① 鄂弼：《奏为办理陕省城垣情形事》（乾隆二十七年八月二十八日），朱批奏
折，中国第一历史档案馆，档案号：04-01-37-0020-015。
② 同上。
③ 同上。

量贫苦农民"无从趁食"，找不到活路，在一定程度上影响区域社会治安和基层社会秩序。在此情况下，巡抚鄂弼遂提出尽快开展西、同、凤、乾四府州属县城垣修缮工程，"既于佣雇贫民有益，城垣亦得及早完固"①。鄂弼的计划是通过开展受灾地区的城工，雇用大量贫民参加修筑劳动，向其支付相应报酬，以减轻旱灾对灾民的不利影响，同时亦能加快关中各府州县城工进度，属于"双赢"之举。这种城工具有"以工代赈"的性质，即不用专门划拨赈灾经费、粮食等赈济灾民，而是雇用灾民参加大规模城乡建设工程，将工程经费的一部分支付给灾民作为劳动报酬，无论对于官府治理、灾民生计，还是社会治安、城工进展而言，均具有积极意义。

陕西巡抚鄂弼调查发现，包括省城西安（咸宁、长安二县）城垣修筑工程以及钟楼、鼓楼维修工程在内，连同肤施、乾州、邠州、甘泉、郃阳、泾阳、耀州、宝鸡、郿县、蒲城、三水、淳化等共13处城工，原估、续估共需银10万数千两。从乾隆二十七年（1762）八月起，鄂弼分别委派熟悉工程做法的官员、僚属，督同各知州、知县等地方官，重新核减原估、续估工料银两，切实估定银两数目，一方面向工部上报工料数目以供查核，另一方面核实发给工料，于九、十月内开始施工，以便庄稼歉收各地贫民"得藉佣工就食"。

对于鄂弼的城工计划，乾隆皇帝朱批"以工代赈，可行之事也"②，充分肯定了此项计划的必要性与可行性。

三、西安城工的开展

此次西安城垣修筑工程，从乾隆二十七年九月开始，由陕西官府雇用大量受灾贫民参与施工，冬季寒冷时节工程暂停。乾隆二十八年（1763）

---

① 鄂弼：《奏为办理陕省城垣情形事》（乾隆二十七年八月二十八日），朱批奏折，中国第一历史档案馆，档案号：04-01-37-0020-015。
② 同上。

春融之后继续兴工[1]，受大雨等影响，在七月陕西护理巡抚阿里衮向朝廷奏报城工进展时尚在施工期间。[2]按照惯例，陕西巡抚明德在乾隆二十九年（1764）年底向朝廷汇奏全省城垣完固情况，其分类清单中列明"西安府"为"甫经修竣、现在保固"[3]，因此可以确证乾隆二十九年十二月之前，西安城垣修筑工程已完全竣工。

值得一提的是，巡抚鄂弼提及省城西安（咸宁、长安二县）等13处城工原估、续估工料银10万余两，而护理巡抚阿里衮在乾隆二十八年七月的奏折中则称"现在兴修咸宁、长安等一十二处城工"，统计工料银11.8万余两。[4]两相比较，城工少了1处，但工费多出约1万两，这应是阿里衮依据变动后的陕西省城工处所及工费数额据实上报，并无矛盾。

具体到省城西安修缮工费，为公帑银18094两[5]，占上述11.8万的15.3%，可见省城西安城工规模之大。

此次维修工程竣工后的西安城墙、城楼等样貌并无明文记载，但距此12年之后，即乾隆四十一年（1776），由陕西巡抚毕沅主持编纂的《关中胜迹图志》刊行，其中卷二《名山·终南山图》（见图3-5）下方清晰绘制并标注了"西安府城"城墙与南门城楼。从该图所绘慈恩寺大雁塔、荐福寺小雁塔的粗略形态可以推知，西安城墙与南门城楼亦属于示意图性质。即便如此，这一图件仍属于距离乾隆二十九年（1764）西安城工最近的反映城墙、

---

① 鄂弼：《奏明停修耀州城垣并先修堤坝缘由事》（乾隆二十八年三月十六日），录副奏折，中国第一历史档案馆，档案号：03-1001-034。

② 阿里衮：《奏明查办通省常社仓粮及动项兴修城工事》（乾隆二十八年七月初七日），录副奏折，中国第一历史档案馆，档案：03-1121-021。

③ 明德：《奏呈陕西省乾隆二十九年各属城堡情形清单》（乾隆二十九年），录副奏折，中国第一历史档案馆，档案号：03-1123-048

④ 阿里衮：《奏明查办通省常社仓粮及动项兴修城工事》（乾隆二十八年七月初七日），录副奏折，中国第一历史档案馆，档案号：03-1121-021。

⑤ 乾隆《西安府志》卷九《建置志上·城池》，民国二十三年铅印本。

图3-5 《关中胜迹图志》卷二《名山·终南山图》（局部）所见西安城垣与南门城楼

城楼面貌的珍贵图像，大致可以看出重修后城墙上的规整垛口、拱券城门与重层城楼。从此图可以看出，对于清人而言，西安城墙在城乡区域标志性景观体系中具有显著地位，既是历史胜迹大雁塔、小雁塔位置的参照物，也是反映自然区域"终南山"的重要参照物。

关于乾隆中期西安城墙、城楼的形态细节，在《关中胜迹图志》卷七《古迹·寺观·慈恩寺图》（见图3-6）中有所反映。该图左上角绘制了城

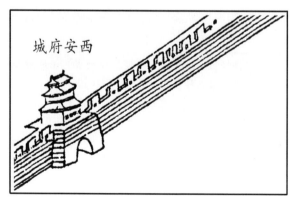

图3-6 《关中胜迹图志》卷七《古迹·寺观·慈恩寺图》（局部）所见西安城墙与城楼

图 3-7　西安南门（永宁门）城楼

（2016年5月26日，笔者拍摄）

墙与城楼，标注"西安府城"字样。从这幅图可以看出，西安城墙顶部外侧垛口分布均匀，并且垛墙上开设有小孔，便于守城军兵隐蔽观察，安全性得以增加，也有助于多层次、多角度打击逼近或攀缘城墙的敌军；依据与慈恩寺的相对位置可以推知，图中所绘城楼当属南门永宁门城楼无疑，由于是示意性质，编绘者并没有精准绘制出闸楼、箭楼、正楼以及瓮城等复杂格局，但图中所绘显系永宁门正楼，呈现歇山顶三重檐形态，其下城台宽大，开设有拱券门洞，这些基本特征与现今永宁门城楼、门洞颇相吻合，也从侧面说明《关中胜迹图志》中的图件在作为示意图的同时，兼具一定程度的"写实"风格。据大致同一时期编纂刊行的《西安府志》载，此时西安城墙上90座卡房，垛口达5700个，并在东南隅城顶兴建有一座魁星楼，在四个城角各兴建有一座角楼。①

―――――――――

① 民国《续修陕西通志稿》卷八《建置三·城池》引《西安府志》。

第四节　西陲巨工：
清乾隆四十六年至五十一年西安城墙大修工程

有清一代，西安城墙先后进行过多次重要维修①，尤以乾隆四十六年至五十一年（1781—1786）的维修工程规模最大，耗费人力、物力、财力最多，由此奠定了西安城在清中后期直至近代在多次战争中未曾失守的城防基础。然而，这次明清西安城市史上最为重要的城墙维修工程在清代以迄民国的陕西史志中记载寥寥，难以借此一窥城工全貌，后世相关论著也多陈陈相因，未加深入查考即沿袭旧说。②而有关这次大规模城工的起讫时间、工程分期与做法、督工官员的拣选与工匠的招募、经费的数额与来源、工料的产

①　西安市地方志编纂委员会编《西安市志》第六卷《科教文卫》（西安出版社，2002，第428页）、张永禄著《西安古城墙》（西安出版社，2007，第55—56页）等均称清代曾12次维修西安城墙。综合清代陕西地方志相关记述可知，这12次维修系指：顺治十三年（1656）、康熙元年（1662）、乾隆二年（1737）、乾隆二十八年（1763）、乾隆四十六年（1781）、咸丰七年（1857）、同治元年（1862）、同治二年（1863）、同治四年（1865）、光绪二十二年（1896）、光绪二十四年（1898）、光绪二十九年（1903）。但实际维修次数远远超过12次，经笔者对中国第一历史档案馆所藏与清代西安城墙维修有关的奏折档案进行初步爬梳统计，至少还有8次维修工程未见清代以来陕西地方史志和当今论著提及，分别是：嘉庆十五年（1810）、嘉庆二十年（1815）、道光元年（1821）、道光七年至八年（1827—1828）、道光十五年（1835）、咸丰三年（1853）、同治六年（1867）、光绪三十三年（1907）。

②　参见陕西省文物管理委员会编：《陕西名胜古迹》（上册），内部资料，1981，第32页；西安市档案局、西安市档案馆编：《西安古今大事记》，西安出版社，1993，第162—163页；向德、李洪澜、魏效祖编：《西安文物揽胜（续编）》，陕西科学技术出版社，1997，第150—151页；陕西省地方志编纂委员会编：《陕西省志》第二十四卷《建设志·大事记》，三秦出版社，1999，第654页；张永禄主编：《明清西安词典》，陕西人民出版社，1999，第41—42页；西安市地方志编纂委员会编：《西安市志》第六卷《科教文卫》，西安出版社，2002，第428页；张永禄：《西安古城墙》，西安出版社，2007，第55—56页。

地及数量与运输等与西安城墙建修史相关的重要问题则缺乏专门论述，主要原因即在于地方史志记载过简，研究者难以为凭。事实上，当时在工程进展期间，陕西巡抚等官员曾向乾隆皇帝提交了大量相关奏折，涉及维修工程的众多细节，是从多个角度深入研究这次西安城墙维修工程的重要文献。笔者在对中国第一历史档案馆所藏相关奏折档案搜集、整理的基础上，结合其他史料，力图厘清传统史志和研究论著中若干模糊乃至错误的认识，复原这次西安大规模城工的来龙去脉与工程细节，以期促进明清西安城墙史和城市史研究，为清代城墙建修史研究提供实证案例，也为当今西安城墙保护与开发提供借鉴和启示。

一、工程背景与缘起

有关乾隆四十六年至五十一年（1781—1786）西安城墙维修的缘起，长期以来流传颇广的说法出自民国《续修陕西省通志稿》卷二百《拾遗》，认为此次西安城工"其实亦因甘回田五之乱，兰垣修城出于特旨，故毕公亦遂援例陈请"，即由于甘肃田五起义的原因，乾隆帝下旨维修兰州城池，陕西巡抚毕沅"援例陈请"后，西安城墙才得以维修。后世论著对这一观点不加查考，亦沿其说。[①]这种将西安城墙维修原因归结为甘肃田五起义和兰州城维修的看法，不仅与史实相去甚远，而且忽略了当时的历史大背景，未能揭示西安城墙维修的真实缘起。

第一，西安城墙维修发生于清前中期陕西及至全国城池维修的大背景之下。乾隆四十六年至五十一年西安城墙维修并非一次孤立的城建事件，而是与当时陕西及至全国城池维修热潮紧密联系在一起。清前中期朝廷对各地城池维修十分重视，顺治、康熙、雍正皇帝多次发布谕旨，要求地方督抚官

---

① 向德、李洪澜、魏效祖编：《西安文物揽胜（续编）》，陕西科学技术出版社，1997，第157—158页。

员及时修补倒坏城垣，并将城垣维修纳入官员考核奖惩体系之中，各省督抚于年底奏报本省城墙坍损、维修状况也渐成定例。①西安作为西部最大的区域中心城市和绾系西北安危的重镇，先后在顺治、康熙年间对城墙进行过维修。②

从乾隆三十一年至四十一年（1766—1776），历任陕西巡抚、布政使等亦逐年上报陕西各地城垣损坏及维修状况，其中西安城均居于"完固城垣"③之列，但城墙因风吹雨淋等自然原因造成的毁损状况却逐渐加剧，由此也引发了陕西巡抚毕沅的奏修之议。

第二，西安城墙维修工程的开展有其内在动因与有利条件。乾隆四十二年（1777）十一月，陕西巡抚毕沅奏报西安城墙倾圮状况称，"现今城楼、堞楼等项风雨飘摇，木植渐多朽腐，砖瓦亦多齑酥。其城身则外砖内土，雨水浸渗，渐多鼓裂，亦有齑卸剥落之处"，担心"若不早为修补，恐历时愈久，需费愈多"，计划在次年春季对城墙状况进行细致勘察后，再奏请加以维修。④但这一奏议并未得到明确回应，乾隆四十三年（1778）也没有按计划启动勘估程序，不过，核实而论，这一动议却可视为乾隆四十六年至五十一年（1781—1786）西安城墙大修工程的缘起。

从城市防御角度而言，乾隆四十二年毕沅上奏时，距乾隆二十八年（1763）维修工程已过去了14年之久，西安城墙城身、城楼、卡房、官厅等

① （清）昆冈等修：《钦定大清会典事例》卷八百六十七《工部六·城垣一·直省城垣修葺移建一》，清光绪石印本。

② 民国《续修陕西省通志稿》卷二百《拾遗》，民国二十三年铅印本。

③ 毕沅：《汇奏通省城垣完固情形事》（乾隆三十八年十一月二十一日），录副奏折，中国第一历史档案馆，档案号：03-1128-043。

④ 毕沅：《汇奏通省城垣保固情形事》（乾隆四十二年十一月十六日），录副奏折，中国第一历史档案馆，档案号：03-1132-048。

倾圮、损毁严重，不仅无法满足城市防御需要，而且若不及早维修，日后一旦倒塌，维修代价势必更高。[1]因而，倾圮损毁的严重状况是城墙亟待维修的主要原因。

从城市地位而言，清前中期的西安城以"遥控陇蜀，近联豫晋，四塞河山"的重要地理位置，被誉为"西陲重镇，新疆孔道，蜀省通衢"[2]，但城墙"倾卸迨半"[3]，这种破落的城市景象自然难以与汉唐故都和西北重镇的地位相匹配，因而从乾隆帝到陕西地方官员逐渐形成了西安城墙"非大加兴作，不足以外壮观瞻，内资守御"[4]的共识，也就加快了西安城墙大修的进程。

从社会经济状况而言，这一时期关中城乡社会安定、农业连年丰收、百姓民力可用，正是适合开展城墙维修工程的有利时机。毕沅在奏折中即明确指出："目下关中一带地方安堵，诸事平宁；且连年岁序殷丰，人民无事，正可乘时兴作。"[5]可见，关中区域社会经济的良好发展状况也为西安城墙大修的顺利开展提供了有利条件。

第三，西安城墙维修与甘肃田五起义以及兰州城墙维修并无因果关系。

一方面，从时间上分析，乾隆四十二年（1777）毕沅即已提出维修西安城墙的动议，实际开工时间为乾隆四十八年（1783）六月十八日，而甘肃

---

[1] 毕沅：《奏请修葺城垣事》（乾隆四十六年十一月初三日），录副奏折，中国第一历史档案馆，档案号：03-1133-016。

[2] 福康安、永保：《奏为西安省会城垣工竣请旨简员验收事》（乾隆五十一年九月二十二日），朱批奏折，中国第一历史档案馆，档案号：04-01-37-0043-018。

[3] 德成：《奏为察看西安城垣应修大概情形事》（乾隆四十六年十二月二十日），录副奏折，中国第一历史档案馆，档案号：03-1133-042。

[4] 毕沅：《奏明酌筹工动用银两缘由事》（乾隆四十七年三月初六日），录副奏折，中国第一历史档案馆，档案号：03-1134-009。

[5] 毕沅：《奏请修葺城垣事》（乾隆四十六年十一月初三日），录副奏折，中国第一历史档案馆，档案号：03-1133-016。

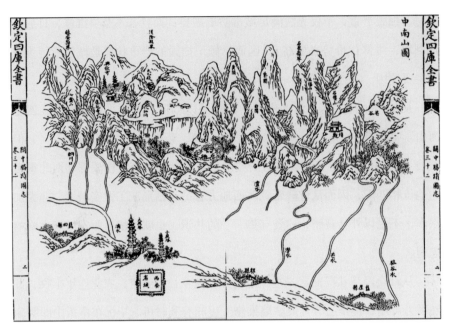

图 3-8　《关中胜迹图志》卷三十二《中南山图》反映的乾隆中期西安城墙景观

田五起义发生于乾隆四十九年（1784）四月至七月间[1]，且仅局限在甘肃境内，并未波及陕西。明确无误的是，西安城墙筹议和动工维修在前，甘肃田五起义在后，何来田五起义引发西安城墙维修？可见，民国《续修陕西省通志稿》说法有误，后世学者未加以细察，以致谬说流传。

　　另一方面，兰州城墙维修奏议的提出是在乾隆四十六年（1781）[2]，晚于乾隆四十二年（1777）毕沅奏修西安城墙之议，加之乾隆四十五年（1780）毕沅在苏州觐见乾隆帝时，已提出大规模维修西安城的建议，并获允准，同样早于兰州城墙维修之议，因而不存在毕沅因为兰州城墙维修才"援例陈请"维修西安城墙的情况。民国《续修陕西省通志稿》之说有可能

　　① 毕沅：《奏为勘明乾隆四十九年分陕省各属城垣情形事》（乾隆四十九年十一月二十三日），朱批奏折，中国第一历史档案馆，档案号：04-01-37-0040-028。

　　② 勒保：《奏为验收甘省皋兰县城工事》（乾隆五十五年六月十七日），中国第一历史档案馆，档案号：04-01-37-0045-017。

是因兰州城工正式勘估时间略早于西安，才会有此误判。

二、工程分期及其做法

关于乾隆后期这次西安城墙大修工程的起讫时间，民国《续修陕西省通志稿》笼统记为"乾隆年间"①，民国《咸宁长安两县续志》载为"乾隆四十九年（1784）巡抚毕沅奏明重修"②，而当今相关论著多记作"乾隆四十六年（1781），陕西巡抚毕沅重修"③。这些说法显然是由于地方志编纂者和前辈研究者未曾深入查考与西安城墙维修相关的官员奏折，仅依据残缺不全的史料片段即骤下结论。如民国《续修陕西省通志稿》的编纂者在"竣工之奏未能检得"的情况下，基于从西安城内一家旧书店搜集到的三份邸钞奏折内容，就推测认为"奏办城工始于乾隆四十六年（1781）十一月"，"全工蒇事当在五十一、二年间，计前后约六七年之久"④，虽然这一推论大致接近实际情况，但由于没有可靠的史料支撑，究难确信，而且也没有提及具体的工程分期与做法。

实际上，依据现存奏折档案能够准确断定此次西安城墙维修工程的起讫时间。如前所述，陕西巡抚毕沅在乾隆四十二年（1777）十一月十六日题奏的《汇奏通省城垣保固情形事》中已提及西安城墙的破损状况，计划于乾隆四十三年（1778）春季开始勘估。⑤但乾隆四十三年夏秋之际雨水连绵，

---

① 民国《续修陕西通志稿》卷二百《拾遗》，民国二十三年铅印本。

② 民国《咸宁长安两县续志》卷四《地理考上》，民国二十五年铅印本。

③ 西安市档案局、西安市档案馆编：《西安古今大事记》，西安出版社，1993，第162—163页；向德、李洪澜、魏效祖编：《西安文物揽胜（续编）》，陕西科学技术出版社，1997，第150—151页；陕西省地方志编纂委员会编：《陕西省志》第二十四卷《建设志·大事记》，三秦出版社，1999，第654页；张永禄主编：《明清西安词典》，陕西人民出版社，1999，第41—42页。

④ 民国《续修陕西通志稿》卷二百《拾遗》，民国二十三年铅印本。

⑤ 毕沅：《汇奏通省城垣保固情形事》（乾隆四十二年十一月十六日）录副奏折，中国第一历史档案馆，档案号：03-1132-048。

并未按计划进行详细勘估。乾隆四十四年（1779）毕沅会同陕甘总督勒尔谨再次进行"细勘"。乾隆四十五年（1780）三月，毕沅前往苏州觐见乾隆皇帝，将"城垣应须修葺情形，详悉陈奏"，蒙准维修。毕沅计划乾隆四十六年（1781）春季"具奏兴工"①，但由于甘肃爆发了苏四十三起义，清廷派各地大军"会剿"，其中包括当年春季从西安征调1600名满洲兵前往镇压②，这一军事行动实际上延缓了西安城墙维修工程的开始，而非如前引民国《续修陕西省通志稿》所言甘肃田五起义"催生"了西安城工。

乾隆四十六年十一月，毕沅首次直接以《奏修西安城墙事》为题具奏，详细禀明了西安城墙亟待维修的状况，正式请求修葺西安城墙③，由此开启了城墙大修的序幕。从乾隆四十六年底开始，西安城工随即进入实质性的查勘、工料筹备、工匠招募阶段。乾隆四十八年（1783）六月十八日择吉开工④，至乾隆五十一年（1786）九月二十二日陕西巡抚上奏请求验收城工，标志着西安城墙维修工程正式竣工。考虑到维修工程的连续性，此次西安城工以乾隆四十六年十一月至乾隆五十一年九月为起讫时间符合工程实际进展情况。

按照工程进度，乾隆四十六年至五十一年的维修工期可分为勘估、筹备、试筑样板工程、全面施工、竣工验收五大阶段。

---

① 毕沅：《奏请修葺城垣事》（乾隆四十六年十一月初三日），录副奏折，中国第一历史档案馆，档案号：03-1133-016。

② 毕沅：《奏为续调西安满兵赴甘会剿事》（乾隆四十六年三月二十八日），中国第一历史档案馆，档案号：04-01-01-0385-046。

③ 毕沅：《奏请修葺城垣事》（乾隆四十六年十一月初三日），录副奏折，中国第一历史档案馆，档案号：03-1133-016；毕沅：《汇奏城垣保固情形事》（乾隆四十六年十一月二十日），录副奏折，中国第一历史档案馆，档案号：03-1133-026。

④ 毕沅：《奏为西安城工成数并现交冬季暂停工作事》（乾隆四十九年十月二十八日），朱批奏折，中国第一历史档案馆，档案号：04-01-37-0040-018。

（一）勘估阶段

毕沅等人在乾隆四十六年（1781）之前虽已对城墙破损状况进行过初步勘察，发现"城楼、堞楼等项风雨飘摇，木植渐多朽腐，砖瓦亦多麟酥"[①]等问题，但这仅属于对城墙现状的描述，并未提出工程解决方案与经费预算，尚不能称为真正意义上的"勘估"。乾隆四十五年（1780），布政使尚安代理陕西巡抚期间进行的勘察也较为简单。[②]乾隆四十六年，毕沅重回陕西巡抚任上，基于"修理城工，估勘最关紧要""估勘既为先务，而董率尤在得人"的认识，奏请朝廷派遣工部官员从专业角度勘估西安城工，以杜绝"选料不能坚好，鸠工或至迟延，以及藉工滋扰等弊"[③]。时值颇负盛名的"熟谙工程大臣"[④]工部侍郎德成正在勘估兰州城垣，乾隆帝命其从兰州返京时，留驻西安勘估城工。[⑤]德成长期任职工部，城建经验丰富，在北京、兰州、成都、沈阳、潼关等城池建修中也发挥过重要作用。

德成于乾隆四十六年十一月二十七日自兰州启程[⑥]，十二月初六日抵达西安后，会同巡抚毕沅、布政使尚安、按察使永庆等逐段查勘城墙，发现五大类问题：其一，四门正楼、箭楼、炮楼都出现柱木歪斜沉陷，椽望糟朽脱

---

① 毕沅：《汇奏通省城垣保固情形事》（乾隆四十二年十一月十六日），录副奏折，中国第一历史档案馆，档案号：03-1132-048。

② 尚安：《奏为勘明乾隆四十五年分陕省各属城垣情形事》（乾隆四十五年十一月十八日），朱批奏折，中国第一历史档案馆，档案号：04-01-37-0038-021。

③ 汤聘：《奏为遵旨筹办陕西通省城工事》（乾隆三十一年正月十二日），朱批奏折，中国第一历史档案馆，档案号：04-01-37-0021-004。

④ 李侍尧：《奏报会同工部侍郎德成勘估城工事》（乾隆四十六年十一月二十六日），录副奏折，中国第一历史档案馆，档案号：03-1133-023。

⑤ 毕沅：《奏请修葺城垣事》（乾隆四十六年十一月初三日），录副奏折，中国第一历史档案馆，档案号：03-1133-016。

⑥ 李侍尧：《奏报会同工部侍郎德成勘估城工事》（乾隆四十六年十一月二十六日），录副奏折，中国第一历史档案馆，档案号：03-1133-023。

落，大木多有损坏，墙垣臌闪、头停坍塌的情况；原本素土筑打的楼座地脚已变得松软不堪；木植也因历年久远已经沉陷走闪；其二，重檐构造的98座卡楼、4座角楼亦出现木植歪闪颓损，头停倾圮，墙垣大半坍倒的窘状；其三，外侧城身大量段落原砌砖块臌裂、沉陷，内侧城身夯土遭受雨水冲刷严重，坍陷厚度自二三尺至一丈一二尺不等；其四，城顶原来铺墁城砖，但由于长期雨水浸淋、冲刷造成浪窝，"直透根底"的地方就多达一百余处；其五，其余城台墙身内外也多有臌闪、沉陷之处。[①]针对以上问题，德成建议西安城墙维修必须"全行拆卸，大加修理"[②]。乾隆皇帝在批复中强调了两点：一方面西安城是汉唐故都所在，城垣维修"不得存惜费之见"，"即费数十万帑金亦不为过"；另一方面西安城墙各项建筑规模、位置等"务从其旧，不可收小"。[③]此后，资金"不惜费"、规模"从其旧"便成为城墙维修的两大基本原则，确保了西安大城城墙能够延续明初扩建以来城周逾28里、占地约11.6平方公里的庞大规模[④]。

德成、毕沅与工部员外郎蓬琳、布政使尚安、按察使永庆、督粮道图萨布等对物料、工价、运脚银等进行审慎核算后，估计全部工程需银1566125.195两，其中物料银1474891.657两，匠夫工价、运脚等项银91233.538两。[⑤]具体工费开支及其占总额的比例如下表所示：

---

① 德成：《奏为察看西安城垣应修大概情形事》（乾隆四十六年十二月二十日），录副奏折，中国第一历史档案馆，档案号：03-1133-042。

② 同上。

③ 《清高宗实录》卷一千一百四十七，乾隆四十六年十二月乙未。

④ 史红帅：《明清时期西安城市地理研究》，中国社会科学出版社，2008，第23页，第236页。

⑤ 德成、毕沅：《奏为遵旨会勘城垣估计钱粮事》（乾隆四十七年三月初六日），录副奏折，中国第一历史档案馆，档案号：03-1134-008。

表 3-1　乾隆四十七年（1782）西安城工经费估算表

序号	类别			工费（两）	工费比例（%）
1	四门	正楼	4座	138436.711	8.84
		箭楼	4座		
2	城上	卡房	98座	81373.188	5.19
		官厅	4座		
3	四门	正楼城台	4座	138430.892	8.84
		箭楼城台	4座		
		炮楼城台	4座		
4	城身	外皮墙身	4492.8丈	774680.89	49.46
5		里皮墙身	4097.8丈	190754.573	12.18
6	月城和马道	四门里外月城	628.3丈	151215.403	9.66
		四门马道 12座	236丈		
		中心台马道 6座			
		马道门楼	24座		
7	匠夫工价			91233.538	5.83
	合计			1566125.195	100

可以看出，为城身外侧和顶部重新砌砖的开支占到了工费总额的近50%，而为城身内侧重新筑打墙身也占到了12.18%，表明此次工程重点就在于加固内外墙身，提高城墙防御能力。

德成等人在勘估西安城工后，又奉旨前往踏勘灞桥。①由于维修灞桥同样需费浩繁，若与西安城工同时并举，在采购物料、招募工匠等方面势必难以兼顾，因而德成、毕沅建议省城维修告竣后再维修灞桥，也获允准。西安

---

① 德成、毕沅：《奏报勘估灞桥工程情形事》（乾隆四十七年三月初六日），录副奏折，中国第一历史档案馆，档案号：03-1018-033。

城工筹备活动随即大规模展开。

（二）筹备阶段

乾隆四十七年（1782）三月后，西安城工进入筹备阶段，开展了包括拣选督工官员、成立城工总局、招募工匠、储备粮食、购买工料等一系列重要活动，这一过程一直持续至乾隆四十九年（1784）初。在筹备事项中，以拣选督工官员和招募工匠最为重要。虽然以往史志和论著提及此项城工时均称"毕沅重修"，毕沅主持西安城墙前、中期维修工程固然功不可没，但这种"功归一人"的说法掩盖了继任多位巡抚和各级官员勤勉督工的史实，而具体施工更是依赖于数以万计外省的能工巧匠和本地的车马工夫。

在拣选督工官员方面，乾隆四十七年三月，陕西巡抚永保对参与城工的机构和官员进行了初步分工，由陕西布政司"总司其事"，按察司、督粮道、盐法道"协同稽察"，西安府知府"派令总催"。五月，毕沅重回巡抚任上，他基于"要工之妥办，全赖经理之得人"[1]的认识，进一步明确由陕西布政使图萨布全面负责，西安知府和明与清军同知欧焕舒任"总理"之责。由陕西省和西安府主要官员主持城工，不仅有益于省、府各类事项的协调，也使西安城墙维修成为西安府和陕西省的头号工程。

由于西安大城长逾28里，"工程浩大，经理不易"，必须分段进行维修。具体的分段方法是以四门为界，将城墙分为东、西、南、北四段，每段拣选两名知县承办，掌管经费开支、购置工料等一应相关事务。[2]毕沅从关中各县遴选出八名知县赴西安督工，分别是咸宁县知县郭履恒、长安县知县高珺、渭南县知县（奏升华州知州）汪以诚、鳌屋县知县徐大文、郿县知县李带双、兴平县知县王垂纪、旬邑县知县庄炘、永寿县知县许光基。八名督

---

① 毕沅：《奏为委派办理城工人员事》（乾隆四十七年五月二十日），录副奏折，中国第一历史档案馆，档案号：03-1134-024。

② 何裕城：《奏请将王垂纪仍留陕省城工事》（乾隆五十年六月二十二日），朱批奏折，中国第一历史档案馆，档案号：04-01-12-0212-022。

工知县选择城墙段落的具体方法在奏折中未见记载，但在同一时期由德成勘估的成都城墙维修工程中，城墙分作八段，由八名府县官员采取"阄定段落"①的方式分段承修，以此推测，承修西安城墙的八名知县也可能采用了最为传统的分工形式——"抓阄"来确定各自工段，以示公平。督工知县不仅要在城工进行时认真督查，城工验收时也必须"亲身在工备查"，以切实负起"如有差误，自行赔付"的责任，明确的责权关系使督工官员在维修过程中不敢有丝毫疏忽。②

乾隆帝曾担心督工知县会因维修城工耽误本职事务，毕沅解释称八名知县来自"近省州县"，一旦任内有事，可轮流回县衙办理，由此可使城工和本职事务两不冲突。③督工知县在维修工程中确实发挥了重要作用，得到了较高评价，如徐大文"老成干练，在陕年久，熟于风土民情"④，"承办西安城工，不辞劳苦，甚为得力"⑤；庄炘"才具优长，办事勤练，前经奏明派修西安城垣，自办料兴工以来，业经两载，诸事认真，甚为得力"⑥。值得一提的是，虽然"向来各省办理城工，并无议叙之例"⑦，但此次城工进行期间以及完竣之后，上述督工知县多被擢拔为知府、同知，或调任重要城

---

① 福康安：《奏为修筑省城工费繁重酌定章程事》（乾隆四十七年十二月十六日），录副奏折，中国第一历史档案馆，档案号：03-1135-001。

② 毕沅：《奏为西安城工成数并现交冬季暂停工作事》（乾隆四十九年十月二十八日），朱批奏折，中国第一历史档案馆，档案号：04-01-37-0040-018。

③ 毕沅：《复奏委派正印州县八员分段承修西安城垣工程事》（乾隆四十七年七月十二日），录副奏折，中国第一历史档案馆，档案号：03-1134-029。

④ 何裕城：《奏为委任徐大文署理同州府知府事》（乾隆五十年七月三十日），朱批奏折，中国第一历史档案馆，档案号：04-01-12-0213-068。

⑤ 永保：《奏为前请升署兴安府知府徐大文如准其升署前抚臣毕沅保奏送部引见无庸再办事》（乾隆五十一年四月二十八日），朱批奏折，中国第一历史档案馆，档案号：04-01-12-0218-068。

⑥ 毕沅：《奏请以庄炘补授咸宁县知县事》（乾隆五十年二月初二日），朱批奏折，中国第一历史档案馆，档案号：04-01-12-0209-060。

⑦ 《清高宗实录》卷一千二百七十四，乾隆五十二年二月癸卯。

市担任知县①。从这一方面而言，大规模城市建设也成为检验官员能力、提拔官员品级的重要途径。

在拣选督工官员的同时，毕沅还抽调人员成立了城建管理机构——城工总局，负责采购工料、支放银两、管理账目、处理公文②和保存钱粮册籍等工程档案，③以免因头绪繁多而出现混乱。城工总局由时任咸宁县知县顾声雷、富平县知县张星文负责。作为协调城工各类事项的专门机构，城工总局在很大程度上提高了城墙维修的效率，成为近现代陕西和西安城市建设机构厅局的滥觞。从后来的工程实践可以看出，督工官员的任用和城工总局的成立，有效地保证了工程质量，经费使用也未出现挪用和贪污的情况，堪谓清代省会城市大规模维修的一次典范工程。

在招募工匠、储备工粮方面，陕西官府也做了周密部署。由于这次西安城工规模远超此前历次维修，因而需要招募大量经验丰富的工匠，但陕西本地工匠并未完全掌握城墙维修的众多复杂技术，毕沅即认为"各项工匠，本省之人迟笨，并未办过要工，不堪适用"。有鉴于此，毕沅奏请从直隶、山西等省大量招雇熟练工匠，命其陆续赶赴西安，以满足西安城墙、城楼、卡房、官厅、马道等在维修中对精细工艺的要求。其他车夫、马夫和杂工则从关中地区以公平价格雇用，"丝毫不许扰累里民，致干重戾"④，这一做法也使西安城工得到本地百姓的支持。目前虽尚未发现有关工匠人数的记载，

---

① 徐大文：《奏为奉旨升署陕西兴安府知府谢恩事》（乾隆五十一年五月二十二日），朱批奏折，中国第一历史档案馆，档案号：04-01-13-0077-034；毕沅：《奏请以庄炘补授咸宁县知县事》（乾隆五十年二月初二日），朱批奏折，中国第一历史档案馆，档案号：04-01-12-0209-060。

② 永保：《奏为查明西安省会城垣续有增修工程事》（乾隆五十一年九月二十二日），朱批奏折，中国第一历史档案馆，档案号：04-01-37-0043-019。

③ 何裕城：《奏为查勘西安省会城工事》（乾隆五十年四月二十九日），朱批奏折，中国第一历史档案馆，档案号：04-01-37-0041-011。

④ 毕沅：《奏明赴兰州日期并办理城工情形事》（乾隆四十八年二月二十八日），录副奏折，中国第一历史档案馆，档案号：03-0181-032。

但从明隆庆年间西安城墙维修工程先后动用了约7600名军兵推测①，此次西安城工先后招募的工匠、车夫、马夫、杂工等很有可能突破了10000人。

从乾隆四十七年（1782）开始，各地工匠陆续聚集西安，需要的口粮越来越多。毕沅考虑到在此后三四年的工期中，倘若遇到市场上粮食较少或者青黄不接的年份，粮价无疑会大涨，而一旦工匠口粮不够食用，就会影响工程进度，于是决定储备一定数量的工粮。当时正值西安、同州、凤翔、乾州等地粮食连年丰收，市粮充足，粮价较低，也宜于大宗采买。西安和咸阳作为关中地区两大粮食交易中心，往年的粮食多通过渭河水道运出省外销售，但乾隆四十七年冬季，由于渭河结冰，外销粮食运输困难，而年底正是百姓需要用钱之际，"民间率载骡驮，上市售卖者甚众"，这也为就近在西安采买工粮提供了便利条件。毕沅建议动用部分城工银两，在附近市集购买小麦二三万石，运贮西安。一旦出现市粮稀少、青黄不接、粮价大涨的情况，就可将储备粮食仍以较低价格支放给工匠。这一未雨绸缪的合理建议得到了乾隆皇帝的"嘉奖"。②毕沅储备工粮之举不仅稳定了关中地区的粮价，保护了农民的生产积极性，"于民用、仓储实属两有裨益"③，而且使得"市侩无从居奇，而原来工匠口食敷余"④，确保了不会因可能发生的粮价上涨、粮食紧缺而放缓工程进度。另外，以较低粮价大量收贮工粮，实际上也节省了工费。其他工料如城砖、石料和木料的筹购、运输等详见后文论述。

（三）样板工程阶段

乾隆四十八年（1783）六月十八日，西安城墙维修正式"择吉"开

---

① 康熙《咸宁县志》卷二《建置志》，清康熙刊本。

② 《清高宗实录》卷一千一百七十一，乾隆四十七年十二月。

③ 毕沅：《奏明咸宁等州县缺额仓谷动款买补事》（乾隆四十七年七月十二日），录副奏折，中国第一历史档案馆，档案号：03-0761-040。

④ 毕沅：《奏为购买麦石预备支给修城工匠事》（乾隆四十七年十二月初六日），录副奏折，中国第一历史档案馆，档案号：03-1134-058。

工[①]，但当年并未开展大规模维修，而仍以采购工料和工粮、招募工匠为主。四十八年（1783）底，由于北京修建辟雍，需德成及早返京主持该项工程。乾隆帝指示德成在西安"止须将工程做法砌筑一二段"[②]，即可交给毕沅参照办理。从乾隆四十九年（1784）二月二十一日起，德成开始在东、西两面城墙各选一段试筑"样板工程"[③]，以检验先期制定的工程做法是否妥当，也为后续工程树立标尺。在此期间，巡抚毕沅、工部员外郎傅仑岱、主事恭安、布政使图萨布、按察使王昶、督粮道苏楞太、盐法道顾长绂与各承办官员亦亲临督修。

"样板工程"采取的技术做法主要是针对里外墙身和城顶排水等问题制定的，主要包括：第一，对城墙外侧地脚灰土、围屏石、墙身，以及原砌城砖背后的素土，均照工程做法夯筑坚实；第二，对城墙内侧素土逐层夯筑坚实，铲削拍平，安砌水沟；第三，对城顶海墁，均以"素土一步，灰土二步"为标准夯实、铺砖，其余垛口、女墙亦重新用砖砌筑。[④]安砌水沟和筑砌海墁的做法使雨水不易下渗墙身，而由水沟顺流而下，不会在内侧墙身漫流冲刷，造成浪窝或引起坍塌。另外，为使从内侧墙身排水沟下泄的雨水不致在城根冲刷成坑，还专门在水沟底部配套安砌了205个"水簸箕"承接、散流雨水。

四月初六日，东段26丈、西段30丈的样板工程完工，前后历时45天。[⑤]

---

① 福康安、永保：《奏为西安省会城垣工竣请旨简员验收事》（乾隆五十一年九月二十二日），朱批奏折，中国第一历史档案馆，档案号：04-01-37-0043-018。

② 《清高宗实录》卷一千二百三，乾隆四十九年闰三月乙卯。

③ 德成、毕沅：《奏报西安城垣东西二段城工修竣事》（乾隆四十九年四月初六日），录副奏折，中国第一历史档案馆，档案号：03-1135-011。

④ 同上。

⑤ 德成、毕沅：《奏报西安城垣东西二段城工修竣事》（乾隆四十九年四月初六日），录副奏折，中国第一历史档案馆，档案号：03-1135-011；民国《续修陕西省通志稿》卷二百《拾遗》，民国二十三年铅印本。

由于西安城墙需要维修的部分长4000余丈，工程做法一旦全面推广实施，自然不容有失，因而先行试筑两段样板工程就显得至关重要。样板工程不仅能试验各种施工技术，也能磨合不同工种之间的协作，由此可为全面施工阶段确立一系列具体原则和做法。

四月二十九日，清人赵钧彤因公务路过西安，正好目睹了热火朝天的工地场面，亲眼见证了"隍土摧頹，隶民喧集"的盛况，反映出城墙工地正处于全面铺开之前的忙碌景象。赵钧彤在《西行日记》中，载及此次城工的工期为"数年"，工费"百数十万"，慨叹诚属"巨工"①。由于当时尚属工程进展之中，无论是竣工之期，还是工费数额，都无从得悉确切情形，赵钧彤很可能是从当时接待他的长安知县高珺处了解到了某些信息。

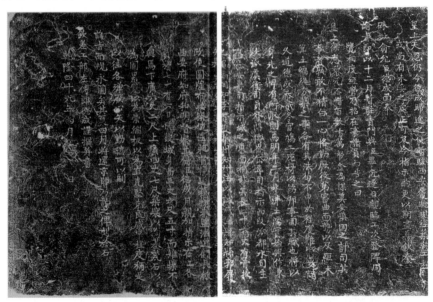

图 3-9　乾隆四十九年（1784）四月钦差工部左侍郎德成撰文并书写的修城碑记②

① （清）赵钧彤：《西行日记》卷一，民国三十二年铅印本。

② 该碑是现存唯一一通记载乾隆四十六年起筹划、动工重修西安城垣工程的石质文献，具有重要的文物与史料价值，镶嵌于西安城墙东门（长乐门）以北外侧墙身上方，靠近垛口，位置较高，不易观察。拓片存于含光门博物馆王肃先生处，笔者于2015年考察西安城墙时，受王肃先生指点，得以对此碑石有了深入的了解。

（四）全面施工阶段

乾隆四十九年（1784）四月后，西安城工进入全面施工阶段。由毕沅及继任巡抚何裕城、胜保等相继督工，依照德成奏定的工程做法继续施工。至十月入冬停工时，工程已有了很大进展，主要表现在：第一，东门与南门正楼2座城台、炮楼2座城台，其外侧墙身共长108.18丈，砌砖已经到顶；第二，西门正楼、箭楼2座城台，1座月城，其外侧墙身共长38.4丈，砖土已筑砌到顶；第三，东、西、南三面75段城身，连同炮台，外侧墙身共长3447.3丈，其中3034.9丈砖土已砌筑到顶。[①]

乾隆四十九年，负责城工的长安知县王垂纪（字肇修，山东诸城县人）

图3-10　西安东城墙上镶嵌的碑石
（2015年12月30日，笔者拍摄）

---

① 毕沅：《奏为西安城工成数并现交冬季暂停工作事》（乾隆四十九年十月二十八日），朱批奏折，中国第一历史档案馆，档案号：04-01-37-0040-018。

图 3-11　西安东城墙上镶嵌的碑石
（2015年12月30日，笔者拍摄）

遇有亲丧，本应丁忧回山东守孝，而有鉴于工程紧迫，需要地方官员在工地随时督察。陕西巡抚何裕城奏请将王垂纪留在西安办理城工。但乾隆皇帝批示"所奏不可行"，并谕令何裕城遣王垂纪回籍守制，从侧面反映出乾隆皇帝在管理城工官员的理念上有其人情味与灵活性。乾隆皇帝认为，地方督抚等奏请留任丁忧官员，"并非专为地方政务起见，徒令此等在任守制之员坐拥廉俸，恋职忘亲，转藉王事羁留，不得稍尽人子之礼，资为口实，于官方政化俱有关系"，并进一步明确"嗣后非遇军务，不得以丁忧人员奏请留

图 3-12　1907 年的西安城东门（长乐门）城楼

图 3-13　西安城墙南门（永宁门）

（丹麦探险家何乐模拍摄）

任"①。这在很大程度上减轻了地方官员参与城工等重大工程的后顾之忧，一旦出现高堂亡故等情况，则可以返籍守制。

---

① （清）官修《清文献通考》卷五十八《选举考》，清文渊阁四库全书本。

　　乾隆四十九年（1784）四月十五日，甘肃盐茶厅（今宁夏回族自治区海原）爆发了田五起义。起义地区距离陕西省境较近，而西自邠州，东至咸阳各州县，防守城垣兵力薄弱，以至于陕西省内"处处风声鹤唳"。此时正处于修筑过程中的西安城垣实际上属于一圈"大工地"，四周"城垣拆卸，守御全无"。倘若此时起义军进军关中，省城西安则危在旦夕，于是关中一带"讹言四起，人心惶惑"①。陕西巡抚毕

图 3-14　西安城西门（安定门）城楼

（选自东京国立博物馆古照片数据库，该照片背面有"明治三十九年"的标签，即1906年，说明该照片是在1906年之前或当年拍摄的）

图 3-15　西安城西门（安定门）

（1907年，法国汉学家沙畹拍摄）

沅调动西安满汉军兵3500人赴甘肃策应。七月，平定田五起义后，大军返回西安。②

---

　　① （清）王昶：《春融堂集》卷六十七《公牍二·与顾盐法道长绂》，清嘉庆十二年塾南书舍刻本。

　　② （清）史善长编：《弇山毕公年谱》，清同治刻本。

在西安城工进展期间，城内工匠、民夫云集，加之采买的工料数量巨大，因而对于城乡商业贸易等具有一定的推动作用。但在甘肃发生田五起义后，西安及周边地区民间多有传言，如西大街都城隍庙不许买卖且已经关闭、西安城内当铺已经歇业、官员家眷业已撤离出城等，更有传言西安城工已经停止。在听闻这些情况后，当时驻守长武防范起义军的陕西按察使王昶致函管理西安城工的陕西盐法道顾长绂，提出若干建议。他认为，鉴于当时的军情以及社会氛围，从西安城垣安全、城区治安等角度考虑，有必要禁止都城隍庙中的"夜市"，而各类商业店铺可以照常开设；从稳步推进西安城垣、加强城工群体管理的角度，应吩咐大、小工头，严加管束参加西安城工的大量工匠、民夫等普通劳动者，白天按时在城垣工地劳动，夜晚不得进入酒店、茶坊等消费场所，以避免发生"游荡无归，转致事衅"等社会治安问题；对于想要撤离西安的官眷、幕宾，王昶安排官役在西安四座城门严格查验，分别其具体情况，"如有规避远扬者，挐回分别惩治"。这些建议和举措对于稳定西安及周边地区社会民心收效显著，不仅确保了工程进展，而且强化了城区治安。事实证明，按察使王昶的判断十分准确，西安作为"省城根本重地"，"贼氛甚远，万无即犯西安之理"①，因而西安城工的推进也并未受到甘肃田五起义的影响。

由于"西安一交冬令，天气渐寒，水土性凝，不宜工作"②，因而每年从十月初一日起，城工暂停。停工期间正是冬季农闲时节，车马、人夫较易雇觅，而且天气晴好，也便于物料运输。为满足开春之后大规模兴工对物料的需求，停工期间砖石、木料、石灰和其他工料的储备工作仍在加紧进行。乾隆五十年（1785）正月二十七日再度开工后，继续砌筑东、西、南三面外

---

① （清）王昶：《春融堂集》卷六十七《公牍二·与顾盐法道长绂》，清嘉庆十二年塾南书舍刻本。

② 毕沅：《奏为西安城工成数并现交冬季暂停工作事》（乾隆四十九年十月二十八日），朱批奏折，中国第一历史档案馆，档案号：04-01-37-0040-018。

侧墙身剩余段落，并开始夯筑内侧墙身，东、西、南三座城门上的正楼、箭楼和城顶炮楼、角楼、卡房等，北面城身也陆续开工。①

乾隆五十年（1785）二月，陕西巡抚毕沅与河南巡抚何裕城奉旨对调。清代藏书家、经学家孙星衍与陕西巡抚毕沅素有交往，对于毕沅主持重修西安城垣及调任河南巡抚一事撰诗颂称：

千年城费五年筹，中丞在西安奏修省城，廿万粮加卅万留。一疏特恩倾四海，重臣从古镇中州。云霄作事皆垂史，风月他时好上楼。我趁政成初入洛，龙门伊阙一名百尺拟同游。②

何裕城接任陕西巡抚后，于四月二十八日会同布政使图萨布等督工官员查勘城工，统计已维修完成的城身长3550余丈，待修城身940丈，其他月城、门楼、角楼、箭楼、炮楼、卡房、海墁、甬路仍在赶修。此时西安城工进度"已有十分之六"③，至八月，已"办至七分有余"。④继任陕西巡抚永保在未到任之前，曾赴热河听取乾隆帝有关西安城工的指示。十月十六日到任后，二十日即会同督工官员详细履勘，查核"已做之工约计已有十之七八"⑤，东、西、南三面外侧墙身已砌砖到顶，内侧墙身补筑、铲削等项

---

① 图萨布：《奏为督办西安城垣工程事》（乾隆五十年二月二十七日），朱批奏折，中国第一历史档案馆，档案号：04-01-37-0041-003。

② （清）孙星衍：《颍州道中阅邸报读弇山中丞辟雍诗及留漕疏稿喜而有作》，收入《孙渊如先生全集·澄清堂续稿》，四部丛刊景清嘉庆兰陵孙氏本。

③ 何裕城：《奏为查勘西安省会城工事》（乾隆五十年四月二十九日），朱批奏折，中国第一历史档案馆，档案号：04-01-37-0041-011。

④ 何裕城：《奏为刨验城工土牛核实办理事》（乾隆五十年八月二十六日），录副奏折，中国第一历史档案馆，档案号：03-1136-030。

⑤ 永保：《奏为查看西安城工情形事》（乾隆五十年十月二十四日），朱批奏折，中国第一历史档案馆，档案号：04-01-37-0041-024。

以及城顶海墁、排垛、女墙、三面正楼、箭楼、炮楼、角楼、卡房等即将完工；乾隆五十年（1785）春季开工的北面墙身外侧已完成一部分，内侧墙身需要补筑、铲削之处已次第动修。至乾隆五十一年（1786）二月，永保奏请乾隆皇帝题写四门匾额，标志着维修工程已进入收尾阶段。①

（五）竣工验收阶段

乾隆五十一年九月，四座城门上由乾隆皇帝题写的满、汉文门名匾额已安砌完好，标志着西安城工终告竣工，验收阶段也随之开始。为避免由城工承办人员自行查勘导致相互包庇等弊端，巡抚永保奏请由朝廷委派工部官员来陕验收。②十月二十五日工部左侍郎德成抵达西安后，率工部员外郎恭安、工部主事沈瀋，与陕西布政使秦承恩等人携带原始勘估册籍进行验收。统计维修完好的四面城身4490余丈③，原估和续估经费总额为银1618000两。德成验收期间，陕甘总督福康安于十月二十九日由兰州行抵西安，三十日共同查验城工。十一月初五，新任陕西巡抚巴延三抵达西安，也参与了城工验收。④

验收内容既包括城工尺寸是否与原来的方案相符，也查验经费使用是否有浪费的情况，主要有五方面：其一，逐一丈量内外城身、城顶、城门、券洞、楼座、官厅、卡房、城根围屏石等的尺寸，分段刨验城身、城顶砌砖的层数、进数与灰土步数，发现"所用灰浆均系灌足，土牛亦如法筑打坚实，

① 永保：《奏为重修西安城垣四门匾额字样应否照旧抑或更定并翻清兼写请旨事》（乾隆五十一年二月二十日），朱批奏折，中国第一历史档案馆，档案号：04-01-37-0043-007。

② 福康安、永保：《奏为西安省会城垣工竣请旨简员验收事》（乾隆五十一年九月二十二日），朱批奏折，中国第一历史档案馆，档案号：04-01-37-0043-018。

③ 乾隆《西安府志》卷九《建置志上·城池》载西安城墙长4302丈，与德成测量数据不同，当为测量方法、测量地点不同导致的差异。

④ 德成：《奏为遵旨查验西安城工事》（乾隆五十一年十一月二十四日），录副奏折，中国第一历史档案馆，档案号：03-1138-042。

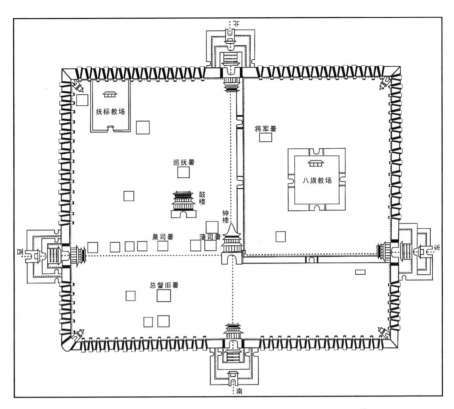

图 3-16 乾隆五十一年（1786）竣工后的西安城墙[①]

俱与原估相符"；其二，四门箭楼、城座、东西北三面券洞，以及东南城墙
上的魁星阁工程均属坚固，所用工料、银数与估算相符；其三，东门月城原
有2条马道，因地势较窄，仅修砌了北侧马道，南边马道省修，省银214.755
两；其四，城墙内侧砖砌205道排水沟，由于城根地势高低不一，平均每道
水沟可少砌7层城砖，共省19372块砖。两者合计节省砖灰、匠夫银592.608
两；其五，原估内侧墙身"全行刨切另筑"段落长3907.8丈，估需工料银约
32151两。但在实际施工中，并未全部刨切重筑，而是根据墙身状况分为三
类进行维修。其中夯土坚实、仅需铲削拍平的墙身约1662丈；需加补筑、粘

---

① 秦承恩：《奏呈西安钟鼓二楼图》（乾隆五十六年），录副奏折，中国第一历
史档案馆，档案号：03-1141-071。

补浪窝的墙身约1674丈；需将夯土全部刨除、重新筑打的墙身约570丈。经过分类维修，实际耗银较原估数额节省41028两。

由于毕沅从筹备阶段即强调"此项工程浩大，一铢一两皆项攸关，必须慎重分明，丝毫皆有着落，将来按册稽查庶可指实"①，这一原则在验收中也得以严格贯彻。如夯筑内侧墙身实际用土17000余方，而刨切铲削下的旧土24000余方本应在抵除实际用土外，尚余6900余方。但时任巡抚何裕城未经详细筹划，反而购买7300余方新土，导致城工完竣后，大量旧土堆积，造成浪费。德成即建议由何裕城将购买7300余方新土的"土方银"9610.471两赔缴②，城工验收的严格由此可见一斑。

十一月二十四日，德成向乾隆帝呈递验收奏报，历时5年的西安城墙大修工程至此落下帷幕。

三、城工经费的数量与来源

乾隆四十六年至五十一年（1781—1786）的西安城墙维修工程耗银数额巨大，经费来源多样，支出类别琐细。经费不仅是衡量城工规模的重要指标，而且巨额经费的投入在一定程度上对西安及其周边地区城乡社会经济发展也产生了重要影响。

（一）经费总额

有关乾隆四十六年至五十一年西安城墙大修的经费总额，文献记载多有出入，如《清高宗实录》载"共估工料银一百五十六万六千余两"③，

---

① 毕沅：《奏明赴兰州日期并办理城工情形事》（乾隆四十八年二月二十八日），录副奏折，中国第一历史档案馆，档案号：03-0181-032。

② 德成：《奏为遵旨查验西安城工事》（乾隆五十一年十一月二十四日），录副奏折，中国第一历史档案馆，档案号：03-1138-042。

③《清高宗实录》卷一千一百五十三，乾隆四十七年三月。

《钦定大清会典事例》载"用银一百六十一万八千余两"①，后世又有"一百六十万八千余两""一百六十五万八千余两"②等说法，最多相差近十万两之巨。实际上，仔细分析工程奏折就能对城工经费总额及其变动有更为明晰的认识。

乾隆四十六年（1781）毕沅与德成经过勘估，统计木、石、砖、瓦、灰觔、土方、匠夫工价以及各项杂费共需银约1566125两。在实际施工中，由于采用了新烧制的厚城砖替代原有旧砖，减少了城砖层数，节省砖、灰、匠夫工价银39000余两，但实际使用新砖超出原估经费约合银51920余两；分类夯筑内侧城身省银41028余两。在综合计算以上"原估、增估、核抵、节省"等类后，实际耗银1577017余两。③此外，由于四门箭楼、城台、券洞由原来的"剔凿粘补"改为"全拆改修"，连同"拆造见新"的魁星楼，共实用工料银18558余两。④因而这次城工实际耗银总数为1595575余两，与原估和续估经费银1618000余两⑤较为接近，反映出前期勘估颇为精确，总体经费也有所节省。

从经费总额而言，这次西安城工规模远大于入清之后的西安城墙历次维修工程，即使是同为西部重镇、均由德成勘估指导的兰州和成都维修工程也

① （清）昆冈等修：《钦定大清会典事例》卷八百六十八《工部·城垣直省城垣修葺移建二·城垣禁令》，清光绪石印本。

② 民国《咸宁长安两县续志》卷五《地理考下》，民国二十五年铅印本；向德、李洪澜、魏效祖编：《西安文物揽胜（续编）》，陕西科学技术出版社，1997，第157—158页；张永禄主编：《明清西安词典》，陕西人民出版社，1999，第41—42页；张永禄：《西安古城墙》，西安出版社，2007，第55页。

③ 福康安、永保：《奏为西安省会城垣工竣请旨简员验收事》（乾隆五十一年九月二十二日），朱批奏折，中国第一历史档案馆，档案号：04-01-37-0043-018。

④ 永保：《奏为查明西安省会城垣续有增修工程事》（乾隆五十一年九月二十二日），朱批奏折，中国第一历史档案馆，档案号：04-01-37-0043-019。

⑤ 德成：《奏为遵旨查验西安城工事》（乾隆五十一年十一月二十四日），录副奏折，中国第一历史档案馆，档案号：03-1138-042。

难以望其项背。三城维修规模如下表所示：

表 3-2　乾隆后期西安、兰州、成都三城维修规模比较表

城市	勘估至竣工起讫时间	城墙长度（丈）	原估、续估经费（两）	实用经费（两）
西安	乾隆四十六年十二月至五十一年九月	4492.8	1618000	1595575
兰州①	乾隆四十六年十一月至五十五年六月	2667.5	182890	182350
成都	乾隆四十七年一月至五十一年十月②	4127.6	688698③	612028④

由上表可知，成都城墙约为西安城墙长度的90%，虽然也是一次大修，但耗资仅相当于西安的30%强，因而乾隆皇帝都有"陕西西安城工较川省更为浩繁"⑤的慨叹。兰州城墙约为西安城墙长度的59%，而经费仅为西安的11%。从城工经费反映出西安城墙维修规模之大，充分体现出其"重中之重"的西部重镇地位。

（二）经费来源

这次西安城工经费来源较为多样，而以陕西省地方财政收入为主，由此也可看出乾隆年间陕西尤其是关中区域经济发展在很大程度上促进了西安城市建设。乾隆四十七年（1782）毕沅原估工料银为1566100余两⑥，有八项来

① 勒保：《奏为验收甘省皋兰县城工事》（乾隆五十五年六月十七日），中国第一历史档案馆，档案号：04-01-37-0045-017。

② 保宁：《奏报省会城垣工程全竣事》（乾隆五十一年十月十二日），录副奏折，中国第一历史档案馆，档案号：03-1138-038。

③ 福康安：《奏为修筑省城工费繁重酌定章程事》（乾隆四十七年十二月十六日），录副奏折，中国第一历史档案馆，档案号：03-1135-001。

④ 保宁：《奏报省会城垣工程全竣事》（乾隆五十一年十月十二日），录副奏折，中国第一历史档案馆，档案号：03-1138-038。

⑤ 《清高宗实录》卷一千二百七十四，乾隆五十二年二月癸卯。

⑥ 毕沅：《奏请借款修理西安城垣事》（乾隆四十九年八月十二日），朱批奏折，中国第一历史档案馆，档案号：04-01-37-0040-005。

源，如下表所示：

表3-3　乾隆四十七年（1782）估算城工经费来源

序号	经费来源	数额（两）
1	截至乾隆四十六年十二月所收商畜杂税银	450700
2	陕西布政司库存留用银	100000
3	截至乾隆四十七年二月所收布政司生息银的利息银	110000
4	预计此后五年可收布政司生息银的利息银	150000
5	预计此后五年可收商畜杂税银	250000
6	朽木变价银	16080
7	查封甘肃省犯官张毓琳等家产银	14900
8	从布政司库内借支银	474420
	合计	1566100

　　具体而言，这八项经费分别是：第一，陕西省所设商畜杂税银每年征收约44000两，专门用于维修城池[①]，至乾隆四十六年（1781）十二月，已积存450700余两；第二，陕西布政司库备用银400000两，其中100000两留用；第三，陕西布政司库备用银中的300000两交给商人经营，所得利息银用于维修历代陵墓、古迹，至乾隆四十七年二月，共收利息银150100余两，除修缮华山庙宇用银外，存银110000余两；第四，陕西布政司300000两发商生息银每年的利息银为30000两，毕沅估计此后5年工程进展其间可收利息银150000两；第五，商畜杂税银每年可收44000余两，毕沅估计此后5年约可收250000两；第六，从城楼、卡房、官厅等拆卸下来的旧木料变卖所得银16080余两；第七，查封甘肃省犯官张毓琳等家产银14900余两；第八，以上经费来源之外，不足部分474420两从布政司库借支，由以后征收

---

① 汤聘：《奏为遵旨筹办陕西通省城工事》（乾隆三十一年正月十二日），朱批奏折，中国第一历史档案馆，档案号：04-01-37-0021-004。

的商畜杂税银及生息银按年归还。①

　　乾隆四十九年（1784）又新增一项经费来源，即宝陕局余存钱31500两。②因而，在估算经费总额不变的情况下，乾隆四十七年（1782）原计划需从布政司库借支474420两，乾隆四十九年就减为326920两，其余各项未变。值得一提的是，乾隆四十七年十二月乾隆皇帝批示甘肃省乾隆四十六年（1781）办理军需案部分剩余银两无须交回内务府，交归西安城工使用③，至乾隆四十九年八月，划入西安城工使用的甘肃省解交银多达116000两④，有力地促进了西安城工进展。

　　城工进行期间，由于布政司库存"城工项"下银两渐绌，无力借支，不足银两遂从布政司库"地丁银"借支，计划由将来所收商畜杂税银、生息银等归还。⑤陕西省地丁银收入较为稳定，每年数额较大，也成为城工经费的重要来源。另外，毕沅任陕甘总督期间，由于未及时觉察甘肃折捐冒赈一案，被罚银80000两，奉旨归西安城工使用。毕沅从乾隆四十六年十一月至乾隆五十年（1785）七月交清了全部罚款，均充入城工经费。⑥

　　虽然在西安城工勘估期间，乾隆皇帝已指出"不得存惜费之见"的基本原则，旨在避免因节省经费而缩小西安城墙的宏大规模，但同时也要求督工

---

　　① 毕沅：《奏明酌筹城工动用银两缘由事》（乾隆四十七年三月初六日），录副奏折，中国第一历史档案馆，档案号：03-1134-009。

　　② 毕沅：《奏请借款修理西安城垣事》（乾隆四十九年八月十二日），朱批奏折，中国第一历史档案馆，档案号：04-01-37-0040-005。

　　③ 李侍尧：《奏报解交毕沅等人罚银事》（乾隆四十七年十二月初六日），录副奏折，中国第一历史档案馆，档案号：03-1317-019。

　　④ 毕沅：《奏请借款修理西安城垣事》（乾隆四十九年八月十二日），朱批奏折，中国第一历史档案馆，档案号：04-01-37-0040-005。

　　⑤ 毕沅：《奏请借动银两修理城垣事》（乾隆四十九年八月十二日），录副奏折，中国第一历史档案馆，档案号：03-1135-017。

　　⑥ 何裕城：《奏为收到前署陕甘总督毕沅罚银列入城工公项事》（乾隆五十年七月二十五日），朱批奏折，中国第一历史档案馆，档案号：04-01-30-0504-016。

官员考虑"物料购估之如何可得便宜"①。在施工中，督工官员更进一步贯彻了"于节省之中仍归巩固"的经费使用原则，因而实际使用经费最终还略低于原本勘估经费。

四、主要工料的产地、数量与运输

由于西安城墙维修项目繁多，工序复杂，因而所需工料种类亦多，其烧造、采买、运输等都关系到城工进度和工程质量。从乾隆年间陕西各地城墙维修的工程案例可知，工料包括砖瓦、石料、灰觔、木植、绳觔、铁料、颜料、器具、荆筐、柳木丁、杂料等，②而西安城工中最重要的当属城砖、石料和木料。

（一）城砖

依照勘估中确定的方案，这次西安城墙大修的重点是给城身外侧和城顶城楼、卡房等处全部重新砌砖，以使墙身更为坚固。工部员外郎蓬琳在北京曾多次承办城砖事务，熟悉烧砖工序，随即被派往各砖窑察看砖坯，监督烧造。蓬琳参照旧城砖式样，规定新城砖"长一尺四寸，宽七寸，厚三寸"。这些数据与考古实测的清代西安城砖长45厘米、宽22.5厘米、高9.5至10厘米③正相一致。蓬琳在对煤炭、物料、匠夫拉运车价等进行统筹核算的基础上，为新城砖定价为每块需银0.022两。虽然档案中没有明确记载砖窑所在位置，但从明代西安城砖大量产自南郊东三爻一带的情况推测④，此次大修

---

① 毕沅：《奏为委派办理城工人员事》（乾隆四十七年五月二十日），录副奏折，中国第一历史档案馆，档案号：03-1134-024。

② 庆复、三和、陈弘谋：《复奏查勘陕省城工缓急事》（乾隆十年六月），录副奏折，中国第一历史档案馆，档案号：03-1116-045。

③ 西安市文物局、陕西省古建设计研究所联合考古调查组：《含光门段明城断面考古调查报告》，《文博》2006年第3期，第79—84页。

④ 西安市地方志馆、西安市档案局编：《西安通览》，陕西人民出版社，1993，第869页。

所需城砖可能也来自西安城郊尤其是南郊砖窑。

此次大修所需城砖数量亦可结合明代西安城工规模进行合理推测。明隆庆年间陕西都御史张祉主持为西安外侧墙身砌砖时，仅东南隅约750丈城墙就使用了58万块砖[①]，由此推算西安城墙4492.8丈外侧墙身砌砖共需近350万块，加上城楼、箭楼、卡房、官厅、魁星楼等所用大量城砖，乾隆四十六年至五十一年（1781—1786）西安城工用砖有可能超过了400万块。以此估算，仅购买城砖用银即需88000两，约占总经费1595575两的5.5%。当然，这一估算数字尚需今后进一步搜检史料加以证实。

（二）石料

除城砖外，石料和石灰也属大宗工料。西安城墙维修工程需以大量石料用作围屏石、铺地石、水沟石等，同时需要大量石灰，这两类工料主要来自富平县。富平北山出产的青石与出自石川河沿岸的石灰均是上好的建材，但采运困难，历来有"匠工之艰，搬移之累，利病半焉"[②]的说法。由于富平距离西安城较远，石料和石灰采运不易，核定合理运价就成为保证工料充足且不致造成"民累"的关键。

当时西安府附郭县咸宁、长安二县通行的石料、石灰运价为每车装720斤、每100里空重往返，给银3两；富平县运价为每车装1300斤、每100里空重往返，给银0.09两。两地运价相差极其悬殊。德成等人即指出，咸宁、长安运价过高，会造成粮价、草料、人工等开支过大；而富平运价过低，无法满足草料和人工开支，会出现车户不愿承揽运输的问题。在统筹考虑市价、草料与工费基础上，德成等核定运价为每车装1500斤、每100里空重往返，给银2两。[③]若以运载1500斤、空重往返100里计算，富平运价应为1.035两，

---

① 康熙《咸宁县志》卷二《建置志》，清康熙刊本。

② 光绪《富平县志稿》卷三《物产》，清光绪十七年刊本。

③ 德成、毕沅：《奏为估计城工并各项运价事》（乾隆四十七年二月十二日），录副奏折，中国第一历史档案馆，档案号：03-1134-003。

咸宁、长安二县运价应为6.255两。因而核定运价虽较富平运价增加银0.965两，但却比咸宁、长安二县运价节省银4.255两。这一运价的高明之处就在于节省工费的同时，也使得当时的运输者能够赚取合理的利润，可保证工料供应充足。

（三）木料

由于西安城墙城楼、箭楼、卡房、官厅、魁星楼等建筑物的木柱、梁檁大多歪斜朽损，需要大量木材重新建盖，因而木料采伐、运输也是一大问题。西安城南的秦岭素有"林木之利取之不穷"[1]的说法，入清之后采伐规模仍然较大，尤以盩厔县境的深山区为最。乾隆十一年（1746），陕西巡抚陈弘谋记盩厔采伐木料的景况称："西安府之盩厔县南山出产木植，每当三、四月间水发，木方出口。有黑峪、黄峪地方，木客人等在彼雇人运木，人烟凑集。"[2]嘉庆、道光年间曾任汉中知府、陕西按察使的严如熤亦调查指出："盩厔之黄柏园、佛爷坪、太白河等处大木厂，所伐老林已深入二百余里"，而"开厂出赀本商人，住西安、盩厔、汉中城"。[3]清代关中名儒盩厔县人路德在《柽华馆全集》中亦载秦岭"山故产木，山行十里许，松梓蓊郁，缘陵被冈，亘乎秦岭而南，数百里不断，名曰老林。……操斧斤入者恣其斩伐，名曰供厢。木自黑水谷出，入渭浮河，经豫晋，越山左，达淮徐，供数省梁栋"。[4]这些因素为西安城墙维修使用木料提供了便利条件。

乾隆四十九年（1784）四月，毕沅奏称："西安城工需用木料俱购自南

---

① 民国《重修盩厔县志》卷三《田赋》，民国十四年铅印本。
② 陈弘谋：《奏为盩厔县伐木工人谷天亮等纠众殴差长安县生员郝浚借事煽惑分别提审责惩事》（乾隆十一年四月二十五日），朱批奏折，中国第一历史档案馆，档案号：04-01-01-0138-019。
③ （清）贺长龄：《清经世文编》卷八十二《兵政十三·山防》，清光绪十二年思补楼重校本。
④ （清）路德：《柽华馆全集》卷五《墓志铭一·周侣俊墓志铭》，清光绪七年刻本。

山，必由盩厔之黑龙潭顺水运至省城。现在各厢木植均已办就，专候山水旺发时，陆续自山运出。"①由于城楼卡房在乾隆五十年（1785）春季开始施工，所有木料应在乾隆四十九年（1784）夏秋之前运到，晾干后才能采用。为此，毕沅于乾隆四十九年四月十二日从西安出发，奔赴盩厔查验木料，指导运输事宜。就运输路线来看，采伐的木料汇聚于黑龙潭后，经由盩厔第一大河黑河流入渭河，再漂流至关中木材集散市场咸阳或西安北郊的草滩镇，集中收储后运至西安。

如上所述，西安城工所需的城砖来自西安城郊地区，石料、石灰出自渭北富平县，而木料源于盩厔的秦岭山中，工料来源之广不仅反映出西安城工规模之大，也可看出西安城市建设与关中区域社会的紧密联系。

五、城工的重要影响

乾隆四十六年至五十一年（1781—1786）的西安城工，以其工期之长、工匠之众、经费之巨、工料之多堪称明清西安城墙建修史上最大的维修工程，不仅与改善城市景观、提升城墙防御能力等直接相关，对区域社会经济发展和生态环境变迁等也有着较大影响。

首先，城墙是明清西安最重要的城市景观，与城市整体风貌直接相关。经过全面整修后的西安城"崇墉壮丽，百雉聿新"②，"崇宏巍焕，克壮观瞻"③，远非整修之前城楼倾颓、砖瓦剥圮的景象可比。据嘉庆《长安县志》记载，经过此次整修之后，西安城墙"高三丈六尺，厚四丈七尺。门

---

① 民国《续修陕西省通志稿》卷二百《拾遗》，民国二十三年铅印本。

② 永保：《奏为重修西安城垣四门匾额字样应否照旧抑或更定并翻清兼写请旨事》（乾隆五十一年二月二十日），朱批奏折，中国第一历史档案馆，档案号：04-01-37-0043-007。

③ 福康安、永保：《奏为西安省会城垣工竣请旨简员验收事》（乾隆五十一年九月二十二日），朱批奏折，中国第一历史档案馆，档案号：04-01-37-0043-018。

楼三重，正楼、箭楼、炮楼自内而外。卡房九十，垛口五千七百。门四，东曰长乐，西曰安定，南曰永宁，北曰安远，及四角楼，皆如旧制。池加濬四尺，上阔六丈，下阔三丈"。[1]这种城市景观的焕然一新，不仅对西安城居民而言有着居住环境改善的实际意义，更重要的是与西安城作为"西陲重镇、新疆孔道、蜀省通衢"的地位相适应，可使东部以及西北、西南各地往来、途经西安的无数官绅贾民，包括大量前往北京朝觐、进贡的新疆、西藏、四川等地少数民族首领[2]也能领略到西北重镇的雄姿，这对于巩固西北、西南边防具有重要的心理暗示意义。从根本而言，西安城墙作为军事防御工程，整修的最大目的是提升防御能力，通过对城墙外侧和顶部全行砌砖，重新筑打内侧墙身，以及对城楼、箭楼、卡房、官厅、魁星楼、券洞等重新维修，使得西安城墙更加厚实耐久，防御能力空前增强，加上乾隆三十九年（1774）毕沅主持修濬加深了护城河，两者更相得益彰，不愧于"可资捍御而壮观瞻"[3]的美誉，由此奠定了西安城在清后期至民国年间多次攻城战中屡遭战火，却均未被攻破的重要城防基础。

其次，西安大城维修竣工后，巡抚永保于乾隆五十二年（1787）正月即奏请兴修钟楼和鼓楼。[4]钟楼和鼓楼作为西安的重要标志性建筑物，原本

① 嘉庆《长安县志》卷十《土地志上》，清嘉庆二十年刻本。
② 钟音：《奏闻凯旋将军大臣伯克到西安并宴请事》（乾隆二十五年二月初三日），录副奏折，中国第一历史档案馆，档案号：03-0344-004；鄂弼：《奏为遵旨备办接待爱乌汉军情形并阿嘉胡图克图带领达赖喇嘛差遣使臣进贡等过陕日期事》（乾隆二十七年十一月初二日），朱批奏折，中国第一历史档案馆，档案号：04-01-14-0034-042；毕沅：《奏为川省入觐土司等先后抵达西安并起程赴京事》（乾隆四十九年），朱批奏折，中国第一历史档案馆，档案号：04-01-16-0078-025。
③ 永保：《奏为重修西安城垣四门匾额字样应否照旧抑或更定并翻清兼写请旨事》（乾隆五十一年二月二十日），朱批奏折，中国第一历史档案馆，档案号：04-01-37-0043-007。
④ 福康安：《奏请修陕西省城钟鼓楼座及潼关城垣事》（乾隆五十二年正月初四日），录副奏折，中国第一历史档案馆，档案号：03-1139-001。

"规制颇为壮丽"，兼具报时、警戒等功能。由于长期风吹雨淋，破损不堪，"若不一并兴修，观瞻实多未肃"。①可见西安城墙维修工程"催生"了钟、鼓楼维修。毕竟，破烂不堪的钟楼、鼓楼对于西安城景观而言仍属美中不足，这可能也是乾隆皇帝允准维修钟楼、鼓楼的原因之一。钟、鼓楼维修工程由德成于乾隆五十二年（1787）二月前后勘估，共需物料、匠夫、工价银84525.855两。②约至乾隆五十四年（1789）工程完竣③，自此与西安城墙相映生辉，城市景观面貌得以大为改善。

最后，乾隆四十六年至五十一年（1781—1786）的西安城墙维修，不应简单被视为只是一次大规模城建活动，相较于对改善城市景观和提升防御力的直接影响而言，此次城工对西安城乡以及关中区域社会经济和生态环境的影响虽然微妙，但却不容忽视。

综上所述，一方面，在城墙维修过程中，大量资金通过购买各类工料、支付工匠工费、储备粮食等途径进入关中各地民众生活、生产流通体系之中，不仅有益于增加百姓收入、稳定粮食等专门市场，也保护了农民、手工业者和其他行业从业者的生产积极性，从而对关中区域社会农业生产、手工业制造、商业贸易、物流运输等方面均产生不同程度的推动作用。另一方面，西安城墙维修工程耗用大量工料，尤其在盩厔境内秦岭山区采伐大量木材，加重了秦岭森林自汉唐以来由于人为大规模采伐导致的生态问题。盩厔木料长期"自黑水谷出，入渭浮河，经豫、晋，越山左，达淮、徐，供数省梁栋"，曾令陕人自豪，但至民国初年，时人却发出了"比年以来，老林空

①　福康安：《奏请修陕西省城钟鼓楼座及潼关城垣事》（乾隆五十二年正月初四日），录副奏折，中国第一历史档案馆，档案号：03-1139-001。

②　德成、福康安、巴延三：《奏为会勘西安钟鼓楼座估计钱粮事》（乾隆五十二年三月初四日），录副奏折，中国第一历史档案馆，档案号：03-1139-007。

③　（清）昆冈等修：《钦定大清会典事例》卷八百六十八《工部·城垣·直省城垣修葺移建二·城垣禁令》，清光绪石印本。

矣"①的慨叹。可以说，秦岭森林生态的变化，不仅与以往汉唐长安城建设紧密相关，与清代西安城墙20余次维修工程亦有内在关联，值得今后进一步探究。

第五节　捐资修城：
清嘉庆、道光年间西安城墙修筑工程

嘉庆、道光年间，由于面临着国内各地一浪高过一浪的农民斗争，以及咄咄逼人的海外列强的入侵，在内忧外患之下，清朝国运由乾隆时期的"盛世"已显露出逐渐转衰的趋势。西安虽然地处西北内陆地区，但是也受到国家整体发展态势的影响，在城池建修方面的力度和频次已难与乾隆朝时期相比。

从现存清代奏折档案来看，嘉庆、道光年间西安城墙建修活动共有四次，既有官府动用"公帑"维修的城工，也出现了利用民众捐款修缮城墙的情况。从修城资金的来源而言，这一时期利用民众捐款修城成为一大亮点，反映出在国力不济的大背景下，在朝廷和地方官府财政捉襟见肘的情况下，民间人士（尤其是士绅）成为建设、维修和保护西安城墙的重要群体。

一、嘉庆十五年至十六年城墙维修工程

前已述及，嘉庆《长安县志》卷十《土地志上》对乾隆后期西安城墙

---

① 民国《续修陕西省通志稿》卷三十四《商筏税》，民国二十三年铅印本。

大修后形成的城池规模尺寸进行了较为详细的记述。①显而易见的是，嘉庆
《长安县志》编纂者对西安城墙、护城河长度、宽度、深度的勘测，以及城
垣上官厅、卡房、角楼、垛口等数据的统计，反映出清中期咸宁县及西安府
官员精准掌握了城墙、护城河的各项信息，有助于确保在多次维修中"皆如
旧制"，延续城墙与护城河的规制及风貌。

　　嘉庆十五年至十六年（1810—1811）城墙维修工程在地方史志中未见提
及，有关工程缘起、建修项目、工费额度等更无从知晓。令人庆幸的是，笔
者在北京的中国第一历史档案馆和台北的"中央研究院历史语言研究所"明
清档案工作室搜检到了与此次城工相关的奏折和题本，虽然这些档案还不足
以完全揭示此次城工的诸多细节，但通过认真分析和综合比较，仍可以约略
一窥此次城工的来龙去脉。

　　在乾隆五十一年（1786）西安城墙维修工程竣工后，从乾隆五十二年
（1787）至嘉庆十五年（1810）又历时23年之久。由于当时城工中"新修房
屋工程"的保固期限（即质量保证时限）为10年，②此时已远远超过这一时
限，城墙、城楼等均出现因风雨等自然原因导致的坍卸、倒塌、渗漏等情
况，于是在嘉庆十五年至十六年由陕西巡抚董教增主持进行了一次清后期较
大规模的城墙维修工程。

　　据陕西巡抚董教增在《奏为西安省会城垣坍损详请补修事》中载，此次
城工实际上最先是由西安府的两个附郭县，即咸宁县知县林延昌③、长安县

---

① 嘉庆《长安县志》卷十《土地志上》，清嘉庆二十年刻本。

② 董教增：《奏为西安省会城垣坍损详请补修事》（嘉庆十五年十二月十一
日），朱批奏折，中国第一历史档案馆，档案号：04-01-37-0061-038；董教增：《奏
为修理省会坍损城垣事》（嘉庆十五年十二月十一日），录副奏折，中国第一历史档
案馆，档案号：03-2150-055。

③ 咸宁：《奏请准林延昌奎丰回咸宁渭南二县本任事》（嘉庆十四年十二月十二
日），录副奏折，中国第一历史档案馆，档案号：03-1528-061。

知县张聪贤[1]将"西安省城楼座各房屋坍损"的情况向时任陕西布政使朱勋汇报，并希望加以"补修"。接报后，朱勋随即要求西安府知府周光裕对城墙、城楼等损毁情况进行实地查勘，以确定维修工程量的大小，并对工价、工料等进行估算。[2]

西安知府周光裕是在嘉庆十五年（1810）初由榆林知府调任，时年60岁。据奏折档案载，周光裕系直隶天津县举人，议叙知县，发陕试用，先后担任定边、大荔等县知县，后调补三原县知县，乾隆五十八年（1793）升任商州直隶州知州，嘉庆二年（1797）升兴安府知府。作为长期在陕任职的官员，他被护理陕西巡抚朱勋评价为"资格最深，办事妥协。从前承办军需，屡着劳绩。现在署理西安府印务，办理亦觉裕如"[3]。因而周光裕被委任督理此次西安城工，既是其担任西安知府的分内之事，同时也与其"资格最深，办事妥协"的任职经历和政务经验紧密相关。

西安府知府周光裕经过仔细查勘，详细调查了城墙、城楼、魁星楼等的破损情况，为准确地勘估工价，有针对性地制定后续维修方案奠定了坚实基础。以下列表反映西安知府周光裕调查的城墙、城楼损毁段落及其维修方案。

---

[1] 董教增：《奏请以张聪贤调补长安县知县事》（嘉庆十五年十二月十一日），朱批奏折，中国第一历史档案馆，档案号：04-01-12-0288-082。

[2] 董教增：《奏为西安省会城垣坍损详请补修事》（嘉庆十五年十二月十一日），朱批奏折，中国第一历史档案馆，档案号：04-01-37-0061-038；董教增：《奏为修理省会坍损城垣事》（嘉庆十五年十二月十一日），录副奏折，中国第一历史档案馆，档案号：03-2150-055。

[3] 那彦成：《奏为西安府知府员缺请旨以周光裕王骏猷二人内简放事》（嘉庆十五年四月二十六日），朱批奏折，中国第一历史档案馆，档案号：04-01-12-0285-098。

表 3-4　嘉庆十五年（1810）西安城墙建筑物损毁情况一览表 ①

序号	建筑物	损毁情况	维修方案
1	西门头重正楼北边中簷	全行倒塌，以致下簷坍损	添料修葺
2	东门正楼、箭楼、炮楼	渗漏	添料修葺
3	南门正楼、箭楼、炮楼	渗漏	添料修葺
4	北门正楼、箭楼、炮楼	渗漏	添料修葺
5	四座角楼	瓦片脱落，房屋渗漏	添料修葺
6	四座官厅	瓦片脱落，房屋渗漏	添料修葺
7	魁星楼	木植朽腐	应拆卸头停，添换木植
8	九十八座卡房	其中有头停渗漏、苇箔朽浥	添料修葺
9	四城正楼、箭楼、角楼、官厅等房槅扇、窗门周围、上下簷、外面各柱木、枋梁	俱被风雨，飘摇朽损	添料修葺

　　从上表可知，此次城工的主要内容是维修城墙上的建筑物，即所谓"楼座房屋"等，城墙墙体并不属于维修的重点内容。

图 3-17　1921 年的西安城墙魁星楼

西安城墙作为综合性的军事防御工程，墙体是基础，依靠和围绕城墙墙体兴建的城楼、角楼、官厅、魁星楼、卡房是用砖、石、木等建材砌筑的建筑物，在长期的风吹雨淋之下，也和城墙墙体一样出现损毁的

---

　　① 董教增：《奏为西安省会城垣坍损详请补修事》（嘉庆十五年十二月十一日），朱批奏折，中国第一历史档案馆，档案号：04-01-37-0061-038。

情况，这些城墙上的建筑物"俱被风雨，飘摇朽损，不足以肃观瞻，而资巩固"①，因而亟待整修完固、美观。

基于上表分析可知，城楼、角楼、官厅、卡房等"楼座房屋"出现的问题主要是两大类，即倒塌和渗漏。倒塌和坍卸是由于木植腐朽造成的，而房屋渗漏是由于屋顶覆盖的瓦片脱落、苇箔糟朽导致的。从这些描述可以看出，在乾隆四十六年至五十一年（1781—1786）城工中，城墙上的城楼、箭楼、官厅、卡房等综合采用了当时的施工建造技术，既有柱梁斗拱等木构主体，也有苇箔、瓦片等屋顶覆盖物。

针对城墙上各类建筑出现的两大类问题，咸宁、长安两县知县、西安知府周光裕等人在查勘过后，提出的维修方案包括：（1）"添料修葺"；（2）"拆卸头停，添换木植"。细致分析不难发现，在两种维修方案中，既考虑到了将腐朽的木植全部进行拆卸更换，也注重充分利用"拆卸旧料拣用"，即在拆下的大量木构件中拣寻能够再次利用的物料，以节省工费，这一做法同时也能够较好地保持城墙建筑物原来的风貌。

西安知府周光裕基于查勘的城墙建筑物损毁情况，勘估维修需要的工料、运费等约9800两。相较于乾隆四十六年至五十一年西安城墙大型维修工程耗资高达159万余两而言，此次城工维修主体为城墙上的房屋、楼座等建筑物，因而整体开支较小。据陕西布政使朱勋查核，当时布政司存有历年兴办各项工程"扣存市平银"11000余两，"足敷动用，毋庸请动正项钱粮"②，这就从财政上解决了城墙维修资金来源的问题。

嘉庆十五年（1810）十二月十一日，陕西巡抚董教增以《奏为西安省会城垣坍损详请补修事》上奏朝廷。十二月二十三日，嘉庆皇帝在这份奏

---

① 董教增：《奏为西安省会城垣坍损详请补修事》（嘉庆十五年十二月十一日），朱批奏折，中国第一历史档案馆，档案号：04-01-37-0061-038。

② 同上。

折上朱批"工部议奏，钦此"①。至嘉庆十六年（1811）初，经过工部审核"议准"，进一步要求陕西省官府"将估需工料银两照例切实确核，造具册结，题报核办"②。这标志着此次西安城工的维修提议已获得朝廷允准，进入工程估算、筹备的环节。陕西布政使朱勋依据咸宁、长安两县上报的"册结"，对所估"工料银"9887.588两按照管理"逐一细核"，发现该数据"与原奏银数相符，并无浮冒"，因而建议遵照原奏，在布政司库贮存的"暂寄工程平余银"内照数动支。

嘉庆十六年闰三月十八日，陕西巡抚董教增与陕甘总督那彦成以《题报西安省会补修城垣楼房估需银两》上奏，建议此次维修西安城墙"楼座房屋"应"及时赶修"③，这一题本由嘉庆皇帝朱批"该部议奏"，再度进入工部核准程序。毫无疑问，此次工部审核的主要是西安城墙"楼座房屋"的具体维修方案以及经费开支。在《题报西安省会补修城垣楼房估需银两》题本中，陕西巡抚董教增提出，在施工过程中，应当贯彻"严饬承修之员妥为经理"的原则，以期达到"工坚料实，帑不虚糜"的目标。他还提及，在工程竣工之后，仍要进行委勘核实、造册请销等例行事宜。④

虽然笔者在中国第一历史档案馆和台北"中央研究院历史语言研究所"档案馆翻检了大量档案，但迄今尚未搜检到有关此次西安城墙"施工"和"竣工"的奏折。不过，在嘉庆十六年后，陕西巡抚董教增又向朝廷上奏了有关修理陕南一带城池的奏折。结合当时的实际状况分析，这次西安维修西

---

　　① 户部：《事由：移会典籍厅奉上谕直隶霸昌道员缺着咸宁补授又陕西巡抚董教增奏西安省会城垣楼座房屋坍损估需工料银九千八百余两详请补修》（嘉庆十五年十二月），台北"中央研究院历史语言研究所"明清档案工作室，档案号：173617-001。

　　② 董教增：《题报西安省会补修城垣楼房估需银两》（嘉庆十六年闰三月十八日），台北"中央研究院历史语言研究所"明清档案工作室，档案号：064287-001。

　　③ 同上。

　　④ 同上。

安城墙"楼座房屋"的工程应当在嘉庆十六年（1811），甚或延至嘉庆十七年（1812）竣工，然后才会出现董教增继续修缮陕南城池之议。

二、嘉庆十九年南门城楼失火及其重修

在嘉庆十五年（1810）由陕西巡抚董教增动议对西安城墙"楼座房屋"等维修之后，至嘉庆十六年（也有可能延至嘉庆十七年）此项工程完竣。本来经过维修的西安城墙正楼、箭楼、卡房、官厅等建筑均焕然一新，但南门城楼却在嘉庆十九年（1814）正月初二日遭遇了一次严重火灾，损毁严重，于是在嘉庆二十年（1815）又开展了一次较大规模的城楼维修工程。

（一）南门城楼失火事件

嘉庆十九年正月，正值陕南一带民众反抗斗争风起云涌，陕西巡抚朱勋当时带兵驻扎秦岭峪口，"督剿匪徒"。西安八旗将军穆克登布负责驻守西安，"在省弹压"①。

就在战事紧张之际，正月初二日三更时分，南门城楼又发生了火灾，致使西安形势更显紧张。由于南门城楼存储有大量军械、火药等，对于征剿"教匪"的战事进展关系殊大，因而西安将军穆克登布在接到失火报告后，与当时身在西安的多位省级官员以及清军同知杨超鋆当即"星飞驰往"，督率兵役，冒险先将军火抢出。由于当夜风大，加之城楼高峻，火势更猛，致使"内层城楼"被烧毁。幸好由于官员督率士兵"极力扑救"，大火才未延烧到其他地方。

在扑灭南门城楼大火后，穆克登布对火灾原因进行了调查。当晚负责看守的更夫张玉在火灾中虽然身手均被烧伤，但对于失火情形记忆犹新。当晚张玉奉派在城楼上看守军火，睡至三更时，忽然察觉城楼内有"烟气"，随

---

① 穆克登布、朱勋：《奏为正月初二日省城南城门延烧情形请将失察清军同知杨超鋆交部议处事》（嘉庆十九年正月二十六日），朱批奏折，中国第一历史档案馆，档案号：04-01-02-0025-011。

即起身开门察看。未料到"风闪火燃"，灯花爆落在所铺的草席上，以致延烧城楼。由于担心张玉对火灾起因有所隐瞒，穆克登布对其"再四研诘，实无别情"。由此能够断定这显然是由于看守更夫张玉粗心大意导致失火，又未及时采取有效灭火措施，以至于酿成火灾。

西安将军穆克登布、陕西巡抚朱勋在《奏为正月初二日省城南城门延烧情形请将失察清军同知杨超鋆交部议处事》的奏折中指出，西安城楼向来存贮有军械、火药等，素由清军同知造办，派人看守。此次失火事件虽然是由看守更夫张玉不慎导致，但清军同知由于未能"随时稽查"，因而"实有应得之咎"，建议将清军同知杨超鋆"交部议处"，予以责罚；同时建议将当天在城墙上值班的章京阿木察布以"失于觉察，亦难辞咎"为由，"交部察议"；还建议对最终的监管官员，即西安将军穆克登布、陕西巡抚朱勋以"未能先事预防"为由，"交部议处"。①嘉庆皇帝朱批为"另有旨"。值得一提的是，虽然西安府清军同治杨超鋆因为南门城楼失火一事受到"议处"，但在嘉庆二十五年（1820），他仍以"老成干练"②的特点升任同州府知府，表明此次事件对其仕途的影响并不大。

从上述奏折中可以看出，西安城墙作为军事防御体系的基础，城楼不仅发挥着"壮观瞻"的重要功用，而且在存贮军火、驻守士兵等方面发挥着"崇保障"的功能。而对于西安城墙、城楼这一防御体系、建筑群的管理、维修和保护，是由军地两大系统共同承担责任，尤以军队为重。从这一层面而言，看守军火的更夫张玉实际上对于南门城楼的安危负有直接管护的责

---

① 穆克登布、朱勋：《奏为正月初二日省城南城门延烧情形请将失察清军同知杨超鋆交部议处事》（嘉庆十九年正月二十六日），朱批奏折，中国第一历史档案馆，档案号：04-01-02-0025-011。

② 朱勋：《奏为委令杨超鋆署理同州府知府庆龄署理西安府清军同知事》（嘉庆二十五年二月二十五日），朱批奏折，中国第一历史档案馆，档案号：04-01-12-0342-057。

任，而其上级，如值班章京、西安将军等负有稽查、监督的责任。一旦出现保护不周的情况，直接责任人及其监管者都会受到追究。从西安将军穆克登布、陕西巡抚朱勋在奏折中提出的"自罚"建议来看，他们显然充分意识到南门城楼失火的重大危害，同时也反映了这些省级官员能够承担个人责任的态度，而不是寻找借口以便推诿、逃避处罚。

（二）南门城楼重修工程

西安城南门正楼于嘉庆十九年（1814）正月初二日因失火而遭焚毁后，至嘉庆二十年（1815）九月初九，陕西巡抚朱勋正式向嘉庆皇帝提出了重修南门城楼的请求。[①]

在南门城楼失火后，陕西巡抚朱勋基于城墙应当"资捍卫而壮观瞻"的功用，迅即要求陕西布政司委派官员调查建筑被毁情况，对有待维修之处进行查勘确估，开展维修工程的前期准备工作。其中最为重要的一项活动即为"筹款捐办"，但此次"捐款"并非由官绅出资，而是从"通省公费银内摊捐办理"，即从用于地方办公的"公费银"中"摊捐"工费，实际上相当于压缩办公经费，将节省出来的资金用于维修城楼。

在陕西巡抚朱勋的主导下，陕西布政司陈观督饬西安府知府费瀍，按照工程做法，对南门城楼应修部分逐加确估，总共需工料、运输等经费约31259两。[②]当时陕西全省每年固定开支的"公费银"为30650两，系地方办公经费。朱勋、陈观、费瀍等人协商认为，维修南门城楼所需的工程款项应从"通省公费银内摊捐办理"，但是由于各地办公尚需经费，不可能一次性划拨如此巨款，因而可以分作5年划拨，即每年"捐扣"出约6251.8两。

---

① 朱勋：《奏为借项修建西安省垣城楼事》（嘉庆二十年九月初九日），朱批奏折，中国第一历史档案馆，档案号：04-01-37-0069-003。
② 同上。

不过，为了这项维修工程能够"及时修理完固"，遂从陕西布政司库存的"耗羡项"下先行"借支"31259两，由西安知府费瀜负责"赶紧兴修"。借支的款项按照前述计划从"公费银"内每年捐扣6251.8两，归还陕西布政司库，5年还清。虽然这一做法有"东挪西借"之嫌，但也是在特殊情况下为了开展亟待维修的城楼工程，同时又尽最大可能"于办公亦不致掣肘"，较好地兼顾了维修和办公两方面的需要。从此次南门城楼经费需银高达31259两来看，远较嘉庆十六年（1811）维修"楼座房屋"耗费的9887两为多，足见此次工程量之大，也从一个侧面反映出失火事件对于南门城楼造成的损毁程度之深。陕西巡抚朱勋在奏折中建议"饬令地方官赶紧兴修"之语，反映了当时陕西地方官府对于南门城楼维修的迫切心情，而嘉庆皇帝对此建议的朱批为"工部知道"①，而非通常的"工部议奏"，表明嘉庆皇帝认可朱勋的提议，有要求工部加快进度，配合陕西地方官府开展此次工程的隐含语意。

需要指出的是，时任西安知府费瀜是在嘉庆十九年（1814）十二月由陕西巡抚朱勋奏请，将其从延安知府调任西安知府。据当时陕西布政司、陕西按察司在众多地方官员中遴选，最终以延安府知府费瀜"在陕年久，老成干练"的特点而获得升迁。从其履历中可以看出，费瀜以江苏副榜出身，就职州判，乾隆五十六年（1791）来陕，任职县丞；嘉庆四年（1799）任长安县知县，嘉庆七年（1802）升补葭州知州，嘉庆十二年（1807）题补潼关同知，加捐知府；嘉庆十六年（1811）四月赴部引见，奉旨："费瀜著发往陕西，以知府用，钦此。"陕西巡抚朱勋赞誉费瀜"才优年富，办事勤能，于通省情形最为熟悉，以之调补西安府知府，实堪胜任"②。此次西安城工能

---

① 朱勋：《奏为借项修建西安省垣城楼事》（嘉庆二十年九月初九日），朱批奏折，中国第一历史档案馆，档案号：04-01-37-0069-003。

② 朱勋：《奏请将延安府知府费瀜调补西安府知府事》（嘉庆十九年十二月十八日），录副奏折，中国第一历史档案馆，档案号：03-1566-005。

够顺利开展，作为西安知府的费瀄无疑发挥了重要督工作用。

综合分析来看，此次工程极有可能在嘉庆二十年（1815）九十月即开始兴工，有鉴于其较大额度的勘估经费，工程量无疑也会相应较大，有可能延续至嘉庆二十一年（1816）竣工。依照朱勋在奏折中的筹划，此次竣工后，仍然依照工程惯例"造册具题报销"，并且对工程质量予以"保固"。

三、道光元年北门城台与月城维修工程

经过嘉庆年间两次较大规模的整修活动，西安城墙景观面貌得以延续，防御能力也一如往昔。进入道光朝，西安城墙又经历了道光元年（1821）、道光七年至八年（1827—1828）两次较大规模的整修活动，其中包括一次极具代表性的"捐修"工程。相较于嘉庆二十年开展的"捐扣"办公经费维修南门城楼的城工，道光七年至八年的捐款维修才真正称得上是由官民，尤其是士绅群体踊跃捐资完成的城工。

道光元年九月二十二日，陕西巡抚朱勋在上奏道光皇帝的奏折中称，由于乾隆五十一年（1786）城墙大规模维修之后，从乾隆五十二年（1787）至道光元年，又过去了34年之久。虽然嘉庆年间西安城墙经历了两次维修，但其工程规模远逊于乾隆四十六年至五十一年（1781—1786）的庞大城工，因而城墙城身还是由于风吹雨淋等自然因素出现了较多问题，"城身里皮间有坍损"，尤为严重的是北门城台、月城等处被雨淋塌。由于这些部位与北门正楼相互连接，朱勋奏请"必须赶紧修理"①。

在上奏之前，陕西巡抚朱勋已经下令陕西布政司等机构进行查勘、确

---

① 朱勋：《奏为估修省会城垣丈尺工料需银请于司库银项动支事》（道光元年九月二十二日），录副奏折，中国第一历史档案馆，档案号：03-3622-022；户部：《移会稽察房陕西巡抚朱勋奏为陕西省会北门城台月城等处被雨淋塌须赶紧修理估需工料银应请存于司库商筏畜税银内照数动支》（道光元年十月），台北"中央研究院历史语言研究所"明清档案工作室，档案号：135595-001。

估。据有着"廉明公正，率属有方"①之誉的时任陕西布政使陈廷桂查知，对西安城墙负有管护之责的相关道府官员已调查明确，北门城台、月城，及里口、宇墙等处，总计坍塌四段，连刨拆、接砌，共长59.5丈，同时需要维修这一段的城顶海墁，共估需工料银约3258两。陕西布政司在对主管道府移送的查勘报告按例核算后，发现工费并无浮冒，因而提请陕西巡抚从陕西布政司库存的"商筏畜税银"内照数动支，以便督工官员"赶修完固"。

陕西巡抚朱勋在将陕西布政司提交的估算册等覆核之后，便呈交工部查核，并于九月二十二日上奏道光皇帝。十月初五日，道光帝朱批："工部议奏。"此项工程即进入朝廷专业衙门复核预算的阶段。就在工程前期筹备阶段的九月，陕西布政使陈廷桂已接到调任江苏按察使的任命。②随后由唐仲冕暂时担任陕西布政使，③至十一月十八日，则由诚端接任陕西布政使。④从官员的变动来看，在此次工程的实际施工中，很有可能诚端协助护理陕西巡抚卢坤完成了此次工程。

从朱勋的奏折中可以看出，虽然当时城墙内侧出现了土皮坍损的情况，但似乎尚不算严重，而北门城台、月城等部位的情况亟待维修，以免危急北门正楼、箭楼，因而总体衡量来看，工程主体是北门城台、月城，所需经费也相应较少。这次维修有可能在当年内即完工。不过，朱勋在此奏折中还针

---

① 朱勋：《奏为藩司岳龄安梁疾请旨简放并陈廷桂署理藩司等事》（道光元年八月十八日），录副奏折，中国第一历史档案馆，档案号：03-2512-083。

② 陈廷桂：《奏为调任江苏臬司谢恩并请陛见事》（道光元年九月初九日），录副奏折，中国第一历史档案馆，档案号：03-2513-096；朱勋：《奏请陈廷桂俟新任藩司到任后再交卸起程事》（道光元年九月初十日），录副奏折，中国第一历史档案馆，档案号：03-2513-097。

③ 朱勋：《奏请陈廷桂俟新任藩司到任后再交卸起程事》（道光元年九月初十日），录副奏折，中国第一历史档案馆，档案号：03-2513-097。

④ 卢坤：《奏报诚端到陕接署藩司日期事》（道光元年十一月二十日），录副奏折，中国第一历史档案馆，档案号：03-2517-007。

图 3-18　足立喜六《长安史迹研究》图版 15 西安城北门（安远门）

对当时"城身里皮间有坍损"的情况，称"现在查勘，另行办理"。可见，在维修了北门城台、月城之后，很有可能还开展了对城身其他段落进行的维护，可惜笔者未能搜检到相关奏折，在地方史志中也未能发现相关记载，只能留待今后继续蒐集资料。

四、道光七年至八年维修工程

在道光元年（1821）针对北门城台、月城等进行维修之后，时隔仅六七年，陕西地方官府又于道光七年至八年（1827—1828）对西安城墙进行了一次重大维修，其规模仅次于乾隆四十六年至五十一年（1781—1786）的大型城工。而从经费来源看，乾隆四十六年（1781）开始议修的西安城工，经费来自公帑，而道光七年至八年的城墙维修经费，则来自于官民捐款。

（一）工程缘起

有关此次维修工程的起因，护理陕西巡抚徐炘在道光七年（1827）五月二十一日上奏的《奏为筹议捐修省会城垣事》中指出，西安城垣"外砖内土"的城身周长4900余丈，自从乾隆五十一年（1786）请动公帑进行大修之后，至道光七年（1827）时已经过去了41年之久，"早经保固限满"。虽然嘉庆年间、道光元年（1821）西安城墙经历过三次维修，但由于阅时既久，积年雨水浸渗、刷涤，致使城顶海墁"多有坍卸"，而城根地脚"渐次锉限"①。

从嘉庆二十四年至道光六年（1819—1826）的7年间，咸宁、长安两县向西安府、陕西省多次汇报有关城墙坍损的情况，主要包括：（1）城墙"里皮"坍卸的段落共长达2000余丈，宽二三尺至二丈余不等；（2）所有马道、卡房、角楼、垛口、女墙均出现"坍裂"的情形；（3）"外皮"城身砖块亦有间段剥落；（4）北门"头重大楼"接连城台券洞，于道光六年（1826）秋季被雨坍塌12丈。②由此可见，坍损之处涉及城墙内侧、外侧墙身、城顶、城根、马道、卡房、角楼、垛口、女墙、北门正楼接连城台券洞等，城墙及其附属建筑物的面貌给人以"千疮百孔"的印象，显然已经到了非修不可的地步。徐炘指出，西安作为省城，"为全秦保障"，城垣既然已经坍塌严重，就应当尽快兴修，以免由于拖延，导致"坍卸愈多，工费益巨"。③

（二）捐款修城

在上述情况下，陕西护理巡抚徐炘遂与陕西布政使颜伯焘，带领西安知府、咸宁知县、长安知县，亲历查勘，委员确估。由于当时清王朝正在"办

---

① 徐炘：《奏为筹议捐修省会城垣事》（道光七年五月二十一日），朱批奏折，中国第一历史档案馆，档案号：04-01-37-0088-005；徐炘：《奏报筹议捐修省会城垣事》（道光七年五月二十一日），军机处档折件，台北"故宫博物院"图书文献处，档案号：055802。

② 徐炘：《奏为筹议捐修省会城垣事》（道光七年五月二十一日），朱批奏折，中国第一历史档案馆，档案号：04-01-37-0088-005。

③ 同上。

理口外军务，需用浩繁"，因而户部要求耗资较大的建设工程，一律"停缓三年"，以免国家财政吃紧，影响军务开支。这一国家政策对于西安城墙的维修也产生了重要影响，即无法从官府划拨公帑进行维修。有鉴于此，护理陕西巡抚徐炘经过与陕西布政使颜伯焘、陕西按察使何承薰"再四熟筹"，又同陕甘总督多次协商，认为在当时"经费支绌"之际，不能向朝廷请动公帑，"冒昧请修"，但是面对西安城墙坍卸损坏的严重状况，又不能"因循不办"。而只有解决了资金来源问题，才能顺利推进西安城工的开展。

徐炘等人在商议后提出了建议，由于考虑到西安、同州、凤翔三府"土沃风淳"，绅民一向"慕义急公"，因而可以"俯察舆情，量加劝谕"，调动广大绅民捐款。通过民间捐款修城，而不动用公帑，自然不在户部规定的"停缓三年"之列。陕西布政司在对工程勘估之后，逐一核实估计，统计共需银12万余两。旋即按照这一数目摊派三府分捐，即西安府属捐银6万两，同州府属捐银4万两，凤翔府属捐银2万两。这一捐款比例无疑是参照了当时三府管辖地域的大小、人口的多少，以及富庶的程度等诸多因素而确定的。当然，作为陕西省城、西安府城，又是咸宁、长安两县县城，西安府下辖各州县捐款应当最多，而同州府、凤翔府与西安相距较远，规定的捐款数额也相应减少。

捐款修城之议经过西安府、同州府、凤翔府官员在各州县民众间进行传达之后，出现了"各州县陆续禀覆，该绅民等闻风踊跃，报效情殷"的捐款热潮。各州县中既有及时缴纳捐款的，也有先进行一定数额的"认捐"，待捐款达到一定数额时，随时解交陕西布政司库。各地的修城捐款均作为专款存贮在陕西布政司。徐炘等官员指出，若各地捐款"倘有不敷"，则会再采取其他方式筹款。

在此次西安城墙维修工程之前，三原县、三水县等城垣已经通过当地绅民捐赀修葺，因而为西安城墙捐款兴修提供了可资借鉴的样板，所谓"本有

成案可循，自应仿照办理"。西安、同州、凤翔三府劝谕以"殷实绅士"和
"富饶商民"为主体的民众，以"量力捐输"为原则，号召民众积极捐款。
捐款以自愿为基础，"弗稍抑勒科派"，因而对绅商和普通民众均没有强制
捐款的情况出现。恰逢当年麦收"上稔"，而广大绅民亦深知"捍卫梓桑之
举"，因此"无不勉抒芹曝之诚"①。可见地方官府的"劝捐兴修"②之议
是在夏季小麦丰收，民众有可能乐于捐资的情况下提出的。

表 3-5　道光七年至八年（1827—1828）捐修城工银数在 300 两及以上的
官绅姓名清单③

序号	州县	职衔	姓名	捐银数量（两）
1	大荔县	候选通判	李汝櫃	1700
2	渭南县	生员	严焯	1200
3	朝邑县	革生	谢温	1200
4	咸宁县	议叙州同职衔	晁凝福	1000
5	咸阳县	监生	程一夔	1000
6	临潼县	监生	宋春隆	1000
7	渭南县	从九品	贺汝祥	1000
8	富平县	州同职衔	刘玉琦	1000

---

① 徐炘：《奏为筹议捐修省会城垣事》（道光七年五月二十一日），朱批奏折，
中国第一历史档案馆，档案号：04-01-37-0088-005；徐炘：《奏报筹议捐修省会城垣
事》（道光七年五月二十一日）军机处档折件，台北"故宫博物院"图书文献处，档
案号：055802。

② 徐炘：《奏为西安省会城垣如式捐修完竣请奖捐输各员事》（道光八年八月
二十二日），朱批奏折，中国第一历史档案馆，档案号：04-01-37-0089-013；徐炘：
《奏报西安省会城垣如式捐修完竣由》（道光八年八月二十二日），军机处档折件，
台北"故宫博物院"图书文献处，档案号：061401。

③ （清）徐炘：《吟香书室奏疏》卷六，清刊本。

（续表）

序号	州县	职衔	姓名	捐银数量（两）
9	华州	生员	吴启蒙	700
10	蒲城县	郎中职衔	张联捷	700
11	咸宁县	民人	贺万年	600
12	咸阳县	贡生	李维清	600
13	岐山县	贡生	宋象郊	600
14	咸宁县	监生	于文燦	500
15	长安县	民人	李含馥	500
16	长安县	民人	高景淳	500
17	三原县	候选教谕	刘映苢	500
18	渭南县	监生	赵郁炤	500
19	渭南县	民人	严铎	500
20	朝邑县	生员	张星浩	500
21	朝邑县	民人	薛迎瑞	500
22	朝邑县	民人	王协恭	500
23	朝邑县	民人	刘照清	500
24	郃阳县	捐职守御所千总	党双世	500
25	韩城县	童生	牛琨	500
26	华州	童生	姬庆笃	500
27	蒲城县	州判职衔	杨殿辉	500
28	凤翔县	童生	白源长	500
29	郃阳县	游击职衔	王景清	480
30	岐山县	同知职衔	郭命嘉	450

（续表）

序号	州县	职衔	姓名	捐银数量（两）
31	咸阳县	附生	刘调元	400
32	临潼县	县丞职衔	段文燦	400
33	临潼县	民人	丁长隆	400
34	三原县	候补中书	李锡龄	400
35	三原县	同知职衔	胡锡爵	400
36	三原县	生员	郭景仪	400
37	三原县	童生	武煌	400
38	渭南县	民人	杜映梅	400
39	大荔县	捐封三品	张凤仪	400
40	大荔县	游击职衔	李怀瑾	400
41	大荔县	同知职衔	杜佩桢	400
42	大荔县	理问职衔	张星耀	400
43	大荔县	理问职衔	赵有玉	400
44	朝邑县	民人	李庆祥	400
45	朝邑县	民人	雷西金	400
46	澄城县	候选员外郎	东荣震	400
47	澄城县	民人	高瑞麟	400
48	韩城县	童生	苏勇祥	400
49	华阴县	同知职衔	郗世隆	400
50	华阴县	武生	刘澄清	400
51	蒲城县	光禄寺署正职衔	王绂	400
52	蒲城县	监生	惠官瀍	400

（续表）

序号	州县	职衔	姓名	捐银数量（两）
53	岐山县	州同职衔	曹嘉珍	400
54	凤翔县	童生	郑士丰	360
55	咸宁县	童生	李福德	350
56	扶风县	贡生	刘兆吉	320
57	咸宁县	贡生	王振声	300
58	咸宁县	监生	贺万镒	300
59	临潼县	监生	余大成	300
60	临潼县	武生	周万成	300
61	临潼县	民人	蒲忠孝	300
62	三原县	议叙从九品职衔	张连瑞	300
63	三原县	议叙从九品职衔	张楹	300
64	三原县	童生	刘映菁	300
65	渭南县	前任河南州判	刘乙丙	300
66	渭南县	贡生	刘全锐	300
67	渭南县	武生	田增蔚	300
68	富平县	生员	井长清	300
69	醴泉县	游击职衔	吕大武	300
70	醴泉县	同知职衔	张屏藩	300
71	潼关厅	商民	陈彝鼎	300
72	潼关厅	商民	常灼	300
73	朝邑县	工部主事	谢正原	300
74	朝邑县	武生	李遇龙	300

（续表）

序号	州县	职衔	姓名	捐银数量（两）
75	郃阳县	贡生	安日昌	300
76	郃阳县	武生	谭连登	300
77	郃阳县	民人	党廷纪	300
78	澄城县	民人	同逢清	300
79	华州	贡生	赵顺兴	300
80	华阴县	布政司理问职衔	员行西	300
81	华阴县	布政司经历职衔	郗颖振	300
82	蒲城县	捐封二品	惠继常	300
83	岐山县	廪生	杨建寅	300
84	扶风县	知县	袁汝嵩	1000（倡捐）
85	沔县	知县（署岐山县事）	徐通久	400（倡捐）
86	麟游县	知县	秦绍成	360（倡捐）
87	郿县	知县	褚裕仁	300（倡捐）

这次"捐款兴修"西安城墙的活动，前后共捐银多达124597两。经护理陕西巡抚徐炘与督工官员"搏节估用"，工程用银约116562两，余剩银约8034两。余剩的8034两交给当铺、票号等"生息"，留作城墙"岁修"开支。①从修城资金的数额来看，这是清代西安城墙维修的第二大工程，仅次于耗银约159万两的乾隆四十六年至五十一年（1781—1786）维修工程，从一个侧面显示出道光初年关中民间绅商财力的雄厚，以及广大民众对西安城墙维修的鼎力支持。

---

① 徐炘：《奏为西安省会城垣如式捐修完竣请奖捐输各员事》（道光八年八月二十二日），朱批奏折，中国第一历史档案馆，档案号：04-01-37-0089-013。

　　对照捐款总额和维修活动实际需银数量，即可发现，前期勘估工作十分细致，估算需费数量甚为精准，因而能够按照估算经费向西安、同州、凤翔三府进行合理"摊捐"。而维修工程未用完的捐款，则通过存贮在票号、当铺等商业机构生取利息，作为城墙日常修缮、维护之用，称得上是一种颇为高妙的城墙经费管理和利用方式。随着捐款数额的增加，基本工费已经到位，因而能够进入购料兴工的阶段。徐炘当即责成主管城墙维修的粮道尹佩珩督同西安府、咸宁县、长安县官员，抓紧利用当时天气晴和，尚未进入雨季的一段时间，先将城墙坍卸各段鸠工清理，同时购集料物，次第兴办。[1]

　　需要说明的是，道光七年（1827）五月初一日，道光皇帝降旨命颜伯焘补授甘肃布政使，林则徐补授陕西按察使。[2]闰五月二十五日，颜伯焘已就任甘肃布政使，并向朝廷提交了《奏报途经陕甘等地察看沿途麦豆情形事》一折，其中报告称：

　　　　再臣自陕西起程，沿途询察农事，本年春夏以来，雨水调匀，所经陕省之长安、咸阳、醴泉、乾州、永寿、邠州、长武等州县二麦菜豆俱已收割，极为丰稔。甘省之泾州、平凉、固原、隆德、静宁、会宁、安定、金县、皋兰等州县，节候较迟，麦豆有已经登场者，有将次收割者，亦有正在升浆结实者，收成约在七八分以上，咸称为近年所罕见，地方安静，民气绥如，理合附片，奏慰圣怀，谨奏。[3]

---

　　① 徐炘：《奏为筹议捐修省会城垣事》（道光七年五月二十一日），朱批奏折，中国第一历史档案馆，档案号：04-01-37-0088-005；徐炘：《奏报筹议捐修省会城垣事》（道光七年五月二十一日），军机处档折件，台北"故宫博物院"图书文献处，档案号：055802。

　　② 鄂山：《奏为遵旨奏复拟俟颜伯焘到甘即令升司杨健交代查照后进京陛见事》（道光七年五月十六日），朱批奏折，中国第一历史档案馆，档案号：04-01-16-0129-066。

　　③ 颜伯焘：《奏报途经陕甘等地察看沿途麦豆情形事》（道光七年闰五月二十五日），朱批奏折，档案号：04-01-22-0049-036。

由此可见，此次城墙维修工程具备了良好的农业收成背景，因而关中三府绅民能够响应官府"劝捐"的号召，踊跃捐款。

最晚至道光七年（1827）七月，林则徐已到陕任职。道光七年五月初一日上谕命林则徐"补授陕西按察使，署理布政使事务"①，因而林则徐实际上身兼陕西布政使、按察使两项职衔。作为"练达精明，尽心公事"②的名臣，林则徐毫无疑问参与了这次捐修西安城墙的工程。

维修工程的具体内容包括两方面：一是对城墙坍塌段落2000余丈——马道、卡房、角楼、垛口、女墙，以及北门头重大楼接连城台券洞坍塌12丈，均按照原有样式修理完整；二是对原来没有勘估的"续行增添之工"③，有损毁的墙身与建筑，亦皆一律修补坚固。经过这两方面的维修工作，城墙墙身与附属建筑物的面貌均大为改观，堪称一次颇为彻底的大规模整修。道光八年（1828）八月二十二日，护理陕西巡抚徐炘向道光皇帝上《奏为西安省会城垣如式捐修完竣请奖捐输各员事》一折，表明此次工程从道光七年五月二十一日上奏提议兴修后，历时约一年三个月，终于圆满竣工。

在工程竣工后，与此前的历次维修一样，护理陕西巡抚徐炘亲自勘验工程质量，其具体做法是，"拆视"城墙外皮砖灰层数，以及墙身内侧土胎包筑之处，以便验证维修做法是否按照工程管理和规则。勘验的结果是此次维修均按照工程做法，"毫无偷减"，因而能够达到"经久远而资捍卫"④的预期目标。

---

① 林则徐：《奏为奉旨补授陕西按察使谢恩事》（道光七年五月初二日），朱批奏折，中国第一历史档案馆，档案号：04-01-30-0056-039。
② 佚名：《奏为商令署藩司林则徐亲往确勘略阳县城修复或改迁事》（道光七年七月），朱批奏折，档案号：04-01-37-0088-010。
③ 徐炘：《奏为西安省会城垣如式捐修完竣请奖捐输各员事》（道光八年八月二十二日），朱批奏折，中国第一历史档案馆，档案号：04-01-37-0089-013。
④ 同上。

（三）竣工请奖

　　早在筹划解决修城资金、准备"劝捐兴修"之际，护理陕西巡抚徐炘就和时任陕西布政使颜伯焘、陕西按察使何承薰就竣工后的"请奖"有过考虑，并且会同陕甘总督鄂山联名上奏，提议将会在工程竣工后，按照西安、同州、凤翔三府绅民捐款的数目，划分等级，向朝廷请求按不同标准予以相应奖励。当时道光皇帝朱批"俟奏到时再降谕旨，钦此"[①]，对此建议予以认可。

　　在道光八年（1828）八月工程完竣之后，护理陕西巡抚徐炘会同陕甘总督杨遇春、陕西巡抚鄂山于二十二日向道光皇帝上《奏为西安省会城垣如式捐修完竣请奖捐输各员事》一折。在这份奏折中，徐炘查核了相关定例与成案，提议对捐款的"士民"分五类予以奖励：10两以上者，赏给花红；30两以上者，奖以匾额；50两以上者，申报上司，递加奖励；捐款额高达300—400两者，奏请给以八品顶戴，若已有顶戴，则给予"议叙"；捐银1000两以上者，"酌给职衔优叙"[②]。这一奖励标准与当时的捐款等级一一对应，由此不难看出，当时捐款的大致层次就包括五大类，既有高达1000两以上，也有刚刚超过10两的。对于较低额度的捐款者，赏给"花红"和"匾额"，在很大程度上都是名誉性的奖励，是对其"量力捐资""急公慕义"的肯定和褒扬，能够较大程度提高捐款士绅的社会地位和乡里威望。而捐款额度在300两以上，乃至超过1000两的捐款者，往往是城乡地区社会地位较高的士绅，一般拥有大规模商业、田产背景，或者是已有相应官职虚衔的士绅，资

---

　　① 徐炘：《奏为西安省会城垣如式捐修完竣请奖捐输各员事》（道光八年八月二十二日），朱批奏折，中国第一历史档案馆，档案号：04-01-37-0089-013；徐炘：《奏报西安省会城垣如式捐修完竣由》（道光八年八月二十二日），军机处档折件，台北"故宫博物院"图书文献处，档案号：061401。

　　② 同上。

财实力雄厚。对于这些士绅给予的奖励措施更具诱惑力，即能够进入官员诠选序列，有给予实职的可能。徐炘指出，无论捐款数额大小，参与捐修的绅民均属"急公慕义，量力捐资，各抒芹曝之微诚，勉效桑梓之善举"，因而应当"量加鼓励"。捐款数额在银300两以下者，由徐炘及相关衙门依照惯例和规章办理；捐银在300两以上的绅民，以及各地"捐廉首倡"的地方官，则开列清单，"恭呈御览"，由道光皇帝批示恩准，由吏部付诸实施"议叙"、升迁等具体事宜。①

　　与动用公帑进行维修的工程不同，此次城工系绅民捐修，因而无须向工部、户部造册报销。

---

　　① 徐炘：《奏为西安省会城垣如式捐修完竣请奖捐输各员事》（道光八年八月二十二日），朱批奏折，中国第一历史档案馆，档案号：04-01-37-0089-013；徐炘：《奏报西安省会城垣如式捐修完竣由》（道光八年八月二十二日），军机处档折件，台北"故宫博物院"图书文献处，档案号：061401。

第四章

旗民之界：清代西安满城与南城城墙的兴废

在论及西安城墙的发展历史时，与明代秦王府城墙相似，清代西安满城与南城城墙也容易被轻视或忽略，但实际上，无论是对构成西安"城中之城"的重城形态，还是对当时西安民众（尤其是城市居民）生活的多方面影响而言，满城和南城城墙都处在十分重要的位置，称得上是西安城墙体系中不可或缺的组成部分。几乎贯穿有清一代，满城城墙与大量满汉民众的日常生活息息相关，而南城城墙在康熙二十二年至乾隆四十五年（1683—1780）的97年间也深刻影响了城市内部格局与众多军民的生活。

第一节　八旗防区：
清代西安满城城墙的修筑与变迁

清代西安满城的兴建是明清西安城空间发展过程中继明初城池扩展和秦王府城兴建、钟楼移建、建修关城之后的第四次重大变化，这一变化既是城市实体空间的分割，也是明清西安城军政重镇地位进一步提升的表征。

清代西安满城及随后兴建的南城作为驻守满洲八旗与汉军八旗官兵及其眷属的驻防城，给东来西往的大量清代官员雅士留下了深刻印象，使西安在隋唐故都的气质之外平添了西北重镇的丰姿。民国人士曾总结认为："满洲统一天下，以关中居天下之上游，为历代帝王建都之地。西控陇蜀，形势雄绝，故亦于长安城内附设满城。即由钟楼东至长乐，北至安远门止。"[1]

---

[1]　沈雨人：《关中游览记》，《时事汇报》1914年第5期，第1—10页。

一、清人行纪所载满城城墙与城门

现存史料中有大量往来西安的皇亲贵胄、高官大儒等经行西安的记载，从其入城路线可以深入理解西安城墙体系的特点及其影响，尤其有益于了解东关城墙、大城城墙、满城城墙及其所设各门的关系。

雍正十二年（1734），康熙皇帝第十七子果亲王允礼奉命前往西藏地区，十一月七日抵达西安，时任总督、巡抚及满汉官兵在城外列队相迎，之后，允礼一行"进西安长乐门，以督署为行台，延见官弁"①。长乐门为西安大城东门，督署即川陕总督衙署，位于南院。允礼此行首先是自东郭门进入东关城，再西出东关城，经长乐门外吊桥进入西安大城，由于满城占据了西安大城东北一隅，因此长乐门亦同时属于满城东门，允礼进入长乐门后当即便置身于满城之中了。随后允礼一行沿满城大街穿越满城区域，出满城西南门（即钟楼西门洞）后，就进入汉城，可沿西大街或南大街前往总督衙署歇宿。

乾隆四年（1739）七月，时任西宁监司的杨应琚奉命赴京觐见乾隆皇帝，途经西安，入住满城妻兄李仲英家。他在《据鞍录》中记载了对西安的城市印象以及满城驻防的情形："八水交汇，面临终南。隋唐故都，规模雄伟。城池、官署，国朝俱因明之旧。割东北一角暨南城四分之一为满城，设重兵驻防。冠盖缤纷，车马络绎，非他省可望。"②七月二十二日，杨应琚前往"树木交荫，祠宇严整"的董仲舒墓谒拜，并载墓在"满城外"。实际上，董仲舒墓及祠位于驻守汉军八旗的"南城"（清人又称为"汉军城"）西墙外侧，属于咸宁县管辖区域。从杨应琚的记述可以推知清人亦将驻守汉军八旗的"南城"视为"满城"的一部分，在称谓上并没有进行严格区分。

① （清）允礼：《西藏日记》卷上，民国二十六年铅印本。
② （清）杨应琚：《据鞍录》一卷，收入《藕香零拾》，清宣统间江阴缪氏刻本。

　　乾隆四十九年（1784）四月，赵钧彤因公务西行，渡过灞河、浐河，抵达西安，他在《西行日记》中记述行进路线称："入（西安）城东门，经满营教场。又西入内城，则货别隧分，万声鼎沸，如古人言。"①可见他首先经东关，进入长乐门，随即置身于满城（八旗驻防城）之中，沿满城大街（即原来的东大街）向西，经过八旗教场（即明代秦王府旧址），出钟楼门洞，就离开了满城范围，进入"内城"，即咸宁、长安两县的管辖区域，商业繁兴的景象扑面而来。在他的行进路线上，虽然未提及城墙，但他至少穿越了东关城墙、大城东城墙（与满城东城墙重合）、满城西城墙。如果对这一时期西安重城形态的多道城墙有所认识，就不难理解赵钧彤所记载的前行路线。

　　在实地考察及向本地人士了解之后，赵钧彤总结了他所认知的西安城市格局：

> 　　西安府，陕西省会，属州县十有六，而附府者二，东咸宁，西长安。以古建都，故有"内城"，俗犹呼"紫禁城"。而旗兵驻"满城"，即"外城"；遂又呼内城曰"汉城"。汉城驻官如他省，独咸宁驻满城，满城驻将军、都统。而旧驻汉城之提督，今移驻固原州。其城守以下官兵隶将军，曰军标，而营署在汉城。②

　　此处所载的"紫禁城"，按照明清时期西安官民的理解，是指明代秦王府城，并非指隋唐都城长安的某座帝王宫殿。按照居住人口主体的民族属性，西安城区以满城城墙为界，分为满城（清人又称作"满洲城"③）与汉城。满城在东，称为"外城"；汉城在西，称为"内城"。赵钧彤的这一描

---

　　① （清）赵钧彤：《西行日记》卷一，民国三十二年铅印本。

　　② 同上。

　　③ （清）允礼：《西藏日记》卷上，民国二十六年铅印本。

述可能受都城北京分为内外城的影响。关于满城、汉城中的官署分布情况，清人在《山西至云南路程表》中亦有相似记述，称满城中设有八旗将军衙署，驻防"满兵"，汉城中设有巡抚、布政使、按察使、粮盐道、西安府、长安县等各级衙署。[①]

咸丰八年（1858），翁同龢作为副考官，前往陕西主持考试。八月三日经骊山、灞桥、浐桥，中午抵达西安，"入东门，径满洲城，行馆在粉行街"[②]。此处"粉行街"即今西安市南大街中段西侧的粉巷，当时位于咸宁县辖区。可以看出，翁同龢的行进路线与赵钧彤一致，均需先从东门进入满城，穿越满城城区，再由钟楼出满城，才能前往位于粉巷的行馆。与之入城路线基本一致的是，光绪十七年（1891），陶保廉随其父新疆巡抚陶模同行，亦是经东郭门入东关，在官厅受到陕西巡抚鹿钟麟等接待，其后从长乐门入城，亦即进入满城，沿东门大街（即满城大街）西行，穿过满城时途经八旗教场南侧。陶保廉注明此地为"前明秦王府址"[③]。光绪二十八年（1902），金石学家叶昌炽亦西行赴陕考察，四月七日，"进西安东郭门，自东门大街过钟楼，在省城之中，绕满城而南，共八里，始抵行馆"[④]，可见叶昌炽同样是先穿越东关城，自东门（长乐门）进入满城，沿东门大街（即满城大街）西行，西出钟楼门洞，进入汉城。

二、清初满城城墙的兴建

（一）兴建背景

1644年清军挥师入关、定鼎北京之后，其精锐之旅八旗兵除集中屯戍京师外，另有大约半数相继派驻于全国各大战略城市和水陆冲要。在"虑

---

① （清）佚名：《山西至云南路程表》，清钞本。
② （清）翁同龢：《翁文恭公日记》，稿本。
③ （清）陶保廉：《辛卯侍行记》卷二，清光绪二十三年养树山房刻本。
④ （清）叶昌炽：《缘督庐日记抄》卷十，民国上海蟬隐庐石印本。

胜国顽民，或多反侧"的现实状况下，清廷"乃于各省设驻防兵，意至深远"①。为强化八旗驻防兵镇压汉族和其他民族反抗斗争的力量，维护清廷统治，各区域中心城市纷纷兴建供八旗军兵及其家属屯驻的满城。新建满城或在原有城市之内划地分治，形成"城中之城"，如西安、太原等；或在原有城市之外另筑新城，形成"子母城"，如银川满城。这些满城规模虽各异，但均以军事堡垒的形式存在。在西起伊犁，东抵南京，南达广州，北至瑷珲的广袤土地上，满城作为一种特殊的城市形态普遍而广泛地存在着，由此构成清廷控制全国的军事网络。

西安作为宋元以来维系西北安危的军政重镇，也在此大背景下兴建了当时诸八旗驻防地中规模居于前列的庞大满城。顺治二年（1645）正月，清军攻克西安城。清世祖福临充分认识到西安乃"会城根本之地，应留满洲重臣重兵镇守"②，在这一指导原则下，开始兴建西安满城。

在北京之外各区域中心城市中，最早的两处八旗驻防城即江宁和西安。雍正之前全国八旗驻防地中设有将军一职的只有盛京、吉林、黑龙江、江宁、京口、杭州、福州、广州、荆州，连同西安共10处。由此反映出不仅在西北地区，就是整个中国西部也以西安的军事地位最为重要。1883年美国学者卫三畏在《中国——关于地理、政府、文学、社会生活、艺术和历史的调查》中就指出，清代"西安城是中国西北地区之都，在规模、人口和重要性方面仅次于北京"③。有清一代，八旗驻防虽变动较大，但西安、江宁、杭州三处驻防却最为稳固。

---

① 刘锦藻：《清朝续文献通考》卷二百二十《兵考一》，浙江古籍出版社，2000。

② 康熙《陕西通志》卷三十二《艺文·制词》，清康熙刊本。

③ S. Wells Williams, L.L.D, *The Middle Kingdom: A Survey of the Geography, Government, Literature, Social Life, Arts, And History of The Chinese Empire and Its Inhabitant,* London: W. H. Allen &CO., 1883, p. 150.

作为清代军事格局的地缘中心之一，西安满城成为清代各地满城重要的兵源供应地和中转地，曾先后向西北伊犁、乌鲁木齐、湖北荆州等满城调拨兵力。西安八旗满汉军兵骁勇善战，著称于有清一代，因而西安满城驻防军兵的出征地域范围相当广泛，不仅在宁夏、甘肃、新疆等西北地区的战役中屡建奇功，而且在康熙年间平定西南地区大、小金川叛乱之役中也发挥了重要作用。太平天国时期，西安八旗驻防军兵在南京沙曼州战役中2000余人全部战死，也从一个侧面反映了西安八旗军兵的勇猛。[①]

（二）选址依据

有研究者认为，"清初八旗兵丁驻扎一地，并无明确的筑城规划，无非是为了安置驻兵而于城内划出一片地段，圈占一些民屋而已"，并指出杭州、西安所占都是城内最繁华的地段。[②]实际情形并非如此，西安满城的兴建正是因为考虑到可能对城市居民生活的影响，才选择东北城区民户稀疏之地。明代西安东北城区虽有秦王府城，但并非最繁华的城区。各地满城选址兴建时，并非在旧城中盲目圈地，而是选择能够借助前明相关建筑加以拓展之地，这样对原住地居民生活的影响就可减小到最低限度，以尽量舒缓居民的反抗情绪。

西安满城占据东北城区的原因在于：一方面，满城的兴建需要较大空间驻扎5000马甲及其家属，至雍正九年（1731）时满城内人口曾接近40000；[③]另一方面，需考虑尽可能少地驱逐、迁徙原住居民、商户。两方面综合而言，东北城区比其他三区更符合建立"城中城"的要求。东北城区作为自明代以来的新扩城区，面积约占西安城的1/3。明代主要为秦王府城、保安王

---

① 定宜庄：《清代八旗驻防制度研究》，天津古籍出版社，1992；朱仰超：《西安满族》，载《西安文史资料》第18辑，1992，第169—182页。

② 定宜庄：《清代八旗驻防制度研究》，天津古籍出版社，1992，第162—163页。

③ 《清世宗实录》卷一百八，雍正九年七月癸亥。

府、临潼王府、汧阳王府以及秦王府所属军兵营地占据，居民住宅、寺宇庙观、商贸市场等建筑物数量与其他三城区相比要少。由于东北新扩城区偏离传统商贸区和官署区，加之受制于渠道供水相对困难的状况，人口较少，发展较缓，空地较多，这种状况在嘉靖、万历《陕西通志》之《陕西省城图》、雍正《陕西通志》之《西安府龙首通济两渠图》中均有反映。

清初从顺治二年（1645）开始划定东北城区为驻防城范围，至顺治六年（1649）满城筑成。原东北城区的汉、回等族居民、商户等多被迫迁往满城以外的区域，即所谓"汉城"。虽然尚未发现顺治初年修建西安满城时将汉、回族民户、商户大量迁出东北城区的记载，但当时北京在内、外城实行了严格的满汉分隔政策，西安满城兴建过程中的人口迁移当大致与此相似。

满人入主北京之后，曾分别在顺治元年（1644）和顺治五年（1648）两次将汉人由内城迁往外城。尤其于1648年下移城令，驱汉人迁出内城，到外城居住。"此实参居杂处之所致也，朕反复思之，迁移虽劳一时，然满汉各安，不相扰害，实为永便。除八旗投充汉人不令迁移外，凡汉官及商民人等尽徙南城居住。"①西安满城的兴建正当此期间，势必受到京师满汉隔绝政策的影响，将东北城区汉、回族人口驱往其他城区居住，在短时间内迅速形成一个满、蒙古族的聚居区。

（三）城墙规模与形制

在大城之内构筑小城使整个城市构成"重城"形态以加强军事防御职能，是古都西安城市发展史上的一个显著特点。自西汉以迄明代，长安（西安）城均以"重城"为主要特征。清代西安府城亦属重城形态，外城为西安府大城，在大城之内，不仅因用明代秦王府城旧基在东北城区改筑满城以驻扎八旗兵甲，还在东南城区建南城以驻守汉军。

---

① 《清世祖实录》卷四十，顺治五年八月辛亥。

清代在西安大城内筑满城和南城，是满族统治者入主中原后为控制军事重镇而采取的重要政策。清代西安的重城形态虽与前代略有相仿，但大城内的小城在具体功用上与前代又有不同。前代长安（西安）城内的小城，有的是帝王或藩王宫城——如西汉长安未央宫、长乐宫、北宫和明光宫诸座宫城，隋唐长安宫城以及明西安秦王府城；有的是官署所在的衙城，如隋唐长安皇城、唐末五代长安衙城、宋金京兆府衙城和元代奉元路衙城。清代西安满城和南城，既非帝王或藩王宫城又非官署衙城，而是专门供八旗马甲和汉军驻扎修筑的驻防城。虽同为"重城"结构，但清代西安城内小城的性质已由以往政治中枢或行政中心转变为功能更为集中的军事堡垒。从全国的情况来看，当时具有重要军事地位的城市内部或附近都筑有满城，但像西安城一样同时布设满蒙八旗驻防城和汉军驻防城的情况并不多见，这充分反映了清代西安城的军事重镇地位。

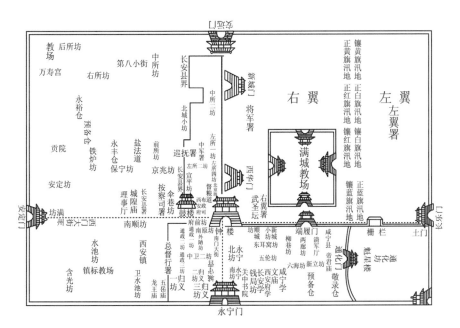

图 4-1　清代西安满城城墙、南城城墙示意图

（嘉庆《咸宁县志》卷首《城图》）

1. 城墙走向与功能

清初兴建西安满城时，在东北城区西、南两面"修筑界墙，驻扎官兵"①。西墙自安远门起，南至钟楼止；南墙自钟楼起，东至长乐门。从康熙《陕西通志》卷首《会城图》、雍正《陕西通志》卷六《疆域·图》所附《会城图》、嘉庆《咸宁县志》卷一《疆域山川经纬道里城郭坊社图》所附《城图》、光绪十九年（1893）《西安府图》、民国《咸宁长安两县续志》卷一《城关图》等可以看出，满城虽然有四面城墙，但其北墙和东墙借用了西安大城城垣，仅南墙和西墙为新筑。准确而言，南墙自钟楼东南角起，沿东大街南侧直抵长乐门南侧；北墙从钟楼东北角起，沿北大街东侧直抵安远门东侧。据雍正《陕西通志》卷六《会城图》分析，满城南墙和西墙厚度不及西安大城，但城墙高度似与之相当。②

满城南墙与西安大城东垣相接处，正是长乐门外月城南垣与西安大城东垣相接处。虽然大城东垣从中穿过，但满城南墙与长乐门外月城南垣已连成一线，这样可使东门外月城、瓮城与大城、满城构成一个完整的防御体系。一方面，满城的安全有赖于大城防御能力；另一方面，如敌军兵临东关时，月城、瓮城上的守军不但可以得到来自大城守军的支援，亦可得到满城守军的协防。由此，长乐门外月城、瓮城可视为满城向外延伸的部分。满城西墙通过大城北垣与安定门外瓮城东垣相通，并进而与瓮城、月城形成互为犄角之势。清代西安满城在防御方面对大城东、北二门，尤其是东门的倚重可见一斑。

2. 占地规模

雍正年间编修之《八旗通志·营建志六》载西安满城"南北长一千二十八步，东西长一千二百步"。③乾隆《西安府志》卷九《建置志

① 雍正《八旗通志》卷一百十七《营建志六》，清文渊阁四库全书本。
② 朱仰超：《西安满族》，载《西安文史资料》第18辑，1992，第169—182页。
③ 雍正《八旗通志》卷一百十七《营建志六》，清文渊阁四库全书本。

上·城池》引明《一统志》记述西安府满城"周九里"，实际上误引了明秦王府萧墙规模。嘉庆《大清一统志》卷二百二十七《西安府·城池》中亦沿其误，称"城内东北隅有城，周九里，门五，即故明秦藩城，本朝顺治六年改建，居八旗驻防，乾隆五十一年修"①，仍错误认为西安满城是在明秦王府城的基址上改建而来，城"周九里"。

民国《咸宁长安两县续志》卷四《地理考上》引光绪十九年（1893）陕西舆图馆《测绘图说》称："又满城周一千六百三十丈，为十四里六分零。东西距七百四十丈，为四里二分零，南北距五百七十五丈，为三里一分零。"雍正、光绪年间两次实测数据之间有一定差异，这应是测量方法和起测点不同所导致的。民国时期，亦有学者认为满城"面积占长安城四分之一以上"②。据今人实测资料，满城周长为8767米，东西长2466米，南北宽1917米。③满城面积约4.7平方公里，约占大城面积的40%。

在清代各八旗驻防城中，无论是地处大江之南、堪称江防要塞的杭州满城，还是地处塞北、"倚贺兰山以为固"的银川满城，占地规模鲜有超过西安满城的情况。顺治二年（1645）起建的杭州满城，占地"环九里有余"，"高一丈九尺"④。雍正元年（1723）在银川城外东北1公里处兴筑的满城，"周六里有奇"，后因地震于乾隆三年（1738）塌毁，遂于乾隆四年（1739）于城西7.5公里处建"新满城"，"周七里有奇，门四，濠广六丈"⑤。按照清1里等于576米计算，西安满城周长约清15里，远大于杭州

①　嘉庆《大清一统志》卷二百二十七《西安府·城池》，四部丛刊续编景旧钞本。

②　沈雨人：《关中游览记》，《时事汇报》1914年第5期，第1—10页。

③　朱仰超：《西安满族》，载《西安文史资料》第18辑，1992，第169—182页。

④　（清）张大昌：《杭州八旗驻防营志略》卷十五《经制志政》，清光绪十九年浙江书局刻本。

⑤　嘉庆《大清一统志》卷二百六十四《宁夏府·城池》，四部丛刊续编景旧钞本。

和银川满城，在各区域中心城市满城中占地规模次于江宁满城，而兵力数量居首。

据雍正《八旗通志》所载，从占地规模、官兵人数等方面比较西安满城与其他满城的规模，列表如次：

表 4-1　清代西安满城与其他满城规模对比表

城市	设立时间	规模	官兵数
西安	顺治二年（1645）	满城"南北长一千二十八步，东西长一千二百步"；南城"南北长四百六十步，东西宽五百一十三步"	兵8660名，匠役156名
杭州	顺治五年（1648）	于杭州府城内建筑满城一座，计营内地一千一百四亩五分，城外四旗地三百二十五亩五分，城脚基地六亩四分一厘三毫零，共地一千四百三十六亩四分一厘三毫零；界墙"环九里有余"①	兵4500名，匠役149名
江宁	顺治六年（1649）起造	自府城内太门东至通济门东，长九百三十丈，连女墙高二丈五尺五寸，周围三千四百十二丈五尺（约清19里）	兵5093名，匠役168名
荆州	康熙二十二年（1683）	府城中东部为满城，其西为汉城，中立界墙，长三百三十丈，满城周围计一千二百五十八丈（约清7里）	兵4690名，匠役168名
太原	顺治六年（1649）	分府城西南隅为满城，东北二方设立栅栏门，关门为界，计南北长二百六十丈，东西阔一百六十一丈七尺（以长方形计算约清4.7里）	城守尉及以下官兵598人
广州	康熙二十一年（1682）	周围一千二百七十七丈五尺（约清7.1里）	兵3000名，匠役40名
开封	康熙五十七年（1718）	康熙五十八年筑造满城一座，周围六里，四面土墙高一丈	兵800名，匠役16名
成都	康熙六十年（1721）二月建成	计城垣周围八百一十一丈七尺三寸（约清4.5里），高一丈三尺八寸，底宽五尺，顶宽三尺，城楼四座，共十二间	兵2000名

---

① （清）张大昌：《杭州八旗驻防营志略》卷十五《经制志政》，清光绪十九年浙江书局刻本。

（续表）

城市	设立时间	规模	官兵数
归化	雍正元年（1723）八月	城垣四面共三百七十六丈，东西南三面设立关厢，周围共四百五十四丈五尺（约清2.5里）	
银川	雍正二年（1724）建成	周围六里三分，大城楼二十间，瓮城楼十二间，角楼十二间，铺楼八间	兵2800名
潼关	雍正五年（1727）起建	周围四百九十二丈二尺，以一百八十丈为一里，合计二里七分三厘四毫零，城壕宽二丈，城墙高一丈八尺，基宽一丈六尺，顶宽八尺	兵1000名
青州	雍正七年（1729）	周围长一千零四十九丈（约清5.8里）	兵2016名

（资料来源：雍正《八旗通志》卷一百十七《营建志六》，清文渊阁四库全书本）

三、满城城门与教场城墙

（一）满城城门

清顺治二年（1645）始筑满城时，共开有5个城门。乾隆《西安府志》载："东仍长乐，西南因钟楼，西北曰新城，南曰端礼，西曰西华。"[1]在满城5门中，东门借用大城东门长乐门，西南门借用钟楼东门洞，另外3门俱为新开之门。

清初满城3个新开城门的名称与秦王府城有紧密联系。西北门"新城门"位于明秦王府城萧墙北墙拆毁后形成的后宰门街西端出口，采用"新城"的名称是相对于明秦王府"旧城"而言；南门"端礼门"与明秦王府内城南门名称相同，但具体位置已大大南移，不仅在原端礼门之南，亦在秦王府萧墙南门灵星门之南，大致在今端履门街北口；西门"西华门"与秦王府

---

① 乾隆《西安府志》卷九《建置志上》，清乾隆刊本。

城萧墙西过门处于一条线上，但具体位置已略微西移，大致在今西华门大街西口。

清前期满城又增设两个便门。据雍正《陕西通志》卷六《疆域·会城图》、嘉庆《咸宁县志》卷一《城图》及《县治东路图》，满城南墙东段开有栅栏（大菜市）和土门。此二门分别位于今大差市（和平路北口）与大城东门西南侧（先锋巷北口一带），俱无门楼之设。当是康熙二十二年（1683）修筑南城后，为方便南城与满城的联系专门开置的便门。因而西安满城共有7处城门，以开门方向论，西面自北而南分别为新城门、西华门和钟楼东门洞，南面自西而东分别为端礼门、栅栏（大菜市）和土门，东为长乐门，北无城门。西、南两面各有3门，便于加强满城与大城内其他地域的联系，东面因用西安大城东门，北面未开城门。

值得特别提及的是，在顺治六年（1649）满城修建完成后，钟楼便成为满城的一个角楼，钟楼的东西向门洞也随之称为满城的西南门。在这一时期，钟楼既是满城城墙西南角的角楼，具有军事防御功能，同时又被称作"文昌阁"。康熙《咸宁县志》卷首《城图》即标注钟楼为"文昌阁"，而未标注"钟楼"。康熙《长安县志》卷二《建置志》"文昌阁"条下载，"在县治东，省城正中"，只字未提"钟楼"，可见钟楼在清代的功能已发生重大转变，兼具军事防御、信仰祭祀、交通节点等特征。光绪十七年（1891），陶保廉在《辛卯侍行记》中即记载称"钟楼，省城之中稍偏南，即满城西南隅之门"[1]，可见清人明确将钟楼视为满城出入城门之一。

（二）教场城墙

从各种图籍资料来看，清代西安满城内最为醒目的即是八旗教场，周围有高墙环绕。但在清顺治、康熙及乾隆前期，满城内并未设立八旗教场，此处仍大体保留着明秦王府城旧址的样貌，尤其是其砖城（内城）应仍属完

---

① （清）陶保廉：《辛卯侍行记》卷二，清光绪二十三年养树山房刻本。

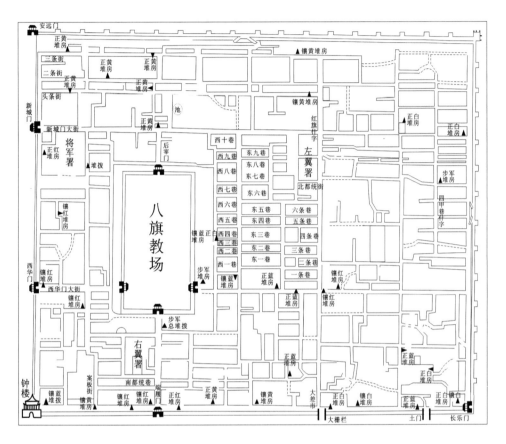

图 4-2　清代西安满城城墙与城门分布示意图

[光绪十九年（1893）《陕西省城图》]

整。康熙四年（1665）十一月，广东籍学者屈大均赴陕游历。次年五月二日，屈大均抵达西安，自东门（长乐门）入城，目睹了位处满城中的"秦王故宫"，其前有牌坊额题"天下第一藩封""世守秦邦"，东西两侧题字"天府之国""磐石之宗"①。从屈大均的详细记载可知，清前期的秦王府城旧貌保存较好，并没有在顺治前期兴建满城期间被拆毁，而是被保留并加

① （清）屈大均：《翁山文外》卷一《记·宗周游记》，清康熙五年五月二日，民国吴兴刘氏刻嘉业堂丛书本。

以利用，这为乾隆二十二年（1757）秦王府城从"秦王故宫"改建为"八旗教场"提供了可能。

乾隆二十二年，为便于八旗军兵日常操练，西安将军杜赍（亦有史料写作"都赍"）会同陕甘总督黄廷桂奏明朝廷，将原明秦王府砖城旧址改建为满营教场。[①]民国《续修陕西通志稿》对此改建工程仅简单记述称"建屋数十楹"[②]，其中细节难窥其详。

结合清代奏折档案等史料，可以对满城八旗教场的改建过程有更多了解。在乾隆二十二年以前，省城西安作为驻扎大量满营八旗官兵和绿营督标、抚标军队的军事重镇，满营和汉营（即绿营）军队分别有其专属教场，时常进行训练操演。满营八旗教场位于汉城西北角西湖园（即今习武园一带），其中设有演武厅等设施，八旗军兵在此教场演练过打枪射击，并曾在乾隆十二年（1747）发生过铅弹误中苏拉的事件。[③]汉营督标、抚标军兵教场远在西安西门（安定门）外10余里。若天气晴好，满营、汉营军兵各自前往教场，尚属顺利，但遇到雨雪天气，满汉官兵穿城往来于驻地与教场之间，道路泥泞湿滑，多有不便。[④]综合考虑天气状况、交通路线、就近训练等因素，西安将军杜赍、陕甘总督黄廷桂在乾隆二十二年四月上奏乾隆皇帝，指出原明秦王府城旧址坐落于满城"适中之地"，地方开阔，长期闲旷，平常归属于汉城看管；而西湖园满营教场坐落在汉城，却系满营拨人看守。因此，杜赍、黄廷桂提议，可将明秦王府城旧址改建为满营教场，以西

① 民国《续修陕西通志稿》卷六《建置一》，民国二十三年铅印本。

② 民国《续修陕西通志稿》卷一百三十一《古迹一》，民国二十三年铅印本。

③ 张广泗：《奏为陈明西安八旗兵丁合操铅子打入演武厅致伤苏拉已密札抚臣徐杞确查事》（乾隆十二年十一月十六日），朱批奏折，中国第一历史档案馆，档案号：04-01-01-0149-052。

④ 杜赍、黄廷桂：《奏请将前明秦府地基作为满营教场并西湖园改为绿旗营教场以便两营官兵操演事》（乾隆二十二年四月十六日），朱批奏折，中国第一历史档案馆，档案号：04-01-18-0011-010。

湖园改作绿营教场。这一奏请获得了乾隆皇帝的批准。^①此项调整对满营与绿营官兵有两方面的益处，一是方便了满汉官兵朝夕训练，二是便于满营与绿营对各自教场就近看管。此外，从日常管理的角度而言，这一调整理顺了满城、汉城的管理关系，即不再设置管辖"飞地"。

在乾隆皇帝允准之后，西安将军杜赉主持开展了八旗教场的改建工程，并借此之便，重修了将军衙门，包括在其中栽种花木、堆砌石山、盖造花园。这些工程由时任参领马世焄、佐领西尔泰等具体督工，拨什库唐柱经管工程账目，共领恩赏等项银12700两，实际开支7900两。由于包括教场改造在内的上述工程"屡拆屡修，办理不善"，开支较大，乾隆二十三年（1758）底，朝廷以"任意营私巧取""挪用工银""监守自盗"等罪名，给予西安将军杜赉、参领马世焄、佐领西尔泰、拨什库唐柱等人追赔、拟斩、徒刑等严厉惩处。^②

八旗教场由秦王府砖城改筑而来，设有四门，各门上均建有双层高大门楼，当是原明秦王府砖城门楼的旧迹。雍正《八旗通志初集》载："教场在府城内迤北，东西长三百三十步，（南北）长三百十二步。"^③由此可知八旗教场东西约528米，南北约499米，约为0.26平方公里，占满城面积4.72平方公里的6%。八旗教场占地面积与秦王府砖城0.3平方公里相比有所减小，与清前中期的改筑事实正相吻合。

改建后的八旗教场从前朝藩王宫城旧址转变成为专供军兵演练马步技

---

① 杜赉、黄廷桂：《奏请将前明秦府地基作为满营教场并西湖园改为绿旗营教场以便两营官兵操演事》（乾隆二十二年四月十六日），朱批奏折，中国第一历史档案馆，档案号：04-01-18-0011-010。

② 刘统勋、钟音：《奏为遵旨会审已革西安将军都赉等被参各款事》（乾隆二十三年十二月二十日），朱批奏折，中国第一历史档案馆，档案号：04-01-01-0226-007。

③ 雍正《八旗通志》卷一百十七《营建志六》，清文渊阁四库全书本。

艺的良好场地，原来秦王府砖城的城墙得以延续利用。英国传教士伟烈亚力在来西安考察期间，曾进入满城教场参观。他在1856年发表的《西安府的景教碑》文中留下了珍贵记述："我们尔后去参观位于西安城另一隅的满城。在这里，我们参观了唐代的宫殿旧址，已经了无遗迹。这处旧址场地广阔，长满了草——事实上，是非常好的草坪——周边有墙环绕，现在用于练习射箭。"[1]这座八旗教场在民国时期又有红城[2]、新城[3]、"紫禁城"[4]、内城[5]等多种称谓，其变迁情况详见第七章第四节。

四、满城城墙的维修

西安满城城墙作为区隔八旗官兵及其眷属的驻防地与汉城（即咸宁、长安两县在城辖区）的分界线，又被陕西巡抚等官员称为"界墙"[6]，用以区分普通州县城垣与满城城墙。在乾隆年间陕西官府对省内各城垣开展的大规模、成体系的维修工程中，西安满城"界墙"与各州县城垣都被视为需要次第修筑的重要防御设施。可以说，西安满城城墙的维修是在全省城垣普遍重修的大背景下开展的。

乾隆元年（1736）十二月，总理事务王大臣议覆监察御史刘永泰上奏朝廷，提议各省城垣若有轻微坍塌情形，由地方官利用农闲时节组织人力及时修补；对于坍塌情形严重、维修费用巨大的城垣，由各省督抚分别缓急，查

---

① Alexander Wylie, On The Nestorian Tablet of Se-gan Foo, *Journal of the American Oriental Society*, Vol. 5, 1856, pp. 275-336.

② 严济宽：《西安地方印象记》，《浙江青年》1934年第1卷第2期，第245—260页。

③ 香：《都市风光：长安城》，《市政评论》1935年第3卷第20期，第14页。

④ 黄园槟：《西安一瞥》，《中国学生》1935年第1卷第9期，第23页。

⑤ 孤鸿：《长安访古》，《旅行杂志》1947年第21卷第5期，第29—39页。

⑥ 塞楞额：《奏为估修陕省各州县城垣用银次第办理事》（乾隆八年闰四月十二日），朱批奏折，中国第一历史档案馆，档案号：04-01-37-0007-008。

明城垣坍塌具体情形，上报工部；如有必须紧急修筑的城垣，各省督抚应提出妥善维修的方案。乾隆皇帝采纳了这一提议，谕令各省通行实施。陕西巡抚张楷在接到工部咨文后，查明咸宁、长安二县属于“省会要区”，临潼、咸阳、兴平、醴泉均系“冲途要路”，肤施、靖边等州县或“路当孔道”，或“地接边疆”，共计31座州县城垣“均关紧要”，需要维修，同时西安满城界墙系“旗民分界”，由于“年久坍塌，内外通连”①，影响到城区治安、旗民管理等，亦应列入“急修”名单。②张楷指出，维修31座州县城垣与西安满城城墙，工程浩大，需要开支大量工费，因而奏请划拨正项钱粮。经工部议覆，令陕西巡抚张楷将这一批城工所需工料银两据实估算，造册题报。乾隆三年（1738）八月，乾隆皇帝同意此议。陕西巡抚张楷饬令布政使帅念祖，将应修各州县城垣、满城界墙需用工料银两进行了估算、造册，题请朝廷划拨工费。

乾隆四年（1739）春，经西安将军秦布、陕西巡抚张楷奏报朝廷，获乾隆皇帝允准，开始动工兴修满城城墙。③截至乾隆八年（1743）闰四月，省城西安（即咸宁、长安两县县城）及满城界墙已经修理完竣，工费题请户部报销外，其余29座州县城垣，共估算应需工料银431000两。④令人遗憾的是，由于相关奏折等史料记载缺漏，难以详考乾隆三年至乾隆八年之间西安满城城墙维修的具体内容和工程规模。不过，从乾隆八年闰四月十二日陕西巡抚塞楞额的奏折中可以推知，西安满城城墙的维修应与西安大城城墙的维

　① 秦布、张楷：《奏为修筑西安满洲城墙相度留门事》（乾隆四年四月初七日），朱批奏折，中国第一历史档案馆，档案号：04-01-37-0005-013。

　② 塞楞额：《奏为估修陕省各州县城垣用银次第办理事》（乾隆八年闰四月十二日），朱批奏折，中国第一历史档案馆，档案号：04-01-37-0007-008。

　③ 秦布、张楷：《奏为修筑西安满洲城墙相度留门事》（乾隆四年四月初七日），朱批奏折，中国第一历史档案馆，档案号：04-01-37-0005-013。

　④ 塞楞额：《奏为估修陕省各州县城垣用银次第办理事》（乾隆八年闰四月十二日），朱批奏折，中国第一历史档案馆，档案号：04-01-37-0007-008。

修同期开展，虽然满城城墙（此时含南城城墙）由满汉八旗官兵驻守，但其重修工程无疑是由陕西巡抚饬令西安知府、咸宁知县、长安知县等地方官员组织工匠、民夫，并由布政司划拨工费。从城垣维修的次序上来看，省城西安大城城墙以及满城城墙的重要性显然高于其他29座州县城垣，这在当时陕西省经费每年"必由邻省协济"①的紧张情况下，尤显难得。

在此次维修工程中，西安大城城墙与满城"界墙"同时开工重修，工程堪称浩大，若以29座州县城垣共需维修工费431000两白银计算，平均每座州县城垣大约需15000两白银，按此标准，咸宁、长安两县所在的西安大城与满城城墙维修工程需要不低于3万两白银。由于满城"界墙"并无类似州县城垣上的卡房、马面、敌楼等设施，亦没有城壕环护，因而其所需经费相应会减少。可以想见的是，在此次西安大城与满城城墙同时开工维修的情况下，不仅大城周围会成为工匠、民夫聚集的喧闹工地，满城"界墙"（含南城"界墙"）沿线的城内区域，即满城西城墙外的北大街沿线、满城南城墙外侧的东西向顺城巷沿线、南城通化门所在南北向城墙沿线，均会出现工料堆积如山、工匠与民夫往来忙碌的景象，此时的西安城区就如同一座巨大的工地。西安大城与满城城墙的维修工程，在一定程度上势必会给城市居民生活造成不便，但这正是包括城墙在内的城市基础设施大规模维修、更新时难以避免的社会成本。

就维修频次而言，满城城墙难以与西安大城城墙相提并论，前述第三章已述及清代西安大城城墙20余次的维修工程，而满城城墙除乾隆三年至八年（1738—1743）的维修之外，其余较大规模维修在史料中鲜见记载。究其原因，一方面，满城属于"城中之城"，其城墙主要承担的是区隔城内汉族、回族人口与满汉八旗官兵及其眷属的功能，即将八旗驻防区域与咸宁、长安

① 塞楞额：《奏为估修陕省各州县城垣用银次第办理事》（乾隆八年闰四月十二日），朱批奏折，中国第一历史档案馆，档案号：04-01-37-0007-008。

两县行政辖区采取"界墙"这一实体措施予以区别，同时具有一定的城市治安功能，而西安大城则需要城高池深、城垣坚固、城楼壮阔、马面外伸、垛口密集，以便充分发挥防御和打击来犯之敌的作用。就墙体作用比较而言，如果说大城城墙属于"对敌"的话，那么满城"界墙"就属于"界邻"了，因此在清代中后期陕西官府屡次维修加固大城城墙，以应对各类战事威胁时，对满城"界墙"并未采取同样的工程措施。另一方面，正是由于满城城墙的功能相对单一，其规模、形态远不如大城城墙那样巨大、复杂，虽然亦会受风雨、地震等自然因素影响，但其损毁、倾圮的情形可能较少且轻微，在满汉八旗驻防军兵日常留意维护之下，即可确保长期利用，无须开展大规模的重修工程。

当然，严格来说，西安满城的西墙、南墙以及南城的西墙属于"界墙"，而满城的北墙、东墙以及南城的东墙、南墙与大城城墙的相应段落重合使用，承担着军事防御功能。例如在同治年间的战乱中，省城西安受到围攻时，八旗和绿营军队"分城而守"，满城位于东北隅，因而北城墙东段、东城墙北段均归八旗军兵防守。在此期间，有守城的八旗佐领在获取围城军队重金贿赂后，与之约为内应，计划在六月十五日夜晚围城军队利用云梯自东北角楼下登城，该佐领在城上协助。后受风雨影响，这一计划未能实施。该八旗佐领后被斩首，"城幸得全"[1]。

在宣统三年（1911）辛亥革命的战火中，西安满城"如昔时之阿房宫一样，尽付之一炬"[2]，民国初年，西安东北隅城区残垣断壁、遍地瓦砾，"毁拆已无完宇矣"[3]，各类建筑破坏殆尽，一派衰废景象。有关满城废毁状况的记载，在民国各类行纪、报道中不胜枚举，有人称"辛亥革命后，满

---

① （清）李岳瑞：《春冰室野乘》卷中《多忠勇公轶事》，关中丛书本，第26页。
② 刘风五：《西安见闻记》，《新文化》1934年第1卷第11期，第55—60页。
③ 沈雨人：《关中游览记》，《时事汇报》1914年第5期，第1—10页。

人渐渐绝迹，汉人也不常进去，里面荒林蔓延，残瓦堆集，偶然到那里去一次，就会令人发生无穷的感慨！"[1]甚至到20世纪20年代后期，西安城东北隅仍是"一片荒凉，尽是麦田"[2]。1934年7月前往西安考察的学生严济宽在《西安地方印象记》一文中更是记述了满城区域的荒废景象，倍生感慨：

"看见一个广阔的空地，既无草木，又无房屋，据说那是旗人住的旧地，广厦千间都在光复后烧掉了的，只留下一堵一睹坍倒了的上半部的墙垣，仍然是在那儿孤寂地立着。那儿没有人住，也没有人到，时代的变迁，把一个繁华的场所，变成一片焦土的境地，当时养尊处优的旗人，谁料得到现在的遭遇？"[3]

第二节　汉军驻地：
清代西安南城城墙的兴废

清康熙二十二年（1683），随着新一轮全国范围内兴建满城高潮的来临，西安又在满城南侧兴建了南城，是为明清西安城空间格局的第五次重大变化，标志着西安八旗驻防军事区的扩大和咸宁县辖域的缩小。至乾隆四十五年（1780），南城西墙拆毁，八旗驻防区恢复为原状，这为西安城空间格局的第六次重大变化。

---

① 香：《都市风光·长安城》，《市政评论》1935年第3卷第20期，第14页。
② 刘凤五：《西安见闻记》，《新文化》1934年第1卷第11期，第55—60页。
③ 严济宽：《西安地方印象记》，《浙江青年》1934年第1卷第2期，第245—260页。

一、兴建缘起

清初满城的兴建极大强化了西安作为西北军事重镇的地位，但清政府为了镇压不断涌起的反清浪潮和农民反抗斗争，又于康熙二十二年（1683）向西安增驻左翼八旗汉军，在满城之南修筑"南城"作为其驻防城，[①]就更将西安作为西北军事桥头堡的地位推向极至。类似西安这样一座大城内同时兼容两座军事驻防城的城市格局在有清一代区域中心城市中并不多见，也从一个侧面说明了西安的军事地位在西北乃至全国确为重中之重。

关于此次南城的兴建缘起与时间，民国《续修陕西通志稿》卷八《建置三·城池》在"满城"条下引用《西安驻防事宜册》载："康熙二年（1663），添驻左翼满洲八旗汉军官兵，城内不敷居住，奏明复于端履门至东门（即长乐城门）适中之处，至南城墙止，筑砌城垣为南城，居住左翼汉军官兵。"[②]实际上，这一记载并不准确。依据雍正《八旗通志》卷一百一十七《营建志六》的记载，[③]以及西安将军秦布、陕西巡抚张楷在乾隆四年（1739）的奏报，明确指出南城（又称为"汉军城"）系康熙二十二年续设，[④]因而民国《续修陕西通志稿》所载南城兴筑于"康熙二年"，应为"康熙二十二年"之误。

南城作为满城的一个扩展区，选址显然经过慎重考虑，南城并未将西安城东南隅全部划入，而是选择了原本街巷较稀、居民较少的"东南隅余地"作为新的扩展区。这样既能安置新增添的八旗汉军官兵及其眷属，又不会对咸宁县原本管辖区域的民众生活带来太大影响。即便如此，此次南城的兴筑

---

① 秦布、张楷：《奏为修筑西安满洲城墙相度留门事》（乾隆四年四月初七日），朱批奏折，中国第一历史档案馆，档案号：04-01-37-0005-013。

② 民国《续修陕西通志稿》卷八《建置三·城池》，民国二十三年铅印本。

③ 雍正《八旗通志》卷一百一十七《营建志六》，清文渊阁四库全书本。

④ 秦布、张楷：《奏为修筑西安满洲城墙相度留门事》（乾隆四年四月初七日），朱批奏折，中国第一历史档案馆，档案号：04-01-37-0005-013。

也如同顺治初年满城新建时一样，迁走原本居住在这一区域的百姓与商民，以便于重新规划和建设官兵及其眷属的营房与附属设施，不过这一区域内的少数庙宇如真武庙、广惠寺等得以保留。从南城西墙为绕开董仲舒祠墓而向东弯折的形态也可以看出，西安将军、陕西巡抚等人在筹划南城建设时，避免将城内这一重要历史胜迹圈入南城以内，以便于东南城区西安府学、咸宁县学、长安县学等学子入内拜祭。

二、城墙走向、规模与城门设置

（一）城墙走向与规模

南城与满城关系之紧密，不仅表现在因位于满城之南而得其名，更主要从选址、规模等方面都体现了其为满城之附属和补充。在城东南隅划地为南城时，就是为了北、东、南三面依赖大城和满城城墙，仅新筑一道西城墙。雍正《八旗通志》载："康熙二十二年（1683）增设驻防官兵，建造房屋，其地不敷，将城内东南隅余地修筑界墙。自南界墙中咸宁县东边起，至府城南墙止。南北长四百六十步，东西宽五百一十三步。将南界旧墙拆毁，合为满城一座"。[①]南城东西约820米，南北约736米，面积约0.6平方公里。清代西安南城约占大城面积的5%。满城与南城合计面积为5.32平方公里，约占大城的45%。

以嘉庆《咸宁县志》卷一《疆域山川经纬道里城郭坊社图》所附《城图》和《县治东路图》对照今西安城区地图分析，康熙二十二年始筑南城时，北墙借用了满城南墙东南段（尚德路南口以东），东墙借用了西安城东门以南城墙，南墙借用了西安大城今和平门以东城墙，新筑的西城墙位于今马厂子、东仓门一线，其城墙并非由北一直向南，而呈西北—东南走向。

---

① 雍正《八旗通志》卷一百一十七《营建志六》，清文渊阁四库全书本。

南城形状大致呈北长南短、东直西斜，且西南角内缩的不规则梯形。

康熙二十二年（1683）始筑南城时，为加强与原有满城的沟通，满城南墙东段被拆除，南城与满城实际上连接成一个防御整体，合为一座新的满城。后在南城西墙开设通化门，嘉庆《咸宁县志》载："乾隆四年（1739）于新筑墙开

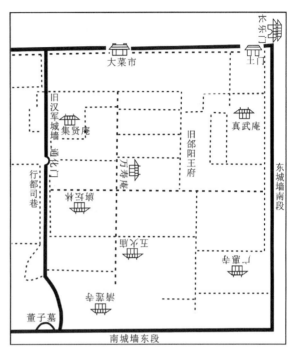

图 4-3 清代西安南城范围及其西城墙走向示意图
（嘉庆《咸宁县志》卷一《县治东路图》）

门一，曰通化。"[1]民国《续修陕西通志稿》卷八《建置三·城池》亦引用《西安驻防事宜册》称，乾隆四年，"因出入不便，奏明于新筑城垣适中之处，开一门曰通化"[2]。由此一来，新的满城便拥有6座城门。其中西面4座，为新城门、西华门、钟楼门洞、通化门；南面为端履门；东面为长乐门。从嘉庆《咸宁县志》卷一《疆域山川经纬道里城郭坊社图》所附《城图》和《县治东路图》分析，乾隆四年新开的通化门虽开于"新筑城垣适中处"，但并非位于南城西城墙正中间，而稍偏北，具体地点在今马厂子街南口一带。新满城开设通化门之后，土门和栅栏作为东北隅旧满城的两个小门，可能随满城南墙东段的拆除而消失。

---

① 嘉庆《咸宁县志》卷十《地理》，民国二十五年重印本。

② 民国《续修陕西通志稿》卷八《建置三·城池》，民国二十三年铅印本。

需要深究的是，从康熙二十二年（1683）设立、兴建南城起，至乾隆四年（1739）在南城西墙中段开设通化门，其间已过去了56年，为何在此时才有开设城门之举？而上述《西安驻防事宜册》所称的设门原因——"出入不便"又具体表现在哪些方面呢？

前已述及，从顺治六年（1649）满城界墙兴建竣工起，至康熙二十二年（1683）兴建南城之前，在34年的时间内，满城占据了西安城东北隅，界墙即指位于东大街上的南墙、北大街东侧的西墙。在南墙上开设有端履门、土门和栅栏，在西墙上开设有新城门、西华门、钟楼门洞，作为旗兵及其眷属出入满城、前往汉城的通道。康熙二十二年，西安城东南隅东段续设南城（即汉军城），兴筑了南北向的南城西墙，在此界墙上并未开设城门，实属"规制未能尽善"[①]。这一考虑未周的界墙建设举措给南城官兵以及咸宁县城乡民众的生活带来诸多不便。

首先，南城与汉城东西相邻，仅一墙之隔，但"西面长袤数里"[②]的界墙并无一门，居住其中的八旗汉军官兵及其眷属若需前往汉城，必须首先向北前往满城，然后再绕经端履门或钟楼门洞，才能进入汉城，十分不便。

其次，陕西督粮道收贮兵粮的敬禄仓与咸宁县署均位处西安城东南隅，靠近南城（汉军城），而居住在西安城以东咸宁县辖区的农民在前往敬禄仓、咸宁县署缴纳粮赋时，就不得不先从东门进城，自东向西穿越满城驻防区域，然后从满城的端履门往南，再自西向东，经顺城巷等街巷，绕道迂回10余里，才能顺利完纳粮石。如果遇到天降大雨，道路泥泞湿滑，农民馈运更形艰难，运输成本也相应增加，给咸宁县农民增添了较大负担。

乾隆初年，满城与南城界墙出现了"坍塌"的情况，并于乾隆四年

---

① 秦布、张楷：《奏为修筑西安满洲城墙相度留门事》（乾隆四年四月初七日），朱批奏折，中国第一历史档案馆，档案号：04-01-37-0005-013。

② 同上。

（1739）由西安将军、陕西巡抚等奏准重修。西安民众（尤其是南城官兵与咸宁县百姓）纷纷向官府呈请，提议在靠近敬禄仓、咸宁县署附近的南城西面界墙上开设一座城门，以便于南城官兵及其眷属出入，也利于咸宁县农民缴纳粮赋时自此出入，以节省人力、财力和路途时间。毫无疑问，这一提议对于"兵民有益"①，于是西安将军秦布、陕西巡抚张楷听取了民众呼声，向朝廷奏请开设新的城门。

与此同时，西安将军秦布十分重视此次开设城门位置的选址工作。恰好钦天监博士钟之模此时奉朝廷派遣前往宁夏，路过西安，秦布遂邀其实地勘察，以确定城门位置。清朝钦天监的职能主要是观察天象、推算节气、制定历法等，任职其中者一般具有丰富的天文、地理知识。细究钟之模的履历、背景，即可发现他具有深厚的堪舆经验。钟之模系浙江绍兴人，康熙五十六年（1717）丁酉科武举出身。②但在他此后的职业生涯中，并没有从军发挥其骑马射箭等兵家技艺，而是凭借擅长堪舆之术进入钦天监任职，曾总结有《相地戒约》八则，其中有"越祖迁坟，盗葬谋占，欺天理，违王法，为无义"等认识，并编著有《两地编》《订正赖布衣钳记》等书。③值得一提的是，赖布衣系南宋国师，江西省定南县凤山冈人，原名赖风冈，字文俊，自号布衣子，故也称"赖布衣"，又号称"先知山人"，撰有《三十六钳记》（亦写作"铃记"），从风水角度归纳了对特定地形的分析和判断准则。显然，钟之模通过订正赖布衣有关风水堪舆的传统认识，能在其基础上有所传承和发扬，并将这些堪舆理论应用于城市规划、选址等实践中来。朝廷能派

---

① 秦布、张楷：《奏为修筑西安满洲城墙相度留门事》（乾隆四年四月初七日），朱批奏折，中国第一历史档案馆，档案号：04-01-37-0005-013。

② 雍正《浙江通志》卷一百四十五《选举》，清文渊阁四库全书本；乾隆《绍兴府志》卷三十五《选举志六》，清乾隆五十七年刊本。

③ 嘉庆《山阴县志》卷十八《人民志第二之十》，民国二十五年绍兴县修志委员会校刊铅印本。

遣其前往宁夏开展相关踏查、堪舆工作，便是基于对其专业能力的肯定与信任。

经过仔细勘察与综合考虑，钟之模建议在距离敬禄仓附近的"羊市口"，即原属街巷的位置开设城门，对旗汉兵民而言"俱属大利"，并且选择四月二十四日为"安门大吉"之期。[①]西安将军秦布、陕西巡抚张楷采纳了钟之模的选址建议与安门之期，于乾隆四年（1739）四月七日上奏乾隆皇帝，并获准施行。从乾隆四年四月七日上奏，到二十四日"安门"，其间仅隔17天，由此可知开设此城门的施工工期较为短促，势必影响城门及城楼形态、规模。另外，需要注意的是，"通化门"的得名，虽然在西安将军秦布的奏折中未见提及，但可能仍来自钟之模的提议，毕竟城门位置与安门日期均由他依据堪舆之术确定，为城门命名也就属于顺理成章之事。唐都长安外郭城东面城墙上最北侧的城门即称"通化门"，钟之模有可能借鉴了此门名称，也有可能仅是从寄寓该门便于西安旗汉兵民通行无阻的角度进行命名，这些推测都有待于今后更进一步探究。

在乾隆四年四月二十四日通化门竣工通行之后，西安将军秦布派遣官兵专门负责日常开启、关闭事宜，使之既便于军兵、百姓通行，又能有利于城市治安和满汉管理。[②]

核实而论，南城其实属于满城的扩展部分。满城在康熙二十二年（1683）的扩张使其面积增大，形制也发生改变。在康熙二十二年至乾隆四十五年（1683—1780）间，西安大城可视为被分割成东、西两部分：满城区与非满城区，这很像湖北荆州府城及其满城之间的关系。

---

① 秦布、张楷：《奏为修筑西安满洲城墙相度留门事》（乾隆四年四月初七日），朱批奏折，中国第一历史档案馆，档案号：04-01-37-0005-013。

② 同上。

西安满城的顺城巷因东段城墙的拆毁而不复存在，这样就使汉人从长乐门穿越满城进入大城西部的汉城区更趋困难，东关城因此得以有很大发展。关于原有满城和新筑南城之间界墙被拆除的事实，还可从清末辛亥革命时新军攻克满城的战斗状况加以证实。1911年10月22日西安响应武昌起义，新军首先攻克的是位于大菜市以东的一处民房后墙，若未知悉原来满城和南城之间界墙被拆除过的史实，就很难想象为何满城会用民房后墙作为城墙的一部分。可以推测的是，康熙年间原来满城和南城之间的界墙被拆除，两者之间相互贯通，没有任何阻隔，因而在界墙旧址上就逐渐因人口增加而兴建起了民房。当乾隆年间南城撤销，南城西墙被拆除后，旧满城又需要一个完整的南城墙。但重新补建顺城巷东口以东部分的城墙，工程势必浩大，所以可能就利用了已经存在的民房，并且用补建部分北向民房的方式来弥补这一段城墙的缺失。既能以民房后墙形成满城界墙，同时又可增加满城房屋间数，为日趋增加的人口提供居住的条件。这在当时是一个较好的选择，但自此满城城墙就有了较大的缺陷，为辛亥革命时被攻陷埋下了伏笔。

（二）汉军出旗与南城撤销

清代西安南城面积较小，内部格局就相应简单。以嘉庆《咸宁县志》卷一《县治东路图》，结合光绪十九年（1893）《西安府图》分析，汉军驻防地主要集中在南城西北部，以大菜市向南的街道为中轴线，呈东西向整齐排列。街东自北往南依次有头道巷、二道巷、三道巷、四道巷、五道巷、六道巷、七道巷、八道巷和九道巷；街西自北往南依次有头道巷、二道巷、三道巷、半截巷、小庙巷和观音寺巷。南城东北部为左翼汉军副都统署，袭用明郃阳王府旧址，中有南北街，布局严整，规模较大。

乾隆中期，随着西安满城、南城中满汉八旗驻防兵丁眷口的增多，朝廷供养压力大增，于是一方面从西安满城向伊犁、平凉等地满城移驻大量

兵丁及其眷属；①另一方面饬令八旗闲散人口"出旗为民" ②或"改补绿
营"③，以减轻供养负担、改善旗民生计。乾隆四十四年（1779）、四十五
年（1780）之际，正处于西安八旗汉军大量出旗改补绿营的关键阶段，西安
将军伍弥泰、陕甘总督勒尔谨、陕西巡抚毕沅等为此采取了多种举措④，仅
乾隆四十四年一年汉军出旗官兵就多达1500名⑤，这为乾隆四十五年撤销南
城、改归咸宁县管辖埋下了伏笔。

据《西安驻防事宜册》记载，乾隆四十五年，"汉军出旗，奏明南城
仍归汉城，隶咸宁县"⑥。在改隶咸宁县管辖后，南城内的街巷格局并未改
变，但原供大量汉军八旗军兵及眷属居住的房屋或由改补为绿营兵者购买居
住，或出售给市民居住、开设商铺等，原先的军事驻防区又重新恢复了作为
普通城区的状况。在这种情况下，南城的西墙已经没有维系存在的必要了，
当于此后较短时间内就被拆除，恢复了马厂子—东仓门一线的南北街道。从
光绪十九年（1893）《陕西省城图》上可以看到，在马厂子—东仓门街的中
间位置，绘制有一座楼宇，按其位置判断，应系通化门门楼的旧迹。

① 伍弥泰、勒尔谨：《奏为酌议妥办移驻伊犁眷兵供支并汉军出旗改驻京兵各事宜列款具陈事》（乾隆四十四年七月十五日），朱批奏折，中国第一历史档案馆，档案号：04-01-01-0368-030。

② 鄂弼：《奏为酌筹安顿出旗为民壮丁事》（乾隆二十七年七月十六日），朱批奏折，中国第一历史档案馆，档案号：04-01-01-0252-053。

③ 吴达善：《奏为西安满营出旗兵丁改补绿营已改补全完事》（乾隆三十二年正月十三日），朱批奏折，中国第一历史档案馆，档案号：04-01-16-0047-003。

④ 勒尔谨、毕沅：《奏为改补绿营兵丁认买房间蒙恩赏住毋庸扣饷谢恩代奏事》（乾隆四十四年九月二十二日），朱批奏折，中国第一历史档案馆，档案号：04-01-01-0368-029。

⑤ 伍弥泰、勒尔谨：《奏为驻防汉军改归绿营原满洲催领四哥色等所抱养汉军之子后代恳准仍留满洲旗分当差事》（乾隆四十五年四月十三日），朱批奏折，中国第一历史档案馆，档案号：04-01-16-0071-023。

⑥ 民国《续修陕西通志稿》卷八《建置三·城池》，民国二十三年铅印本。

就城乡工程建设的发展阶段来看，明代西安处于大规模扩建、改建、增建的时期，每一次重大工程建设，如拓筑城墙、迁建钟楼、增建三关城、开浚龙首渠与通济渠等，在奠定城市形态和改善城市景观方面发挥了关键作用。相较而言，虽然清代西安满城和南城城墙的大规模兴筑对于城市内部格局影响极大，但类似城墙修筑、钟鼓楼维修、灞桥和浐桥重建、通济渠疏浚等工程，则属于在明代工程基础上的持续性修缮，以确保城市军事防御、城区供水、交通运输等各项功能的正常运转。

从整体上看，明清西安城的发展既具有内在连续性，亦具有王朝差异性。内在连续性体现在城市建设、渠道引水、功能区发展等方面。例如西安城墙作为保护阖城官民安全的重要防御设施，明清两代均得到了朝廷和地方官府的高度重视，多次进行大规模维修、加固。又如城市饮用水是制约西安城市发展的关键因素，因而明清两代朝廷和地方官府在疏浚城东龙首渠的同时，又开凿了城西通济渠，其后多次维修两条渠道，以解决居民用水问题。在城市功能区发展方面，西安城内西北城区回族聚居区的巩固、扩大，以及东南城区围绕文庙附近的文教区的集中建设，是明清两代持续发展的成果，王朝的更迭和政权的转换并没有中断这些功能区逐步形成的进程。王朝差异性则体现在受明清两代不同的朝廷军政策略影响、城市职能发生显著改变的情形下，西安城市空间格局、居民构成、民族交融等存在明显差别。例如明代西安作为秦王"封藩建府"之地，秦王府城形成了城区的城中之城，与大城构成重城格局。到了清代，西安八旗驻防城——满城和南城成为城中之城，居住八旗军队及其眷属，秦王府城则被利用、改建为八旗教场。相较而言，秦王府城对西安城区格局和功能区发展的影响（或者是扰动）就显著小于满城和南城。在城市居民构成方面，明代西安城中虽然驻扎有一定数量的军队，但营地、教场等相对分散，而清代西安不仅在汉城区域驻扎部分绿营军队，而且在满城中驻扎大量满蒙八旗、汉军八旗军兵及其眷属，使得城区常住人口中由朝廷供养的比例较明代大幅增加，从商品消费的角度而言，有利于城市商贸的发展。明代西安城市人口的主体是汉族和回族，进入清代，随着满城的设立，满蒙八旗军队及其眷属的大量进驻，城区人口的民族多样性更为鲜明。尽管满城从形态上呈现出"隔离性"，但实际上并没有阻绝汉族、回族、满族、蒙古族，以及少量藏族人口等相互之间的交流、交往与交融。

第五章

捍患御侮：清代后期
西安城墙大修工程

　　咸丰、同治、光绪、宣统年间，清朝国力进一步衰弱，内忧外患日趋严重。朝廷处于风雨飘摇之中，而国家也进入了多事之秋。这一时期陕西省内各城垣的维修与利用情况多有差异，民国《续修陕西通志稿》总结指出："咸同以后，回捻交讧，西、同、延、榆、鄜、绥各府州，寇盗纵横。城垣足恃者，赖民力为之缮治。疲癃之区，则任其残破。光宣之际，新学腾口，谓火炮日烈，城垣无用，宜拆毁以通商埠。"①作为西北重镇、陕西省会，西安在清后期面临的军政形势更为复杂多变，既有来自农民斗争的压力，也有反清起事的战火，特别是同治年间的陕甘大规模战乱，使西安城乡地区的社会经济、聚落、商贸、交通、文化等受到严重影响。在风云诡谲、战火屡起的这一时期，作为保卫阖城官民安全的西安城墙、城壕和四关城进行过多次维修、疏浚和拓展。这些维修活动提高了西安城墙防御体系的军事防御力，也延续了西安城墙景观的面貌。

第一节　劝捐修城：
咸丰年间的西安城工

　　咸丰初年，由于太平天国起义军从南方向北进军，逐渐进入河南，逼近陕西。陕西官府在潼关、朝邑、韩城、郃阳等处加强了戒备。咸丰三年（1853），陕西巡抚张祥河派员将潼关十二连城改建为十二连寨，加强豫陕交界地带的防御。②咸丰四年（1854），陕西巡抚王庆云督兵防御，劝谕各

---

① 民国《续修陕西通志稿》卷八《建置三·城池》，民国二十三年铅印本。

② （清）张祥河：《潼关十二连寨记》，1幅，130厘米×62厘米，清咸丰三年九月刻墨拓本，草书，国家图书馆藏。

地绅民制军械、修村堡、掘壕筑垒，募勇设防。咸丰年间西安城池的两次重大维修工程正是在此背景下展开的。

一、咸丰三年捐修城工

在道光七年至八年（1827—1828）捐款兴修之后，至咸丰三年（1853），西安城墙又度过了25个春秋。在长达25年的风吹雨淋之后，西安"外砖内土"的墙身又出现了臌裂的情况，而城楼也间有损坏。与此同时，西安城又面临着严峻的攻防形势。咸丰二年（1852）九月，太平天国起义军攻进湖北，"陕省东南境戒严"，陕西巡抚张祥河与陕甘总督舒兴阿"商榷布置，拨兵防御"①。在上述情况下，陕西巡抚张祥河再度主持开展了官民捐修城垣的工程。所谓"捐修省垣，浚通城濠，以资捍卫"②。

从咸丰二年冬季起，陕西巡抚张祥河与陕西布政司、陕西按察司、督粮道等官员，率同西安府知府、咸宁县知县、长安县知县等，对城墙损坏和有待维修的情况进行了细致查勘，获得了第一手的数据。与以往城墙倾圮、毁坏的主要原因相似，即"积年雨水"对城顶、城身"浸渗刷涤"③，导致墙身内侧坍塌7段，计长2000余丈；而外侧墙身由于包砌有砖，所以损坏情况较轻，主要是砖墙臌裂多处，共长70—80丈，宽2—3尺及至2丈不等；另外城楼等附属建筑物亦有损坏的情况。

针对城墙、城楼等处的损坏情况，张祥河等人提出"俱照旧式修理坚固"的方案，并估计了所需的工料、工粮、运费等工费。由于当时朝廷和地方官府财政支绌，无法划拨修城经费，因而张祥河借鉴了道光七年至八年"劝捐修城"的经验，筹划通过官民捐款进行维修，而不动用公帑。

---

① （清）张茂辰：《先温和公年谱》，清同治刻本。

② 同上。

③ 张祥河：《奏报官民捐修省会西安城垣等工完竣事》（咸丰三年三月二十七日），录副奏折，中国第一历史档案馆，档案号：03-4517-067。

　　为了更好地调动广大官民捐款修城的积极性，张祥河等省级官员以身作则，率先捐款，起到了很好的垂范之功。在张祥河捐银1000两后，陕西布政使吴式芬、陕西按察使（后升任奉天府府尹）长臻、督粮道陈景亮也相继分别捐银1000两。四位省级官员共捐款4000两白银，拉开了"倡捐"的序幕。从咸丰三年（1853）正月起，张祥河饬派委员、绅士"购集料物，鸠工兴修"。可见这是一次由官员带头捐款，由官府组织，有绅士参与领导的维修城墙活动。相较于清前期和乾隆年间城墙维修工程而言，道光、咸丰年间民间力量在维修城墙等城乡建设活动中发挥了越来越大的作用。

　　需要说明的是，这次倡捐和维修也是在关中地区风调雨顺，粮价中平的情况下开展的。咸丰三年三月二十七日，陕甘学政沈桂芬在所上《奏为途经凤翔等地察看得雨情形事》一折中即载："三原已于本月初二、初六日等日连得甘霖，民情极为欢豫。"①咸丰三年三月十七日，陕西巡抚张祥河在《奏报陕西省二月下旬至三月上旬雨水田禾并二月粮价情形事》一折中亦称："兹据西安、延安、凤翔、汉中、榆林、同州、商州、邠州、乾州、鄜州、绥德等府州属吕许具报，于二月二十三至二十八九及三月初一、二、三、五、六、七等日先后得雨一、二、三、四寸至深透不等。臣查关中年景首重麦收，当芄苗秀发之时，叠逢甘雨滋培，于农田大有裨益，民情欢悦，粮价中平。"②可见，丰收年景是开展捐款修城的非常重要的基础，省级官员之所以进行倡捐，也正是考虑到了广大绅民在风调雨顺、民情欢悦的情况下有能力"量力捐输"。

　　在施工过程中，陕西巡抚张祥河会同西安八旗将军、副都统"亲历查

----

　　① 沈桂芬：《奏为途经凤翔等地察看得雨情形事》（咸丰三年三月二十七日），录副奏折，中国第一历史档案馆，档案号：03-4467-012。
　　② 张祥河：《奏报陕西省二月下旬至三月上旬雨水田禾并二月粮价情形事》（咸丰三年三月十七日），录副奏折，中国第一历史档案馆，档案号：03-4474-077。

勘"，督察城工进展。八旗将军、副都统作为西安八旗驻防军队的最高将领，主要负责军事事务，也有驻守、防护城墙之责，因而此次维修城墙工程与八旗驻防的关系十分紧密，体现出了"军地协同"的工程建设传统。

前已述及，此次维修活动，是对于坍塌的城墙内侧和臌裂的城墙外侧均依照"旧式"修理坚固，这一做法继承了历次城工对于城墙、城楼面貌的保护，即进行维修、补修，而不曾轻易改动城墙与城楼的规制、面貌和格局。同时，这次维修工程还对城墙上的炮台等进行了"补葺"，在强化城墙被动防御力的同时，也提升其主动攻击的能力。约至咸丰三年（1853）三月底四月初，此次捐修工程即告竣。据张祥河评判认为，整修过的西安城墙"洵足以经久远而资捍卫"①。

作为一次综合性的城池维修工程，这次城工不仅补葺了城墙、城楼、炮台等，而且还对环护城墙的护城河进行了疏浚，并将通济渠引入城壕，②此举更增加了西安"金城汤池"的防御能力和景观面貌。与道光七年至八年（1827—1828）的城工相同，此次城工属捐款完成，因而也未曾动用公帑，无须向工部、户部等造册报销。

二、咸丰七年城工

据《咸宁长安两县续志》卷四《地理考上》载，西安城墙在咸丰七年（1857）、同治四年（1865）分别进行过维修。这是两次完全以增强军事防御能力为目的的城工，即"资保障"成为维修主旨，而"壮观瞻"已基本上难以考虑在内。由于迄今尚未搜集到有关这两次维修工程的奏折档案和其他细节化的资料，仅可依据《咸宁长安两县续志》的寥寥记载，结合当时的区

---

① 张祥河：《奏报官民捐修省会西安城垣等工完竣事》（咸丰三年三月二十七日），录副奏折，中国第一历史档案馆，档案号：03-4517-067。

② 同上。

域军事态势等进行概要分析。

为应对太平军、捻军的威胁，陕西巡抚曾望颜特别重视西安城防事宜。咸丰七年（1857），他大力"缮治守具"[①]，即修缮、购置大量用于城墙防守的器械、工具，同时，逐一修葺城楼、垛口、敌楼、角楼等防御设施，以便在城墙攻防战中占得先机。这些增强城防的举措，既是对守军的鼓舞，也是对城内官民心理的安慰，同时也能够对敌军形成有效的震慑，达到"不战而屈人之兵"的效果。

咸丰七年基于军事防御需要对城墙进行"修葺"之后，仅过了6年，西安将军穆腾阿于同治二年（1863）上奏挖掘护城壕池。[②]详见第二节论述。

第二节　择要兴修：
同治年间的西安城工

一、同治初年战火中的西安城墙

清人所著《秦难见闻记》属于日记体裁，记述了同治元年二月十八日至二年十二月二十八日（1862—1863）之间清军与起事军队在西安城乡地区的交战情况，以及西安城内民众的生活状况。[③]起事军队不仅在西安府各县

---

① 民国《咸宁长安两县续志》卷四《地理考上》，民国二十五年铅印本。
② 同上。
③ （清）佚名：《秦难见闻记》，载马霄石《西北回族革命简史》附，东方书社，1951。

与清军交战，战火也延烧到西安四郊及关城。清军依据高城深池防御，在城墙上存储有大量火药、铅丸、火绳，并从城墙上向靠近城墙的军队开炮。围城军队则在城外烧杀抢掠，同治元年（1862）六七月间，东关、南关外均被纵火焚烧。八月二十七日，西安城外大雾弥漫，"对面不能见人"，数百名围城军乔装进入东关城，在接官厅一带"逢人便斫，关内大乱，杀伤约数千人"，并在山西会馆、八仙庵及柿园巷一带"悉行烧杀，火光烛天，烟气弥空"①。战火对西安城墙破坏甚大。就在起事军队与清军在西安一带交火期间，十一月初七日四更时，西安发生地震，据称"与五月十七日夜之电光雷雨同一威严"②。此次地震震级较小，对西安城墙的影响不大。

同治二年（1863）正月，省城西安城防吃紧，西安将军穆腾阿十分重视八旗军兵守城、操练两事，令八旗守城并巡防官兵分班轮流演习火器，每日亲加训练③，并且在四面城墙上加派八旗和绿营官兵，昼夜守御，派各旗协领分段严防。④由于大量郊区逃难民众纷纷进城躲避，"城外烟火连天，逃难者纷纷进城"，因而西安将军多隆阿下令在四座城门添派佐领等官各四员、兵二百余名，责令官兵"悉心盘诘，认真把守，以杜奸匪溷迹"⑤。

四月二十二日，由于起事军队纵火焚烧边家村、张子华庄，当天西安守

---

① （清）佚名：《秦难见闻记》，载马霄石《西北回族革命简史》附，东方书社，1951，第108页。

② 同上书，第130页。

③ 穆腾阿：《奏为查阅八旗守城及巡防官兵技艺情形并选拟佐领等缺请简放事》（同治二年正月二十六日），朱批奏折，中国第一历史档案馆，档案号：04-01-18-0046-022；穆腾阿：《奏为挑选旗兵训练防剿事》（同治二年九月初十日），朱批奏折，中国第一历史档案馆，档案号：04-01-18-0046-009。

④ 多隆阿：《奏为遵旨整顿西安满营并随时察勘相机布置事》（同治二年），朱批奏折，中国第一历史档案馆，档案号：04-01-16-0173-003。

⑤ 同上。

城清军用土壅塞西门。①四月二十三日，围城军队"在东关烧杀，定更后东
关火势愈盛，三更后暴风雨至，四更后方止"②。四月二十五日，东南关烟
火冲天。东城墙上守军开炮，结果大炮炸膛，城墙守军受伤者多达440人。③
无疑在这些军事行动中城墙受损较为严重。据《秦难见闻记》载，守城清军
向围城军队开炮还击的行动直至同治二年（1863）六月二十五日。④

　　八月，关中地区东部同州、朝邑、渭南、华州一带，经多隆阿率领清
军，"已就肃清"。此后，多隆阿率清军继续在咸阳等地追击起事军队。省
城西安的城防压力大为减轻，西安将军穆腾阿随即在满营内挑选了2000名
"年力强壮"的士兵，临时改为步队，委派四名协领及四名尽先协领，分为
四队，除有事出城迎敌外，白天轮流操演，夜晚则驻宿于八旗教场，一俟出
现敌情，即由协领等官员带队，登上城墙防守。⑤军事防御严峻的情况一直
持续到同治二年底，如十一月初一日，"文武官上城，又令兵民上城防守，
自是夜夜必上城，终夜不寝"⑥。此后随着起事军队从关中逐步撤离，城墙
守御力度逐渐降低，无须再从城顶向外开炮，也就减少了开炮剧烈震动对城
墙墙体造成的负面影响。

　　同治三年（1864）四月，刘蓉到任陕西巡抚。经过连年战乱，他治下的
陕西是一派凋残的社会景象："关中地本名区，古称形胜，自遭逆回之乱，

---

　　① （清）佚名：《秦难见闻记》，载马霄石《西北回族革命简史》附，东方书
社，1951，第114页。

　　② 同上。

　　③ 同上。

　　④ 同上书，第137页。

　　⑤ 穆腾阿：《奏为挑选旗兵训练防剿事》（同治二年九月初十日），朱批奏折，
中国第一历史档案馆，档案号：04-01-18-0046-009。

　　⑥ （清）佚名：《秦难见闻记》，载马霄石《西北回族革命简史》附，东方书
社，1951，第148页。

遍遭焚掠之灾。村舍则千里为墟，人民则十室九绝。"①雪上加霜的是，五月，清军在子午峪一带与太平天国陈玉成、石达开等属下军队交战，太平天国军队开拔至鄠县、长安交界的秦渡镇、梁家桥一带，一度有进攻西安的意图。陕西巡抚刘蓉督饬下属官员，要求西安城门照常启闭，但需严密稽察。②

二、同治四年城工

咸丰七年（1857）基于军事防御需要对城墙进行"修葺"之后，仅过了6年，西安将军穆腾阿于同治二年（1863）上奏挖掘护城壕池。③显然，这一举措是随着同治初年陕甘战乱愈演愈烈，西安城防形势较咸丰年间更趋严重而出现的。正是由于咸丰七年对城墙、城楼、垛口、敌楼、角楼等维修过后时间未久，因而此次维修的重点区域是环绕城墙一周的护城壕。从历次西安城池维修的过程来看，护城河的修缮主要可分为两种类型，一种是通过疏引潏河水、浐河水进入城壕，增加敌军攻城的难度，达到"金城汤池"的防御效果；另一种是在城外潏河、浐河水量小，或者财政紧绌、无力疏引的情况下，对干涸的城壕进行挖深掘宽，也能够增强城壕的防御功能。当然，在乾隆中后期，毕沅担任陕西巡抚期间，对护城河的维修就包括了这两种类型。

两年之后，即同治四年（1865），虽然战事得到一定程度的遏制，但西安城的防御事宜在时任各级官员眼中，仍属头等大事，因而当年又由督办西征粮台学士袁保恒对大城城墙进行了"补修"④。

---

① （清）刘蓉：《刘中丞奏议》卷四《奏报到任日期疏》（同治三年四月初七日），清光绪十一年思贤讲舍本。
② （清）刘蓉：《刘中丞奏议》卷四《逆匪合并逼近省城布置堵剿情形疏》（同治三年五月初九日），清光绪十一年思贤讲舍本。
③ 民国《咸宁长安两县续志》卷四《地理考上》，民国二十五年铅印本。
④ 民国《咸宁长安两县续志》卷四《地理考上》，民国二十五年铅印本；袁保恒：《奏为筹办兴修陕省郑白渠工程情形事》（同治十一年四月二十一日），录副奏折，中国第一历史档案馆，档案号：03-4960-013。

在从咸丰七年至同治四年（1857—1865）的短短8年时间，西安城池便经历了三次维修。很显然，此类城工属于特定战时阶段增强防御方式的举措，与乾隆、道光年间承平之际动用官帑或者官民捐资修城在起因和背景上迥然有别。承平之际，维修城墙不仅注重"资保障"，也特别强调"壮观瞻"的功效；而在战乱年份，维修城墙和护城壕则专注于如何提升城墙的御敌能力，"壮观瞻"已经无从谈及。同时，在战事期间，西安大城和四关城墙的部分段落曾遭遇过战火，激烈的攻防行动给城墙带来的损毁远较多年风雨造成的倾圮、损坏为大，因而战争期间对城墙的维修频次较高，也从一个侧面反映了战火的破坏之烈。

论及工程规模，可以推测的是，在同治战乱期间，由于关中地区城乡经济遭受严重破坏，大量村落、市镇被烧毁，人口被杀，因而无论从地方官府，还是民间社会，都没有雄厚财力来对西安城墙、护城河等进行较大规模的维修，只能是在确保防御能力的情况下对城墙进行较低限度的修葺和补修。这也是缘何以上三次城池维修工程在地方史志中仅寥寥数语加以记载，而在奏折档案中迄今尚一无所获。

三、同治六年兴修城墙、卡房工程

在同治四年督办西征粮台学士袁保恒对大城城墙进行"补修"后，仅经过2年，同治六年（1867）又由西安将军库克吉泰筹款对西安城墙、卡房等进行了维修。从这一城工过程可以看出，战争对于城墙及其附属建筑物造成了较大破坏。

同治六年，陕西仍然处于清军与捻军等起事军队相互攻伐阶段，西安作为省会城市，承负的防御压力极大，而城墙作为防御的基础，由于自然和人为因素损毁严重，维修便成为亟待开展之事。同治六年九月初十日，陕西巡抚乔松年、西安将军库克吉泰、左翼副都统固明额联名上奏，指出西安城墙必须尽快修缮的两大原因。

图 5-1 清末西安城顶、城楼与卡房

首先，城周约27里的西安大城，城墙高厚，面铺大砖，"工料本极坚实"，因年久失修，间有塌裂，加上同治六年（1867）秋雨过大，浸渗刷削，致使城墙内侧和外侧倒塌段落较多，因而应"择要兴修"，以杜绝捻军和其他起事军队"窥伺"的念头[①]；其次，内外墙身之所以倒塌较多，固然与年久失修、大雨灌注有关，但加速其倾圮的却是人为活动。据陕西巡抚乔松年、西安将军库克吉泰等称，自从同治元年（1862）战事爆发，西安军民进入"守城"阶段以来，每次防御战，均在城墙上"开放大炮"，导致"地基震动，陆续内塌已有十数处"。倒塌的城身段落虽然"丈尺不同"，长短不一，但令人庆幸的是，倒塌处均向内倾倒，而城顶较宽，仍无碍士兵行走。外侧砖墙"完全如旧，无碍城守"。可见，当时守军在城墙上向外放大炮轰击围城军队，造成的剧烈震动对内侧墙身影响较大，长期且高频次地使用火炮对于夯土城身的结构影响显著。在这种情况下，连绵秋雨的灌注更使城身"雪上加霜"。

<hr />

① 库克吉泰等：《奏为筹款兴修西安城墙卡房等工事》（同治六年九月初十日），录副奏折，中国第一历史档案馆，档案号：03-4988-038。

同治六年（1867）自八月初六日起，直至二十一日，"秋雨如注，连旦连宵"。天气放晴后，又下了两三场大雨，致使城面震松的段落，向内侧倾圮20余处。其中最为关键的是，东北城上炮台、垛口居然向外侧"坐塌"，宽达5丈，出现了"城砖斜坐，直至平地，有如阶段，循步可登"的危险情形。西安将军库克吉泰与陕西巡抚乔松年迅即添派官兵，在缺口处"筑立帐房，安设枪炮"，作为临时守御之策。但此举终属应急之举，向外倾圮的城墙必须"赶紧兴修"。而墙身向内侧倾圮之处，丈尺较宽的地方，若不及时填补，无疑"愈塌愈宽"，此后兴修时不仅工程量更大，而且如果战事向西安逼近，一经城顶开炮，势必又会震裂城墙，就有可能"贻误大局"①。

除了城墙向内侧、外侧倾圮，以及东北城台上的炮台、垛口坍塌之外，受到风雨影响的还有城墙上的卡房。卡房是作为守城官兵栖身之所，但历年渗漏，至同治六年秋季止，受秋雨影响，又陆续坍塌多达40余处，不利于官兵在城上的驻守和防御。

西安将军库克吉泰与陕西巡抚乔松年经过"通盘筹划"，认为值此"捻回交讧之秋"，省城西安作为"根本重地"，人员良莠不齐，官府不得不提防有人向城外围城军队泄露城内防御的"虚实"。因而尤应设法筹款兴工，以资捍卫。然而，这一时期陕西官府"饷源枯竭"，官兵每月的饷粮"尚忧匮乏"，根本无力划拨官帑对城墙进行"补筑"。一筹莫展的库克吉泰与乔松年"踌躇至再"，左右权衡，最终决定只能采取"择要补苴之计"，对待修之处分别缓急，先补筑紧要的城墙段落。

在"择要维修"的大原则下，库克吉泰与乔松年命令西安八旗满城内驻防的协领、佐领等官员会同咸宁、长安两县地方官对城墙"逐段详细勘估，开具丈尺清册"，进行细致统计。将损毁段落分为三种类型，一是抓紧抢修向外倾圮的城墙段落，以防敌军由此攻入；二是对于内塌的各段城墙，

---

① 库克吉泰等：《奏为筹款兴修西安城墙卡房等工事》（同治六年九月初十日），录副奏折，中国第一历史档案馆，档案号：03-4988-038。

由库克吉泰与乔松年选择坍卸丈尺较长的段落和位置最关紧要的部分，先进行"填补"，其余向内倾圮的段落"从缓再办"[1]；三是城墙上的卡房，虽然也应予以维修，但是限于经费，只能留待有款可筹之时，再"陆续修造"[2]。"择要补筑""先急后缓"的维修策略是在当时防御情势严峻、经费支绌的情况下所能提出的最佳方案。

陕西巡抚乔松年、西安将军库克吉泰、左翼副都统固明额于九月初十日联名上奏的奏折，九月十八日由军机大臣奉旨"知道了，钦此"[3]。表明这一修城之议得到了同治皇帝的允准。尽管关于此次城工的施工过程、竣工时间、工费数额等目前尚无从查考，但结合当时的军事形势和经济状况分析，应当是一次耗资较小、工期急促的维修工程，有可能在同治六年（1867）内即已竣工。

虽然迄今并未能从地方史志中寻获有关此次城工的相关记载，但从若干奏折档案的记载中仍能补充这次城工的背景信息。在陕西巡抚乔松年、西安将军库克吉泰等人筹划城工的大致同一时期，乔松年在奏折中记载了当时的秋雨和粮价变动情况，为深入理解此次城工提供了更多线索。

同治六年七月二十一日，乔松年在《奏报陕西各属六月份雨水苗情及省城粮价昂贵情形事》一折中载："陕省自种秋禾以来，雨泽频霑，禾苗长发畅茂，实于秋收大有裨益。现在西安粮价大米每仓石价银仍在六两七钱以上，小米新旧不接之际每仓石价银在二两六钱以上。"[4]八月二十三日，乔松年又在《奏报陕西各属七月份雨水苗情及省城粮价昂贵情形事》一折中提

① 库克吉泰等：《奏为筹款兴修西安城墙卡房等工事》（同治六年九月初十日），录副奏折，中国第一历史档案馆，档案号：03-4988-038。
② 同上。
③ 同上。
④ 乔松年：《奏报陕西各属六月份雨水苗情及省城粮价昂贵情形事》（同治六年七月二十一日），录副奏折，中国第一历史档案馆，档案号：03-4963-470。

道："八月间，西安府附近一带自初六日起，阴雨旬余，甫行晴霁。秋禾将熟，经此久雨，不免减色。……至现在西安粮价，大米每仓石价银仍在六两七钱以上，小米每仓石价银仍在二两六钱以上"①。九月二十一日，乔松年在《奏报陕西各属八月份雨水田禾等情形事》中称："兹据西安、凤翔、汉中、同州、榆安、商州、邠州、乾州等府州属陆续具报，于八月初二、初六、七、八、九、十至十一、二、三、四、五、六、七、八、九及二十二、三、四、五等日，先后得雨甚多，秋禾正当成熟之时，经此久雨，稻谷糜黍收成不无减色。……至西安粮价大米每仓石价银仍在六两七钱以上，小米每仓石价银仍在二两六钱以上。"②从这些奏折记载可知，当年七月、八月、九月确实下雨较多，不仅对城墙、卡房等的稳固造成负面影响，而且也造成了农作物收成"减色"，致使粮价始终保持在较高的水平，这对于在经费支绌情况下开展城工无疑是不利因素。

第三节　岁修城工：
光绪三十三年西安城墙维修工程

经过同治年间战事的沉重打击和战火的摧残，关中区域社会发展滞缓、经济凋敝。同治四年（1865），时任刑部浙江司郎中的丁寿祺西行陕西③，

① 乔松年：《奏报陕西各属七月份雨水苗情及省城粮价昂贵情形事》（同治六年八月二十三日），录副奏折，中国第一历史档案馆，档案号：03-4963-456。
② 乔松年：《奏报陕西各属八月份雨水田禾等情形事》（同治六年九月二十一日），录副奏折，中国第一历史档案馆，档案号：03-4963-509。
③ 佚名：《呈云南迤西道丁寿祺履历单》（同治五年），朱批奏折，中国第一历史档案馆，档案号：04-01-13-0308-050。

图 5-2　清末从西安街巷看到的城墙

（1901年美国记者尼科尔斯拍摄）

图 5-3　清末西安城东门（长乐门）城楼

在《西行日记》中就目睹了原本有"天府之国"美称的关中平原"满目疮痍"的凄清景象，称"自入潼关，尽成焦土，化田畴如榛莽，游城市如邱墟"[①]。光绪年间，清王朝也已进入垂暮之期，国力衰弱至极，加之列强肆意侵凌、掠夺，因而朝廷和地方均财力紧张。光绪后期的西安同其他区域中心城市一样，经历着从封建时代向近代的转型过程，在文化教育、商业贸易、警政改革等领域出现了某些亮色，但从根本上而言，已经无力再像乾隆朝、道光朝那样通过动用大量公帑或者号召民众捐款来维修城墙，不过，仍出现了小规模的维修活动，不能不引起重视。

　　年久失修、秋雨灌注造成城墙塌陷仍然是此次城工的主要原因。光绪三十二年（1906）闰四月二十六日，松湘抵达西安出任八旗将军之后[②]，即会同左翼副都统恩存、右翼副都统克蒙额巡查由八旗军队驻守的城墙各处，实际查勘的结果是"坍塌之处颇多"。而在同年秋季，又由于秋雨较大，经雨水灌注，城墙"续有塌陷"[③]。松湘随即与时任陕西巡抚曹鸿勋进行协商，派遣督工官员进行维修。松湘在前往西安接任途中，曾经看到"陕西各属雨旸时若，农民安谧"[④]，从一个侧面反映出此次城工是在年成较好的情况下开展的，对于征募工匠、购买工料与工粮提供了较好的区域社会经济基础。

　　光绪三十三年（1907）正月二十日，松湘在《奏为陈明西安修复城工一律工竣事》中载称，"现在一律工竣"，表明此项工程主要是在光绪三十二

　　① （清）丁寿祺：《西行日记》（八月二十五日），清小方壶斋舆地丛钞补编本。

　　② 松湘：《奏报到任接印日期事》（光绪三十二年闰四月二十六日），朱批奏折，中国第一历史档案馆，档案号：04-01-16-0290-094。

　　③ 松湘：《奏为陈明西安修复城工一律工竣事》（光绪三十三年正月二十日），朱批奏折，中国第一历史档案馆，档案号：04-01-37-0147-002。

　　④ 松湘：《奏报到任接印日期事》（光绪三十二年闰四月二十六日），朱批奏折，中国第一历史档案馆，档案号：04-01-16-0290-094。

年（1906）下半年施工。从施工期限较短的情况分析，工程规模有限。松湉在该奏折中行文简短，并未提及具体的施工过程、经费和督工官员等情况，这同以往竣工奏折详细陈述施工过程、缕陈官员政绩等有所区别，同样反映出此次城工规模不大。

这次维修工程结束之后不到两个月，松湉即于光绪三十三年（1907）三月初六日交卸西安将军印务，由新任将军恩存接任。①可见，光绪三十二年底至光绪三十三年初的西安城墙维修工程，是西安将军松湉在任不到一年时间内开展的一项重要建设工程。作为八旗将军，松湉在八旗军制改革等方面虽然难言有较多作为，但对西安城墙的这次维修却成为了其重要政绩之一，并支撑着西安城墙进入了又一个新的时期。

清后期，陕西布政司按年划拨经费开展的"岁修"工程，主要包括黄河、洛河之间的堤防，沣桥、灞桥、浐桥等重要桥梁，城垣维修并不在此列。这一时期，朝廷工部等规定各省城垣维修工程经费在1000两以下的，"动用民力兴筑，不得动用正款"②，即可由各省布政司从公帑"余款"中动支，但显然已缺乏稳定的财政经费保障。大约在清光绪末至宣统年间，陕西官府在制定经费预算时，按照朝廷要求，在"工程门"中增加了"修缮经费"一项，并注明用于维修城池、祠庙等。③

一般而言，陕西地方官府对于基础设施的维修，极少设立工程"专款"，而是在需要维修的特定年份，才会向上级衙署及至朝廷户部申请划拨公帑。不过，在清后期陕西财政支绌的情况下，西安城工一度成为例外。

---

① 松湉：《奏报交卸西安将军印务并起程日期事》（光绪三十三年三月初六日），朱批奏折，中国第一历史档案馆，档案号：04-01-30-0189-051。
② 陈锋主编：《晚清财政说明书》第四卷《陕西财政说明书·工程费说明书第十二》，湖北人民出版社，2015，第368—369页。
③ 同上。

光绪二十二年（1896），陕西官府从布政司库外销、外寄款内提取1万两白银，又于光绪三十年（1904）从外销三八新平款内提取1.2万两白银，共计2.2万两白银，拨给省城西安等处典商运营生息，所获息银用于省城西安城垣及布政司衙署"岁修"工程。只是由于本金数额有限，"息入无多" [①]，但这一固定经费的投入，对于西安城垣的日常维护仍发挥了积极作用。更进一步的举措是，光绪三十三年（1907），陕西官府从布政司库存储的"赈余款"内提取10万两白银，发交典商作为成本银运营收息。此项本金巨大，因而每年可收息银高达8000两。这一笔息银在添加作为"岁修"工程经费之后，西安城垣维修工程的力度和持久性就得到了较好保障，光绪三十三年开展的西安城工即是明证。

光绪三十四年（1908），经陕西财政局统计，当年在省城西安开展的共计14项维修与建设工程，涉及行宫、巡抚衙署、布政司衙署、新设劝业道衙署、清理财政局及财政局、劝工陈列所、陕西贡院、永丰仓与敬禄仓、预备仓、南院门铺房、八旗官兵房屋等建筑群与公共设施，共支销库平银56757两。[②]其中，用于维修西安城垣西城墙、四座城门及四座吊桥的工料银为822.2两。这笔工程经费系从陕西财政局库存储的"土药捐输款"及"另立省城工程款"内动支，均属于"外销款"[③]。土药即土制鸦片，"土药捐输款"系鸦片经营者缴纳的厘税，"另立省城工程款"则属于临时性专项拨款。从维修内容与经费数额可知，此次西安城工仅是对西侧城墙、四座城门与吊桥的维修，并未涉及诸如城楼、敌楼、卡房、马面、马道、城壕等部位。

---

① 陈锋主编：《晚清财政说明书》第四卷《陕西财政说明书·工程费说明书第十二》，湖北人民出版社，2015，第368—369页。

② 同上。

③ 同上。

图 5-4　足立喜六《长安史迹研究》图版 16 西安城北门（安远门）
（德国建筑学家柏石曼拍摄）

　　就在当年，陕西省内多座府、州、厅、县城垣开展了修筑"要工"，工费来源多样，既有官方经费或地方筹款，亦有官员捐资兴修，均非传统意义上地方财政开支中的"正款"[①]。例如兴安府兴修府城护城堤开支工费490串大钱，由兴安府署筹措；商州补修城楼及买守城兵房，共用银232两，系就地筹款；定远厅修筑城堤支钱16串600文，系动用旧有城工生息银；洵阳县修补城垣用钱131串，由该县署捐资兴办；延安府城维修工程经费，由各属县分摊，如甘泉、安塞、靖边等均分摊延安府城工银自7两至14两不等。[②]

① 陈锋主编：《晚清财政说明书》第四卷《陕西财政说明书·工程费说明书第十二》，湖北人民出版社，2015，第368—369页。
② 同上。

第四节 拓筑补葺：
清代后期四关城墙的修筑与拓展

随着明末陕西巡抚孙传庭兴筑西、南、北三关城，西安"一大城，四关城"的城市空间格局自此奠定下来。进入清代，尤其是同治年间战乱之后，四关城的建修活动日渐增多，充分凸显了关城城墙在西安城防体系中的重要性。

从防御功能而言，四座关城的城墙各自独立，与大城城墙之间有护城河相隔，俨然大城之外的"拱卫者"，具有宋元时代京兆府城与长安、万年两县县城相互依恃的"子母城"遗风。但明清时代的四座关城分别对应着西安四座城门，在护卫形态上更为严密，能够对大城最易受到攻击的城门、吊桥形成良好保护。同时，四座关城内部空间较为裕如，不仅能够供商民居住，而且可以驻守军队，从而构成西安大城最外围的防御网络。

从城墙形态而言，四座关城又可分为两大类，即东关城的不规则形与其他三关城的长方形。东关城占地面积最大，城墙走向多有曲折，无疑是明代初年扩展西安大城墙时，因地制宜一并兴筑的结果。能够合理推测的是，之所以东关城墙形成了不规则形态，当属明初借助自然地形兴建城墙的结果。这种城墙走向应当也同将兴庆宫等唐代宫苑遗址包括在内有关。明初，太祖朱元璋将兴庆宫遗址赐封给秦王作为离园，便其游赏。这一史事极有可能影响到了东关城墙的走向和最终形态。

"关城"在地方志中又被称作"郭城"，其维修历史的记载极其简略，仅民国三十年代修纂的《咸宁长安两县续志》对西安四关城墙的维修活动有所记述。据《咸宁长安两县续志》卷四《地理考上》载，四关城墙在清代中后期的最早维修始于嘉庆年间，当时由于白莲教起义等民间反抗斗争风起云涌，因而陕西官府为增强西安军事防御能力，对四关城墙"营缮一新"。从此记述可以推测，此次维修当属一次较大规模的修缮工程，能够使素来被忽视的关城城墙面貌达到"一新"的程度。

同治八年（1869），陕西和西安官府又有"拓筑东郭"之役。在这次拓展东关城墙工程中，地方官府采取了由民间士绅"经理"的做法，即要求咸宁县绅士杨彝珍具体监督施工。这一做法与同治年间战乱之后民间士绅在区域社会事务中的地位有所上升相关。此次施工不仅在东侧拓展了东关城墙，而且随着东关城区的扩大，城墙的延伸，又开辟了新郭门，称之为"新稍门"。新延展的东关城墙将原属郊区的村落"小庄""永宁庄"并入东关城内。为了便于东关城内居住的农民外出耕作田地，在士绅商民的请求下，又开辟了东关城的"东北门"。

光绪十三年（1887），陕西、西安和长安县官府重修西关城墙，开辟南北火巷、介家巷等处"郭门"，并且"起筑郭楼"，又兴建了"西郭门"和"文昌楼"。虽然《咸宁长安两县续志》记载简洁，但约略能窥得此次工程规模亦较大，堪称是对西关城墙、郭门、街巷和文教建筑的一次系统建修。光绪二十一年（1895），青海、甘肃地区的反清斗争又趋高涨。陕西、西安官府再度下令咸宁县绅士寇卓等人主持"补葺"东关城墙，以备不虞。[1]同年，陕西巡抚魏光焘又下令由长安县知县林邕和长安县绅士王典章、张振国、寇永祥、窦鹏等人维修北关城墙。[2]可见修缮东关、北关城墙工程均借

① 工部：《为筹修陕西光绪二十一年所属州县城垣事致军机处咨文》（光绪二十二年四月初三日），工部咨文，中国第一历史档案馆，档案号：03-7162-058。
② 张汝梅：《奏报陕西省光绪二十一年十月份雨泽麦苗并省城西安粮价情形事》（光绪二十一年十一月二十八日），朱批奏折，中国第一历史档案馆，档案号：04-01-25-0555-040。

图 5-5　清末西安城南门（永宁门）箭楼

图 5-6　1911 年西安东门（长乐门）
（英国浸礼会传教士祁仰德拍摄）

鉴了同治八年（1869）拓筑东关城的工程经验，由地方士绅主持维修，收到
了良好的效果。①

---

　　① 张汝梅：《奏为修整陕省各属城垣及修理四川堡寨行坚壁清野之法办理情形事》（光绪二十一年七月初十日），录副奏折，中国第一历史档案馆，档案号：03-7416-048。

第六章

金城汤池：明清西安
护城河的开浚与利用

　　作为相互配合的防御设施，"金城汤池"是对我国传统时代城墙与护城河（亦即城壕）保障城垣安全的精辟概括。高大的城墙与深阔的城壕是城垣军事防御体系中的标准配置，也是最为常见的组合，两者高下相倚，城壕能够有效阻滞敌方发动进攻，成为城垣外围的第一道防线，城墙则为守城一方提供了凭高反击的立足点。正是基于军民对城墙与城壕防御特点的充分认识，无论通都大邑，抑或州县市镇，在修筑环护城墙时，多数会在其外围开浚护城河或挖凿壕沟，以发挥最大的防御效能。

　　从防御功能上而言，倘若将城墙视为"硬"防御体系的话，那么护城河（城壕）就是"软"防御体系。二者若能刚柔相济，形成良好配合，就能获得最佳的御敌效果。从能否引水或有无一定水面的角度而言，城壕可以分为干涸的壕沟与有水灌注的护城河两大类型。若能从附近河流引水灌注城壕，或者依靠丰沛降水和地下水补给，往往就能形成水体较为充盈的具有一定水域面积的护城河；而在干旱少雨地区，或缺乏引注河水的条件，城壕在大多数时间内就只能呈现出干涸的壕沟形态。就阻滞敌方攻城的作用来看，具有一定深度、水面较宽的护城河较干涸无水的城壕更能增加敌方进攻的难度，在北方地区尤其如此。不过，核实而论，无论是有水的护城河，或是无水的城壕，在防御效能的提升上，均与其宽度、深度成正相关的关系，即护城河（城壕）越宽、越深，阻滞敌方进攻的效果会更为明显，防护力也随之大为增强。因此，从长时段而言，经过朝廷、官府、军队、地方社会的不断扩筑和修浚，单体城市的护城河（城壕）规模会逐渐有所扩大，明清时期省城西安的护城河就是显著例证。

　　在探讨西安城墙维修保护历史之际，不能忽略对护城河疏浚、保护和利用史实的深入探究和分析。早在距今6000多年前的新石器时代，位于浐河东岸、属于仰韶文化类型的半坡聚落就以壕沟作为主要防御设施，防范其他部落或猛兽的袭扰。在作为都城的阶段，西周的丰京和镐京、秦都咸阳、汉都长安依傍沣河、渭河而建，虽然尚不能视之为护城河，但当时的规划者与建设者无疑考虑到了借助天然河流以加强城市的防御能力，更加有效地保障城市居民的安全。隋唐长安位处龙首原南侧，城区广阔、人口众多，其外郭城墙坚固高大，长约36.7公里[①]，墙外部分段落发现有宽约9米、深约4米的壕沟遗迹[②]，可能属于城壕类型的防御设施。宋元长安城规模大为缩小，城垣周长骤减，但在城市防御体系和城市景观建设方面出现了一大亮点，即护城河的开掘。

在元人李好文所著《长安志图》中绘制有《奉元城图》，但未标绘护城河。实际上，这幅城图以示意为主，没有标绘护城河并不能否认城外有护城河的实际情况。至元年间（1264—1294）在陕为官的李庭著有《寓庵集》一书，不仅记述了包括刘斌重建灞河石桥等重要工程事件，还留下了有关奉元城护城河的珍贵记录。李庭在《城头曲》一诗中载称：

> 长安城坚铁不如，女墙隐隐凌空虚。万夫运土千夫筑，朝完暮绪良勤劬。诘朝鲁箭飞轻羽，半夜貔貅散风雨。自焚一炬更可怜，不见重楼见焦土。百年人事等闲休，残日荒烟动客愁。壕中春水年年绿，时有渔郎掷钓钩。[③]

这首诗的前面六句称赞了隋唐长安城垣高大坚固，兴修工程动用了大量劳动力，而唐末及其之后的战火对长安城墙和城市造成了严重损毁，令作者大为感慨。李庭在"百年人事等闲休，残日荒烟动客愁"的慨叹之后，将

---

① 宿白：《隋唐长安城和洛阳城》，《考古》1978年第6期，第409—425页。

② 中国科学院考古研究所西安工作队：《唐代长安城明德门遗址发掘简报》，《考古》1974年第1期，第36—37页。

③ （元）李庭：《寓庵集》卷一《五言古诗·七言古诗》，清宣统刻藕香零拾本。

视线和思绪拉回到当时的奉元路城，称"壕中春水年年绿，时有渔郎掷钓钩"。由此反映的史实是，元代奉元路官府在城外开掘有护城河，通过重修龙首渠，疏引浐河水灌注城壕，形成了较为稳定的水域，并放养鱼类，以至于会吸引钓鱼者在护城河沿岸垂钓，形成元代奉元路城外的独特景象。

关于元代奉元路城外开掘有城壕并形成护城河水域景观的史实，亦可从元代中统、至元年间来陕任职的河南人解仲杰在城壕外营建园宅一事得到佐证。据李庭在至元二年（1265）五月所撰《景陶轩记》载解仲杰营建园宅及其得名过程云：

> 卜筑于长安城南门外，夹两壕间，架屋三数楹，蒔花植木，若将终身焉。即西北隅别为小轩，以为宴闲偃息之所。上据爽垲，下临清流，足以延清风而却隆暑；阛阓既远，俗尘不飞，萧然有人外之趣。因匄名于予。予名之曰景陶。①

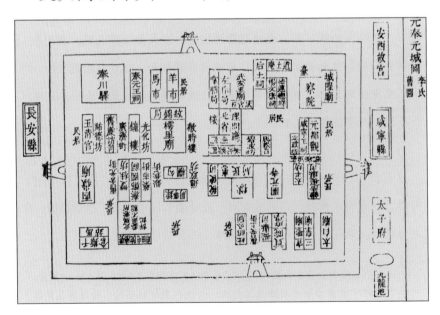

图 6-1　《长安志图》所附《奉元城图》

---

① （元）李庭：《寓庵集》卷五《记·景陶轩记》，清宣统刻藕香零拾本。

从这段记述可知，李庭仍习惯将"奉元路城"称为"长安城"，而解仲杰的园宅就位于奉元路城南门外，"夹两壕间"。此处"两壕"的记述令人困惑，但可以相信解仲杰的这处风景优美、居高临水的园宅就建于护城河（城壕）附近，由此才能拥有"上据爽垲，下临清流"的美景。

第一节　二渠同济：
明代护城河引水渠的开浚与兴废

概括而言，明清西安的护城河在水源充沛的情况下，确实能形成"金城汤池"的景观和防御系统，而在水源断绝、无水可引的情况下，干涸的城壕实际上凭借其"宽""深"的基本特征，也能够起到阻碍敌军接近城墙的作用。从这一角度来说，有水的护城河或者干涸的城壕便构成了明清西安城墙外围的主要景观之一。民国时期文献在追述时亦指出城河的重要作用，"西安城周围约四十里，……城外又绕幅十余公尺之构池，终年积水，可助防御"[1]。

在论及护城河（城壕）的维修、保护和利用方面，可以分为两大类型的建修工程：一是陕西和西安地方官府、军队等从郊区的浐河、潏河等引水灌注护城河；一是对干涸无水的城壕疏浚深阔，两者均可增强城池的防御能力。郊区河流水量是否丰沛、引水渠道能否畅通，均直接关系到护城河景观与功能的变化。明清时期，以陕西官府组织人力开渠引水灌注护城河的相关

---

① 民国《陕西交通挈要》第六章《重要都会》，中华书局，1928，第30页。

工程活动记载为多。明代西安城壕的供水主要依靠龙首、通济二渠，形成所谓"东有龙首，西有永济（按即通济）"①的引水格局。

一、洪武年间护城河拓掘工程

第一章中已经述及，明朝廷饬令陕西官府自明洪武四年（1371）起，大规模向东、北扩展西安城垣，同时在城中兴建号称"周九里"的秦王府城，两项重大工程并举。大致在洪武十一年（1378）前后，西安大城与秦王府城建设工程基本告竣，西安由此成为"城周四十里"西北重镇，而秦王朱樉当年亦就藩西安，进驻城中之城——秦王府城。以往学界在述及这一城垣扩展史实时，忽略了西安城壕的延伸建设情况，这固然是由于史料记载匮乏，但也反映出研究者普遍重视城墙、忽视与之相互依凭的城壕的研究状况。

从城池防御体系的完整性而言，此次随着西安城墙的扩展，作为其外围防御设施的城壕自然需要相应向东、向北延伸，以便形成对城墙的严密防护圈层。因而，此次西安城墙拓展工程中的重要内容之一即是大规模疏凿、拓宽、加深西墙、南墙外侧的原有城壕，并在东墙、北墙外侧开掘新的城壕段落，唯有如此，才能形成清朝时延续利用的长达4500余丈的护城河。

从工程时序上而言，洪武年间的西安城墙拓展工程，是按照如下顺序逐步施工推进的。

首先，拆除原奉元路城北墙、东墙，为城区扩展与建设，包括规划、建设秦王府城及各街巷、居住区奠定空间基础，消除交通阻碍。

其次，由于原奉元路城外有护城河，因而在明初大规模拓城时，需要先将奉元路城北侧、东侧护城河用土填平，无论是作为街巷，还是用于建设民居、市场或驻军，填平这两段旧城壕都能为新的城区提供更多发展空间，减

---

① （清）毕沅：《关中胜迹图志》卷三《大川志》，清文渊阁四库全书本。

少交通阻碍。

第三，在拆除掉有碍城垣拓展的原奉元路城城墙、填平其部分护城河之后，陕西官府即组织工匠、民夫兴筑新的北墙、东墙，并将西墙向北延伸与新北墙相接，将南墙向东延伸与新东墙相接，构建完成大城城墙；同一时期，秦王府城、东关城也得以兴建起来。

第四，在西安大城、秦王府城、东关城三座城垣相继建成后，陕西官府继续推进大城外侧护城河的建设，主要是加深、拓宽原奉元路城南侧、西侧护城河旧有段落，并向北、向东延伸挖掘新的城壕，同时在大城北侧、东侧外挖掘新城壕。

在西安大城四周的城壕开掘完成后，此次西安城墙拓展工程才可视为大功告成，由此形成了秦王府城居中，外有大城城墙环护，大城城墙外侧有护城河环绕，而东关城则与大城隔护城河相望的多重城垣形态。

虽然西安大城拓展完成，城壕也随之延伸开凿，但在无水灌注的情形下，城壕还只能是一条宽阔的壕沟，难以称为"护城河"。随着明初西安城墙和城区的大规模拓展，城内官员、商民与驻军等人口不断增加，由此在灌注城壕、日常汲引、园林绿化等方面用水量骤增，而元代所修引水渠道早已湮废，仅靠凿引地下井水远远不能满足对水的需求。城市规模的扩大和人口的增加对开凿疏浚新的引水渠道提出了迫切要求，陕西官府将引水入壕也纳入了议事日程。

二、龙首渠的开浚与城壕供水

从明洪武十二年（1379）龙首渠开凿之后，至成化元年（1465）通济渠开通之前，灌注西安城壕的水主要来自龙首渠疏引的浐河，这一时期可称为龙首渠供水阶段。相较而言，龙首渠的作用在明中前期独占鳌头，而自明成化以后，全城居民则主要仰赖通济渠。

（一）龙首渠的开浚、渠源与流路

在西安大城、秦王府城、东关城修筑竣工，城壕亦扩展完工后，有鉴于西安城中地下水水质较差，"城中井水苦咸，人吃多病"[①]，严重影响民众与驻军生活。洪武十二年（1379）十二月，明太祖朱元璋听取了曹国公李文忠的建议，饬令陕西官府疏凿城东龙首渠，引浐河水灌注城壕，并以石料甃砌渠道，引入城区，以方便官民生活汲引。[②]可见，此次西安城壕引浐河水灌注一事作为西安城垣拓展的后续工程，属于朝廷饬令的重大建设活动，开支经费无疑由朝廷划拨。此次重开龙首渠，引浐河灌注城壕工程的动议者李文忠既是朱元璋的外甥，又是开国名将，屡立战功。他曾于洪武四年（1371）率军驻守四川成都，为改变"旧城低隘"的面貌，"增筑新城，高垒深池，规模粗备"[③]，反映出李文忠在城池建设方面具有相应的眼光和经验。朱元璋能欣然听取并批准他提出的开凿龙首渠之议，也就在情理之中。

需要说明的是，龙首渠始凿于隋初[④]，继而成为唐长安城东侧的重要引水渠道。先后在宋元时期得以疏浚并引水入城，明初借助前代工程基址重新疏凿，费时较短，工程量也较小，这对于扩筑城池后不久的西安城而言极为重要。选择位于城东的龙首渠进行疏凿，也是考虑方便对秦王府城供水，秦王府城河和大城城河均需要引水灌注，才能充分发挥城池的防御功能，这也表明龙首渠的开浚是城池扩展工程的继续，可能均在扩城规划之中。

龙首渠源于秦岭北麓大义峪，经城东部入东关进而流入城内。清人毕

---

① （明）余子俊：《巡抚类·监督边储事》，收入《余肃敏公奏议》，明嘉靖刻本。

② 《明太祖实录》卷一百二十八，洪武十二年十二月。

③ 《明太祖实录》卷六十八，洪武四年九月丙子。

④ （明）王恕：《修龙首通济二渠碑记》，收入《关中两朝文钞》卷一，清道光十二年守朴堂藏版。

沉在其《关中胜迹图志》一书中明确记载："（龙首渠）发源于大义峪第一脉之水，东过真武原至引驾回镇，又东北至鸣犊镇入浐河，复引水入渠口，西北行，经留空村至田家湾诸处，经流渐细。"①由于大义峪和浐河虽同发源于秦岭北麓，但具体峪口不同，因此龙首渠实际上有两个渠源，一为"大义峪第一脉之水"，另一为浐河。因引大义峪水在前，引浐河水在后，故一般将大义峪口视为龙首渠的起始渠源，除上引《关中胜迹图志》以外，乾隆《西安府志》在记载龙首渠城外流路时亦是从大义峪水源地开始记述②。

　　另外，从大义峪口至鸣犊镇桥头入浐河的龙首渠这段引水渠道，在诸多方志相关图幅中也均有标绘，虽然并无准确比例关系，粗疏也相差较大，但基本可反映大致流路走向，如《关中胜迹图志》卷三十二《龙首永济二渠图》、雍正《陕西通志》卷三十九《水利一》所附《灞产渠图》《西安府龙首通济两渠图》、嘉庆《咸宁县志》卷一《疆域山川经纬道里城郭坊社图》之《戍店社图》《尹家卫社图》《鸣犊社图》《三兆社图》《黄渠社图》《元兴社图》《韩森社图》《东郭图》等均有标绘。从图可知，上述龙首渠"二源"的记载接近实际，即龙首渠上半段是从大义峪口引水至鸣犊镇桥头入浐河，下半段则是从留空引浐河水至西安城东门入城。明人王恕在《修龙首通济二渠碑记中》即载："引浐河水经倪家村、龙王庙、滴水崖、老虎窑、九龙池至长乐门入城，分作三渠，……西入秦府，始作之人无考，自隋唐至明朝成化间虽尝有人修濬。"③

　　从上引方志文献来看，龙首渠渠源与流路较为清楚，然今人却有不同说法。黄盛璋先生在所撰《西安城市发展中的给水问题以及今后水源的利用与

────────────

① （清）毕沅：《关中胜迹图志》卷三《大川》，清文渊阁四库全书本。

② 乾隆《西安府志》卷五《大川志》，清乾隆刊本。

③ （明）王恕：《修龙首通济二渠碑记》，收入《关中两朝文钞》卷一，清道光十二年守朴堂藏版。

开发》一文中就认为："（龙首渠）由大义峪往东流经龙渠村、辅江村、高
村、引驾回、张家沟、仁村堡、鸣犊镇东北前村至桥头入浐河，这是一支，
虽名龙首，但与入城水源无关。"①基于此论点，其文中所附《明清西安城
引水渠道及其复原图》中仅绘出自留空至西安城东门的龙首渠道。马正林先
生《丰镐—长安—西安》一书附图《明清西安城引水渠道河流示意图》亦大
体如此②，这一看法显然与实际情况不符。

　　从大义峪口至鸣犊镇桥头入浐河的引水渠道既然在《关中胜迹图志》
等诸多地方志文献中有明确的记载和标绘，就应当是引水入城的龙首渠的重
要组成部分，而绝非如黄盛璋先生所言"与入城水源无关"。这从最初建
议开浚龙首渠的明人言论中也可得到证明。据《明实录》记载，天顺八年
（1464）陕西巡抚项忠奏疏云："旧有龙首一渠，引水从东门以入。然水
道依山，远至七十里，难于修筑。"③"旧有龙首一渠"即指明洪武十二年
（1379）在西安城东南开凿之龙首渠，而"水道依山"则指龙首渠源于秦岭
北麓，显然是将大义峪口视作渠源，故而总渠道长度才"远至七十里"。
项忠的奏疏是通过讲述龙首渠"难于修筑"的理由来说明新开通济渠的必
要性，如果说龙首渠仅是从留空引浐河水至城东，不仅根本无"七十里"
之数，兴复起来恐怕也并非过于艰难。又据明人王恕《修龙首通济二渠碑
记》④，弘治十五年（1502）陕西巡抚周季麟、西安知府马炳然修浚龙首渠
时，"又将城外土渠六十里亦疏浚深阔，筑岸高原，以防走泄"。其说"城
外土渠六十里"，与前此项忠所言"远至七十里"略近，确实证明在时人的
观念中，从大义峪口至鸣犊镇桥头入浐河的引水渠道是龙首渠的一个重要组

---

① 黄盛璋：《西安城市发展中的给水问题以及今后水源的利用与开发》，《地理
学报》1958年第4期，第406—426页。

② 马正林：《丰镐—长安—西安》，陕西人民出版社，1978，第107页。

③ 《明宪宗实录》卷十二，天顺八年十二月甲午。

④ 康熙《陕西通志》卷三十二《艺文·碑》，清康熙刊本。

成部分，而龙首渠的渠源通常也从大义峪口算起。

　　明清西安城东龙首渠之所以分作上、下两段并有两处水源地，有其内在合理性。浐河在当时虽说是西安城东南的一条大河，但至明清之际，由于秦岭水源区植被环境的相对恶化，水量已相当有限，修凿龙首渠时引大义峪水

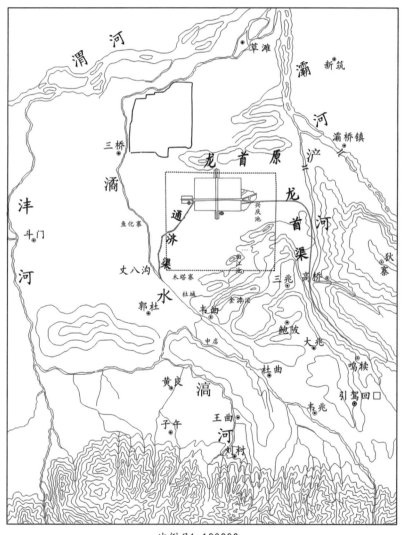

比例尺1：100000

图6-2　明清西安龙首、通济二渠流路示意图

东北注入浐河，很明显是为了加大浐河的水量，这样再从浐河引水而西北流注入西安城的龙首渠的水量相应也就有了更为可靠的保障。前引黄盛璋先生在所撰《西安城市发展中的给水问题以及今后水源的利用与开发》一文中，虽然也指出龙首渠有大义峪水和浐河这两个引水源头，但又说从大义峪口至鸣犊镇桥头入浐河的引水渠道"与入城水源无关"，显然并未对明清西安城周围诸河流水量变化以及当时龙首渠的开浚者为了增加入城水量而煞费苦心的情况进行全面分析。

（二）龙首渠的入城水门

陕西巡抚项忠在向朝廷建议在省城西安西侧开凿通济渠的奏疏中，提及原有的城东龙首渠时，称"旧有龙首一渠，引水从东门以入"①。那么，陕西官府在洪武年间开凿龙首渠时，是如何从东门或其附近的城墙引入城区的呢？这势必涉及城垣"水门"的设置与建设问题。

明代洪武年间开凿龙首渠时，其入城流路经过了东门（长乐门），很大可能是依附东门开凿了入城水门，而不大可能直接流经东门门洞。从龙首渠入城后的流路看，其入城水门应当位于长乐门南侧。至于龙首渠渠身如何跨越护城河，则可以从"架槽飞渡"的记述略窥端倪。龙首渠从浐河引水向西流注，首先需要在东关城东侧城身开凿简易水门，将渠水引入东关城区，之后引流至东门吊桥东端；其次在此架设可通流渠水的木槽，将龙首渠引至东门（长乐门）南侧的水门，再流入大城区。龙首渠在向城区供水的同时，为了灌注城壕，应当在东门吊桥东端架设木槽之处设立闸门等分水设施，以控制入城水量和注入城壕的水量。

明代中央和地方政府在开凿之外，亦重视龙首渠的畅通、维护，以确保西安的西北重镇地位。洪武十二年（1379）开通未久，洪武二十九年

---

① 《明宪宗实录》卷十二，天顺八年十二月甲午。

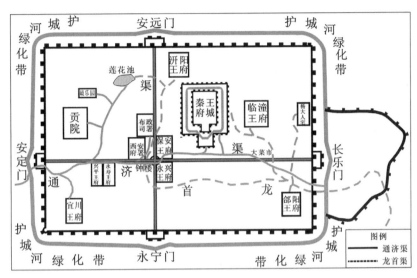

图 6-3　明代西安城内宗室府宅分布与龙首、通济二渠流路示意图

（1396）即"诏修西安城中水渠"①。像这样由皇帝下令疏浚城市引水渠道的例子在同一时期西北众多城市中极为少见。此次修治，一是疏浚城外经过黄土台塬地区的引水渠道，二是为城内渠道"覆以石甃，以障尘秽。计十家作渠口一，以便汲水"。在确保城外渠道畅通的基础上，保证城内的渠水卫生。此距明初开凿龙首渠尚不及20年，足以反映出明朝中央政府对西安城供水问题的重视。城内渠道以石甃砌，成暗沟形式，坚固耐用，亦防渠水污染，饮水卫生的防护较之明初前进了一大步。

（三）龙首渠的修治与衰废

通济渠开通后，龙首渠受其引水量小及渠道易崩塌等因素影响只能处于辅助供水的地位，但依然受到地方政府的重视。

天顺年间（1457—1464），镇守陕西都知监左少监黄沁筹划、主持了龙首渠"修治"工程，耗资巨大，时任陕西观察使的项忠称此次工程开支"计

----

① 《明太祖实录》卷二百四十四，洪武二十九年正月丙子。

费亿万"①。虽然工费数额并无确数，但可以看出陕西官府在龙首渠修竣、引水方面投入巨大。同样作为朝廷派往陕西的镇守"内官"，黄沁有魄力开展为城壕引水、供城区官民汲引的龙首渠工程，与万历年间镇守太监梁永等人的为非作恶高下立判。正是由于黄沁在奏报、应对军地事务时颇为得力，成化年间（1465—1487）调任镇守陕西都知监左少监②、镇守广西右少监等职。③

弘治五年（1492），西安府就曾专事修治龙首渠。秦简王朱诚泳《瑞莲诗序》载此次修治云："予府第子城外，旧环以堑，引龙首渠水注焉，岁久渠防弗治，水来益微，堑遂涸矣。弘治壬子春，监司兴修水利，渠防再饬，堑水乃通。"④由此可见龙首渠兴废对于城内安全防御设施等用水量较大的处所盛衰影响之大。

嘉靖中叶，龙首渠仍发挥重要的供水之功，曾任陕西左布政使、右副都御史的张瀚在其《西游纪》中记载陕西都察院衙署中的池水时，就称"接终南龙首，城中灌汲，咸藉于此"⑤，这一时期龙首渠应亦为灌注城壕多有贡献。明清时期龙首渠的修治见于记载的共有六次，详见表6-1。

基于龙首渠所经地区的黄土台塬地貌条件，时日稍久，便易引起渠道崩塌，这是其逐渐湮废并最终为通济渠取代的主要原因。成化年间陕西巡抚项忠就曾指出："迨今世远物迁，（龙首渠）堤倚高原，日见削损"，"年久渠道崩塌土崖，随修随坏，致水或断或续，利用日少，缺用日多，难以纪极，况城中之用，不能周遍。"⑥

---

① （明）项忠：《新开通济渠记》，碑存西安碑林。
② 《明宪宗实录》卷二十五，成化二年正月甲寅。
③ 《明宪宗实录》卷一百，成化八年正月。
④ （明）朱诚泳：《小鸣稿》卷九《瑞莲诗序》，清文渊阁四库全书本。
⑤ （明）张瀚：《松窗梦语》卷二《西游纪》，清钞本。
⑥ （明）项忠：《新开通济渠记》，碑存西安碑林。

三、通济渠的开浚与城壕供水

与明初开凿龙首渠时以"便民汲引"为主旨相较，成化元年（1465）开凿通济渠时则将护城河用水置于优先考虑的地位。项忠在《新开通济渠记》中云："城贵池深而水环，人贵饮甘而用便，斯二者亦政之首也。若城池无水，则防御未周，水饮不甘，则人用失济。"[1]在重视继续供给日常饮用水之外，更为重视引渠水发挥城池的防御之功。"沟池深于外，则城郭固于内，用其深以增其高也。"通济渠水引注城壕后，更有利于实现"金城汤池分百二独雄"[2]的城建防御目标。

从明成化元年通济渠开通至清乾隆中叶因补修西安城池而废弃二渠入城水门[3]，可称为通济渠阶段。这一时期以通济渠供水为主，龙首渠和井水为辅助，是明清西安城供水量最为充沛的时期。"昔之未开通济渠也，汲之不足，城池惟西北一隅有水。自有通济渠之后，汲之不乏，城池四面举皆充溢周流。"[4]

（一）成化元年通济渠开浚工程

前已述及，龙首渠供水量有限，"利用日少，缺用日多"，"城中之用，不能周遍"，水利止及城东，西安城西部居民甚少惠及。而其修治更需"引水七十里，修筑不易"，"计费亿万"，开凿新的引水渠道取而代之势在必行，加之汉唐以来均有引城西河水入城的先例，在这种情况下，项忠等人经过实地踏勘选线，于成化元年开浚了因地势高下相宜而水性顺畅，流量充沛，水质优良，无渠道崩塌之虞的通济渠。

---

① （明）项忠：《新开通济渠记》，碑存西安碑林。

② 同上。

③ 嘉庆《咸宁县志》卷十《地理》，民国二十五年重印本。

④ （明）王恕：《修龙首通济二渠碑记》，收入《关中两朝文钞》卷一，清道光十二年守朴堂藏版。

　　嘉靖《陕西通志》记述成化元年（1465）开通济渠缘由云："通济渠，今省城西南也。盖城南故有秦汉隋唐旧渠，久废，皇明天顺中，西安府知府余公子俊相度城东南龙首渠水入城稍微，西城官民食水苦咸水便，议修复废渠。时都御史项公忠巡抚陕西，遂具疏上闻，允命既下，余公即躬督疏浚，不一载渠成。引交、潏二水自城西南隅入城，城中官府街市坊巷皆支分为渠。"①可以看出，通济渠的开浚是由地方百姓与军队等共同提出，由咸宁县、长安县、西安府、陕西巡抚逐级上报至朝廷，然后开展施工。

　　通济渠水入城后，与龙首渠供水网相衔接，二水相济，东西城区居民可均享其利。从龙首、通济二渠流路图上可以看出，尽管自丈八沟至南门才为最短距离，但通济渠仍从西门引入城中，这主要是因为南门外地势过高，引水困难，这一状况在民国西京建设水厂时也有表现，"建设水厂之地址，……本城西、南两门外旷地，皆为良好之厂址……缘南门外地势高阜，较西门约高十余公尺，……若厂址设于南门，势将拦河坝加高十余公尺，靡费孰甚？"②

　　关于通济渠的开凿工期，现存史料记载差异较大。时任陕西巡抚项忠称"不三旬，水遽入城，命名曰通济渠"③，但嘉靖《陕西通志》则称"不一载渠成"④。所谓"三旬"仅约1个月，"不一载"则不少于10个月。从通济渠的工程量来看，1个月的工期显然过于短促，难以完成，应以嘉靖《陕西通志》所载10至11个月更为可信。

　　关于通济渠的得名，从西安民众提出开浚引水渠道，到成化元年渠道开

　　① 嘉靖《陕西通志》卷二《山川》，明嘉靖二十一年刻本。
　　② 何幼良：《西安自来水工程初步计划书》，载西安市档案局、西安市档案馆编《筹建西京陪都档案史料选辑》，西北大学出版社，1994，第287页。
　　③ （明）项忠：《通济渠记》，收入雍正《陕西通志》卷三十九《水利一》，清文渊阁四库全书本。
　　④ 嘉靖《陕西通志》卷二《山川》，明嘉靖二十一年刻本。

成，这条引潏河水入城的渠道实际并没有命名，直至竣工之后，才得以"命名口通济渠"①。为之命名者，当属主导其事的陕西巡抚项忠或作为主要督工官员的余子俊。

引水渠道长度是反映城市水利规模与成就的主要指标，关于通济渠在西安城外的渠道长度，史料中相关记载颇不一致，或曰十五里许，或曰二十五里，或曰二十六里，或曰一舍（三十里）。核诸明清方志、碑刻等文献，通济渠从丈八沟设闸处至西门的渠道长度，记载颇为清楚。康熙《陕西通志》引明人王恕《修龙首通济二渠碑记》云："城外土渠亦疏浚修筑二十五里，视昔尤加深厚。"②可见通济渠城外部分的渠长为二十五里，此次补修仅是"深厚"有所增加，而长度并未变化。与这一数据足资佐证的是，雍正《陕西通志》引《县册》云："（通济渠）水自闸北西行二里许，折而北流，过丈八头小石桥，又北至南窑头，皆系地渠。又北达甘家寨，转东北流过糜家桥，又北至解家村，又北至外城郭，俱系土堤，高一丈二三尺，阔倍之。又转东至安定门吊桥边，自闸口至此凡二十六里。"③这段文字不仅详细记述了通济渠的流向及具体经由路线，而且指出从丈八沟闸口至西门的渠长为"二十六里"，与王恕《修龙首通济二渠碑记》所说的"二十五里"相近。此外，嘉靖《陕西通志》在述及通济渠长度时称："（成化元年）西安水泉斥卤，宋有龙首渠，久湮废，居民病之。（项）忠奏开一渠，合三十里"④。此处所谓项忠奏开之通济渠约"三十里"，当为"二十五里""二十六里"的约数。

---

① （明）项忠：《通济渠记》，收入雍正《陕西通志》卷三十九《水利一》，清文渊阁四库全书本。

② 康熙《陕西通志》卷三十二《艺文·碑》，清康熙刊本。

③ 雍正《陕西通志》卷三十九《水利一》，清文渊阁四库全书本。

④ 嘉靖《陕西通志》卷一十九《文献六·全陕名宦》，明嘉靖二十一年刻本。

表 6-1　明清时期龙首、通济二渠相关情况比较表

类别	龙首渠	通济渠
开凿时间	洪武十二年（1379）十二月	成化元年（1465）七、八月间
城外渠道长度	"水道依山，远至七十里"；"又将城外土渠六十里亦疏浚深阔，筑岸高厚以防走泄"②	"自皂河上源按察使胡公堰起，至西城壕，约长七十里"
开凿技术特色	裁弯取直，"架空飞渡"③	"度地之高者则掘而成渠，地之卑者则筑而起堰"④
渠政管理	洪武二十九年（1396）"龙首渠覆以石甃，以障尘秽。计十家作渠口一，以便汲水"⑤	—
	弘治十五年（1502）用砖甃砌，"以砖为井栏，以磁为井口，以板为盖，启用以时，则尘垢不洁之物无隙而入，湛然通流无阻"⑥	同龙首渠
	—	"每长一里于沿河附近金定人夫二名，通设老人四名分管，时常巡视，爱护修理"
城内供水范围	以城东部为主，"水利止及城东"⑦；自城东入，止于城西北莲花池	兼顾城东西两区；自城西入，遍流全城，出城东灌注城壕
水持续时段	洪武十二年（1379）至道光五年（1825）	成化元年（1465）至光绪二十九年（1903）

---

① 《明宪宗实录》卷十二，天顺八年十二月甲午。

② （明）王恕：《修龙首通济二渠碑记》，收入《关中两朝文钞》卷一，清道光十二年守朴堂藏版。

③ 康熙《长安县志》卷一《地理》，清康熙刊本。

④ （明）项忠：《新开通济渠记》，碑存西安碑林。

⑤ 《明太祖实录》卷二百四十四，洪武二十九年正月丙子。

⑥ （明）王恕：《修龙首通济二渠碑记》，收入《关中两朝文钞》卷一，清道光十二年守朴堂藏版。

⑦ （明）项忠：《新开通济渠记》，碑存西安碑林。

（续表）

类别	龙首渠	通济渠
渠道配套设施	—	成化元年（1465）"西城壕西岸置水磨一具，水磨之北置窑厂一所"。"西城壕西岸窑厂之东，置木厂一所"①；道光二十四年（1844）陕西巡抚魏光焘在西门吊桥南"置水碾"②
修浚时间与主修人	天顺年间（1457—1464），镇守陕西都知监右少监黄沁； 弘治十五年（1502）陕西都御史周季麟、西安府知府马炳然； 康熙三年（1664）陕西巡抚贾汉复； 乾隆二年（1737）陕西巡抚崔纪； 乾隆三十九年（1774）陕西巡抚毕沅； 道光五年（1825）陕西巡抚卢坤	弘治十五年（1502）陕西都御史周季麟； 康熙六年（1667）陕西巡抚贾汉复； 嘉庆九年（1804）陕西巡抚方维甸； 道光年间西安知府叶世倬； 光绪二十四年（1898）陕西巡抚魏光焘； 光绪二十九年（1903）陕西巡抚升允

从参加工程群体的角度而言，成化元年（1465）通济渠的开浚，是一次省、府、县、军队与职能衙署等通力合作的重大水利工程，而通济渠引滈河水灌注护城河，则属于重大军事防御工程形制。正是由于通济渠的开浚事关省城官民用水的民生关键问题，又关系到西安城防能否更为巩固，因而此次工程系由陕西官府与驻地军队共同完成，从筹划、拨款、备料，到兴工实施，涉及官署、人员众多，其中官署就包括省一级的巡抚陕西都察院、陕西等处承宣布政使司、陕西按察司，府一级的西安府，县一级的咸宁县、长安县，职能衙署税课司，以及驻地军队中的西安左卫、前卫、后卫，从巡抚、布政使、按察使、都指挥使、知府、知县，到阴阳生、木工、石工、泥水匠等有姓名可考的工程参与者就多达146人（见表6-2、表6-3），其中官吏96

---

① （明）项忠：《新开通济渠记》，碑存西安碑林。
② 民国《咸宁长安两县续志》卷五《地理考下》，民国二十五年铅印本。

人，其余50人属于民人身份。当然，实际参与此项工程的工匠、民夫肯定不止此数。

以往在有关城工、桥工、堤工等区域性重大工程建设的相关碑刻、档案、文集等史料中，多记载筹划、督导工程的省、府、县主政官员的重要作用与功绩，甚少提及参与工程建设的众多中下层官员、士绅、工匠等，有赖于陕西右副都御史项忠所撰碑记，我们有机会了解通济渠开浚工程中的督工官员的分工与职责、施工群体的类型与协作。

在工程筹划、督导方面，省、府、县三级地方官员以及职能衙署税课司各有专责，其中省级行政主官右副都御史项忠、巡按监察御史吴绰、地方军队统帅都指挥使林盛为工程的核心领导者，他们三人与陕西等处承宣布政使司左布政使张莹、右布政使杨璿、按察使李俊以及下属军地官员，职责在于"总理其纲"，即全面谋划、指导、协调推进工程各项事宜。由于通济渠的城乡内外渠道总长超过40里，其开浚、修筑势必涉及划拨和开支巨额工费，征购或拆迁渠道经过沿线有碍工程的土地、房屋，调动民夫或军兵作为主要劳动力，采购、运输大量工具、砖石、石灰、木料，这些千头万绪的事宜均需要相应地方官员和军队将领加以协调。

在劳动力的征调方面，西安府与驻地军队西安左卫、前卫、后卫承担着"大播百工之和"的重任。由于开浚通济渠引潏河水入城，一是为解决阖城官民的生活用水问题，同时能为郊区沿线农田提供灌溉之便，二是为灌注城壕，增加城池防御能力，因而此次工程兼具民生与军事性质，调动大量百姓与军兵参与施工就属于顺理成章之事。毋庸置疑的是，西安知府余子俊在此过程中发挥了重要作用，这从其所撰通济渠碑记等史料可见一斑。按照明代工程建设一般采取征调百姓从事"力役"的惯常做法，西安知府余子俊无疑会饬令下属，特别是西安附郭县咸宁、长安两县知县在向辖区百姓宣传开浚通济渠重要性的基础上，按丁口、田亩或赋税等标准，调取民夫参加工程劳作。这类服力役的普通劳动者，官府一般仅提供饭食，但并无酬劳，而对于有技术含量的本地或外地熟练工匠，官府则以招募的方式吸纳，并提供相应酬劳。

除了以上对开浚工程的整体筹划与督导、劳动力的征调，最重要的就是对工程量的精确核算、工程段落的划分，以及所需大量工料的采办，此项"计工虑材以供事"的职责由县级官府咸宁县、长安县与西安府税课司承担。咸宁知县、长安知县作为西安府附郭县的基层主官，熟悉西安城乡情况，尤其是通济渠经过的是长安县辖区，长安知县更宜负责工程管理的具体事宜。西安府税课司属于掌管税课事务的职能衙门，熟悉各项工料的产地、价格、运价等信息，因而能够与咸宁、长安两县通力合作，通过精准核算工程量，合理划分工段，向工地及时采办、运输所需工料，并安排充裕劳动力同时推进，这样就极大提高了施工效率，缩短了施工工期，并有助于节省工费开支。

各级官署与官吏缜密的工程筹划、施工管理是通济渠顺利开浚的重要保障，而具体施工则需要大量工匠、民夫的辛苦劳作。在此次通济渠开浚工程中，有姓名可考的民人共50名，分别是：西安府阴阳生1名、水工2名、木工5名、石工1名、泥水匠3名、井匠2名、搭材匠4名，咸宁县"老人"17名，长安县"老人"15名。毫无疑问，陕西右副都御史项忠在《新开通济渠记》中记录并镌刻上石的这些民人，仅是参加通济渠开浚工程的一小部分劳动者，属于具有专业施工技能与技术或具备工程管理经验的人员，其他大量承担挖掘土方、砌筑渠道等繁重劳动的民夫的姓名则湮灭无闻了。

从分工来看，阴阳生属于西安府阴阳学培养的"专业人员"，能够从风水理论和传统文化的理念出发，为督工官员选择兴工吉日、渠线走向、水门位置等提供妥善建议，在关中地区重大工程建设中时常能见到阴阳生的活跃身影。虽然目前无从细究阴阳生在开浚通济渠、引潏河水灌注城壕的工程中具体采用的理论依据和技术手段，但其无疑应在通济渠沿线进行了实地勘察，规划出的渠道线路一方面符合风水理论，避免经过郊区村落、墓地等，另一方面则结合了西南郊地势高下的特点。除阴阳生属于学校培养出的专业人士之外，其他诸如水工、木工、石工、泥水匠、井匠、搭材匠等则属于通过长期施工实践积累丰富经验的民间熟练匠人，这些有名可考者往往属于特定工种的"工头"，各自带领数量不等的普通工匠与民夫，在通济渠开浚工地上相互协作。此处的"老人"是指明代乡村地区德高望重、处事公平的人士，在乡村事务中具有一定的话语权，有助于解决邻里或宗族纠纷，并能够协助官府在管理、维护基础设施，如河渠、堤堰、道路等方面开展相应工作，属于官府信赖而倚重的民人。

表 6-2　《新开通济渠记》碑阳所载供事人员名单一览表（43 人）

序号	官署	职别	人名
1	巡抚陕西都察院	右副都御史	项忠
2		巡按监察御史	吴绰
3		都指挥使	林盛
4	陕西等处承宣布政使司（以上总理其纲）	左布政使	张莹
5		右布政使	杨璿
6		按察使	李俊
7		都指挥同知	邢端
8			司整
9		都指挥佥事	申澄
10			单广
11			陈杰
12			张瑛
13			马云

（续表）

序号	官署	职别	人名
14	陕西等处承宣布政使司（以上总理其纲）	左参政	胡钦
15		右参政	娄良
16			张用瀚
17			张绅
18		副使	刘福
19			郭纪
20			姚哲
21			强宏
22		右参议	杨瓒
23			杨壁
24			陶铨
25		金事	李玘
26			叶禄
27			赵章
28			华显
29			胡钦
30			胡德盛
31			刘安止
32			吕益
33		都指挥金事	樊盛
34	西安左卫	指挥同知	张恕
35	西安前卫	指挥金事	东铉

（续表）

序号	官署	职别	人名
36	西安后卫	指挥佥事	毕昱
37	西安府（以上大播百工之和）	知府	余子俊
38	咸宁	知县	王铎
39		县丞	宋泓
40	长安	知县	刘升
41		县丞	柴干
42		主簿①	傅源
43	税课司（以上计工虑材以供事）	大使	邓永刚

表 6-3　　《新开通济渠记》碑阴所载供事人员名单一览表（103 人）

序号	官署	职别	人名
1	陕西按察司	照磨	李志
2	西安府	同知	任春
3			赵珪
4			赵瓒
5		通判	张俊
6		经历	赖让
7		知事	张泰
8		照磨	贺昭
9		检校	田畯
10		吏	雷允

---

① （清）谈迁：《国榷》卷三十五，清钞本。

（续表）

序号	官署	职别	人名
11			朱顺
12			温清
13			阎洁
14			田唆
15		吏	张凤
16			杨宗
17			段零
18			杨芳
19			李钊
20		阴阳生	陈子昭
21		水工	王材
22	西安府		谢荣
23			申茂
24			南茂
25		木工	岳泰
26			王茂
27			孟喜
28		石工	葛英
29			贺全
30		泥水匠	马亨
31			石整
32		井匠	冯英
33			刘仲良

（续表）

序号	官署	职别	人名
34	西安府	搭材匠	赵信
35			卞英
36			张学
37			杜旺
38	西安左卫	指挥使	费澄
39		指挥同知	朱政
40		知事	冀镔
41		镇抚	程真
42		百户	徐铠
43			张雄
44			李能
45	西安前卫	指挥使	康永
46		指挥同知	张鼎
47		指挥佥事	周玺
48		经历	杨晃
49		知事	解琰
50		镇抚	张升
51		千户	刘清
52	西安后卫	指挥使	高玉
53		指挥同知	尤盛
54		指挥佥事	廖斌
55		经历	江仍
56		知事	程廪

（续表）

序号	官署	职别	人名
57	西安后卫	镇抚	孙胜
58		千户	刘钊
59	咸宁县	主簿	郝英
60		典史	陈浩
61		吏	李荣
62			郑文
63		吏	田贵
64		老人	张安
65			郑忠
66			刘鉴
67			许成
68			雷信
69			宋良
70			吴平
71			李成
72			韩玄
73			任义
74			孟益
75			席真
76			黄荣
77			赵贵
78			郭整
79			柴铭
80			张升

（续表）

序号	官署	职别	人名
81	长安县	典史	冀宽
82		吏	卢成
83			薛悦
84			吕振
85			白真
86			赵恕
87		吏	冀良
88			张义
89		老人	韩贵
90			王恕
91			田秀
92			常钦
93			王信
94			杜郁
95			白彪
96			谢兴
97			翟闰
98			左林
99			张广
100			解林
101			马升
102			周能
103			李荣

（二）通济渠灌注护城河

在工程完工后，陕西巡抚项忠与西安府知府余子俊均撰写有《通济渠记》①，在开浚通济渠的基本信息方面虽然各有侧重点，但有关此次引水工程的过程大体上一致。作为省、府的主政官员，项忠与余子俊都参与到通济渠工程的勘察、筹划和督工中来，而且在竣工后又都撰写碑记，以期能将西安城市发展历程中的这次大事件详述颠末，以备后人存览，足见通济渠工程在当时省、府高级官员心目中的重要地位。

据陕西巡抚项忠《通济渠记》记载，通济渠的开浚，首先要归功于西安民众的建言献策。当地父老向陕西巡抚项忠介绍了西安城西南十五里丈八沟附近有交河（属潏河下游）、皂河（潏河水经碌碡堰分入）流经，此处设立有皂河水闸。民众提议若能从丈八沟将潏河水疏导，自西南引入城区，在城市居民汲引之外，余水可以泄注城壕，作为护城河环绕城外；若再有余水，可注入城东九龙池，再排于浐河。②应当说，西安地方民众的这一引水建议充分考虑到了西安城西南、东南河流水文、地形地貌的特征，提议中的渠道线路呈现"闭环"的特点，即来自潏河、排入浐河，而西安城区及城壕则是这一闭环水系上的主要供水区域。核实而论，从西南丈八沟一带引水入城具有可行性，但将余水排入浐河的设想则过于理想化，主要原因就在于西安城东至浐河之间地势高于城区，在工程上难以做到。

在听闻西安民众的这一开渠提议之后，陕西巡抚项忠率领下属官员赴西安城西南郊丈八沟等地进行实地踏勘，并向朝廷奏报了西安民众饮水困难、亟待开浚通济渠的实际情形，获得明英宗允准。陕西巡抚项忠遂与西安府知府余子俊等饬令下属开工，大量工匠和民夫参与到这项重大的水利工程

---

① 雍正《陕西通志》卷三十九《水利一》，清文渊阁四库全书本。

② （明）项忠：《通济渠记》，收入雍正《陕西通志》卷三十九《水利一》，清文渊阁四库全书本。

建设中来，出现了"工役猬攒，畚锸云集"的热火朝天的场景。这项开渠引水工程采取了因地制宜的做法，"地之高者则掘而成渠，地之卑者则筑而起堰"①，适应西安城西南郊地势的高下起伏，这显示出当时工程技术人员高超的测量与施工水准，才确保了渠水能够经过26里顺畅流入城区。

据西安府知府余子俊所撰《通济渠记》载："通济渠水出咸宁县大义峪，……至地名丈八头，作闸引水，入西安府西城壕，为通济渠。"②这一记述似乎表明通济渠水首先是进入西城壕，但这与西安地方民众向项忠所提开渠方案不符，也不符合渠水首先供给城区的开浚宗旨。从雍正《陕西通志》所引《县册》记述的通济渠流路来看，通济渠首先入城供水，其余水才从东门附近水门出城，灌注城壕。

嘉靖年间，位于西安西门附近的琉璃局环境雅致，张瀚在《西游纪》中夸赞称："台榭迤逦，花木繁茂。而渠水曲折，来自终南，由局入城，长流不竭。"③此处所言"渠水"当系指通济渠。从"长流不竭"的供水描述来看，此时也是通济渠为护城河供水最盛的阶段。

（三）通济渠的入城水门

从雍正《陕西通志》卷三十九《水利一》"通济渠"条下所载渠道流路，可以探查入城水门的蛛丝马迹。此段文字引自《县册》，载通济渠城外渠道部分系从引水闸口至安定门吊桥边，共长26里。

通济渠自城外引入城内，其流路如何从西关进入西门瓮城，又进入大城区，是十分值得关注的问题，以往相关论著对此细节完全忽略。从雍正《陕西通志》卷三十九《水利一》"通济渠"条记载"水自闸北西行二里许，折

---

① 雍正《陕西通志》卷三十九《水利一》，清文渊阁四库全书本。

② （明）余子俊：《通济渠记》，收入雍正《陕西通志》卷三十九《水利一》，清文渊阁四库全书本。

③ （明）张瀚：《松窗梦语》卷二《西游纪》，清钞本。

而北流，过丈八头、小石桥，又北至南窑头，皆系地渠；又北过甘家寨，转东北流，过糜家桥，又北至解家村，又北至外城郭，俱系土堤，高一丈二三尺，阔倍之；又转东至安定门吊桥边。自闸口至此，凡二十六里"，可以推及相关的工程概况。通济渠从西关被引入西门瓮城，首先需要从西门（安定门）吊桥西端架设木槽，横越护城河，将渠水从木槽引过，流至吊桥东端的西门瓮城城根之下。

关于从城外入城这一段渠身的情形，《县册》有如下记述："由洞口入瓮城内南流，由水门出瓮城外，沿城而南，过一敌楼，复入城。东南流，至白路湾，折而东北流，至牌楼南。"①此处"洞口"当是指在西门瓮城南侧城身上开掘的引水洞，亦可视之为简易水门，通济渠自此流入西门瓮城，再从瓮城内南流，经瓮城城身上砌凿的另一"水门"流出。显然，在西门瓮城南侧城身上开掘有2座水门，一为引通济渠进入瓮城的"洞口"，一为引通济渠流出瓮城的"水门"。从《县册》采用"洞口""水门"的不同表述看，虽然两者均位于西门瓮城城根部位，同样供通济渠经过，但在形态、规制上有一定差别。"洞口"属于简易设施，仅需满足渠水通过即可，而"水门"则不仅应便于渠水通流，而且宜添加相应卫生、防护设施，例如防范宵小的栅栏、拦阻杂草或垃圾的挡板、调节水量的闸门等。

通济渠在从西门瓮城"水门"流出后，渠身沿着西门南侧城墙根外向南延伸，即"沿城而南"，流经护城河与城墙之间的空地，绕过西门南侧第一座马面，从第一座与第二座马面之间"复入城"，即通济渠系从两座马面之间的"水门"流进城内。仔细考察通济渠流路会发现，通济渠在从"洞口"进入西门瓮城之后，本来可以直接经由瓮城、西门（安定门）入城，但却并未选择将通济渠依附于行人车马通行的西门门洞，引水入城，而是大费周

---

① （明）项忠：《通济渠记》，收入雍正《陕西通志》卷三十九《水利一》，清文渊阁四库全书本。

章，先是进入瓮城，又穿出瓮城，再在大城墙上开凿水门，将通济渠引入城内。这一"人水分行"的做法在工程上增大了劳动量，但是却将引水的通济渠避开了通行行人车马的西门，既保障了西门正常的交通功能，也有益于渠水免于受到行人车马污染，影响水质卫生。从建筑安全的角度考虑，通济渠流经的城墙水门受渠水侵蚀、下渗等，会时常需要修缮和维护，若从西门门洞依附通过，不仅有碍城门（城楼）安全，而且经常性的维护工程会阻塞城门内外繁忙的交通。

从雍正《陕西通志》（应即《长安县册》）所述，至少在《县册》调查之时，即约雍正前期，通济渠在引入西安城区后，砖砌渠身分为三脉：第一脉从长安县东流，过广济街，又东过大菜市、真武庵，流出城，注于东城壕。这一脉渠水无疑应是从东城墙的水门流出，为东侧护城河补给水源。[①]至于通济渠的出城水门，是否利用了龙首渠的入城水门，或者重新在东门南侧东城墙上开掘了新的水门，以便通济渠水流出城外，灌注城壕，尚无法考实。但可以明确的是，这一出城水门在规模、形态等方面应与龙首渠及通济渠的入城水门大体一致，即用砖石修砌为拱券形制，具有一定的宽度、高度，有一定的防水渗漏功能，同时设立有防护用的栅栏，以免宵小自此出入，并能拦阻渠水中可能有的渣滓、垃圾等。雍正《陕西通志》索引《县册》在记述通济渠流路时，明确说明"今自广济街以东淤塞"，可见通济渠作为护城河灌注水源最晚在雍正前期已经无法发挥作用。在通济渠向东这一脉淤塞之后，其渠水出城水门很有可能在康熙晚期至雍正前期亦已没有保存的必要，保留下来反而会成为治安隐患，亦不利于城墙自身的稳固，因而陕西官府应在渠水失去引水功能之后，就采取了临时性封闭出城水门的工程措施，基本上以夯土填塞、城砖砌实即可。一旦渠水重新通流，可以再度打开，工程量较小。

---

① 雍正《陕西通志》卷三十九《水利一》，清文渊阁四库全书本。

从嘉靖、万历《陕西通志》所附《陕西省城图》及雍正《陕西通志》附《西安府龙首通济两渠图》可以看出，通济渠被引入城西宜川王府、兴平王府、永寿王府、陕西贡院、西安府署、布政司署、莲花池、最乐园等处，城东秦王府城、东关景龙池等亦均有引入。"金城汤池兮百二独雄，接蓝曳练兮声漱玲珑，烟火万家兮仰给无穷"，正是通济渠开通后相当长时间内对西安城供水之功的最好写照。

有明一代，以通济渠向城壕供水为主，龙首渠作为补充，城壕用水可谓充沛。有时还因连降暴雨，城市雨水排入城壕，以至于曾经出现过城河"水面与城脚相等"的危急情况，几乎有"浸倒城垣"之虞。在这种情况下，城壕发挥了排洪和小水库的作用，而城墙则又起了堤防之功，确保了西安城在雨季不受雨涝之灾。从这个意义上来讲，西安城墙和护城河又都是相互配套、相对完善的城市水利设施。

四、护城河的绿化与利用

（一）护城河的绿化与利用

明代陕西官府通过在西安城近郊的水利建设，逐步形成了两条绿化带，一是护城河沿岸，一是通济渠沿岸，均为成化元年（1465）项忠、余子俊等当政者主持造植，属于水利与绿化的综合性建设成果。这一措施不仅美化了西安城周环境，而且有效利用了城河水面，种植各类水产品，供应西安市场，在收到生态环境效益的同时也取得了一定的经济效益。通济渠沿岸则以种植护岸保堤的柳树等为主，绿化长度达到25里左右，即"自丈八头到城两岸栽树"。"所有两岸栽树及分水灌田，并置窑厂、木厂等项，悉依所拟按察司转行仪卫司晓谕校尉人等一体遵依施行。"[1]这就将渠道绿化管理完全

---

① （明）项忠：《新开通济渠记》，碑存西安碑林。

纳入城市水利管理体系当中。

西安护城河沿岸的大规模绿化始自明成化年间,也是作为成化元年(1465)通济渠引水入城水利设施的辅助工程。之所以到成化元年才出现城河的大规模绿化,是因明前期西北地区仍有元残余势力及草原敌对势力的不断骚扰,西安作为西北军事重镇所要承担的防御任务甚重,城墙与城河外围必须保持视野的开阔以利于军事防御,而绿化势必会削弱这一特征,但至成化前后,西北地区承平日久,城河的防御性相对减弱,加之城市环境和城市商贸的发展需要,也都使城河的绿化势在必行。前述秦王府城河在成化年间的大规模绿化也有相同的内因。

项忠在其《新开通济渠记》中详载护城河沿岸绿化的分段、分工及其收益的分配等,曰:"本院定行事宜,自西门吊桥南起转至东门吊桥南止,仰都司令西安左、前、后三卫栽种菱、藕、鸡头、茭笋、蒲笋并一应得利之物,听都司与各卫采取公用。自东门吊桥北起转至西门吊桥北止,仰布政司令西安府督令咸、长二县栽种,听西安府并布、按二司采取公用。若是利多,都司并西安府变卖杂粮,在官各听公道支销。"从这一记载分析,绿化工程由西安驻军与地方政府共同承担,但是从工程量上来看,咸、长二县承担的绿化带长度约是三卫的一倍。因而地方政府是这一次绿化工程的主体,而军队则起了辅助作用。在护城河绿化带的建设中,通过"都司各卫"与西安府及咸、长二县,即军队与地方政府的明确分工,实现各自的绿化受益,就充分调动了绿化的积极性。

可以推定,城河的绿化不仅是河中栽植有菱、藕等水生植物,作为通济渠绿化工程的一个组成部分,城河两岸无疑也植有一定数量的柳树。由此可见,护城河绿化工程已经突破了单纯环境美化的目的,而是达到了其从内到外整体绿化的效果,这一措施不仅美化了西安城周环境,形成一条环城的绿带,而且有效利用了城河大面积水域,种植各类水产品,供应西安市场,在收到生态环境效益的同时也获取了可观的经济回报。

通济渠沿岸则以种植护岸保堤的柳树等树种为主，绿化长度达到25里左右，即"自丈八头到城两岸栽树"。项忠《新开通济渠记》中曾规定："西安府呈行事宜，自皂河上源胡公堰起至西城壕长七十里，每长一里于沿河附近金定人夫二名，通设老人四名分管，时常巡视，爱护修理。"这一措施虽然主要是针对渠道工程，但沿岸树木绿化无疑也在"时常巡视，爱护修理"的管理体系之中。按照项忠所载，可以看出西安府为确保通济渠向城壕和城区供水的稳定，配置多达140名人夫、4名老人管理，职责在于往来巡察渠道是否渗漏、渠岸有无坍卸，一旦出现问题，则进行及时修理。这些人夫、老人可能亦负责管护渠道沿线的树木，防范有人偷砍滥伐。应当说，每1里渠道由2名人夫巡视、修理，每名老人则负责分管35名人夫或约18里渠道，在人力配置上已属周密。

通济渠开通后，陕西官府在西安西城壕西岸附近兴建了一系列附属设施，既充分利用了渠水作为动力，便利了百姓生活，又有益于维护、修理渠道。

首先，在通济渠引水量颇为充沛的情形下，项忠等下令在西安西城壕西岸设置一具水磨，借助地势落差，以通济渠水流带动水磨，由看磨者代人加工粮食，所得收入用以渠道的日常维护和修理，例如购买修渠的各种工料，这在一定程度上减轻了百姓的负担。其次，又在水磨北侧兴建了一所窑厂，主要烧制砖瓦等建筑材料，烧成的砖料可用于维修城内渠道，亦可向社会大众出售，用于建盖房屋，其中一部分收益亦可用于渠道管护。为了确保窑厂的顺利运营，陕西官府在西门外派设四户看管，并在窑厂收取水磨的使用费用。最后，在窑厂东侧，设置一所木厂，采购、储备桩木等工料，以备修渠时就近使用。木厂并没有专门派人管护，而由看磨者代为看管。

由此可见，陕西官府在开浚通济渠后，通过官方出资形式开设水磨、窑厂，进行专门性的经营活动，涉及粮食加工业与建材烧造业，这在当时属于社会需求较为旺盛、利润有所保障的行业，加之有官府投资，且拥有近在城壕岸边的地利之便，能够为城区及西郊附近民众的生活、建设等服务，并获取相应的收益，属于陕西官府对渠道进行合理利用、长期管护的有效措施。

（二）筹议而未修的城壕退水渠

明代中后期，在通济渠引潏河水灌注城壕的阶段，护城河水量充盈，水面宽阔，防御功能达到了最佳程度。但在供水持续而充沛的情况下，若不进行合理调节，有可能出现"水面与城脚相等"[①]的情况，这对于城垣安全将会造成一定的影响。关于这一情况，成化十一年（1475）末自延绥巡抚转任陕西巡抚的余子俊向朝廷提出了有关防务与民生的7条奏议，其中"卫国之计"中提到，当时咸宁县、长安县的众多里长、老人等城乡民众，以及西安左、前、后、右护四卫将领联名向西安府反映，通济渠开浚之后，在向城区大量官民供水的同时，亦将多余引来的渠水排入城壕，作为护城河水，但是"年复一年，积滞过多，水面与城脚相等"[②]。此时距离成化元年（1465）开浚通济渠已过去了10年之久，西安军民所言的"积水"情况应确实存在。在西安城乡民众与驻军官兵看来，城壕就宛如人的身体，人有饮食摄入，亦有循环排泄，如此才能保证健康，城壕若在引水方面只进不出，自然容易壅塞，溢出渠身，引发严重的城垣倾圮、淹没沿岸民田和泡倒沿渠百姓民房等负面情况。一旦造成这些次生灾害，官府再要处理和维修，就需要投入更多的财力、物力与人力。西安城作为"三边根本，亲藩所在"，必须避免发生此类情况。基于城防、民生、防灾等因素的考虑，西安军民向余子俊建议，可以借鉴通济渠工程在丈八头设立水闸的经验，自西安城壕西北角地势低洼之处起，开浚一条退水渠，并设立水闸，由此有节制地排泄城壕余水。

---

① （明）余子俊：《巡抚类·监督边储事》，收入《余肃敏公奏议》，明嘉靖刻本。
② 同上。

退水渠经过汉长安城遗址一带，将城壕余水排入渭河，渠长"不过二十余里"①。相较于城壕余水过多泡坏城根、淹没民田和民房的损失，修建退水渠的花费在一定程度上尚属于"节财省力"。

经西安知府上报地方官民"告乞施行"的兴建退水渠计划，陕西巡抚余子俊与下属官员协商之后，进而向明宪宗朱见深和朝廷上奏，初步计划在成化十二年（1476）秋季农忙之后，先行调派开展操练的军余民壮进行挖掘，然后再增调西安城中的"火夫"，由这两大群体协同挑挖、开掘，预期"不必旬日，工可就绪"②。但是，在余子俊奏请明宪宗朱见深饬令兵部施行之后，在史料中并未见到明宪宗谕令兵部或陕西官府兴建这一退水渠的记述。

揆诸史料，综合各种文献记载来看，陕西巡抚余子俊在成化十一年（1475）提出的开浚退水渠的计划，是首先由西安百姓和驻地官兵联名提出，再由西安知府呈报余子俊，最终上报明宪宗和兵部。需要明确的是，这一开浚退水渠的计划并未付诸实施，也就是说，自始至终这一方案都只是纸面上的建议和筹划，在西安城西北角至渭河之间并不存在一条由余子俊奏请后，朝廷允准兴建的退水渠。

不单是在诸如《明实录》等文献中没有关于这次施工过程的明确记载，即便是从工程量上分析，也可以看出此项工程难以实施。按照上述开浚退水渠的计划，超过20里的渠长开挖、修砌工程，是难以在"旬日"（即约10天）之内竣工的。在万历年间刻本《皇明疏钞》中收录有余子俊所撰《保固地方疏》，其记述开浚城壕退水渠的内容与上引嘉靖年间刻本《余肃敏公奏议》中事件同属一事，但却将退水渠长度载为"不过三十余里"③，若按此

---

① （明）余子俊：《巡抚类·监督边储事》，收入《余肃敏公奏议》，明嘉靖刻本；（明）陈子龙：《明经世文编》卷六十一《余肃敏公文集·地方事》，明崇祯平露堂刻本。

② （明）余子俊：《巡抚类·监督边储事》，收入《余肃敏公奏议》，明嘉靖刻本。

③ （明）余子俊：《保固地方疏》，收入（明）孙旬《皇明疏钞》卷五十《武备一》，明万历自刻本。

渠道规模，更不可能在10天之内完工。可见，即便是明人记明代事，有关此退水渠的信息已经有所模糊，最有可能的情况就是这一渠长数字只是规划中的，并没有实际开浚，也就没有一个实际测量的准确长度数据。

　　同时，明代西安城与汉长安城分处于龙首原的南北两侧，中间地势较高，虽然西安城壕西北角地势较低，但要通越过北侧的较高地段，将余水经汉长安城一带排入渭河，实施难度极大。就算开浚了一条渠道，排水能否顺畅也是一大问题。实际上，由于通济渠引潏河水时，在丈八沟设置有石砌水闸，可以调节渠水水量。在通济渠开浚之初，是按照"搏节放水二分"①，即以20%的分水量引水入城及灌注城壕。也就说，丈八头石闸本身就具有调节水量的功能，若要控制通济渠引水量，减少余水排入城壕，只需要在丈八头石闸处减少引水量即可，无须大费周章在西安城壕西北角一带开掘新渠。

　　需要注意的是，在有关余子俊事迹的史料记载中，往往将余子俊在西安知府任内协助陕西巡抚项忠开浚通济渠的事迹与此项并未开展的退水渠计划杂糅记载，甚至给这条并不存在的退水渠冠名为"余公渠"。

　　在距离成化元年（1465）开浚通济渠较近的时期，史料一般是将通济渠称作"余公渠"②，如嘉靖年间刻本《皇明名臣言行录》中载"初，公在西安，患城中水多鹻，民以为病。至是，乃开新渠，至今便之。号为余公渠"③。在明隆庆年间刻本《吾学编》"太保余肃敏公"事迹条下，将通济渠称作"余公渠"，并未提及西安城壕西北角的退水渠，记作："西安民苦，城中水鹻，饮辄病。公为开新渠，引山泉，行地中，匝遍城市，人人得户汲，至今便利，号余公渠。"④

————————

　　① （明）余子俊：《巡抚类·监督边储事》，收入《余肃敏公奏议》，明嘉靖刻本。
　　② （明）王世贞：《弇州史料》前集卷三十《名卿绩纪·余子俊马文升传》，明万历四十二年刻本。
　　③ （明）徐咸：《皇明名臣言行录》前集卷十二，明嘉靖刻本。
　　④ （明）郑晓：《吾学编》卷十七《名臣记》，明隆庆元年郑履淳刻本；（明）徐昌治：《昭代芳摹》卷二十，明崇祯九年徐氏知问斋刻本。

　　但距离通济渠开浚工程历时较远的史料中，就逐渐将开浚通济渠一事与未实施的退水渠计划杂糅记载，并将退水渠称为"余公渠"。如《余肃敏公传》等称："西安水多卤，民苦汲。宋龙首渠久废，或议引潏河水，自丈八头置闸入城，以泄于隍。积滓既久，城且坏。公因丈八之制，开新渠观城中，经汉故城达于渭，以免公私之患，人称为余公渠。"①实际上这两件事之间相隔10年，但在此类记载中却变成了一件事。明张萱辑明朝洪武至万历时期史事的史书《西园闻见录》记载与此相近："余肃敏子俊，总制三边。在西安府，患城中水多苦齁，民以为病。宋时东引龙首渠水入城，以利民汲，其后湮塞。成化二年（1466），又西引潏河之水，自丈八头起，修石锸以启闭，搏节放水二分。至西门十有五里，贯城中，以足民通用。余水泄出城，积滞日多，几与城基等，将至坏城。公有意欲修之，未果。至是，乃议亦如丈八头开新渠，以泄余水，经汉时故城，以达于渭，以免公私之患。人至今便之，为余公渠。"②此处值得注意的是"公有意欲修之，未果"的表述，实际上反映的正是退水渠计划并未实施的情形。

　　至清代，部分史志如康熙《延绥镇志》依据实际情形，将通济渠称作"余公渠"③。而雍正《陕西通志》④则延续了以往将通济渠与退水渠混同一体的说法，将其在西安知府任内实际发生的开浚通济渠一事与在陕西巡抚任内未发生的退水渠一事混同记载，将退水渠称作"余公渠"。⑤乾隆年间撰成的《明史》亦载："（成化）二年十二月，移抚陕西。子俊知西安时，以居民患水泉咸苦，凿渠引城西潏河入灌，民利之久，而水溢无所泄。至

---

①　（明）李东阳：《怀麓堂集》卷七十一文后稿十一，清文渊阁四库全书本；（明）张萱：《西园闻见录》卷九十《工部四》，民国哈佛燕京学社印本。

②　（明）张萱：《西园闻见录》卷九十《工部四》，民国哈佛燕京学社印本。

③　康熙《延绥镇志》卷三《官师志》，清康熙刻乾隆增补本。

④　雍正《陕西通志》卷五十一《名宦二》，清文渊阁四库全书本。

⑤　嘉庆《大清一统志》卷四百十《眉州直隶州》，四部丛刊续编景旧钞本。

是，乃于城西北开渠泄水，使经汉故城达渭，公私益便，号余公渠。"①嘉庆《大清一统志》更是缺载余子俊任西安知府时协助开浚通济渠一事，直接记载了并未实施的退水渠，"（余子俊）移抚陕，于城西北开渠泄水，使经汉故城达渭，公私便益，号余公渠"②。经过省志、一统志、正史等史志的误载，进一步强化了明代就已经出现的将并不存在的退水渠夹杂在实际存在的通济渠之中的讹误，以至于谬误流传，这种一半是事实，一半非事实的记述，随着长期流传，反而几乎掩盖了事件的真相。在今人编纂的志书中，仍误认为存在这样一条退水渠。③

明代秦王府城作为雄伟壮观的城中之城，亦同西安大城一样拥有高大坚实的城墙和深阔数丈的护城河所组成的城防体系。位于秦王府双重城墙——萧墙与砖城之间"阔五丈，深三丈"④的秦王府城河在明代中后期虽然是作为府城内外环境美化的重点区域，但从根本上而言，护城河与萧墙、砖城一齐构成了严密的军事防御体系，其军事性毕竟不能为红莲绿荷的美景所掩盖。秦府城作为城中之城，安全系数本已较高，再环绕以深阔各数丈的护城河，足以称"固若金汤"。明洪武十二年（1379）疏凿城东之龙首渠，引注秦府城壕以利防御无疑是其"便民汲引"之外的又一宗旨。

万历末年，陕西官府组织人力疏浚西安城壕，并在施工过程中发现了俗称"半截碑"的《镇军大将军吴文墓铭》。⑤由此反映出西安城壕在宋元至明代万历朝之间，往往成为官府或民间社会主动或被动处置各类城市生活及

① 《明史》卷一百七十八列传第六十六《余子俊》，清乾隆武英殿刻本。

② 嘉庆《大清一统志》卷四百十《眉州直隶州》，四部丛刊续编景旧钞本。

③ 陕西省地方志编纂委员会编：《陕西省志》第79卷上《人物志》，三秦出版社，1998，第585页；《眉山市人物志》编辑委员会编：《眉山市人物志》，方志出版社，2013，第142页；王小红：《巴蜀历代文化名人辞典·古代卷》，四川人民出版社，2018，第229页。

④ 《明太祖实录》卷六十，洪武四年正月戊子。

⑤ （清）汪师韩：《上湖纪岁诗编》卷三，清光绪丛睦汪氏遗书本。

建设废弃物的场所，这也是城壕每隔若干年就需要进行疏浚、清理的重要原因之一。关于此次城壕疏浚工程，史料记载极其简略，但从发现"半截碑"的情况推测，此次工程在淘挖城壕中的淤泥、废弃物等方面工作颇为彻底，加深城壕深度乃至于扩展宽度可能属于工程的重点内容。此次城壕的疏浚绝非仅是为了复原干涸壕沟的面貌，势必相应会有通过龙首渠或通济渠向城壕引浐河或潏河水灌注的后续工程。

第二节　环城玉带：
清代护城河的疏浚、利用与景观

　　入清之后，虽然由于渠水水量减少，城内日常用水渠道渐为湮废，但是城壕用水始终受到当政者的重视，两渠每有修治，无不以灌注城壕为先。即使是在清朝后期引水量大幅减少的情况下，也在兼顾城外沿渠民田灌溉的同时引水入壕。如道光年间西安知府叶世倬疏浚通济渠之后，"乃请每年夏秋截流灌田，冬春放水灌壕"①。又光绪二十九年（1903）陕西巡抚升允疏浚通济渠，同时使"城外近渠民田兼可灌溉，并浚城壕，引水环焉"。②两渠水尤其是通济渠水在清代灌注城壕，巩固城防方面发挥了重要的作用。清代中后期数次农民战争与民间起事屡屡对西安城构成较大威胁，但始终未能攻破城池，也从一个侧面说明拥有宽阔水面的护城河的重要作用。

　　进入清代，由于龙首渠、通济渠从城外引水面临诸多困难，因而时有

---

① 民国《续修陕西通志稿》卷五十七《水利一》，民国二十三年铅印本。
② 民国《咸宁长安两县续志》卷五《地理考下》，民国二十五年铅印本。

时无，这在很大程度上影响到护城河的来水以及景观。从康熙年间开始，陕西、西安官府便多次维修龙首、通济二渠，以期能够尽可能地恢复护城河"水波潋滟"的面貌，增强城池防御能力。虽然清代西安城内未再出现如秦王府护城河一样规模的防御设施，但渠水仍被用作护城河性质的"隔离带"。慈禧太后与光绪皇帝于光绪二十六年（1900）"西狩"西安时的行宫（即北院衙署）周围曾引通济渠水绕护。光绪二十九年（1903）巡抚升允"奏设水利新军，疏浚通济渠，导水自西门入，曲达街巷，绕护行宫"①。虽然此时慈禧太后等人已回到北京，其驻跸过的行宫仍为护卫重地，因而引渠水环护其外，犹如城河一般。

一、护城河的疏浚与利用

（一）清前期两渠的疏浚与引灌城壕

清代顺治、康熙年间，陕西地方官府仍十分重视龙首、通济二渠的维护与管理，专门设置有水夫13名、老人与总甲19名，共计32名。每名岁支工食银1.5416两，共银49.33333两。从薪酬角度而言，同一时期咸宁县为管理浐河与灞河河道事宜，设有1名水夫，其岁支工食银2.6667两，②高于管护龙首、通济渠的水夫、老人与总甲。不过，从管护人员数量上来看，浐河与灞河虽然河道较龙首渠、通济渠更长，但却仅设1名水夫，而龙首、通济二渠的管护人员多达32名，可见龙首、通济二渠在农田灌溉、城壕灌注、引水入城等方面的作用甚至在浐河与灞河之上。

康熙三年（1664），陕西巡抚贾汉复在兴修陕西水利的过程中，十分重视护城河的引水问题，随即提出了修浚通济渠的计划，并于康熙六年

---

① 民国《咸宁长安两县续志》卷五《地理考下》，民国二十五年铅印本。
② 康熙《咸宁县志》卷三《田赋·杂费》，清康熙刊本。

（1667）修浚完工，^①一度出现了"渠水流通，迄为永利"^②的兴盛状况，能够为护城河提供充裕水量，形成宽阔水面。应当说，贾汉复将西安护城河纳入全省水利体系中进行统一筹划、维修，显然是将护城河视作陕西省（尤其是关中中部地区）河流水网的组成部分，维系并加强了自明代以来潏河与西安城之间的联系，而通济渠作为人工开浚的引水渠道成为了天然河流潏河与人工河渠护城河的连接纽带。西安城外围环绕一条长达14公里以上的水体，对于城市景观塑造、局地小气候改善等均有助益。然而好景不长，此次修浚后不久，受渠道崩塌、河水减少等影响，通济渠"旋复埋塞"^③。作为护城河灌注水源的通济渠，最晚在雍正前期已经无法正常发挥作用。^④在通济渠灌注东侧城壕的一脉淤塞、缺少渠水灌注的情况下，城壕供水难以保

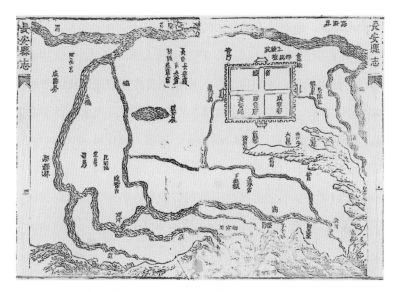

图6-4　康熙《长安县志·疆域图》所见龙首渠、通济渠流路

---

① 乾隆《西安府志》卷五《大川志》，清乾隆刊本。

② 雍正《陕西通志》卷三十九《水利一》，清文渊阁四库全书本。

③ 乾隆《西安府志》卷五《大川志》，清乾隆刊本；（清）毕沅：《关中胜迹图志》卷三《大川》，清文渊阁四库全书本。

④ 雍正《陕西通志》卷三十九《水利一》，清文渊阁四库全书本。

障，仅可依赖雨水补给，自此至乾隆中期的三四十年间大多处于干涸壕沟的
景况。

（二）乾隆年间两渠的疏浚与引灌城壕

乾隆年间，通济渠一度又被官民称作"永济渠"①。有鉴于通济渠、龙
首渠在引水灌注城壕、灌溉沿线农田方面的重要作用，乾隆二年（1737），
在陕西巡抚崔纪的主导下，省府县三级官府合力开展了护城河引水工程。

这次重浚二渠的引水工程是在咸宁、长安两县乡村地区多座村落、农
田遭受浐河、灞河、渭河河水涨溢冲压的灾情背景下开展的。乾隆二年夏，
由于降雨较少，西安府各州县多地庄稼出现旱情，但七月十二日，大雨骤
至，出现"平地水高七八尺"的严重状况，咸宁县大雁塔村居民43家大小房
屋161间被水冲倒，所有米麦粮食100余石，以及全部家具均被压坏漂没。所
幸水灾发生在白天，村民奔往高处，得以安然无恙。不过，受灾男女老幼多
达157口，"栖身无所，糊口无资"。咸宁知县陈齐贤捐助赈款和小麦，将
灾民暂时安顿下来。长安县的水灾情况也颇为严重，大水淹没了郝家村旱
地20亩，吉家村谷地30亩、旱地260亩余，泡倒二府庄民房11间、淹没谷地
30亩、泡倒野狐东村民房83间、淹没谷地2亩、旱地60亩，泡倒西村民房12
间、淹没旱地100亩。长安县知县王端捐银赈灾，酌量安插救助灾民。接报
后，川陕总督查郎阿、陕西巡抚崔纪也指示布政使帅念祖尽快调查灾情，抚
恤灾民。

七月水灾刚过，八月初五日晚，浐河、灞河河水大涨，沿岸光大门、
赵村、马家湾、新庄等四村居民谷禾庄稼被河水冲压；东乡花园村、安邸
村、权张村、段解村等村谷禾700亩被浐河、灞河水涨压坏；暴涨的灞水冲
塌了灞桥镇一带约10丈古堤，淹倒房屋12间，灞桥以下被淹村落多达93座。

---

① （清）毕沅：《关中胜迹图志》卷三《大川》，清文渊阁四库全书本。

万幸的是各村堡居民并无损伤。初六日晚，渭河、灞河河水涨溢，冲压王田村（即今田王村）谷豆地300亩。初八日戌时，天降暴雨，长安县青门口、新庄、旧庄、惠家村倒塌民房180余间，粮食被水淹泡。此次因暴雨造成浐河、灞河、渭河河水涨溢，淹没农田、冲塌房屋，甚至造成人口、牲畜淹毙压伤的情况，实属严重天灾。

在灾情发生后，从川陕总督、陕西巡抚、陕西布政使、西安知府、咸宁知县、长安知县等各级官员迅速开展了调查灾情、捐资救助的举措，[①]而随后迅速开展的疏浚龙首渠、通济渠，将浐河、灞河水引入护城河的建设活动在一定程度上属于以工代赈的工程措施。

乾隆二年（1737）八月二十二日，陕西巡抚崔纪在给西安知府乌灵阿的公文中指出，省会西安城虽有宽阔城壕，但这一时期有壕无水，难以充分发挥军事防御功能，"非固圉之道"[②]。在明代至清代乾隆年间之前，西安城壕引水均仰赖于龙首、通济二渠。经崔纪调查，引水灌注城壕的时段并非全年均匀分布，而有轻重缓急。春夏两季时值郊区农民种田灌溉的关键时期，需要从二渠大量分水灌田，陕西官府为保障农业灌溉用水，一般会减少引入城壕的水量，而在每年秋末冬初农业用水较少的时段，就利用两渠向城壕大量引水灌注。应当说，这一引水时段的轻重安排兼顾到了农业灌溉与城池防御两大事项，促进了区域农业发展与城市安全。

基于两渠向城壕引水的惯例，陕西巡抚崔纪饬令西安知府乌灵阿，要求

①　查郎阿：《奏为具报咸宁等县村庄被水情形事》（乾隆二年八月二十二日），朱批奏折，中国第一历史档案馆，档案号：04-01-01-0020-033；崔纪：《题为咸宁等县居民田地被水情形事》（乾隆二年八月二十五日），户科题本，中国第一历史档案馆，档案号：02-01-04-12940-019。崔纪：《奏为办理咸宁等县被水灾民抚绥安插事宜事》（乾隆二年九月二十二日），朱批奏折，中国第一历史档案馆，档案号：04-01-01-0014-022。

②　民国《续修陕西通志稿》卷八《建置三·城池》，民国二十三年铅印本。

咸宁知县陈齐贤、长安知县王端按照以往的引水实践，自乾隆二年（1737）九月开始，从两县"公费"中划拨工程经费，招募工匠和民夫，大力疏引两渠，将浐河水、潏河水引流灌注城壕。①作为督工官员的西安知府乌灵阿虽为旗人，但在任上官声卓著，得到上级官员的褒扬。川陕总督查郎阿称赞其"持躬廉洁，实心爱民，守正而不偏，平易而不刻。处冲繁之省会，能肆应以裕如"②。由陕西巡抚转任湖北巡抚的崔纪亦称其"为人正直，操守廉洁，办事无误"，属于"有志向上之员"③。查郎阿与崔纪均向朝廷举荐乌灵阿，促其得到重用，足见乌灵阿在知府任内确属卓有政绩的官员。

综上所述，乾隆二年疏引龙首渠、通济渠灌注城壕的工程，规模较大，属于由陕西巡抚动议，西安知府协调，咸宁与长安二县负责具体实施的省、府、县协作联动的大型农田水利与军事工程建设活动。

约15年后，在全省农田水利建设逐步进入热潮的情况下，乾隆十八年（1753），陕西巡抚钟音、布政使唐绥祖等再度筹划、主导了重浚龙首、通济二渠的工程。

与乾隆二年疏浚龙首、通济二渠工程是在发生水灾、赈济灾情的背景下开展有所不同的是，此次开浚工程是在全省农田水利灌溉渠堰大规模重修的背景下进行的。乾隆十四年（1749），升任陕西按察使的吴士端向乾隆皇帝上奏，指出陕西各地渠堰众多，但长期失于疏浚，淤塞情况严重，不利于开展农田灌溉，因而奏请朝廷饬令陕西官府设法疏通，在滨临河流之地多开小渠，"旁作圩岸，以资挹注"，通过引水灌田促进农业发展。具体实施时依

---

① 民国《续修陕西通志稿》卷八《建置三·城池》，民国二十三年铅印本。

② 查郎阿：《奏为遵旨密保西安府知府乌灵阿等员廉洁守正请采择事》（乾隆三年二月二十日），朱批奏折，中国第一历史档案馆，档案号：04-01-12-0010-037。

③ 崔纪：《奏为遵旨密保汉中府知府朱闲圣西安府知府乌灵阿操守廉洁事》（乾隆三年五月二十五日），朱批奏折，中国第一历史档案馆，档案号：04-01-12-0011-076。

照"业主出资，佃户出力"的惯例，在农闲时节开浚兴修。此奏经乾隆皇帝批示陕西官府核查办理。经陕甘总督尹继善、陕西巡抚钟音等细查陕西全省渠道情形，其中西安府适宜开浚深通的坚固堤堰共计235道，可灌田366812亩。乾隆十八年（1753）"雨泽及时，水源旺畅，灌溉田亩较为有益"，陕甘总督尹继善、陕西巡抚钟音饬令下属认真查勘渠堰，若发现淤积等需要维修的情况，随时集中力量疏通；对于原本兴建的土坝、石堤，及安置木槽，均需帮筑坚固，实现"引水归渠，接泉入堰"[①]的效果。

龙首渠、通济渠作为省城西安近郊的两条重要的引水渠道，素来具有重要的灌溉功能，因而其重修引水颇受重视。关于此次工程，史料记载匮乏，幸赖有"江浙大老"之称的清人钱陈群所撰《方伯唐公暨夫人吴氏合葬墓志铭》略着笔墨，留下了宝贵线索。

乾隆十八年十月，67岁的唐绥祖（1686—1754，字孺怀，江苏省扬州府江都县人）补授为陕西布政使。[②]十一月十五日，自山西太原起程，赴陕西西安上任。[③]乾隆十九年（1754）九月初三日在西安任内病故。[④]唐绥祖任陕西布政使期间，西安"会城数万家，向资龙首、通济二渠以资汲引。自故道久湮，民苦，掘井味咸。莅任后，即访舆情，开浚故道，居民便之"[⑤]。按照工程筹划与实施的传统，此项工程应系陕甘总督尹继善、陕西巡抚钟音

---

① 尹继善、钟音：《奏报陕西所属渠道灌溉情形事》（乾隆十八年六月），录副奏折，中国第一历史档案馆，档案号：03-0986-016。

② （清）钱陈群：《香树斋诗文集》卷二十四《墓志铭一·方伯唐公暨夫人吴氏合葬墓志铭》，清乾隆刻本。

③ 唐绥祖：《奏报沿途及陕省麦苗雨雪情形事》（乾隆十八年十二月初六日），录副奏折，中国第一历史档案馆，档案号：03-0858-084。

④ 陈弘谋：《奏为西安布政使唐绥祖病故请速简员补授藩司事》（乾隆十九年九月初九日），录副奏折，中国第一历史档案馆，档案号：03-0090-013。

⑤ （清）钱陈群：《香树斋诗文集》卷二十四《墓志铭一·方伯唐公暨夫人吴氏合葬墓志铭》，清乾隆刻本。

主导，陕西布政使唐绥祖参与了谋划和督工事宜，具体施工管理无疑系由时任咸宁、长安二知县承担。尽管此墓志铭中称开浚龙首、通济二渠是为了便于城市居民引用，但灌溉渠岸附近的农田、灌注城壕同样也是这次工程的重要目标。

在此次疏浚之后，龙首、通济二渠又"淤塞多年"，陕西官府未开展重浚工程，两渠渠身逐渐湮没，致使城市水脉不通，城壕也处于"积水久涸"①的缺水状态。

乾隆中期，依照朝廷的规定与要求，陕西官府持续重视省内开浚渠道、引水灌田的工程建设，这也为西安城壕得以重新疏浚和引水灌注提供了便利条件。这一时期，朝廷在各省水利设施兴修方面有着明确规定，各省总督、巡抚等应在三冬农隙时节，责令州县地方官逐一查验渠堰情形，如有淤浅汕刷之处，须逐级上报，进行查勘、修浚。

自乾隆三十六年（1771）起先后担任陕西按察使、布政使②、护理陕西巡抚、陕西巡抚的毕沅认为，农田属于民生本计，其灌溉需要借助水利设施。陕西省水深土厚，大量田地位处高原地带，各州县乡村大多在山沟、水滨开通沟渠，引河泉之水灌溉田地。这类农田灌溉渠工一般工程规模较大，仅靠乡村百姓之力往往难以完成或持久，需要地方官员亲自组织，才能有效避免渠道淤塞的情况。当年冬季，毕沅饬令布政使富纲及下属官员督导各府州县官员切实开展疏浚渠道的兴修活动。

据统计，西安等府州所属47州县，共有渠1171道，可灌田645000余亩。

① 毕沅：《奏报陕省河渠修竣情形事》（乾隆四十年四月十六日），朱批奏折，中国第一历史档案馆，档案号：04-01-01-0341-040。

② 毕沅：《奏为奉旨补授陕西按察使谢恩事》（乾隆三十六年正月十六日），朱批奏折，中国第一历史档案馆，档案号：04-01-12-0141-009；索尔讷、英廉：《题为遵旨察核陕西省布政使毕沅并署布政使富纲等交代任内经手钱粮事》（乾隆三十七年六月二十五日），户科题本，中国第一历史档案馆，档案号：02-01-04-16347-016。

从乾隆四十年（1775）入春之后，"土膏萌动之时"①，巡抚毕沅饬令各州县官员在本州县招募民夫，对于"淤浅汕刷"的渠道段落，分别修浚，认真挑挖，"务令堙废者渐次兴修，而流通者灌溉优渥，于民间农田水利庶有裨益"②，使各州县渠道"一律深通，并无淤塞"，各地埝堰也均补筑完固。③

陕西巡抚毕沅在上奏朝廷的报告以及所撰《关中胜迹图志》《西安府志》中，均记述了乾隆三十七年至四十年（1772—1775）疏浚龙首、通济二渠，引灌城壕的原委。④自乾隆三十七年（1772）毕沅出任护理陕西巡抚之后，考虑到龙首渠、通济渠的通畅与否关系到省会西安的"日用饮食"，应当充分发挥两渠"利泽可资"的重要功能，同时要确保渠水"蓄洩宜备"，既能保障城市用水所需，又要避免引水过多造成水患，宜使渠道余水有归流之处。毕沅强调省城西安东有龙首渠，疏引浐河水，西有永济渠（即通济渠别名），疏引潏河水，两条引水渠道"屈曲数十余里"⑤，"实相资辅"⑥，不但可以浸灌沿渠大量农田，助力农业发展，同时引水"环注城壕"，提升城池军事防御能力，并为城区官民驻军提供生活用水。这一时期虽然西门瓮城大井已在康熙初年开掘出水，但两渠供水仍属于西安城区的重要补给水源。正是因为两条引水渠道兼具多种功能，因而对西安城乡发展、

① 毕沅：《奏报陕省河渠修竣情形事》（乾隆四十年四月十六日），朱批奏折，中国第一历史档案馆，档案号：04-01-01-0341-040。

② （清）毕沅：《关中胜迹图志》卷三《大川》，清文渊阁四库全书本。

③ 毕沅：《奏报陕省河渠修竣情形事》（乾隆四十年四月十六日），朱批奏折，中国第一历史档案馆，档案号：04-01-01-0341-040。

④ 毕沅：《奏报陕省河渠修竣情形事》（乾隆四十年四月十六日），朱批奏折，中国第一历史档案馆，档案号：04-01-01-0341-040；（清）毕沅：《关中胜迹图志》卷三《大川》，清文渊阁四库全书本；乾隆《西安府志》卷五《大川志》，清乾隆刊本。

⑤ 毕沅：《奏报陕省河渠修竣情形事》（乾隆四十年四月十六日），朱批奏折，中国第一历史档案馆，档案号：04-01-01-0341-040。

⑥ 乾隆《西安府志》卷九《建置志上·城池》，清乾隆刊本。

城池防御、城市生活等"尤关紧要"。可惜经乾隆前期修浚之后，两渠又淤塞失修多年，渠身湮没，水脉不通，城壕干涸缺水，城区人口生活用水状况大不如前。

基于两渠失修状况及上述认识，陕西巡抚毕沅率领下属官员在西安城东南、西南郊实地勘察浐河、潏河等水文状况与两渠流路所经的地形地貌，"顺水性，相土宜"，委派督粮道王时薰督办重浚两渠工程，其中重点内容是"将绕城壕沟挑挖深阔"①，即着力增加城壕的深度与宽度，以使城壕能够容纳更多水量，护城河水体也就更深、更广，防御效力显著提升，可见为城壕供水是此次修浚引水渠的宗旨之一。乾隆《西安府志》记述此事时称陕西巡抚毕沅专门委派"观察"王时薰督办。"观察"在清代一般指道员。王时薰于乾隆三十四年（1769）由汉中知府调补西安知府，②从乾隆三十五年（1770）起历任护理陕西驿盐道、署陕西按察使、陕西督粮道、署陕西布政使等职，乾隆四十二年（1777）王时薰在陕西按察使任内病故。③

从工程技术与军事防御角度综合分析，"挑挖深阔"后的城壕较之清前期城壕更深、更宽，能容纳更多渠道余水与排泄雨水，形成更为宽阔的防

---

① 乾隆《西安府志》卷五《大川志》，清乾隆刊本。
② 毕沅：《奏为委任孙含中署理西安布政使并王时薰署理西安按察使事》（乾隆四十一年四月初二日），朱批奏折，中国第一历史档案馆，档案号：04-01-12-0173-067；毕沅：《题为查核升任督粮道王时薰任内经手银粮无亏空事》（乾隆四十二年六月二十三日），户科题本，中国第一历史档案馆，档案号：02-01-04-16865-020；毕沅：《奏报臬司王时薰病故并委署富纲暂兼臬篆事》（乾隆四十二年十月初五日），录副奏折，中国第一历史档案馆，档案号：03-0165-048；毕沅：《题为前任督粮道王时薰乾隆三十八年九月至四十一年十月任内经手钱粮各数交盘无亏复核无异事》（乾隆四十一年十二月二十一日），户科题本，中国第一历史档案馆，档案号：02-01-04-16794-008；毕沅：《奏报臬司王时薰病故并委署富纲暂兼臬篆事》（乾隆四十二年十月初五日），录副奏折，中国第一历史档案馆，档案号：03-0165-048。
③ 毕沅：《奏报臬司王时薰病故并委署富纲暂兼臬篆事》（乾隆四十二年十月初五日），录副奏折，中国第一历史档案馆，档案号：03-0165-048。

御水面。此次重浚龙首渠、通济渠，既有利于沿渠农田得以"灌溉优渥"，又能促进水门、城壕等"堙废者渐次兴修"，具有一举多得之效，因此乾隆《西安府志》赞扬其有"万世永赖之利"①。可以推测的是，龙首渠、通济渠作为兼具农田灌溉、城区供水、城壕灌注等多用途的水利设施，其管护势必受到西安府、咸宁县、长安县官员的重视，系由咸宁、长安两县官府雇用当地民夫进行渠道维护，而护城河的管护则由长安县、咸宁县以及西安驻军相互协作完成。截至乾隆四十年（1775），经毕沅实地察看，龙首、通济二渠出现"水势疏通，长流不竭"的盛况，既有益于灌溉农田、发展农业，又便于城区居民汲取。在毕沅的设想中，此后陕西官府可逐年修浚龙首、通济二渠，这对于省城西安及其周边地区的发展，"实有裨益"②。

就工程规模而言，此次龙首、通济两渠开浚及挑挖城壕工程，总计开支工费银约8000两。③城壕的长度虽然基本未变，但在深度和宽度上变化显著。据乾隆《西安府志》载，护城河长4500丈，"旧"深2丈、广8尺。④此处所言之"旧"，系指乾隆三十七年（1772）之前的城壕状况，经过毕沅委派王时薫督办护城河工程，城壕的深度与宽度在此基础上均得以提升。此次开浚工程，护城河"加深四尺，面宽六丈，底宽三丈"⑤。如果按照旧深2丈、广8尺计算，经过开浚后的护城河深2.4丈，宽度则大为拓展，面宽超过此前的7倍，底宽接近4倍。

乾隆四十年，陕西巡抚毕沅筹划、主导的两渠修浚与城壕疏浚工程完工，并于乾隆四十一年（1776）主持编修完成《关中胜迹图志》，该书中绘

---

① 乾隆《西安府志》卷五《大川志》，清乾隆刊本。
② 毕沅：《奏报陕省河渠修竣情形事》（乾隆四十年四月十六日），朱批奏折，中国第一历史档案馆，档案号：04-01-01-0341-040。
③ 乾隆《西安府志》卷九《建置志上·城池》，清乾隆刊本。
④ 同上。
⑤ 同上。

图 6-5　《关中胜迹图志》卷七《古迹·寺观·荐福寺图》所见西安城墙与护城河

制有竣工未久的护城河景观（见图6-5），由此可以看到城壕中水流充盈，与城墙、马面、卡房等相互依凭。

关于护城河的深度，在民国《续修陕西通志稿》记述清代康熙至乾隆年间西安护城河时，同一卷同一段两处文字记载的长度一致，均记作4500丈，宽度亦相同，均称8尺，但深度一说2丈，一说3丈，差距明显。①

乾隆中叶出于军事防御之需，在修筑西安城墙时废弃了引二渠水入城的水门，这直接导致了"龙首、通济之入城者遂不可复"②。虽然后世修治二渠时又数次疏通水门、引水入城，但从这时开始，龙首、通济二渠再也未能恢复往日的引水盛况。

（三）清后期两渠疏浚与城壕引水

嘉庆四年（1799），白莲教起义军进入陕西秦岭一带，省城西安防守吃紧，一度紧闭城门，加强守御。③但这一时期，由于龙首渠、通济渠埋塞

① 民国《续修陕西通志稿》卷八《建置三·城池》，民国二十三年铅印本。
② 嘉庆《咸宁县志》卷十《地理》，民国二十五年重印本。
③ （清）庆桂：《剿平三省邪匪方略》正编卷九十五，己未年，清嘉庆武英殿刻本。

图 6-6　《关中胜迹图志》卷三十二《龙首永济二渠图》

失修，护城河并未形成水面。当时一度谣传由于陕西巡抚秦承恩紧闭城门，致使外来难民无法入城避难，投入护城河自杀。经军机大臣讯问秦承恩，这一谣言被证明系子虚乌有，"西安城壕向来无水，近郊百姓，多已避进城内，实无难民触城投河之事"①。可见，从乾隆中期封闭入城水门之后，特别是乾隆三十七年至四十年（1772—1775）陕西巡抚毕沅重浚通济渠之后，护城河逐渐又恢复到干涸无水的状态，成为名副其实的"城壕"。嘉庆九年（1804），在陕西巡抚方维甸的主持下，官府组织人力重新疏浚通济渠，但在嘉庆二十年（1815）前后，再度淤塞不通。整体上来看，通济渠为护城河供水呈断断续续的状态，在供水时段上与郊区农田灌溉相互错开，"四月以

---

① （清）庆桂：《剿平三省邪匪方略》正编卷九十五，己未年，清嘉庆武英殿刻本。

后，任民截水溉田，八月以后，放水入壕，以卫城垣"①。可以推测的是，城壕在秋冬时节有水可引，而在春夏之际往往干涸少水。为保障通济渠、龙首渠能够持久发挥引水灌溉民田的作用，咸宁、长安两县官府共为龙首、通济二渠安排了30名水夫，②从事巡察、疏通等维护工作，在一定程度上也促进了通济渠向城壕引水的稳定性。

嘉庆二十年（1815）刊印的《长安县志》与嘉庆二十四年（1819）成书的《咸宁县志》均绘制有城垣与护城河的示意图，在一定程度上能够反映志书编纂者对嘉庆年间城池状况的大致认识。其中《长安县志》"外郭图"西城墙外标注"城壕"字样，《咸宁县志》"北郭图"上标注"北城濠"，"东郭图"上标注"城濠"，"南郭图"上标注"城壕"。"壕""濠"两字并用，反映出编纂者注意到这一时期护城河在水域景观和防御形态上具有明显差异，护城河在有渠水或雨水灌注时，就出现有一定水面的情况，而在缺乏渠水引灌及干旱年份，就呈现干涸壕沟的情形。

道光三年至四年（1823—1824）间，陕西巡抚卢坤再度筹划重浚龙首渠，先后饬令西安府知府贵麟（以及接任的熊常錞、沈相彬）督导咸宁县知县唐锡铎、长安县知县张聪贤，劝谕民夫，疏浚龙首渠，引浐河水灌注护城河。③与以往同时重修龙首、通济二渠不同的是，此次水利工程仅疏治了龙首渠，而未重修城西通济渠。

这次重浚龙首渠、引水灌注护城河的工程，亦是在全省大力兴修河渠水利之际开展的重点建设活动之一。道光元年（1821），卢坤出任护理陕西巡

---

① 嘉庆《长安县志》卷十三《山川志上》，清嘉庆二十年刻本。

② 嘉庆《长安县志》卷十五《田赋志》，清嘉庆二十年刻本。

③ 卢坤：《奏为调任西安府知府沈相彬现办河工请渠工完竣再行赴部引见事》（道光四年十月二十六日），朱批奏折，中国第一历史档案馆，档案号：04-01-01-0663-031。

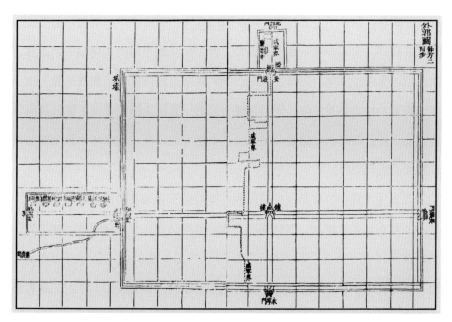

图 6-7 嘉庆《长安县志》所附《外郭图》上标注的"通济渠"在西关附近的流路

抚，与乾隆以来的历任陕西巡抚一样，也十分重视陕西的农田水利建设。卢坤认为"关中之地据百川上流，河渠灌溉之利随处可兴，是以雍州所称厥田上上"，因此他在上任之后，对陕西省的渠堰等水利设施情况进行了细致调查，发觉西安、同州、凤翔、乾州四府州属"田畴饶沃，渠道甚多"，只是大多数渠堰或年久湮废，或失于疏浚，淤塞不通。这种水利设施的状况不仅无法推进农业发展，而且存在洪水泛溢的隐患。为了改变这一状况，巡抚卢坤与布政使常文及接任布政使鄂山等商议开展大规模重修水利设施的工程，总的原则是"因势利导""相宜兴修"①。

　　在此之前，陕安道严如熤指导汉中、兴安二府开展的山田水利建设已获

---

　　① 卢坤：《奏为汉中府留坝同知唐锡铎等员修复河渠水利出力请敕部议叙事》（道光四年十二月二十九日），朱批奏折，中国第一历史档案馆，档案号：04-01-01-0663-065。

得显著成效，积累了宝贵经验，因而陕西巡抚卢坤指示严如熤会同关中各州县地方官员，切实办理各地水利重修工程。截至道光四年（1824）十二月，除咸阳、蓝田、凤翔、陇州、汧阳、华阴六州县重修水利工程较少外，咸宁县龙首渠、长安县苍龙河、泾阳县清冶二河、盩厔县涝峪等河、郿县井田等渠、岐山县石头河、宝鸡县利民等渠、华州方山等河，均属各州县开展的规模较大的水利工程。①

在上述工程中，包括主持疏浚龙首渠的咸宁县知县唐锡铎等州县官员，"寻源竟委，展宽挑深，度势相形，增堤筑堰"②，在各自州县兴修渠堰，可灌溉水田自一万亩至数万亩不等。可以看出，此时咸宁县官府疏浚龙首渠，主要目的在于发挥引浐河水浇灌龙首渠沿线农田的作用。不过，龙首渠本身属于综合性的水利设施，只要渠身通畅，所引水量在灌溉农田之外，灌注城壕也属势所必然。需要注意的是，长安县知县张聪贤此次疏浚的是距离城垣较远的城南苍龙河，完全属于农田水利建设范畴，并未涉及重修通济渠，可能湮废已久，重修工程量较大，难以在短期内实施。因此在道光初年，只有龙首渠能为西安城壕引注浐河水。

此次工程施工中，咸宁县知县唐锡铎、长安县知县张聪贤等作为督工官员，"或捐资尽力，或筹办合宜，皆属急公趋事"③，对于各项水利工程的顺利竣工发挥了重要作用，因而由陕西巡抚卢坤上奏朝廷，建议吏部给予他们议叙升补。此后，唐锡铎升任汉中府留坝厅同知，④张聪贤升补潼关

---

① 卢坤：《奏为汉中府留坝同知唐锡铎等员修复河渠水利出力请敕部议叙事》（道光四年十二月二十九日），朱批奏折，中国第一历史档案馆，档案号：04-01-01-0663-065。

② 同上。

③ 同上。

④ 同上。

厅同知。①

十年之后，在道光十三年至十四年（1833—1834），陕西巡抚杨名飏饬令咸宁、长安两县官员在西安城壕两岸大量栽种桑树，②这是西安护城河绿化的新阶段，即由明代以来在城壕中栽种水生植物，并在城壕两岸按照通济渠等管护做法种植树木，开始栽种产业性的经济树种，为发展蚕桑业提供基础条件。

自道光十年（1830）起，杨名飏先从汉中知府调任西安知府，此后历任陕西按察使、布政使，并于道光十三年（1833）担任陕西巡抚。杨名飏在担任陕西巡抚期间，大力开展多项重大工程建设事宜，包括维修川陕栈道③、灞桥与浐桥④，以及省内城垣、庙宇、仓廒等，⑤可以看出杨名飏十分注重省内各地的基础设施建设，这也成为省城西安城壕绿化的大背景之一。

杨名飏在担任陕西布政使期间，已意识到"蚕桑大政，利益无穷"，但关中农民"止知务农，不知务织"，"以粟易衣，终岁积金，半输外省，是因号寒而转致啼饿"⑥。杨名飏指出，就农业发展条件来看，西安、同州、

---

① 鄂山：《奏请张聪贤升补潼关厅同知事》（道光六年正月十八日），录副奏折，中国第一历史档案馆，档案号：03-2569-064。

② （清）杨名飏：《兵部侍郎兼都察院右副都御史陕西巡抚劝课蚕桑谕》，载《云龙文史资料》1987年第2辑，第45—46页。

③ 杨名飏：《奏报修理栈道动用生息本款银数事》（道光十四年八月二十五日），朱批奏折，中国第一历史档案馆，档案号：04-01-35-0958-018。

④ 史红帅：《清代灞桥建修工程考论》，《中国历史地理论丛》2012年第2辑，第118—131页。

⑤ 杨名飏：《奏为官民捐修兴安府城完竣请奖署安康县知县王以铭等员事》（道光十四年三月初四日），朱批奏折，中国第一历史档案馆，档案号：04-01-37-0095-005；杨名飏：《奏请动项修理安塞甘泉两县仓廒事》（道光十四年三月初四日），朱批奏折，中国第一历史档案馆，档案号：04-01-37-0095-004；杨名飏：《奏为省会西岳庙捐修完竣请列入春秋二祭事》（道光十四年四月二十二日），朱批奏折，中国第一历史档案馆，档案号：04-01-37-0095-009。

⑥ （清）杨名飏：《兵部侍郎兼都察院右副都御史陕西巡抚劝课蚕桑谕》，载《云龙文史资料》1987年第2辑，第45—46页。

凤翔三府、乾州、邠州一带地势较为平坦、干燥，适宜种植桑树，有利于开展养蚕、缫丝、织绢的生产活动，于是在陕西各地民间广泛发布告示，"三令五申"①，劝谕老百姓种桑养蚕。

经过三四年左右的发展，截至道光十四年（1834）二月，陕西各府州县种植桑树数量骤增。汉中府栽桑共301.8万株，兴安府栽桑共50.7万株，其余各府厅州县栽桑共300余万株。虽然各地栽种的桑树未必"株株皆活"，但已表明陕西各地土壤适宜种植桑树，有发展茧业的可能。商州知州恒亮主持种桑20余万株，并养蚕、缫丝织成新绢；绥德知州陈元煦主持栽桑亦逾6万株，出丝"柔纫光润，无异南省"②。商州位处南山、绥德位处北山，种桑养蚕均卓有成效。

在全省各府州县推广种桑养蚕事业的热潮下，咸宁、长安二县作为省城西安的附郭县也参与其中。依照陕西巡抚杨名飏、布政使何煊等省级官员的指示，西安知府韦德成要求咸宁县知县苑秘桂、长安县知县王光宇选择适宜地亩，种植桑树。咸宁、长安两县知县在大力劝谕乡村农民种植桑树的同时，还将官地的重要组成部分——西安城壕纳入了栽桑绿化的重点地带。西安城壕绵延超过4500丈，两岸旷地（尤其是城壕与城墙之间的空地）基本属于官地，面积广大。官府在此栽种桑树，不牵涉农民地亩，自主性强，执行效率更高。

在咸宁县知县苑秘桂、长安知县王光宇的督导下，两县在城壕两岸栽桑6.6万余株，移植桑树苗30余万株，至道光十四年（1834）二月，已长高5—6尺。得益于在城壕种桑等建设活动中的突出表现，此后未久，咸宁知县苑

---

① （清）杨名飏：《兵部侍郎兼都察院右副都御史陕西巡抚劝课蚕桑谕》，载《云龙文史资料》1987年第2辑，第45—46页。

② 同上。

秘桂升补商州直隶州，①长安知县王光宇升补留坝厅同知。②

此次两县在西安城壕沿岸栽种桑树多达近37万株，既包括已基本长成的桑树，也有幼小的桑苗。可以想见，在栽种大量桑树之后，西安城壕沿岸已然形成了一条环形绿带，其树株数量和绿化面积远超以往历次城壕沿岸的绿化情形。虽然这一时期龙首渠、通济渠向城壕引水趋于衰废，城壕更多处于干涸缺水的状态，而沿岸大量桑树的种植在很大程度上"激活"了城壕景观，使之能够在春夏之际绿意盎然。同时，城壕沿岸的近37万株桑树可为咸宁、长安两县养蚕业提供充裕的桑叶，有助于在关中地区进一步普及和推动丝织业的发展。

在陕西巡抚杨名飏饬令咸宁、长安两县于城壕两岸栽种桑树约20年后，咸丰二年至三年（1852—1853）间，为防范太平天国起义军袭扰，陕西官府十分重视加强西安城的"防堵"能力，而修筑加固城垣、城楼，挖深挑阔城壕属于最重要的工程措施。陕西巡抚张祥河、布政使吴式芬等官员带头开展了倡捐活动，西安城乡地区的大量绅商士民也随之踊跃捐款，西安城墙与护城河随后得到了较大规模的修缮。在加强西安城池防御方面，经陕西巡抚张祥河向朝廷上奏，当时住居西安的前任官员，如前任山东布政使王笃、荐补五品京堂聂沄、前任四川巢谷厅同知马万龄、前任塔尔巴哈台领队大臣副都统衔花沙布等"年健有为"之人，均留在西安帮办城池防堵事宜。③

---

① 史谱：《奏请以苑秘桂调补咸宁县知县事》（道光十二年正月初十日），朱批奏折，中国第一历史档案馆，档案号：04-01-12-0423-020；杨名飏：《奏请以郑华国调补咸宁县知县并先行赴署及委令徐来清署理周至县知县事》（道光十四年八月二十五日），朱批奏折，中国第一历史档案馆，档案号：04-01-12-0433-095。

② 杨名飏：《奏请以胡兴仁调补长安县知县事》（道光十四年五月二十二日），朱批奏折，中国第一历史档案馆，档案号：04-01-12-0433-155。

③ 张祥河：《奏请前任山东布政使王笃等帮办省城防堵事务事》（咸丰三年正月二十二日），录副奏折，中国第一历史档案馆，档案号：03-4241-009。

从咸丰三年（1853）正月、二月、三月西安府的粮价情况，可以判断出此次城池工程开展之际，西安府各州县庄稼收成较好，大米、小米、大麦、小麦、豌豆等主要农作物价格变化极小（见表6-4），说明农业发展平稳。

表6-4　咸丰三年（1853）正月至三月西安府粮价一览表

序号	种类	价格（银两／仓石）		
		正月①	二月②	三月③
1	大米	1.1—2.2	1.1—2.2	1.12—2.2
2	小米	0.79—1.66	0.79—1.66	0.79—1.69
3	小麦	0.77—1.75	0.77—1.75	0.77—1.75
4	大麦	0.4—0.7	0.4—0.7	0.4—0.7
5	豌豆	0.75—1.25	0.72—1.25	0.72—1.25

从咸丰三年二月下旬至四月上旬西安府的降雨情况看，二月二十三、二十八九，及三月初一、二、三、五、六、七等日，先后得雨一、二、三、四寸至深透不等；④三月二十三、二十四、二十五、二十六、二十七，及四月初三、四、五、六、七等日，得雨二、三、四、五寸至深透不等。⑤此时引水正值降雨较多的时期，潏河等城郊河水无疑会有水位上升的情况，势必有益于通济渠引水灌注城壕。

---

① 张祥河：《呈陕西省各属咸丰三年正月粮价清单》（咸丰三年二月十四日），录副奏折，中国第一历史档案馆，档案号：03-4474-040。

② 张祥河：《呈陕西省各属咸丰三年二月粮价清单》（咸丰三年三月十七日），录副奏折，中国第一历史档案馆，档案号：03-4474-078。

③ 张祥河：《呈陕西省各属咸丰三年三月粮价清单》（咸丰三年四月二十五日），录副奏折，中国第一历史档案馆，档案号：03-4474-132。

④ 张祥河：《奏报陕西省二月下旬至三月上旬雨水田禾并二月粮价情形事》（咸丰三年三月十七日），录副奏折，中国第一历史档案馆，档案号：03-4474-077。

⑤ 张祥河：《奏报陕西各属三月下旬至四月上旬雨水并三月粮价情形事》（咸丰三年四月二十五日），录副奏折，中国第一历史档案馆，档案号：03-4474-131。

在此次西安城池维修工程中，陕西官府征调了大量民夫，对"多有埋塞"的城壕"一律挑挖深阔"。为了改变城壕长期缺水的干涸状态，陕西官府采取了重新疏浚通济渠的工程措施，从潏河引水，自西关堰口放水灌注城壕。至咸丰三年（1853）三月，城壕中的水已"渐次将满"①。

通济渠疏浚完工之后，陕西巡抚张祥河目睹潏河水被引灌沿岸农田并灌注城壕的盛况，专门赋诗一首，题为《通济渠工成登龙首原观放水有作即赠南陔方伯》，赠送给时任陕西布政使吴式芬。该诗以生动文字描述了通济渠的历史变迁、工程规模，不妨移录如下：

> 赤手山南辟沟浍，一线飞流到城外。渠高濠下若建瓴，使水环城如玉带。龙首原承潏水多，乾爻六画为横坡。排鳞昀昀得大润，垂颔汩汩皆盈科。十余年来任波委，丈八沟形迷尺咫。迎锄蛇蚓百道通，到耳琴筝万人喜。宫殿隋唐彼一时，宜春曲江诸苑池。芙蓉开落阅世代，交皂二河名纵横判正支。长安井泉半咸苦，汲引泉甘被三辅。岂止农田菽麦宜，且教山市鱼鰕补。平生吴楚各扁舟，二曲明漪好洗眸。东望岭云生狗脊，南移酒榼过牛头。嗟哉华严川名剩涓滴，将军山林何寂寂？啜茗平台读杜诗，看花大道摩铜狄。兹渠修浚孰鸠工，前有贾公后毕公。君真兴利追郑白，我乐观成在镐丰。②

在这首诗文学化的表现手法之下，呈现的是通济渠疏浚过程、效果等史

---

① 张祥河：《奏报官民捐修省会西安城垣等工完竣事》（咸丰三年三月二十七日），录副奏折，中国第一历史档案馆，档案号：03-4517-067。
② （清）张祥河：《小重山房诗词全集·关中集》，清道光刻光绪增修本。

实，值得深入分析。诗中所言"渠高濠下若建瓴，使水环城如玉带"反映出通济渠引潏河水灌注城壕时，地势高下相宜，水流顺畅，水面宽阔的护城河环绕西安城垣，宛如玉带一般，更增添了古都城池坚固壮阔的气象。"十余年来任波委，丈八沟形迷尺咫"之言，是指在道光后期至咸丰初年之间，通济渠渠道湮废，丈八头一带的闸口年久失修，难以发挥引水之功，任由潏河水徒然西流。"迎锄蛇蚓百道通，到耳琴筝万人喜"之句，展现出疏浚通济渠施工、竣工时的热闹场景，沿岸农田得以灌溉，有益于促进粮食增产，自然令咸宁县沿渠农民深感喜悦。就通济渠引水灌注城壕的多样化效果而言，张祥河所记"岂止农田菽麦宜，且教山市鱼鰕补"，是指通济渠引潏河水不仅便于农民浇灌沿渠大片农田，确保庄稼旱涝保收，而且利用河水、渠水、护城河水等因地制宜开展鱼虾等水产养殖，能够为城乡市场提供水产供应。利用城壕养鱼种莲在明代开浚通济渠之初已经过实践，证明切实可行，具有一定的生态与经济效益，因此清代咸丰年间西安民众利用通济渠所引潏河水在渠道沿岸开设池沼养鱼，以及陕西官府利用护城河养殖鱼虾均属有史可鉴之举，并非突发奇想。

在咸丰三年（1853）陕西官府重浚通济渠、引潏河水灌注护城河之后，相隔十年之后，西安将军穆腾阿于同治二年（1863）上奏挖掘护城壕池，[①]以确保西安护城河能够在变乱之际充分发挥防御之功。显然，这一举措是随着同治初年陕甘战事愈演愈烈，西安城防形势较咸丰年间更趋严重而出现的。正是由于咸丰七年（1857）对城墙、城楼、垛口、敌楼、角楼等维修过后时间未久，因而此次维修的重点区域是环绕城墙一周的护城壕。

从历次西安城池维修的过程来看，护城河的修缮主要可分为两种类型：

---

① 民国《咸宁长安两县续志》卷四《地理考上》，民国二十五年铅印本。

一种是通过疏引滈河水、浐河水进入城壕，增加敌军攻城的难度，达到"金城汤池"的防御效果；另一种是在城外滈河、浐河水量小，或者财政紧绌、无力疏引的情况下，对干涸的城壕进行挖深掘宽，也能够增强城壕的防御功能。当然，在乾隆中后期，毕沅担任陕西巡抚期间，对护城河的维修就包括了这两种类型。

同治元年（1862），关中地区爆发战事，正当西安防务吃紧之际，朝廷委任穆腾阿担任西安将军，于十二月九日自同州出发，取道潼关，绕道商雒，二十二日抵达西安上任。①同治二年（1863）正月，起事军队"距城一二十里外，时以游骑往来，壅遏粮道，城内百物昂贵"②，但时任陕西巡抚瑛棨在西安城垣、城壕维修加固方面有所忽视，以至于出现"城北濠池平浅无水"的不利防守局面。对此状况，同治皇帝斥责"瑛棨何以不早行挑挖？其平日之因循废弛、漠不关心，已可概见"③，谕令西安将军穆腾阿、陕西巡抚瑛棨迅速饬令民夫将城壕挑挖深通，设法引水，以资凭守。需要注意的是，在民间起事军队屡次"扑城"，省城"防守紧要"④的关键时期，西安八旗军兵却由于不能按时领取月饷，造成了满城内"饿殍相望"⑤的惨状，至同治二年四月，因饥殒命的军兵及其眷属已逾2000余名。因而，此次开掘城壕的劳动力来自咸宁、长安两县的民夫，八旗及绿营军队经西安将军穆腾阿、陕西巡抚瑛棨、署理西安副都统伊昌阿等督战守城，"开炮轰击"⑥，主要负责城上防守，并未参加修浚、开挖城壕的施工活动。

① 穆腾阿：《奏报到任接印视事日期及接办防务事》（同治元年十二月二十六日），录副奏折，中国第一历史档案馆，档案号：03-4704-006。
② 《清穆宗实录》卷五十四，同治二年正月癸丑。
③ 同上。
④ 《清穆宗实录》卷六十五，同治二年四月乙巳。
⑤ 《清穆宗实录》卷六十三，同治二年四月戊寅。
⑥ 《清穆宗实录》卷六十九，同治二年六月庚辰。

相较于清前中期的历次疏浚、挑挖城壕工程，此次陕西官府调动民夫挑挖城壕是在战火形势十分危急、兵临城下的严峻时刻仓促开展的，主要目的在于挑深、挖阔城壕，阻止起事军队靠近城墙进行攻击。受战火背景、施工人力等限制，此次城壕挑挖工程的规模无疑难以与乾隆中期陕西巡抚毕沅督导的疏浚城壕工程相比。同时，由于向城壕引水需要重修通济渠或龙首渠，而两渠流经线路均属于起事军队活动较为频繁的区域，在当时的情况下无法维修，也就难以向城壕引水灌注，所以此次挑挖工程之后，固然足以改变"城北濠池平浅"的情况，但依然无法解决城壕"无水"的难题。

在经历了同治年间兵火破坏之后，光绪年间的陕西各地处于逐渐兴复的进程之中，西安城垣与城壕相关的修筑、建设与管护活动在承平之际也多有开展。光绪十六年至十八年（1890—1892），咸宁知县焦雨田主导了重修西安城墙魁星楼及在城壕栽种桑林等工程活动。

光绪十六年（1890），51岁的焦雨田出任咸宁知县。在任期间，他主持开展了众多建设工程，重视复兴、拓展文化教育设施，如重修董子祠及董仲舒墓，并加筑围墙；重修崇化书院、咸长考院及校场、箭亭等，促进了省城西安回民"多登乡会武榜"。在城墙保护与建设方面，焦雨田督工整修了西安东南隅城墙上的魁星楼，此举与修缮邻近的董子祠、咸长考院等文教设施相关，均寄寓了希望咸宁、长安两县人才辈出的美好愿望。[①]在陕西官府倡导民众种桑养蚕、发展纺织业的大背景下，焦雨田指导咸宁县百姓在西安城壕一带、灞桥等地种植桑林、建设桑园，大力发展蚕桑业。

概括而言，焦雨田在西安城壕及其周边设立桑园具有多方面的重要作用。第一，城壕桑林的大规模栽植与渐次成长，能够为农民养蚕提供充足桑

---

① 鲍喜安：《焦雨田先生年谱》下，民国焦雨田先生遗集本。

叶，对于农民发展蚕桑业、纺织业具有推动和示范带动作用；第二，在西安城壕及其周边种植大规模桑林，既能有助于预防壕岸崩塌，且能有益于涵养地下水，使城壕更能发挥城市蓄水库、排水池的作用，有益于改善西安城壕生态环境、护城河景观；第三，西安城壕的主要功能在于军事防御，其两侧有大片空地，在清光绪年间陕西社会相对稳定的情况下，在这一部分空闲土地种植桑林，改变土地利用类型，能够发挥其潜在的经济价值，收取一定的经济回报，可谓一举多得的产业措施。光绪十八年（1892）冬季，焦雨田移任富平知县。①

在龙首渠、通济渠长期"湮塞"的情况下，西安城壕难以引注浐河、潏河水，属于干涸无水的大型壕沟。光绪二十二年（1896），在清军同知王谀②、中军参将田玉广③的主导下，陕西官府组织军民重新疏浚龙首渠，引水流注城壕，形成"池水畅通"的美景。

光绪后期，仍有数次较大规模的疏浚龙首、通济渠，引水灌注护城河的维修工程。光绪二十七年至二十九年（1901—1903）间，陕西官府重新疏浚了通济渠，引潏河水入西安城，并灌注城壕。

光绪二十七年（1901），经历了"庚辛奇荒"大旱灾的陕西正处于赈灾、减灾的关键时期，会办陕西赈务刑部尚书薛允升向朝廷上奏了有关"预筹弭灾之法"，建议朝廷饬令时任陕西巡抚李绍芬切实举办积义谷、兴水利二事。④李绍芬在全省开展劝办积谷事宜，并将办理情形奏明朝廷，而在兴

① 鲍喜安：《焦雨田先生年谱》下，民国焦雨田先生遗集本。

② 魏光焘：《奏为特参潼关厅同知王谀等员庸劣不职请旨革职事》（光绪二十二年十二月初八日），录副奏折，中国第一历史档案馆，档案号：03-5349-112。

③ 杨昌浚：《奏请以田玉广升补陕西西安城守协副将事》（光绪二十年五月二十八日），朱批奏折，中国第一历史档案馆，档案号：04-01-01-0997-034。

④ 薛允升、升允：《奏为陕省灾深款绌请饬部续借拨银两接济事》（光绪二十七年四月二十六日），朱批奏折，中国第一历史档案馆，档案号：04-01-02-0099-023。

修水利一事上进展较缓。此后，接替李绍芬出任陕西巡抚的升允认为，"关中古称沃壤，厥田上上，近则动辄苦旱，岁有偏灾"，究其原因，就在于引水渠堰等多有淤塞阻滞，水利设施未能发挥有效作用，以至于饥歉频仍。

陕西巡抚升允等主政官员于"痛定思痛"之时，筹划"恐后惩前"之计，决定大力开展陕西水利建设工程。经过对大量方志、舆图等资料研读及实地考察，陕西官府确定了水利开发的三大"利源"：河道、渠流、井碓，针对性的维修举措亦分三类：开创、扩充、疏浚。经调查，西安、凤翔两府旧有引水渠道数量颇多，终南、太白二山"峪水不竭"，因此升允等人筹划对"宜疏浚"的大渠和小渠采取不同工程措施，加以兴复，以助农业生产"旱涝无忧"①。西安城东西两侧龙首、通济二渠的重新疏浚也属于这一类工程。

光绪二十八年（1902）秋冬时节，对于距离省城较远的各府县水利工程，巡抚升允遴选、委派干练官员赴实地踏查、访问乡耆、详测地势，开展水利建设的前期准备工作。对于龙首、通济二渠的疏浚工程，巡抚升允则亲自率领司道等官员轻骑简从，亲往查勘，②上述时任布政使李绍芬、按察使樊增祥等人可能均参与其中。

从升允有关此次考察的奏报分析，虽然陕西省级官员对龙首、通济二渠的渠线状况均进行了考察，但重点放在通济渠上。升允等人察看了通济渠自南碌磅堰至西安西城门之间"迤逦三十余里"的渠道情形。通济渠在西门附近"插孔入城"，即经过水门引水入城，城内渠道一支直达莲花池，"故

---

① 《陕抚升奏遵旨筹办水利，拟恳划留部款以济工需折》，光绪二十九年（1903）正月十七十八日京报全录，《申报》（上海版）1903年2月26日，第10721号，第12版。

② 升允：《奏为遵旨筹办陕省水利请准划留部款事》（光绪二十八年十二月初七日），朱批奏折，中国第一历史档案馆，档案号：04-01-05-0308-005。

道具存，无难修复"。针对这一实际状况，升允筹划对通济渠城外渠道一律"加高培厚，推广开深"，在城外除引灌农田外，还可以"挖修城壕，加宽濬深，引水环城，足资保卫"①；在城内则循故道"周行衢巷"，一方面能环绕行宫，起到防御作用，另一方面有益于市民汲引等生活用水。②正是基于通济渠引潏河水对省城西安的防御、景观、民生等具有重大意义，因而陕西巡抚升允决定"水利全功，从此处入手"③，以开浚通济渠、引水入城为此次全省水利建设的头号工程。

在施工劳动力方面，升允认为，自古以来的大工大役主要依靠调动军兵完成，民夫往往比较散漫，不如军兵整齐、高效，且为招募民夫支付的酬劳与给军兵所发兵饷的开支大体相当，因而决定调动省城西安的驻军参与通济渠开浚工程。此时陕西省常备、续备各军队，一部分从事操练、防守，一部分从事屯田垦种，无法调拨。升允便另行招募了两旗军兵，命名为"水利新军"④，即专门开展水利建设的"工程兵"。在光绪二十八年（1902）冬季西安郊区土地尚未封冻之前，升允已饬令水利新军迅速兴工，以"逐段开濬，相度地势"⑤的原则兴修通济渠。光绪二十九年（1903）四月初，通济

---

① 升允：《奏报陕省开办水利情形及用过银两核实报销开具清单事》（光绪三十年十二月二十三日），朱批奏折，中国第一历史档案馆，档案号：04-01-05-0199-033。

② 升允：《奏报陕省开办水利情形及用过银两数目事》（光绪三十年十二月二十三日），录副奏折，中国第一历史档案馆，档案号：03-7093-001。

③ 《陕抚升奏遵旨筹办水利，拟恳划留部款以济工需折》，光绪二十九年（1903）正月十七十八日京报全录，《申报》（上海版）1903年2月26日，第10721号，第12版。

④ 升允：《奏为遵旨筹办陕省水利请准划留部款事》（光绪二十八年十二月初七日），朱批奏折，中国第一历史档案馆，档案号：04-01-05-0308-005。

⑤ 升允：《奏报陕省开办水利情形及用过银两数目事》（光绪三十年十二月二十三日），录副奏折，中国第一历史档案馆，档案号：03-7093-001。

渠水利工程仍处于"吃紧之际"①，大致在当年底前完工。

时任陕西按察使樊增祥在此次工程中负有勘察之责，在对通济渠沿线视察之后，他专门撰写了一首《硵磠堰勘堤归马上望西安城作》的诗，其中记云：

> 参差楼堞倚青冥，风静严关鼓角声。虎视九州秦内史，龙蟠八水汉西京。前朝塔庙留奎藻，名刹数十并邀御题，近郭川原带晚晴。一自翠华西幸后，长安今是凤凰城。②

樊增祥作为参与工程的官员之一，具有长期在陕各地任职的丰富履历，熟悉西安等地情况。自光绪十一年（1885）起，樊增祥先后担任宜川、醴泉、长安等县知县，③光绪二十七年（1901）出任陕西按察使，④并于光绪二十九年至三十二年（1903—1906）任陕西布政使。⑤此诗中所言"一自翠华西幸后，长安今是凤凰城"系指光绪二十六年（1900）慈禧太后与光绪皇

---

① 升允：《奏为陕省添募水利新军两旗事》，朱批奏折，（光绪二十九年四月初四日），中国第一历史档案馆，档案号：04-01-01-1062-066。

② （清）樊增祥：《樊山续集》卷十八《鲽舫集》，清光绪二十八年西安臬署刻本。

③ 边宝泉：《奏请宜川县知县樊增祥与醴泉县知县熊含章对调等员缺事》（光绪十一年八月初一日），朱批奏折，中国第一历史档案馆，档案号：04-01-12-0533-047；鹿传霖：《奏请醴泉县知县樊增祥调补长安县知县事》（光绪十二年三月初十日），录副奏折，中国第一历史档案馆，档案号：03-5207-111。

④ 升允：《奏为饬令新授陕西按察使樊增祥即赴新任等事》（光绪二十七年六月初九日），录副奏折，中国第一历史档案馆，档案号：03-6163-035。

⑤ 升允：《奏为饬令新授按察使樊增祥接署布政使印务事》（光绪二十九年十二月二十一日），录副奏折，中国第一历史档案馆，档案号：03-5428-069；曹鸿勋：《奏报遵旨解任樊增祥布政使并饬锡桐接署日期事》（光绪三十二年十一月初二日），录副奏折，中国第一历史档案馆，档案号：03-5470-020。

帝"西狩"西安之后，西安作为西北军政重镇的地位进一步得到提升，各项城乡工程建设也得到了朝廷与陕西官府的高度重视，开浚通济渠引潏河水入城，环护北院行宫，并灌注城壕，正是这一时期的重大水利工程之一。樊增祥此诗重点强调了通济渠引水对西安城的重要意义，虽然无法恢复"龙蟠八水"的胜景，但对引水入护城河，美化城池景观作用很大。经过重修的通济渠渠道与礓碴堰等枢纽工程质量颇佳，在竣工后未久即经受了大水冲击，而渠、堰无恙。樊增祥专门在《贺葆菰生日时方统四旗督修水利》诗中提及此事，以示颂扬。①

此次陕西省重兴系列水利工程的规模浩大，所需工费"浩烦"，但正处于灾后复苏阶段的陕西省经费奇绌，筹款艰难。经升允查明，陕西布政司库存储有户部筹还赈款银41.05万两，遂建议朝廷从中划拨10万两，作为陕西省开办水利事业之用。朝廷随后顺利批准使用此项经费。②

此次通济渠水利工程，是陕西巡抚升允主持开展的全省大办水利的重大工程之一，其余诸如西安府咸宁县灞河与浐河大堤、同州府华阴县长涧与柳叶等河、凤翔府宝鸡县利民渠、武功县东马厂堤等工程亦渐次竣工。截至光绪三十年（1904）十二月，省内西安、凤翔、同州等府州县共筑堤堰数十道，开支河10余道，修渠30余道，灌田10余万顷。开支薪酬、工料、器具、地价、津贴等项，共用银10.3272万两。③

---

① （清）樊增祥：《樊山续集》卷十八《鲽舫集》，清光绪二十八年西安臬署刻本。

② 《陕抚升奏遵旨筹办水利，拟恳划留部款以济工需折》，光绪二十九年（1903）正月十七十八京报全录，《申报》（上海版）1903年2月26日，第10721号，第12版。

③ 升允：《奏报陕省开办水利情形及用过银两核实报销开具清单事》（光绪三十年十二月二十三日），朱批奏折，中国第一历史档案馆，档案号：04-01-05-0199-033。

图 6-8　足立喜六《长安史迹研究》图版 19 西安城西南城墙外侧护城河

从1906年至1910年执教陕西高等学堂的日本教习足立喜六所拍西安城西南城墙外侧护城河照片，分析可知：第一，站在南门城楼向西眺望，可见护城河中有水，而城壕两侧高低具有显著差异，城壕靠近城墙一侧坡岸较高，城壕外侧坡岸较低，几乎与田地持平；第二，城壕与城墙（马面）之间的土地似乎有开垦种植庄稼的迹象，显示出城壕官地属于公产，出租给农民耕种粮食或种菜，以获取收益；第三，城壕外侧坡岸种植有少量树株，内侧坡岸至城墙之间没有植树，较为平整，整体上从城墙上向南侧眺望，视野开阔，便于防御；第四，城壕内侧坡岸上有行人踩出的小路痕迹，显示出这一带虽然不是交通往来的道路，但有耕地农民或巡查城壕的水夫、老人等经常经过；第五，光绪后期南城墙马面上普遍建有卡房，仅个别马面上损毁，显示此时城墙防御设施在维修后颇为完善；第六，城壕中保持有连续、均衡的水量，应当不仅是雨水灌注形成，而应是有一定的渠道引水。

二、护城河引水衰废的原因

寻根溯源，自明至清城市水利（主要是渠道引水入城）的衰败症结在于秦岭涵蓄水源的森林遭到前所未有的大规模毁灭。[①]随着清代改变赋税制度，人口的迅速增加及土地兼并的日益加剧，广大失去土地的农民无以为生，深入秦岭垦荒伐林者日见增多，除来自关中地区外，还有"远从楚黔蜀，来垦老林荒"[②]的人。路德所撰《周侣俊墓志》中称："南山故产木，山行十里许，松梓翁郁，缘陵被冈，亘乎秦岭而南数百里不断，名曰老林，三省教匪之乱，依林为巢，人莫敢入，盖藩贼平操斧斤入者，恣其斩伐，名曰供箱木，自黑水谷出入渭，浮河经豫晋，越山左，达淮徐，供数省梁栋，其利不赀而费亦颇巨，一处所多者数千人，少不下数百，皆衣食于供箱者，木逾山度涧，动赖人力，遇山水陡涨，木辙飘失，比年以来，老林空矣，采木者必于岭南，道愈远费愈繁。"[③]清代秦岭水源地森林的急剧毁灭，导致两渠上源水量减少，渠道所引之水也就远比明代少。两渠上游水源地森林的毁灭，最终影响到西安城市水利的由盛而衰。

黄土地带渠道难以维护也是重要影响因素之一。由于城南台塬地带渠岸易于崩塌，尤其是夏季暴雨季节，渠水猛涨，流速迅急，多在拐弯处将渠道冲毁，同时两渠渠道较长，维护和管理相对困难，这就常引起城市供水的时断时续。

城市地位变化对包括护城河引水在内的城市水利建设同样产生了重要影响。明代西安城内不仅建有号称"天下第一藩封"的秦王府，郡王等宗室府宅亦云集其中，众多官署的管辖范围也往往涵盖西北大部，政治地位在西北诸城市中遂居于首位，而军事战略地位亦极为重要，因此城市供水的稳定与

---

① 马正林：《由历史上西安城的供水探讨今后解决水源的根本途径》，《陕西师大学报》（哲学社会科学版）1981年第4期，第70—77页。

② （清）严如熤：《三省边防备览》卷十四《艺文下·棚民叹》，清钞本。

③ 民国《续修陕西通志稿》卷三十四《征榷一》，民国二十三年铅印本。

持续受到各级统治者的高度重视。项忠在《新开通济渠记》中阐明开凿缘由时即指出："维兹陕西为西北巨藩，亲王秦邸暨都布按三司所在。"入清之后，西安虽仍为陕西省城之区，内筑满城，驻扎重兵，西北重镇的地位也相当重要，但与明时相比，政治地位已大为降低，几乎沦为一座纯粹军事意义上的城市，其引水、供水问题所受重视程度相对减弱，以至乾隆中期出于维护城防安全的军事因素而废入城水门，城市水利建设的衰落也就难以避免。

第七章

岿然屹立：民国西安城墙维修的背景

　　自清朝覆亡，民国肇建之后，直至20世纪30年代，随着城市交通、经济等的发展需要，各地普遍存在的城墙在一定程度上影响了城市与区域经济发展，因而上自中央政府，下至地方政府，以及社会大众，一度掀起了广泛的"拆城"讨论和提议。民国《续修陕西通志稿》的编纂者对此持反对意见，称"辛亥变起，陕西兵连祸结。十余年来，省会赖有坚城，少固吾圉。然则毁城之说，乌可行于今日哉？"[1]通志编纂者深刻认识到西安城墙具有重要军事防御功能，因而认为应当摒弃"毁城"之说，政府与民众应当重视城墙的修缮与保护。

　　概括而言，民国时期，西安城墙在维修、保护与利用方面，呈现出了较明清时期更多样化的面貌，这一方面是由于政体变革、财力紧绌，主管机构层级增加，相互之间需协调、合作，国家和地方政府财政困难，另一方面是由于这一时期政局动荡、局势不稳，加之天灾连连，又有外患之忧，城墙的维修、保护、利用都是在这些大背景下开展的，艰难而又有新的进展。

第一节　存毁之间：
民国前中期的拆城之议与保护举措

　　城墙作为我国传统时代保卫城内官民的主要设施，其重要作用无须赘言，然而随着近代枪炮火器的进步，城墙发挥的防御作用已不如冷兵器时代，加之沿江、沿海等区域中心城市在发展过程中，城墙限制了城区的扩

----

[1] 民国《续修陕西通志稿》卷八《建置三·城池》，民国二十三年铅印本。

展，对于城乡交通多有阻滞，以至于清末各地就开始出现了"拆城"之议。当时不少人就认为："域地居民，以备寇盗。各省府州县之有城，由来久矣。然闭关自守之时，有城则足以固藩围，大同共和之世，无城实足以利交通"①。基于这一认识，各省人士"倡言拆城，万口同声，几视之为赘疣"②，但地方官府与社会大众往往旋议旋罢，并未切实执行。

一、民国初年的拆城之议及其影响

民国初年，我国多地政府开始逐步实施"拆城"举措，广州首当其冲。广州城市历史悠久，自周秦迄民国已历2000余年。清代后期，广州官绅就讨论过拆城之事，但在宣统二年（1910）正月初一发生的"新军之役"，及宣统三年（1911）三月二十九日的"党人之役"③中，守城军队拥城自固，恃若金汤。因此，官府与民间一度兴起的拆城之议随即烟销烬灭。为整顿地方、振兴商务，自民国元年（1912）二月初一日起，在广东省大都督陈炯明与省工务部的指令下，广州从五层楼附近一带开始，"拆毁城基、改建马路"④，以期促进城市交通。⑤

与此相似的是，清末民初，天津、上海等商业重镇亦出于发展商业、便利交通等考虑，纷纷兴起拆城之议，并逐步付诸实施。六朝古都南京的大量商民也向江苏省政府呈请，为了振兴市面，请求拆除城墙。在民情与舆论的影响下，江苏省政府随即向北京中央政府提议，拆除南京与下关中间隔断的一段城墙。⑥对于拆城的重要意义，时人认为："盖以此举，既有益于中

---

① 《广东拆城之现象：小北门城墙》，《真相画报》1912年第1卷第5期，第8页。
② 同上。
③ 同上。
④ 《粤东宣布拆城日期》，《申报》1912年2月6日，第13999号，第6版。
⑤ 《广东拆城之现象：小北门城墙》，《真相画报》1912年第1卷第5期，第8页。
⑥ 《南京城墙存废论》，原载《德文新报》，汉声译，《协和报》1914年第4卷第21期，第4—6页。

国，而尤厚赐深受革党荼毒之南京，以经济上自由之发达也。"①当时社会上的一种普遍看法是，众多城市曾以城墙作为军事要塞的基础设施，但在和平发展时期，城墙就如同城市"锁链"一般，限制了城区拓展与社会发展，而城市"天然之扩张"终将突破城墙的局限。"有碍发达之墙，拆除以后，其地工商实业遂亦随之次第成立矣。"②当然，考虑到保护"南京城墙之于美术上有完全价值者"③，当局仅拆除了北门附近一带的城墙，保留了较长的段落。

民国前期北洋政府统治期间，各地军阀为争夺控制区域互相混战，城墙在各类战事中的作用不一而足，由此也进一步引发了各界人士有关拆城的思考和讨论。1927年，晋绥系军队与奉系军队在井陉、平山等地展开了"晋奉大战"。河北定州、涿州等地也受到战火影响，当时民众从战事亲历者的角度总结了城墙的不足之处，"觉得城墙实在有打倒的必要"④。署名"葆琛"的作者在《打倒城墙》一文中罗列了城墙的多种负面影响，尤其是从城墙难以抵御现代攻城武器的角度，指出"不如早点打倒它"。文中说：

> 战事一开，固然城市乡村一样遭劫，但是住在乡间的人到底比住在城里的人平安得多。住在城里的人，以为有个城墙保护。其实这个城墙不如没有的好。有了它，反把自己关起来，成了瓮中之鳖，走投无路，束手待毙。你看这次奉晋两军在定县血战了数次，这边攻进来，那边攻出去，一来一往，把一个好好的定州城打得乱七八糟。再说现今攻城守城比不得从前，从前只是用檑木炮台，现今用

---

① 《南京城墙存废论》，原载《德文新报》，汉声译，《协和报》1914年第4卷第21期，第4—6页。

② 同上。

③ 同上。

④ 葆琛：《打倒城墙》，《农民》1927年第3卷第26期，第355页。

的是大炮炸弹，无论怎样坚固的城也得被轰毁，不过有个迟早的分别。这样一来，城里的人可就倒霉啦，不但城墙毁了，连房屋也一同遭殃，正如古人说的"城门失火，殃及池鱼"一样。若是守城的人，偏顽固不降，攻城的人，不但是用大炮，还要用飞艇，什么毒气弹、开花弹往下一扔，岂不是玉石俱焚同归于尽么？你看现在涿州战事还未完，城里的人不被炮火打死，也要饿死，真是可怜！

所以城墙有什么用途，只是作了两军攻夺的东西，不如早点打倒它，除去障害，没有它，人民的生命财产倒可以保全，有了，反发生无穷的危险。①

我想现在中国各县的城墙，就如同上海，天津的租界一样。没有城墙，军阀去了争夺的目标；没有租界，政客失了倚靠的护符，国家也可以省了许多的无谓的战争和是非。

若是城墙一时打不倒，我要奉劝城里的人，在战事的时候，最好搬到乡间去住。乡村的生活虽然不及城市舒服繁华，然而有甜洁的空气，有美丽的野景，又可以免去酒食征逐无聊的习惯，养成天真烂漫，心平气和的良民，再加上相当的文字、生计、公民的教育，人人有吃有穿，知书识礼，真是最快乐最平安的境地呵！②

上文中的认识出自作者在战火中的实际观察与切身感受，充分反映出面对现代化的大炮、飞机，古老的城墙已难以再发挥出类似冷兵器时代御敌于城外的重要作用。应当说，这些认识在当时有其客观理性的一面，因而有着广泛的舆论影响。如果说清末民初之际阻塞交通、有碍经济是拆城之议的重要动因，那么在20世纪20年代军阀混战背景下城垣"捍患御侮"功能的逐

① 葆琛：《打倒城墙》，《农民》1927年第3卷第26期，第355页。
② 同上。

渐衰弱就更助长了拆除城墙的社会呼声。

二、20世纪30年代初期国民政府对城墙的保护与利用

1927年4月18日南京国民政府成立后，从政府到民间保护城墙与拆除城墙的呼声并存，论战依然持续。1928年，在云南昆明，有民众就认为城墙属于"无用"的"死物"，妨碍交通，"毫没便益"，力主拆卸城墙。其言论相当激烈，不仅声称"都市当中，人口继续膨胀，土地需用，积量增加，而市面交通，逐渐频繁，有这些种种自然趋势，他生存着，只是障碍，毫没便益"，更以自问自答的方式宣扬拆除城墙的必要性，"试问，这匝极端妨碍的旧城墙，留着的好吗？抑或应当拆卸？这问题，我知道定有人答应道：是非实行全拆不可呀！故所以我才说，它是大限将终的了"。在当时的很多昆明市民看来，拆除城墙，能够"化无用为有用，改死物为活物。市内房屋，太于密接，供不给求。存着它，障碍太多，拆了它，便利极多，这宗革命工作，勿论如何，都应当贯彻的"①。当时主张拆城的社会人士多以城墙妨碍城市扩张和城区发展为主要理由，基本上未考虑古迹保护、城市特色与文脉等问题。

在此背景下，部分城市继续推进拆除城墙的行动。1928年11月下旬，国民政府在国务会议中决议，饬令南京特别市拆除太平门至神策门一段城墙。②对于这一拆城之举，南京国民政府聘请的土木顾问、美国工程师高立克持反对态度，主张保存城墙，认为"若在西国，如有如此城墙，即出巨价，以保全之，亦所不惜。即如纽约，今方造一高墙，其费不赀，然不过五

---

① 友菽：《本市城墙底运命》，《昆明市声》1928年第1卷第24期，第3页。

② 刘纪文：《工务：拆除太平门至神策门城墙案：训令工务局遵照国府议决案：拆除太平门至神策门城墙由（训令第一七六五号，十七年十一月二十九日）》，《首都市政公报》1928年第25期，第40—41页。

英里耳。南京城墙之长，则倍此远甚"①。高立克指出，南京作为国都，在规划、建设时，"新城应以中国为式，而不用西方之式"，力求建成"新中国之南京，而非外国之南京"，因而应保存城墙，另择新址建设城区。②应当说，从现今的角度回望，高立克的建议系从保存和发展城市特色的角度出发，可谓高瞻远瞩，在当时国民政府制定的决策与实施的举措中也产生了积极影响，南京城墙的大部分段落得以保存。

在20世纪30年代初，拆卸城墙，"以辟大道"③，在各地城市建设中屡见不鲜，各地政府往往将拆除城墙视为推动城市发展、社会改良的有效手段之一。在山东济南，则出现了"改城为路"的折中之举，既减少了拆卸城墙的巨大开支，又能在短时间内改建城顶为路面，使城市面貌和交通状况得以迅速改观。1930年底至1931年初，山东省政府委员兼建设厅厅长张鸿烈向省政府建议，有鉴于全省政治中心济南城区面积狭小，车马川流，街道拥挤，交通极其不便的实际情况，可将大西门迤北，经乾健门、铁公祠、北极庙、汇波门、小北门至大东门，长约3560米的城墙顶部改建为一条马路，以便利城区交通，由此既可联络大街小巷，又无须占用本已紧张的城区土地。张鸿烈作为山东省建设事务的主管者，积极推动改建城墙为马路一事，委派该厅人员会同济南市工务局对此项工程详加估勘，绘制详图、编造预算。④

实际上，1930年冬，当局已着手拆除济南城西门，街道放宽至18米，此后又拆除南城门。1931年初，依据张鸿烈的建议，山东省政府主席韩复榘

---

① 《美顾问对于南京建筑之谈话，主张保存城墙》，《兴华》1929年第26卷第13期，第31页。

② 同上。

③ 《城市建筑》，《中华实事周刊》1930年4月12日，第3版。

④ 张鸿烈：《提案：拟将本城北城墙顶改修马路以利交通案》，《山东省建设月刊》1931年第1卷第1期，第4页。

饬令省建设厅与济南市工务局在城墙上铺修路面，以便通行汽车。此次工程拆除了城墙垛口，仅保留高约1米的女墙。在大西门、西北城角、汇波门、大东门四处各修一条马路，供汽车上下，并在多处添修人行道。自大东门至大西门一段，以及由大东门向南转西往北至大西门一段，共长约7000米。从改建后的城顶马路上眺望，"鹊华烟雨，明湖风光，绕城一周，便可全归眼底"①。此后，"城墙马路"不仅方便了济南市民交通出行，而且与大明湖水景相互映衬，成为济南的独特城市景观之一。

虽然随着大炮、飞机等新型武器的使用，城墙的军事防御作用已有所减弱，但作为城防的重要设施，城墙依然受到军队将领们的高度重视。1931年，宁镇澄淞四路要塞司令杨杰呈请国民政府行政院，指出沿长江一带各县旧有城墙"攸关国防"，提议保留。经行政院交内政、军政、参谋三部会商，支持保留各县城墙。对此决议，主张拆城的人士多有讥讽，"到了现在，我国的国防还没有弄巩固，尚须借重城墙来巩固国防，未免太谦了"。其依据则是："假如将这些巍峨的城墙拆去，所拆的砖石拿来筑路，所谓废物利用，这是多么有益的事呢？而拆城可以发展市区，筑路可以便利交通，更是目前建设中的美举。若谓拆除了城墙，国防便失了保障，这句话谁能相信呢？除了他是十七世纪的人。"②由此可见，主张保留、维护城墙的人士，主要是从国防和军事防御角度出发，而主张拆除、"打倒"城墙的意见，则是从促进交通、发展城区的角度考虑。两者的出发点迥然相异，得出的结论自然大相径庭。不过，在当时日寇进犯东北、国防力量和设施亟待加强的大背景下，保护并维护各地城墙以备不虞显示了军队将领们未雨绸缪的远见。

---

① 《济南拆除城墙改筑马路：明湖风光全收眼底，不惟便利交通，且为湖山生色》，《道路月刊》1931年第33卷第1期，第20—22页。

② 虎腰：《城墙有关国防》，《道路月刊》1931年第33卷第3期，第10页。

1933年，在金陵大学执教的邵仲香[1]撰写了《拆城墙》一文，发表于《农林新报》，专门述及此事。其文载："国民革命以来，许多新建设都猛然的兴起。富有封建思想的古城墙当然也免不了要拆除。南京的城墙真不在小处。外围是土城，有十八个城门，里面是砖城，有十三个城门。外面土城不说，单说里面的砖城，周围有七八十里路长，城内面积至少有好几万亩。全城墙都是石头般的古砖砌造的，据说灰泥都是糯米汁和石灰调成的。你看多么雄壮！多么结实！民国十八年（1929），有人建议把这城墙拆掉，用这城砖砌造别的建筑；当时就糊里糊涂的动工，七手八脚的乱拆；那晓得这城墙太结实，工人拼死了命都不能拆好。拆下来的砖头都破碎不堪，不能应用。幸亏有位洋人说：'南京城墙伟大雄壮，艺术美丽，极有保存的价值。'就才住了手，不去拆他。到现在紫金山下玄武湖边，依然的古城墙，还留着一些拆坏的痕迹呢！"[2]可见在南京城墙已经开始拆卸的情况下，高立克提出的保存城墙建议最终被国民政府采纳，南京城墙逃过了一次拆毁之劫。当然，南京城墙体量巨大、坚固结实，拆除工程势必要投入巨大，加之拆卸的残损城砖难以重复利用，这也是国民政府放弃拆城的考虑因素之一。

这一时期，虽然南京城墙得以保存，但社会上拆除城墙的声浪仍十分高涨，除了城墙影响城市交通和区域经济发展、难以在大炮飞机的热兵器时代发挥原有军事防御功能等原因之外，亦有如邵仲香等学者从城墙分隔城市与乡村的角度呼吁打破这道城乡之间的藩篱，使得城市与乡村能得到均衡发展。邵仲香在《拆城墙》一文中以生动的文字对比了城乡之间由于城墙而产生的显著差异，能够充分反映民国时期一大批支持拆城人士的内心想法。该文称：

---

① 邵仲香（1894—1991），又名邵德馨，江苏兴化人，1921年毕业于金陵大学，留校任金大农场主任。1927年3月，创办南京晓庄试验乡村师范，即后来的南京晓庄师范学院。1930年，返回金陵大学专职任教，并兼营金大农场。1939年至1945年，在中央大学农学院任教。

② 邵仲香：《拆城墙》，《农林新报》1933年第10卷第25期，第485—486页。

　　好好的城墙为什么要拆呢？别的我们不说，单说这城墙，是与我们农人有利，还是有害。因为有了城墙，乡村经济就崩溃，农人生活就困难。因为有了城墙，就觉得乡巴佬可鄙，黄泥腿可怜。因为有了城墙，乡村的优秀份子，就离开了乡村，财富精华就迁移到城市。因为有了城墙，乡村民穷财困，没人去救济；粗野陋俗，没人去教化；盗贼死亡，没人去过问；毁散冷落，没人去建设。请看在城圈子里面，奢侈豪富，教育学堂，公安卫生，高楼阔路，精神的，物质的，不一而足；出了城圈子，连影子也找不到半个了。

　　城墙好比一块大磁石，吸力非常之大，把乡村的精华优秀，都吸得一干二净了。城墙又好像是真空的圈子，里面的热力一些儿都不吐射出来。试想：城里的荣华富贵，把乡村的富有者、优秀者都吸收了进去，留存在乡村的，多是老弱不堪。再想那城里的宏达建设，应有尽有；反看乡村，只是颠沛流离。这乡村和城市的不调，都是这城墙的分隔，唉！城墙的力量太伟大了。站在乡村的地位，这城墙非拆不可。①

　　核实而论，以邵仲香为代表的"拆城派"人士的观察和思考在很大程度上反映了传统时代的城乡关系，城墙围合的城市在区域发展中起着核心与引领作用，而乡村则处于被管理和控制、提供物资与服务的地位。城市与乡村的关系虽然并未尽如该文所言的完全对立起来，但两者之间的差异确实相当显著，城市似乎代表了文明与发展的方向，而乡村则成了落后与封闭的代名词。正是基于如此显著的城乡差别，以及希冀乡村能够与城市协调发展，邵仲香一面在慨叹"城墙的力量太伟大了"，另一方面大声疾呼"这城墙非拆不可"。这种矛盾的心理，不仅在当时的保存与拆毁城墙彼此对立的意见中均曾出现，即便是在新中国成立之后，在保护城墙还是拆毁城墙两种决策之

① 邵仲香：《拆城墙》，《农林新报》1933年第10卷第25期，第485—486页。

间，政府与民间也都存在类似的矛盾心态。

　　1931年4月，宁镇澄淞四路要塞司令杨杰向国民政府行政院呈述保留城墙的提议，经国民政府主席兼任行政院长蒋介石谕令，军政部、内政部召集相关各部处，协商保护办法，形成了与杨杰的提议大致相同的方案。5月初，行政院召开第二十一次会议，通过了保存城垣五点"办法"，将此方案呈请国民政府，训令各机关施行。其主要内容有五点：一是全国各地现有城垣城壕及边界关塞一律保存；二是此前已拆者不在此列；三是此后必须拆除城垣、填平城壕的情况，由各地方政府呈行政院，交军政部、内政部，会同参谋部审核准许后，才可以拆除；四是为便利城内外交通，应在城垣、城壕中间多开设洞门、多架梁桥；五是城垣、城壕如有破坏，责成地方政府修理。[①]这五点"办法"为此后二十世纪三四十年代各地城垣保护、建设提供了指导原则，具有重要意义。

　　5月中旬，国民政府军事委员会委员长蒋介石致电陕西省政府主席杨虎城，要求饬令省内各地方必须"爱护各地原有城墙及军事建筑，不得用其砖石"[②]。杨虎城在接到命令后，立即通知各地遵办。毫无疑问，中央与省政府保护城墙的指令引起了各地方政府官员、民众对城垣的重视，起到了有效保护陕西各地城垣的作用。7月，陕西省建设厅在接到省政府有关"保护城垣"一事的训令后，于13日下发西安市政工程处。[③]

　　1932年12月中旬，国民政府内政部第二次全国内政会议召开。在此前保护方案与办法的基础上，军政部向大会提出了《拟请维持各省城墙，以固国

---

　　① 《保存城垣城壕办法，行政院二十一次会议决》，《华北日报》1931年5月2日，第2版。

　　② 《蒋电杨饬属保护各地城墙，军事建筑亦不得拆毁，杨已复电遵办》，《西北文化日报》1932年5月14日，第3版。

　　③ 节选自《陕西省建设厅给西安市政工程处的训令第1129号》（1931年7月13日），收入西安市档案馆编《民国西安城墙档案史料选辑》（内部资料），西安市档案馆，2008，第1页。

防案》（提案第五八号，土字第一零号）的提案，主张将保护各地城墙列为事关国防的通行政策。

军政部在提案引言中从多个角度阐明了城墙的重要价值与作用。该提案指出，"城垣为要塞之基础，要塞为国防之一部"，世界各国在国防事业方面，不仅重视陆、海、空军的建设，也注重加强要塞建设。无论国防方针采取守势，抑或攻势，易守难攻的坚固要塞均至关重要。在第一次世界大战之后，鉴于大战教训，以往要塞建设有欠完善的国家，在战后纷纷斥资建筑要塞，以求适应战争发展的新趋势，说明各国确信要塞建设属于巩固国防的重要途径。就我国各地城垣的特点与价值，军政部亦有深刻认识，认为城墙虽然属于"封建制度之遗物"，但实际上是"千百年来国防上固有，而利益最大之工程据点"，中国城墙在军事防御领域中的重大价值，深得东西方各国军事政治家所称赞。民国前期，一部分人士仅考虑到城市商业发展等短期利益，忽略了区域与国防的长远利益，致使拆城之议遍及全国，进而多个省份付诸实施。对此状况，军政部在提案中直称"破坏易，建设难，诚为国防忧"。在1931年九一八事变之后，日本侵略野心更趋膨胀，国民政府抗击外侮的压力骤增。军政部更是深感在"强邻逼处，且受多数帝国主义之压迫"的背景下，中国陆军"武器不精，军实不裕"，海军"轮舰小少，不堪言战"，空军"机艇旧少，能力幼稚"。在军队实力有限的情形下，倘若能善于利用城垣要塞，在一定程度上"可辅助三者之不足"。有鉴于此，军政部提议各省城墙不仅不宜拆除，更应通过修筑、维护使之更加坚固、整肃，以期适合战争的新趋势。尤其是陆、海边境及沿江各省区的城垣，军政部建议应悉数维持、保留，"盖其纵横连贯，运用自如，随时随地，均可以构成防御地带，固吾疆圉"①。

---

① 《公牍：江西省政府训令：民字第六八二零号（廿二年二月二十五日）：令民政厅、建设厅、保安处：令知维持各省城垣城濠以固国防》，《江西省政府公报》1933年第42期，第10—11页。

军政部在提案中详述了保留城墙的七点理由，略述梗概如下：

第一，我国各省城池大多依山傍水，形胜天成，对外有雄踞边疆的功能，对内则发挥控制要地的作用，呈现出"星罗棋布，脉络相通"的体系化特征，这与第一次世界大战后欧美各国"永久筑城"原则隐相符合。就此而论，我国各省城垣不属于过时的"废物"，而应切实维持、保留。

第二，从城墙规模及建筑材料而论，我国各地原省、府、州、县城墙周长从数里到数十里不等，甚至有如南京城墙长达120里之例。城墙高度一般在1.5—3丈，厚度约1.5—6丈。建城材料既有夯土筑就的土城，亦有包砌城砖、石料修筑的砖城或石城，其强度虽不及钢筋水泥建成的现代防御工事，但在战时可以因陋就简，对城墙加以补筑添修，即可提升抗打击的强度。

第三，从军队实战防御的角度而言，各地城垣已具备如同欧洲要塞堡垒的雏形，防御军队在详审敌情、相度地势的情况下，可将各城垣略加修改，用作守军驻扎的依托工事，可以达到事半功倍、节费省时的效果。

第四，我国四境强邻环伺，敌军从陆地与海洋均有可能发动攻击，但处处筑设新式要塞，不仅国家财力难以支撑，而且在实际上也不可行，因此对各地旧有城垣完全可以"因时利用"。军政部在这一时期对于抵御外敌的"持久性"已有前瞻性的预测，"今后之战争，因关民族之兴亡，为期必渐延长，则坚苦撑持，冀收最后之胜利，更必有赖于伟大之筑城"，各地城垣是我国军民开展持久战的重要依托。

第五，我国交通运输较为落后，军队调动、集中困难。在国境防御线一带，若原本筑有城垣，可以之作为军事据点，用来掩护野战军的调动和作战行动，防遏外敌入侵；在国内防御线，各城垣可以作为野战军的基地，发挥补给、调派等作用，或作为"支撑点"，便于我军采取各项军事运动，阻碍敌军行进；在国内腹地第三道防御线及其之后的数道防御线，只要有城垣支撑，都可加以利用，开展"最后防御"。据军政部初步统计，全国固有城垣计2000余座，若即以大城改建为大要塞，小城改建为小要塞，围塞作为"阻止堡"，再将国防及战略要地城池编组为"要塞地带"，在各城垣之间构筑大量防御工事及堡垒，采用最新武器，便能构建成防御严密的坚固阵地。从这一点而言，各省城垣实际上均可视为能够发挥国防重要作用的大量军事据点，"彼击此援，互相呼应"，有益于发挥军事防御体系的系统性作用。

第六，国防体系的建立和巩固并非朝夕之事，构筑坚固的军事要塞，需要国家投入巨额经费。但国民政府成立时间较短，国库空虚，百废待兴，陆、海、江防相关各要塞，在建设时难以同时兼顾，一旦外敌入侵、边疆告警，就必须依据固有城池与军事要塞，相互策应，开展防御和反击，这在当时是仅有的御敌良策。

第七，我国国土广袤、幅员辽阔，一旦某地发生变乱或匪患，在军队不能紧急驰援的情况下，当地人民还可以据城固守，坚待援军。从军阀混战以及发生土匪变乱等地的实例看，"城居之民，受害尚浅，乡居之民，受害实深，此系受城垣之赐"，因而各地城垣在区域安全和社会治安方面仍有相当的效力。

有鉴于以上七点理由，军政部提出了四点有针对性的保护和维修办法，基本上与1931年5月行政院通过的保存城墙方案相同，分别如下：

（一）各地方城垣城壕，除以前已经拆除，或填平者外，所有各地方现有城垣城壕，及边界关塞，一律维持保留。

（二）此后各地方如因市政发展，或重要建设，其城垣城壕，实有妨碍，或已失其效用者，得由地方政府呈请行政院，发交军政部，内政部，会同参谋本部审核后，准许拆除，或填平其全部或一部。

（三）各地方因交通关系，得于城垣城壕，多辟门洞，多架桥梁。

（四）各地方所有城垣城壕，如有破坏，应责成地方政府随时修理，但修理时对于城墙上之枪眼炮位，及侧防机关等，亦应按新式筑城，逐渐改善，期合实用。①

　　可以看出，军政部的保存城墙办法充分考虑到了各地城墙的现状，在保护的同时兼顾城市发展的需要，允许在妨碍市政建设或损毁严重等特殊情形下拆除城垣、填平城壕，并建议各地在城墙上开辟门洞、架设桥梁，以此克服城池不利交通发展的缺陷。在城池维修方面，军政部要求当地政府承担修理之责，不再依循传统"修旧如旧"的做法，而是依据新的军事防御需求，对"枪眼、炮位"等城墙设施进行改造。

　　经内政部第二次全国内政会议议决后，这项提案即由内政部会同军政部抄发各省遵照办理。1933年2月10日，陕西省政府就此咨请西安绥靖公署以及各厅实施推行。2月11日《西北文化日报》以"固有城塞犹为国防利器"为题，摘要转发了军政部提案及保存城墙办法，由此向社会大众广泛宣传了保护城墙的重要性。②

第二节　自卫闾阎：
20世纪30年代陕西各县的城墙维修举措

　　20世纪30年代，在陕西省政府"保护城墙"的号召和要求下，多地县政府对县城城垣开展了规模各异、类型多样的一系列修缮工程，在全省范围内

---

　　①《公牍：江西省政府训令：民字第六八二零号（廿二年二月二十五日）：令民政厅、建设厅、保安处：令知维持各省城垣城濠以固国防》，《江西省政府公报》1933年第42期，第10—11页。

　　②《民族存亡关头，固有城塞犹为国防利器，内政军政两部会咨陕省府保存城壕关塞及改善办法》，《西北文化日报》1933年2月11日，第3版。

掀起了城墙维修与保护的热潮。

一、关中地区

1933年，位于关中西北部的长武县入夏以后降雨过多，暴发洪水，南城一段城墙下部的土崖被冲毁，7月28日上午，此段城墙由城根崩塌，坠落沟底，计高十一丈余，长十五丈。由于倒塌的城墙土块堆积得几乎与地面齐平，人从城外可一跃入城，城墙难以发挥有效的防御作用，加之夏秋之际降雨较多，若不及早修葺，城墙崩塌的缺口会继续扩大，为此长武县政府召集地方士绅协商城工事宜，预计补修工程费用约5000元。经长武县县长党伯孤呈请省政府拨款修理，省政府当即指示财政厅、建设厅核拟办理。①由于民国十八年（1929）大饥馑发生后，陕西省农村生产状况尚未完全恢复，长武县难以在本县筹款，陕西省财政厅亦经费拮据，无力拨款，因而省政府要求长武县缓办城工，待次年麦收后开展就地筹款。②

关中平原西部的郿县自1917年后，屡遭土匪摧残，截至20世纪30年代初，仍呈现出街市零落、城垛毁坏的一派萧条景况。1933年夏季大雨倾盆，水灾遍野，经县长袁述千提议，由第十九次县务会议议决，呈请陕西省振济会拨款修筑城墙、公路、桥梁等基础设施，作为以工代赈的重要方式，其中修筑县城城垣估需洋2900元。③同年，由于淫雨连绵，渭北高原上的邠县城垣也出现了严重的墙身倾圮。在该县连年荒旱、民穷财尽的紧绌情形下，县政府呈请省财政厅"择要补修"城垣、县政府会议室、法庭等，预估工料等费337.4元。在难以从省财政厅获得拨款的情况下，县政府提议挪用该县当

---

① 《长武城墙崩塌，省令财建厅会拟补修》，《西北文化日报》1933年8月23日，第5版。

② 《长武修城，财厅令俟明年麦收，再由地方筹款兴筑》，《西京日报》1933年9月25日，第6版。

③ 《郿县拟补修城垣》，《西京日报》1933年10月5日，第6版。

年"建设事业费"，以便兴修。陕西省财政厅随后准予邠县挪款修城。①从以上各县修城个案可以看出，在20世纪30年代初陕西省各项建设事业逐步恢复和推进之际，由于省级财政状况紧张，因而各地城垣的重修难以依靠陕西省财政厅下拨款项，主要是依靠各县自身财政收入开支。

1934年，为防范土匪祸乱，关中西北部的栒邑（今作旬邑）县组建临时工程处，筹备物料，计划修葺城垣墙堞、颓塌炮楼、被水冲断的城身，并挖掘城南面护城壕，以期巩固城防。该项工程于3月19日动工，由陕西第一游击大队队长何全昇、县长刘汉文会同督工，劳动力来自各区保甲团，团员自带工具参加修筑工程。②此次工程持续至11月仍在推进。③关中平原东部的韩城县城墙年久颓毁。1934年3月起，韩城县政府与县商会等共同办理，开展了修筑北城雉墙、内城环城车路等工程。④

1935年9月，关中东部的大荔县城垣此前已多次遭受战火破坏，又逢连绵秋雨影响，致使城墙多处被雨水冲陷、坍塌。大荔县政府依据民众服役办法，征集民夫修补城墙，由该县第一区每保派民工30名，自当月8日起开始兴修。⑤

同年夏季，关中西部的陇县县城亦受降雨影响，被猛涨的汭水冲坍了东北城角，城身流水沟多有破损，而西城门楼受战火影响毁坏，不堪防守。由于事关城防，1936年4月8日起，县政府组织人力开始兴工，并从5月6日起与当地驻军合作，重修城垣及河堤。其中县政府负责维修被水冲坏的北城墙，

---

① 《邠县修城，挪用建设费余款》，《西京日报》1933年12月3日，第6版。

② 《栒邑修城巩固国防》，《西京日报》1934年3月28日，第6版；《栒邑修城》，《西北文化日报》1934年3月28日，第5版。

③ 《栒邑亟谋建设修城防架电话》，《西京日报》1934年11月18日，第6版。

④ 《韩城修筑城墙车路》，《西京日报》1934年3月29日，第6版。

⑤ 《大荔征工修补城垣》，《西北文化日报》1935年9月18日，第5版。

其余城身的修缮由驻军承担。①城工首先告竣，此后正值农忙时节，河堤工程暂时停顿，至7月继续修筑。全部工程于8月10日完竣，共计修筑城墙逾17丈、女墙50垛、河堤53丈。此次工程既加固了城墙，减轻了洪水隐患，在一定程度上实现了"河水可期安澜"②的目标。此重修西城门楼工程中，绅民高于鹏、雒仰卿督工监修，认真勤勉，程县长为褒扬两位士绅的付出，专门赠送给他们"热心公益"匾额各一面。③

在关中东部地区，1935年11月，郃阳县驻军与民众相互协作，修筑、浚深城壕。④同年，蓝田县城垣受连阴雨冲刷，墙体倾圮、垛口倒塌严重。经县务会议议决修理，动工约1月后，由于天气转寒，暂告停工。1936年春季重新复工，至5月初，该县城墙、垛口等修筑完好，"巍然雄壮"⑤。

1936年，为修葺麟游县城东、西城楼、挑补南城城壕及内外城根，该县县长杨烈将"工料费预算书""图说"等呈请陕西省政府，请求核准拨款。11月20日，陕西省政府委员会召开第344次例会，出席委员包括邵力子、王典章、李志刚、张赞元、雷宝华，列席者有高等法院院长孟昭侗、民政厅代表王廷飏、财政厅代表郑书田、教育厅代表蒋瑞青等。会议批准了麟游县的工程预算，照数拨款维修。⑥

位于关中东部的潼关县号称"西北门户、三秦咽喉"⑦，向为兵家必争之地。潼关城既是军事重镇，又是"关中著名之古迹"⑧，"城池险要、形

---

① 《陇县驻军补修城垣》，《西京日报》1936年5月12日，第6版。

② 《陇县城墙修复》，《西京日报》1936年9月1日，第6版。

③ 《陇县奖励修城士绅》，《西京日报》1935年9月10日，第6版。

④ 《郃阳县军民协修城壕》，《西京日报》1935年11月30日，第6版。

⑤ 《城墙修葺完竣》，《西京日报》1936年5月8日，第6版。

⑥ 《省府昨晨会议，议决准发麟游修城经费等案》，《西京日报》1936年11月21日，第6版。

⑦ 《潼关修城墙城楼，并举行祭孔典礼》，《工商日报》1937年3月24日，第3版。

⑧ 《潼关城楼竣工，陈诚赠匾为纪念》，《西京日报》1937年6月23日，第6版。

势雄壮，冠乎陕甘各县" ①。清乾隆五十二年至五十六年（1787—1791），朝廷及陕西官府对潼关城垣进行过一次重大维修，耗银多达100余万两。②由此建成的潼关城墙、城楼规模浩大，东、西、北三面城墙全用大砖砌成，南面依凤凰山作为屏蔽。

在辛亥革命之后，潼关以其重要的区位优势，历年均驻防重兵，但由于年久失修，"风雨摧残，坍塌堪虑" ③，城楼雉堞"处处表现出一种惨象"④。在1912年至1937年的26年中，军队与地方政府并未进行过修整，主要原因就在于维修工程浩大，军队、政府以及绅商民众均难以承担。1936年12月12日西安事变发生后，海州所驻财政部税警团奉令驻扎潼关城，协助潼关县政府开展教育、公安、财政、建设、禁烟等政务。1937年2月，对城防事宜素所重视的财政部税警团总团长兼任潼关警备司令黄杰，在接到该团第二支队司令官王公亮有关城池残破、亟待修葺的报告后，认为城墙损毁不仅有碍防御，而且观瞻不雅，⑤遂会同潼关县政府以"鸠工修补，藉维古迹"⑥为由，呈请财政部部长孔祥熙核准，拨款10000元，重修潼关城东、西两座城楼。⑦春季，潼关防务由陆军第23师接替，修理城楼工程亦由该师负责。⑧限

---

① 《财部拨款万元，修葺潼关城楼城堞，由税警团官兵协力修筑，潼关各界疏河筑桥植树》，《西京日报》1937年3月28日，第6版。

② 史红帅：《清乾隆五十二～五十六年潼关城工考论——基于奏折档案的探讨》，《中国历史地理论丛》2016年第2辑，第78—96页。

③ 《潼关修城筑路，二师接替潼关防务》，《西京日报》1937年4月27日，第6版。

④ 《财部拨款万元，修葺潼关城楼城堞，由税警团官兵协力修筑，潼关各界疏河筑桥植树》，《西京日报》1937年3月28日，第6版。

⑤ 《潼关修城墙城楼，并举行祭孔典礼》，《工商日报》1937年3月24日，第3版。

⑥ 《潼关修城筑路，二师接替潼关防务》，《西京日报》1937年4月27日，第6版。

⑦ 《财部拨款万元，修葺潼关城楼城堞，由税警团官兵协力修筑，潼关各界疏河筑桥植树》，《西京日报》1937年3月28日，第6版。

⑧ 《潼关修城筑路，二师接替潼关防务》，《西京日报》1937年4月27日，第6版。

于工程经费不足，此次并未修缮潼关南、北两座城楼以及南、北水关。

在这次重修城工中，税警团、第98师及第23师官兵"分任其劳"①，相互协作，分段维修，在修砌砖垛时也招募了工匠参与其中。工程顺序是首先重修城身和垛口，于3月23日完工；其次维修东、西两门共四座城楼，雇用了数十名油漆工人刷涂色彩，3月23日起由西城楼开始兴工。②为了确保城墙质量、节省开支，除购买新砖补修外，财政部税警团一度从各学校、商民住宅征集了数千块散落的旧城砖，以石灰黏结，重新加以利用。③

截至4月下旬，潼关城垣、砖垛补修完整，重修城墙、东西城楼工程竣工，原本参差不齐、倾圮倒塌的城垣重新恢复了名胜新貌，地方人士"莫不众口欢呼称赞"④。此次工程的顺利竣工，有赖于相继参与督工、施工的大量官兵，他们"工作异常努力，精神十分愉快，有益于地方，不扰及商民"，当时报刊赞其"真不愧革命军队"⑤，其中潼关警备司令部副官张执东、黄景升、参谋熊明义等人，则被誉为"成绩卓著"⑥。6月下旬，军政部政务次长陈诚专门为潼关城题写了"中流砥柱"大匾，漆色黑泽，赤金大字，长达1.4丈，宽约7尺，悬挂在西城楼中，为潼关古城"增新观瞻"⑦，鼓舞了军民的抗战士气。

1937年，关中西部的扶风县城因年久失修，东、西城门倾圮，城墙损

---

① 《财部拨款万元，修葺潼关城楼城堞，由税警团官兵协力修筑，潼关各界疏河筑桥植树》，《西京日报》1937年3月28日，第6版。

② 《潼关修城墙城楼，并举行祭孔典礼》，《工商日报》1937年3月24日，第3版。

③ 同上。

④ 《潼关城楼竣工，陈诚赠匾为纪念》，《西京日报》1937年6月23日，第6版。

⑤ 《潼关驻军补修城垛》，《西京日报》1937年3月11日，第6版。

⑥ 《财部拨款万元，修葺潼关城楼城堞，由税警团官兵协力修筑，潼关各界疏河筑桥植树》，《西京日报》1937年3月28日，第6版。

⑦ 《潼关城楼竣工，陈诚赠匾为纪念》，《西京日报》1937年6月23日，第6版。

坏程度严重，给城市治安、防御造成严重隐患。为此，该县王姓县长在巡视后，于9月1日召集县域士绅组织城工委员会，计划整修城墙。县政府向陕西省民政厅呈请，于秋后征调民工修城。修城费用估算约需3000—5000元，由全县各保分摊，计每保摊洋30元。①此次修城费用、劳动力均由该县自行解决，省民政厅实际上仅是进行工程核准，无须划拨资金，因此这实际上是一次扶风县政府与当地绅民动议、筹划，由该县出资、征调人力完成的城工。

同年秋，受连绵淫雨影响，陇县城垣多处坍塌。基于抗战时期地方治安尤其重要的认识，该县县长专门召集绅商及驻军代表组织城工委员会，负责督修。陇县城工委员会拟定了预算及征工办法，呈请省政府核准，并恳请陕西省振济会划拨赈款，开展以工代赈的修城工程。此次重修工程浩大，估计需款1万元。该县自10月下旬农闲时节，征调民工修城，至1938年2月补修竣工。②当年，鄠县城垣亦因降雨较多而倒塌多处，该县县长田资福向省政府呈报招工补修，需经费600余元。经省政府主席孙蔚如召开省政府会议，同意民政厅、财政厅将该县修城工料费核准为592元，由该县1936年度地方款预备费项下开支。③

二、陕北地区

1935年，位于陕北黄土高原上的洛川县城垣虽规模不大，但尚属完整，只是城东北、西北、西南三处城角碉房倒塌不堪。该县政府为加强城防，督促商会主席王星亮、城关联保主任屈舒冀修筑三座碉楼，以资防守。三座碉楼估需洋1000元，由商家分摊500元，民众分摊500元。自当年6月起动工兴修。④与洛川县相邻的宜川县政府亦组织人力，会同驻军于6月9日动工兴筑

① 《扶风准备整修城墙》，《西京日报》1937年9月2日，第3版。
② 《陇县征工补修城垣》，《西京日报》1937年10月20日，第3版。
③ 《省府会议通过南郑等县地方预算，并准发鄠县补修城垛工料费》，《西京日报》1937年12月25日，第3版。
④ 《洛川兴修城角碉楼》，《西京日报》1935年6月25日，第6版。

虎头山碉楼，此后又建设了凤翅山碉楼，以加固城防。同时，由于宜川县城"经久失修，土崩瓦解，目击心惊"①，县长淮健民调拨训练中的团丁轮流参与修城工作，由数名工头进行指导，在"人财交困"的局势之下收到了事半功倍之效。

在地方政府组织开展的城工之外，驻地军队也参与了城池的加固与修缮工程。1935年7月，在甘泉、鄜县、洛川一带驻防的第42师249团为缓解城防压力，团长王勤轩命令驻扎甘泉县的第一营、驻扎鄜县的第二营、驻扎洛川的第三营及旅部特务连于7月24日开始动工，分别将三县城墙修补完整，并掘深城壕，历时仅4至5天即竣工。②相较于各县政府组织的城工，由军队开展的修缮活动进展更为迅速，军事防御目标更加明确。

同样驻扎在鄜县的第42师武旅三团为加强城防工事，采取了与县政府和地方士绅相互协作的方式。该团李姓团副不仅每日亲自率领士兵，督筑城上女墙，而且还为重修被洛河水冲倒数十丈的北城墙，以及建筑碉楼一事，于1935年7月13日召集该县官员与县中富商、巨绅，召开"劝捐筑城"扩大会议。地方官员与绅商踊跃捐输，募得大洋200余元。此项工程开始后，该团副每天带领200名士兵参加修筑工程。③

洛川县西邻的中部县城垣因年久失修，"既碍观瞻，复难据守"，县政府原计划在1934年进行补修，但当年集中人力、财力修筑咸榆公路，未能同时开展。1935年6月，县政府抽调壮丁，逐步兴修，先筑圩墙，次修碉楼据点。至11月竣工，共计建成9座据点。④

1935年11月初，陕北的米脂县组织"建筑关城委员会"，开始修筑南关

---

① 《宜川赶办善后，团队巡回清乡招抚流亡，积极筑碉堡并补修城垣》，《西北文化日报》1935年7月3日，第5版。
② 《洛川驻军修城掘壕》，《西京日报》1935年7月25日，第6版。
③ 《鄜县修城堡，绅商踊跃捐款》，《西京日报》1935年7月26日，第6版。
④ 《中部修城，业已竣工》，《西北文化日报》1935年11月2日，第5版。

城垣。[1]这一工程直至1937年5月仍未竣工。有鉴于县境遭遇冰雹灾害，"疮痍满目，惨不忍睹"[2]，米脂县政府采取以工代赈的方式，饬令各联保主任挑选身体健壮、不吸鸦片的灾民，分派工作，每天发给工资，将修城与赈灾结合在了一起。在陕北定边县，1935年冬季起，县长李德庵征调民工，修缮城垣，以固城防，至1936年3月底全部竣工。[3]

1936年春，肤施县北城墙因年久失修而塌陷，县长高锦尚向陕西省政府呈请拨款5000元兴工。经陕西省政府委员会召开第二百九十二次例会，出席委员包括邵力子、王典章、雷宝华等，议决向该县拨发2000元修城经费。[4]从肤施县城垣维修经过看，各县城工经费可以由县政府直接向省政府申请拨付，而随着陕西省财政收入的增加，省政府逐步加大了对各县城工的支持力度。当然，修城经费等开支原则仍以"撙节支用"主。

同年，甘泉县县长李果以"县城年久失修"为由，呈请省政府拨款修葺。经陕西省政府委员会于9月22日召开第三百二十七次例会，出席委员包括邵力子、王典章、彭昭贤等，列席者包括高等法院院长孟昭侗、建设厅代表王尧青等。会议议决批准该县兴修城墙，并特别要求在征用民工时，将原拟工资5角，改作每天发伙食费3角，费用由省库支给。[5]

有陕北"军事重心"[6]之称的肤施县城东邻濬筋河，每逢山洪暴发，城垣易被水淹。为防范水冲城垣，修筑濬筋河堤势在必行。1937年，陕西省政

① 《米脂建筑南关城垣》，《西京日报》1935年11月4日，第6版。

② 《米脂清乡，并修南关城》，《西京日报》1937年5月26日，第6版。

③ 《定边修城》，《西北文化日报》1936年3月26日，第5版。

④ 《省府昨晨会议，准拨肤施修城经费》，《西京日报》1936年5月23日，第6版。

⑤ 《省府昨晨会议，通过中学教员轮流进修办法，甘泉修城工费准由省库支给》，《西京日报》1936年9月23日，第6版。

⑥ 《兴筑肤施濬筋河堤，省令财厅拨款》，《工商日报》1937年5月11日，第3版。

府饬令财政厅按照肤施县前任县长高锦尚的呈文，下拨修城经费洋3000元，用于修筑河堤。①虽然此项经费并非直接用于加固城池，但修筑河堤可有力保障城垣安全，在很大程度上可以视为城工的重要组成部分。这与乾隆年间潼关城工包括修筑黄河堤岸系属同理。②

米脂县城垣的修筑工期较长。1937年11月，南关城垣大致修筑竣工，随后开始筹划修筑和尚圪塔小部分土城及西南城女墙，全部工程在寒冬地冻前大体完成。由此新旧两城形成掎角之势，驻防少数兵力即可足以防守，提高了米脂县城的治安与防御能力。③

三、陕南地区

商县县城位处秦岭山地东段，虽然"向以巩固著称"，但在20世纪20年代末30年代初，城垣迭遭兵燹，被数次围困，城楼砖堞受攻城炮火射击，多被损毁，加以风雨侵蚀，城墙损毁较为严重。1933年10月13日晚，靖羌门（即西门）外皮砖墙倒塌三丈余，15日晚内面土墙又倾倒二丈余。县政府以城防关系重大，拨洋500元，由该县阎县长亲自督率民工开展修葺工程。④

位于秦岭南麓的安康县城滨临汉水，城垣安全有赖护城堤保障，加之川陕交界一带土匪活动猖獗，因而县政府于1934年6月底饬令城堤委员会划拨收存款项，修缮城墙与城门，7月初即已修筑完成水西门工程。⑤与之南北相应的是，位于陕北黄土高原的延川县城垣由于土城年久失修，城墙沿线枣刺成林，墙身多不平整，甚至"举足可逾"，小偷出入如履平地，同时有

① 《兴筑肤施濯筋河堤，省令财厅拨款》，《工商日报》1937年5月11日，第3版。

② 史红帅：《清乾隆五十二～五十六年潼关城工考论——基于奏折档案的探讨》，《中国历史地理论丛》2016年第2辑，第78—96页。

③ 《米脂》，《西京日报》1937年11月23日，第3版。

④ 《商县修理倒塌城墙》，《西京日报》1933年10月1日，第6版。

⑤ 《安康修葺城堤城墙》，《西京日报》1934年7月1日，第6版。

零星土匪出没。为加强城区治安，延川县政府于10月起调派工夫，修缮、加固城垣。①同在10月，洵阳（今作旬阳）县城垣因阴雨连绵，墙身此崩彼塌四五处，倘若不加以补修，无从发挥戒备防御的作用。该县县政会议议决即行修补，计划由征存备解的建设专款项下开支工程经费，并上报陕西省政府。省政府指示该县查明建设专款数额、预估城工经费开支等信息，②指导了该县城墙维修工程的进行。当年底，褒城县为维修县城城垣，计划筹集工程经费洋10000元。此事被陕西省政府获悉后，在省政府委员会召开的第一百五十四次例会中，批驳褒城县县长未经批准，擅自派修工款，要求该县立即停收。不过，对于该县城垣是否应加以修缮，省政府仍十分重视，专门派员查实核办。③

1935年，陕南山地的洋县县城年久失修，加之1930年冬两次遭到四川土匪围攻，致使城上垛墙损毁严重。9月，该县县务会议决定筹募修城专款2000元，由建设助理员负责组织民工修补。10月初，全部工程次第完成，"裨益城防，自非浅鲜"④。

同年，南郑县则加强了护城河的建设。护城河在南郑县城防体系中具有重要地位，此前虽然进行过多次修浚，但始终没有通盘规划，河床既不平衡，河堤又不划一，不仅观瞻不雅，而且实用性堪忧。4月上旬，为加强南郑防御工事，驻扎在此的第三十八军筹划一方面在城郊各要隘地带建设碉堡、构筑战壕，另一方面重新挖修环城河沟。第三十八军孙蔚如军长委派陆军十七师、特别党部委员周燕荪奉命负责督工监修，并与参谋处、副官处人员协商测量河道、估计工程量及施工方案。随后汉白、西汉各路工程师及技术工人用时3天进行了测量。

① 《防匪补修城垣》，《西京日报》1934年10月10日，第6版。
② 《洵阳修城垣，省令详报工费估计》，《西京日报》1934年10月14日，第6版。
③ 《省府会议通过褒城筹款修城饬即停收》，《西北文化日报》1934年12月29日，第5版。
④ 《洋县修城筑堡，城已修竣堡正建筑》，《西京日报》1935年10月4日，第6版。

在南郑护城河工程沿线测量完竣后，自4月6日（一说15日[①]）开始兴工。南郑县政府指示由各联保招送民夫，每名工资2角，由工程委员会每日查验实际到工人数，开具名单，在县政府按数照领酬劳。每日工作民夫八九百人。有了工资保障，民夫积极性颇高，施工进展迅速。原计划两周内即可竣工，由于阴雨连绵，护城河中积水贯注，延缓了工程进度，工期被迫延长。即便如此，按照护城河深一丈、阔一丈有余的标准，每日进展仍超过了一百米。其重要原因，一方面在于陆军十七师特别党部委员周燕荪与陕西省建设厅工程师陈泰毓等督工官员吃苦耐劳、督率有方，以身作则，督率民夫加紧施工，"甘苦与共，冒雨暴日，勠力同心"；"自朝至暮，同作同息，未尝稍事离开，即盛日当头，淫雨淅沥，足历泥泞，手不张盖，一般工人，大受感动"。另一方面，参加施工的民夫多深明大义，工作异常努力，"未尝稍事偷闲，言听计从，指挥颇为如意"[②]。正是在督工官员与施工民夫的密切配合下，此次修筑护城河工程得以在较短时间内顺利推进。挖掘工程至当月29日已大致告竣。该项工程不仅有利于军事防御，而且对于当时中央政府倡导的"新生活运动"[③]，亦有助益，其重要性参见第九章第二节相关论述。

1936年9月，为提高城墙防御能力，陕南凤县驻军在与县政府会商后，军地双方筹集了修筑城墙的器具，动员城关民众及驻城士兵分段修葺城墙。军民联手补修了城墙缺口及被雨水冲陷的各处城身，并在城墙上加筑了一层内墙，增强了城墙的守御能力。[④]

1937年秋季，淫雨成灾，年久失修的平利县城垣"坍塌甚巨"。该县县

① 《南郑修城堡，由周燕荪督修》，《西京日报》1935年4月15日，第6版。

② 《南郑城工告竣，周燕荪谈完成河工经过，环城马路大部修筑平坦》，《西京日报》1935年4月29日，第6版。

③ 同上。

④ 《凤县驻军修筑城墙》，《西京日报》1936年9月23日，第6版。

长亦认识到，"抗战时期，地方治安尤为重要"，召集该县绅商讨论维修事宜，并推选出"监修员"负责督修。此次城垣重修工程估计需款约1000元，由绅商负责募集。自1938年1月下旬起动工兴修，当年底补修完成。①

第三节　坚城如铁：
民国前期战火对西安城墙的影响

民国前期，北洋政府执政期间，国内军政局势复杂动荡，各省军阀为争夺控制区域，获取更大的政治权力与经济利益，往往发生严重冲突，爆发惨烈战事。在此期间，陕西省尤其是省城西安所处的关中地区就多次发生军阀之间的混战，西安城墙作为防御军队赖以依托的重点设施，受到战火的影响很大，毁损较为严重，而保护、维修难以及时开展。

一、1918年至1921年战火对城墙的影响

1917年，孙中山领导的护法战争爆发。1918年，北洋军阀政府指示陕西督军、省长陈树藩率军5000人，固守西安城。胡景翼带领属下陕西靖国军约15000人，配大炮8尊，机关枪6架，围困西安城。截至5月，围城逾两月之久，仍未能攻陷。依据当时人的看法，西安坚城未破的主要原因在于靖国军缺乏攻城炮及飞机，并未开展猛烈的攻城行动。靖国军虽然采取了截断粮食运输通道等围困方式，但守城的陈树藩军队将城区大部分商民驱逐出城，以减少粮食消耗，采取持久之策，同时致电北洋政府求援。受北洋政府之命，

① 《平利募款修城垣》，《西京日报》1938年1月30日，第3版。

图 7-1　民国前期的西安城东门（长乐门）

图 7-2　1921 年的西安城南门（永宁门）附近城墙

刘镇华率领河南镇嵩军入陕，经过血战，得以入城会和，西安之围逐渐得以解除。① 在这次战事中，陈树藩率军依恃高大城墙与宽阔护城河的有效屏障

① 《关于军事之最近京闻》，《申报》（上海版）1918年5月25日，第16260号，第3版。

图 7-3　1921 年的西安城西门（安定门）

和防护，抵挡住了靖国军的围困。经此一役，西安的"金城汤池"再一次证实了其在热兵器时代仍具有较强的"捍患御侮"的能力，不过，战火对城墙、城楼及其附属建筑造成的损害也较为严重。

1920年，直皖战争爆发。1921年，直系军阀派阎相文的第二十师、吴新田的第七师以及冯玉祥的第十六师混成旅入陕，联合陕西靖国军的力量，攻打西安城。时任陕西督军陈树藩、省长刘镇华率军在城内守御。7月6日，冯玉祥属下各部在分别攻击灞桥、狄寨、草滩、十里铺、韩森冢等地后，距离西安仅约3里。守城军队由城墙上向下射击，冯军则用炮火猛攻。当天下午3时，城上遍插白旗，省长刘镇华派兵出城投降。冯军继而在咸阳、兴平、乾县等取得胜利，平定了陕西局势。[1]从这次战斗情况看，其激烈程度显然要较1918年的围城之役更为猛烈，正是有了冯军使用大炮攻击，致使陈树藩、刘镇华指挥的守军迫不得已投降。可以想见，在大炮轰击下，城墙、城楼、敌楼、垛口等势必损毁严重。

————

[1]《冯旅入陕后之战情》，《申报》（上海版）1921年8月29日，第17428号，第11版。

二、1926年"围城之役"对城墙的影响

1926年，军阀刘镇华率领镇嵩军攻入陕西，对西安展开了长达8个月的围困。杨虎城、李虎臣率领国民军坚守西安。此次双方围困与守御西安的战役被称为"围城之役"。在时人看来，西安"城池坚固，不让石头城"[①]，高大城墙与宽阔城壕在陕军坚守的过程中发挥了重要作用，而镇嵩军炮火的猛烈进攻则对西安城墙（包括南门箭楼[②]）造成了严重损毁。

4月16日（阴历三月初五日），镇嵩军开始攻城。在此役初期，镇嵩军发动猛攻，一度枪子、炮弹"纷如阵雨"。国民军则"赖城墙之坚，地势之利"，严防死守，以待援军。镇嵩军在炮击无效的情况下，先是组织敢死队采取"爬城"方式攻城。守军或掷炸弹，或放排枪，爬城者伤亡累累。强攻登城失败后，镇嵩军又调派工兵，从城外挖掘地道，试图穿过城壕、城墙下部，入城奇袭，但再度被守军歼灭。在镇嵩军初期的攻城炮火之下，西安"城中房屋毁于炮火者不知凡几，人畜死于炮弹者为数亦多，此被围后第一月之惨状"[③]。

在第一阶段数月进攻后，镇嵩军进攻态势有所减弱，不得已改变战略，采取长期围困的方式，以待城中军民不战而降。围城的主要工程措施是在西安城外挖掘长达70里的战壕，深1.5丈，宽2丈，在战壕外侧修筑"土城"，作为士兵掩体。在围城约6个月后，城中民众由于粮食匮乏，以至于饿殍载道，身处困境。

在围城之役的相持阶段，镇嵩军与国民军攻防双方均采取了多种军事策略和行动，对城墙、城楼产生了或显著或潜在的影响。1926年8月，国民

---

① 佚名：《西安历劫谈》，《兴华》1926年第23卷第47期，第44—45页。

② 何正璜：《西北考察日记（一九四〇年—一九四一年）》，中华书局，2015，第145页。

③ 佚名：《西安历劫谈》，《兴华》1926年第23卷第47期，第44—45页。

军在西安城内沿着城墙四周，挖掘了大量斜凹如同窑洞的战壕，士兵可以坐卧其间，人从外面无法窥见，炮弹亦难以击中。同时在城门附近布设大量地雷、电网，然后将四城门白昼开放，夜间关闭，作为诱敌之计。又组建别动队六队，轮流巡查四座城门。遇有某一处战事吃紧，即一拥登城，对于距离较远的敌军，用枪炮轰攻，距离近者，用砖石投击。[①]守城军队出于防御需要，拆毁了"可媲美于北平之城楼"的四门城楼内部的木板。更为严重的是，1926年秋冬之间，西安南城门楼发生了大火，"火柱冲天，数里可见"[②]。据亲历者回忆指出，火灾的起因是驻军设立的锅灶过于靠近城楼木柱，木柱着火后迅即蔓延，而驻军缺乏灭火工具，致使城楼毁于大火。民国时人对此已有"殊为可惜"[③]的慨叹，足见战事对西安城楼设施安全及景观产生的负面影响之大。

镇嵩军在探知城中防御布置周密的情况下，不敢从城门进攻，于是采伐郊区的白杨树制成长梯，以重金命士兵登梯攻城。但杨树做成的长梯过于笨重，移动不便，又不坚固，攀缘即倒，并无成效。据亲历者自述，刘镇华自围困西安城后，在半年间共攻城3次，每次皆从士兵中以重金招募敢死队，攀长梯而上，而梯高仅及城墙一半的高度。在敢死队攀登时，守军即从城上掷砖石等猛击，每次战死多达1000余名士兵。强行攻城之法难以奏效，刘镇华下令筑5丈高的炮台2座，向城内轰击数次，亦无效果。[④]刘军又从城墙附近向城内挖掘地道，预备从地道攻入。不过西安城墙"上高四丈有奇，平阔

①　《西安战事仍在相持中》，《申报》（上海版）1926年8月16日，第19201号，第9版。

②　袁增华：《西安围城时的见闻》，载《西安文史资料》第11辑，1987，第79—84页。

③　廪雅：《欣欣向荣之西京市》，《市政评论》1935年第3卷第10期，第6—9页。

④　《被围半载之西安实况，镇嵩军蹂躏陕西之一斑》，《申报》1926年10月6日，第19252号，第7版。

图 7-4　西安东面城墙墙体上遗留的战火毁坏痕迹
（2015年12月30日，笔者拍摄）

三丈，下深丈余"①，"城外复有深沟"②，异常坚固，镇嵩军屡屡挖掘地
道，也未能成功发动袭击。9月4日，刘镇华派飞机向西安抛掷炸弹30余枚，
击中李虎臣卫队营一部。③此后停止进攻，采取了围困之法。刘军绕全城
筑一壕沟，宽、深各一丈，④长约四十五里，⑤将西安城隔绝在内。

　　自1926年三月初五日围城开始，至十月二十四日解围，共计围城达7个
月20天，西安城市人口因之骤减，时人有"长安居民二十万，死于此役者三

---

　　①　《西安战事仍在相持中》，《申报》（上海版）1926年8月16日，第19201号，
第9版。

　　②　《被围半载之西安实况，镇嵩军蹂躏陕西之一斑》，《申报》1926年10月6
日，第19252号，第7版。

　　③　《镇嵩军攻克咸阳》，《申报》1926年9月18日，第19234号，第9版。

　　④　《被围半载之西安实况，镇嵩军蹂躏陕西之一斑》，《申报》1926年10月6
日，第19252号，第7版。

　　⑤　《华洋义振会董事会记》，《申报》（上海版）1930年4月25日，第20501号，
第14版。

分之一"的说法。①即便如此，有赖坚城深壕，守城军队坚持到了冯玉祥援军抵达，城围遂解。

第四节　国中第一：
外省人士视野中的西安城墙景观

在南京国民政府成立之后，有越来越多的东部、中部各界人士前往古都西安参观、访问、考察，高大壮阔的城墙给他们留下了极其深刻的印象，并因此将西安城墙与北京城墙相提并论，形成了诸如"（西安）雄壮高大的城门楼，堪与北平称姊妹"②等认识，这与近代往来西安的域外人士常将两者比较具有相通之处。

一、外省人士的城墙观感与认知

1931年，同济大学毕业生、五卅运动的主要领导者之一陈必觇③在《长安道上纪实》一文中记述西安大城墙及满城基址的状况称：

> （西安）城圈是很伟大的，周围约有四十里，东西长约十里，南北约六里，完全是个长方形。城墙厚处有五六丈，外面青砖，里面实土，不但以前的短刀长矛锄不得他的毫毛，就是现在的大炮，

---

① 洪涛：《西安围城纪要》，《中国公论》1939年第1卷第5期，第36页。

② 一羽：《初到长安》，《循环》1931年第1卷第7期，第122页。

③ 陈必觇，曾任安徽绩溪县县长、杨虎城将军秘书，西安解放后曾任西安市人民政府参事室主任。

亦奈何他不得。他有东西南北四门，每个门都有外郭，东郭很大，似乎又是一个小城。城门楼之高大雄壮，不下于北平的城门楼。……西安城圈的大，在全中国要算第三了。城里并没很多的空地，只有东北角上以前旗人居住地域，经过革命后，毁了许多房子，因此空出一个角来。我偶然也会到那一带，去寻觅以前旗人的荣华富贵的余迹，但是除了很少的碎瓦残砖之外，一点也看不出什么来了。近年来冯玉祥派人在那一带开辟新马路，预备成为长安的新市区，但是并未成功。①

虽然陈必贶记载的西安"城周四十里"之说不尽准确，但客观而言，无论是就城墙长度，抑或是门楼的高大雄壮，确实可以位居国内各大古城前列。

从景观角度而言，中东部各省区人士自入潼关向西，在经过灞桥后最先映入眼帘的就是西安城墙的绵延远影，这无疑会给人以难忘而震撼的印象。1933年，署名"寄紫"的游历者在《西安漫游杂纪》中以抒情的笔触描述说："西安毕竟有西安的雄胜，我最怀恋的是西安的城垣。过灞桥西行十五里，就隐约望见一座巍峨的城堡，城楼连云，雉堞矗立，伟大壮丽，异常可爱。……今之西安城，城为长方形，东西长十里，南北长七里，高三丈四尺，外砖内土，极为坚固，今仍完整如故，故有'西安城当推国中第一'之说。"②能从大约15里外就可以望见西安"城楼连云、雉堞矗立"的景象，显然会令一身疲惫的旅行者精神为之一振，心里亦会感到安稳。由此记述可以看出，在民国人士的认识当中，西安城墙的坚固性与完整性在国内是当之无愧的首屈一指。1934年，前往西安游历的江西青年学者严济宽亦从另一角

---

① 陈必贶：《长安道上纪实》，《新陕西》1931年第1期，第116—124页。
② 寄紫：《西安漫游杂纪》，《道路月刊》1933年第41卷第1期，第1—7页。

度印证了远眺西安城墙的震撼感以及城墙坚固完整所言非虚，“西安的城墙，是很整齐的，一点也没有破，高而且厚，非常的坚固。我们离西安还远的时候，那雄壮的城墙，就隐隐约约地立在我们的眼前，这使我们想到，一个在历史上有名的古城，倒底有它的伟大处”[1]。

自1934年底陇海铁路通车西安，大批外省人士往往乘坐火车前往西安，难以再有类似此前西行人士远眺城墙的机会。毋庸置疑的是，交通工具的进步带来了旅行者行进速度和舒适程度的大幅提升，但却令旅行者再也难以重获远眺西安城墙带来的震撼之感与振奋之情。

即便如此，在抵达西安的外省人士眼中，西安城墙在规模、气势与区域地位等方面，仍堪与北京相比。1935年，黄园槟在《西安一瞥》中感慨称：“我第一天到西安，在城外看见那整齐的城垣，我真想起北平呀！”[2]1936年，孙盈在《西安以西》中则称：“西安不愧旧都，遗留下了四门和鼓楼，令人感到伟大，浑厚和一种东方的严肃，这姿态，除了北平以外，都难来和它比拟。部分的改变还是破坏不了整个轮廓，我们还可以追忆到建造时代的雄伟浩大。同时，这些大建筑上面，到处都涂着建设西北、复兴民族的标语。这都是陇海铁路二十三年底通车西安后的成绩。”[3]1937年，平越在《西安之行》中亦认为“西安的城，是作长方形，周围很广阔，看来非常结实雄伟，我想北京城以外要算它了”[4]。同年，湖南籍作家易君左在西安游历后，更直呼“（西安）城之伟大方正，北平所不及”[5]。核实而论，此一

---

① 严济宽：《西安地方印象记》，《浙江青年》1934年第1卷第2期，第245—260页。

② 黄园槟：《西安一瞥》，《中国学生》1935年第1卷第9期，第23页。

③ 孙盈：《西安以西》，《国闻周报》1936年第13卷第30期，第13—20页。

④ 平越：《西安之行》，《关声》1937年第5卷第6—7期，第636—638页。

⑤ 易君左：《西安述胜》，《上海青年》1937年第37卷第4期，第5—6页。

说法明显夸大，与之相似的是，吴江在《今日之西安》中称西安"城周四十里，高十丈，巍然耸峙，为西北各城冠"[1]，所载城墙周长、高度亦超过实际情形，但"为西北各城冠"的认识又在一定程度上压低了西安城垣的重要地位。

经历过抗日战争期间日机轰炸的西安城墙，不仅能为西安军民挖掘防空洞提供避难之地，而且依然是这座千年古都顽强生命力的最佳体现。1946年8月，笔名"平山"的作者撰写了《西安漫记》一文，通过与多座城市的比较，强调了城墙对于西安城市特色的塑造之功，迄今读来仍多有启发，不妨移录如下：

> 西安，我歌颂它含有古典型的艺术化，我怀了新的希望爱了它。今日，当然喽，它没有上海那样的热闹，没有杭州那样旖旎，没有北平那样伟大温柔，没有青岛那样壮健清美，更没有似广州的富贵气，昆明的明秀，成都富饶，它好在什么呢？希望你不要过分企求，戴上汉衣唐冠和希望的心，行走在街市，策鞭于郊外，到窑洞里去瞧瞧，可能你爬到城上眺望，你爱西安心，便油然而生了。当然阔少市侩或摩登太太小姐者流，仍是会不感兴趣的。……
>
> 西安的城墙敌楼（火车站的中正门没有敌楼）瞧了真够说伟大，高三丈四尺，上宽三丈，基广六丈，敌楼四层建筑，这城的建筑便代表了西安整个的精神，除了北平、南京，恐国内再找不出西安城具有规模吧。……
>
> 站在西安城上看西安论西安，最好的了。城上的雉堞整整齐齐地排列着，自明至今，他发扬着历史精神。城上铺敷有砖，平地，

---

① 吴江：《今日之西安》，《现世界》1937年第1卷第10期，第528—529页。

该是散步胜地。这儿不论晴雨阴雪，都有他艺术价值。一登这儿，四周景物全收，渐渐地百虑俱消而低吟高歌了。[①]

从文中的生动描述可以看出，"平山"认为城墙是古都西安有别于国内其他城市的标志性景观，代表了西安的悠久历史与城市精神，足以引发人们热爱西安之心。与此相似，署名"孤鸿"的作者在《长安访古》中记述称："长安的城是一座整整齐齐的长方形堡垒，不像南京城的不规则，北京城的外宽内窄，它那种整齐严肃的气势会给住在那里、经过那里的人们以一种严肃端方的启示。……当我从陇海火车上跳下来，走过金碧辉煌的长安车站，抬头望见整齐严肃嵯峨雄伟的城堞城墙时，我的内心的确马上被感动得严肃雄伟起来。"[②]乘坐火车的旅行者自西安火车站出站后，即可看到近在眼前的城墙，其规整与严肃的气势会瞬间感染初来乍到者，构成了"西安观"的第一印象。具有延续性的是，现今从西安火车站南广场出站的游客，在第一眼望见高大绵延的西安城墙时仍会有此难忘的感受。

二、从皇城、红城到新城

在明代，西安的城中之城为秦王府城；到了清代，秦王府城的内城——砖城旧址被改建为八旗教场；进入民国后，虽然满城城墙被拆除，但八旗教场四周的高大墙垣被保留了下来，其中改建为驻军及政府机关所在地，具有较强的独立性，仍具有"城中之城"的意象。民国人士在到访西安之际，常常惊奇于"入城之后，你还会瞥见一个小土城呢。那城，宛如县城那么大，是明代秦王的府邸"[③]。这处"小土城"就是民国西安的"内城"，先后有

---

① 平山：《西安漫记》，《茶话》1946年第5期，第29—36页。

② 孤鸿：《长安访古》，《旅行杂志》1947年第21卷第5期，第29—39页。

③ 吴江：《今日之西安》，《现世界》1937年第1卷第10期，第528—529页。

皇城、红城、新城等名称的变化。

大致在1912—1921年，西安城内的八旗教场基址由于有"贵妃石"等旧迹，通常被称作"皇城"。如陕西督军冯玉祥在1921年10月24日的日记中写道，"九点，在皇城内游行一周，并查看新兵新建筑之房屋"①；又在1922年1月30日的日记中记述，"七点，偕课长石敬亭、朱金城、李向寅、张自忠，登皇城游览一周"②。从冯玉祥的记载可知，皇城既然可以登顶游览一周，说明原来的八旗教场围墙具有相当宽度，足供守城者在顶部驻防、巡察，且十分完整，确实称得上"内城"③。

在1921年之前，受辛亥革命战火影响，此八旗教场基址"地甚广大，四周筑有土城，分为东西南北四门"，其中"系一片空地，一物未建"。1921年至1922年，陕西督军冯玉祥"每日亲率士兵赴西关梢门外拆运南营房破房材料，自行创建"④，在其中建设营房等设施，使其内部景象大为改观。据此，亦有时人认为自冯玉祥督陕时就已出现"新城"之名。⑤

时隔5年，在1926年围城之役解除后，国民联军总司令冯玉祥于1927年1月26日由平凉抵达西安。于右任将国民联军驻陕总司令部"红城"，让给冯玉祥及其武装卫队驻防。⑥所谓"红城"，即冯玉祥在1921年至1922年日记中提及的"皇城"。可见，前清八旗教场基址在20世纪20年代经历了从"皇城"向"红城"称谓的转变，也反映出追求民主的社会思潮。

1927年南京国民政府成立之后，随着国内政治局势逐渐缓和，古都西安

---

① 冯玉祥：《冯玉祥日记》，江苏古籍出版社，1992，第33页。

② 冯玉祥：《冯玉祥日记》，江苏古籍出版社，1992，第85页。

③ 孤鸿：《长安访古》，《旅行杂志》1947年第21卷第5期，第29—39页。

④ 西安市档案局、西安市档案馆主编：《筹建西京陪都档案史料选辑》，西北大学出版社，1994，第113页。

⑤ 同上。

⑥ 《西北近闻·冯玉祥在西安之设施》，《真光》1927年第26卷第3期，第80—81页。

在20世纪30年代也进入了一个新的发展阶段，陕西和西安当局加大了对原清代满城所处的东北城区的建设力度，"那地方突然显耀起来了，常常有无数民众在那里举行大会，腾跃着活泼的生命力"①。即便在发生大饥馑的严峻形势下，西安市政府一面组织赈灾，一面仍力图推进市政建设。截至1929年4月，西安市政府在重修西安四座城门门楼，以及城中的鼓楼的同时，又将新城东门至中山门、北门至北城墙划定为新市区，计划进行大规模开发。②后经冯玉祥等筹划，拟在新市区建设八条经路（定名为崇孝、崇悌、崇忠、崇信、崇礼、崇义、崇廉、崇耻）、四条纬路（定名为尚勤、尚俭、尚仁、尚德）。③虽然这一规划并未完全实现，但已为西安东北城区（原满城区）的发展带来了新的气象。

自1928年起，于右任、冯玉祥等人居住、驻防过的红城被改名为"新城"，城内时常驻扎着军队，四门都有兵士把守，老百姓很少有进去的机会。④有民国人士认为改名者即1930年10月24日国民政府国务会议委任的陕西省政府主席杨虎城。⑤1931年，毕业于同济大学、五卅运动的领导者之一陈必睨抵达西安访问，撰有《长安道上纪实》一文，记述了东北城区的状况及新变化，从中亦可看出皇城在改称"红城"之后，又有了"新城"之名。

　　　　现在城里的"新城"，就是以前的皇城。……城里并没很多的空地，只有东北角上以前旗人居住地域，经过革命后，毁了许多房子，因此空出一个角来。我偶然也会到那一带，去寻觅以前旗人的

---

① 香：《都市风光：长安城》，《市政评论》1935年第3卷第20期，第14页。
② 《刷新中之西安市政》，《申报》（上海版）1929年4月8日，第20131号，第6版。
③ 一羽：《初到长安》，《循环》1931年第1卷第7期，第122页。
④ 香：《都市风光：长安城》，《市政评论》1935年第3卷第20期，第14页。
⑤ 严济宽：《西安地方印象记》，《浙江青年》1934年第1卷第2期，第245—260页。

荣华富贵的余迹，但是除了很少的碎瓦残砖之外，一点也看不出什么来了。近年来冯玉祥派人在那一带开辟新马路，预备成为长安的新市区，但是并未成功。①

时移世易，随着陕西省主政者的更替，同一城市区域的名称也随之变化，以彰显当局与军政主官对社会大局及时势的认识，原清代八旗教场基址的名称从皇城到红城，再到新城的转变，正是反映这一现象的典型例证。

1934年，前往西安游历的严济宽有机会进入"杨虎臣所住的新城"参观，记述了新城中的园林化景致，对新城如同"世外桃源"一般的人居环境留下了深刻印象：

　　新城原名"红城"，是宫殿的旧址。冯玉祥在那儿住过，对那座小小的城墙，曾做过一次修筑。冯失败后，杨虎臣（原文如此——引注）就将它改名为"新城"，盖了些新式的房屋，四围是花园，花园里有欣欣向荣的花草，有绿茵如盖的树木。在这古城里，花木是不多见的，我们居然能找到如此一个美丽的园地，这是意外的发现，给了我们无上的愉快。我望着红花绿叶，俨如置身在秀丽的江南，尽量地呼吸了几回新鲜的空气。这是我在西北沙漠里，第一次感觉到稍有意义的生活。②

相较而言，在1921年至1922年，冯玉祥入驻皇城期间，曾命士兵建设营房、挖掘护沟，这些建设举措增强了皇城的军事防御特征。20世纪30年代，

① 陈必贶：《长安道上纪实》，《新陕西》1931年第1期，第116—124页。
② 严济宽：《西安地方印象记》，《浙江青年》1934年第1卷第2期，第245—260页。

西安绥靖公署主任杨虎城主政期间，对新城进行的园林化建设显著改变了自清代以来这一区域用于军兵操演、驻防的"禁地"面貌，而与明代此地作为秦王府城的园林环境相互呼应，隐隐具有一脉相承的意味。此后，新城长期作为西安绥靖公署①、陕西省政府②等办公场所，园林化环境也得以延续和保持。1946年夏，署名"孤鸿"的作者到访西安，进入了寻常百姓难以一探究竟的"内城"（即新城）之中。他记述目睹的景象称：

> 我第一次第一天踏进长安古都时，居然便找到机会踏进内城。只见一幢幢办公厅错落在深密的绿荫丛中，拱卫着一座乳白色的美丽洋房，那洋房据说是蒋主席蒙难西安时的行辕，前后已做了陕西省政府的衙门二十年了。在它北面，是一座假山，山上有亭，亭畔有石，石来自太湖，倒也可算是我的一位老乡亲，身长一丈八尺，魁梧中带着秀气，因为身上有一处斑痕很像手痕，便被人传说为杨贵妃摸了一摸而遗下来的，所以它又被称为"杨妃石"。③

此处提及的杨妃石又被坊间称作"太后石"④或"太皇石"⑤，大约自明代起便是秦王府城宫苑之物，实则是一块高约丈许的太湖石，"含翠美观，有手痕，传为杨贵妃遗迹"⑥。

---

① 《西安城郊胜迹说明》，《陕西教育旬刊》1934年第2卷第29-30-31期，第35—45页；吴江：《今日之西安》，《现世界》1937年第1卷第10期，第528—529页。

② 西安市档案局、西安市档案馆主编：《筹建西京陪都档案史料选辑》，西北大学出版社，1994，第113页。

③ 孤鸿：《长安访古》，《旅行杂志》1947年第21卷第5期，第29—39页。

④ 《西安城郊胜迹说明》，《陕西教育旬刊》1934年第2卷第29-30-31期，第35—45页。

⑤ 香：《都市风光：长安城》，《市政评论》1935年第3卷第20期，第14页。

⑥ 《西安城郊胜迹说明》，《陕西教育旬刊》1934年第2卷第29-30-31期，第35—45页。

　　需要说明的是，民国年间，新城的高大城墙在军事上仍具有重要价值，如西北军驻防西安期间，便在新城南门东、西两侧城墙开掘有墙洞，储存了大量炮弹及炸药。1934年8月2日晚，受炎热天气影响，墙洞中的炸药发生猛烈爆炸，造成守城的特务第二团第三营第七连5名士兵死亡，2名士兵身受重伤。从士兵伤亡情形可以推知，此次军火爆炸对新城南门附近城墙的损毁十分严重。在爆炸发生后，西安绥靖公署为了预防此类事件再次发生，不得不将军火迁走。[①]这就消除了爆炸隐患，也有益于保护新城南门附近的城墙。

---

　　① 《新城南门西侧城墙洞内放置之炮弹炸药，绥署将移至他处》，《西京日报》1934年8月4日，第7版。

第八章

固围之道：民国西安
城墙的维修与利用

第一节　接续兴修：
城墙修筑工程的影响因素与阶段特征

本章从城墙维修保护的发展阶段、重要工程、管理机构、实施群体、经费来源、建筑材料、城门修整、防空洞建设、城墙防御体系建设等方面就城墙修筑工程的影响因素与阶段特征进行论述。

一、城墙修筑工程的影响因素

概括而言，民国时期西安城墙维修、保护等项工程和活动是在颇为艰难的情形、环境下开展的，受到诸多因素的制约。相较于明清时期绝大多数城墙维修、保护工程和活动均是在承平之际进行的，没有受到战火的影响，财力也相对充裕，民国西安城墙的维修、保护则面临更为复杂的时局和社会环境。若从这一角度衡量，就更彰显出民国时期省市地方政府和军队等主管机关，以及营造厂、建筑公司等开展的持续不断的大量的城墙维修、保护和利用工程当属难能可贵。

在种种制约因素当中，日军飞机的空袭轰炸、战时维修经费的拮据直接影响到城墙维修、保护和利用工程的实施、进展。西京筹备委员会（以下简称"西京筹委会"）及西京建设委员会（以下简称"西京建委会"）在1940年工作实施报告中即载："溯自本年开始以来，正值抗战两年之后，国步艰难，倍徙于前。日用货物突然涨价，而各项材料超出寻常十倍；加之敌机肆虐，几无宁日，公共建筑受害特甚。本会及工程处担负本市市政工程之责，虽在极端艰苦之中，督励所属，努力从公，未敢或懈。"[1]

---

① 西安市档案局、西安市档案馆主编：《筹建西京陪都档案史料选辑》，西北大学出版社，1994，第337页。

（一）日机轰炸

作为军政重镇和陪都西京，抗战期间的西安堪称"大后方的前方""西北的桥头堡"，不可避免地成为日军飞机空袭轰炸的重要目标城市。日机轰炸不仅对城墙、城楼等直接造成震动、毁损，而且由于频繁的轰炸和滋扰，致使城墙维修、保护和利用的诸多工程不得不随时因空袭警报响起而暂停，甚或较长时间的停滞。

1939年10月11日，西京建委会在为增工赶修南四府街新辟城门工程给该会工程处的训令中即指出，在敌机空袭来临之际，民众大量出城避难，但由于当时开设的南四府街新城门自动工之后，数月仍未修好，"以致民众出城拥挤，自相践踏"，曾造成"被踏伤者以数百计"的重大事故。虽然第十战区司令长官司令部电催"漏夜修筑"，加紧工期，但是由于"近来敌机轰炸本市一日数次，所辟南四府街城洞迄今犹未完工，实影响防空、交通至巨"。这就充分说明日机轰炸对于防空便门的开设、兴工等工程影响很大。即便如此，西京建委会等主管机关仍尽力要求"赶急完成，勿再延缓，以利市民，而免物议"①，希冀将日机轰炸对工程的影响降到最低。

1939年，日机对西安的轰炸进入更为频繁、猛烈的阶段，在此期间各类城墙维修、保护工程均受到严重影响。其中西京建委会经"招商包修"，补修城墙，但由于"敌机日来滥炸"，不得不采取"缓修"措施。东门至中正门一带"所有雉堞已修者尚未完竣，而旧存者又被拆除"，也被迫暂且中止。②

正是由于日机空袭、滋扰对工程进度影响很大，因而在各类城建合同当中，一般都会明确提出，需将工程进展期间空袭警报的天数排除在工期之

---

① 西安市档案馆编：《民国西安城墙档案史料选辑》（内部资料），西安市档案馆，2008，第446—447页。
② 同上书，第35页。

外。若因敌机空袭而耽搁了施工，承包方并不需要承担违约责任，只需将工期顺延即可。毕竟，敌机空袭、轰炸属于战争年代的"不可抗力"，无论是军队、地方政府，抑或是承包工程的营造厂、建筑公司，都无从预见这类事件的发生，因而在合同中均同意将空袭天数排除在外，如1942年《整修西门内外城楼工程合同》即为典型例证。[①]

（二）经费拮据

概括而言，民国西安城墙维修、保护工程的开展，大部分时段是在战火纷飞、物资短缺、百物腾贵的时代背景下进行的，尤其是抗战时期，政府经费拮据、开支不敷，因而在此情况下对城墙的维修、保护尤属难得。

陕西省和西安市（西京）地方当局虽然在城墙维修、保护方面怀有雄心，但是往往最终都会受制于经费短绌而不得不做出经费来源、工期长短、工程规模等方面的调整。1934年10月8日，陕西省建设厅厅长雷宝华在《为开辟西安火车站城门、修筑守望室给西安市政工程处的训令（第650号）》中即指出，该项工程经费按照预算，由省财政厅先行垫拨，"将来由市政建设委员会新市区土地售价款内归还"[②]，表明政府缺乏城墙维修、建设的直接经费，而是以"垫拨"，即"东挪西借"的方式挪用其他经费，计划以后从出售西安城东北城区（原满城）的公共土地售价款中归还。不过，核实而论，这种"东挪西借"的情况虽然属于政府经费短绌的明证之一，但从根本上来说，对城墙维修、保护的工程进展还没有太大影响。

与"东挪西借"相呼应，政府在筹措城墙维修、保护经费时，还采取了"平分担负"的联合开支方式，即由政府与相关利益机构按照一定的比例共同出资，而不是由政府大包大揽。1934年底，陇海铁路通车至西安，火车站

---

① 西安市档案馆编：《民国西安城墙档案史料选辑》（内部资料），西安市档案馆，2008，第228—230页。
② 同上书，第351页。

附近的城门、护城河上的桥梁（中正桥）等的建设遂进入紧锣密鼓的阶段。由于陇海铁路的主管机关为陇海铁路管理局，因而上述城门、桥梁等配套设施既属于城市建设体系，也属于铁路、车站的相关系统。鉴于这一点，西京建委会在拓宽作为"城、站往来孔道"的西安车站护城河石桥时，就向陇海铁路管理局发出公函，提出"本会因经费困难，修筑费用请平分担负"[①]的建议。正是由于这一桥梁拓宽工程既有益于西安市民出入，同时方便乘坐火车的旅客入城，所以拓宽经费由陇海铁路管理局与西京建委会共同负担，属于合情合理的建议，具备付诸实施的基础和可能。

民国时期，在西安主城区的大城墙维修、保护工程之外，四关城墙亦经历了多次维修活动。1935年，奉陕西省政府的指令，在长安县政府的主持下，对东关城墙进行了较大规模的重修。1935年9月23日，长安县县长翁桎在《为修理东关郭城工程费用致市政工程处公函（第1054号）》[②]中指出，由于"郭墙倒塌"，而修理东郭城墙与历次修理城门"事同一体"，提议应由陕西省财政厅"正款开支"。省建设厅厅长雷宝华在12月27日的公函中对修理包括东关城墙在内的四关郭城工程指出，"现在省库支绌，已达极点，事事均应撙节，以恤艰难"[③]，明确要求降低工费预算。这也充分反映了抗战全面爆发之前陕西地方建设经费短缺的实际状况，对城墙维修工程的规模、质量等难免会造成负面影响。

随着局势的日益紧张，陕西省的财政收入在应对众多地方建设事业时捉襟见肘，反映在城墙维修上更为明显。1935年11月开始的补修四关城墙、城门工程，虽然在兴修技术上，"就城壕取土，以滑车提上，工事极为单

---

① 西安市档案馆编：《民国西安城墙档案史料选辑》（内部资料），西安市档案馆，2008，第386页。

② 同上书，第100页。

③ 同上书，第106页。

纯"，但采掘土方、补砌城砖的花费仍然较大，"每土方需洋壹元贰角，每砖方需洋壹十壹元捌角捌分之多"。针对这一工费开支的具体情况，1936年1月17日，陕西省建设厅厅长雷宝华在《为停止招包修理四关郭城给市政工程处的训令（第77号）》中进一步强调："目前省库奇绌，筹措维艰，各项建设均需随事撙节，以不费事、不縻费为原则"，要求长安县限期勘修。①

事实上，雷宝华提出的"不费事、不縻费"的原则在明清西安城墙建修工程中已有不同程度的体现，是朝廷和地方官府对于城乡建设工程的原则之一，而在二十世纪三四十年代，由于处在抗战的特殊时期，强调"不费事、不縻费"的原则就更属必要。当然，这也是在经费短绌的情况下不得不采取的措施。

建设经费短缺的情况不仅出现在省政府、建设厅、财政厅等省级单位，在西京建委会、长安县政府等不同层级的主管机关就更为普遍。1938年1月7日，西京建委会在《为请转令长安县修葺中山门外涵洞及东北哨门洞致省政府公函（市字第4号）》中即载称，"中山门外之东北哨门洞，因年久失修，致全部崩烈（裂），西面业已坍塌。察其情形，岌岌可危，若稍事震动，势必尽毁，损失颇大，且与城防有关。又，中山门外之涵洞，北面亦塌毁一部"，提议"在此经济拮据时期，可否即加修理，以减损失，而固城防"。西京建委会认为，"查修葺城墙、城门，向属长安县经管事宜"，而该会已有数月未能领到经费，"如在平时，尚可勉强担负，目前万分困难"，因此请求省政府下令，由长安县"迅予修葺，以固城防，至纫公谊"②。可以看出，西京建委会确实是由于经费短缺而无力维修城墙，并非推卸管理之责，但层级和重要性较之更低一级的长安县政府其实同样面临经

---

① 西安市档案馆编：《民国西安城墙档案史料选辑》（内部资料），西安市档案馆，2008，第107页。

② 同上书，第291页。

费难以筹措的窘境，而不得不逐级向上级政府机关申请划拨公费。

在城墙及其附属设施维修、保护工程中，不同机关之间往往由于经费短缺而将建修事宜"移交"给对方进行，这种行政关系当然是彼此都不乐见的，无益于所谓"公谊"。1940年5月24日，西京建委会在《为派员查勘各损坏城门并抄发调查表给该会工程处训令（令字第180号）》中就记述了该会与西安警备司令部为"补修城门"而进行的交涉。起先，西安警备司令部在调查"本市各城门多有损坏"的情况后，认为"如不设法修整，实属有碍治安"，遂函请西京建委会派员调查修整。而西京建委会讨论认为，该会"经费竭蹶，工作繁忙，实感无法再代其它机关办理建筑工程"，因而决议"嗣后免代各机关修筑"。西安警备司令部则反驳说："是项修整工程惟属地方建设，与地方治安有关，与代其它机关办理建筑性质不同。"陕西省政府也支持西安警备司令部的提议，明确指出"修整本市各城门系属市政建设，并非代其它机关办理建筑工程；且查近来中正门外崩塌城墙及新辟南四府街南端城门等工程，均由贵会办理"，因而要求西京建委会补修各损坏城门。[①]

维修经费匮乏的情况一直持续到抗战末期。1944年12月，西安警备司令部发现西安城南门（东边门）门板损坏，无法关闭，遂在12月23日《为修理南大门（东边门）门板致市政府代电（参字第1370号）》中呈请市政府"即日修理，俾利治安"[②]。具体的损毁情况是："大南门外东边门两扇城门下部之钢板，及大小铁钉均已无存，两门轴亦均损坏。"估计需要工费69000元，拟由本年度修缮费项下动支。对于这种情况，西安市政府市长陆翰芹在1945年2月28日《市政府为勘查大南门（东边门）门板损坏情形及工料款

---

① 西安市档案馆编：《民国西安城墙档案史料选辑》（内部资料），西安市档案馆，2008，第125—126页。

② 同上书，第196页。

由修缮项下动支呈省政府文（市建字第469号）》中特别提及"际此物力维艰，购置匪易，似可藉就原有门轴加以修复"①的情况。可见，更换城门门板这样耗资较小的工程，也需由市政府向省政府呈请施行，而且采取的工程做法是"修复"，而非"更换"，以此节约经费。

　　1945年4月，西安警备司令部在对西安城墙进行查勘中发现，"西安城垣因年久失修，及连年内战之破坏与不肖官兵之拆毁移用，砖石多已残缺不完，尤以城北之城垛大半无存，既形成防守上之弱点，亦有碍观瞻；且城之北正面因有红庙坡一带高地之瞰制，城垣高度及坚度亦较薄弱，基于西安之防守计划，实有迅速修复之必要"，并将这一情况报告给第一战区司令长官胡宗南。胡宗南在随后致陕西省政府的电文中称："查整修城垣意在保卫地方，所需工料应归地方筹办，除电陕省府查照外，仰即拟具整修计划，径向陕省府洽办并将办理情形具报。"陕西省政府此后派员实地勘量并拟定了修补计划，第一种方案计划修复全城女城，需工料款7800万元，第二种方案计划修复东西两门以北之女城，需款约4300万元。陕西省政府就此方案向西安市政府市长陆翰芹致电，询问地方政府是否能够承担开支。②1945年6月1日，西安市市长陆翰芹在《市政府为转请中央拨款修补城垣呈省政府文（市秘字第651号）》中明确回应称，原有两种方案所估经费"与现时市价比较，相差过远"，若照工程规模估算，第一种方案需17696.4万元，第二种方案需9726.32万元，合计27422.72万元。在与西安警备司令部洽商之后，西安市政府认为"以如此巨款，地方无力筹措，拟恳转请中央赐予拨款，俾资兴修"③。可见，工程规模过大，省市政府均无力筹措，而是请求中央拨

---

　　① 西安市档案馆编：《民国西安城墙档案史料选辑》（内部资料），西安市档案馆，2008，第197页。
　　② 同上书，第42页。
　　③ 同上书，第43页。

款。从后来的档案缺乏记载分析，这一大规模修缮工程由于经费问题而最终搁浅，表明在抗战末期中央政府的财政也难以提供如此庞大的经费。

抗战胜利之后，陕西省和西安市政府的财政收入状况并未立即好转，开支困难的情况仍然困扰着城墙建修工程的进行。

1945年9月17日，西安市政府将市临时参议会有关"贯彻交通，增辟新城门，以利市民通行"的议案呈请省政府核准。11月20日，省政府在回复的指令中称，虽然所拟修建防空便门、木便桥系为便利交通，"惟需款甚巨，该府本年度财政困难，筹措不易；且时值冬防期间，如果开辟城门过多，与本市治安有关"，决定待次年春季再与城防主管机关商议后，再依照省政府财力决定是否进行此项工程。①省政府明确提出"本年度财政困难，筹措不易"的理由，足见财力吃紧妨碍了开辟新城门、修建木便桥的建设工程。

与陕西省政府经费拮据的情况相似，西安市政府在城墙维修、保护工程上也显现出"有心无力"的艰难情况。1946年10月26日，西安市市长张丹柏在《市政府为请指拨专款修筑小东门城墙致省主席祝绍周代电（市建公字第7152号）》的公函中指出，经西安警备司令部当年10月5日汇报勘察结果：小东门城墙倒塌多处，尤其是距城北250米处为炮兵阵地，该处城墙裂缝甚巨，"亟待及早整修，免误军事"。西安市政府派员勘查属实，估需工料费3705.373万元。张丹柏称："此项工程浩大，需款至巨。本府经费拮据，无法筹措，拟请由钧府指拨专款，以便修筑。"②市政府向财政本已捉襟见肘的省政府申请建设经费，其实只是属于尽心之举，实际效果从后续档案缺载的情况看，此项工程亦未能按照计划进行。

西安市政府以"经费支绌、筹拨困难"为由向省政府申请经费用于维

---

① 西安市档案馆编：《民国西安城墙档案史料选辑》（内部资料），西安市档案馆，2008，第485页。
② 同上书，第70页。

修西安城墙的实例并不止于此。1946年10月20日，北平防空司令部第六区防空支部向西安市政府致电："本市太阳庙门公字第323号洞上城墙塌毁，饬即查修。"市政府旋即派员查勘，拟具补修工程预算，计需工款234.4万。1946年11月1日，西安市市长张丹柏致电省政府主席祝绍周，在《市政府为请指拨专款修理太阳庙门城墙致省主席祝绍周代电（市建公字第7331号）》中以"本府经费支绌，筹拨困难，而本工程关系重要，势难延缓"①为由，再度呈请省政府拨款，但其结果可想而知，仍是限于省政府财力，未能施行。

从深层次分析，此时省市政府财力困窘固然是主要原因，但政府不再积极筹措款项，投资维修城墙，也是由于在抗战胜利之后，区域城乡社会经济千疮百孔，百废待兴，需要政府拨款的各项建设工程繁多，而城墙维修、保护在抗日战争结束的情况下，省政府很有可能认为其在军事防御上的重要性已渐至降低，修缮城墙的作用和意义更多表现在治安和观瞻方面，相较于其他与国计民生关系更为紧密的建修工程，如道路、水利等，维修城墙的急迫性并不高，因此省政府最终没有将众多城墙补修、维修工程及时付诸实施。

（三）季节因素

如果说日机轰炸属于客观因素，经费拮据属于主观因素的话，在这两大人为因素之外，由于天气、季节等自然因素也对民国西安城墙维修、保护工程造成了一定的负面影响。

天寒地冻的天气、季节因素对工程建设的影响在明清西安城墙建修工程中已有非常明显的表现，一般城工均是在进入冬季后即停工，直至春融再开工兴建。这种因季节因素造成的停工、歇工对于工程进度来说造成了延缓，

---

① 西安市档案馆编：《民国西安城墙档案史料选辑》（内部资料），西安市档案馆，2008，第72页。

当然从工程质量的角度而言，避开寒冬天气施工，也能使建筑材料在施工过程中更好地黏结、融合、砌筑。

民国时期，西安城墙建修工程仍受到季节因素的显著影响。1935年冬，西北"剿匪"总司令部卫队第二营在驻守东门城楼期间，发现该城楼"立柱大多露根揭底，狼藉难堪，不独于观瞻不雅，更且倾覆可虞"，遂向总司令部报告。但由于"时在隆冬，未便兴工"。遂于1936年7月9日，向西京建委会发公函，希望"急待修理，以期安全"①。可见，避开寒冬时节仍是当时工程建设的基本认识之一。

二、城墙修筑工程的阶段特征

相较于明清时期，由于现存民国文献的数量巨大，加之这一时期文献晚出，特别是档案、报刊等的记载内容十分具体，包含诸多细节，呈现出来的西安城墙维修、保护工程的频次远超前代。这些工程包含的施工项目规模各异，工期长短不一，开支经费有极其庞大者，也有颇为微小者，反映出的信息非常庞杂，头绪繁多，需要在整体统计、深入梳理的基础上进行分析。

由于民国前期，陕西区域社会政局动荡、军阀混战，加之天灾连连，地方政府在城墙维修、保护上所做的工作十分有限，直至二十世纪三四十年代，西安城墙维修、保护和利用才进入了颇为活跃、高涨的阶段。对此阶段城墙维修、保护工程进行系统研究，也就把握住了民国西安城墙发展变迁的脉络和特点。有鉴于此，笔者主要基于民国档案史料，统计了1933年至1949年间的66次城墙维修、保护工程（见下表），以此来分析民国西安城墙维修、保护的发展阶段。

---

① 西安市档案馆编：《民国西安城墙档案史料选辑》（内部资料），西安市档案馆，2008，第146页。

表 8-1　1933 年至 1949 年西安城墙重要维修工程一览表 ①

序号	起讫时间	工程内容	负责机构	《城墙档案》页码
1	1933.2.7—1934.9.12	拆除南门瓮城土基、墙垣；禁止窃取砖灰	市政工程处、省建设厅、省会公安局、西京建委会、西安绥靖公署	169—178
2	1934.5.30—1934.8.23	东城门楼失火，修理门楼立柱	省建设厅、市政工程处	133—136
3	1934.7.21—1936.10.24	重开玉祥门，修筑驻军房屋	市政工程处、省建设厅、省政府	304—323
4	1934.8.1—1935.6.7	基于广仁寺报告开展的修补城墙及水沟工程	省建设厅、市政工程处、西京建委会、省会公安局	3—20
5	1934.9.27—1935.3.30	开辟中正门，修筑桥梁、守望室（火车站城门）、城壕桥梁	省政府、西京建委会、省建设厅、市政工程处	329—361
6	1935.1.11—1935.5.7	中正门建筑驻军营房	省政府、西京建委会、省建设厅、市政工程处	362—367
7	1935.1.30—1935.6.5	中正门外市场，种植护城林	省建设厅、市政工程处	368—379
8	1935.6.10—1937.7.16	加宽中正桥，迁移电杆，禁止铁轮大车通过	陇海铁路管理局、西京筹委会、市政工程处、西京电厂、省会警察局、省建设厅	385—404
9	1935.7.31—1935.9.23	修补东关郭城	长安县政府、市政工程处	98—100
10	1935.8.26—1936.7.18	查勘、修补全市城墙、护城河	省会公安局、市政工程处、省建设厅	20—25
11	1935.9.4	修理西门水井，开瓮城门洞，开放玉祥门	西京建委会	500
12	1935.9.17—1936.8.1	修筑城门洞	西京建委会、市政工程处、省建设厅	137—142

---

　　① 西安市档案馆编：《民国西安城墙档案史料选辑》（内部资料），西安市档案馆，2008。

（续表）

序号	起讫时间	工程内容	负责机构	《城墙档案》页码
13	1935.9.27—1936.7.10	拆除西门瓮城、铺设马路、人行道、西关大街	市政工程处、省建设厅、西京建委会	203—215
14	1935.10.14—1937.8.31	修补四关郭城	省建设厅、市政工程处、省政府、西安绥靖公署	101—124
15	1935.11.20	北城门楼搭盖顶棚	十七路军总指挥部、市政工程处、省政府	276
16	1936.1.1—1936.2.22	修理玉祥门	省政府、西京建委会、长安县政府	324—328
17	1936.1.16—1937.9.29	修理西、南城门楼、门窗	市政工程处、省政府、西京建委会、省建设厅	216—225
18	1936.2.27—1936.9.11	修筑西门瓮城水井看守房	省建设厅、市政工程处	246—255
19	1936.3.7—1936.6.19	改善中正门环境，修浚城壕	陕西省新生活运动促进会、西京建委会、省会公安局、西安绥靖公署	380—383
20	1936.5.16—1936.5.26	铺凿西城门洞石条	省建设厅、市政工程处	256
21	1936.6.30—1936.9.1	修理东城门楼、门窗	市政工程处、西京建委会、省政府、西北"剿匪"总司令部、省建设厅	143—150
22	1936.8.27—1936.10.19	北城门洞凿石	市政工程处、西京建委会、省建设厅	268—271
23	1937.9.11	城根禁建房屋	西京建委会	26
24	1937.10.27—1938.4.20	修理中山门，在北门、中山门装设路灯	市政工程处、西安警备司令部、省建设厅、西京建委会	287
25	1937.11.30—1938.2.23	禁止在南城墙根挖防空洞，并进行补修	市政工程处、三十八军、西京建委会、西安行营、省政府、陕西电政局	45—50

（续表）

序号	起讫时间	工程内容	负责机构	《城墙档案》页码
26	1937.12.17—1938.5.6	修葺中山门外涵洞、东北稍门洞	市政工程处、西京建委会、省建设厅、长安县、省政府、省会警察局	288—298
27	1938.9.2—1938.12.8	补修中正桥塌陷部分，铺碎石路面	西京建委会、市政工程处	404—409
28	1939.2.17—1940.6.29	维修防空洞	陕西省建设厅、西京建委会、省防空司令部	80—86
29	1939.3.28—1939.12.28	开辟防空便门	省政府、省建设厅、西京建委会	429—454
30	1939.4.11—1939.4.24	开凿防空洞（城墙窑洞）	西京建委会、省防空司令部	76—79
31	1939.5.12—1941.2.26	修缮中正门外城墙	西京建委会	51—65
32	1939.5.22—1941.12.17	修整南门城洞、东瓮城碎石马路	西京建委会、省审计处	179—192
33	1939.5.25—1939.11.24	补修倒塌城墙	省政府、西京建委会	26—37
34	1939	新辟城门、防空洞（城墙窑洞）、环城土路	西京建委会、省会警察局、防空司令部、防护团、天水行营总务处	501
35	1939.6.21—1939.7.26	柏树林、崇礼路新辟便门	西京建委会	502
36	1939.7.20	堵塞防空洞	西安警备司令部	89
37	1939.9.6	拆修中正门外税务局城墙	西京建委会	503
38	1939.11.3—1940.4.4	修筑中山桥	西京建委会	299—303
39	1939.12.20—1940.2.28	西北三路、柏树林、崇礼路城门外加筑涵洞	西京建委会	504
40	1940.2.23—1940.3.14	西门以北拟开水车便门，修筑涵洞、土路	西京建委会、西安警备司令部	257—258

（续表）

序号	起讫时间	工程内容	负责机构	《城墙档案》页码
41	1940.5.24	查勘损毁城门	西京建委会	125
42	1940.5.29	修整损坏各城门	西安警备司令部、省政府、西京建委会	505
43	1940.6.17—1940.7.1	修筑玄风桥，辟城门外木桥	省防空司令部、西京建委会、省政府	477—479
44	1940.6.26	讨论四关火巷马路等级	西京建委会	505
45	1940.7.17	南四府街城门外桥面工程竣工	西京建委会	506
46	1941.1.15—1941.1.21	修建窑洞情报所	省防空司令部、市政工程处、西京建委会	94—95
47	1941.1.16—1941.6.11	中正门外东西大街，拆除改建棚户、城河房屋	省会警察局、西京建委会、河南旅陕同乡会、省财政厅、省政府	410—421
48	1941.2.4	西门另辟水车便门	市政府、西安警备司令部、西安市水车业职业工会、西安市总工会	259—265
49	1941.2.15—1941.7.3	中正桥两旁空地建房	省政府、西京建委会、陕西省社会服务处、国民党陕西省执行委员会	422—428
50	1941.9.8	北门城围内搭盖临时车棚	陆军炮兵第四十团、西京建委会	277
51	1942.1	整修北城门楼	市政处	275
52	1942.1.7—1943.4	补修西、北城门楼	省建设厅、市政处、省防空司令部、省政府、省审计处	226—245
53	1943.4.13—1943.6.23	修理南城门楼屋顶	省防空司令部、市政处	193—195
54	1943.8.17—1943.10.21	修补东城门楼西北部走廊	省会警察局、市政处	151—158

（续表）

序号	起讫时间	工程内容	负责机构	《城墙档案》页码
55	1944.5.10—1944.10.5	北马道巷等五处防空便门	市政处、省政府、市政府	455—473
56	1944.12.15—1946.6.26	修筑防空便门外木便桥	省保安司令部、市政府、省政府、市临时参议会	480—489
57	1944.12.23—1945.11.27	修理大南门（东边门）门板	西安警备司令部、市政府、省政府	196—202
58	1945.1.16—1946.2.14	修理城楼	省政府、市政府、西安警备司令部	127—132
59	1945.5.11—1945.6.1	修缮北城垛口、修补城垣	西安警备司令部、市政府、省政府	41—43
60	1945.9.10—1946.2.25	修筑东城门口楼梯	西安警备司令部、市政府、省政府	159—166
61	1946.6.25—1946.8.20	掘筑城河两岸土阶	北平防空司令部第六区防空支部、市政府、省会警察局、市防护团	490—495
62	1946.8.14—1946.8.20	堵塞开通巷、兴隆巷城墙防空洞	西安市第一区公所、市政府、西安警备司令部	91
63	1946.9.30—1946.10.21	修缮崇忠路城墙	西安市第四区公所、市政府、省政府	68
64	1946.10.26	修缮小东门城墙	西安警备司令部、市政府、省政府	69—70
65	1946.10.16—1947.1.9	修缮太阳庙门城墙	北平防空司令部第六区防空支部、市政府、省政府、省会警察局、市防护团	71—75
66	1948.5.15—1948.5.25	开辟西门环道	市政府、市财政局、省财政厅	266—267

注：表中"起讫时间"一般系相关档案函件的标注日期，能从侧面反映工期长短，但多非该项工程的兴工与竣工日期，特此说明。

在深入、细致地对上述66次城墙维修、保护工程的施工项目、主持机关、经费开支、保护规章等内容进行整理、分析之后，可以发现，二十世纪三四十年代西安城墙维修、保护活动经历了四大阶段，分述如下：

第一阶段：1933年至1936年。

这一时期主要围绕陇海铁路火车通达西安，开通车站附近的中正门、建设中正桥，维修、整治城壕和周边环境；同时，西安已在1932年被确定为陪都西京，城墙维修、保护和景观建设也成为陪都建设的重要工程之一。

1935年，江西籍青年学者严济宽在西安参访期间，就特别留意到在全国各地"拆城之议"的热潮中，西安城墙巍然耸立的情形。他记述说："西安的城墙是高而厚的，处处完整，没有一点残缺；就是几年前，各城市都有人提议拆卸城墙，这个城墙却一点也没有波及，仍然是带着古色古香的样儿，龙盘虎踞地蹲在那里。你如到西安，老远就望见它那古朴的面貌，雄壮的气概，令你生出无限的敬仰。"[①]西安城墙不仅未受到拆城之议的影响，而且在西京筹委会、西京建委会等机构的主导下，城墙得到了切实保护与多次维修，由此才能呈现出"处处完整"的景象。

需要特别提及的是，在1933年2月7日至1934年9月12日间，西京建委会

图8-1　1935年的西安城墙景观
（美国传教士毕敬士拍摄）

---

① 严济宽：《西安》，《中学生》1935年第54期，第99—103页。

图 8-2　1935 年西安西城门（安定门）内南侧城墙（美国传教士毕敬士拍摄）

工程处、陕西省建设厅、省会公安局、西安绥靖公署为整修南门瓮城，拆除了瓮城西侧的残损城墙，这是南门瓮城景观的一次重大变化。此次拆除工程的图件如图8-3所示。

1935年3月20日上午，西京建委会举行第三次会议，出席者有雷宝华、龚贤明、李仪祉（李赋林代）、刘景山、韩威四（夏述虞①代）等人，列席者包括李仲蕃、韩立民、刘祝君、沈诚②、马志超、张绍元、孙宗复等。这是一次对于西安城墙保护具有重要指导意义的会议。此次会议形成的决议之一即修整西安城墙，"以存古迹而壮观瞻"，同时对城墙附近相关建筑物加以切实保护。这一决议由市政工程处调查、执行。此次会议亦决定明令禁止市民挖取城土，交公安局严格执行。③正是由于西京建委会是从保护古迹的角度出发，因而既修整城墙、城楼，又保护附属建筑，严禁民众从城身、城根等处取土，属于多措并举的"整体性"保护策略。

西安城墙内侧的排水沟是城顶汇水区排泄雨水的重要设施，对于城身稳固发挥了显著作用。西京建委会在建设城区沟渠排水系统时，也对城墙排水沟进行了修补。1935年4月5日，该会委派人员勘查城墙水道破损情况，经第六次会议通过预算后，招工修补，于5月18日完工。但此后城墙水道又有

---

① 夏述虞，二十世纪三四十年代的实业家和教育家，西安事变时任西安交通委员会副主任委员，作为杨虎城的幕僚，负责管理西安市区。

② 沈诚，字君诚，著名民主人士沈钧儒次子，早年赴德国留学，1935年回国后，在陕西省建设厅担任工程师，受聘为西京市政建设委员会专门委员。

③ 《市政建委会修整本市全城城墙，切实保护城旁建筑物，筹组卫生警察训练班》，《西京日报》1935年3月21日，第7版。

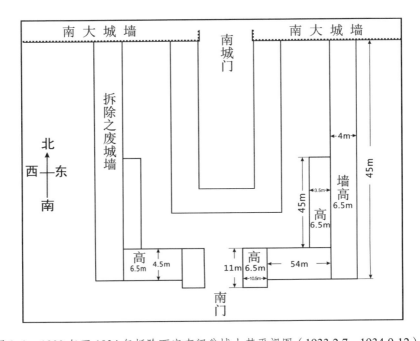

图 8-3　1933 年至 1934 年拆除西安南门瓮城土基平视图（1933.2.7—1934.9.12）

三处损坏，该会再次派员查勘，损坏处共计土29方，每方照工头李怀南所投单价需洋5.5元，共计洋159.5元（原报道记载为162.25元，此处据实进行了改订——笔者注）。1935年5月25日，西京建委会举行讨论"西京市建筑规则"第八次特别会议，出席者有雷宝华、龚贤明、韩光琦（夏述虞代）、刘景山（刘祝君代）等人，列席者包括李仲蕃、刘祝君、沈诚、童超英等。经会议讨论，批准了此项经费预算，对三处损坏城墙水道进行了修缮。[1]

　　1935年7月3日，西京建委会召开了第二十六次会议。在此次会议上，陕西省建设厅工程师、西京建委会专门委员沈诚就保护和维修城墙，以及建设城墙公园等事宜提出了一系列具体建议。沈诚曾赴德国学习建筑设计，熟悉欧洲城市规划与古迹保护的先进做法，因而其建议对于此后的西安城墙保护可谓影响深远。

---

[1]　《本市沟渠七月初开工建筑，市政建委会重修城墙水道》，《西京日报》1935年5月26日，第7版。

　　沈诚在报告中指出，城垣"大则可作国防，小则足御盗匪"。而中国城垣中历史最长久、工程最坚固而整齐的当属北平、南京与西安。沈诚基于在德国留学时的所见所闻，深知欧洲各国在第一次世界大战之后，竞相修缮和建设城堡等军事要塞，以备在第二次世界大战中使用。西安城垣作为具有千百年历史的"伟大工程"，自然不宜再任其损毁。截至1935年7月，西安城外侧墙体修理完竣，而城楼、内侧墙体仍有倒塌、倚斜等情况。沈诚在报告中的提议要点包括：一是对城楼、内侧墙体进行估修，以免墙身坍塌、发生危险，同时便于此后借助城墙开展防空事务；二是城墙顶部整齐平坦，视野开阔，在西京尚未有建设完备的公园可供民众休憩之前，提请开放城墙，供民众业余时间登城"观览娱目"。据沈诚考察，西南城角有一处园圃，占地约200亩，"树木密布，土丘高低，形成天然美景"。沈诚建议将此园圃辟为公园，与西南城角连接。待南郊马路铺筑完成，此园圃即可"呼应城内城外，为民众游历之中心地点"[①]。对于这一具有改善西安城市人居环境且有助于保护城墙的提议，西京建委会决议"原则通过"，并指定沈诚负责制定相关计划，与陕西省建设厅接洽落实。[②]现今看来，沈诚关于将城墙开放作为市民游览公园，以及将城墙附近园圃改建为公园的提议既符合当时护城河沿岸绿化的总体趋势，亦具有较强的可行性、前瞻性，可视为西安环城公园建设的滥觞。可惜受抗战期间日军飞机长期空袭轰炸的影响，这一城墙公园的建设方案并未能完全落实。

　　随着陪都西京建设各项事业的推进，尤其是1934年底陇海铁路火车通达西安，"交通日趋便利，商旅云集，人口骤增"[③]。1935年5月，陕西省会公安局向省建设厅呈请补修城墙。受省建设厅指派，西安市政工程处对四

---

　　① 《西京市政建设委员会第二十六次会议记录（节录）》（1935年7月3日），载《筹建西京陪都档案史料选辑》，第261页。

　　② 同上。

　　③ 《省饬建厅派员勘修城墙残缺处》，《西京日报》1935年10月6日，第7版。

座城门、城墙等多处损毁段落进行了实地勘验，估定预算，一方面复函省会公安局，一方面呈请建设厅审核。经过夏秋雨水冲刷，城墙损坏段落又有增多。在此情况下，西安绥靖公署为加强秋冬季节市治安，专门向陕西省政府发送咨文，提议尽快补修四门、四关城墙残缺段落。由于原定预算不敷应用，西安市政工程处重新勘估了工程量，新的开支预算较原定数额增加了20%，提交给省建设厅审议。① 从这一时期城墙维修工程的实践看，陕西省会公安局、西安绥靖公署等治安管理、军事指挥机构发挥着重要的日常监管作用，能够及时向负责建设事务的陕西省建设厅、西京建委会等提出维修建议和要求，而西安市政工程处则负责具体的工程量测量、经费预算和维修工程组织等工作。在城墙保护与维修方面，军队、公安、地方多部门之间形成了十分密切的协作关系。

在二十世纪三四十年代陪都西京建设时期，西京建委会在建设事业方面"力求近代化"，均"谋工程上之坚实"②，这一点在西安四关城墙的维修上也有所反映。截至1936年秋，夯土筑就的西安四关城墙墙体状况不佳，"有许多破坏之处，外观不甚整齐"。8月，陕西省政府委员会召开第三百一十二次例会，出席委员包括邵力子、彭昭贤、张赞元等人，列席者包括高等法院院长孟昭侗、保安处长王应榆、建设厅代表王尧青等。在此次会议上，通过了西安市政工程处呈陕西省建设厅有关修补四关郭城土方工程的经费预算，共计2406.15元。③9月中旬，西安市政工程处按照工程建筑的新做法，通过招标方式，交由实力雄厚的天成公司承担补修任务。④工程自10月15日开工，施工顺序依次为南关、东关、西关和北关城垣。到当月底，共

---

① 《省饬建厅派员勘修城墙残缺处》，《西京日报》1935年10月6日，第7版。

② 《西京市政建设委员会二十五年十一月二十五日谈话会记录》，《西安市工季刊》1936年第1卷第1期，第18页。

③ 《省府昨例会通过第六区各县预算，并通过补修四关郭城工费》，《西北文化日报》1936年8月1日，第5版。

④ 《建厅补修省四关郭城》，《西北文化日报》1936年9月15日，第5版。

完成土方262立方，此后继续施工。[①]11月5日，南关城墙维修工程竣工，共完成土方315立方。至月底，东、西、北各关城墙工程也次第竣工，共完成土方2000立方。[②]

在陕西省建设厅、西京建委会等主管机构之外，中央古物保管委员会西安办事处从保护文物古迹的角度出发，在推进修缮西安城墙方面也发挥了重要作用。1936年8月，中央古物保管委员会西安办事处调查发现，西安城墙系在唐代皇城基址上改建，属于"西北有名之城垣"，但西京建设期间，兴修马路的工人往往将城砖砸碎，与石子混合，用来铺修路面，或拆卸城砖，用以修补其他崎岖不平的路面。该会认为，西安城墙"唐砖"遭到如此程度的毁坏，实属可惜，加之西安古旧城砖的质量与重量均优于当时新烧造的砖，因此"宜极力维护，期存完璧"[③]。中央古物保管委员会西安办事处专门商请西京筹委会，提议加强保护城墙"唐砖"，并随时补修城墙断缺之处，以免年深日久、塌陷过多而难以修复。

第二阶段：1937年至1940年。

自1937年卢沟桥事变爆发，日军发动全面侵华战争之后，我国进入全民族抗战的阶段，西安成为大后方的政治、军事重镇，来自东部地区的大量人口、企业、学校、军队等云集于此，城墙体系在防御日寇空袭、保护民众生命方面发挥着重要作用，军队和地方政府基于提升城墙军事防御能力的目的，集中进行城墙防空洞建设、开辟防空便门、加固城楼、城墙等工程。这一时期进行的城墙建修工程数量和类型最多。

抗战时期，西安城市建设受到日军飞机轰炸的严重影响，市政工程大都侧重于防空方面及灾后抢修工作，例如开辟防空便门、修筑地下室、改善城

---

① 《西安市政工程处二十五年十月份工作报告》，《西安市工季刊》1936年第1卷第1期，第12—13页。

② 同上，第14页。

③ 《西安城墙唐砖，古物保委会请保护》，《西京日报》1936年8月24日，第7版。

图 8-4　1937 年的西安城中正门

（《东方杂志》1937年第34卷第1期，第1页）

墙防空洞、整修被炸的公共建筑物等。与此同时，西京建委会工程处也持续推进其他日常维护工程，如修筑碎石马路、煤渣马路，养护已铺设的路面和各巷道土路，修建桥涵、沟渠、水池、公厕等，排除各类障碍物，勘查取缔危险建筑，等等。[1]上述开辟防空便门、改善城墙防空洞等工程均事关西安城墙的保护与修缮，属于同一时期市政基础设施建设中的重要内容。

第三阶段：1941年至1945年。

抗战中后期至抗战胜利，这一时期西安城墙维修工程的数量相对前一阶段有所减少，一方面是由于日军飞机轰炸滋扰，另一方面也是由于军队和政府的财政困窘，较少开展大规模的城垣维修，而是在前一阶段工程基础上进行局部修补工作。

1941年冬，陕西省政府主席熊斌在前往重庆述职时，向中央提出成立改组西安市政建设机构的请求，并获批准。经陕西省政府委员会会议通过后，西京建委会、西安市园林管理处两大机构被撤销，1942年1月1日，正式成

---

① 龚贤明：《二十九年一年间之西京建设》，《西北研究》1940年第3卷第5期，第6页。

立了西安市政处。该处内设总务、财务、工程、公益四科及会计室，下设工
务、稽征两局，以西安城关为管辖区域。在成立的第一年中，西安市政处在
整治全市道路、沟渠的同时，也完成了三项城墙补修工程，分别是：第一，
修筑东南城墙角塌陷部分，工款1100余元；第二，补修西、北两城门楼，工
款共27000余元；第三，补修西城门楼塌落部分，工款12000余元。[①] 显示出
新组建的西安市政处在保护和维修城墙方面延续了西京建委会的相关理念与
做法。

第四阶段：1946年至1949年。

1946年夏，署名"孤鸿"的学者前往西安访古游历，在其《长安访古》
一文中提及抗战结束后我国各地多有修城、筑城之举，与清末至民国前期的
拆城之议形成了鲜明对照：

> 再考察一下长安的城门，也是不远千里而往的征人们所应干的
> 一回事。城，分明是弓矢时代的遗物，所以到了枪炮时代，先觉之
> 士便嚷着要毁要拆；可是在踏进了原子时代的第一年中，我在川陕
> 道上、陇海道上、平汉道上、粤汉道上一带，不但没有看见拆城，
> 却几次碰到修城筑城，这便应着白部长所谓"小乱避城，大乱避山"
> 的话儿了。[②]

抗战胜利后，随着解放战争的爆发，西安又以临近延安而成为防御中
国共产党领导的人民解放军的桥头堡，国民党所属军队和省、市地方政府全
面加强了对西安城墙防御力的重视，希冀能够依靠西安的城高池深建立牢固
的军事要塞，抵御人民解放军的进攻。因而这一时期征召了关中各县大量民

---

① 黄觉非：《一年来的西安市政》，《陕政》1943年第4卷第5—6期，第78—
80页。

② 孤鸿：《长安访古》，《旅行杂志》1947年第21卷第5期，第29—39页。

夫进行加固城墙和城壕、兴建附属防御设施、回填城墙防空洞等工程。从客观上来说，这些举措是抗战之后大规模整修城墙、城壕的活动，西安城垣、护城河的军事防御力较前大为提高，但却依然无法阻止人民解放军胜利的步伐。

　　概括而言，在解放战争时期，西安警备司令部在整修、加固以城墙、护城河为基础的城防工程方面起着关键作用。1947年10月，西安警备司令部出于加强城市治安、确保市民安全及巩固冬防的考虑，决定重新整修西安城防工程，预计工程费高达120亿元。这一工程经费主要由西安市各工商团体筹集，并于当月开工。①同月，西安警备司令部在召开第三十一次扩大会议时，又决定采取保护城墙的相关措施，包括：禁止市民在城墙附近建筑房屋；由陕西省会警察局通知市民，可以向已经拆毁的城墙防空洞中倾倒、填补垃圾，但不得倾倒粪便。②这些措施在很大程度上消除了市民倚靠城墙乱搭乱建棚屋、将城墙防空洞视为秽物倾倒场的现象，对于城墙建筑风貌的整体保护、城墙沿线及其周边地区环境卫生状况的改善具有重要意义。

第二节　军地协同：
城墙维修的管理机构与施工群体

　　民国时期，不仅陕西本地人士以雄伟壮阔的西安城墙作为乡土自豪感的重要来源之一，大量往来西安的外地人士也不吝笔墨，在各类游记、行纪、

---

　　① 《整修城防工程，日内即将开始》，《西北文化日报》1947年10月3日，第2版。
　　② 《警备司令部三十一次扩大会议于昨日假该部会议室召开》，《西北文化日报》1947年10月24日，第2版。

报道、论著中对西安城墙雄姿赞誉有加。如称"西安城垣殊大，周围可四十方里，城墙高及三丈，大城建筑的宏伟，直可媲美北平"①；又称"北平是内城比外城雄美，长安是外城比内城雄美"②；还有旅行者认为"西安的气象仍雄壮，其城围高厚仍为西北各城之冠"③。正是因为城墙高厚，防御力强大，因而有人推论："以前杨虎城之所以能守此六月，大概一半是靠它的缘故吧！"④这些认识从一个侧面反映了西安城墙在民国时期虽迭经变乱，但仍巍然屹立，而这在很大程度上依赖的正是相关管理机关坚持不懈的多次维修，以及相应保护措施的制定和施行。随着从帝制时代向共和时代的政体转变，民国时期西安城墙维修、保护的管理机构和实施群体也相应有了诸多变化。

一、主要管理机关的相互合作

相较于封建时代晚期的明清时期，民国时期陕西省、西安市以及郊区的长安县在政治体制、政治架构、官员设置等方面更为复杂，虽然同样是上级官员、政府监督和管理下级官员、政府，但是在管理层级的复杂性、周密性以及管辖事务的细致性等方面来说，民国之际较明清时期前进了一大步。

民国时期陕西战乱不断，西安城墙作为军事防御设施和体系，承担着远较明清时期更为重要和紧迫的捍患御侮的功能；同时，城墙在内外交通、引水入城、景观建设等城市建设、发展过程中又居于重要地位，影响广泛，因而对城墙负有维修、保护等职责的管理机构不仅涉及军事管理机关，而且牵涉到地方行政机构、警察部门，"军地协同""兵民合作"的特点更为鲜明、突出。在民国西京时期西安城墙的维修、保护中，起领导作用的管理机

---

① 金兑：《塞漠生活考察记（十三）》，《申报》1936年2月29日，第22568号，第8版。

② 孤鸿：《长安访古》，《旅行杂志》1947年第21卷第5期，第29—39页。

③ 一真：《长安古迹考》，《旅行杂志》1949年第23卷第9期，第17—19页。

④ 平越：《西安之行》，《关声》1937年第5卷第6—7期，第636—638页。

构分别是军队方面的陕西省防空司令部，地方治安体系中的陕西省会警察局，地方行政管理架构中的陕西省政府、陕西省建设厅、西京筹委会、西京建委会等。其中如西京建委会在1936年11月4日召开的"谈话会"中，就对该会在管理市政建设方面的作用自我评价称："本会自主持西京市政建设以来，市面日益繁荣，公私建筑土木工程之猛进，与日俱增，此诚建设前途之好现象。"①

深入而言，由于管辖区域、事务有很大区别，层级往往不相对应，因而军事管理机关和地方行政机构之间在维修、保护西安城墙过程中的相互协作关系十分复杂，这种复杂性虽然体现了在共和时代新型军事体系和政府机构管理、处置事务的细分性，也容易追索责任，但是在不同体系、架构之间相互对接进行合作时，又容易暴露出沟通不畅、手续烦琐的弊端。

西安城墙维修、保护牵涉到众多相关管理机关，因而需要相互合作，共同商议、施行，才能收到良好效果，单靠某一政府或军队机关，往往收效甚微。1934年，西安市南门瓮城城墙被拆卸，工地遗留有大量破砖、石灰、黄土、石块。"此项材料为工程必需之物，自应格外保留，以备公共建筑之用。"但当时却有部分"无知市民"，自私窃取，占为己有。在这种情况下，西安市政工程处于2月23日就"禁止私窃南门瓮城余剩砖灰等"致函陕西省会公安局第二分局，希望"亟应严禁，以保公物"。具体做法是，除了由西安市政府发布公告，严禁市民窃取外，再由省会公安局第二分局命令瓮城一带的"站岗公安生"，认真稽查，制止私人窃取瓮城砖灰土石等物，"以保公物"②。

---

① 《西京市政建设委员会二十五年十一月四日谈话会记录》，《西安市工季刊》1936年第1卷第1期，第13页。

② 西安市档案馆编：《民国西安城墙档案史料选辑》（内部资料），西安市档案馆，2008，第171页。

　　1934年2月24日，西安市政工程处发布了"禁止私窃南门瓮城余剩砖灰"的布告，[①]其内容如下：

　　　　　　　　西安市政工程处布告

　　　　　　照得南门瓮城，拆后仍留砖灰。

　　　　　　有关建筑材料，自应格外保持。

　　　　　　近常发生盗窃，殊属不法妄为。

　　　　　　本处职司工料，派员不时查稽。

　　　　　　窃取砖灰发见，送警惩办法随。

　　　　　　特此剀切布告，其各凛遵毋违！

　　　　　　　　　　处长　张丙昌

　　与此行政命令相互呼应，1934年2月26日，陕西省会公安局第二分局在《为禁止私窃南门瓮城余剩砖灰等复市政工程处函》中也明确表示，该局已命令南关第一分驻所暨南门什字岗警对于瓮城余剩破砖、石灰、黄土、石块加意保护，禁止私窃。[②]

　　这一保护实例充分体现出在城墙保护方面多部门合作的必要性和重要性。对于市民私自窃取城砖、石灰等"公物"的行为，西安市政工程处作为管理建设的单位，只能提请市政府发布公告禁止。但公告仅属于行政命令或通告，并不能从根本上杜绝市民的偷窃行为。而省会公安局作为城区治安的主管机关，在瓮城一带设立岗哨，派驻有公安人员，在稽查、制止市民私自窃取城砖、石灰、黄土等方面显然更具威慑力，也更为奏效。只有当保护城

---

　　① 西安市档案馆编：《民国西安城墙档案史料选辑》（内部资料），西安市档案馆，2008，第172页。

　　② 同上书，第173页。

墙的举措从纸面的布告转为由站岗的公安人员落实的时候，才能起到切实的保护之功。

　　笔者在对二十世纪三四十年代城墙25次维修、保护工程进行统计的基础上，尝试对参加不同城工的勘验技术人员的来源机构、身份等进行分类分析，以期反映不同管理机构之间的合作。列表如下：

表 8-2　民国时期勘验西安城工技术人员一览表 [1]

序号	起讫时间	工程名称	姓名	来源机构	身份	《城墙档案》页码
1	1935.4.27	中正门、玉祥门守卫兵房	张丙昌	陕西省建设厅	技正	367
2	1935.8	修补东关郭城女墙	杨正春	市政工程处	技佐	99
3	1935.9	勘查全市城墙里沿及上面破裂情形	杨正春	市政工程处	技佐	21
4	1936.5	验收铺凿西城门洞石条工程	王焜耀	陕西省建设厅	技士	256
5	1936.6	估修补四关郭城土方工程	李海瑶	陕西省建设厅	技士	115
6	1936.9	验收西门瓮城水井看守房工程	王焜耀	陕西省建设厅	技士	254—255
7	1936.10	验收北城门洞凿石工程	赵桂堂	陕西省建设厅	技士	270
8	1936.12	验收补修四关郭城土方工程	王梦麟	陕西省建设厅	技士	122

　　① 西安市档案馆编：《民国西安城墙档案史料选辑》（内部资料），西安市档案馆，2008。

（续表）

序号	起讫时间	工程名称	姓名	来源机构	身份	《城墙档案》页码
9	1937.7	验收中正桥加宽暨改作洋灰桥面工程	王焜耀	陕西省建设厅	技士	403
10	1937.12	验收修理中山门城门工程	袁敬亭	陕西省建设厅	技士	284
11	1937.12.22	为修葺中山门外涵洞及东北哨门洞	赵明堂	西京建委会工务科	工程司	290
12	1939.3	在南门左右各辟一门	王冀纯	陕西省建设厅	技佐	429
13	1939.3	在西南城角开辟城门	王冀纯	陕西省建设厅	技佐	430
14	1939.5	开辟西北三路防空便门	王冀纯	陕西省建设厅	技佐	432—433
15	1939.8	小保吉巷拟开辟下水道实地查勘	刘国鉴	西京建委会工程处	技士	97
16	1939.10	建筑南四府街新辟城门工程	孟昭义	西京建委会工程处	技士	446
17	1940.1	为证明补修中正门外城墙款额超出系加作基础	李瓛	西京建委会工程处	技士	61
18	1941.5	处置中正门外棚户（中正门外城沿房屋、中正桥两旁、护城河外）	龚洪源	西京建委会	技正	418
19	1942.7	查勘东南城墙被水冲塌情形	刘国鉴	西安市政处工务局	技士	66

（续表）

序号	起讫时间	工程名称	姓名	来源机构	身份	《城墙档案》页码
20	1943.3.22	验收补修西城门楼工程	费恩霖	陕西省建设厅	技正	245
21	1944.5.21—1944.6.30	修筑北马道巷等五处防空便门及木架工程	王霈	市政府	技佐	456—472
22	1945.11.13—1945.12.29	修筑东城门楼楼梯工程	雷承沛	市政府	技佐	161—166
23	1946.7	掘筑各防空便门外城河两岸土阶工程	胡思修	市政府	技佐	494—495
24	1946.10	查勘小东门城墙倒塌情形	赵梦瑜	市政府建设科	技士	69
25	1948.5	开辟西门环道，收回西门瓮城内官地	雷丞沛	市政府	技佐	267

从上表中25次城墙维修及相关工程的勘测、会勘过程分析，技术人员有"工程司""技正""技佐""技士"等不同称谓，约略反映出其专业技能的差异和职级的高低。由于相关城墙维修工程在前期勘测乃至于施工期间，往往需要不同政府机关的技术人员相互协作，共同进行勘测、查验等，从上表统计可知，这些技术人员主要来自陕西省建设厅、西京建委会工程处、西安市政工程处工务局、西安市政府建设科等四所主管机关。1937年7月验收中正桥加宽暨改作洋灰桥面工程时，就是由陕西省建设厅技士王焜耀会同西京建委会专门委员沈诚、工程师龚洪源及西安市政工程处总监工张羽甫，依据合同估单、说明书、图样、保证书等，详细查验无异。

二十世纪三四十年代，由于外来难民、移民等人口大量涌入西安，在缺少稳定住所的情况下，他们往往因陋就简，在内外城墙根沿线私自搭建各类栖身的违章建筑，也有一些店铺或企业建盖煤厂等。这些活动既影响城墙观瞻面貌，又有种种安全隐患，对城市治安带来诸多压力。因而西安市政工程处、西京建委会、陕西省会公安局等机关屡屡采取协同取缔的方式，无疑可以视为对城墙的积极保护之举。

由于北城墙临近陇海铁路和西安火车站，难民、移民便于流入、驻留，加之北城根环境相对偏僻，部分企业主私自搭建厂棚，因而这一带的违章建筑颇多。1936年8月，西安市政工程处即会同陕西省会公安局对其进行了取缔、罚办。涉及人员等信息列表如下：

表8-3　1936年8月西安市政工程处会同陕西省会公安局取缔罚办"北城根"
违章建筑各户一览表 ①

序号	业主	承修人	违章建筑状况	罚款数额（元）
1	谦丰	李扶东	搭盖煤厂、市房，抗不领照	25
2	惠丰	张广亭	同上	25
3	利民	贾渭堂	同上	25
4	义兴	郭松山	同上	25
5	连达	郭中正	同上	25
6	鼎新	王中亭	同上	25
7	元和	孙新锐	同上	25

在取缔城根私自搭建的棚屋、煤厂等的同时，1937年，西京建委会还在该会会议决议中明确规定，"城墙以外、城壕以内，一律不准建盖房屋。如该民申请租地建屋营业一节，碍难照准" ②。这一"外城根禁建房屋"的决

① 《西安市工季刊》1936年第1卷第1期，第11—12页。
② 西安市档案局、西安市档案馆主编：《筹建西京陪都档案史料选辑》，西北大学出版社，1994，第310页。

议对城墙保护亦起到了积极作用。

二、三大主管机关的若干举措

二十世纪三四十年代，西京建委会、西安市政工程处与西安市政府管理科堪称城墙维修保护的三大主管机关，在城墙相关各类建修工程、活动和事宜中起着主导作用，分别开展了形式多样的维修保护工作。

进入陪都西京建设时期后，西京筹委会、西京建委会等机构特别注意保护西安城乡地区和周边区域的名胜古迹，城墙作为标志性的古迹景观，尤其受到重视。

1935年3月20日，西京建委会在第十三次会议中讨论了"修整本市全城城墙，以存古迹而壮观瞻，并以保护城旁建筑物案"，并且决议"交市政工程处详加调查，报告下次会议；禁止挖取城土，交公安局严厉执行，并将办理情形报告"[①]。可见，西京建委会不仅从文物古迹保护的角度将城墙修整工程提升为"以存古迹而壮观瞻"的高度，给予充分重视，而且要求公安局禁止民众挖取城土，也体现了行政机关和治安机构之间的通力合作。西京建委会一方面要求公安局禁止挖取城土，另一方面还积极采取措施恢复城墙面貌。1935年5月1日，西京建委会第十七次会议即提出了"用城内余土填平城根、城壁洼地、孔穴"等计划。[②]

随着日本侵略步伐的加快，在抗战全面爆发之前，全国各地注重城防建设的大背景下，西京建委会对西安城墙的防御功能和历史地位有了更为清醒的认识。1935年7月3日，西京建委会第二十六次会议讨论了专门委员沈诚的

---

① 西安市档案馆编：《民国西安城墙档案史料选辑》（内部资料），西安市档案馆，2008，第500页。

② 西安市档案局、西安市档案馆主编：《筹建西京陪都档案史料选辑》，西北大学出版社，1994，第249页。

提案："查城垣之用，大则可作国防，小则足御盗匪。中国城垣历史之最久长与工程之最坚固而整齐者，除北平与南京外，厥惟西安。"当时西安"城外墙堵业已修理完竣，而各城楼阁及内墙堵仍倒塌倚斜，拟请亦加以估修，以免危险，并可为将来防空设备"。这一建议主要是通过维修城垣强化其防御能力。同时，沈诚还提出利用城墙顶部作为民众"观览寓目"的建议："又城上路面非常整齐开阔，当此市上尚未有完备之公园足供消散之处，拟请开放，藉供民众业余观览娱目，未始非计。西南城角某园圃点地二百余亩，树木密布，土丘高低，形成天然美景。若以此辟为公园，与西南城角连接。将来南郊马路完成，此园呼应城内城外，为民众游历之中心地点，实为切要。"①沈诚对西安城墙及其周边地区的利用建议颇显超前意识，在当时充分考虑到了兼备军事防御、休憩观览、环境美化等功能。这一维修、利用建议也获得了西京建委会"原则通过"，旋即由沈诚负责调查计划，并与陕西省建设厅接洽。虽然此后由于西安事变的发生、抗日战争的全面爆发，城墙的军事防御性上升到最高层次，休憩观览、环境美化等设想在当时已无可能实现，但沈诚的城墙利用计划迄今看来，仍闪耀着当时管理者、规划者的智慧之光。

　　1934年底陇海铁路通车西安后，火车站、铁路等新式交通设施和工具对西安城墙及周边环境的影响随之日益凸显。1936年，在响应中央政府号召，各地普遍开展新生活运动的大背景下，陕西新生活运动促进会致函西京建委会，"请改善中正门，以重新运"②。该会之所以提出此建议，主要是基于对中正门、火车站一带的市政、环境、交通、市场等的实地调查提出的。

---

① 西安市档案局、西安市档案馆主编：《筹建西京陪都档案史料选辑》，西北大学出版社，1994，第261页。

② 西安市档案馆编：《民国西安城墙档案史料选辑》（内部资料），西安市档案馆，2008，第381页。

陕西新生活运动促进会在《调查车站一带整清之意见》中重点指出了三方面的问题与对策。一是在市政基础设施规划方面，"陇海车站之建筑，庄严堂皇，令人敬肃"，因而中正门一带"宜有更精密之规划，况为观瞻所系，自属不容忽视"。该会认为，为了未来发展的需要，应当在中正门里外划定停放汽车、马车、人力车场的位置，"以免凌乱，有碍交通"。

二是在改善车站环境和交通方面，由车站至中正门两边，"蓬门陋屋暨城壕土窑，既不雅观，复碍清洁"，应当一律拆迁，以便环城植树，开辟为环城公园。该会建议应"以现有城壕改为城河，造成环城天然风景，较之另辟公园，经济便益；城壕外岸宜修环城马路，并沿池岸添加栏杆"。这就既涉及环境美化、兴建园林，同时又有道路建设的考虑。

三是在完善火车站北侧新市场的街道卫生状况方面，该会查勘发现，新市场"街道污秽不堪，席蓬鳞次栉比，殊欠整洁，尤应亟加改善，以新市面"，为此建议应当划定这一区域的马路宽度，以便商民建筑市房有所适从，并限制其任意搭盖席蓬，使得市场和中正门、车站周边环境有所改观。对此动议，西京建委会第五十六次会议决议："由公安局、市工处工务科会同计划，报告下届会议。"①

在民国西安城墙维修、保护的相关主管机构中，西安市政工程处主持了其中较大比例的建修项目。这些建修项目既包括维修城墙垛口、修理城楼主体及其门窗等较大规模的工程，也包括拆除南关北门、补修城门驻军营房、补修城门洞石条等小型工程。以下列表反映西安市政工程处在1934年9月至1936年12月间经办的杂项工程。

① 西安市档案馆编：《民国西安城墙档案史料选辑》（内部资料），西安市档案馆，2008，第381页。

表 8–4　西安市政工程处经办杂项工程统计表（1934 年 9 月至 1936 年 12 月）[①]

序号	工程名称	工程情形或地点	开工日期	完工日期	承包人
1	修葺城垣垛口	由北门经中正门至东北城角一段	1935.1.5	1935.1.16	—
2	拆除南关北门	该门位于南关大街北端，因低狭有碍交通，故拆除	1935.2.1	—	—
3	修葺全市城门口及水道	全市城墙	1935.4.18	1935.5.18	李怀南
4	补修中正门驻军房屋、厕所、厨房、围墙	中正门内	1935.4.21	1935.5.10	崔汝连
5	修葺南门瓮城城墙缺口	南门瓮城	1935.5.4	1935.5.12	靳锡玉
6	修理全市城墙根及墙上破裂之处	—	—	—	—
7	修理城门楼	西门及南门	1936.1.25	1936.2.29	—
8	四关城土墙	四关	1936.10.12	1936.11.30	天成公司
9	改修玉祥门至西门水车路	玉祥门至西门	1936.4.10	1936.5.20	—
10	錾补西门洞石条	西门洞	1936.3.31	1936.4.14	—
11	修理四关哨门砖土	—	1936.3.26	1936.4.13	天成公司
12	錾补南门洞石条	南门	1936.5.26	1936.6.26	天成公司
13	錾补东门洞石条	东门	1936.5.26	1936.7.8	天成公司
14	加补西关大街人行道及西瓮城人行道	西关	1936.5.17	1936.6.17	鸿记营造厂
15	修理城门楼门窗	东门	1936.6.12	1936.6.27	姚月记
16	錾补北门洞石条	北门	1936.8.1	1936.9.2	—

　　从上表可知，在约 2 年的时间里，西安市政工程处经办了至少 16 项各类

————————

　　① 《西安市工季刊》1936 年第 1 卷第 1 期，第 21—30 页。

规模的杂项工程。这些杂项工程的内容可谓五花八门，事无巨细。但从整体上来说，杂项工程的规模较小，施工工期颇短。

关于上表第15项修理东城门楼门窗工程的工程细节，可从1936年6月30日《市政工程处为修理东城门楼门窗工程呈西京建委会文》中一窥端倪。[①]西北"剿匪"总司令部卫队第二营周文章营长曾向张学良副司令禀报："西安各城城楼除东门外，均经重新修葺，并皆装有玻璃门窗。为保存西京古迹及顾虑本营官兵安全计，东门应速行修葺，自不待言。"为此，张学良命令该司令部马效韩处长前往陕西省政府联络此事。省政府发布第3852号训令，要求西安市政工程处"设法修葺"。经过西京建委会第六十五次会议决议："按照修理西、南城门楼单价，克速兴工，工料费用按实支领。"由于这一工程规模较小，属于"碎修工程"，各大公司皆不愿承做，投价者仅二家。最终报请西京建委会第六十七次会议决议：由姚月记承办。随后订定合同，于6月12日开工，27日完工。[②]

关于上表第8项"四关城土墙"、第11项"修理四关哨门砖土"等有关四关城的工程，主要是在1936年由西安市政工程处主持，由天成公司"承做补修"[③]。工程次序是先由南关着手，东、西、北各关亦陆续动工，至1936年10月底，共作土方262立方。11月5日南关城墙补修完工，共作土方315立方。随后东、西、北各关亦次第完成。其中北关以"作法不良"，经监工员指挥，屡加改善。至1936年11月底，四关城墙补修工程完全竣工，共作土方2000立方。[④]

---

① 西安市档案馆编：《民国西安城墙档案史料选辑》（内部资料），西安市档案馆，2008，第143—144页。

② 同上。

③ 《西安市政工程处二十五年十月份工作报告》，《西安市工季刊》1936年第1卷第1期，第11—14页。

④ 同上。

在杂项工程之外，西安市政工程处还经办了不少与城墙相关的附属建筑工程。以下列表反映1936年9月至12月间的工程事件。

表 8-5 西安市政工程处经办建筑工程统计表（1936 年 9 月至 12 月）[①]

序号	工程名称	工程情形或地点	开工日期	完工日期	承包人
1	新开中正门城洞两座，中正门外桥梁涵洞	尚仁路北首	1934.9.3	1934.12.31	—
2	新建军房	玉祥门	1934.12.5	—	—
3	中正门驻军房屋	瓦屋八大间	1935.2.17	1935.3.27	崔汝连
4	公共厕所	西门内	1935.3.2	1935.5.5	靳锡玉
5	同上	端履门北首	1935.3.2	1935.5.5	靳锡玉
6	同上	中正门外	1935.3.2	1935.5.5	刘瑞庭
7	同上	东门内	1935.3.2	1935.5.5	靳锡玉
8	添筑西北门驻军房屋	原有三大间不敷应用，拟再添六大间	1935.3.27	1935.6.11	张云岐
9	建筑大厕所	北门口	1935.6.20	1935.7.30	刘瑞庭
10	玉祥门驻军厨房	玉祥门	1936.1.14	1936.2.14	刘瑞庭
11	公共厕所	北门外	1936.3.8	1936.4.18	刘瑞庭
12	西门水井看守房	西门内	1936.4.11	1936.4.30	刘瑞庭

上表中所列的12次建筑工程，大多数是围绕城门兴建的驻军营房、厕所等。这类设施看似与城墙保护并无直接关系，但事实上，给长期驻守城门、城墙的驻军兴建较为完善的生活设施，以及为广大民众兴建公共厕所，能够有效减少在城根随地便溺、破坏环境卫生等现象的出现，从长远来看，对城墙保护具有促进之功。

1942年秋季，西安市政处工务局开展了一系列"亟待整修工程"，这当中除了整修北大街马路、修筑莲湖公园东门外暗沟、修筑王家巷石子路等道

① 《西安市工季刊》1936年第1卷第1期，第16—20页。

路和水利设施外，还包括"修补西城门楼塌落工程"，皆分别编造预算。①
为深入、细致了解西安市政处工务局在城墙、城楼建修工程中的角色和作
用，以下分列二表，涉及工程相关的建筑材料种类、规格与价格，以及工匠
种类与工费等，以期探察西安市政处工务局城墙建修工作的细致与繁复。

表 8-6　西安市政处工务局补修西城门楼陷落部分工程预算表一

（1942 年 9 月 26 日）②

种类	单位	单价（元）	数量	合价（元）
前檐挡泥板	公尺	40	10	400
花脊	公尺	50	10	500
望板	平方	30	30	900
扶脊木	根	80	3	240
青砖	千页	500	0.16	80
大片瓦	千页	250	3.6	900
筒瓦	千页	500	1.6	900
猫头	千页	750	0.12	90
滴水	千页	500	0.12	60
铁钉	市斤	12	25	300
洋钉	市斤	70	30	2100
白灰	百市斤	50	3	150
黄砂	立方	80	1	80
黄土	立方	50	5	250
麻刀（细麻丝、碎麻）	市斤	10	10	100
麦草	市斤	0.5	50	25

---

① 西安市档案馆，全宗号：017，目录号：5，案卷号：54，第3—9页。
② 同上。

（续表）

种类	单位	单价（元）	数量	合价（元）
方松木椽	根	20	6	120
圆松木椽	根	16	6	96
红色油漆	平方	30	30	900
总计	—	—	8191	—

表 8-7　西安市政处工务局补修西城门楼陷落部分工程预算表二

（1942 年 9 月 26 日）①

种类	单位	单价（元）	数量	合价（元）	附记
泥木工	工	35	30	1050	—
小工	工	25	40	1000	—
搭架费	—	—	—	500	—
小计	—	—	—	2550	—
预备费	—	—	—	2148.2	20%

在西安市政工程处之外，西京建委会工程处也是城墙维修、保护的重要机关，两者颇有并驾齐驱之意。从行政层级来看，西京建委会工程处的地位尚在西安市政工程处之上。

1940年之前，西京建委会工程处对于西安城墙上年久失修的"两沿护墙"，即垛墙和女墙派工补修，耗资巨大。至1940年调查发现，临近城墙驻防的大量军队，对于城墙不仅未加保护，反而随意拆除，利用砖石建筑厨房、厕所或砌垒其他建筑物。在军队的这些做法影响下，"无识居民随而效

① 西安市档案馆，全宗号：017，目录号：5，案卷号：54，第3—9页。

之"，尤其是以开通巷、柏树林、西门城墙、中正门附近等处，居民拆除城砖的情况最为多见。西京建委会工程处痛心疾首地指出："现市政急在建设，而城墙上之护墙尤为观瞻所在，城防所紧，若不急行禁止，则不惟有碍市容，且影响治安。"在此认识之下，2月23日，该处向第十战区司令长官蒋鼎文呈文，请求通饬各处驻军禁拆城砖，"以维市容而固城防"[①]。由于西安城区驻军数量多，倘若不及时制止军队为生活便利等拆取城砖的行为，加之此影响极为恶劣的做法对于城区民众具有鲜明的"示范"作用，长此以往，一方面是省市政府耗费人力、物力、财力维修城墙，另一方面却被驻军和民众拆卸城砖，最终受损的不仅是西安城墙观瞻和市容面貌，更为重要的是对军事防御和城市治安都造成负面影响。在接到西京建委会工程处的公函之后，第十战区司令长官蒋鼎文迅即"通饬临近城垣各驻军禁止拆毁城墙护墙，以重市容而固城垣"[②]。此举对于保护城墙景观和面貌具有积极意义。

相较于西安市政工程处的局部工程建修，西京建委会工程处、工务科等更多是从城墙整体保护的角度提出计划、建议和保护措施。1940年，西京建委会工务科调查发现，"南外城墙、南四府街城门洞口以西之第三、第二两城垛间之砖碎裂不堪，系各军队打靶所致"，遂向第十战区司令长官部发函，要求驻军在城墙沿线"不得再有此举"。西京建委会认为："本会对于本市城垣随毁随修，不遗余力，工款开支不计其数。该两处城垛间之城砖既被打成碎裂不堪事，自属亟应早为防止，以免倾圮。"原本此前在与第十战区司令长官部沟通之后，已由该司令部下令城厢驻军妥为保护。但是，各驻军在城墙根下打靶的情况"仍复不少"。对此，西京建委会在1940年2月29

① 西安市档案馆编：《民国西安城墙档案史料选辑》（内部资料），西安市档案馆，2008，第38页。

② 同上书，第39页。

日的公函中再度强调，"若不迅予制止，深恐该处城墙倾圮，此不特关瞻所系，实警卫、防御极有关系"①，明确要求司令部"加以保护，勿任各部队再有打靶情事"。应当说，西京建委会先后两次致函第十战区司令长官部，一再重申必须严禁驻军打靶，以免造成城砖被打碎裂的情况，已属于监管到位。不过，对驻军的管理大权属于第十战区司令部，西京建委会鞭长莫及，也只能是屡屡督催，但效果并不尽如人意。

在抗战胜利后，陪都西京建设活动随之结束，西京建委会撤销，西安城墙维修、保护的工作在很大程度上为西安市政府建设科接管。1945年9月19日，西安市政府响应市警备司令部9月11日第十五次扩大会第五案决议，即"东门及中正门城楼破漏，由市政府负责整修"，批示市政府建设科办理。②由于当年市政府并无此项工程预算，因而向省政府申请拨款办理。③

至当年秋季，西安市政府建设科将东门城楼维修工程承包给国华营造厂，并详列预算书如下，明确规定了所需的工料种类、规格、数量和价格，以及需要的大工、小工的人数和工价。

表8-8　西安市政府修筑东门城楼楼梯工程预算书（1945年10月8日）④

种类	形状或尺寸	单位	数量	单价（元）	合价（元）
青砖	1：3压沙砌	块	7500	13	97500
石灰	—	市斤	2000	12	24000
沙子	—	立方	3	4000	12000
大工	—	工	15	800	12000

---

① 西安市档案馆编：《民国西安城墙档案史料选辑》（内部资料），西安市档案馆，2008，第40页。

② 西安市档案馆，西安市政府建设科，全宗号：01，目录号：11，案卷号：166。

③ 同上。

④ 同上。

（续表）

种类	形状或尺寸	单位	数量	单价（元）	合价（元）
小工	—	工	60	500	30000
小计					175500
预备金（10%）					17550
总计					193050

注：小工负责运除废土、夯打素土。

　　11月2日，陕西省政府致电西安市政府，允许修理东城门工价193050元从预备金项下开支。8日，西安市政府建设科决定由天兴、大华、华夏、国华等四家厂商"比价"，以便选择最低价厂商包作。据《西安市政府修筑东门城楼楼梯工程比价单》载，此次工程需青砖7500块，石灰2000市斤，沙子3立方，大工15，小工若干（包括夯打素土、运除废土）。13日，西安市政府建设科代表会同监标人罗志坚、审计室代表及参加厂商华夏营造厂等三家比价，结果国华营造厂以最低标价210500元得标。由于工料价格上涨，12月9日，西安市政府向省政府申请追加东门楼梯工程不敷款预算17450元。[1]

　　1946年1月5日，国华营造厂报称，东城门楼楼梯工程于1945年12月29日完工，申请市政府派员验收，以便发给末期工款。1月9日，西安市政府批示由技佐雷承需会同审计人员前往验收。1月22日，由王文景代表具保商号保证国华营造厂所修东门楼楼梯工程在保固期内，若出现问题，由其承担责任。[2] 23日，西安市政府建设科会同驻西安市政府审计室人员罗志坚等前往验收，该承包商承造尺寸及用料规定均与图说相符，并经罗志坚同意盖章，准予验收。1月24日，西安市政府开具了核发工款报告单，其格式、内容颇

① 西安市档案馆，西安市政府建设科，全宗号：01，目录号：11，案卷号：166。
② 同上。

具代表性,不妨移录如下:

表 8-9　西安市政府修筑东城门楼楼梯工程核发工款报告单

（ 1946 年 1 月 24 日 ） [①]

工程名称	东城门楼楼梯工程	地点	东城门楼
工程概略	已完竣,并会同本府审计室人员验收	承包人商号	国华营造厂
开工日期	1945年11月13日	合同与承揽号数	—
预计竣工日期	1946年1月5日	工程总价	约估210500元
已成工程价值	国币210500元		附件
已付公款次数及金额	1次,计国币188400元		实做工程数量 价值表页
本期做成工程价值	国币42100元		
本期应发公款金额	国币41100元		
扣发预计款	预支金额　—	本期拟扣金额 —	备考 该工程因规模甚小,不定合同,以比价记录簿上列举要点以代合同
	已扣金额　—	代扣金额　—	
本期拟发金额	国币42100元		
核发金额	42100元		
领款人	（承包商号）国华营造厂　（经理人）刘森林		

　　前已述及,在民国西安城墙维修保护的主管机关之外,西安警备司令部从城防治安角度颁布的多项禁令,在保护城墙面貌等方面起到了重要作用。西安警备司令部作为城市治安机关,不仅在抗战期间配合防空司令部、第十战区司令长官部等军事机构,以及省市地方政府建设机关的诸多城墙建修工作,在抗战结束后,直至中华人民共和国成立之前,也仍然延续了相关保护做法。 1949年2月9日,西安警备司令部在《为请转饬严禁市民居住及取用城墙墙土致市政府代电（参江字第0109号）》中述及,据陆军三十八军

[①] 西安市档案馆,西安市政府建设科,全宗号: 01,目录号: 11,案卷号: 166。

五十五师一六四团（三八）二月四日生副字695号报告称："据本团卫生连本（二）月三日报称，本连驻地（西城门楼）北端二百公尺处城墙内侧于元月廿九日午后三时许坍塌，约卅余公尺，宽约一至四公尺不等。"经警备司令部派员调查倒塌原因，明确是由于城墙防空洞内居民随意掘扩所致。当时城墙沿线各处防空洞多有居民居住，并有少数居民于城墙基挖土使用。在此情况之下，西安警备司令部建议市政府："为免城墙再度倒塌起见，拟请通令严饬市民居住及挖用城墙墙土。"[①]这一史料一方面反映了城墙防空洞的挖掘、利用对于城墙本体造成的损害，另一方面也表明治安机关和地方政府已经充分意识到这一问题的严重性，并积极联合起来，采取明令禁止等措施来降低危害。虽然从根本上来说并非主动性举措，但在当时的情况下，能有此认识，并"通令严饬市民居住及挖用城墙墙土"，已属有意识的被动保护姿态，颇为难得。

三、实施群体及其主要特征

作为城墙维修、保护的管理机构，军队指挥机关和地方政府，以及主管治安的警察机关发挥着重要的主导之功，在筹划、管理、协调、经费划拨、征调人员等方面相互协作，起着组织工程建设的核心作用。与之相应，作为维修、保护工程的承担者和实施者，西安的营造厂、建筑公司、工头、包工、工匠以及民夫等，在具体建设活动中则是当之无愧的主体，具有鲜明的时代特征。

（一）营造厂与建筑公司

与明清时期相较，参与民国西安城墙维修、保护工程诸多群体的一大

---

① 西安市档案馆编：《民国西安城墙档案史料选辑》（内部资料），西安市档案馆，2008，第43—44页。

区别即在于，开始出现了一大批组织严密、有着雄厚经济实力、具备近现代企业特征的营造厂、建筑公司。这些建设、建筑类相关企业是西安近代化进程中逐渐涌现并发展壮大起来的，适应了国家和区域建设的要求，其管理和运作已逐步脱离了封建时代相对落后的模式，而打上了近现代建筑企业的烙印。在参与城墙维修、保护工程期间，这些企业通过投标、签订合同、施工等活动，与军队和地方政府之间建立起了密切联系，对西安城墙景观、风貌的保存和延续起到了积极作用。同时，通过大量的工程建设活动，这些营造厂、建筑公司等也通过获得政府资金而得以发展，对民国西安民营企业的整体发展具有推动之功。

在明清时期西安城墙的维修、建设工程中，陕西官府招募了众多来自北京、直隶、山西、盛京等地的能工巧匠，同时也征召了成千上万本地的工匠和民夫。虽然外省工匠有不少也是在包工头的组织、带领下赶赴西安工地的，但更多的工匠并没有严密的组织，只是接受官府提供的酬劳，参加城工建设。而随着专业化营造厂、建筑公司的出现，军队和地方管理机关已经无须再像明清时期那样由官府这一管理机关直接出面雇用、征募工匠，营造厂、建筑公司在主导工程建设的管理机关与大量工匠、民夫之间充当了合宜的桥梁，使官府无须再直接面对匠夫等基层建设者。官府只需要和具有相应资质、经验的营造厂、建筑公司等专业建筑企业建立联系，签订工程建设的合同，明确工期、工费、工程内容、质量标准等内容，即可由建筑企业自行按照合同要求，进行施工，这就为军队和省市管理机关节约了大量时间，也减少了直接管理工匠、民夫的烦琐事务，而交由专业的建筑公司处理。毫无疑问，作为富有城市建设经验的营造厂、建筑公司，之所以能够承担起各种规模的城工建设，一是源于其专业性，即拥有专业的队伍和施工设备，参加过多种类型的工程建设，二是源于其雄厚的财力基础，能够在建设经费没有完全划拨的情况下进行短期垫资，这是普通的行业企业往往难以承受的。

当然，在建筑企业和军队、地方管理机关的业务关系当中，也出现过纠纷、矛盾，但是由于签订合同时，一般都有"保证人"（或作保的企业），这类纠纷、矛盾基本上都能够得以最终解决。笔者依据民国西安城墙建修档案资料，对参与了25次维修、保护西安城墙工程的营造厂、建筑公司和承包人信息进行了列表统计，如下表所示：

表 8-10　民国时期参与维修、保护西安城墙重要工程营造厂一览表 [①]

序号	起讫时间	工程名称	投标营造厂、公司、承包人	中标人	保证人	招标额（标的/合同额）（元）	投标额（元）	《城墙档案》页码
1	1934.11.5—1935.2	修筑玉祥门守兵营舍工程	两仪合、自立兴、上海铁工厂、永合成，及崔汝连、张文德、李金祥、张文岳、武根秀（协成公司）	崔汝连	—	—	622	312—320
2	1935.2.17—1935.3.27	中正门驻军营房工程	天成公司、李怀德、崔汝连	崔汝连	—	—	2075.2	365
3	1935.4.18—1935.6.7	修理城墙及水沟工程	—	李怀南	—	613.96	713.96	16—17
4	1936.1.25—1936.2.29	修理西、南城门楼门窗工程	东来公司	—	西安慎昌电料行	1673.12	—	216—225
5	1936.3.17	补修四关城墙及郊门	东来公司	—	—	1046.6	—	108
6	1936.3.26—1936.4.13	修补四关郭城砖方工程	东来公司	—	—	—	—	118

---

① 西安市档案馆编：《民国西安城墙档案史料选辑》（内部资料），西安市档案馆，2008。

（续表）

序号	起讫时间	工程名称	投标营造厂、公司、承包人	中标人	保证人	招标额（标的/合同额）（元）	投标额（元）	《城墙档案》页码
7	1936.4.14—1936.8.10	修筑西门瓮城水井看守房等五项工程	德鑫营造厂、鸿记营造厂、豫西营造厂、雪来工厂、三义公司、天成公司	雪来工厂（雪来公司）	—	201.48	270.08	246—255
8	1936.5.17—1936.6.13	西门瓮城砖铺人行道工程	郑州鸿记营造厂	—	—	1007.82	—	212—215
9	1936.5.26—1936.7.7	东、南两城门洞凿石工程	天成公司	—	天津鸿昌德五金行西安支店	3234.13	—	137—141
10	1936.8.1—1936.9.10	北门洞凿石工程	天成公司	—	翼宁医院	1595	—	268—271
11	1936.10.12—1936.11.30	修补四关郭城土方工程	姚月记营造厂、天成公司等四家	天成公司	翼宁医院	1804.62	—	119—120
12	1936.6.12—1936.6.30	修理东城门楼门窗工程	姚月记	—	高子久	1683.6	—	143
13	1937.3.22—1937.7.16	修筑中正门外洞底及桥面工程	豫丰、三义、天成、协兴、鸿记、天兴、同仁、同义、新亚、大兴	天成公司	翼宁医院	15958.3	—	385—403
14	1937.10.16—1937.11.18	修理中山门城门工程	创新营造厂	—	—	57.5	—	278—287
15	1938.12	中正桥暂铺碎石桥面	同义公司	—	—	—	—	409

（续表）

序号	起讫时间	工程名称	投标营造厂、公司、承包人	中标人	保证人	招标额(标的/合同额)（元）	投标额（元）	《城墙档案》页码
16	1939.6.25—1939.8.20	修补中正门外城墙等工程	同仁公司	—	—	4450.2	—	52—56
17	1939.7.24—1939.9.20	修筑南门东瓮城碎石马路及小型厕所等工程	同仁公司	—	明记世界大旅社	2462.57	实做工程费额2068.88	182—189
18	1939.6.26—1939.11.28	兴筑南四府街城门洞工程	同义公司	—	西京良记米庄	10002.9	—	435—439;451
19	1939.10.7—1939.11.20	修补各处城墙工程	复新公司、同义公司、同仁公司、振记公司	复新公司	—	857.27（后确认为5205.33）	5205.33	29—35
20	1939.6.24—1939.10.18	修理中正门外城墙增加之工程	同仁公司	—	—	合同4450.2	实做工程费额5386.48	58—60
21	1939.6.26—1939.9.3	南四府街城门洞工程	同义公司	—	—	—	—	434
22	1940.2	补修中山桥	振记公司	—	—	—	—	504
23	1941.12	翻修南门东西瓮城碎石路工程	新记公司	—	庆泰丰贺仙洲	12619.2	—	189—192
24	1942.2.5—1942.3.26	整修北城门楼工程	豫秦营造厂	—	三合公颜料时货庄李相荣	7281.1	—	272—275

（续表）

序号	起讫时间	工程名称	投标营造厂、公司、承包人	中标人	保证人	招标额（标的/合同额）（元）	投标额（元）	《城墙档案》页码
25	1942.2.5—1942.4.16	补修西、北两城门楼损坏工程	豫秦营造厂	—	三合公颜料时货庄	20290	7571.1	226—231
26	1942.5.23—1943.2.18	修补西内城门楼塌落部分	同仁公司	—	林盛合	12270	—	232—245
27	1944.5.21—1944.6.30	修筑北马道巷等五处防空便门及木架工程	同仁公司、同义公司、同昌公司、西京公司、	同仁公司	林盛合	166986.5	257235	456—472
28	1945.8—1945.10.28	修筑南城门东边门工程	同仁公司	—	西京同合成木厂	126000	195000	200—202
29	1945.11.13—1945.12.29	修筑东城门楼楼梯工程	天兴、国华、华夏	国华	—	193050	210500	161—166

注：表中"起讫时间"一般系相关档案函件的标注日期，能从侧面反映工期长短，但多非该项工程的兴工与竣工日期，特此说明。

上表中所涉及的营造厂、建筑公司及相关投标企业多达29家，分别为：上海铁工厂、西京同仁、西京、郑州鸿记、豫西、豫秦、豫丰、两仪合、自立兴、协兴、大兴、天兴、天成、永合成、协成、德鑫、雪来工厂、东来衡记、振记、新记、姚月记、三义、同义、同昌、新亚、创新、复新、国华、华夏。

在这些企业当中，既有充分彰显地域特色的命名，如上海铁工厂、西京同仁、西京、郑州鸿记、豫西、豫秦、豫丰等，在一定程度上反映出其资金来源或创办者的籍贯主要来自上海、西安、郑州及河南其他地区等；也有延用传统铺号特点的命名，用字吉祥，反映出创建者希望企业能够兴旺发达之意，如自立兴、协兴、大兴、天兴等；还有一些营造厂和建筑的名称反映了创办人希冀在城市发展新时期创造新事业的心愿，如新亚、创新、复新等。

从上述29家营造厂、建筑公司的名称分析，可以看出，当时参与城墙维修、保护工程的建筑类企业，将"营造厂""工厂""建筑公司"等互通使用，并没有明确的界定，而从事的业务实际上均属于建设、建筑领域。从参与的城墙维修工程频次、工期长短以及招投标额度分析，在这29家企业当中，以西京同仁、郑州鸿记、豫秦、天兴、振记、同义等规模较大，先后多次参与城墙维修和建设的招投标活动。

由于每一次城墙维修、保护工程在签订合同时，均需营造厂、建筑公司找到相关企业或其法人代表为之担保，从这些担保名单上也能看出，当时的建筑类企业与相关领域企业之间形成了稳定的相互协作关系。从招标的陕西省或西安市（西京）政府以及军队等机构角度而言，有具有一定资金实力的企业作为担保人，有助于将工程风险降至最低，而从承包工程的建筑公司和担保企业的角度来看，担保这一做法事实上促进了民国时期西安建筑行业与其他行业之间的联系，在企业长远发展方面具有良性互动的特征。

统计上表可知，当时作为担保企业（法人代表）的共计10家，分别是西安慎昌电料行、天津鸿昌德五金行西安支店、西安翼宁医院、西京同合成木厂、明记世界大旅社、西京良记米庄、三合公颜料时货庄李相荣、庆泰丰贺仙洲、林盛合、高子久。这些担保企业分属于五金业、医疗业、旅馆业、粮食业、百货业等行业，从现有资料看，应当属于当时西安城内相关行业内实力颇为雄厚的企业，能够承担起担保之责。当承担了城墙维修、保护的众多

营造厂、建筑公司等与这些不同行业的企业通过担保这一途径建立起紧密联系，不仅对于承揽工程的企业来说，能够顺利推进签订合同、开展维修建设工作，而且通过"担保"这一纽带将不同行业企业捆绑在一起，实质上对于促进企业关系、加强相互协作具有客观上的积极意义。

（二）工头与匠夫

在具有近代企业特征的营造厂、建筑公司之外，民国西安城墙维修工程中还有一批被称为"包商""承包人""工头"的个体工程队组织者，他们与明清时代参与城墙建修的包工头具有很多相同的特征。相较于规模较大、资金雄厚的营造厂、建筑公司，建筑承包商、工头往往资金实力较弱，仅能承担规模较小的建筑工程，平时难以像建筑公司那样有相对固定的工人队伍，而是在承揽到具体工程之后，才依据需要招募工匠。如1935年5月，西京建委会在招标城墙水道修补工程中，将遭到破坏的29方土方工程，按照"工头"李怀南所投单价洋5.5元，拨给洋159.5元，由其施工修补。[1]实际上，李怀南开办有六新营造厂，该厂资本额为0.2万元，厂址位于北大街337号。按照当时西安市建筑企业的等级，六新营造厂位列总共六个级别中的第五等，属于小型建筑企业。

在具体工程的投标、比价、签订合同等方面，[2]作为个人的承包商、包工头需要办理的手续与营造厂、建筑公司并无二致。政府相关机构将工程交其完成，同样需要承包商、包工头先期垫付一定的资金，并且在竣工后预留一定额度的经费作为工程质量保证金。同时，承包商、包工头在承揽到相应

---

① 《本市沟渠七月初开工建筑，市政建委会重修城墙水道》，《西京日报》1935年5月26日，第7版。原文为162.25元，今据实改为159.5元。

② 西安市档案馆编：《民国西安城墙档案史料选辑》（内部资料），西安市档案馆，2008，第8—11页。

的工程后，也需要在合同中注明由某人或某个企业为其担保，政府通过担保这一方式将资金和工程质量、事故等的风险在最大程度上降低。

无论是营造厂、建筑公司，还是承包商、包工头，他们最终都是要将工程建设的具体任务分配给大量工匠、民夫等完成。工匠、民夫是明清以迄民国西安城墙维修、保护工程的最终承担者。如前所述，匠夫群体既包括来自外省的能工巧匠，也有大量关中本地的匠人、民夫。值得一提的是，在解放战争时期，国民党政府也要求西安市属各单位机关学校"公教人员"参加修筑城防工程，主要是由西安市政府社会课职员数人担任领队，将公教人员编组后协同施工，而所需工具则由各区公所搜集、提供。西安地方政府在特殊时期为加快城防设施建设而组织公职人员参加施工，虽然出发点在于"使公教人员以身作则，导民众从事自卫工作"①，实际上属于具有强制性的义务劳动。

第三节　众擎易举：
城墙维修的经费与建材

民国西安城墙维修和保护的诸多计划、举措、方案等要落到实处，最终都需要通过具体的工程建设来实现，而无论是耗时较长、规模较大的工程建设，还是短时期、小规模的修补活动，均需要由省、市政府划拨相应额度的经费。资金是否充裕、能否按时到位会在很大程度上影响城墙维

---

① 《市府职员今起修筑城防工程》，《西京日报》1949年3月29日，第3版。

修、保护的进度。

在筹备了相应经费之后，工程建设所需的大量类型多样的建筑材料就成为确保工程质量的基础之一。与明清时期相较，随着工程建设内容的增加，施工器具的进步，民国西安城墙维修、保护的建筑材料来源也呈现出了新的特点。

一、经费来源

明清时期，西安城墙维修、保护的主要经费来源于两大渠道，一是官费公帑，即由朝廷的户部或陕西布政司等财政主管机关依据城墙勘估经费数额划拨，属于政府的建设开支；一是官民捐款，即由官员、士绅、商民等通过"倡捐""认捐""摊捐"等不同形式捐款修城，这些款项出自个人和群体，不经由官府渠道划拨，其开支主要由士绅监督，与公帑要经过繁杂的核销等手续有显著区别。

至民国时期，各类城墙建修、保护工程的经费来源与明清时代相较，既有传承，又有变化。首先，来自政府的"公费"依然是城墙建修的主要资金来源。这从现存的民国中后期大量城建档案中的招标、投标等文献就能清楚地反映出来，众多营造厂、建筑公司等通过招投标过程，与地方政府或军队主管机关建立承揽工程的关系，并获得大量的官方资金来进行具体建设。就这一点而言，用于城墙建修工程的"公费"与明清时期的经费性质并无二致。其次，在明清时期屡屡出现的官民捐款修城的情况，在民国时期已十分鲜见，取而代之的是地方政府和军队主管机关通过"强制摊派"等方式，向广大商户、市民征收名目不一的城墙建设费，这就与明清时期"量力捐输"的捐款原则背道而驰了，成为商民的沉重负担，因而也难以看到商民有"乐于捐输"的情形。

为了进一步分析民国西安城墙建修经费的具体来源，以下主要对1933年至1949年间的9次重要工程进行分类统计，列表如下：

表 8-11 1933 年至 1949 年西安城墙重要维修工程一览表 [1]

序号	起讫时间	工程内容	经费来源	经费来源	《城墙档案》页码
1	1933.2.7—1934.9.12	拆除南门瓮城土基、墙垣；禁止窃取砖灰	省建设厅、省会公安局、西京建委会、西安绥靖公署、市政工程处	在修理古物费项下开支[2]	169—178
2	1934.9.27—1935.3.30	开辟中正门，修筑桥梁、守望室（火车站城门）、城壕桥梁	省政府、西京建委会、省建设厅、市政工程处	由财政厅先行垫拨，将来由市政建设委员会新市区土地售价款内归还[3]	329—361
3	1935.10.14—1937.8.31	修补四关郭城	省建设厅、市政工程处、省政府、西安绥靖公署	在财政厅正款项下开支	101—124
4	1937.12.17—1938.5.6	修葺中山门外涵洞、东北稍门洞	市政工程处、西京建委会、省建设厅、长安县、省政府、省会警察局	在省会警察局经收警捐项下垫付[4]	288—298
5	1940.6.17—1940.7.1	修筑玄风桥，辟城门外木桥	省防空司令部、西京建委会、省政府	应需工料费由防空设备工程费项下开支[5]	477—479

---

① 西安市档案馆编：《民国西安城墙档案史料选辑》（内部资料），西安市档案馆，2008。

② 《省建设厅为执行西京建委会补修城墙工程决议案给市政工程处的训令（第965号）》（1935年5月29日），载西安市档案馆编《民国西安城墙档案史料选辑》（内部资料），西安市档案馆，2008，第19页。

③ 《省建设厅为开辟西安火车站城门、修筑守望室给市政工程处的训令（第650号）》（1934年10月8日），载西安市档案馆编《民国西安城墙档案史料选辑》（内部资料），西安市档案馆，2008，第351页。

④ 《省政府为修葺中山门外涵洞及东北哨门洞事致西京建委会公函（财字第267号）》（1938年2月9日），载西安市档案馆编《民国西安城墙档案史料选辑》（内部资料），西安市档案馆，2008，第293页。

⑤ 《省政府为请函送修建玄风桥新辟城门外木桥估单致西京建委会公函（府财一字第68号）》（1940年7月1日），载西安市档案馆编《民国西安城墙档案史料选辑》（内部资料），西安市档案馆，2008，第479页。

（续表）

序号	起讫时间	工程内容	经费来源	经费来源	《城墙档案》页码
6	1942.1.7—1943.4	补修西、北城门楼	省建设厅、市政处工务局、省防空司令部、省政府、省审计处	由防空设备费项下开支；①市政处特别补助费项下开支②	226—245
7	1944.12.23—1945.11.27	修理大南门（东边门）门板	西安警备司令部、市政府、省政府	西安市政府年度修缮费③	196
8	1945.4.16	筹征城墙防空洞费	省政府、市政府、市商会、保安司令部	由市政府筹征加强费100万元	87—88
9	1946.10.16—1947.1.9	修缮太阳庙门城墙	北平防空司令部第六区防空支部、西安市政府、省政府、省会警察局、市防护团	西安市政府自治经费项④	71—75

依据上表可知，经费来源或名目包括九大类：一是陕西省建设厅修理古物费；二是西京建委会新市区土地售价款；三是陕西省财政厅正款；四是陕西省会警察局经收警捐项；五是陕西省防空司令部防空设备工程费；六是西

---

① 《市政处为请修补西城门楼工程费由防空设备费项下开支呈省政府文（市工字第256号）》（1942年6月12日），载西安市档案馆编《民国西安城墙档案史料选辑》（内部资料），西安市档案馆，2008，第235页。

② 《市政处为补修西城门楼工程款由特别补助费项下支出给工务局的训令（市工字第118号）》（1942年10月10日），载西安市档案馆编《民国西安城墙档案史料选辑》（内部资料），西安市档案馆，2008，第239页。

③ 《省政府为筹征城墙防空洞加强费致市长陆翰芹代电府》（1945年4月16日），载西安市档案馆编《民国西安城墙档案史料选辑》（内部资料），收入西安市档案馆，2008，第87页。

④ 《省政府为补修太阳庙门城墙工程各事给市政府的指令（府秘技字第1092号）》（1946年11月20日），载西安市档案馆编《民国西安城墙档案史料选辑》（内部资料），西安市档案馆，2008，第74页。

安市政处特别补助费；七是西安市政府年度修缮费；八是西安市政府筹征加强费；九是西安市政府自治经费。

可以看出，这些经费分别来自陕西省建设厅、财政厅、陕西省会警察局、陕西省防空司令部、西安市政府、西京建委会、西安市政处等省市建设、财政、治安、军事部门和机关，一方面反映出城墙建设、维修、保护经费来源的多样性，另一方面也可见当时参与城墙工程的机关之多，彼此之间实际上都需进行紧密的合作。

从具体经费名目分析，城墙的建修、保护主要经费为省市相关机构的公费拨款，既有出售新市区土地所获的大批款项，还有警察局经手的"警捐"，也有市政府的"年度修缮费""筹征加强费""自治经费"等，反映出省市政府对城墙维修、保护的高度重视，将从不同渠道征收获取的大量经费投入到城墙工程上来；同时由于牵涉到古迹保护、防空工程等，因而其经费既有"修理古物费"，又有"防空设备工程费"，表明当时省市政府在充分利用城墙挖掘防空洞之际，也十分重视将城墙视为文物古迹进行保护的理念和态度。

相较于明清时期，民国西安城墙建修、保护的经费来源和名目更为多样化，这反映出管理机构层级的增加，分管任务的细化，同时"警捐""加强费"这类在封建时代未曾出现过的经费名目，也说明了民国城墙经费来源中有较大一部分是源于强制性征缴，而非由西安商民"乐于捐输"的捐款。值得一提的是，1934年至1935年间，随着陇海铁路"潼西段"的通车，在火车站附近的城墙上开辟了两座新城门，以便旅客出入城区。这项工程由陕西省建设厅负责主持，而经费系由陕西省财政厅垫拨，此后陆续从西京建委会"新市区公地售价款"内归还财政厅。工程款共计17000余元。①

---

① 《国防建设汇报：西京市建设概况》，《国防论坛》1935年第3卷第7期，第23—24页。

二、建材来源

明清时期西安城墙建修工程中的主要建材包括城砖、石料及石灰、木料三大类，其中城砖烧造于城郊地区的窑厂，石料及石灰购运自富平，木料则来自盩厔的秦岭山区。民国时期西安城墙建修工程的建材在很大程度上延续了传统时代的来源，尤其是富平石灰在各类规模的城建工程中被大量采用。

作为传统时代的建筑材料，富平石灰的沿用对于城墙、城楼等的"修旧如旧"发挥了重要作用。关中其他多县虽然也出产石灰，但对于工程质量要求极高的城建工程而言，选择质量优良的富平石灰，从建筑材料上就为确保工程质量奠定了坚实基础。从区域联系的角度来说，富平地处渭北高原，距离西安城较远，不过省城西安的诸多建设工程却离不开富平石灰、石料等原材料，两地由于建材的供给关系而建立了紧密联系。从另一角度来看，西安城墙建修工费中有很大一部分被用于购买建材，销售方毫无疑问也从这一买卖关系中获得了较大收益，这对于促进富平建材产业、交通运输业的进一步发展，提升区域经济水平具有重要促进作用。1939年6月，西京建委会工程处经过招标等程序，将兴修南四府街城门洞工程交由西京同义建筑公司施工。在其标单中，即明确载明需要富平石灰380000市斤。[1]1939年10月，在有关补修中山桥工料费的预算表中，亦详细规定"灰以块状（产自富平者其块状最少），亦须占百分之三十以上"[2]。1942年11月，西安市政处工务局委托西京同仁建筑公司承包的修理西门城楼工程《施工说明书》中同样规定"白灰用富平灰，凡受潮者不准使用"[3]。足见主管机关和工程实施方对于富平石灰极为看重，采购的数量是巨大的。

---

① 西安市档案馆编：《民国西安城墙档案史料选辑》（内部资料），西安市档案馆，2008，第439页。

② 同上书，第300页。

③ 同上书，第242页。

　　由于民国中后期的渭河水运随着陇海铁路火车的开通而迅速衰落，传统时代经由渭河运输大宗木料的情况已难得一见，因而西安城墙建修工程中所使用的木料已经不能再像明清时期那样采自盩厔县的秦岭山中，而极有可能是源自西安以南的秦岭山地，采购的木料在长度、直径等方面已无法与明清时期同日而语。

　　由于史料记载的匮乏，我们无法明确指出明清时期西安城墙建修工程所使用的沙料产自何处，好在通过民国西安城墙建修工程中使用的沙料来源，可以推论和追溯。据1934年9月陕西省政府为开辟西安火车站城门、修筑守望室致西京建委会公函中所附《拟开辟西安火车站大城门工料估价表》载，此次"西边门"需用沙子8.5方，由浐河滩运至施工地点。[①]浐河距离西安城区较近，宋元明清时期的龙首渠即由浐河引水入城，供给城区官民饮用，浐河与西安城区民众生产、生活的关系可谓至为紧密。民国西安建修城墙时，亦从浐河滩拉运沙子作为建材，更加强化了浐河与西安城市建设、古迹保护、风貌保存等之间的相互关系。浐河作为距离城区最近的一条水量相对丰沛、沙石资源丰厚的河流，民国西安城墙的建修者们从浐河滩拉运沙子属于因地制宜的做法，在很大程度上能够节省工费。从这一角度来分析，明清西安城墙建修工程所用的沙料应当也是产自浐河滩，不大可能"舍近求远"从相距更远的渭河、沣河或者灞河河滩采沙。

　　浐河河道内不仅有优质的建筑用沙，而且河滩上还有顺流而下从秦岭山中冲击下来的鹅卵石、碎石。西安城墙建修，除了沉重厚实的石条作为墙基、门洞基础之外，鹅卵石、碎石也是重要的建筑材料，用于铺砌道路，或作为辅助建材添加。1934年在开辟火车站城门工程中，就因需给架设在城壕

---

① 西安市档案馆编：《民国西安城墙档案史料选辑》（内部资料），西安市档案馆，2008，第329页

上的桥面铺砌碎石，而从浐河河滩运至施工工地，"平均铺二公寸厚"①。无论是来自浐河河滩的沙子，还是鹅卵石、碎石等建材，由于是从公有资源中获取，只需开支采掘、拉运的费用，无须就此建材支付特别的产出费用，这就在很大程度上节约了工程经费，受到政府机关和施工单位的青睐。

这一时期从秦岭获取的建筑材料除了木料之外，还有花岗岩石材。如1934年12月修筑完成的中正桥，桥栏杆用砖块修筑，做工简单，砖砌栏杆极易因外力损坏。有鉴于此，1935年2月，陕西省建设厅饬令西安市政工程处重新设计中正桥栏杆，拟将砖柱改换为28副终南山花岗石柱。②这种石柱计划采用终南山花岗石，分柱座、柱身、柱顶三节，虽然最终实际采用了混凝土浇筑，但在主管机关看来，终南山花岗岩石材其实是颇为合适的建材。

第四节　便利交通：
城门的整修与开辟

明清时期，西安主城区一直延续着四座城门的格局，即东面长乐门、西面安定门、南面永宁门、北面安远门。这四座城门既有高大厚实的正楼、箭楼、闸楼守护，亦有四座较大规模的关城屏护，是进出西安主城区的必经通路，在城市景观、城墙建筑上最能彰显故都西安的恢宏气势和壮阔雄姿，因

① 西安市档案馆编：《民国西安城墙档案史料选辑》（内部资料），西安市档案馆，2008，第331页。

② 《重修中正门外桥栏杆说明书》《重修中正门外桥栏杆估价单》，载西安市档案馆编《民国西安城墙档案史料选辑》（内部资料），西安市档案馆，2008，第358页。

而也是明清两代多次重修城墙工程中颇受关注的工段。

由于明清时期的朝廷和地方官府首先注重城墙、城楼、城门的防御能力，城内外的交通出入还居于次要的考虑地位，因而西安四座城门的格局一直延续下来，并无变化。但是这种情况到了民国时期就有了显著变化，地方政府和主管机关不仅加强对原有四座城门、城楼的修缮，而且增辟了多座城门。西安大城城门数量较明清时期大为增加，其中既有为了方便旅客出入乘坐火车而开设的中正门，也有为了便于民众出城躲避空袭新辟的多座防空便门。因而城门数量的增加、城门功能的多样化都是民国时期呈现出的新特征。

同时，与增辟城门相应，城门洞的完善、护城河上桥梁的修建，以及城门外对应的环城道路、郊区公路的铺设，都是在民国时期逐次的工程建设活动中兴工完成的，均可视为城墙维修保护的重要组成部分。

一、民国西安城门景观

民国前期的西安城门虽然长期失修，但其风骨依然，在主要功能上也延续了明清时期定时启闭以供民众出入的作用。[①]同时，作为出入孔道，城门在民国时期也始终是驻守军兵、值班警察等检查人员及物资之地，兼具防御、交通、治安等功用。[②]对于本地城乡民众来说，西安城门作为城区这座"大宅院"的大门，无论是"出城"，抑或"入城"，每天都会途经此处，寓目久了，往往对这司空见惯的城门景象不以为意，并无特别的感触，但是在外来旅行者看来，西安城门景观却格外具有厚重的意味和历史的深意。陇

---

① 陈藻华：《西安行》，《复旦同学会会刊》1934年第3卷第6期，第91—93页。

② 《申报》（上海版）1929年5月3日，第20156号，第9版，载："（西安）城防司令部布告，旱灾奇重，各县灾黎纷纷进城就食，有障交通，城门关闭时间稍事提前，不意其党乘隙造谣。嗣后城门关闭仍以十钟为限，各戏园亦准照常开演"；又《申报》（上海版）1948年9月13日，第25351号，第2版，《西安禁货物外运》载："〔本报西安十二日电〕西安市府已通令各城门岗警，货物外运除执有市府颁制之登记证者外，不予放行，以防物资逃避"。

海铁路管理局职员萧梅性在《长安游记》中即经由对比而慨叹："长安城楼高耸，结构浑雄，望之俨然，颇有伟大古国之风范。如南京新修之挹江门飞来西京，相形之下，直如小巫见大巫矣。"[①]

随着抗战的全面爆发，来自东部、中部地区的大量人口涌入西安，其中有很多记者、学者等，他们留下了丰富的记述，对西安城墙和城门景观的记载颇能反映出时人的普遍观感和认识，也描绘出特定时段原有城门和新辟城门的面貌。1936年，孙盈在《西安以西》的文章中记述道：

> 自从"西安"改作"西京"，"西安"的旧姿态慢慢着便开始在褪消，逐渐地，城墙中间多开了几个透气的门洞，马路开始在展宽，行人道铺砌，钢骨的电线杆子竖立起来，便使这古城电气化了。……
>
> 西安不愧旧都，遗留下了四门和鼓楼，令人感到伟大、浑厚和一种东方的严肃。这姿态，除了北平以外，都难来和它比拟。部分的改变还是破坏不了整个轮廓，我们还可以追忆到建造时代的雄伟浩大。同时，这些大建筑上面，到处都涂着建设西北、复兴民族的标语。
>
> 这都是陇海铁路二十三年底通车西安后的成绩。[②]

虽然孙盈采用了"透气的门洞"的说法来描述新辟的城门，但实际上是指原有四座城门过于封闭，新辟的城门不仅有益于交通，而且从城市整体气象上来说，也增添了生机与活力。同时，四座城门和钟楼、鼓楼等明代胜迹一样，"令人感到伟大、浑厚和一种东方的严肃"。这种观感正是从城市景观的角度获得的认识，堪称有文化背景的旅行者对城墙、城门的代表性印象。

---

① 萧梅性：《长安游记》，《旅行杂志》1932年第6卷第7号，第51—53页。
② 孙盈：《西安以西》，《国闻周报》1936年第13卷第30期，第13—20页。

图 8-5　1935 年西安城西门（安定门）瓮城

同年，一位佚名作者在《中国建设》上刊发题为《西京见闻》的行纪，在述及城门时载："城门七，东有长乐，西有安定，南有永宁，北有安远，皆系旧门；东之中山门，西之玉祥门，则为冯焕章驻陕时所辟；中正门为陇海路展达西京时所辟。"[1]特别强调了中山门、玉祥门和中正门的来历。如果说中山门、玉祥门的兴建强化了西安城区东西向交通骨架，加强了城区内外的联系，方便了城乡民众在东西方向上的往来，那么中正门则不仅促进了东北城区的南北向交通，而且对于西安城区同陇海铁路的对接、方便乘坐火车的旅客进出城区具有莫大的意义，标志着西安城进入了一个崭新的发展时代。

奚青清在1936年《新少年》杂志上发表了《西安，一个被人忘却了的都城》，用细腻的笔触描绘了旅客乘坐火车到达西安，出站望见城墙、中正门的情形，读来极具画面感，也翔实反映出中正门开通之初的情形：

到的时候是在一个早晨。当火车进站时，我们都不约而同地把

---

[1]　佚名：《西京见闻》，《中国建设》1936年第14卷第4期，第111—124页。

头伸出窗外去瞻仰这汉唐的旧都，我们民族的发祥地。

一列整齐古朴的城垣，挺直地摆在我们的面前，还有那巍峨的高大城楼，屹立在城墙上面，使我们联想起远在北国的蒙在灰里的故都——北平。

车站是在城的北面，距城门仅有数十步。城门是新开辟的，名叫"中正门"。相连有两个孔儿，靠西的一个，城门还紧紧地闭着，行人都由东边的一个进出。[①]

抗战期间，为便于城区民众出城、躲避日军飞机空袭，省市政府和驻军在城墙沿线陆续新辟了一系列防空便门，这些防空便门迭有变动。至1947年，笔名为孤鸿的作者在《旅行杂志》上刊发《长安访古》一文，内中载称："（西安）旧有四门，东曰长乐，西曰安定，南曰永宁，北曰安远。民元以后，又增辟三门，一在旧东门之北曰中山门，一在旧北门之东曰中正门，一在旧西门之北，曰玉祥门。抗战以后，又在旧南门之西增辟一门曰南便门。现在共有八门，比从前增加了一倍。"对于这些旧有城门和新辟城门的景观，作者印象极其深刻："长乐门三个字写得那么遒劲而秀美，底子是白石，字用绿色嵌着，镶在那建筑雄伟堪与北平城楼相媲美的城楼上，格外显得古雅。"[②]

二、城门的修整与新辟

西安大城的四座城门及其城楼作为城墙防御体系最重要的建筑物和节点景观，在民国多次的建修工程中均倍受重视。

---

① 奚青清：《西安，一个被人忘却了的都城》，《新少年》1936年第2卷第12期，第36—37页。

② 孤鸿：《长安访古》，《旅行杂志》1947年第21卷第5期，第29—39页。

1929年，虽然关中各县遭遇严重旱灾，饿殍遍地，但作为"以工代赈"[①]的工程之一，西安城四座城门、城楼、鼓楼等仍经西安市政府修竣，刊发在《申报》上的报道，即以"刷新中之西安市政"为题，称竣工后的城门、城楼"颇壮观"[②]。在二十世纪三四十年代的多次城墙建修工程中，旧有四座城门、城楼的主体建筑以及附属的门窗、楼梯等均属于重点维修的对象。

1934年底，随着陇海铁路通车西安，在西安城东北隅正对火车站的城墙上开辟了中正门。12月19日，西京建委会在第七次会议上决议："在南城另辟一城门，其地点与北城所辟城门相对。"[③]这一计划主要是从方便城墙内外交通的角度考虑的，在一定程度上表明南北方向上新辟城门已是势在必行。20世纪20年代西安城墙上玉祥门、中山门的开设，显著促进了东西方向的交通，使得从清初满城兴建以来东西向内外交通多有不便的状况大为改善。而随着火车站附近开设了中正门，若与之南北相对，在南城墙上增开一门，毫无疑问能够极大促进南北向交通。在此计划之外，西京建委会为连接火车站、中正门等处，还在1935年2月6日的第十次会议上讨论了有关在北关开辟一门，并拟定路线与火车站相衔接，以便大车货运案；同时决议全城各路铺设完竣后，即在南城另辟城门。[④]2月20日的西京建委会第十一次会议上则决议增辟北关城门、铺设大车马路一事列入第五期马路修筑工程。[⑤]

玉祥门是民国西安城在四座原有城门之外最早开辟的新城门，在促进西北城区交通方面贡献巨大。进入20世纪30年代之后，围绕玉祥门驻守兵房和

---

① 《陕赈会报告陕灾之惨状》，《申报》1929年8月31日，第20274号，第11版。

② 《刷新中之西安市政》，《申报》1929年4月8日，第20131号，第6版。

③ 西安市档案局、西安市档案馆主编：《筹建西京陪都档案史料选辑》，西北大学出版社，1994，第239—240页。

④ 同上书，第240页。

⑤ 同上书，第243页。

军队配套设施建设，开展了一系列工程活动。虽然这些工程建设并非直接针对城墙、城楼、城门，但在城门整体景观面貌、古迹保存等方面仍有其积极意义。

与西安城东北隅中正门的开通相应，玉祥门的二度开启也是1934年的大事件之一。据西安市政工程处向陕西省政府报告称："本市西大街碎石马路，早经修成，凡由西门出入之水车及各种载重车辆，均经龙渠湾、牌楼巷两处通过。惟该两处车道窄狭，雨后淤泥拥塞，车辆被陷，交通几为断绝。兼以陇海铁路积极西来，繁荣呼声高唱入云，故本市人口日见增加，交通更为动繁，车马行人出入城门，肩摩毂击，常有拥挤之患。"这种交通拥挤状况显然已无法适应城市的进一步发展。西安市政工程处指出，欲解决这一问题，就需将西安城西北隅原本开设、后被封闭的玉祥门重新开启，派兵守护，以维护治安，便利交通。由于"事关城防"，陕西省政府将这一报告和建议转咨西安绥靖公署。该公署对此"极为赞同"，并建议省政府在玉祥门内修筑营房数间，以便派兵驻守。①

陕西省政府随即饬令省建设厅估修守兵营舍，并拟将玉祥门名称改为"新西北"或"中正"。这一改名拟议是听取了西安绥靖公署的建议。该公署认为："该门名称如仍沿用玉祥二字，似觉不妥。……玉祥门为本市西北出入要道，值此中央暨蒋委员长注意开发西北之际，拟就'新西北'或'中正'等字样，择一命名，藉资观感。"②1935年2月，西安市政工程处在"西北门"（即玉祥门）兴建的驻军房屋工程已近尾声，而西安绥靖公署又函请省建设厅添筑兵房，并由陕西省政府会议通过，由省建设厅招工投标修筑。③玉祥门增修兵房、厨房的工程建设活动一直持续至1935年底尚未完

---

① 《绥署赞同开启西北隅玉祥门》，《西京日报》1934年8月18日，第7版。
② 《玉祥门开启在即》，《西京日报》1934年9月1日，第6版。
③ 《西安市政工程处最近工作概况》，《陕西建设月刊》1935年第2期，第57—58页。

竣。从西京建委会10月30日第四十二次会议记录①、11月20日第四十四次会议记录来看，主要是由于该会"经费困难，无法办理"②。可见，经费短缺是制约民国西安城墙及其附属设施维修、建设的重要因素之一。

抗战全面爆发后，日军飞机空袭渐次频繁，对城区民众生命、财产造成重大危害，增辟城门，方便民众出城躲避成为当时与开掘城墙防空洞同等重要的措施。1939年初，西安市地方士绅刘定五（即刘治洲）先生就敌机空袭造成群众躲避拥挤隐患严重一事向陕西省政府呈报：

> 每值敌机空袭，市民皆争相出城，以图掩蔽。以南城接近繁盛市区，而民众争出南门者尤夥，以致互相拥挤，途为之塞，车毁人伤。每有所闻，紧急惨苦，情殊可悯。因之群议在南门左右各辟一门，左方在与中正街成直线处，右方在与南四府街成直线处，于是东大街、南院门等处繁盛地带之民众，则一闻警报，便于疏散。

省政府接报后，认为"该士绅等所议，尚属不无理由"，要求省建设厅等机构施行。省建设厅委派该厅技佐王冀纯会同西京建委会工程处派员查勘办理，计划在南门左右各辟一门。③

增辟城门不仅对城内民众外出躲避空袭有利，而且在平时对城外民众入城往返也颇为方便，因而开辟新城门既有军事防御上的考虑，也对沟通城乡、联结城墙内外具有促进作用。就此而言，居住在城内的士绅民众建议开辟城门是为了方便外出躲避空袭，而居住在城墙外围的民众要求增辟城门则更多是基于便利交通的考量。1939年，署名乔之的作者发表了《不怕轰炸的西安》一文，以细腻笔触记述了当时西安市民面对空袭的心态和行动：

经过多次的轰炸，虽然西安的市民并不因此而恐怖，或厌恶战争，但是为了避免无味的牺牲，"到城外防空者"，已经成为一般市民的生活习惯了。

……

一般民众的防空常识，普遍的提高了，他们在忧患恐惧的煎熬中，锻炼成坚毅不拔的铁汉了。他们不怕敌机的野蛮的轰炸，他们只知道渡过难关来争取最后的胜利，每当警报拉长了喉咙哀鸣的时候，人们很热习的奔找自己的隐蔽所，扶老携幼，真是一幅悲惨画面，却也是一个庄严的场面，这儿没有叫嚣声音，也没有慌乱的情态，只到紧急警报一响，再也听不到声响，静悄悄的活像一座空城，任敌机如何轰炸，除了毁几间民房而外，别的没有什么可以抵偿他所负的代价。近来防空当局在各个通衢，安置了不少的钟，对于人民的防空增加了许多的方便，听说最近还计划多多开辟几个城门，我们希望马上兴工，来保证这百万生灵的安全。①

1939年，军事委员会战时工作干部训练团第四团驻扎在西门外东北大学旧址，此处"离城较远，城内外往来交通颇为不便，且于空袭时间亦常因西城城门狭仄，疏散人民甚感困难"。为了"便利本团交通，并消弥空袭危险起见"，该团向陕西省建设厅发出公函，请求建设厅设法在该团后门西南角开出城门一道，"似属两便"。省建设厅旋即在3月30日就"在西南城角开

---

① 乔之：《不怕轰炸的西安》，《现代评坛》1939年第4卷第19期，第13—14页。

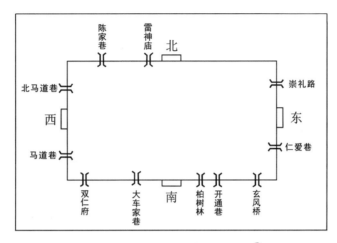

图 8-6　西安主要防空便门位置图[1]

辟城门"一事致函西京建委会工程处，指出"开辟城门关系市政建设"，因而应由省厅和西京建委会商办。[2]来自政府和民间的开辟新城门的呼声越来越高涨，1939年4月21日，西京建委会在《为请迅饬开辟大差市城门致天水行营总务处笺函（市字第93号）》中，指出增辟城门的紧迫性："本市迭遭敌机轰炸，市民牺牲惨重，急应增辟城门，以便市民闻警躲避"[3]。天水行营作为防空司令部的上级机关，已经命令其增辟大差市城门。陕西省政府也决议照开。

　　当然，增辟城门的计划和建议并未全部付诸实施，而是在当时的条件和环境之下，政府主管机关予以相机办理。截至1945年8月17日，西安市政府在致西安市参议会的公函中，已明确提及，经建设科统计，当时城墙上共开辟有7处防空便门，其中南城墙上5处，分别位于双仁府（又写作双人府）、大车

① 西安市档案馆编：《民国西安城墙档案史料选辑》（内部资料），西安市档案馆，2008，第493页。
② 同上书，第430页。
③ 同上书，第432页。

家巷、柏树林、开通巷、玄风桥，北城墙上2处，分别位于陈家巷、雷神庙。

为确保"防空城门"、城墙防空洞能有效发挥疏散市民的作用，1944年2月11日，西安警备司令部举行第五次军宪警扩大会议，决定执行四项措施：其一，市民一听到警报，应立即向城墙防空洞或郊外疏散，严禁在城门街口拥挤徘徊，由负责交通管制的宪警严格执行；其二，紧急警报后，除报勤官兵及担任通讯传达人员外，其余车辆行人，非佩有防空通行证者，一律禁止通行；其三，空袭警报时，城墙沿线由城防机关派人巡察，以维持秩序；其四，空袭时如有鸣炮或施放各色信号枪者，由督察处严密搜捕、法办。[①]

城墙防空便门的开设在兴工之初，往往需要省建设厅、西京建委会、西安市政府建设科等机关相互合作，而在便门建成之后，又因其关系到城防、治安、交通等诸多问题，因而也与四座大城门一样，需由西安警备司令部、防空司令部等治安、军事机构派驻士兵，巡查稽核。

随着城门数量的增加，与之相应的城乡交通格局、体系也随之发生变化，可以认为，新城门的开辟带动了城区内外街巷、道路的铺设、开通。自从1934年西京建委会成立之后，大力兴修、铺设城区内部街道，街巷面貌为之改观。抗战全面爆发后，由于敌机不时袭击，防空司令部、陕西省建设厅等军队和地方机关陆续增辟城墙便门，"接通郊外各公路，便利市民躲避"[②]。尤其是"南郊则均系住宅区域，因疏散、防空起见，于南城墙开辟防空便门，故交通更属便利"[③]。

与新辟城门、防空便门等相匹配的是护城河上的桥梁、涵洞，以及郊区

---

① 《各城墙辟防空门，以免除警报时市民拥挤，警备部注意空袭时秩序》，《西京日报》1944年2月13日，第3版。

② 西安市档案局、西安市档案馆主编：《筹建西京陪都档案史料选辑》，西北大学出版社，1994，第145页。

③ 同上书，第147页。

的道路，这些设施的兴建、铺设也是主管机关的重点关注内容。1939年11月15日，西京建委会第一百三十次会议记录中就记载称，据工程处呈报，中山门外原有便桥一座，通连东郊风景路，被雨水冲毁，亟待补修。该工程预算需国币4696.44元，决议交由该会工务科草拟修建办法。①12月20日，西京建委会第一百三十二次会议记录则载，当时已在"各新辟城门外施测"省市公路，即将开始兴修。而"西北三路、柏树林、崇礼路三处城门外，均有护城河之阻隔，势必修筑桥洞"，需工务科估价。②1940年2月28日，西京建委会谈话会议记录进一步指出，"各新辟城门外护城河加筑涵洞"，每处需国币1008元。决议为"缓议"③，并未能立即兴工。不过，该项桥涵工程在当年仍得以修竣。西京筹委会及西京建委会在1940年的工作实施报告中即将"补修各路桥涵"作为工作成绩之一："中正门外中正桥及中山门外中山桥，因本年淫雨连绵，坍塌甚多，关系交通运输均极重要，故经及时兴工补修，先后完竣。又南四府街新开城门之桥涵亦由本会处修建、放宽、加高。其他各路涵洞均随时修筑。"④同时，由于南四府街一带"原甚窄狭，车马不能往来"，自此处新辟城门，加之环城马路开通，"实有即时修改加宽之必要"，上述两会派工程队改建加宽了南四府街连接新开城门路面，至1940年时"已便利多矣"⑤。

1937年7月至1940年12月，西京筹委会在西安城郊区进行了一系列的公路建设活动，其中多条骨干道路直接与新辟城门相连通，反映出新开通的城门对城乡公路交通网的形成具有关键性影响。如西京至引驾回路：此路自西

① 西安市档案局、西安市档案馆主编：《筹建西京陪都档案史料选辑》，西北大学出版社，1994，第325页。

② 同上书，第326页。

③ 同上书，第328页。

④ 同上书，第337页。

⑤ 同上书，第337页。

京新开柏树林城门起，通至引驾回路，计长5里；西京至子午谷，即自西京新开四府街新门起，经杜城嘉里村，以达子午谷，计长43里。

1947年，西安市政府建设科鉴于西安建市后缺乏规划，城市建设无所遵循，遂拟订《西安市分区及道路系统计划书》和《西安市道路暨分区计划草图》，其中颇为引人瞩目的举措之一便为"增开城门"。这份计划书指出："长安古城，尚有保留数十年或数百年之价值，而市区发展又刻不容缓，欲求两全，惟有多辟城门。"增辟城门成为时人快速发展市区的基本认识。当时全城总计有8门，拟增15门，共为23门，"各门按其路面之宽度，均需开两洞以配合交通之需要"。根据旧城东西长、南北短的特点，南城墙增开8门，北城墙增开3门。位于干道的缺口不筑拱形门洞，城墙上如需联络可架钢桥。这一计划实际上是对抗战时期西安城墙防空便门格局的继承，但在数量上有所增加。只是由于当时解放战争战火越燃越旺，陕西省、西安市政府虽有此心，但却无力完成这一雄心勃勃的城建计划。

三、中正门工程建设[①]

学界对古都西安城门的研究多集中在汉唐长安时期，甚少关注后都城时期西安城门的发展变迁。以下根据民国档案资料及相关文献探讨民国西安城中正门的修筑过程，分析本次工程的新特点及其影响。

（一）工程缘起及命名风波

民国时期西安城门的增辟大体分为两类，一类是基于人口增加和交通发展需要，如中山门、玉祥门和中正门的建设；另一类是抗战期间为便于军民躲避空袭而开辟的防空便门，如今勿幕门、朝阳门、尚武门和建国门。中正门的开辟和陇海铁路通达西安有着直接关系。陇海铁路是连通我国东西方向的一条交通大动脉，1932年12月，国民政府铁道部开始将这条铁路线向关中

---

① 本节由武颖华撰写初稿，笔者进行了修订和增补。

延伸。1934年通车渭南，同年12月27日，西安站正式售票通车，这也是陕西境内的第一条铁路线。根据1934年10月8日《陕西省建设厅为开辟西安火车站城门、修筑守望室给市政工程处训令》的档案资料载，"当以陇海铁路将抵达西安，此项工程不宜稍缓，指令克日开工"①，可知西安中正门的修筑进程和陇海线的延展密切相关。档案中所述"西安火车站城门"即中正门，该称谓也反映了此城门和陇海铁路的密切联系，表明陇海铁路修抵西安推动了中正门的开辟。

此外，中正门的修筑和日寇侵华的大背景不无关系。1931年九一八事变后，日本帝国主义加快了侵华步伐，华北、华东等众多省区的安全受到威胁。1932年，日本帝国主义在上海发动一·二八事变，南京及长江下游各重要城镇亦受到日本军舰的挑衅，国民政府为安全起见，决定移驻洛阳办公。同年3月5日，国民党第四届中央执行委员会第二次全体会议决议："长安为陪都，定名为西京。"1934年7月，国民党中央政治会议秘书处致函西京筹备委员会，明确西京应设市，并直属于行政院，初步确定西京市区域"东至灞桥，南至终南山，西至沣水，北至渭水"。西京筹委会和西京建委会成为西京市政建设的直接领导机关，对西京市的多方面建设制定有详尽的规划。面对历经数百年风霜战乱而残破不堪的古城墙，再加上"陪都"西京身份的改变，城墙修复及相关的工程建设就成了当时国民政府地方机关必须承担的重任。在此背景下，中正门的修筑成为城墙修复工程的重要组成部分。

为迎接陇海铁路的开通，陕西省建设厅、西安市政工程处积极启动了中正门系统工程建设，相继开展了中正门的修筑及配套工程，包括驻军营房、中正市场、中正桥、中正门外东西大街，及相关维护、环境改造工程。

---

① 《省建设厅为开辟西安火车站城门、修筑守望室给市政工程处的训令》，载西安市档案馆编《民国西安城墙档案资料选辑》（内部资料），西安市档案馆，2008，第351页。

　　"中正门"的命名可谓一波三折。最初"中正门"是为当时重新开启的"玉祥门"而确定的备选名称。[①]陕西省建设厅从政治含义出发，认为东北城门名"中山门"，西北城门应命名为"中正门"，因而重新开启的"玉祥门"便被暂定为"中正门"。然而到了1935年，新开的火车站北门被定名为"中正门"[②]，重开的"玉祥门"改名为"新西北门"。之所以出现城门名称反复的现象，大体有三方面原因。

　　第一，"中正门"一名具有显著的政治含义，反映了蒋介石领导下的国民政府对陕西及西北地区控制力量的加强。新开火车站北门地理位置重要，且是双门洞，在规格、建筑上均强于西北隅单门洞的玉祥门，因此将火车站北门命名为"中正门"更加合适。第二，从工程时序来看，火车站北门的主体工程在1934年底即已修筑完毕，投入使用，而玉祥门的修缮至1936年才正式兴工，将"中正门"命名给早已修筑竣工的火车站北门，亦属合情合理。第三，火车站北门地处交通要道，且临近中山门，将火车站门命名为"中正门"寓意蒋介石追随孙中山先生的革命足迹，具有中山先生继承人的象征意义，比命名给远在西北隅的玉祥门更加适宜。

（二）工程组织管理机构及前期准备

　　1934年8月，随着西京建委会的成立，西京各项市政建设工程均由建委会负责，因而中正门工程即由该会主导推进，陕西省建设厅及其直属单位西安市政工程处负责具体施工管理。中正门工程的设计、招标、监工、验收等环节皆由西安市政工程处执行，工程建造则通过招标方式，由营造厂、承包商等投标

---

　　① 《省建设厅为玉祥门改名暨修筑守兵营舍给市政工程处的训令》，载西安市档案馆编《民国西安城墙档案史料选辑》（内部资料），西安市档案馆，2008，第306页。

　　② 《省建设厅为玉祥门添设营舍用费暨该门定名为"西北门"给市政工程处的训令》，载西安市档案馆编《民国西安城墙档案史料选辑》（内部资料），西安市档案馆，2008，第320页。

报价，出价最低者与西安市政工处订立工程合同，承接、建造具体工程。

中正门工程的建设资金"由财政厅先行垫拨，将来由市政建设委员会新市区土地售价款内归还"①。一方面，工程所需的人工、物料、工具、竹篱等统归承包人负担，至工程结束且验收合格后才支付工款。这种利用民间商业资本进行工程建设的方式，在一定程度上缓解了当时市政建设经费的不足。另一方面，西安市政工程处在中正门工程进行过程中只需派员监工，以确保工期和工程质量，节省的人力资源可用于督察市内其他重要建设工程。

西安市政工程处对包工人与营造厂的监管颇为严格。该处拟定的《开辟火车站城门及城壕桥梁合同》对工程设计图样、工料价格、工料质量、工期、工程的监管和验收等有着明确的规定，如承包人不得私自改动所规定的工料、不得使用不合格材料，工程逾期完成要按情形进行处罚，等等。此外还要求"工程进行时，承包人须负工人安全之责""承包人应于工作地点，日间设置红旗，夜间悬挂红灯，倘有疏忽以致发生任何意外之事，均由承包人负责"②。这些严格规定从工程组织管理上保证了中正门工程的正常进行。

（三）中正门主体工程建设与维护

1934年8月，陕西省建设厅、西安市政工程处完成了对中正门主体工程的设计与工料估价，主要包括中正门东、西城门洞、城壕桥梁（中正桥）、城外小花园、城门守望室等建筑、设施，随后又将"城门间的距离缩小，将城门外的花园改为停车场"③，以便利交通。

---

①　《省建设厅为开辟西安火车站城门、修筑守望室致西京建委会公函》，载西安市档案馆编《民国西安城墙档案史料选辑》（内部资料），西安市档案馆，2008，第329页。

②　《开辟火车站城门及城壕桥梁合同》，载西安市档案馆编《民国西安城墙档案史料选辑》（内部资料），西安市档案馆，2008，第349页。

③　《省政府为开辟西安火车站城门、修筑守望室致西京建委会公函》，载西安市档案馆编《民国西安城墙档案史料选辑》（内部资料），西安市档案馆，2008，第330—332页。

1.中正门的开辟

1934年9月底，陕西省政府委员会第一百二十八次会议，通过了省政府主席邵力子开辟西安火车站城门、修筑守望室的提议。①与此同时，1934年9月24日至30日，西安市政工程处迅即展开中正门及护城河桥等工程的招商，参与投标的计有雷万魁、杨培兴、高文兴、郑志彦、陈德志、齐思财等7家，最后包工人雷万魁以5109.7元的最低标价中标，并于1934年10月2日与西安市政工程处签订了中正门及城壕桥梁合同，即日开工，限定于12月1日完工。②

根据合同规定，工程所需的一切劳力、物资均由承包人雷万魁负担。修筑中正门所需劳力、物资的类型与数量如下：运城砖工500名、石灰6万市斤、泥工3500名、石门窗4个、沙子200车。修筑中正桥所需劳力、物资的类型与数量为：打桥工共2500名，石灰1万市斤、砖2.2万块、桥工500名、栏杆下工50名、石条89.24米、栏杆砖3100块、铁栏杆柱64个、铁筋600市斤、栏杆泥工250名、水沟立石条156.84米、水沟平石条156.84米、人行道砖1.5万块、人行道沙子50车、人行道石条工350名、马路石子460车、马路用沙子200车、人行道泥工200名、打桥芊腰40捆等。在这两项工程中，总共用工达7850人、石灰达7万市斤、沙子450车、砖4.01万块等，连同中正桥、守望室等工程，在各新辟城门工程中规模居于前列。③

---

① 《省政府为开辟西安火车站城门、修筑守望室致西京建委会公函》，载西安市档案馆编《民国西安城墙档案史料选辑》（内部资料），西安市档案馆，2008，第329页。

② 《各承包商为开辟火车站城门、修筑桥梁守望室呈市政工程处供料估计单》《省建设厅职员为开辟火车站城门及修筑护城河桥全部工程各标单价目给该厅厅长的签呈》《开辟城门及城壕桥梁合同》，载西安市档案馆编《民国西安城墙档案史料选辑》（内部资料），西安市档案馆，2008，第333—347、348、349页。

③ 《各承包商为开辟火车站城门、修筑桥梁守望室呈市政工程处供料估计单》，载西安市档案馆编《民国西安城墙档案史料选辑》（内部资料），西安市档案馆，2008，第341—343页。

中正门工程的修筑虽然有着详尽的规划和设计，但工程质量上并没有达到预期要求。由于工程师不幸遭遇意外，加之监工未能尽责，中正门工程在工料使用上出现了以碎砖代替整砖、用砖大小不一，及券顶未完全灌浆等问题，以致工程质量粗劣，未能如期完成，直到1935年1月10日中正门工程才全部竣工。毫无疑问，此次工程质量出现问题，西安市政工程处会在支付工款时对于承包人给予扣罚，而此事也警示该处在工程招标上不能单纯依靠最低标价来确定中标人，必须在确保工程质量、工期的情况下，综合考虑投标工价。

2.守望室的变迁

根据规划，中正门附近需修筑一间守望室。随着陇海铁路的开通，中正门交通地位的重要性日渐上升，当局决定派驻一连士兵驻守于此，守望室遂扩展成为驻军营房。陕西省政府委员会决议："令建厅就原设计改善，克日兴工，须兼注美观，全部作一院式，分前后两部，前部作办公室，后部作卫兵驻所。"[①]1935年2月17日，工头崔汝连带领工人正式开工，规定完工日期为3月27日。[②]有了中正门工程监管欠缺导致质量问题的前车之鉴，在修筑驻军营房过程中，西安市政工程处进行了有效监管，"所有房间（8间）大小俱照原图修筑，工料坚实，门窗俱油绿色，并装玻璃"[③]，工程整体质量较高。

3.中正桥工程建设与修复

中正桥是连接中正门与火车站而跨越西安护城河的重要工程。西安市政

---

① 《省建设厅为在新开城门建筑驻军营房给市政工程处的训令》，载西安市档案馆编《民国西安城墙档案史料选辑》（内部资料），西安市档案馆，2008，第364页。

② 《市政工程处为报备中正门驻军营房工程办理情形、开工日期呈省建设厅文》，载西安市档案馆编《民国西安城墙档案史料选辑》（内部资料），西安市档案馆，2008，第365页。

③ 《省建设厅为验收中正门、玉祥门守卫兵房工程给市政工程处的训令》，载西安市档案馆编《民国西安城墙档案史料选辑》（内部资料），西安市档案馆，2008，第367页。

工程处在招标过程中，将中正门工程和中正桥工程一起招标。中正桥工程在1934年10月2日开工。包工人雷万魁以标价5109.7元中标修筑的中正桥，长44.62米，宽16米，其中两侧人行道各宽2米，长78.42米，石子马路宽11米，延伸至城门外碾路，马路两边水沟各宽0.5米。桥栏杆每3米做砖柱子一个，每米用铁柱一个，用铁筋顺拉两道，栏杆下用麻石条一层。①按照工期计划，该桥于1934年12月完工、验收。

美中不足的是，1934年12月修筑完成的中正桥，由于桥栏杆用砖块修筑，做工简单，极易因外力损坏。有鉴于此，1935年2月，陕西省建设厅饬令西安市政工程处重新设计中正桥栏杆，将砖柱改换为28根终南山花岗石柱，增加4根铁炼灯杆。②可惜这份设计在招标时存在严重问题，投标人对开凿山石及运输费用不谙计算，导致开标结果难如人意。经过标单审查委员会审查，决定将石柱改为混凝土，洋灰、沙子、石子按1∶2∶4的比例配制。

随着陇海铁路西安站的建成通车，新市区日渐繁华，中正门的交通地位日趋重要，修筑完成的中正桥已不能适应当时交通的发展，故而在中正桥工程竣工后又进行了更换桥栏、加宽桥面，及改修桥面为洋灰路、修复桥面等工程。最早提出加宽中正桥建议的是陇海铁路管理局。1934年6月，陇海铁路管理局意识到，火车通抵西安后，商贾络绎、乘客云集，必将促进西安城市的快速发展，而宽仅16米的中正桥在乘客出站、从桥上进城时，容易发生由于人潮拥挤导致的交通堵塞，因而提请加宽中正桥左右各10米以上。③对

① 《各承包商为开辟火车站城门、修筑桥梁守望室呈市政工程处的工料估价单》，载西安市档案馆编《民国西安城墙档案史料选辑》（内部资料），西安市档案馆，2008，第344页。

② 《重修中正门外桥栏杆说明书》《重修中正门外桥栏杆估价单》，载西安市档案馆编《民国西安城墙档案史料选辑》（内部资料），西安市档案馆，2008，第358页。

③ 《陇海铁路管理局为加宽中正桥致西京建设筹备委员会公函》，载西安市档案馆编《民国西安城墙档案史料选辑》（内部资料），西安市档案馆，2008，第385页。

此提议，西京建委会给予了积极回应，在第二十五次会议上决议："由工务科会同市政工程处估计，限十日内报会。"①当时西京市政建设百业待兴，各方面经费严重短缺，市政府希望能够将加宽中正桥费用同陇海铁路管理局平分担负，然而双方分属不同的系统，协商不足，终因经费困难，延至一年半以后的1936年底，西安市政工程处才开始中正桥加宽工程的招标工作。

至1936年，随着西安火车站一带日益繁荣，中正桥作为连接中正门和西安火车站的必经之地，原本狭窄的桥面严重制约了交通的发展，中正桥的加宽工程亟待开展，因此在1936年11月4日西京建委会的谈话会议中，决定中正桥两边桥面各放宽5米。随后，西安市政工程处拟定了中正桥面工程的设计图样、施工说明和估价单，要求参与投标的豫丰、三义、天成、鸿记等十家核准登记的营造厂商，在12月8日晨8时前，完成各自的投标。为了保证投标顺利进行，西安市政工程处要求投标厂商必须亲自投标，并且缴纳押标金500元，未中标者押金如数发还。中标者在与西安市政工程处订立合同时，还需找到资本在10000元以上的殷实铺保一家作为保证人。

在这次投标过程中，具备汉白、西荆、汉宁等公路土石方及桥涵工程建设经验的天成公司以最低标价15958.3元中标。天成公司中标不久即发生西安事变，以致工程无法进行，及至1937年3月18日天成公司才与西安市政工程处签订《中正桥面工程合同》，将原定于1936年12月10日开工改为1937年3月22日，限定工作日90天完成。

西安事变不仅直接导致了工程延期，更为重要的是伴随着时间的推移、国内国际局势的变化，工料价格猛涨，原本投标之时洋灰的价格为每桶10.5元、钢筋每吨200元，到开工时两项单价分别上涨了3元、100元。按照原本用料计算，这两项工料就使得天成公司损失1550元，占整个工程预算的近一

---

① 《西京建委会总务科委估计改建中正桥工程费用致该会工务科笺函》，载西安市档案馆编《民国西安城墙档案史料选辑》（内部资料），西安市档案馆，2008，第386页。

成。为纾解开支压力，天成建筑公司向市政工程处请求补助，西安市政工程处对此作出积极回应，其中洋灰需要约500桶，设法拨给天成公司，而钢筋所需不多，物价上涨导致成本增加仅50元，由天成公司自行负担。

这次中正桥加宽及道路改修工程，主要施工项目包括修筑混凝土桥面、人行道、道牙、桥栏墙、灯柱及灯、涵洞等。其中桥面、人行道、道牙混凝土洋灰、沙子、碎石比例分别为1∶3∶6、1∶4∶8、1∶2∶4。中正桥地处交通要道，其工地划分为东西两部，次第兴工，以便维持交通运转。新修桥面以坚固为首要目标，市政工程处提供新型机械化设备压路机、轻便铁轨及斗车，以便将桥面滚压坚实。修筑桥面的土方工程由市政工程处指定位置，取自附近城壕，但为了保持市容美观，市政处严令"挖掘整齐，不得零乱不整"。对于旧有桥面，采取了半幅挖开，将旧有碎石铺至桥面底层的方法。为了保证工程质量，在订立工程合同中特别强调工程全部验收后，保固期规定为12个月，如有损坏之处，承包人应在市政处通知后立即前往修理，否则该处代觅工人修理，所有工料费用在保固金内扣除。①

为了保护新修路面，西安市政工程处致函陕西省会警察局，10日内禁止车马、人员通行，"严厉取缔铁轮大车通过桥面"②。1937年5月，西京电厂完成了在桥面四角装置四盏直立式路灯及埋设线路的工作。③7月16日，陕西省建设厅对中正桥加宽暨改作洋灰桥面工程进行了验收，④标志着中正桥加

---

① 《中正门桥面合同》，载西安市档案馆编《民国西安城墙档案史料选辑》（内部资料），西安市档案馆，2008，第390—394页。

② 《市政工程处为禁止铁轮大车通过中正桥致省会警察局公函》《省会警察局为禁止铁轮大车通过中正桥事复市政工程处公函》，载西安市档案馆编《民国西安城墙档案史料选辑》（内部资料），西安市档案馆，2008，第402—403页。

③ 《西京电厂为接洽装置路灯事致市政工程处函》，载西安市档案馆编《民国西安城墙档案史料选辑》（内部资料），西安市档案馆，2008，第401页。

④ 《西京建委会为补修中正桥桥面塌陷部分给市政工程处处长的训令》，载西安市档案馆编《民国西安城墙档案史料选辑》（内部资料），西安市档案馆，2008，第404页。

宽工程正式结束。

由于西安阴雨连绵，加之日军对火车站附近的轰炸，导致中正桥出现大面积坍塌，1938年12月，西安市政工程处通过招标，由同义建筑公司修筑中正桥损坏的桥面，仅利用碎石铺筑桥面。之所以在修补中未使用洋灰，主要原因在于物价昂贵，预算不足。[①]

（四）中正门后续及配套工程建设

1.修筑中正市场

1935年初，中正门主体工程完工，西安火车站建成通车后，这一区域"行人如织，商贾辐辏"，对日用物品和饮食等物资的需求急剧上升，然而此地距离市内商业区又有数里之遥，工商人士深感不便。大量散摊小贩在此自由经营，导致交通堵塞，影响市容。有鉴于此，西京建委会委员兼陕西省建设厅厅长的雷宝华提出开辟中正门外"中正市场"的提案，并且获准实施。1935年1月至4月，西安市政工程处设计了中正市场工程的方案，包括建设中正市场、公安分驻所、市场管理员办公室及宿舍、护城林、卫生设备及马路。[②]按照该设计方案，中正市场属于招租建设，由租借人按照设计图样自行完工。其范围在中正桥左右四角各30米外，东西长各750米，南北宽各4米。[③]

可惜的是，这一工程并没有按照计划修建完成。1936年3月，陕西新生活运动促进会人士在调查西安火车站现状时，发现车站到中正门两边举目可见蓬门陋屋、城壕土窑，与原本设计的市场建筑严重不符，可见中正市场建设成效甚微。

[①] 《市政工程处为中正桥暂铺碎石桥面预算呈西京建委会文》，载西安市档案馆编《民国西安城墙档案史料选辑》（内部资料），西安市档案馆，2008，第409页。

[②] 《西安市中正市场工程说明及估价单》，载西安市档案馆编《民国西安城墙档案史料选辑》（内部资料），西安市档案馆，2008，第376—377页。

[③] 《中正市场租领地亩简章》，载西安市档案馆编《民国西安城墙档案史料选辑》（内部资料），西安市档案馆，2008，第372—373页。

2.改善中正门环境

中正门开通后，在缓解交通压力的同时也随之出现了一系列问题。1936年，陕西省新生活运动促进会在调查中指出："查中正门陇海车站一带为来往行人丛集之地，关于新运尤为重要。"①因此致函西京建委会，提议改善中正门周边的人居环境。很快，西京建委会回函并决定由"公安局、市工处工务科会同计划"②。随即与西安绥靖公署协商实施开放中正门西边门洞的建议。

至1941年，抗战进入关键阶段，冀、鲁、晋、豫诸省相继沦陷，各地难民云集西安。尤其在黄河决口以后，黄泛区灾民更是蜂拥而至。这些难民进入陕西后，由东到西沿铁道线落脚栖身。③中正门外陇海铁路火车站一带东西马路大多为难民集中的"棚户区"，棚屋"毗连排列，秩序紊乱，外观尤为卑陋"④。为此，1941年1月16日，陕西省会警察局提议改建或拆除中正门外东西大街棚户，西京建委会令工程处勘察、讨论后决定："招商建筑市房，贫民无住所者可暂住平民新房。"⑤

中正门外经历了一系列环境改造后，市容面貌确实有所改善，但是由于

① 《陕西省新生活运动促进会为改善中正门环境致西京建委会公函》，载西安市档案馆编《民国西安城墙档案史料选辑》（内部资料），西安市档案馆，2008，第380页。

② 《西京建委会为改善中正门环境复陕西省新生活运动促进会公函》，载西安市档案馆编《民国西安城墙档案史料选辑》（内部资料），西安市档案馆，2008，第382页。

③ 阎希娟、吴宏岐：《民国时期西安新市区的发展》，《陕西师范大学学报》（哲学社会科学版）2002年第5期，第18—22页。

④ 《省会警察局为改建或拆除中正门外东西大街棚户致西京建委会公函》，载西安市档案馆编《民国西安城墙档案史料选辑》（内部资料），西安市档案馆，2008，第410页。

⑤ 《西京建委会为改造中正门外东西大街棚户决议案致省财政厅等函》，载西安市档案馆编《民国西安城墙档案史料选辑》（内部资料），西安市档案馆，2008，第414页。

接近火车站，时遭敌机轰炸，仅1938年11月至1941年5月，日军飞机对西安火车站一带先后轰炸4次，所以中正门工程建设长期处于不断改善之中。

（五）中正门工程建设的特点与影响

民国时期的中正门工程，以其工期之长、工匠之众、经费之巨、用料之多堪称这一时期西安城墙新辟城门工程中最大的一项工程，不仅与改善城墙景观直接相关，对西安城市社会发展也有较大影响。

1.中正门工程建设的新特点

第一，二十世纪三四十年代，基于陪都西京的特殊地位，西京筹委会对西安的规划建设特别重视。"在当时国都鞭长莫及的地区，西安承担了重要的经济组织、管理和领导职能。"[1]西京筹委会在西安开展工作期间，西安是作为国家军事、政治多重因素权衡下的重要区域来进行规划的，其规划建设的出发点是"建立国家政治中心"。因此，中正门建设作为全国性中心城市都市计划之一，具备了高等级、大规模、重质量的特点。

第二，在动荡的国际国内大背景下，中正门修建工程有其历史的局限性和鲜明的时代特征。中正门建设经历了不断的维护过程，这与当时的社会背景关联紧密。日军多次飞机轰炸和战乱造成中正门外火车站一带市容混乱，因而相关部门调查后提议对中正门外的环境面貌进行一系列改善。国家危难局势也造成了物价上涨和工程经费的紧绌，导致各项工程从设计、施工到维护多有变化和调整。

第三，伴随新生活运动的开展，国民政府在规划中注重市政基础设施和民生工程建设。规划中正市场的原因之一就在于，任由小贩自由经商不符合市政管理之道，而对"棚户区"进行改造前，为避免贫民流离失所，专门进行筹划，以保障贫民能够迁居新址。这一系列规划不仅以满足城市社会生活

---

① 任云英：《近代西安城市规划思想的发展——以1927—1947年民国档案资料为例》，《陕西师范大学学报》（哲学社会科学版）2009年第5期，第105—112页。

需求为主旨，而且体现出一种朴素的人本主义思想。

2.中正门建设的影响

首先，城门作为城墙建设中最为关键的部分，是城区连接城外的必经之路。中正门工程包括开辟中正门、修筑中正桥、修建驻军营房、加宽中正桥暨改修洋灰路面等主体工程，有助于西安火车站、北关、新城区连为一体。陪都时期，西安城市道路交通业发展迅速，城门的开辟、城市道路的拓宽显著改变了城市内部不同区域的相互关系。中正门的开辟不仅显示了近代工程技术的发展，也在一定程度上改变了西安的城市交通与空间格局。这种发展延伸了城市的对外联系，显著提高了西安在全国的影响。

其次，从工程影响上来讲，中正门工程承陇海铁路通车而起，交通的便利使中外商旅随火车接踵而至，也使原先冷清的西安城东北区域发生了显著变化，火车站附近成为城市社会经济发展新的增长点，"自陇海铁路逐步西展后，因接近车站之故，地价竟步涨不已，时起地权纠纷"[1]，"尽管由于时局动荡，许多计划并未实施，但特殊的局势的确使原本闭塞的西部城市得到了一定程度的开发"[2]，加快了西安的近代化进程。

再次，中正门的开辟影响了西安近代城市布局的变化，体现出西安城市格局由军事重镇向经济中心的转变趋势。西安城墙原有东西南北四门，分别为进出大城区的唯一通道，这种封闭格局主要是出于军事防御的需要。抗战爆发之前，围合的城墙已经显示出对西安交通发展的限制，因此陆续有新的城门被开辟了出来。中正门的开辟，其根本原因在于疏导交通，随后却促进了城内居民向城外迁移，为城外毗邻区域的发展作出了重要贡献。因而城

---

① 王荫樵：《西京游览指南》，载《西北稀见丛书文献》第4卷，天津大公报西安分馆印行，1936，第3页。

② 阎希娟、吴宏岐：《民国时期西安新市区的发展》，《陕西师范大学学报》（哲学社会科学版）2002年第5期，第18—22页。

门之增开，陕西省建设厅评价称"实为本市交通问题最重要之一页"[1]。与此同时，火车站的修建、中正门的开辟为西安东北城区的发展提供了崭新机遇，这一区域在随后的10余年里，以火车站为中心，陆续布设、发展起了众多企业，推动了西安城市人口的增加、工商业的繁荣。

最后，中正门工程的修筑采取了政府机关整体设计、招商投标进行建设的模式，堪称西安近代化市政建设的代表性工程之一，是民国时期西北地区市政建设近代化的重要实践。

第五节　军民所倚：
城墙防空洞的建设[2]

城墙防空洞，又被称为"城下防空洞""城墙窑洞"等，是指战时在城墙下挖筑大小适当的洞穴供军民躲避敌机轰炸的防空措施。抗战时期，日军对西安实施了长达7年（1937年11月至1944年12月）的轰炸，在此期间，西安军民在应对日军轰炸时采用多种防空方式，在城内外修筑大量防空地下室、防空洞、防空壕等，城墙防空洞就是在这一时期大量出现的。学界对于抗战时期西安防空体系的研究较少，对于城墙防空洞的研究更近乎于无。目前所见，肖银章、刘春兰的《抗战期间日本飞机轰炸陕西实录》[3]（以下简

---

[1] 陕西省建设厅：《西安市分区及道路系统计划书》（内部资料），陕西省档案馆，1947。

[2] 本节由武亨伟撰写初稿，笔者进行了修订、增补。

[3] 肖银章、刘春兰：《抗战期间日本飞机轰炸陕西实录》，陕西师范大学出版社，1996。

称《轰炸实录》）系统梳理了日军轰炸西安的史实，并对其轰炸路线、造成的损失以及防空工事等相关内容进行了总结，具有开创之功。李宗海《抗战期间西安防空建设论述》[①]将抗战期间西安防空问题作为研究对象，简要论及了城墙防空洞的作用。

在史料整理方面，由西安市档案馆主编的多部档案资料如《筹建西京陪都档案史料选辑》[②]（以下简称《西京档案》）、《日军轰炸西安纪实》[③]、《民国西安城墙档案史料选辑》[④]（以下简称《城墙档案》）等汇集了关于城墙防空洞的丰富档案文献，尤以《城墙档案》收录内容最为翔实，为开展研究提供了极大便利。下文在上述成果的基础上，结合其他档案及报刊资料等，对城墙防空洞的若干问题进行专门探讨。

一、抗战时期日军对西安的轰炸

抗战期间的西安作为全国战略大后方的桥头堡，军事地位十分重要。1937年7月7日卢沟桥事变发生后，中东部省区大批工厂、军队等后撤到西安，国民政府此前数年又已确定西安为陪都，大大提高了西安的战时地位。日军为破坏我国抗日有生力量和战争潜力，打击民众的抗战信心，遂对后方重要城市实施轰炸，西安亦未能幸免。自1937年11月13日起，至1944年12月4日止，日军轰炸西安前后持续达7年之久，给西安的社会经济和民众生命财产安全造成了巨大的损失。

据统计，7年内，日军共空袭西安147次，出动飞机1232架次，投弹3657

---

① 李宗海：《抗战期间西安防空建设论述》，西北大学硕士学位论文，2011。

② 西安市档案局、西安市档案馆主编：《筹建西京陪都档案史料选辑》，西北大学出版社，1994。

③ 中共西安市委党史研究室、西安市档案馆主编：《日军轰炸西安纪实》（内部资料），2007。

④ 西安市档案馆编：《民国西安城墙档案史料选辑》（内部资料），西安市档案馆，2008。

枚，我方人员伤亡达3947人，其中一次死伤百人者多达6次，共计毁坏房屋7972间。[①]（参见表8-12）西安所受空袭次数居全省首位，死伤人数居全省第二，毁坏房屋居全省第三。[②]

表8-12　日机袭击西安历年损害统计表[③]

年份	空袭次数	飞机架次	投弹枚数	死亡人数	受伤人数	毁房间数
1937	5	35	89	0	1	28
1938	21	234	390	162	266	313
1939	44	466	1392	1918	513	3501
1940	13	79	207	385	176	1524
1941	37	286	779	241	245	2534
1942	4	13	20	0	1	19
1943	0	0	0	0	0	0
1944	23	119	780	13	26	53
合计	147	1232	3657	2719	1228	7972

从表8-12来看，日军对西安的轰炸可以大致分为三个时期，1937年为初始期，日军主要轰炸以飞机场为中心的西郊，计5次；1938年至1941年间逐渐进入高潮，日军开始将轰炸的中心集中在城区，少则十数次，多则三四十次，给西安民众造成了巨大的损失；1942年以后，日军轰炸有所缓

① 肖银章、刘春兰：《抗战期间日本飞机轰炸陕西实录》，陕西师范大学出版社，1996，第17页。

② 同上书，第6页。

③ 中共西安市委党史研究室、西安市档案馆主编：《日军轰炸西安纪实》（内部资料），2007，第31页。《抗战期间日本飞机轰炸陕西实录》一书第26—27页亦有相关记载，但其所引档案资料相较《日军轰炸西安纪实》要少，考证分析亦相对粗略，故此笔者采用《日军轰炸西安纪实》一书的统计。

和，其原因当与1941年底爆发的太平洋战争有关；到1944年12月，日军结束了对西安的轰炸。

由于抗战时期驻守西安的空军部队很少，因此在防范日军轰炸的时候就不得不大量修筑防空洞、防空室、防空壕等设施。西安城墙高大厚重的墙体足以提供可靠的掩护，正是在此背景下，城墙防空洞数量大增、形态不断改进，成为保卫西安民众的一道坚实屏障。

二、抗战时期城墙防空洞的建设

西安守城军队在城墙下挖筑洞穴以备防御之用，在1926年"围城之役"期间已有先例，当时守军在城墙根曾挖掘暗堡，藏身其中，意欲发动反击。1936年西安事变时，城墙下掘筑的防空洞已颇具规模。抗战期间，军民开掘的城墙防空洞迅速增加，成为应对日机轰炸的重要设施。

有统计认为，1937年以前，西安的公有和私有防空地道、地下室及半地下室数量较少，且形态简陋，城区仅东厅门、甜水井、大莲花池、桥梓口有4处地下室，共可容纳160人。实际上，此时西安城内尚有西安事变时许多市民为防范空袭而开挖的防空洞。据张配天报告称："查城墙防空洞自双十二事变时即为掘挖之始，但尔时为数尚少且所挖之洞皆宽大而不坚固。"① 《西京日报》也称："本市去岁事变时，城内外居民多掘有窑洞及地下室，意为防范空袭。"②其中所谓"窑洞"在很大程度上即是指城墙防空洞。这时所存留的防空洞虽如张配天所言为数尚少，但依《西京日报》"本市环城墙所修之地下室栉比密极……共有三百余处"③的报道分析，当时城墙下开

---

① 《西安警备司令部召集各有关机关讨论堵塞防空洞会报记录》，载西安市档案馆编《民国西安城墙档案史料选辑》（内部资料），西安市档案馆，2008，第89页。

② 《本市城内外窑洞及地下室警局谕饬商民填垫》，《西京日报》1937年5月17日，第7版。

③ 《防空协会整理环城地下室》，《西京日报》1937年6月14日，第7版。

掘的防空洞数量颇多。

　　城墙防空洞是战时西安颇具特色的防空形式，在日军轰炸初期，陕西军地机关在挖掘和利用城墙防空洞的认识上有逐步深化的过程。1937年5月，陕西省会警察局以城墙防空洞及地下室"已属无用，深恐为匪类混迹，危害闾阎"，决定将其"一一封闭或掩填"①。8月，该局又出于"本市旧有之城廓，系唐代之建筑，土质极为坚固"的认识，致函西京建委会，建议在全市积极推进防空建设之际，该会应派员勘测西安城墙面积、高度等数据，以备修筑防空洞、地下室。②12月，有鉴于第三十八军在南城墙根挖掘防空洞造成城墙塌陷一事，陕西省政府下令一律禁止挖掘城墙防空洞。③1938年3月，西安警备司令部亦以市民在各城脚"钻挖巨孔"，影响城防"甚巨"为由，规定"凡市民挖防空壕或地下室者，应就院内或旷地修建，不得损及公共建筑"④。可见出于对城防、治安等方面考虑，陕西军队与地方当局对开掘和利用城墙防空洞持谨慎态度。即便如此，城墙上依旧开挖了大量防空洞。如上引张配天的报告中称："自七七事变起，敌机不时窜陕窥袭，因此各机关及民众均利用城墙防空，逐大肆自由挖穿。"⑤另据市政工程处、西京建委会等关于三十八军在南城根挖掘防空洞的来往公函⑥也可以看出这一点。普通市民在挖掘防空洞时，主要是出于防空的需要，甚少顾及其他方

<hr/>

①《本市城内外窑洞及地下室警局谕饬商民填垫》，《西京日报》1937年5月17日，第7版。

②《市建委会积极充实本市防空设备，放龙渠水入莲湖备消防之用，赶测城墙面积，施工修筑地室》，《西京日报》1937年8月9日，第7版。

③《省政府为一律禁止挖掘城墙防空洞致西京建委会公函》，载西安市档案馆编《民国西安城墙档案史料选辑》（内部资料），西安市档案馆，2008，第47页。

④《警备司令部严禁市民登城远眺》，《西京日报》1938年3月27日，第2版。

⑤《西安警备司令部召集各有关机关讨论堵塞防空洞会报记录》，载西安市档案馆编《民国西安城墙档案史料选辑》（内部资料），西安市档案馆，2008，第89页。

⑥西安市档案馆编：《民国西安城墙档案史料选辑》（内部资料），西安市档案馆，2008，第45—50页。

面，因而对城墙造成的破坏情形较为严重，甚至出现将城墙挖穿的情况。

　　有鉴于此，自1939年起，西京建委会、陕西省防空司令部等机构不得不派人调查、修补这类防空洞。这一方面是由于私人防空洞的肆意挖筑已经到了非常严重的地步，另一方面，1939年以后日军对西安的轰炸更趋频繁，轰炸强度逐步增加，轰炸地点又多是在商业发达、人口众多的城区。在复杂严峻的形势下，出于对民众安全的考虑，西京建委会开始提议在城墙上开辟窑洞供民众避难，首要工作便是调查清楚已有的城墙防空洞情形，并制定改善措施。

　　城墙防空洞的建设此后重新展开，操作过程出现了新的变化，即由西京建委会会同防空司令部、防护团划定地点、制作图样，然后由市民领取，在规定地点建设防空洞。[①] 显然，西安市政府逐渐开始加强对城墙防空洞的干预和管理，此后从原则上讲不再允许民众自行开挖城墙防空洞。由此不仅可使城墙防空洞设计更趋合理，为市民提供较为安全稳固的避难场所，而且可以起到妥善保护城墙的作用。

　　关于公共防空洞的建设，据《轰炸实录》称："1940年12月22日，（省防空司令部）决定增筑城墙公共防空洞，沿城墙一周，共建625个洞口，总长5100.3米，洞高1.5米，宽3.1米，全部用砖衬砌，施工期历时一年才完成。"[②]《陕西省防空志（1934—1990）》中亦载："1940年12月，陕西省防空司令部在西安城墙构筑了公共防空洞，工程由广盛公司中标，于1941年完工。"[③]《西安市志·军事志》《日军轰炸西安纪实》等所载与此

---

　　① 西京建委会与省防空司令部之间的若干公函，详见西安市档案馆编《民国西安城墙档案史料选辑》（内部资料），西安市档案馆，2008，第76—78页。

　　② 肖银章、刘春兰：《抗战期间日本飞机轰炸陕西实录》，陕西师范大学出版社，1996，第107页。

　　③ 陕西省人民防空办公室编：《陕西省防空志（1934—1990）》（内部资料），2000，第97—99页。

约略一致。

　　无可否认的是，1939年至1940年，西京建委会、防空司令部工务大队在西安城墙下修筑了大量公共防空洞，如1939年6月29日《西京日报》报道："本市环城防空窑洞，经防空司令部招工构筑，并派员日夜督饬，已大部完竣。"[①]修建方式除工务大队招工修筑外，亦采用招标方式进行，如1941年1月23日陕西省建设厅就曾发出招标启事，[②]省防空司令部则就建筑防空洞口土墙进行招标。[③]此外，西安城墙下开掘有众多专用防空洞，多系军政机关修建，为本机关职员提供避难场所，或者出于军用目的而建，少数防空洞则用作安设电台、存放物资等，用途不一而足。

　　1941年以后，日军轰炸次数相对减少，而城墙防空洞私挖乱建给城市治安以及城墙带来的负面影响一时无法消除。故此，陕西省防空司令部、西安警备司令部下令禁止民众开挖防空洞。[④]此后，城墙防空洞的修建活动逐渐停歇。

　　对于抗战时期西安城墙防空洞的数量，据时人报告称，至1942年，西安市共有公共城墙防空洞625个，总长5003公尺；私人防空洞107个[⑤]，公私防空洞共计732个。上述所引《轰炸实录》等提及的公共防空洞数据可能来源于此。实则这一数据并不准确，其附文明言"城墙防空洞之尺度尚未调查清楚"。此外，据1941年《陕西防空业务概况》介绍："（西京市现有）城下防空洞八百余处。"[⑥]两相比较，亦有差额，可能是由于堵塞防空洞等工

---

① 《本市防空洞室务须保持清洁完整》，《西京日报》1939年6月29日，第2版。
② 《陕西省建设厅挖建防空洞招标启事》，《工商日报》1941年1月23日，第2版。
③ 《防空司令部工程招标启事》，《西京平报》1942年2月27日，第2版。
④ 《防空司令部严令禁止私挖防空洞》，《西京日报》1942年1月20日，第2版。
⑤ 冯升云：《西安市一年来之民防设施报告》，《西京日报》1942年11月21日，第2版。
⑥ 冯升云：《陕西防空业务概况》，《工商日报》1941年11月21日，第2版。

程措施导致统计数目不一。即便如此，以西安城墙周长约13.9公里计，平均每19米就有一个防空洞，分布较为稠密。数量众多的城墙防空洞在日军轰炸期间对于保护西安民众的生命安全起到了至关重要的作用，但对城墙造成的负面影响也十分明显。

三、城墙防空洞的形制与规模

一般而言，城墙防空洞在形制构造上包括以下要素，即入口、台阶、洞身、渗井、气孔等。下文依据相关调查及建筑规定对此做一探讨。

1939年1月，西京建委会委派胡思齐对全市城墙防空洞进行调查，以表格形式列载了其中损坏较为严重的城墙防空洞的相关信息。[1]（详见表8-13）。该调查表记录了24个防空洞的长度、宽度和高度数据。其中1个防空洞长、宽、高均为0，无法进行数据分析。这种情形推测可能是仅在城墙下挖坑聊以躲避，并没有深入城墙内部，因此无法记录其长、宽与高。从备考文字分析，此类防空洞多达25处。通过对其余有实测数据的23个防空洞分析可知，每个防空洞的高和宽相差不大，平均高1.67米，宽1.72米。就长度而言，大致可以分为三种类型，超过30米的超长型防空洞有3处，长度分别为32米、66米和40米，占总数的13%；长度低于10米的有5处，分别为3米、5米、6米、4米和5米，占总数的21.7%；长度介于10—20米的共计14处，占总数的60.9%；另有一处长度为0，可能是仅在城墙上挖一入口，洞体深入地下所致，这种情况也并不鲜见。

一般来说，防空洞的高度与宽度相近，其入口大致为方形，能够衡量防空洞规模的就是其长度。长度介于10—20米的防空洞数量最多，所占比例最高，在一定程度上反映了西安城墙防空洞的基本特征，即出入口的高和宽约

---

[1] 《西安市城墙下防空洞危险情形调查表》，载西安市档案馆编《民国西安城墙档案史料选辑》（内部资料），西安市档案馆，2008，第82页。

相当于一个普通成人的身高，长度稍小于城墙宽度。长度较大的防空洞数量较少，多系机关或军队开掘，可容纳较多人员，或存储大批物资。长度较小的防空洞所占比例稍大，系普通民众、家庭挖掘而成，可供临时躲避之用。

依据调查表所载的破坏情形，可以发现城墙防空洞的相关特点与存在的问题。第一，以城墙底宽18米测算，长度超过30米的防空洞已远远超过城墙宽度，倘若没有曲折的话，无疑会将城墙贯通。此类情形就全城而言较多，根据宋建庭的调查，全市防空洞中有76个掘透城墙，能够容人出入。[①]这是城墙防空洞在安全方面存在的严重问题。第二，就城墙防空洞的破坏情形来看，其中有15处洞顶已经裂坏，这一方面与防空洞的高度有关，另一方面也受其形制影响。因此，在后来的防空洞建设中规定洞高1.5米左右，开在城墙上的一般都做成拱形，以增加承压力，而对于已经裂坏的防空洞，则需要增加木柱以作支撑。第三，防空洞修理方法标明有10处需要开挖渗井或修筑水沟，显示出防空洞存在排水不畅的问题。胡思齐在调查以后就直言："最危洞身者，莫过雨水之不利，多流入洞身之中，约占全数城洞百分之九十三四。"[②]以上三类情形是私人防空洞最常出现的问题，易于影响防空洞的安全，自然成为军队与政府治理的重点。最后，从表8-13中可以看出，部分城墙防空洞列有号数，分别为"洪字"和"城字"两种，推测这些防空洞可能为机关或者军队所有，为便于管理而标明序号。根据其编号，"洪字"可能是从北门开始一直向西直到西北城角；"城字"可能是从东门开始一直到北门，但具体情况尚需搜集更多资料来佐证。

---

① 《长坪路驻省办事处宋建庭为调查环城墙防空洞掘透情况给该处处长的签呈》，载西安市档案馆编《民国西安城墙档案史料选辑》（内部资料），西安市档案馆，2008，第80页。

② 《胡思齐给西京市建委会工程处处长龚贤明的签呈》，西安市档案馆，全宗号：04，案卷号：356。

表 8-13　西安市城墙下防空洞危险情形调查表 [①]

地址	号数	破坏情形	高（米）	宽（米）	长（米）	修理法	备考
西北城角下	洪字29	洞顶过平，已裂坏	1.8	1.2	32	应加中柱，应挖水沟10米	—
北城墙下	洪字28	入口过宽，顶平已裂	2.6	2.2	10	应加中柱	—
北城墙下	洪字27	同上	1.6	1.2	11	应加中柱	—
北城墙下	城字395	同上	1.6	2.2	66	应加中柱，应挖渗井2个	—
北城墙下	洪字15	洞顶已裂坏	1.6	1.2	16	应改为尖顶，应挖水沟8米	—
北城墙下	城字380	同上	1.5	1.2	16	应改为尖顶	—
北城墙下	洪字11	洞顶过平，边墙被雨水冲坏	1.5	1.2	10	应修边墙，应改为尖顶，应挖渗2个	冲坏处宽5公寸、高5公寸
北城墙下	洪字9	洞顶过平	1.6	1.5	14	应加中柱，应挖渗井2个	—
北城墙下	洪字7	洞顶过平，已裂坏	1.5	1.7	16	应加中柱，应挖渗井2个	—
北城墙下	洪字5	同上	1.5	1.9	12	应加中柱，应挖渗井2个	—
北城墙下	洪字3	同上	1.5	1.8	14	应加中柱	—
中正门西女子中校后门外	0	同上	1.5	1.6	12	应加中柱	—
中正门紧西边有两洞	0	同上	1.5	1.9	14	应加中柱	—
东城墙下东北角	城字255	同上	1.6	1.6	12	应加中柱	—

---

① 《西京建委会工程处为改善城墙防空洞致省防空司令部公函（附表）》，载西安市档案馆编《民国西安城墙档案史料选辑》（内部资料），西安市档案馆，2008，第82页。

（续表）

地址	号数	破坏情形	高（米）	宽（米）	长（米）	修理法	备考
中山门北边	无	雨水将洞墙冲坏	1.6	1.4	12	应砌墙，挖渗井2个	共2洞，因挖下地面过深，无法出水
旧北门向东北墙下	无	无法出水	1.6	1.3	0	应挖渗井	共4洞，因挖下地面约8米余，无法出水，洞尚坚固
旧东门南边东墙下	0	入口过宽	1.5	2.0	3	应缩窄	共有17洞
旧西门北边至北局门前	0	洞浅又宽，城墙亦有损坏	0	0	0	应填塞之	共计25洞，需填土2立方米
玉祥门南边	0	洞宽顶平，已裂坏	2	2	40	应修顶，加中柱，挖渗井2个	—
玉祥门向南马登城南边第一洞	0	同上	1.8	1.7	15	应加中柱	—
北局南门对面	0	入口过宽，边墙已冲坏	1.8	2.5	5	应缩窄洞宽，修墙	—
同上	0	同上	1.6	2	6	同上	—
同上	0	同上	1.7	2.2	4	同上	—
同上	0	同上	1.8	2.0	5	同上	—

从1939年4月以后，城墙防空洞由陕西省防空司令部拟定图样，令市民依照图样开掘防空洞，因而这些防空洞的形制较前更趋合理。虽然现在尚未检获当时的设计图件，但是根据部分防空洞的改造图样，依然可以辨识出其形态与构造。下文就以下马陵城墙防空洞改造图样为例，对其进行探讨。

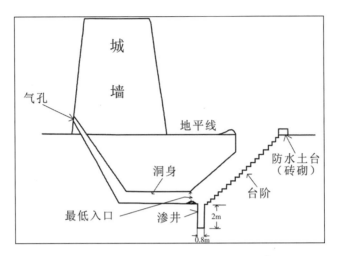

图 8-7　下马陵城墙防空洞结构示意图 ①

　　下马陵城墙防空洞因入口过深、出水不利而需要改修，从图样中可以看出其入口位于城墙下，离城墙根尚有一定距离，入口处修筑有砖砌的口沿，可防止雨水倒灌流入防空洞。自洞口至洞身由若干级台阶相连。

　　城墙防空洞的排水问题至关重要，除了在洞口做口沿以防止雨水流入外，还要在洞内开挖渗井，以便排放洞内的积水。渗井直径0.8米，深2米，开挖在台阶末端靠近洞身处。在渗井靠近洞身的一侧通常也会修筑与洞口一样的口沿，这样设计的目的同样是防止雨水流入洞内。洞内排气主要依靠气孔，也称为"气眼"，一般从城墙洞内部斜向上穿过城墙，出口开在城墙外墙壁上。

　　由于下马陵城墙防空洞改建工程属于对私人防空洞的改修，因此与当局规定的城墙防空洞形制尚有区别。例如防空洞入口，1939年颁布的《西京市建筑地下室及窑洞暂行规则》（以下简称《暂行规则》）规定："城墙防空洞须有两个以上出入口，宽度不得过于三市尺；各室出入口距离至少须

---

① 据西安市档案馆藏《本处省防空司令部工程大队令发防空法本市修建地下室办法城墙防空洞工程地点概图》（全宗号：04，卷宗号：352）所绘。

二十五市尺至三十市尺，如较广，之间可设三门至四门。"①之所以要求设置两个出入口，一方面是便于市民进出、躲藏，另一方面则是出于对防空洞安全的考虑。倘若一侧洞口因轰炸而遭堵塞，避难市民依旧可以从另一个洞口进出。这在实际操作中也得到了贯彻执行。1939年陕西省防空司令部对全市防空设施进行检查时，专门发布注意事项，其中明确规定，城墙地下室须有两个以上出入口。②此外，入口的开掘位置多有差别，有的入口如图8-8所示，开在城墙根处，有的则直接开凿在城墙墙体上。

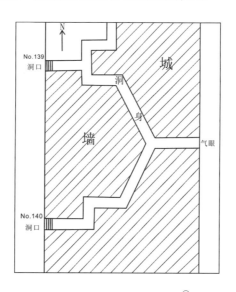

图 8-8　城墙防空洞示意图 ③

除此之外，《暂行规则》明确规定了防空洞的深度、高度和宽度，要求深度至少须十六市尺，高度以五尺五寸为限，宽度以三市尺至四市尺为限；并规定如果城墙防空洞大小逾限时，须用砖箍或木柱支撑。根据图8-8中所

---

①《西京市建筑地下室及窑洞暂行规则》，西安市档案馆，全宗号：04，案卷号：468。

②《检查地下室应注意事项》，《工商日报》1939年2月12日，第2版。

③ 据《社会处第139及140号防空洞改装防毒设施略图》改绘，原档藏陕西省档案馆，全宗号：90，目录号：3。

示标号，可以推测东城墙上的防空洞编号系自北向南依次排列。

由上可知，1939年以后的城墙防空洞相较1939年之前而言，最大变化在于气孔和防水设施的完善。1939年之前的防空洞多属个人或机关自行修筑，设计有欠周密，往往缺少相应的防水设施，致使防空洞由于雨水浸渗等原因出现裂缝甚至废弃；同时由于缺少气孔，容易因洞口堵塞造成通风不畅、发生不测。1939年以后，由防空司令部等设计的防空洞充分注意到了防水和通风问题，明确要求在洞口和洞内设置相关防水、排水设施，在城墙上开凿气孔，以利于洞内空气流通，避免出现缺氧的危险。虽然城墙防空洞在实际使用中仍有细微问题，但至少在设计上考虑到了主要隐患。

在抗战期间，尽管防空司令部等军地机关已经明确规定了城墙防空洞的形制、构造，但市民自行开掘的防空洞往往并未能严格照此执行。据西安警备司令部称："敌机屡扰本市，防空当局为谋趋避便利，特准公私各城关人民于城垣之下，开掘防空地洞……但为兼顾治安计，曾经绘有图样，任人索阅。乃迭据查报，沿城所掘不但多未依照，甚至通达城外，可行车马。"[1]城墙防空洞内部曲折蜿蜒，形制、构造颇为复杂。当今学者对此理解容易形成偏差，如《西安城墙》中就称："西安城墙中防空洞，依其在墙体断面中所处的位置，大致可以分为三种，即外侧上部、外侧下部与内侧下部。"[2]造成误解的原因在于，城墙防空洞的气孔以及出口的开设形制不一，致使开在城墙外侧的气孔有时候看起来就像是防空洞的出入口，而掘透城墙的事实也易于造成类似的假象。由此也约略反映出城墙防空洞建设之混乱，开挖之随意。

---

① 《警备司令部布告城垣防空洞应安门窗》，《西京日报》1940年8月2日，第2版。
② 丁晨：《城墙上的防空洞》，载朱文杰主编《西安城墙（文化卷）》，陕西科学技术出版社，2012，第47页。

四、城墙防空洞的维护与管理

防空洞管理是战时防空的一个重要组成部分，由陕西省、西安市相关军队、行政、警察等多部门协作开展。抗战时期，陕西防空司令部下设有工务大队，重点负责防空洞等防空工程的建造与维护。西京建委会[①]作为市政建设的主管机构，参与修筑城墙防空洞的管理事务。西京市防护团[②]下设的避难管理大队承担维持城墙防空洞清洁与使用的责任。[③]西安警备司令部在办理城防设施、城市治安问题时，也涉及城墙防空洞的管控等。

城墙防空洞在长期使用过程中会由于敌机轰炸、雨水冲刷等遭到破坏。同时，众多私人防空洞不按规定随意开挖，其安全存在隐忧。除此之外，由于经费不足，部分防空洞即使按照图纸施工建设依然会存在形形色色的质量问题，需要不断进行维护。维修项目包括加固裂缝、堵塞城外出口、改良排水设施、整修气孔等。

相对于防空洞的维护，当局更为重视防空洞的管理。相关机构对于防空洞的管理，主要从三方面进行。

首先，从城墙防空洞的建设来看，自1939年5月22日起，所有西安市内机关及民众在修筑地下室或者城墙防空洞之前，都必须经过西京建委会工程处的审查，领取执照后才能动工修筑，否则会被视为违法。[④]这一政策的出台，主要是基于民众大肆开挖防空洞造成的损害城墙、危害治安的严重后果而制定的，标志着政府加强了对城墙防空洞的监管。1942年，为避免影响城防工事的安全性和已有城墙防空洞的坚固性，陕西省防空司令部与西安警备

---

① 西京市政建设委员会于1942年1月撤销，同年西安市政处成立，亦兼及一部分防空建设事宜。

② 1944年9月改为西安市防护团。

③ 冯升云：《西安市一年来之民防设施报告》，《西京日报》1942年11月21日，第2版。

④ 《西京市政建设委员会工程处通告》，西安市档案馆，全宗号：04，案卷号：468。

司令部联名发布公告，禁止市民私自挖掘城墙防空洞，有特殊情形需要开掘者，必须呈经防空司令部核准后，始可办理。倘若违犯，一经查出，依军法严惩。[①]

根据《西京市修筑地下室及窑洞暂行规则》的规定来看，修筑一座城墙防空洞，一般需经过以下六个步骤：第一，绘制图纸、造具估价单等文件；第二，填写申请表，申请领取执照；第三，建委会审查勘验；第四，领照动工；第五，缴照并申请复勘；第六，签注执照，签名盖章并发还业主。经过这些程序，一座完整的防空洞才能投入使用。如此看来，政府对于城墙防空洞的开凿有一系列的措施保障其修筑合规，不致危害城市治安及防空安全。虽然这一政策的实施效果并未尽如人意，但至少表明城墙防空洞从建造之日起就处于安全监管之下，有相应的质量保障。

其次，从防空洞的维护来看，随着时间的推移，防空洞的配置逐渐完善。1940年，西安警备司令部下令城内各机关及民众在城墙防空洞的各个出口（包括气孔）安装门窗；[②]1941年，防空司令部在各防空洞出入口加装木门，配备铁锁等；[③]1941年至1942年，又在各公共城墙防空洞口增筑土墙，以避免炸弹碎片对防空洞造成破坏。[④]除此之外，为了应对日机投掷毒气弹，各公共城墙防空洞内加装了防毒设备。为了保障防空洞的清洁，西京建委会在防空洞周边修建了若干公共厕所，[⑤]以解决市民如厕难题。通常情况下，防空洞都有专人予以管理。省防空司令部、警备司令部等均曾派专人管理防空洞，省防空司令部亦专门设置避难管理大队，负责管理城墙防空

---

① 《城墙防空洞，防空部严禁私挖，违者依军法处置》，《西北文化日报》1942年1月20日，第2版。

② 《警备司令部布告城垣防空洞应安门窗》，《西京日报》1940年8月2日，第2版。

③ 冯升云：《陕西防空业务概况》，《工商日报》1941年11月21日，第2版。

④ 《各公共防空洞口将增筑土墙》，《西京日报》1941年12月22日，第2版。

⑤ 冯升云：《西安市一年来之民防设施报告》，《西京日报》1942年11月21日，第2版。

洞。[1]防护团团员则负责防空洞的巡查管理，指导避难等。[2]这些管理人员掌管防空洞钥匙，负责保护城墙防空洞不受破坏，同时特别注意防空洞的通风、排水等情况，以免在日军轰炸时发生不测。当然，这些均是针对公共防空洞采取的举措，对于机关或者私人防空洞而言，政府仅在修建或使用时给予明确规定，具体操作则由各机关、个人自行完成。

最后，在防空洞的使用方面，为了保证城墙防空洞能够最大限度地发挥作用，保护民众生命安全，每当空袭警报发出以后，专门负责市民躲避空袭的避难指导小组以及防护团避难管制班均会派人在城墙防空洞附近疏导民众，指导避难，以维护正常的防空秩序。在市政府颁布的《市民防空须知》[3]中，对防空洞的使用做了若干规定，如让老弱妇孺先进、进洞后靠一边坐下、不准遮蔽窗口及气眼、禁止大小便等，这些规定虽然未必能够起到足够的规范作用，但至少对保障防空秩序，方便市民利用防空洞发挥了积极作用。

综上所述，政府在城墙防空洞的维护和管理上投入了大量人力，制定了许多规章和政策，虽然在实际操作的过程中，这些规章和政策并未完全发挥出最初设想的效能，但在维护城墙防空洞的正常使用、保障市民安全方面功不可没。

五、城墙防空洞的作用及影响

毫无疑问，抗战期间城墙防空洞在保护民众生命安全、减少人员伤亡方面起到了巨大作用。即便发生过五岳庙门天水行营防空洞被炸，死伤百余人的惨剧，但城墙防空洞在保护西安市民生命安全方面的贡献值得肯定。

---

[1] 冯升云：《西安市一年来之民防设施报告》，《西京日报》1942年11月21日，第2版。

[2] 《防空部为便利市民避难，开辟环城防空路线》，《西京日报》1939年3月1日，第2版。

[3] 《省保安司令部调整防空设施》，《西安晚报》1944年5月10日，第1版。

据1942年统计，西安城区有公共防空洞625个，可容纳102006人；私人防空洞107个，可容纳12340人，两者共计可容纳114346人。对比来看，西安包括防空洞在内的所有防空设施共计可容纳294203人，[①]城墙防空洞可容纳人数约占总人数的39%。虽然这一数据可能存在误差，但大致可以反映城墙防空洞在整个西安防空体系中所起的支撑作用。

从防空洞的实际使用情况来看，当空袭警报发出后，向城墙防空洞疏散躲避是普通市民的首要选择。这不仅体现在官方的指导策略中，也体现在民众的自觉行动上。1944年西安警备司令部明确指示："市民一闻警报，应即向城墙防空洞或郊外疏散。"[②]可见城墙防空洞属于官方大力倡导的避难设施。对于民众而言，在城墙脚下躲避空袭已然成为一种习惯。据中国国民党前主席连战先生回忆："我至今记得西安城墙下的许多防空洞……在西安作秀小学念书时，上的最多的课，就是跟着老师跑防空洞。"李香普也忆及："1939年4月2日，突然听到防空警报，城里居民纷纷走出家门，急向南城墙根跑去。当时在城墙根挖有很多防空窑洞，供居民使用……一般情况下，只要能来得及，就向城墙根跑。"[③]这虽然是隔年久远的回忆场景，却是敌机轰炸留给人们的刻骨记忆，足见城墙防空洞在西安城市防空中的巨大作用。

城墙防空洞之所以深受民众信赖，是由于其本身依托城墙开凿而成，相较于地下室以及防空壕，更为坚固，不易为敌机炸弹毁坏。尤其是在城内地下室遭到敌机轰炸伤亡颇多的情况下，城墙防空洞就愈加成为民众躲避的首选之地。如《西京日报》称："事实告诉我们，自西大街地下室震塌后，街市上的防空洞地下室多已无人问津。"[④]而上引李香普的回忆中也提道：

① 冯升云：《西安市一年来之民防设施报告》，《西京日报》1942年11月21日，第2版。

② 《各城墙辟防空门》，《西京日报》1944年2月13日，第2版。

③ 李香普口述，刘金凯、苗芬整理：《日机轰炸西安目击纪实》，载《碑林文史资料》第二辑，1987，第10页。

④ 过客：《长安市上》，《西京日报》1940年10月10日，中央周刊·西京航空版。

"机关内虽也挖有防空洞，但人多洞少，远不如城墙根防空洞坚固。"[1]由此可见，城墙防空洞确实已经成为民众躲避日机轰炸的首选之地，在西安防空体系中发挥了无可替代的作用。

不过，在评价城墙防空洞的实际效果时尤应谨慎。城墙防空洞在开挖时固然考虑到了诸多因素，设计也相对周全，但受制于资金、技术等的局限，加之缺乏有效监管，实际开凿的防空洞其实存在很多问题。许多防空洞由于设计不合理而逐渐废弃，有的则在使用过程中因维护失当无法继续发挥作用。这些因素或多或少地降低了城墙防空洞的实际效能。

在防空洞使用过程中，由于政府监管不力，时常会发生防空洞被霸占，市民难以使用的现象，这是整个防范空袭时期一直存在的严重问题。关于此种情况，时人总结出如下四种形式："（1）城墙洞外筑围墙，门上用铁锁者有之；（2）洞口站卫兵，入洞索出入证者有之；（3）有几个私人霸占，不许民众入内者有之（实则门外五六人而门内空阔）；（4）以公冒私，而声称有太太在内，不许民众避难者更有之。"[2]上述情形经省防空司令部严厉禁止，并规定："当敌机到达之际，所有公私防空壕洞，应一律开放，以备人民趋避。"[3]西安市各大报纸也纷纷发文批评这种行为，不过结果却是"谈者自谈，霸者自霸"[4]。核实而论，霸占防空洞者因其一己之私自然难辞其咎，而部分民众在防空洞中确实也有违背防空道德的行为。

除了少数人霸占防空洞以外，部分民众对防空秩序的漠视是防空洞使用过程中的又一大问题。有的人占据防空洞门口的位置，造成防空洞口拥挤，有洞不得入；有的人虽然进入洞中，但遮挡气眼，造成洞内空气流通不畅；

----

[1] 李香普口述，刘金凯、苗芬整理：《日机轰炸西安目击纪实》，载《碑林文史资料》第二辑，1987，第10页。
[2] 严盛儒：《关于防空洞的话（三）》，《西安晚报》1940年7月29日，第1版。
[3] 《防护团请开全市防空壕》，《新秦日报》1940年7月16日，第1版。
[4] 《街谈巷议》，《西安晚报》1941年5月29日，第1版。

还有人乘机做一些违法勾当，甚至故意制造事端。诸种情况不胜枚举，使本来就狭窄逼仄的防空洞空间更显局促。

以上所述诸种情况，一方面使城墙防空洞难以有效发挥自身作用；另一方面，则有可能间接造成更多的人员伤亡。空袭期间，大量民众集中于城墙下，倘若不能顺利进入防空洞，当敌机来临时就很容易成为日军轰炸的目标。《益世报》曾直言："敌寇知我防空洞均在城墙后，专炸城墙。"[1]修筑在城墙下的防空洞甚为坚固，即便日军专炸城墙，一般情况下对躲避在防空洞中的民众影响较小。倘若大量民众因防空洞遭强占或其他原因无法进入防空洞，那么日军轰炸城墙，自然易于造成伤亡。民众由于慌乱"踩到妇孺，伤及摩登"[2]之事，数不胜数。正如当时报纸所评论的一样："查同胞所以伤亡者，其故多端……甚有不获寻得安全地带，以致惨遭伤亡者，比比皆是……只以城墙洞主峻拒殊严，或采消极之封锁，或以积极之驱逐，故逃难者，极多徘徊通衢，不得其地，因致惨遭伤亡，情殊可怜！"[3]由于此类事件的发生，无形中使得防空洞的防护作用打了折扣。

整体而言，城墙防空洞作为抗战时期西安城市防空体系的重要组成部分，极具地域特色。城墙防空洞不仅在保护西安民众生命安全方面起到了巨大作用，而且对西安城墙风貌变迁、城市建设和发展产生了深远影响。

城墙防空洞的开挖给城市治安和管理带来了诸多负面影响。如前所述，在日军轰炸初期，出于城防的考虑，城墙防空洞的价值并不被普遍认可。事实上，防空洞与城防（城防包括城内治安以及战争时期的防守等方面）之间的关系一直是西安城墙防空洞建设中面临的一对矛盾。城墙防空洞的建设虽

---

① 转引自《日军轰炸西安纪实》（内部资料），2007，第114页。

② 《街谈巷议》，《西安晚报》1941年5月27日，第1版。

③ 郭濂蕙：《痛论城墙防空洞之急宜彻底开放》，《西安晚报》1940年8月28日，第1版。

然有利于加强城市防空能力，却对城市的治安和管理等造成了不良后果。尤其是在城墙防空洞随意开掘、不按规定修筑的情况下，这种矛盾一直得不到有效解决。这也是当局一直到日军轰炸进入频繁期的1939年才大力提倡利用城墙作为防空避难场所的原因之一。

城墙防空洞影响城市治安的表现之一就是掘透城墙所造成的城内外相通。据张配天的调查报告称："城洞穿透城外者甚多，不设门窗而甚至能以通行车马，宵小遂乘隙潜踪出入，奸商购运私货趋避于查，亦多由洞门偷运城内。"[①]这里提到的走私事件实有其事，如1942年10月，避难管理大队就查到像丰染厂工人通过防空洞向外偷运布匹，以便工厂逃税的事情。[②]对此，省防空司令部"特饬避难管理队，实弹荷枪，昼夜加强巡查，如有拿获，除没收货物外，定予送交主管机关严惩"[③]。因此，为了维护治安，除加强巡查外，当局要求在防空洞上加装门窗，均是出于防范不法行径的目的，对于那些掘透城墙、直通城外的防空洞及时予以堵塞。此外，一到冬季，西安城都会开展例行冬防事宜，以加强治安防范，城墙防空洞属于重要的关注对象。到1942年，随着日军轰炸频次的减少，陕西省防空司令部遂下令禁止私挖防空洞。[④]这一举措无疑也是出于加强城市治安的考虑。

城墙防空洞对城市景观的影响十分突出。抗战时期，作为后方城市，西安城中聚集了大批来自河南、河北、山西等省的难民，这些难民一方面由于西安城内住房紧张，居无定所；另一方面迫于生活压力，无力建房，因此不少人暂住在城墙防空洞内。1946年初，河南善后救济分署署长马杰记录其在

<hr />

① 《西安警备司令部召集各有关机关讨论堵塞防空洞会报记录》，载西安市档案馆编《民国西安城墙档案史料选辑》（内部资料），西安市档案馆，2008，第89页。

② 《城墙防空洞发现偷运布匹》，《工商日报》1942年11月20日，第2版。

③ 《防空洞走私：货物没收人员法办》，《西京日报》1942年12月29日，第2版。

④ 《防空司令部严令禁止私挖防空洞》，《西京日报》1942年1月20日，第2版。

西安所见情形时提道："豫籍义民流落陕境独多，即就西安市一地，城关内外不下数十万人……或在城关空地搭盖席棚，或在防空洞以及城边土窑，借避风雨，土地潮湿，疾病流行，死亡率甚高。"[1]另据田克恭忆及："在抗日战争中，东南隅的居民在城墙上挖有很多大小不同的防空洞……当时有些由河南逃来的难民也在墙上挖洞住家。"[2]日军轰炸结束以后，滞留下来的难民以及部分西安民众也将防空洞改作住所，防空洞集中的城墙沿线几乎成了贫民窟。如平山在《西安漫记》中记录中正门附近的防空洞情形时谈道："现在已有人民利用（城墙防空洞）作为房子了……住的未必全是穷人……远看齐过去，好像蜂房，又好像鸽笼，也好像洋房！"[3]可见，城墙脚下的防空洞已经大大改变了城墙附近的城市景观。

当前城墙防空洞虽已难寻其踪，却留在了许多老西安人的抗战记忆当中，而战时城墙防空洞的利用则为古都西安城墙文化增添了厚重内容。

城墙防空洞是抗战时期西安城市防空体系的重要组成部分，对于缓解防空压力、保卫西安市民生命安全起到了积极的作用。不过，城墙防空洞在修筑时的随意性对城市治安和社会管理产生了重大影响，在日军轰炸最严重的阶段，陕西省防空司令部选择了加强管理等方式来抵消防空洞建设造成的不良后果。战后的城墙防空洞成为了民众的栖身之所，有的地段则逐渐转变成了贫民区，改变了西安城市的景观面貌。无可否认，城墙防空洞在日军轰炸期间保卫了西安的民众，并使城墙的防御功能得到拓展，同时也赋予了城墙新的历史和文化内涵。

---

① 《善后救济总署河南分署周报》第15期，1946年4月22日出版，转引自郑发展《民国时期河南省人口研究》，人民出版社，2013，第260页。

② 田克恭：《西安的建国路》，载《西安文史资料》第10辑，1986，第160页。

③ 平山：《西安漫记》，《茶话》1946年第5期，第29—36页。

第六节　强化城防：
民国后期城墙防御体系的建设

　　在抗战后期，1945年4月，第一战区司令长官司令部下发命令，要求城郊各机关、部队不得拆毁城墙，并须加以保护。若有违反，由警备司令部上报法办。此令亦由陕西省政府、西安市政府转发。[①]足见经过抗日战争的洗礼，城墙经受住了日军飞机的轰炸，城墙防空洞为数十万民众提供了避难之地，军队系统上下对城墙的军事防御能力有了更为全面的认知和感受，因而要求地方行政和治安机关切实加强对城墙的保护。显而易见，这一主动性措施并非基于文物古迹保护的角度而做出的，更多是为了能使城墙持续性发挥防御功能，但对此命令的积极意义仍需要肯定。

　　1945年抗战胜利后，国家局势很快转入解放战争阶段。西安这座西北军政重镇，不仅在抗战期间作为陪都西京发挥了极其重要的桥头堡作用，而且在解放战争时期由于其与中国共产党陕北根据地相距较近，也受到国民政府的高度重视，围绕西安城墙、护城河等进行了一系列军事防御设施建设。在这一阶段仅仅三四年的时间里，一系列军事设施的兴建在很大程度上强化了西安城墙的军事防御功能，在景观面貌上增添了城墙的军事堡垒色彩，属于特殊阶段的城墙维修保护活动。

一、城墙与护城河沿线形成难民聚居区

　　抗战期间，驻守西安的军队、省市政府及民众在城墙根沿线挖掘了大量防空洞，为广大军民提供了躲避日军飞机空袭之地，有效发挥了保护市民生

----

① 西安市档案馆，全宗号：01-8，案卷号：107-2。

命安全的作用。抗战结束后，大量从东部、中部各省区（尤其是河南等省）迁徙、逃难到西安的底层民众，在没有返乡之前，逐渐聚居在城墙根下的防空洞，或者在护城河周边挖掘窑洞栖身，使得西安城墙、护城河沿线形成了难民聚居区。西安城墙、护城河作为城市军事防御设施，在明清时期主要是由守城军队驻守、巡察，并无平民百姓聚集在此居住、生活，因而抗战后期大量外省籍难民在西安城墙与护城河沿线聚居、生活，可视为城墙与护城河沿线区域发展变迁的一个特殊时期。民国时期，西安城墙与护城河在依然延续固有军事防御功能的情形下，通过广大底层民众的改造与利用，又发展出了为难民提供栖身之所的新功能。在城墙、护城河沿线形成的难民聚居区成为西安的"贫民窟"，这与清代西安城内大体以民族属性分区居住具有明显不同，是与难民的省籍来源、收入状况等紧密相关。

据《申报》驻西安记者李驰调查，1945年秋抗战胜利后，西安的人口几乎突破50万，不过随着外省籍人口东移，一度减少过几万人，但此后"出乎意料"地又有增加。据1946年7月的统计，西安市区人口已超出51万人，而且还有继续增加的迹象。[①]究其原因，有两大影响因素，一是在抗战结束后，原籍河北、河南、山西等省的民众，由于"交通不便"而滞留西安，或因家乡并不安定而不愿、不敢返乡。虽然陇海铁路东段已经畅通，但许多河南难民（尤其是黄泛区的百姓）无意返乡，宁愿"继续借这古老城墙的一角，掘个窑洞住住。男的拉车干苦力，女的替人洗衣补缝"[②]。二是大量从西安费尽周折返回老家的外省籍民众，重新又回到西安谋生。"他们大抵因为故乡政治变了样，治安未复原，生活渐时无法维持，反正多年在外头流放惯了，于是失望地再回到西安这第二故乡。在这里，他们反而认为比较有办

---

① 李驰：《古都新姿》，《申报》（上海版）1946年7月21日，第24579号，第8版。

② 同上。

法。"①理由是"此间生活程度比较低"，容易过活。此外，有一些人是经陇海铁路搭乘火车的过路客，在西安下车后就"暂时裹足不前了"。于是，西安的人口数量又有增加之势。

大量外省籍难民在迁至西安后，无力在城区购置或租房居住，便在西安城墙防空洞以及护城河岸一线开掘窑洞、搭盖棚屋栖身，逐渐形成了城墙、护城河附近的难民聚居区，也就是西安城外最集中的贫民窟。1946年8月，署名"平山"的作者在《西安漫记》中记述难民居住的"冬暖夏凉的窑房"称：

> 现在城墙挖了不知其数的防空洞，城内外相通，成三角形。现在已有人民利用作为房子了，这穴居在西北是十分普遍的事，住的未必全是穷人。西安人利用了城墙、护城河（又没有水，西北难得沟蓄有水）。不知辟了多少窑房。远看齐过去，好像蜂房，又好像鸽笼，也好像洋房！窑门挂着竹帘（不论贫富，皆以竹帘为门帘窗帘），进内也仿佛普通人家一样摆设，只矮些，狭长，阴暗，有泥土气。但也有意想不到的好处，外界气候愈热，里面温度愈低，外界愈冷，里面愈温。你只要进穴一尺，并不须关门，温度便大不如窑外一尺外了，越进越凉，通常温度总差二三十度之多。西安人不庸找那里去避暑，这些地方便行。记者有幸住城边，午饭后，便架布床垫睡窑中，裹上四层毛巾毯，醒来犹感受寒。西安地面也不易受热，凉凉的。第二种好处，便是静，外界的声音，不易传入穴内，即穴顶有车辆经过，也不知觉。不会有坍的危险，比住屋安全得多。②

---

① 李驰：《古都新姿》，《申报》（上海版）1946年7月21日，第24579号，第8版。
② 平山：《西安漫记》，《茶话》1946年第5期，第29—36页。

此处所载的"窑房"实际上就是指难民临时栖身的城墙防空洞以及在城壕两岸挖掘的窑洞,虽在一定程度上有"冬暖夏凉"的好处,实则密布如同蜂房,狭小犹如鸽笼,居住条件极差。

在抗战结束后西安驻军与地方政府开展城墙、城壕防御体系建设期间,聚居于此的难民成为重要的劳动力来源,但军地机关为顺利推进工程进度,在将难民迁往他处居住时也曾大费周章,详见第九章第四节的论述。

二、1946年至1949年间的西安城墙保护举措与城防建设

1946年8月,西安警备司令部发布公告,禁止普通市民和无关军人"随便登城",严禁"拆用城砖",指斥这些行径有损古代建筑,且妨害地方治安,要求城防部队及各治安机关注意查禁,对于违反者,拘拿至警备司令部严厉惩办。[1]可见在此公告发布之前,攀登城墙、拆卸城砖的市民与军人不在少数,若不严加禁止,长此以往势必会对城墙景观和安全造成显著的负面影响。9月下旬,为维持社会秩序、确保城市治安,西安警备司令部更进一步决定将城墙四周的防空洞一律堵塞,派该部人员沿城墙一线逐洞、按户开展调查,并通过《西京日报》记者的报道提醒市民注意,此后如再有人挖掘防空洞,一经查出,定予从严惩戒、绝不宽贷;禁止未经允许攀爬城墙,否则守城卫兵会开枪射击。[2]在这一系列严格管控举措实施之后,市民私挖防空洞、拆卸城砖、攀爬城墙等逾规行为得到了有效遏制。

在解放战争时期,西安城墙军事防御体系的建设主要由西安市防空设备暨城防修建委员会、西安市城郊军事工程委员会等机构主持领导。这两个兼

---

① 《攀登城墙,警备部严禁》,《西京日报》1946年8月13日,第4版。
② 《禁止掘挖防空洞,不准攀登城墙,警备部晓谕市民》,《西京日报》1947年9月26日,第2版。

具军事和城建性质的委员会在1947年至1948年间召开了一系列重要会议，部署了城墙防御设施建设的重要事项。

1947年8月29日上午9时，在西安警备司令部会议厅召开"西安市防空设备暨城防修建委员会第十二次会议"①。此次会议讨论了五项重要事宜，均与城墙、瓮城和城防建设相关，分别如下：第一项，对于西安市政府修筑城门哨所工程的计划，决议：第一，此项工程费暂定4亿元，由西安市防空设备暨城防修建委员会电请市商会负责统筹，向商户捐募，限一星期收齐，并由商会先向银行贷款3亿元，交修建委员会备用。第二，工程部分由修建委员会工程组统筹，择商投标承办，并限星期日（31日）开标兴工。第二项，对于王友直市长提议"四门瓮城所住商民等户，应限期迁移，以利防空"一案，此次会议决议由市政府会同警局"调查催迁，如有违抗者，须勒令腾出"。第三项，对于王市长提出的"城墙防空洞前经堵塞，有被军队擅行挖拆"的问题，决议由警备司令部会同陕西省会警察局派员调查办理，以加强城防。第四项，对于王市长提议"城墙防空洞所住难民情形复杂，应亟查处"一案，决议由警察局负责调查，登记户口，编组保甲，统筹迁往外县，以防止发生意外事件。第五项，决议对城墙防空洞洞内加以清除，先用土堵塞，以便保护和管理，由工程组统筹速办。

可以看出，随着抗战胜利后军政形势的重大变化，对于在日军飞机空袭期间发挥重要防御功能的城墙防空洞，军队、治安机构及地方政府采取了尽量恢复原貌的措施，一方面组织居住其中的难民迁移，另一方面开展填塞和保护工作，并禁止军队擅自挖拆。这些举措对于保护城墙、城楼、马面、瓮城等的稳固具有重要作用，也切合当时军地机关切实加强西安城

---

① 西安市档案馆，西安市政府军事科，全宗号：01，目录号：6，案卷号：380。

防体系的目标。

　　1947年10月2日下午3时，西安市城郊军事工程委员会在警备司令部会议厅召开会议，参加代表来自西安绥靖公署、省财政厅、省保安司令部、省党部、市党部、市政府、市支团部、省会警察局、参谋处、砖瓦公会等政府、军事机构和民间公会。此次会议决议由工程组统筹办理西门外工程及机枪掩体；同时征调50000余名民夫挖掘西安外壕工程，预计总长约40000米，截至当时已完成6000余米。3日下午3时，西安城郊军事工程委员会在西安警备司令部会议厅继续召开会议，参加代表来自陕西省参议会、西安市参议会、陕西省党部、西安市党部、青年团陕西支团、西安市分团部、西安市政府、砖瓦业同业公会等政府部门和民间机构，协商、评定城防军事工程中拟采用的砖瓦价格。

　　西安城郊军事工程委员会下设有工程组、征购组、运输组、监察组等部门，负责采购工料、监督价格等。西安市砖瓦业同业公会所估青砖种类、价格，以及监察组评定价格分别如下：

表 8-14　1947 年西安军事工程相关砖价一览表

种类	单砖重量（市斤）	砖瓦业同业公会估价（万元 /10000 块）	监察组评定价格（万元 /10000 块）
甲种	6.5	720	620
乙种	5.5	586	520
丙种	4.5	489	420
丁种	3.5	362	320
最次	—	—	270
机制红砖	—	—	390

　　与上述砖价相应，瓦价为砖价的一半。西安城郊军事工程委员会需砖

1000万块，瓦50万块，由砖瓦业同业公会统筹交足。砖瓦价款于10月8日先付总额的1/3，其余10月底付清。①10月6日下午4时，西安市城郊军事工程委员会在西安警备司令部会议厅召开的会议中决定：城郊建筑高碉240座，砌砖66立方；每座碉堡应用材料优先使用砖灰；建筑所用沙土由西安市政府军事科转饬当地保甲，派民工运至工地。②

关于此次城防工程所需经费之大、资金来源，1947年11月19日《申报》载称："关中初雪，长安古城今一片皑白，至午积雪七公分，面贵市缺，冬令救济已争不容缓。……西安市城防工程正加紧进行，市长称已支出三五〇亿，然尚需一倍以上始可完工，决于外销陕棉每包附征十万元。"③

1948年1月17日，西安绥靖公署主任胡宗南致西安市政府公函称，由于西安市防御工事所挖外壕尚有数处不能连接，无法使用，应从速开工增建，请市政府派员于1月21日会同"西安城郊军事工程委员会工程组"详为侦察、兴修。④3月3日，西安城郊军事工程委员会致电西安市政府称，经办城关据点工事费所需各项开支，计共国币10939.825万元。其中部分款项来自"修建城门哨所余款"⑤。4月29日，西安城郊军事工程委员会通报西安市政府，称该会计划在西安东、南、西、北四郊建修伏地碉102座、匣室30座，需用黄沙889.5立方；请市政府转饬当地保甲代为雇车，运送备用；运费方面，每立方黄沙运至东城48万元、南城36万元、西城26万元、北城48万元。⑥

---

① 西安市档案馆，西安市政府军事科，全宗号：01，目录号：6，案卷号：380。
② 同上。
③ 《西安一片皑白》，《申报》（上海版）1947年11月19日，第25059号，第2版。
④ 西安市档案馆，全宗号：01，目录号：6，案卷号：224。
⑤ 同上。
⑥ 同上。

表 8–15　1948 年 4 月西安城郊军事工程委员会计划建修四城碉匣数量位置表 [①]

序号	工事位置	承筑营造厂	工事数量（座）及需沙数量（立方）				合需沙数（立方）
			匣室	需沙	伏地碉	需沙	
1	大西门至西南角	合新	4	24	9	54	78
2	西南角至大南门	亚兴	4	20	14	112	132
3	大南门至东南角	振记	—	—	11	60 [②]	60
4	东南角至大东门	天成	2	10	13	97.5	107.5
5	大东门至东北角	建国	2	10	7	73	83
6	东北角至中正门	同昌	4	20	9	72	92
7	中正门至老北门	义和	6	30	10	80	110
8	老北门至西北角	东亚	3	15	16	96	111
9	西北角至西门	东儒	5	25	13	91	116
	合计	9	30	154	102	735.5	889.5

　　1948 年 5 月 13 日下午 3 时，西安市城郊军事工程委员会在西安警备司令部会议厅召开会议。决议包括：第一，各匣室需用材料，由工程组填列提单，交运输组赶运，并通知各承包营造厂商派员接收；第二，城墙外围工事由即日起，限 15 天完成；第三，城内匣室统限 5 月底完成；第四，改建伏地碉位置及需用材料，由工程组列具图表，交运输组起运材料；第五，老南门至城

① 西安市档案馆，全宗号：01，目录号：6，案卷号：224。
② 原文此处似为七七，今按照总计等数字，改为 60，方才符合。

东南角匣室需用材料，运卸外壕边缘，由承包厂商取用。①从这些决议可以看出，当时在城墙外围和城郊地区大量兴建用于军事防御的匣室、伏地碉等工事，有将城墙"武装到牙齿"的意味。若从军事攻击和防御角度而言，这一时期的城墙防御体系堪称城墙矗立以来最为严密的形态。

10月，为整修西安第四期城防工事，陕西省、西安市政府向西安银钱业及各大厂商借款30万元，拟定半月后如数付息发还。截至11月初，各行业公会负责人积极筹措，陆续将款项送缴西安市银行，以备工程使用。②显然，省市政府在财政紧绌的情况下办理耗资巨大的城防工事，不得不向民间行业、企业借款兴工。需要说明的是，国民党政府已于1948年8月起发行金圆券，随着超量发行，引发了严重的通货膨胀，金圆券也逐渐贬值，这为行业公会、企业与政府之间的借贷关系蒙上了阴影。

在施工人员征调方面，11月上旬，陕西省、西安市当局原计划由附近各县征集民工，整修第四期城防工事，但由于动员人力耗费大、需时久，为了减轻百姓负担，节省民力，陕西省政府主席董斌下令调拨各县自卫团参加施工。③各县自卫团作为地方性武装组织，具有一定的军事行动能力，人员相对齐整，调动较为方便，参加城防工事施工时较普通民众更易于指挥。

11月下旬，第四期城防工程已开始局部施工，亦由省市政府明确了各区的分摊工程款项数额。其中第二区竟然"以面粉计工"，向各家各户摊派征收面粉，其最高额为每户面粉600市斤，最低额为15市斤，普通公教人员及中产阶层分摊额多在120市斤以上。对此做法，《西北文化日报》"新生

---

① 西安市档案馆，西安市政府军事科，全宗号：01，目录号：6，案卷号：380。

② 《整修城防工事，款项正在筹借中，冬防开始，城门盘查已加强》，《西京日报》1948年11月2日，第3版。

③ 《董主席令自卫团整修城防工事，各县一律停止征集民工》，《西京日报》1948年11月11日，第3版。

社"记者呼吁各区应统一办理，减轻市民负担，避免流弊丛生。①

在城工经费方面，除前述省市当局向银钱业及各大工程借款30万元外，11月下旬，西安市自卫特捐筹集委员会初步预算城防工程仍需200万元。经西安市参议会讨论，此项经费由省市双方按3∶1的比例分担，即陕西省出资150万元，西安市出资50万元。②

在工程进展期间，社会各界也给予了多方支持。1948年12月16日，西安市戏剧电影业公会就决定，在该周内定期由各影院、戏院分别放映电影、演剧，招待、慰劳修筑城防的长安等15县自卫团官兵。③在当时劳动环境和生活条件都极其艰苦的情形之下，观看电影、戏剧对于各县自卫团的民兵们来说，实属难得的奢侈享受。

1949年1月中旬，第四期城防工程竣工，第五期随之兴工。为加快进度，陕西省、西安市当局动员全市商人、民众参加。④3月下旬，西安市政府又发动市属各单位、机关、学校公教人员修筑城防工事。⑤虽然省市政府在西安城墙、城壕及其周边城防工程的建设上投入了巨大财力、物力和人力，但"得道多助，失道寡助"，5月20日，中国人民解放军第一野战军第六军就从火车站、北门、西门、南门攻入西安，壮阔的西安城墙与高耸的城楼见证了古都西安的解放。

---

① 《城工费用摊派面粉，二区某保别出心裁》，《西北文化日报》1948年11月29日，第2版。
② 同上。
③ 《戏剧业招待修城防兵工》，《西京日报》1948年12月17日，第3版。
④ 同上。
⑤ 《市府职员今起修筑城防工程》，《西京日报》1949年3月29日，第3版。

第九章

培植风景：民国西安
护城河的疏浚与利用

　　在民国时期战火、灾荒、抗战等特殊的政治、军事大背景下，陕西和西安地方当局出于加强城市军事防御能力、开展城市基本建设等方面的需要，围绕西安护城河（城壕）的疏浚与利用开展了引水、绿化、扩掘等诸多建设工程，这些举措推动了西安护城河（城壕）功能与景观的变化，也对城市社会和人口（尤其是城壕沿岸难民）的生活带来显著影响。以下着重就民国前期护城河的疏浚与利用、民国中期的护城河引水与绿化、民国后期的护城河扩掘与难民安置等问题进行论述，以反映民国年间西安护城河修浚与利用的历程。

第一节　官家力役：
民国前期护城河的疏浚与利用

　　古人以"金城汤池""城高池深""固若金汤"等词汇描摹军事重镇、要塞等防御体系，说明在充分发挥军事防御功能方面，巍峨高大、壮阔雄伟的城墙、城楼离不开环绕围护的城壕（护城河）。在作为城市景观方面，两者也是相互依凭，互为增色。

　　明清时期，西安护城河分别经由龙首渠、通济渠从城东西两侧的浐河、潏河引水，除为城区官民供给饮用水外，亦为大城城壕、秦王府城壕等提供灌注用水，既增强了城池防御力，又有改善城区微观水环境之功。只是由于两渠引水状况受气候、土壤、水量等诸多因素影响，稳定性相对较差，供水充裕时即呈现出护城河的滋润面貌，供水短缺或完全断绝时就变成了干涸的城壕。民国时期，虽然护城河在热兵器时代的远距离、攻击性战争中，其防御效能已相对减弱，但是陕西和西安地方政府仍然在条件具备的情况下，沿袭清代自城西引水入城的做法，多次修建引水渠道，将河水引入城壕、城区。此举对改善城壕和城区水环境、景观面貌等具有重要作用，值得深入察考。

在清代后期，从城西引潏河水的通济渠长期处于失修的状态，即便在1900年前后慈禧太后、光绪皇帝"西狩"西安期间，渠水畅通，但不久又断流，护城河因而缺少来水，干涸无色。经过辛亥鼎革，进入民国前期，陕西地方政局动荡，政府无暇关注护城河引水之事，以至于在20世纪的前20年，护城河长期处于无水的干涸状态，成为名副其实的"城壕"。难得的是，1922年，冯玉祥在任陕西督军期间，不仅在原秦王府城旧址的"皇城"内开展建设，修建士兵营房等，[1]而且专门委派人员管理城外的护城河，"浅处植藕，深处养鱼"[2]。

作为军事防御性工程，城壕在缺水的情况下依旧发挥了引人瞩目的防御作用，这一点在刘镇华率军围困西安城的过程中表现十分明显。1926年，刘镇华率领镇嵩军自阴历三月初五开始攻城，其攻势虽猛，但是西安守军防守綦严，数月未破，镇嵩军不得已改变战略，遂采取围困措施，"环城掘七十里之战壕，高一丈五，宽二丈，外筑土城，以资掩护"。至阴历十月二十四日解围，共计围城达七个月又二十日。此次围城造成西安人口骤减，"长安居民二十万，死于此役者，三分之一。"[3]

实际上，与刘镇华镇嵩军在城外挖掘长达70里的战壕针锋相对的是，守城的李虎臣、杨虎城两位将领也采取了扩掘城壕，引水灌注，强化西安城防的一系列措施。关于当时挖掘城壕、引沪河水灌注的兴工史实，鲜见记载。幸赖时人胡文豹《挖城壕（续秦中吟十首之四）》[4]一诗对其中诸多细节有

---

① 《西北近闻·冯玉祥在西安之设施》，《真光》1927年第26卷第3期，第80—81页。

② 冯玉祥：《冯玉祥日记》，江苏古籍出版社，1992，第97页。

③ 洪涛：《西安围城纪要》，《中国公论》1939年第1卷第5期，第36页。

④ 胡文豹：《西安围城诗录二》，《学衡·文苑》1926年第59期，第93—94页。

极为形象生动的记述，不妨录引如下：

> 挖城壕，挖城壕，通渠开闸引浐水，费尽人工不惮劳。高屋建
> 瓴我何逸，金城汤池足自豪。城头士卒太辛苦，街头暂将市人招。
> 东街伙伴被捉去，官家力役谁敢逃。归来垂涕向人语，能将往事说
> 连宵。长官驱得市人去，犹将笑语作解嘲。操戈捍卫仗老子，区区
> 差徭赖尔曹。荷锸负版泥没髁，宛如凫鹥水中飘。眼中少觉不称意，
> 鞭箠交至声咆哮。昨夜敌军冒死出，云梯冲车风怒号。城上戍卒挟
> 弹丸，千粒万粒空中抛。莫仗健儿好身手，通天火光在周遭。血肉
> 横飞发毛脱，肢体残毁肌肤焦。城中偷得一息安，城外哭声上云霄。
> 挖城壕，挖城壕，雍州之固本天骄。[①]

分析这首极具写实性的纪事诗，有助于我们对1926年时的护城河（城
壕）状况有更为深入的了解。很显然，李虎臣、杨虎城为增强城墙、护城河
的防御力，通过"拉壮丁"的方式征募了大批市民充当劳力，即所谓"城头
士卒太辛苦，街头暂将市人招。东街伙伴被捉去，官家力役谁敢逃"。在围
城之役开始前似乎已经动用了大量人力将城壕挖深掘宽，并且设法从城东浐
河引水灌注护城河，以此增大敌军攻城的难度。对于普通市民来说，挖掘城
壕确属"官家力役"和"差徭"，但是在大敌当前的情况下，大量士兵需
要坚守城垣，与敌人作殊死搏斗，挖掘城壕这样的城防工程也确实只能动用
民力完成，当属特殊时期的非常手段。退一步讲，倘若城池落入刘镇华镇嵩
军之手，城区市民所受磨难可能就远较为挖掘城壕而付出的辛劳更甚。

有关这次挖掘城壕的施工方式、管理方法等，诗中"荷锸负版泥没髁，
宛如凫鹥水中飘。眼中少觉不称意，鞭箠交至声咆哮"，表明是采用了传

---

① 胡文豹：《西安围城诗录二》，《学衡·文苑》1926年第59期，第93—94页。

统、原始的挖掘土方的方式，被征民工是站在没过脚踝乃至膝盖的淤泥中施工，而军队派遣了士兵加以监工，倘若民工稍有不满或者抱怨，就会受到监工的呵斥和鞭打，以此加快工程进度。毫无疑问，这些民工的劳动并不会从军队获得报酬，完全属于强制性的义务劳动。应当说，这种强征民工、强迫劳动的施工方式是在特殊的战争状态下出现的，并非西安城墙、护城河建修工程中的常态。

值得注意的是，关于此次护城河的引水水源，胡文豹在诗中称"通渠开闸引浐水"，表明护城河水来自浐河。但实际情况是，从明代中后期开始至清代末期，原本自城东引浐河水的龙首渠日益衰微，逐渐被城西的通济渠所取代，而且在二十世纪三四十年代，引水入城工程多是经通济渠旧道，甚少利用过龙首渠引浐水。以此分析，胡文豹所载"浐水"似为"潏水"之误。当然，关于城壕水源问题，今后应当再继续挖掘相关史料，加以考证和厘清。

经历过围城之役的惨烈战火之后，1929年至1930年，陕西各地遭遇严重旱灾，西安作为省会之区，成为大量灾民云集之地，城壕一带就是这些灾民群集、栖居乃至葬身之所。1930年6月11日《益世报》即报道称："西安护城壕已成陕饿莩葬身之所。"[1]同日《大公报》亦载华洋义赈会代表贝克赴陕视察灾情的报告，称"西安护城壕沟满葬饿莩"[2]。这些骇人听闻的情况一方面反映出当时灾情严重，民众大量饿毙的苦况，另一方面也说明城壕干涸无水，有大量灾民在壕岸挖掘窑洞、搭盖棚屋或露天居住，饿死者往往就被随意葬埋在城壕里。核实而论，这是在大旱灾、大饥馑情形下最悲惨的城市景观。

与明代西安护城河供水最为充裕的时期，即城河中种植莲花、养鱼，两岸栽种树木的优美水景相比，民国中期旱灾和饥荒背景下的护城河无疑成

① 《益世报》（天津）1930年6月11日，第5059期。
② 《大公报》（天津）1930年6月11日，第9659期。

了西安城的"伤心地"，承载了无数灾民的苦痛忧戚，显现出区域社会发展最低谷时期的城市凄凉景象。

　　与清代护城河沿岸大量土地属于官府管辖的公产属性一致，民国时期，护城河沿岸仍有一定亩数的"官地"，归长安县政府及陕西当局土地管理机关管辖。在管理方面，护城河沿岸官地由政府出租给附近居民耕种，并设立专门管理的"号头"，负责收取地租及监督护城河沿岸官地使用情况。若发生与官地相关的耕垦、偷卖等纠纷，号头需及时上报政府，以便迅速办理。1933年10月，居住在西安南关外西后地10号、52岁的尚志贵作为号头，在巡查中发现"花户"齐明成竟然将一号官地私下出售，得洋40元，"毫未声张，有意朦混"①。作为护城河官地佃户的齐明成在此不端行径之外，还在护城河岸边随意挖土，筑打土坯，有碍城壕作为军事防御设施的安全。尚志贵出于身为号头的责任，加以劝阻。齐明成不但不听，反而迁怒于尚志贵，认为尚志贵妨害了自家利益，伙同其赘婿前往尚家"大肆凶闹"，践踏尚家田里的庄稼。在接报后，政府对齐明成"偷卖公产"等行为进行了处置。②从这一事件可以看出，截至20世纪30年代初期，护城河沿岸仍保留有大片官地，按段编号，租给城外近郊一带的农民垦种，此举属于政府对城壕沿岸土地的有效利用。在深层次上，政府把护城河沿岸土地租给农民垦种，并设立号头加以管理，有助于政府及时了解护城河沿岸的稳固或破损情况。而禁止私人随意取土，筑打土坯，属于政府为确保护城河充分发挥防御功能制定的规章。

　　值得注意的是，明代秦王府内外两道城墙，即砖城与萧墙之间兴修有护城河，曾有龙首渠引浐河水灌注，广种莲花，成为秦王着力营造的园林化区域。进入清代，秦王府外城萧墙被拆毁，砖城被改建为八旗教场，其外侧的

---

　　① 《佃户盗卖环城河岸官地，管理人责斥起纠纷》，《西北文化日报》1933年10月10日，第6版。

　　② 同上。

秦王府护城河旧址并未完全填平，而至少保留了砖城东侧的一段护城河。虽然在清代的各类方志、舆图、文集中，并未发现这一段护城河的点滴记述，但截至1935年4月，这段护城河的旧迹仍赫然存在于西安城内东北隅的"新市区"之中，并被记述在"新市区土地整理委员会"的调查卷宗中。[①]经过清代以及民国前期的改造与变迁，此段护城河旧迹呈现出低洼坑地的情形，位置大体在今西安市皇城东路一带。

第二节　重浚龙渠：
民国中期城壕引水

　　从军事防御工程的角度而言，西安护城河（城壕）在民国中后期作为城防体系的重要组成部分，虽然在抗战期间日机轰炸西安过程中并未能发挥显著的防御之功，但是在抗战胜利后的解放战争时期，国民党政府为完善城墙防御体系，在护城河（城壕）及其周边开展了一系列建设活动，极大增强了护城河（城壕）的军事防御功能。

　　从城市景观的角度而言，作为昔日城墙外围最具环境美化意义的护城河，二十世纪三四十年代的陕西、西安地方政府通过多次的水利兴修、引水入城工程，将潏河水沿明清时代的通济渠（民国称"龙渠"或"西龙渠"）旧道灌注护城河，在一定程度上丰富了民国西安的水环境景观，使得护城河（或其部分段落）在若干时段内呈现出水波盈动的生机勃勃的景象。

---

①　《新市区护城河与革命公园间旧日原有官道，市民吴子江等呈请保留，省府准辟路以便利民行》，《西京日报》1935年4月14日，第7版。

　　直至20世纪30年代，陕西各县军队与地方为加强城市军事防御能力，仍将加固城墙、修浚护城河视作主要的防范措施，并积极开展不同类型的工程建设活动。

　　1935年4至5月，驻守陕南南郑县的三十八军为加强防御工事，调动大量军地官员、工程师、技术工人及民工，不仅在城郊各要隘地带建设碉堡、构筑战壕，而且重新挖修"环城河沟"，以期实现南郑"铜墙铁壁之固"的城防目标。①竣工后的南郑"城河"长达6025米，河深不等，坡度相差约1丈，下宽5米，上宽6米。引水灌注的护城河"河水涓涓而流，两岸野风杂花，春风袭人，令人流连忘返" ②。对于南郑护城河的综合用途与多样化景观，时人有着美好的憧憬：

　　　　此项工程，平均可灌水八尺之谱，不特有关军事，对于新生活运动，所关尤钜。从此以后，汤池之险，固已无论。且灌水之后，河水湍湍，绕城一周，将定某处为游泳池、某处种莲、某处养鱼。杨柳夹堤，临风摇曳，鸭浮鱼泳，别添风味；野草开花，天然点缀，微风习习，明媚袭人。并拟沿堤制定艺术标语，以资游者观感。环城马路，因筑城壕之便，亦修理完善，实为此次之附带收获。此后亦将因城河之关系，而愈见繁荣。每届春夏之际，游人三五往来河畔，或择佳妙处而游泳，或驾小舟执桨以为乐，或假清流为天然之浴池，荷花盛开，水鸟飞鸣，其乐当有不可思意者也。提倡国民健康，为新生活之急图。此项城河建设，对于南郑人士身心上当有

---

　　①《南郑修城堡，由周燕荪督修》，《西京日报》1935年4月15日，第6版；《南郑城工告竣，周燕荪谈完成河工经过，环城马路大部修筑平坦》，《西京日报》1935年4月29日，第6版。

　　②《南郑参观城河放水》，《西京日报》1935年5月10日，第6版；《南郑城河修竣，全河放水风景极佳》，《西北文化日报》1935年5月10日，第5版。

莫大裨益，不特气候资以调济，可免疫疾流行，对于风景上之点缀，
又开别一生面也。^①

　　不难看出，20世纪30年代的南郑人士已充分认识到护城河建设的重要
意义，不仅有益于军事防御、环境美化，而且在城市社会生活、卫生防疫等
领域亦能发挥独特作用。在陕南，重视疏浚城壕的不独南郑一县。1936年10
月，有鉴于城壕年久失修，淤塞严重，洋县政府出于有备无患、加强城防的
考量，饬令联保主任，每甲调集5名民夫，日夜倒班浚深城壕。^②

　　陕南地区气候较为湿润、江河水量充裕，护城河建设因此具有良好的引
水等自然条件，相较之下，陕北地处黄土高原，气候干旱，降雨量较小，护
城河建设以开掘城壕为主要形式。1936年9月，米脂县政府调集民工，沿城
墙修筑"护城壕"竣工。城壕深约2丈，下窄上宽，壕面约1丈，"普通人决
难跃过"^③。此次米脂县城壕的修浚工程占用了城墙沿线的部分水田，一度
引发农民的抱怨，但作为保护全城军民安全的城防设施，城壕属于必不可少
的基础设施，其开掘工程仍得以顺利完工。

一、1934年至1938年通济渠的疏浚与引水灌注城壕

　　作为二十世纪三四十年代西安城市水利兴修活动的重要内容，陕西省
建设厅、西京筹委会、西京建委会、西安市政工程处等省市机关屡次多方协
作，划拨大笔经费，调拨众多人力，开展疏浚通济渠（亦称"龙渠"或"西
龙渠"）的工程，推动了民国中后期西安护城河面貌的改观和防御能力的提
升。同一时期，西安城区街巷排水沟与下水道的整修等建设举措，亦与龙渠

　　① 《南郑城工告竣，周燕荪谈完成河工经过，环城马路大部修筑平坦》，《西
京日报》1935年4月29日，第6版。
　　② 《加工浚深城壕》，《西北文化日报》1936年10月15日，第5版。
　　③ 《米脂护城壕已修竣》，《西北文化日报》1936年9月17日，第5版。

的疏浚紧密相关。龙渠的疏浚在西安城壕灌注、城区园林绿化及环境卫生等方面发挥了重要作用。

自1932年南京国民政府决议以西安作为陪都，组建西京筹委会开展大规模城乡建设以来，西安城市居民生活用水、城区园林环境用水以及护城河引水等事宜均得到省市建设机关与西京筹委会的重视，并逐步采取引水入城等措施加以改善。1933年至1935年，陕西省建设厅、西安市政工程处、西安市园林管理处等对城外西南郊碌碡堰和城区西举院巷、牌楼巷、莲湖公园及其周边等处通济渠（即龙渠）渠道进行了修整。

1933年6月，时值盛夏，西安城内西北隅的莲湖公园湖水较浅，游人难以划船游园。莲湖公园在明代作为秦王私家园林，引入通济渠水灌注，形成了较大水面，景致优美。清末至民国前期，由于通济渠年久失修，难以顺畅地将潏河水引入莲湖公园，致使该园水面缩减、划船等水上休闲活动无法开展。为兴复莲湖公园波光潋滟的盛景，陕西省建设厅基于"以壮观瞻"的考量，同时为便于供给市民生活用水，6月13日起，委派该厅刘宝斋、穆忠信前往通济渠沿线查勘地形、测量水准、勘测地域，计划疏浚碌碡堰至西门之间的通济渠。①此次疏浚大致耗时1个月，当年夏季即将潏河水引入莲湖公园和城区的部分区域，并为西安护城河提供了灌注水源。莲湖公园在经由通济渠引入潏河水后，以水体为中心的园景焕然一新，《西京日报》的记者就撰文称赞：

　　莲湖公园为本市惟一之高尚游憩场所，湖山幽景，风物宜人。每值夏日溽暑逼人之际，市人皆往该处乘风纳凉。且因园内杂植花木，遍树桂辛，每到阳春佳日，该园即游人如蚁，红绿相映。年来

---

① 《炎阳天韵事，莲湖行舟，建厅测引通济渠水》，《西京日报》1933年6月14日，第7版。

　　该湖之水，由城外西南区引潏入通济渠，直流入城，注满于湖，兼为市人饮料之需。①

　　从当时刊诸报端的报道分析，1934年新年伊始，陕西省建设厅即着手筹划推进通济渠的开浚工程，详细设计通济渠源及截水堰，计划在春季继续引潏河水入城。②这一时期通济渠引潏河水具有"季节性""临时性"特征，并非全年通流，大体上在秋冬季节即属于断流状态。从同为容水区域的角度而言，西安护城河与莲湖公园的水源均为通济渠所引的潏河水，莲湖公园水体的畅旺与浅涸在很大程度上与护城河的情形约略相似，即通济渠引水通畅的春夏时节，护城河水较多，而在秋冬季节，护城河水较浅乃至完全干涸。需要注意的是，《西北文化日报》等报刊报道中称莲湖公园之水系引自皂河，③实则皂河即潏河分支之下游，两说并不矛盾。

　　1935年夏，由于通济渠道受损，无法正常引注潏河水，莲湖公园出现"渠坏湖竭"④的情况。负有管理之责的西安园林管理处向陕西省林务局呈文，请求林务局饬令长安县政府尽快调派民工，修复通济渠渠道、引水入

图9-1　西龙渠自西门（安定门）南侧引入城区

---

①　《建厅调查通济渠堰以便引水注入莲湖》，《西京日报》1934年1月9日，第7版。

②　同上。

③　《引洨水入莲湖，先堵修沿岸决口》，《西北文化日报》1935年7月16日，第5版。

④　同上。

湖。由于正处于夏收农忙时节，民工征调困难，加之潏河水位较低，无法动工引水。7月初降雨过后，潏河水位上升，西安园林管理处再度调派工人赴丈八头一带，计划放河水入渠注湖。未曾预料的是，潏河西岸地势较低的丈八头上至窦村一段，长约8里的河岸"完全溃决，水势急转，向西横流"①，致使引水入渠计划落空。若要引水，先应培固潏河河岸、堵塞溃口，这就需要大量挖掘沿岸田土，难免会与农民发生纠纷。西安园林管理处再度呈请陕西省林务局，要求长安县政府派出警员，协同堵修溃口工人开展工作，并由长安县政府饬令第四区潏河决岸西侧各村农民，合力堵塞沿岸决口，以便早日引水入渠注湖，兴复莲湖公园的优美风景。②

11月，西京建委会一度利用通济渠将潏河水"引注城壕"。不过，核实而论，这是为了修浚城区通济渠渠道，暂停渠道引水，因而灌注城壕只是临时之举，"以便该处动工"③，向城壕引水并非工程重点。1935年12月3日《西京日报》以"西京市政建委会计划整修龙渠"为题，报道称："西京市政建委会计划整修龙渠，旧渠分南北两道，灌注城内，因年久失修，现已倾颓不堪。"④

据该报记者调查，旧有龙渠（即通济渠）分南北两道，均由西门墙下流入城内，一沿举院巷、西仓门、北院门，入新城西门，出北门，流出城外；一沿西城墙、双仁府南端等地，折入南院门。龙渠"流域极广，唯因暗沟较多，故鲜有人注意；且历次修筑马路，遇有龙渠即行填实，致中断及埋没之处甚多"。因而在记者调查之际发现的龙渠渠线"除少数外，大部已非昔日龙渠之真面目。现各街仅存渠道，亦因年久失修，倾颓不堪，一遇天雨，洪水四溢，行人裹足，交通几为断绝"。正是由于龙渠在下雨时接纳雨水，排

---

① 《引滈水入莲湖，先堵修沿岸决口》，《西北文化日报》1935年7月16日，第5版。

② 同上。

③ 西安市档案馆，全宗号：017，目录号：2，案卷号：238。

④ 《西京市政建委会计划整修龙渠》，《西京日报》1935年12月3日，第7版。

泄不及，反而造成雨水外溢，阻碍交通。在这种情况下，该渠沿线居民联合呈请当局，请求疏浚兴修。西京建委会"以该渠关系本市园林、灌溉至巨，决定加以整理"①。

从记者的调查结果看，原本是引水入城的龙渠此时却成了接纳雨水的排污渠道，这也是为何会造成雨水四溢的根本原因。引水入城的龙渠渠道干线、支线原本是按照地势高低设计的从城外向城内引水的设施，而雨水宣泄的方向大致相反，这自然会造成雨水难以顺畅通过龙渠渠道疏散、消解。

1936年，水利工程专家王季卢先生在其所撰《西安市龙渠工程报告》中就指出，龙渠工程与其他下水道有两大不同之处：其一是别处下水道为由城市向外出水的排水沟渠，而龙渠系由外向城市以内入水的引水孔道；其二是别处下水道为排泄市内雨水，并须备宣泄秽水外出而设，为一种合流系，而龙渠是引导潏河清洁之水入内，及宣泄雨水灌注莲湖及建国公园，以点缀风景为目的者，是一种分流系。②这就从专业角度阐释了龙渠造成雨水排泄不畅的根本原因，同时也一针见血地指出了龙渠和普通下水道建设宗旨截然不同，因而在后续重修中自然需要采取针对性的工程措施。

王季卢在实地勘查当中，"博采旁询龙渠之沿革，惜能道其详细者寥寥无几"，不过，在邂逅"一二老土著"后，从其口中对龙渠来历"稍知梗概"。据称，"曩昔长安市龙渠所到甚远，非仅一渠，四通八达，所在多有。惟年代久远，湮没无存"。光绪二十六年（1900）义和团运动之际，平津失陷于英法联军，慈禧太后、光绪皇帝"西狩"西安时，曾经重修过一次，是为"新龙渠"。"新龙渠"一股顺西城墙北趋，达玉祥门一带；一股蜿蜒曲折，注入莲湖。③

---

① 《西京市政建委会计划整修龙渠》，《西京日报》1935年12月3日，第7版。
② 王季卢：《西安市龙渠工程报告》，《北洋理工季刊》1936年第4卷第3期，第49—53页。
③ 同上。

　　西京建委会在收到龙渠沿线居民呈请后，为节省建设经费，决定酌情采用旧料翻修旧渠，开浚新渠段时采用新料。[①]新旧建材混用成为这一时期大量维修、建设工程的特点之一。

　　在工程进展方面，《西京日报》等西安本地报刊媒体十分关注龙渠修浚工程，进行了连续性的追踪报道。1936年1月底，西京建委会下水道工程处派员勘测龙渠沿线，计划渠身仍经西马道巷等处入莲湖。[②]截至2月上旬，作为西京下水道工程的组成部分之一，北大街下水道干沟建设基本告竣，与此相应的是，长约135米的旧龙渠翻修亦已动工。其渠道线路为："由西马道龙渠□北岸起，经西大街、牌楼巷北行，至西举院巷东行，经建国公园门口，转至皂荚巷，经一中门前，逐向东行，再达洒金桥明沟，转注莲湖。"[③]至当月25日，在市下水道工程处的主导建设下，修筑龙渠的土工进展迅速，已延展至陕西省建设厅门前。[④]4月6日，龙渠干沟工程竣工。[⑤]修浚后的龙渠成为复合型、多功能的引水、排水体系。7日，西安大雨如注，龙渠迎来第一次大考验。据8日《西京日报》报道："昨竟日大雨，本市马路积水，直入下水道内，新修龙渠干沟水流畅通"[⑥]，表明此次龙渠工程在排水方面收效显著。不过，随着龙渠引水畅流，靠近渠岸居住的部分住户围墙面临浸泡之虞。西关一带沿城外龙渠居住的民众向西京建委会报告，龙渠水迫近各户后墙，"危急万分"，恳请修筑渠岸，以防水溢冲泡。西京建委会遂派遣工程师前往勘查，设计了三种修筑渠岸的方案，随后亦进行了渠岸

---

① 王季卢：《西安市龙渠工程报告》，《北洋理工季刊》1936年第4卷第3期，第49—53页。

② 《本市重要水道龙渠即兴工疏浚》，《西京日报》1936年1月27日，第7版。

③ 《本市旧龙渠昨已兴工翻修》，《西京日报》1936年2月8日，第7版。

④ 《本市下水道工程处积极修筑龙渠》，《西京日报》1936年2月25日，第7版。

⑤ 《本市下水道龙渠干沟今竣工》，《西京日报》1936年4月6日，第7版。

⑥ 《西京日报》1936年4月8日，第7版。

加固等措施，[①]减轻了龙渠引水对民众生活的不利影响。

　　新修龙渠不仅在排泄雨水方面收到了极佳效果，而且在引水入城、改善城区园林风景方面也大放异彩。1936年5月8日《西京日报》以"龙渠干沟完成，日内实行放水，园林管理处即将塞口开放"为题，报道称："渠道路线，为由西护城壕起入城，至牌楼巷、建厅门前、东举院巷、洒金桥等处，而入莲湖。现因时届夏初，亟应引潏河之水入湖，以资点缀风景。"[②]5月13日亦以大幅标题载："点缀莲湖公园，龙渠干沟昨放水。"[③]可见龙渠确实经过了西护城壕，在满足城区莲湖公园等地风景用水之余，很有可能也为护城河注入渠水。

　　由于这次工程重点在于疏浚龙渠在城内的渠道，限于本研究主题关系，以下对于城区渠线流路、施工技术、窨井与横沟设计、建筑材料使用等详细内容兹不赘述，仅将新旧龙渠长度列表如下，以反映工程规模。

表 9–1　1936 年疏浚龙渠各段长度一览表 [④]

类型	渠段	长度（米）	合计（米）
旧渠	南马道巷	155	625
	西大街	105	
	牌楼巷	170	
	西举院巷西首	50	
	大新寺巷	145	

① 《西关一带沿龙渠居民佥以渠水迫近后墙，请修渠岸以防灾患》，《西京日报》1936年4月30日，第7版。
② 《龙渠干沟完成，日内实行放水，园林管理处即将塞口开放》，《西京日报》1936年5月8日，第7版。
③ 《点缀莲湖公园，龙渠干沟昨放水》，《西京日报》1936年5月13日，第7版。
④ 王季卢：《西安市龙渠工程报告》，《北洋理工季刊》1936年第4卷第3期，第49—53页。

（续表）

类型	渠段	长度（米）	合计（米）
新渠	西举院巷	262	575
	早慈巷南首	38	
	东举院巷	275	
支渠	建国公园内外	453	633
	早慈巷北首	180	
合计		1833	

注：下游明沟及以后加添者不在其内。

实际上，龙渠在城内的渠线长度相较于在西安西南郊的渠线而言，只占很小的比例。郊区龙渠渠道的维护对于保障渠水稳定引入城壕、城区至关重要。

龙渠沿岸维护得到了陕西省水利总局以及沿渠各村乡约等基层管理者的重视。1935年11月30日，解家村乡约葛福元即向陕西省水利总局报称，该村村民权猪娃每日放羊200余只，均在"龙渠两岸放卧，而将岸边踢坏，实系不堪"。虽经该乡约禁止，但权猪娃不但不听，且出言不逊。乡约无奈之下，只得向水利总局禀告。① 12月26日，陕西省林务局西安园林管理处要求警察石生善尽快赶赴解家村，要求权猪娃立刻补修被羊踏坏的渠岸；若其顽抗不修，即由该警察与乡约葛福元、甲长刘石碌将其扭交就近岗警局究办。从这起案件可以看出，龙渠渠岸作为重要的水利工程设施，其日常管护属于陕西省水利总局、陕西省林务局的职责范畴，并经由基层乡村管理者（乡约、甲长）、警察等具体实施。损坏渠岸者应负责补修，若不予修缮，则进入法律层面被采取强制措施，不仅要补修渠岸，更会面临严厉的惩处。

---

① 西安市档案馆，全宗号：017，目录号：2，案卷号：238。

　　1937年3月，由于西门外南火巷以东龙渠受损，以致渠水不能入城，"所有细流尽溃泄于城壕"。经西安市园林管理处调查，发现造成渠水汇入城壕的原因是，自南火巷北口起，以东渠线经穿西关正街南边各商铺后院，向南折，循城墙十余丈，复向东，穿城墙基下，入城内南马道巷，这一段属于暗渠，此后向北，至西大街东流，迂回注入莲湖。各商铺以渠水穿流院内，"恶其淹塌房屋，不时偷抛垃圾，堵塞渠道"①。5月6日，陕西省林务局致陕西省政府、西京建委会的公文中亦指出，城内龙渠经下水道公务所于1935年冬间动工翻修数次，1937年春初竣工，当时即放水，却由于西关龙渠损坏，渠水不能入城，"遏积无路，尽旁泻于城壕"②。出于人为原因造成的龙渠渠道堵塞，反而为城壕提供了灌注水源，这一怪象真切反映了龙渠"公利"与商铺及住户"私利"之间的冲突。

　　类似的怪象不止出现在西关正街一带，在龙渠所经的乡村地区亦有发生。1938年2月，龙渠上游沿岸农民因春耕用水，遂将渠槽挖断十余处，引渠水浇灌农田。对此，西京建委会下水道公务所、西安市园林管理处均认为此举对于引水灌注莲湖必然会"发生诸多障碍"，但农民引灌田地又关系到庄稼收成等民生大计，两管理机构均不便出面加以阻止。③3月7日，西安市园林管理处在回复西京建委会下水道公务所的公函中解释称，该处有时以莲湖中尚有一定水面，因此"偶尔放任"沿岸农民截流引灌农田。但是，在抗战这一特殊时期，若任由沿岸农民挖断渠槽，莲湖内积蓄的水量一旦漏干见底，对于城市防空影响甚大。在全面衡量之下，西安市园林管理处、西京建委会下水道公务所联合报请防空司令部，建议尽快调派工队修理渠岸，饬令沿渠各村联保主任必须切实负起护渠之责，或者由防空司令部严令长安县政

　　① 西安市档案馆，全宗号：017，目录号：2，案卷号：238。
　　② 同上。
　　③ 同上。

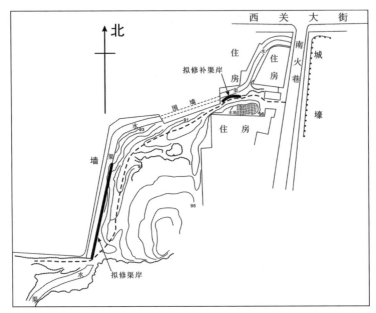

图 9-2　1938 年 6 月 13 日绘制《拟修龙渠详图》

（西安市档案馆藏地图，全宗号：04，案卷号：295，比例尺1∶1000）

府，转饬沿渠各村联保主任制止农民截水，以备城市引水、防空之需。^①相
对于农田灌溉来说，城市防空用水更为重要，可用于消防灭火等抢险救难工
作，从这一角度而言，防空司令部、长安县政府等军地权力机关直接处理龙
渠维护事宜，较西安市园林管理处、西京建委会下水道公务所办理更为直
接、高效。

在抗战期间，西京建委会有鉴于城区消防井稀少，取水不易，难以在敌
机轰炸后充分发挥灭火之功，因而饬令市政工程处注意维护龙渠渠道，将潏
河水引入城区，导入莲湖，作为消防用水。^②

①　西安市档案馆，全宗号：017，目录号：2，案卷号：238；亦参见西安市档
案馆，全宗号：04，案卷号：295；全宗号：04，案卷号：155；全宗号：04，案卷
号：432。

②　《引水入莲湖，可供消防；辟修环城公路，拟于冬季兴工》，《西北文化日
报》1937年8月9日，第6版。

二、1940年西城墙龙渠涵洞的修缮

龙渠从城外引潏河水入城，其最重要的节点和工程难点在于如何将渠道穿越护城河、城墙。从明清时期通济渠的做法来看，引水渠道在经过护城河时，极有可能采取了"架槽飞渡"的建筑技术，即在护城河上架设木槽或者石槽，渠水从中流过，进而穿越城墙上的"水门"（亦即后世所称的"涵洞"），引入城中。二十世纪三四十年代，在将龙渠引入城中的工程当中，大致也采取了类似做法，尤其是在城墙上开凿有"涵洞"，以便使渠水从中流入城区。据亲历者回忆，民国时期西门南侧100多步的城墙根下，有一个"流水洞"，小孩喜欢在此处嬉戏。"一渠水穿洞而来，清澈见底"，小孩子们往往沿着水洞爬出城墙外侧。[①]这处"流水洞"实际便是引潏河水入城的龙渠穿越城墙的"水门"。

抗战期间，陕西省会警察局、市政工程处等机关在保护、维修城墙的同时，也重视龙渠引水对城墙的影响。1940年2月17日，陕西省会警察局第三分局指导员徐德明带领防护团员打扫城墙根沿线各处地下室。行至西门城墙地下室时，发现其中有积水，当即调查渗水来源。查勘发现，西门外有龙渠，其水势自西向东流至西门城壕边。该处安装有木闸，木闸开启，渠水则流入城壕；木闸关闭，则渠水由城墙下穿，经南马道等处，注入莲湖公园。南马道一带地下龙渠水沟系用三合土筑成。由于水沟损坏，致使渠水溃溢，渗入城墙地下室。徐德明当即派警员赴"莲花公园"与管理员佟粟田接洽，将西门城壕边木闸启开，使渠水注入城壕，不再向城内流引。同时请市政工程处派员前往会同勘查。市政工程处要求警察第三分局将木闸拆去，并将地下室的积水抽干，再由该处派工修理。在地下室积水抽干后，西京建委会工程处发现，城墙根部的土被水浸润，已经松软，而南马道路面暨地下室已暴

---

① 葛慧：《龙渠》，《西安日报》2009年6月17日，第8版。

露塌陷痕迹。一旦路面和地下室塌陷，城墙亦有坍塌之虞，"不独危险堪忧，亦于城防有莫大关系"①。

　　西门内南马道巷原筑有龙渠沟道，为引水入莲湖必经之路。警察第三分局曾饬令防护团掏挖地洞，由南马道花园横穿龙渠渠身之下，通出城墙，但施工前并未通知市政工程处。由于这段沟渠地基空虚，"被水冲坍，流入城洞。墙身为水浸蚀，呈现裂缝。所有城楼及平台南部下陷甚巨，势颇危险"。17日下午，市政工程处会同警察第三分局采取了汲出洞内积水，将洞身填塞等措施，"以免险象再行扩大"。自18日起，市政工程处在致函陕西省防空司令部、陕西省警察总局的公函中指出这一问题，随后市政工程处一面将龙渠渠水断流，一面抓紧维修渠沟。同时考虑到城楼墙台压力过大，"洞内土泥有继续下坠"的可能，因而请陕西省防空司令部、陕西省警察总局"赶速烧干全洞泥土，随将全洞填塞，逐层夯实"。之后再由市政工程处将所有裂缝加以切实修补。②20日，西京建委会工程处致警察第三分局函称，此前由于"西门内南马道巷地洞被水渗入，浸及城洞、墙身，危险堪虞"③，警察第三分局函请工程处派工修理。工程处一面将渠水断流，一面由该处"沟工队"加紧修渠外，又致函防空司令部、警察总局等机构，希望其配合将"全洞泥土烧干，随后填塞夯实"。工程处后续亦将所有裂缝、淤土修理勾补，以期坚固。

　　1940年2月23日，西京建委会要求市政工程处在西门城墙外龙渠上修筑一处小涵洞，并增筑一段土路，通达大油巷城门。该处随即派察勘员林儒华详为察勘。29日，林儒华在实地察勘基础上报告称，土路全长452.55米，宽3米，"略加修理，即可通车"，而沿路须伐椿树、榆树共19根；该段龙渠长107.7米，需筑涵洞高1米，宽3米（砖台石条盖），共需青砖5.38立方

　　① 西安市档案馆，全宗号：04，案卷号：231。

　　② 同上。

　　③ 西安市档案馆，全宗号：04，案卷号：432。

（约2421块，利用拆卸的西稍门城砖），石灰700斤，沙子1.5立方，石条8块（长1.6米、厚3公寸、宽4公寸，系拆卸西稍门石条）。从这一报告可以看出，此次工程还与拆毁西稍门有关。[①]建材类型、数量与单价等信息如下表所示：

表9-2　1940年3月2日西京建委会工程处西城墙龙渠涵洞材料单价预算表[②]

种类	单位	单价（元）	数量	合价（元）	附记
青砖	页	—	2421	—	利用拆西稍门青砖，料价不计。
石条	块	—	8	—	利用拆西稍门石条，料价不计。
黄沙	立方	450	1.5	675	—
石灰	百斤	580	7	4060	—
合计		—		4735	
附注	用本处工队砌做，工资不计				

三、1940年至1941年西京市引水工程计划

20世纪30年代在重新疏浚龙渠之后，潏河水曾被引入城壕、城区，但由于引水稳定性较差，在给西安城壕、城区供水方面仍十分紧张，有时甚至难以为继。

1940年夏，西京筹委会、西京建委会、黄河水利委员会、陕西建设厅及水利局等机构有鉴于"本市已饮料缺乏，空气干燥"等水环境恶劣状况，计划勘测大峪河、浐河、沣河、潏河水量与沿河地势，以便确定从其中一河开渠引水入城。[③]5月，上述机关合作组建"西京市引水入城工程委员会测量队"[④]，6月上旬起分为三组开展勘测，9月底野外工作次第完竣。经测路线

---

① 西安市档案馆，全宗号：04，案卷号：432。

② 同上。

③ 《引水进城计划拟定》，《工商日报》1940年5月27日，第2版；《本市引水进城，测量队即出发》，《工商日报》1940年5月21日，第2版。

④ 《引水入城测量队今出发》，《西安晚报》1940年6月11日，第1版。

及给水区域分别是：引大峪渠线；引大峪并入浐河渠线；引沣河渠线；引潏
河渠线；给水区域为西京市护城河及市内各重要街道，计长23公里。①这一
计划明确提出了护城河（城壕）是此次引大峪河、沣河水灌注的重要地区，
而不再如同20世纪30年代龙渠疏浚主要是为了向城区供水、排泄雨水，城壕
只是偶尔兼及的给水区域。

　　关于此次引水进城计划的前期筹备和方案，《西京日报》等报刊亦倍加
关注。1941年7月9日以"各机关商讨决定引水进城设计案"为题，对此做了
专题报道。从该报道分析可知，自1940年9月底结束野外勘察测量之后，直
至1941年7月，西京筹委会、黄河水利委员会、陕西建设厅及水利局等机构
仍在商讨引水入城方案。若从1940年5月联合成立测量队算起，这一工作在
持续了一整年之后，仍处于完善方案、讨论工程内容的阶段，足见当时主管
机关对于这一工程给予了高度重视。毕竟，若这一工程最终建成使用，"西
安即成水城"，"不仅四郊傍水农民均受其益，城壕满注河水，沿东西南北
四大街均有清流，干板之西安将变为江南之水乡"②。记者对此工程计划前
景的生动描绘，给当时的政府和民众提供了无尽的想象空间。

　　1941年7月5日，西京筹委会、黄河水利委员会、陕西建设厅及水利局举
行第五次会议，商讨设计方案和实际工程施工办法。决议如下：第一项，东
线导引大峪河；第二项，西线利用沣惠渠，另建吸水设备及水塔；第三项，
整理旧龙渠；第四项，城西北辟排水渠；第五项，共需款约五百万元，由省
政府筹款，并由西京筹委会会同黄河水利委员会向中央请款。③

　　可以看出，这份引水入城方案从建设项目而言，显得雄心勃勃，远超明
清以迄20世纪30年代的任何一次城市水利建设规模，不仅计划从城东、城西
两线双向引水，而且要整修明清时代的通济渠旧道及其城内渠线，还要在地

---

① 西安市档案馆，西京市政建设委员会工程处，全宗号：04，案卷号：558。
② 《各机关商讨决定引水进城设计案》，《西京日报》1941年7月9日，第2版。
③ 同上。

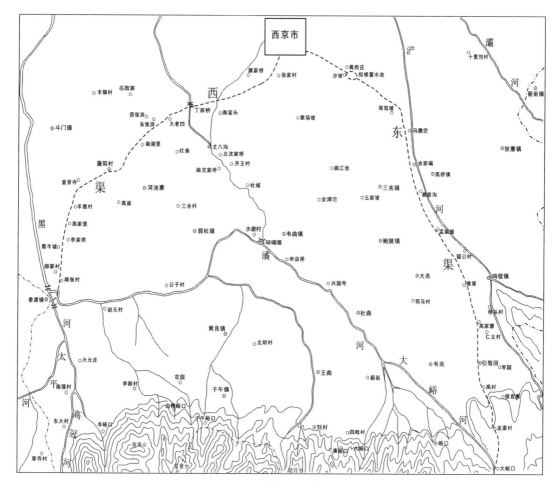

图 9-3 西京市引水进城西渠位置图

（西安市档案馆藏地图，全宗号：04，案卷号：5580，比例尺：1∶100000）

势较低的城西北开辟排水渠道。若这些工程能够一一落实，不仅护城河能够得到持续性的灌注，改变城壕干涸的面貌，而且城区公共园林池沼用水、居民生活用水、污水和雨水排泄等问题将会得到妥善解决。

当然，这项庞大的工程计划要付诸实施，面临着诸多问题和困难，尤其是很多技术难题有待克服。例如，1941年7月17日，西京建委会工务科即提出质疑：第一，本市引水进城，四关、城壕各种原有之桥涵能否合用，抑需改建？第二，城墙四周下部各防空洞是否在原设计水平线下？对各防空洞有无影响？[①]由于当时正处在抗日战争最为艰苦的阶段，敌机轰炸、经费短缺、技术难题等因素的制约和影响，最终上述计划并未能一一落实。不过，这一阶段西京引水工程计划的测量、讨论等活动，提出了不少具有前瞻性的思路和认识，为后续相关引水入城工程的勘察、建设提供了参考、借鉴案例，其意义仍值得肯定。

四、1943年至1944年龙渠引水入城工程

由于1940至1941年的西京引水计划未能付诸实施，西安城区用水困难、城壕无水灌注的情况依然严峻，陕西省政府、陕西省建设厅、西安市政工程处等主管机关始终并未放弃从城外引水解决城区、城壕用水的想法，并进行了一系列的调查、建设活动。

1943年4月10日，西安市政处在致工务局的训令中，提出自距城约30里的碌碡堰引潏河水，沿旧龙渠入莲湖公园，"以增园景"[②]。随后工务局派职员对丈八头至碌碡堰水流情形、渠道长度等进行了实地察勘。4月15日，工务局职员在对龙渠踏勘后，就丈八头至西城门处渠道情形报告称：

第一，由西门外至桃园村渠段，渠底高出耕地1米左右，因年久失修，渠坡大多不合规定；渠内有较多抛掷的瓦砾，所幸渠中淤土较浅，破坏之处较少；由于西关一带居民倾倒生活垃圾，以致将渠身填塞；西城墙入口处兴筑防御工程，掘出之土将该处渠身"淤塞填实"。

第二，由桃园村至姚头渠段，渠身内面多被沿岸居民"肆意松虚，似有耕种之势"，渠底高出耕地0.5—1米，"破坏之处甚少，淤塞甚轻"。

第三，姚头至丈八头渠段，渠身完好，可放水灌溉。工务局代表踏勘之际，当地苗圃正在放水灌溉。

---

① 西安市档案馆，西京市政建设委员会，全宗号：03，案卷号：676；西安市档案馆，全宗号：04，案卷号：39；全宗号：017，目录号：5，案卷号：20-2，20-3。

② 西安市档案馆，全宗号：017，目录号：6，案卷号：76。

　　第四，丈八头至碌碡堰渠段，因天雨未能实地踏勘。而据该代表询诸乡老，获悉潏水分流入龙渠之水甚少。龙渠在丈八头的流速平均每秒钟1.5米，流量约每秒1立方（每小时3600立方）。

　　针对全段渠身情况，工务局代表提出治标、治本两种办法：

　　一是关于治标的办法，由于龙渠引水入城有不敷应用的问题，因而应由政府相关机构"责令沿渠线居民不得偷用渠水灌溉田园、苗圃"，制定严格的管理规则。而在水量充足时，则允许农民分流灌溉。"惟沿渠农民偷水已成惯例，施行禁止确为一大问题。"同时，将渠身明渠部分的坡度加以修正，对损坏冲塌的渠岸修复夯实，暗渠部分则由人工将淤塞渠段的淤土挖出。

　　二是关于治本的办法，欲使渠水流量充裕，除"节流"外，可采取"开源"之法，即从潏河大量分水进入龙渠。同时，应将明渠段落高出耕地的渠身加厚，以减少渗水损失，而暗渠段落应设法检查漏水处，用洋灰浆或白灰浆勾抹。[①]

　　相较而言，上述两种办法前者较为节省，后者较为糜费。因而工务局代表建议，在此经济拮据时期，应采用前法，毕竟"洋灰昂贵，白灰恐不耐时"。在具体施工方面，郊外明渠可责令民工修理，工务局派监工员督修；城内暗渠部分或承包，或自修。全部工程约计1个月可告完竣。[②]

　　4月18日，西安市政处工务局报告修整龙渠工程开支分为四部分，如下表所示：

表 9-3　1943 年修整龙渠工程开支一览表[③]

工程类别	内容	开支（元）
渠道疏浚	明渠（仅将冲毁处填塞、淤积处挖平）	80000
	暗渠（仅将其中淤泥挖出、运除）	80000

① 西安市档案馆，全宗号：017，目录号：6，案卷号：76。
② 同上。
③ 同上。

（续表）

工程类别	内容	开支（元）
渠道修整	将暗渠损坏处补修完竣	30000
桥涵修整	修补涵洞一座、搭架简单道路桥一座	30000
其他	测量等费	20000
合计		240000

5月31日，陕西省政府秘书处技术室技正孟昭义奉派前往查勘龙渠引水工程。考察情况列表如下：

表9-4　1943年5月龙渠引水工程现状与拟修措施一览表[①]

序号	段落/位置	长度（米）	现状	拟修措施
1	城墙至西门口	约100	因垃圾、土砾堆积，多有堵塞，约计四五十余立方	派工挖除
2	西门口至土城墙	约200	一部在民房内，一部积土，约计三四十立方	应行整理
3	土城下原有涵洞	—	年久损坏，尚有一半堪用	亟需修补
4	米家桥	—	原有石桥一座，前以修筑马路，亦被拆除，惟石料堆路旁	可利用旧料修砌1米方形涵洞，以利交通
5	土城至丈八头	7000	原有渠道如旧，惟杂草丛生，间有防空洞及小沟	需派工整理，约计50—60工
6	丈八头以上渠道	—	水流通畅，惟约有二十余米渠岸崩溃	需打木桩帮修，以免河水横流
7	丈八头至碌碡堰	8000—9000	沿渠因水田甚多，需水灌溉，故支渠过多	渠道应稍加疏通，必要时派工堵塞支渠渠口
8	碌碡堰	—	原有木闸门二个，业经遗失一个	亟需添做木闸门一（长约1.6米，宽约0.8米，厚约0.05米）
9	碌碡堰闸口	—	内外沙草淤积，约计三十余立方	派工挑挖
10	城内渠道	—	暗沟有淤塞之处，马神庙巷一段明渠垃圾堆积	派工请除

① 西安市档案馆，全宗号：017，目录号：6，案卷号：76。

孟昭义在查勘中获悉，丈八头、碌碡堰两处原有水夫头各1名，陕西省水利局雇用其管理放水，从1938年起，每名水夫头每月津贴15元，若计划长期放水，可继续雇用。

6月11日，西安市政处技士黄怀仁会同陕西省建设厅技正陈兴章前往龙渠沿线实地踏勘，[①]18日提交考察报告。该报告详细汇报了龙渠自取水口至城内各段、杜曲至韦曲之间潏河河道等情况，对了解当时龙渠、潏河状况具有十分重要的价值。21日，陕西省建设厅致西安市政处公函重述了上述报告。[②]8月，西安市政处撰拟了《整修龙渠测量队预算书说明书》，指出龙渠总长约20公里。[③]此后，市政处工务局派遣沟工队，对龙渠城外渠段淤塞不畅的段落进行了疏浚、修整，以确保将潏河水引入莲湖。[④]

1944年春，西安市政处工务局与陕西省水利局联合派遣技士刘国鉴等工程技术人员，对潏河、龙渠及莲湖公园等引水涉及区域进行了系统查勘。[⑤]刘国鉴在《龙渠整理计划书》中报告称，龙渠系由杜城村西南碌碡堰引水，经闸口、丈八沟等村，至西安城内，而入莲湖。过去因管理不善，及上游农民截水灌田，致中途水涸，渠水无法入城。拟将上段两岸渠堤薄弱处加以培修，免其冲决，并增修斗门四个，于莲湖水满时启门，供给两旁农田灌溉之需，绝对禁止决堤灌田。下段由闸口至西安城墙洞，比年来无水，失于养护，暨市区内明暗渠道淤积损坏，应分别疏浚、培修。龙渠穿过的四道大车路，旧有桥梁多数破坏，亦应重修，估计修筑斗门四座、桥梁四座，暨上段培修土堤土方8000立方，下段土方17097立方，以及市区内明暗各渠整理费

---

① 西安市档案馆，全宗号：017，目录号：6，案卷号：76。

② 同上。

③ 西安市档案馆，全宗号：017，目录号：6，案卷号：76；西安市档案馆，全宗号：017，目录号：2，案卷号：44-1。

④ 西安市档案馆，全宗号：017，目录号：6，案卷号：76。

⑤ 西安市档案馆，全宗号：017，目录号：2，案卷号：169。

与工程意外、受理杂项等费，估计共需公款350万元。①有关此次龙渠工程的工料、造价、做法等，可从以下表格中略窥一二。

表9-5　1944年5月补修关墙下涵洞工程估价表 ②

种类	单位	单价（元）	数量	合价（元）	备注
打灰土基础	立方	1200	0.3	360	3：7灰土
砌青砖	立方	2700	1.73	4671	1：3白灰沙浆砌
砌拱上土坯	立方	500	4	2000	用黄泥浆砌
共计				7031	

表9-6　1944年5月整修龙渠工程预算总表 ③

种类	单位	单价（元）	数量	合价（元）	备注
斗门	座	10000	4	40000	—
桥梁	座	29000	4	116000	—
培修上段土堤土方	立方	50	8000	400000	长约8公里，每米平均1立方计
整修下段土渠道土方	立方	40	17097	683880	挖填土，平均每立方以40元计
整修市内明暗渠道	—	—	—	1441546	
意外费	—	—	—	278565	
杂项	—	—	—	270000	
管理	—	—	—	270000	
总计	—	—	—	3499991	

从此后档案、报刊等记载大为减少的情况来看，整修龙渠工程可能只实施了部分渠段，并未能按照上述计划，投入巨大经费对其进行彻底整修，

① 西安市档案馆，全宗号：017，目录号：2，案卷号：169。
② 同上。
③ 同上。

因而最终引水效果可能并不尽如人意，向城壕灌注河水的情况或只短暂出现过，在整体上并未能改变城壕的干涸面貌。

5月，在引水入城工程勘测、设计完成后，旋即进入施工阶段。作为此次水利工程的重要组成部分，与以往相似，"修浚城壕"对于西安城军事防御、环境美化、城市治安等均具有至关重要的作用，因而《西京日报》记者在报道评述的同时，表达了美好期待："西安市容虽日形壮丽，但美中不足者，无河渠映带。修浚城壕、引水入城，既可预防宵小，复能点缀风景；且修缮守御，有备无患，平时犹然，况在战时？望早日完成此项伟大工程，市民并应尽力协助。"①

这一时期，西安城壕两岸搭盖有大量难民栖身的棚屋，因此在引水灌注城壕之前，西安警备司令文朝籍派员先行"整理护城壕"②，一是为引水入城以壮市容，二是清理杂居在城壕内的难民，避免不法人员藏匿其中，此举对于城市治安而言可谓"有备无患"。西安警备司令部在5月23日的扩大会议中，亦决定即刻兴工修浚护城河，旨在"整理市容，培植城郊风景"③。经过约4个月的施工，城壕修浚工程至9月下旬已进入尾声。为加快进度、节省劳动力，西安警备司令部在召开第三十四次扩大会议时，警备司令韩锡侯限令在10月5日前修筑完工。为按期完成，施工可以改用包工制，即由专业营造厂或建筑公司等参与其中。④

从5月至9月，修浚龙渠向城壕引水的建设活动属于第一期工程，开掘了3480余米，大约占城壕总长的25%。西安警备司令部为了加快工程进度、节省征调的民力，通知陕西省会警察局在后续工程中一律采用"包工"的作

---

① 《修浚城壕》，《西京日报》1944年5月24日，第3版。
② 《警备部招待新闻界，报告进行四项工作，整修护城壕，清理杂居难民》，《西京日报》1944年5月24日，第3版。
③ 同上。
④ 《浚修城壕限期完成》，《西京日报》1944年9月27日，第3版。

法，以便在10月上旬竣工。按照1万元/米的工价，第一期工程开支约3486万元，由陕西省会警察局向各区摊派征收，[①]其数额及占比如下表所示：

表9-7　1944年9月西安城壕第一期修筑工程各区派款数额一览表 [②]

序号	区	数额（元）	占比（%）	序号	区	数额（元）	占比（%）
1	第一区	4282881	12.28	7	第七区	918235	2.63
2	第二区	9589809	27.5	8	第八区	6468851	18.55
3	第三区	4308406	12.36	9	第九区	3537606	10.15
4	第四区	2251311	6.46	10	第十区	441092	1.27
5	第五区	2044278	5.86	11	南关区	696975	1.99
6	第六区	328598	0.94	合计		34868042	100

　　从目前资料中尚难以辨析陕西省会警察局向各区摊派城壕引水工程款的分配标准，但按照一般分摊原则，大致上应以各区人口、财税收入等的不同情况来确定分配比例。从这一分配情况看，西安市所辖城乡11个区均负担了相应额度，表明城壕引水工程确属本地民众共同出资建设。

　　从1944年10月上旬开始，西安警备司令部、陕西省会警察局继续推进西安城壕第二期修筑工程。为加快"国防工事"的工程进度，10月6日，西安警备司令部、省会警察局专门邀请陕西省参议会、三民主义青年团西京分团、西安市政府、市党部、市商会等，合作组建了"西安城壕第二期修筑工程管理委员会"，负责统筹办理，推定西安市商会理事长薛道五为召集人，省会警察局局长萧绍文兼任主任委员。[③]西安市商会提出，原本确定的根据1942年公积认购标准分配工程派款的办法有欠考虑，应当依照西安市1944年

　　① 《城壕水渠派款确定》，《西北文化日报》1944年9月28日，第1版。
　　② 同上。
　　③ 《西安城壕价值两万万元》，《西北文化日报》1944年11月21日，第4版。

乡镇公益储蓄办法，向各行业摊派，[1]其分摊比例如下表所示：

表 9-8　1944 年 10 月西安城壕第二期修筑工程各行业派款比例一览表[2]

序号	行业	派款比例（%）	序号	行业	派款比例（%）
1	银行业	10	9	律师公会	0.1250
2	钱业	8	10	西医师	0.310
3	面粉业	1.090	11	军需局花纱布管制局各特约工厂	1.670
4	人力车业	2	12	中南火柴公司	0.2780
5	大华纱厂	1.670	13	中医师	0.2080
6	盐业	1.250	14	房捐	2.50
7	秦丰烟草公司	0.830	15	其他各业依无营业税	68.552
8	益群烟草公司	0.1670		合计	98.65

　　警备司令韩锡侯将西安城壕工程视为"急需完成"的国防工事之一，因而严令西安城壕第二期工程管理委员会限期迅速完工，要求该委员会调动人力将第一期工程剩余的少数土方及未修整地段一并掘除，不得再有延误。[3]按此要求，第二期工程管理委员会督工开掘，于10月15日基本完工。自17日起，由西安警备司令部、市商会、市党部、青年团、市政府、省会警察局、各镇长及新闻记者等组成的验收团队开始验收城壕工程。17日验收工段系自南门西端起，至玄风桥城外止；18日验收自中山门、北稍门起，至电灯厂止；19日验收自中正门起，至西北城角各小段止；[4]20日，验收北门自西北

----

　　① 《修筑西安城壕组工程管理委员会，依照储会办法分配派款》，《国风日报》1944年10月7日，第3版。

　　② 同上。

　　③ 《二期城壕工程完成，警备部等机关开始验收》，《西京日报》1944年11月19日，第3版。

　　④ 《二期城壕工程完成，警备部等机关开始验收》，《西京日报》1944年11月19日，第3版；《西安城壕工程动工数月，始告完成》，《西北文化日报》1944年11月19日，第4版；《城壕工程委会验收已成各段》，《西京日报》1944年11月20日，第3版。

城角各一段，并视察西门、南门应整修工程。[①]具体验收方法如下：

（一）由各包商在包工区内，自起点起，每隔百公尺，逐次植桩，附记包商字号，至终点止。

（二）深度以内岸及外岸之尺寸平均，以五公尺为标准。

（三）宽度以壕口及壕底之尺寸平均，以八公尺为标准。

（四）壕之深度，应视察断面形状，内外岸之积土，不得指为壕之深度。

（五）转角部之丈量法，系于甲壕内岸至乙壕外岸，张以长绳，再以绳界为起点，沿乙壕丈量，以免转角部土方重复。

（六）城门部分，（防空便门在内）原壕口上积土，经除去者，应以长宽高之平均数计算，土方与验收石沙方法相同。

（七）无论除土及扫除积土，倘遇特殊情形，应附断面图备查。[②]

各验收代表根据上述规定，每天从上午8点至下午4点进行细致查验。[③]对于积土堆放不适当的工段，验收代表要求各承包商限期修整，以符合城壕作为军事工事的相关规定。[④]在截至20日的验收中，代表们发现所验各段工程大致符合标准，但靠近电厂附近的一段壕岸，由于工厂水管日夜冲刷，岸身崩溃，屡修屡塌，达6次之多。第二期工程管理委员会遂决定改用砖石砌筑，加强外岸，以期"一劳永逸"[⑤]。此外，小南门外一小段城壕因垃圾堆

① 《西安城壕价值两万万元》，《西北文化日报》1944年11月21日，第4版。

② 《二期城壕工程完成，警备部等机关开始验收》，《西京日报》1944年11月19日，第3版。

③ 《西安城壕价值两万万元》，《西北文化日报》1944年11月21日，第4版。

④ 《二期城壕工程完成，警备部等机关开始验收》，《西京日报》1944年11月19日，第3版。

⑤ 《城壕工程委会验收已成各段》，《西京日报》1944年11月20日，第3版。

积过厚，疏浚工程较为艰难，在21日亦加紧完工。①

尽管在引水灌注城壕之前，西安警备司令部已着手迁移城壕岸边居住的难民，包括筹款数十万元，按每户500元发给搬家费，但是沿壕一带居住难民众多，"挨岸掘洞而居"，仍有大量难民尚未迁走，极易破坏壕岸工程。在这种情况下，西安警备司令部及工程管理委员会一方面需要适当处理难民居住与迁移问题，另一方面需对西安城壕工程保护工作更加注意，以免日后整修困难。②

11月22日上午10时，西安城壕修筑第二期工程管理委员会在西安市商会会议室举行清算会议，参会者包括委员会主任委员、省会警察局长萧绍文，副主任委员、商会会长薛道五等10余人。萧绍文报告了验收工程经过，当场收集验收记录表，计算土方，长度共计3375.175米（不含小南门一段），③已验收土方为97059立方土，以每米40立方土计算，已完成工程为2426.48米，尚待完成的零星土方长度约600米。④

据完工后的初步测算，西安城壕第一、二期工程费共计约需2亿元。⑤其中第二期工程费有明确记载，为3486万元，系按照1943年度12月份营业税的8倍、房捐10倍摊派。此时受抗战等因素影响，西安市面"异动甚大"，商业发展多有波折，影响到工程费的征收。第二期工程委员会想方设法"平衡收入"，在不影响工程标准的范围内，尽量节约开支，以减轻民众和行业负担。⑥按上述数据推算，第一期工程费约为1.6514亿元。

---

① 《西安城壕价值两万万元》，《西北文化日报》1944年11月21日，第4版。
② 《城壕工程委会验收已成各段》，《西京日报》1944年11月20日，第3版。
③ 《二期城壕工程用费三千余万，管委会拟撙节开支，以轻民负》，《西京日报》1944年11月23日，第3版，该报道中记为"3370.35"米，与此略有差异。
④ 《城壕工程费决依营业税八倍或房捐十倍摊派》，《西北文化日报》1944年11月23日，第4版。
⑤ 《西安城壕价值两万万元》，《西北文化日报》1944年11月21日，第4版。
⑥ 《二期城壕工程用费三千余万，管委会拟撙节开支，以轻民负》，《西京日报》1944年11月23日，第3版。

在经过约8个月后，1945年7月，1944年城壕工程的账目才清算完成，西安当局原计划自25日起，逐日在《西京日报》等报刊上公布工费收支情形，后由于账目篇幅较长，刊印费用较高，因而改由各区乡保抄缮收支详账，在各处张贴，供城乡民众了解和监督。[①]

五、1946年至1947年引水入城方案

民国中后期，作为提升西安军事防御能力、改善城市居民用水状况、美化城市人居环境的重要举措，"引水入城"始终是陕西和西安当局优先考虑的方案。在陪都西京建设与抗战期间，陕西省、西安市、长安县等各级军政机关数次疏浚通济渠（龙渠），引潏河水灌注城壕、引注莲湖公园，为城市居民生活和城市各项功能的延续运作发挥了重要作用。在抗战结束后的1946年至1947年间，陕西省、西安市各相关机构亦出于以工代赈、赈济灾民、加强城防等目的，开展了引水入城工程，这也在一定程度上促进了西安城壕面貌的改观，为护城河引水提供了便利。

1946年，国民政府行政院善后救济总署向西安市划拨6亿元作为难民赈款。[②]当年底，陕西省政府征求各省旅陕同乡会的意见，决定动用其中4亿元难民赈款，开展以工代赈，举办引水进城工程，并初步拟定了一份"以工代赈引水入城工程方案"[③]，希冀通过吸纳难民组织工程队，开展引水入城工程，以纾解难民的生活苦况。此方案经陕西省政府主席祝绍周核准后，自1946年底开始进入筹备阶段。

1947年初，为稳步推进引水工程，陕西省政府专门指定省建设厅、民政厅、社会处、水利局、地政局（或称地政处）、西安市政府、长安县政府

---

① 《去年城壕账目至昨始公布》，《西京日报》1945年7月26日，第3版。
② 《引水工程，天雨即可放水》，《西京日报》1947年5月21日，第4版。
③ 《引水入城工程方案已拟定》，《西京日报》1946年12月22日，第3版。

等机关，组建"西安市引水进城工程委员会"①。1月9日，该委员会召开委员会议，宣告正式成立，并启动了施工准备工作。省建设厅厅长白荫元担任主任委员，委员会下设总务、工务、财务三处，②分别由市政府负责总务，省水利局负责工务，社会处负责财务，计划自2月1日起在市政府大礼堂联合办公。③

1月15日之前，陕西省水利局的技术人员已完成引水入城工程的初步踏勘工作。此次计划将潏河水疏引入城，全长约20公里。在劳动力方面，拟招募3000名难民，在春暖开冻时施工。在分工方面，陕西省水利局、西安市政府建设科负责指导施工技术，市政府社会处负责解决沿渠民工的居住问题。④2月上旬，随着引水入城工程测量任务大体完成，工程委员会开始积极办理难民编组工作。由于疏浚工程需要年富力壮的中青年难民，在招募登记方面存在一定的困难，因而工程委员会请各省同乡会（如河南省同乡会等）协助办理登记。⑤

在引水入城路线上，工程委员会联席会议认为初步勘测的线路虽然符合经济原则，但水路进入西门后，当即与下水道混合，有碍卫生，多有不妥，因而提出两条新路线，一条沿城外护城河绕道入城，一条径入西门，沿城壕修筑明沟，经洒金桥、莲寿坊而入莲花池。⑥在这两条路线中，护城河都是必经的通路。2月13日起，工程队按照新路线继续进行勘测。联席会

---

① 《引水入城计划拟定，工程委员会昨日成立，即开始着手准备工作》，《西北文化日报》1947年1月10日，第4版。

② 同上。

③ 《引水入城定期施工，工程会各处开始联合办公，工人食粮正积极统筹办理》，《西北文化日报》1947年1月31日，第4版。

④ 《引水入城工程初步测勘竣事，全长廿公里，开冻后施工》，《西京日报》1947年1月15日，第4版。

⑤ 《引水入城，今开工程会》，《西北文化日报》1947年2月11日，第4版。

⑥ 《何去何从尚在勘测中，难民编组事已有决定》，《西北文化日报》1947年2月14日，第4版。

议决定，当编组难民达到500名时，即按原定的20日开工。原定难民编组共25队，每队50名，共计1250名，由各省同乡会（又有各省"复员协会"之说[①]）向工程委员会送达难民名册。参加工程的难民食粮，由委员会按照市场价格购买。[②]

在招雇到相应数量的技术工人与普通难民后，2月26日，引水入城工程在城内马神庙至莲花池段暗沟部分正式开工，[③]其他工段在3月11日陆续开工。[④]在工期方面，3月上旬，工程委员会预估以400人做土方工程，则不足两月即可完成；至于桥梁、水关等技术工程，土方工程完成大半时，再招标兴建，预计6月底可全部竣工、放水。[⑤]

在难民酬劳方面，工程委员会按照以工代赈的标准，原计划编组难民1250名，每人挖一方土，付给麦子2市斤、法币300元。[⑥]截至3月4日，工程委员会登记的难民数目共3400名，其中河南同乡会报送3200名、河北同乡会报送200名。对于上述酬劳，两同乡会相继请求增加工资，认为应当以一般工价为标准。工程委员会考虑到中央拨付的全部经费仅4亿元，经水利局勘查估计，城内地下暗水道包工需1亿元，城外3亿元，"以定数之款数完成定量之土方，若增工资，实已无力"[⑦]，工程恐难按期按质完工，加之按照一般劳动强度，每人每日可挖3土方以上，实际收入与市面工资相近，[⑧]因而难

---

① 《提倡凿井防灾，今年将凿井二千眼，引水入城工程兴工有待》，《西京日报》1947年3月4日，第4版。

② 《何去何从尚在勘测中，难民编组事已有决定》，《西北文化日报》1947年2月14日，第4版。

③ 《引水入城工程尚有纠纷》，《西北文化日报》1947年3月4日，第4版。

④ 《引水工程六月底竣工》，《西北文化日报》1947年3月14日，第2版。

⑤ 同上。

⑥ 《引水入城工程尚有纠纷》，《西北文化日报》1947年3月4日，第4版。

⑦ 《提倡凿井防灾，今年将凿井二千眼，引水入城工程兴工有待》，《西京日报》1947年3月4日，第4版。

⑧ 《引水入城工程最近即可动工，准备工程现已完成》，《西京日报》1947年3月5日，第4版。

民工资并不能按普通工程酬劳标准开支。

经过为期约2个月的紧张施工，该项工程于5月20日竣工，较预计工期提前了一个月。①实际参加土方工程工作的难民约500人。②值得一提的是，施工期间，陕西国际赈济委员会（一称"陕西国际救济协会"③）深感这一"工振工程"在救济难民方面意义重大，特别捐助了1000万元国币用于工费开支，④因而此项工程在一定程度上也打上了中外友好交流的印记。

此次引水入城工程委员会办理以工代赈引水入城工程，从赈济角度而言，有效救济了各省旅陕的一大批难民；从美化城市人居环境、改善城区生态及卫生状况角度而言，引水入城在"点缀莲湖公园风景，有益市民健康"方面发挥了关键作用；从促进城郊农业发展角度看，通过修复龙渠疏引潏河水可为沿渠地亩提供灌溉用水，增加粮食生产。⑤

在引水入城工程完工后的一段时间，由于天气晴朗干燥，潏河水位较低，加之沿岸农民种稻插秧，"需水殷切"，省政府又要求龙渠引水"以不妨害农田灌溉为原则"⑥，因此引水入城工程难以在短期内凸显明显效果，这不仅令前往莲湖的游客引为憾事，亦让城外沿渠农民大失所望，他们原本指望龙渠引水通流之后，能发挥渠水灌溉之利，可将旱地改为水田，但显然在潏河水量较少之时这一愿望只能落空。⑦

5月24日上午9时，引水入城工程委员会在市政府召开结束会议，由省

---

　　① 《引水工程，天雨即可放水》，《西京日报》1947年5月21日，第4版；《引水工程日内结束，未完工作将移交水利局接管，白厅长将招待记者参观工程》，《西京日报》1947年5月25日，第4版。

　　② 《引水工程，天雨即可放水》，《西京日报》1947年5月21日，第4版。

　　③ 同上。

　　④ 《国际赈济委员会协助引水工程》，《西京日报》1947年4月26日，第4版。

　　⑤ 同上。

　　⑥ 《引水工程日内结束，未完工作将移交水利局接管，白厅长将招待记者参观工程》，《西京日报》1947年5月25日，第4版。

　　⑦ 《引水工程令人失望》，《西京日报》1947年5月22日，第4版。

建设厅厅长、主任委员白荫元主持，参会者包括委员陈固亭等9人。此次会议形成的决议包括：第一，引水入城工程已全部告竣，委员会工作将于数日内准备结束；第二，龙渠的后续管理和日常维护牵涉到西安市与长安县，因而由陕西省水利局督导、管理更为合宜；第三，先进行数次试水，待效果较佳后确定正式放水日期。[①]实际上，引水入城工程委员会在9月下旬仍在延续运作，[②]但已开始就龙渠的后续管理与陕西省水利局等机关开展"移交"等工作。

5月底，陕西省水利局局长刘钟瓒在接受中央社记者采访时指出：龙渠引水工程的管理涉及城乡多种事务、不同管理机关，如禁止沿线民众向渠内倾倒垃圾、污水，禁止在渠中沐浴，等等，其实施须与警察局合作办理；龙渠上游渠道两侧约1000亩农田的灌溉事宜，与长安县政府有关；引水注入莲湖公园，又属市政府管辖，因而水利局邀请上述机关协同办理。[③]

整体来看，在2个多月的施工建设中，引水入城工程取得了丰硕成果，共计新修、整修各种土方46000方，新修暗渠450余米、窨井7座，疏浚暗渠130余米，整修大城、关城墙洞各1座，设置引水闸启闭机2套，加修跌水3座、倒虹吸管1座、斗门4座、排洪闸1座，加修及整理大车桥及人行桥16座。全部工程费用并未超出预算的4亿元数额。在施工中，有一部分重要建筑工程由厂商承包，其余土方等工程系编组河南、河北两省共约500名难民修筑，平均每名难民每日作土方5米，可得工麦10斤、工款2000元。在春荒时期，难民所获酬劳对改善生计帮助极大。[④]

---

① 《引水工程日内结束，未完工作将移交水利局接管，白厅长将招待记者参观工程》，《西京日报》1947年5月25日，第4版。

② 《引水入城工程仍在渗渠阶段，白厅长之书面谈话》，《西京日报》1947年9月26日，第2版。

③ 《引水工程尚未放水，漏洞殊多，仍在补修中，城内人士一时恐难见水》，《西京日报》1947年5月29日，第4版。

④ 《引水工程日内结束，未完工作将移交水利局接管，白厅长将招待记者参观工程》，《西京日报》1947年5月25日，第4版。

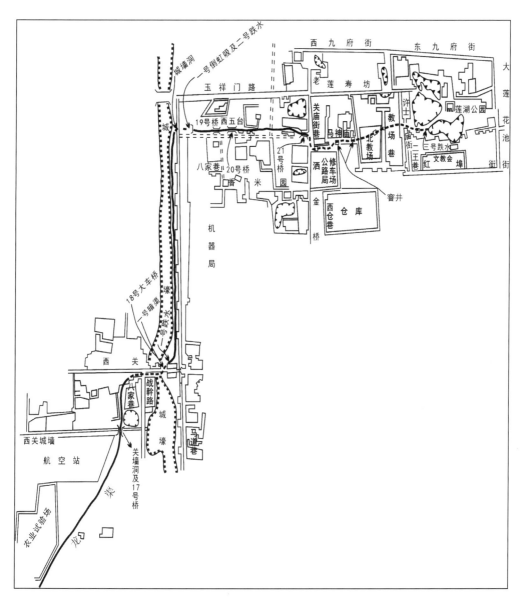

图 9-4　1947 年 2 月引水入城工程委员会绘制龙渠渠道平面图

（西安市档案馆藏地图，比例尺 1：12000）

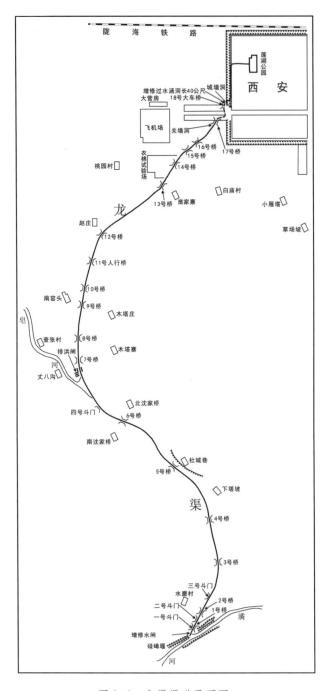

图9-5 龙渠渠道平面图

　　按照水利工程的惯常做法，龙渠工程在竣工后，并不能即刻启动引水灌注城壕、莲湖，而先要经过一段时间的试水，以便使渠道经下渗而达到坚实的程度，或者发现渠道有漏水问题，可以尽快补修。在试水阶段之后，渠道工程才算最终大功告成。例如，沣惠渠在完工试水1年以后，才举行放水典礼。①经过为期约1个月的后续工作，如补修渠岸漏洞以及等待龙渠上游沿岸农民插秧结束，龙渠引水工程在6月24日下午3时放水试渠，引水工程委员会、陕西省水利局邀请了市内各有关机关暨新闻界参观沿渠工程。②

　　引水入城工程在5月下旬完工后，正值潏河水量减少，农田灌溉用水最多之时，潏河水量主要供给沿河农民引灌田亩。引水工程委员会利用了一次降雨后河水大涨的机会，举行放水试渠。8月初，引水工程委员会在山洪暴发、潏河涨水期间，于7、8、9等日引水渗渠，亦计划放渠水灌注莲湖。但时值沿渠一带农田"亢旱已久，秋禾将枯"。农民一见龙渠放水，便争相灌田，可谓惜水如金。在这种情况下，引水工程委员会承受了各界人士的批评与讽刺，而不愿妨害农事，让农民先行灌田，以期增加粮食生产。③

　　客观上讲，龙渠引水的效果在很大程度上受制于降雨及潏河水位的高低，陕西省水利局等主管机关在试水阶段曾强调"一俟天雨后，即可放水入城"，此言被市民们解读为"天不雨，则不放水入城；天降雨，则放水入城"，一度还受到报刊记者的讥讽，称此为"政治家的德政"，属于"巧夺天工"④。直至9月底，龙渠仍处于"渗渠"⑤阶段，此时距离工程竣工已超

　　①　《引水入城工程仍在渗渠阶段，白厅长之书面谈话》，《西京日报》1947年9月26日，第2版。

　　②　《引水入城，今放水试渠，邀各界参观》，《西北文化日报》1947年6月24日，第2版。

　　③　《引水入城工程仍在渗渠阶段，白厅长之书面谈话》，《西京日报》1947年9月26日，第2版。

　　④　《引水入城》，《西北文化日报》1947年8月1日，第3版。

　　⑤　《引水入城工程仍在渗渠阶段，白厅长之书面谈话》，《西京日报》1947年9月26日，第2版。

过了4个月，西安民众对引水工程的质疑态度可以想见。

在放水渗渠阶段，城关一带的龙渠养护面临较大压力，民众时常越渠践踏，甚至有人将砖石抛投渠内，"击伤建筑物，破坏甚大"①。陕西省建设厅白荫元厅长作为引水入城工程委员会的主任委员在对记者的书面谈话中，敦请接管该渠的陕西省水利局在养护、沿渠堤植树等方面多加注意。②

第三节　环城造林：
民国中期城壕绿化

民国时期，陕西与西安各级军政机关围绕护城河（城壕）建设开展了众多工程举措，在大规模修浚龙渠（通济渠）引潏河水灌注护城河之外，省市当局延续了明代以来在护城河沿岸栽植树木的传统做法，在城壕沿岸组织进行了多次较大规模的植树绿化活动，改善了护城河生态，丰富了护城河景观。

经过1926年的"围城之役"，西安城墙、城楼遭受战火毁坏，城壕及其沿岸的景象也多呈现荒凉状态。为了改善城市周边环境、美化城壕沿岸，1929年2月，陕西省政府饬令林务总局在西安"环城四十里"大规模种植杨树、柳树。城壕作为容水之地，其壕岸与龙渠渠岸、浐河、沣河河岸等在绿化树种方面，均适宜栽植杨树、柳树。柳树不仅树形婀娜美观，有"万条垂下绿丝绦"之美，而且有益于保护壕岸，所谓"树根四散，鞠护

① 《引水入城工程仍在渗渠阶段，白厅长之书面谈话》，《西京日报》1947年9月26日，第2版。
② 同上。

图 9-6　西安南门（永宁门）城壕附近栽种的白杨树
（1925年加地哲定拍摄）

河堤"[①]。这一大规模绿化工程于1929年2月下旬动工。[②]由于史料缺载，尚无从细致考察此次绿化工程工期、经费及工程进展等内容，不过依据一般绿化工程的特点，此次西安城壕沿岸栽植杨树、柳树的完成时间不晚于夏季。

一、1934年城壕沿岸绿化活动

在1932年国民政府将西安定为陪都西京，大力开展城市建设之后，且陇海铁路逐渐向西安延展，后于1934年12月通车西安，古都西安作为"毂系西北"的重要都会，"市面日增繁荣"，城市人居环境建设日益受到当局重视。为此，西安市政府专门组建了园林管理处，负责各类园林绿化等城市人居环境建设事宜，包括"积极整理各公园，造植环城各风景林，栽植各街行道路树"，目标是在三年内将西安建设成为"绿面风景市"，"以增陪都景色，而重市民卫生"[③]。

---

① （清）殷元勋辑：《才调集补注》卷三《王泠然一首》，清乾隆刻本。

② 《申报》（上海版）1929年2月24日，第20088号，第8版。

③ 《西安园林处拟造植环城风景林，西城南壕地段三千树株成活，现拟在西南城角即开始栽种，一职请拨西南角城壕抵触造林计划》，《西京日报》1934年2月28日，第7版。

　　虽然在陪都西京建设之初，各项建设事业的开展需要大量资金，陕西、西安各级机关限于财政压力，开支多有紧缩，但西安园林管理处在完成上述工作时并未松懈，尤其是在关系到西安能否建成"绿面风景市"的关键项目——环城风景林建设方面制定了"通盘计划"，并呈请省建设厅备案。1933年春、冬二季，西安园林管理处组织人力，在西城南壕地段先后造林3000余株，成活率几乎达到100%。

　　1934年2月，西安第一职业学校校长徐治向陕西省教育厅（时任厅长周学昌）呈请，将西安西南城角内外的城壕地段划拨给该校，作为植树区域。教育厅将此转呈陕西省政府，省政府旋即以"训令"形式下发省建设厅查核办理。省建设厅将此事转交西安园林管理处，令其调查这一段城壕土地的经营现状，以及可否划拨给西安第一职业学校。①从公文流转机构与程序看，西安城壕土地的开发、利用与管理涉及西安园林管理处、陕西省建设厅、陕西省政府等，并非寻常的土地类型。

　　按照西安园林管理处在城壕沿线的造林计划，1934年春季将在西南城壕地段继续大规模造林，以便完成由西门至西南城角，再至南门城壕一段。因此，对于西安第一职业学校提出的划拨西南城角城壕地段，以便造林的请求，园林管理处表达了反对意见。其理由有二，一是园林管理处关于环城造林已制定了总体计划，涵盖了护城河沿岸地段，并无空余地段可以划拨给职校作为实习用地，若将西南城壕地段划出，就会"割裂"原定的整体造林计划；二是职校已设有五六处林场，除用作农场外，西门南火巷外尚有一处桑园，面积140余亩。这处桑园内的桑树受1926年"围城之役"战火影响，"摧残净尽"，截至1934年时仍属旷地，并未种植树木。职校若计划造林，尽可利用桑园空地，无须申请划拨西南城角壕地。2月27日，园林管理处将

----

　　① 《西安园林处拟造植环城风景林，西城南壕地段三千树株成活，现拟在西南城角即开始栽种，一职请拨西南角城壕抵触造林计划》，《西京日报》1934年2月28日，第7版。

上述意见呈覆陕西省建设厅。①

　　陕西省政府认为，职校申请划拨城壕地段，其目的是植树造林，对于西安园林管理处制订的整个园林计划"亦足相助，并不相妨"，因此应予支持。3月4日，陕西省建设厅委派徐企圣（字裕如，1945年代理建设厅厅长，1948年任易俗社社长②）科长与包士哲，会同园林管理处主任卢树荣前往西安第一职业学校，与校长徐治一同查勘西南城壕内外地亩，并商议合作植树造林办法。三方协商同意，建设厅按照原计划于1934年春天继续在西门至西南城角一段城壕沿岸地带植树，完成此段造林工作；西安第一职业学校可在西南城角至南门一段城壕地亩内"实习造林"，分期植树，由建设厅供给树苗，以便通过双方合作，早日建成环城风景林。陕西省政府在接报后，批准了此项合作造林方案，饬令陕西省建设厅、教育厅、西安园林管理处、西安第一职业学校按此加紧推进。③

　　有关此项环城风景林的造植活动，在后续报刊中未见追踪报道。不过，环城风景林建设既然属于陕西省政府、建设厅、西安园林管理处督导、关注的重点内容，1934年的合作、分段绿化工作的完成应了无疑义。需要注意的是，1934年城壕沿岸的绿化造林工作，重点区域是在西门—西南城角—南门一段，而东、北等城壕沿岸段落的绿化则是在1935年至1944年逐渐开展的，也就是说，城壕沿岸绿化是一项持续了约10年的系统造林工程。

---

　　①　《西安园林处拟造植环城风景林，西城南壕地段三千树株成活，现拟在西南城角即开始栽种，一职请拨西南角城壕抵触造林计划》，《西京日报》1934年2月28日，第7版。

　　②　陕西省道路交通管理志西安分志编纂委员会编：《陕西省道路交通管理志·西安分志》，陕西人民出版社，2000，第761页；李约祉等：《易俗社发展经历》，载李树人、方兆麟主编《文史资料存稿选编·文化》，中国文史出版社，2002，第601页。

　　③　《西安城壕地造林工作由建厅与一职合办》，《西京日报》1934年3月10日，第7版。

二、1935年城壕沿岸植树活动

在西安园林管理处之外，陕西省林务局作为全省绿化造林等事务的主管机关，也十分重视在西安城壕沿岸植树的工作，这与西安园林管理处的环城造林计划相互呼应。

国民政府实业部有鉴于植树造林不仅有利于储备建筑材料，而且有益于预防水旱天灾，因而自1935年起，积极提倡各省开展造林事业，尤其是对地处西北的陕西、甘肃、宁夏三省，每年补助造林费2万元，其中每省6000元，其余2000元作为办公经费。陕西省林务局在"造林宣传周"举行之后，即利用此项经费，沿黄河造林。[①]城壕造林正是在此背景下开展的。

1935年2月，陕西省林务局为推进全省绿化事业，一方面举行春季造林扩大宣传周，宣传植树造林的重要作用，另一方面购买大量树苗，计划分配给各参与机关。省林务局为便于西安市各机关积极参与造林活动，选择确定城墙东、南、西三面城壕沿岸，划定种植区域，城墙北面邻近火车站一带，由于种植树木不易成活，因而暂未划入造林范围。[②]

每年春季，作为"总理逝世纪念周"中的重要内容之一，陕西省各学校会开展植树活动。2月下旬，植树节即将到来之际，陕西省教育厅厅长周学昌与陕西省林务局秘书主任齐敬鑫就春季学校集体植树活动协商确定，划定南城外城壕作为各校植树地点，由各校植树建设"学校林"。3月上旬，陕西省教育厅统计了各植树学校及各校人数、性别、年龄（15岁以上者若干，以下者若干）等信息，省林务局旋即依据此统计表购买所需苗木，并用木牌标明各学校植树地段，以避免混乱。为确保植树效果，省林务局亦规定，此

---

① 《本年植树节各校学生植树造成"学校林"，地点为南城外城壕，树苗由林务局预备》，《西京日报》1935年3月2日，第7版。

② 《省垣各机关造林区域沿城壕三面种植》，《西北文化日报》1935年2月21日，第5版。

后如有不成活的树木，即由各该校自行补栽。①

三、1937年城壕沿岸植树活动

在面对日寇图谋发动全面侵略的大背景下，陕西省当局，尤其是林务局深切认识到"国家多故，物力维艰，经济建设最为切要，而造林工作有关于经济建设者尤大"②，因此在省内多县设立林场、苗圃，开展造林、育苗等工作，西安城壕也成为造林的重要区域，环城造林对于城市风景、生态与人居环境的改善发挥了重要作用。

1935年陕西省林务局成立后，植树、育苗便成为该局的两项主要工作内容。截至1937年6月，短短3年间，陕西省林务局已在关中数县建设了多处林区、林场，如西安林场、西楼观林场、槐芽镇林场。省林务局为便于全省各界了解1935年至1937年陕西省林务进展情况，专门在1937年6月14日的《工商日报》上刊发报告，介绍植树、育苗的统计数据，展现了陕西省林务局的工作成果。其中特别提及1935年度，西安林场在西安城壕划地1350亩，栽种柳树800株，成活450株；划地4000亩，种榆树20000株，成活17000株。③

1937年3月初，陕西省林务局决定于3月12日，即孙中山先生逝世十二周年纪念日，在西安中正门外北城壕一带，召集西安市各机关、学校、部队举行植树典礼。这一重大活动方案由林务局提交国民政府军事委员会委员长西安行营、陕西省政府，并由林务局致函各机关、学校先期报送参加人数，以便分配植树地点、购备树苗。④栽植树苗均由林务局提供，并在植树之后派

---

① 《本年植树节各校学生植树造成"学校林"，地点为南城外城壕，树苗由林务局预备》，《西京日报》1935年3月2日，第7版。

② 《省林务局整饬林务行政，对各场处工作详加指示，严饬职工人员力图精进》，《西京日报》1937年3月11日，第7版。

③ 《本省三年来林务推进情形，林局分别列出统计》，《工商日报》1937年6月14日，第3版。

④ 《总理逝世纪念，举行植树典礼，各界均参加，地点北城壕》，《西京日报》1937年3月5日，第6版。

人继续照料浇灌，以期提高新栽树木的成活率。①

3月12日晨8时半，西安各界在省立第一民众教育馆举行孙中山先生逝世十二周年纪念大会，参加者包括西安行营代表叶元龙厅长、省政府主席孙蔚如、绥署代表苏资深，以及各机关、团体、部队、学校代表300余人。孙蔚如担任大会主席，在纪念礼仪、主席报告之后，全体代表赶赴中正门外北城壕参加植树典礼。叶元龙、孙蔚如与陕西省林务局副局长韩安均亲自到场植树，其他机关、团体、部队、学校学生参加者共10000余人。参加植树人员均依照林务局规定的区域，分别栽植，秩序井然，至下午2时结束。此次植树多达11000余株。

省政府孙蔚如主席在纪念会报告词中专门指出，纪念孙中山先生逝世十二周年可激励国民，以达到复兴民族的目的。而此次植树活动一方面是永久纪念先生，另一方面在于在西北地区提倡造林，以期逐步提高森林覆盖率，调节雨量，"使西北各地永免荒旱之灾"②。

陕西省林务局一方面积极推进在城壕沿岸栽植树木造林，另一方面也协同陕西省会公安局等机构，注重对城壕林带的日常保护。经过为期3年的植树造林活动，西安城壕周边已初步形成环城林带，具备了"点缀环城风景"③的功能，但由于城壕周边居住人口较多，林务局深感"人烟稠密，保护不易"。自1936年12月12日西安事变发生之后，粪夫在大西门南、北两边，中正门东、西两边，及南门西边城壕林地，大量堆积粪土，使这些地段几乎变成了"晒粪场所"，不仅有碍市民卫生、健康，而且影响这些地段的林木生长。针对此种状况，省林务局致函省会公安局，商请该局饬令不同地

---

① 《省林务局整饬林务行政，对各场处工作详加指示，严饬职工人员力图精进》，《西京日报》1937年3月11日，第7版。

② 《各界在北城壕举行植树礼》，《西京日报》1937年3月14日，第7版。

③ 《省林务局整饬林务行政，对各场处工作详加指示，严饬职工人员力图精进》，《西京日报》1937年3月11日，第7版。

段的公安分局禁止粪夫堆粪，维持地面清洁，"以便植树而维风景"。省会公安局接函后，一方面要求"肥料清除委员会"约束粪夫群体不得在上述地段继续堆粪，另一方面命令各公安分局组织人力，将各处偷晒的粪堆转运到东郭门外社稷坛一带晾晒。省会公安局的这些措施虽然与植树并非直接相关，但对于造林活动以及林木成活等多有助益。

四、1941年至1944年城壕沿岸植树活动

1941年至1944年，抗战进入关键阶段，古都西安仍持续遭受日军飞机的频繁轰炸，在这种严峻背景下，西安各界围绕城壕开展植树造林的活动并未中断，尤其是每年3月12日植树节的集体植树活动。

这一时期在西安城壕植树造林的活动与孙中山先生逝世周年纪念、鼓舞国民抗战精神、铲除汉奸等相互关联，并非单纯的园林绿化举措，而是具有明显宣传效果和社会效益的综合性活动。1941年3月上旬，为纪念先生逝世十六周年暨国民精神总动员运动二周年，并召开"讨汪锄奸大会"，陕西省各界开展了积极的筹备活动。按照中央政府的命令，植树节当天，即3月12日上午7时（重庆时间），全市举行升旗典礼；9时至12时，省市各机关（如省农业改进所等）、团体在中正门外西城河一带，举行植树大会；下午3时，在新城大操场举行纪念仪式，会间检阅某军校机械化部队操演。[1]

1944年3月12日上午8时，陕西省各界在新城大操场举行庆祝国民精神总动员五周年纪念暨植树节纪念大会，会后在中山门外北城壕植树。[2]需要指出的是，1939年3月11日，国民政府在国防最高委员会下设立精神总动员会，宣传"抗战救国""以战求存"等理念，"（国民精神总动员）运动

---

① 《总理逝世十六周年，各界积极筹备纪念，是日全市决举行升旗典礼，并在西城河一带扩大植树》，《西北文化日报》1941年3月10日，第2版。

② 《精神总动员五周年，省垣各界今晨举行纪念大会，会后在中山门外北城壕植树》，《西北文化日报》1944年3月12日，第2版。

对民众认识形势、团结御侮起到了一定的积极作用"①。可以看出，这一时期城壕植树活动的重点区域已转移至北城壕、东城壕沿岸，表明西、南城壕沿岸在1935年至1941年之间大体上已完成造林任务，形成了环城林带。

第四节　迁民修壕：
民国后期城壕扩掘与难民安置

明清时期，西安城壕沿岸原本作为官地，或作为旷地，或植树造林，并无大量人口栖居，而在1937年抗战全面爆发之后，我国东部、中部被日寇侵占地区的大批民众向西部地区迁移、逃难，西安作为西北重镇和陪都西京，也成为大量难民集中驻留之地。来到西安的外省难民在城壕沿岸或搭盖简陋窝棚居住，或在城壕坡岸挖掘土洞栖身，使得城壕沿岸成为火车站周边之外的又一处难民聚居区域。抗战期间，西安城壕的保护、开掘均与省市政府对于这些"城壕民"②的安置工作紧密关联。

河南等省难民在沿陇海铁路到达西安后，最先落脚之地就是位于北城壕北侧的西安火车站周边。随着大量难民逐步聚居，截至1941年，距离火车站较近的中正门外护城河沿岸已形成了"茅屋草棚，鳞次栉比"的景象。西京建委会工程处认为城壕沿岸的连片席棚，不仅有碍市容观瞻，而且存在火灾隐患，但若强制拆除全部棚屋，异乡穷民又将无处容身。为了兼顾城市管理

---

① 谷小水：《抗战时期的国民精神总动员运动》，《抗日战争研究》2004年第1期，第45—60页。

② 茫子：《西安城壕民的新居》，《华北日报》1948年1月23日，第6版。

与难民生活，西京建委会工程处采取了两方面措施，一是对于已经毁坏的席棚，禁止重新搭盖；二是由该处派员查明各户席棚的占地面积，酌情收取租金，用于管理和维护开支，同时避免不肖分子借端讹诈勒索难民。[1]西京建委会工程处的管理办法在一定程度上给予了难民棚屋的合法地位，并遏制了城壕沿岸棚屋继续增加的趋势，从整体上来说对护城河军事设施的保护以及景观的改善具有积极意义。

城壕作为军事防御的基础设施，从根本上而言并不能作为难民的长期驻留区域，西安当局在遏制城壕沿岸难民棚屋增加趋势之后，为配合城壕整修、护城河修浚、防空疏散等工程，逐步采取了清理杂居难民的措施。

1944年5月23日上午，西安警备司令部举行扩大会议，决定事项中包括"刻即兴工修浚护城河"，旨在"整理市容、培植城郊风景"[2]。下午，西安警备司令文朝籍[3]在该部向各通讯社、报社记者通报了四项工作计划，以便市民广泛了解。一是有关市区居民的疏散，为防范日机轰炸，避免无谓损失与牺牲，由于市区所有防空洞的容量与居民人数相差悬殊，因此需积极疏散部分居民前往郊区及附近各县。二是整理护城壕的工作业已开始，一方面可引水入城以壮市容，另一方面则需要清理杂居在城壕内的难民，以免藏匿不法分子。三是城墙防空洞通达城外的洞口，本已在1943年封堵，但此后仍

---

[1] 《中正门外护城河禁搭蓆棚》，《西安晚报》1941年4月12日，第1版

[2] 《警备部招待新闻界，报告进行四项工作，整修护城壕，清理杂居难民》，《西京日报》1944年5月24日，第3版。

[3] 文朝籍（1897—1979），字芗铭，广东文昌县（今属海南省）人。1919年毕业于云南陆军讲武学校第十二期。曾任中队长、营长、团长、军参谋长、师长、少将高参。抗日战争爆发后，任国民革命军第十四集团军、第二战区前敌总司令部、第一战区副参谋长。1938年任第十四军副军长。1939年6月被授予中将。后历任军事委员会西安行营主任高参、办公厅主任、西安警备司令、鄂陕甘边区副总司令。1945年1月，任第三十六集团军副总司令兼第一战区商南指挥所主任。抗日战争胜利后，历任联合后勤总司令部广西供应局局长、国防部部员、东北"剿总"高参等职。1949年去台湾，任"国防部"高参。1959年退役，任台湾银行顾问。1979年3月病逝。

有市民擅自拆启，影响城市治安，因而警备司令部要求三天内一律自行堵塞，违犯者重罚。四是西安接近战区，各项救护伤兵、运输及后方勤务等工作，号召民众多加协助。[①]

在上述四项工作中，整理城壕与堵塞城墙防空洞均与西安军事防御、城市治安有关，属于西安警备司令部的重要职责。

一、1946年修筑城壕工程

抗战胜利后，和平时期并未延续多久，陕西省地方当局旋即开始强化西安城防，以求在与中国共产党领导的人民解放军的对决中立于不败之地。城壕作为城墙外围的配套防御设施，能够与城墙高下相倚，构建立体火力网，也能增加攻城部队进攻的难度。为此，陕西地方当局采取了迁移城壕附近难民、修筑城壕的防御措施。

1946年3月23日，西安市政府将《抄送本市城壕两岸窑洞堵塞工作会议记录（市建字第219号）》转知陕西省社会处、西安市警备司令部、陕西省政府、陕西省会警察局，就有关"堵塞西安城壕两岸窑洞，维持地方治安一案"指出，西安市议会动议，请保安司令部"封闭城墙防空洞"。保安司令部拟完计划后，移送西安警备司令部，要求西安市政府与该部洽商。西安市政府指出，"城壕两岸窑洞，并非城墙防空洞"。陕西省政府社会处等机构认为，堵塞西安城壕两岸窑洞，可维持地方治安。陕西省政府委员会第九十二次会议决议由西安市政府会同社会处、警察局、警备司令部商讨。西安市政府派建设科外勤人员前往勘查窑洞数目及难民人数，于1946年2月23日上午9时，召集市政府、社会处、警备司令部、警察局等机关代表，在西安市政府会议室会商结果，决议办法七项，抄呈省政府。其主要内容包括：

第一，由警备司令部、宪兵团、警察局对城壕两岸窑洞居民劝导迁移。

---

① 《警备部招待新闻界，报告进行四项工作，整修护城壕，清理杂居难民》，《西京日报》1944年5月24日，第3版。

第二，由省政府函请（中央）救济分署派陕专员协助迁移城壕两岸难民。

第三，经勘查，城壕两岸窑洞共计1504个，体积合计35307立方。堵塞窑洞所需工费，每方以600元计，约需国币21184200元。城壕两岸窑洞居民共计11210人，迁移费每人以500元计，约需国币为5605000元。以上两项费用总计为26789200元，由财政厅与会计处设法统筹。

第四，城壕两岸窑洞内的陕籍难民交由陕西省救济院设法救济，使其早日离开城壕。

第五，堵塞城壕窑洞工作实施之先，应通知警备司令部派员指导，以免破坏国防工事。

第六，堵塞城壕工作应采用以工代赈办法。

第七，该项工程由社会处、警察局、警备部、财政厅、会计处及市政府合组"城壕两岸窑洞堵塞委员会"，办理有关各项事宜。①

1946年6月25日至8月20日，北平防空司令部第六区防空支部、西安市政府、陕西省会警察局、西安市防护团合作开展了"掘筑城河两岸土阶"工程。②这一时期已无日机轰炸之虞，因而此项工程主要是为了便于民众往来，出入防空便门。

抗战期间及抗战胜利后的数年间，西安城壕沿岸形成的难民聚居区又被当时的人们称作"贫民

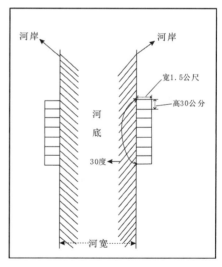

图9-7　掘筑防空便门城河两岸土阶式样略图

----

① 西安市档案馆，全宗号：01，目录号：11，案卷号：146。

② 西安市档案馆编：《民国西安城墙档案史料选辑》（内部资料），西安市档案馆，2008，第490—495页。

窟"①，而聚居其中的难民被称作"城壕民"。1946年11月19日，《西京日报》刊发报道，细致描绘了难民们在城壕沿岸的聚居情形，这篇题为《一道城墙两个世界——记生活在贫民窟的人们》的文章中写道：

> 西安，这古老的城市，虽不像上海那样热闹繁华，社会上也没有过分的贫富悬殊现象及天堂地狱般的生活对照。然而只隔了一道城墙，情形便显然不同；城墙里面是一个世界，外面又是一个世界。出小南门，沿城河，东到南门，西至西门，在河身两边的城垣与马路下面，（城河永远是没有水的）生活着不知多少被城里人遗忘了的居民。他们大多是河南人，有的从二十八九年，有的从三十一二年，由开封、中牟、南阳及孟津一带因为黄泛或沦陷而逃来西安的。据一位年老的人说，他们初逃来时，都住在城里，以后来西安的人越多，房价便一天天高涨，有的房东把房子卖了，或当了，有的则另外租给有钱的人。这样，他们便逐渐的被挤出了城，就在城脚或马路两边底下，辟窑洞居住，一住便已七八年了。②

实际上，难民不仅在从南门到西门之间的城壕沿岸以"窑洞"形式聚居生活，而且在东、北城壕沿岸同样形成了难民聚居区，以至于到1946年11月，"城厢四周已没有一处空地可以再辟洞的了，而要住的人还在增加，所以一个窑洞里有住上二三家的"③。难民在城壕沿岸居住的窑洞外观大致相仿，但窑洞内部格局区别较大，"有的是深直的，有的是横宽的，有的还有一二个转折"。窑洞普遍没有安装窗户，因而开得越深，光线越少，转折的

---

① 曹建厚：《一道城墙两个世界，记生活在贫民窟的人们》，《西京日报》1946年11月19日，第3版。

② 同上。

③ 同上。

地方更是漆黑一片。洞内摆设简陋，与普通贫苦人家相仿，"床"是在开辟时留出的一块土台。居住窑洞的优点是冬暖夏凉，但是上潮下湿，人容易生病。据陕西省会警察局统计，1946年住在城壕沿岸窑洞中的难民，单自小南门外至西北大学约一公里的城河两旁，共有480余个窑洞，居民3500多人。若全城四处都计算在内，大约不下三四万人。①这些"城壕民"生活处境极其艰难，往往一家四五口甚至七八口人，仅靠一个人拉洋车生活，而且车子多半是租来的，每天拉车或不拉，都要出租费，收入好时每天能有盈余，但收入差时连租费都不够付。有的难民替人家做小工，每天3000元的收入很难养活一家老小，"纵然让孩子赤着脚去拾些柴火煤渣，老婆去帮人缝洗衣服，也难免不为饥寒所迫"②。

1946年12月14日，西安城壕修筑第二期工程管理委员会第八次会议在西安市商会召开，查用钧报告了当时"警备司令部接办修筑城壕尾工情形"。该工程已竣工，决议自12月17日上午9时开始验收，验收人员自警备司令部集合出发，由警备司令部、西安市商会、西安市政府代表组成验收小组。这次会议还决定，竣工验收的城壕工程，如有余款，拨抵西安市冬赈捐款，"以轻民负"③。12月31日下午，在西安市商会由西安市政府、西安警备司令部、西安市商会代表召开西安城壕修筑第二期工程管理委员会第九次会议，决议城壕工程结余公款520551元全部移交市商会保管。④

二、1947年至1948年扩掘城壕工程

在城墙外围的军事防御体系构架中，城壕（即护城河的干涸形态）占据

---

①　曹建厚：《一道城墙两个世界，记生活在贫民窟的人们》，《西京日报》1946年11月19日，第3版。

②　同上。

③　西安市档案馆，全宗号：01，目录号：11，案卷号：146。

④　同上。

着至关重要的地位，对于阻碍敌方军队进攻、构建己方火力网络能够发挥独特作用，因而1947年至1948年，西安地方政府和军队调动了大量人力对城壕进行了针对性地扩掘、加固等工程。由于这一时期人民解放军的进攻步伐大为加快，在全国各主要战场取得多次重大胜利，西安作为国共军队必争之地，极有可能发生激烈战役。在这一紧迫局势下，陕西地方当局再度对城壕进行扩掘工程，相较于1946年的修筑城壕工程，此次规模更大，动用人力更多。

1947年，西安、广州、沈阳、武汉四大城市被国民党改为行政院直辖市（简称"院辖市"）。6月，国民党中常会通过决议，任命王友直担任西安院辖市市长。7月1日，王友直就任西安市市长。十多天后，西安绥靖公署主任胡宗南在陕北和共产党作战失利，担心后方空虚，旋即指示修筑西安城防工事，以防不测。西安绥靖公署立即召开军事会议进行部署，参会者包括西安警备司令、陕西省会警察局局长、陕西省保安司令部参谋长等人。随后，"西安城防工事委员会"成立，由西安警备司令部司令曹日晖兼任主任，西安市市长王友直和陕西省建设厅厅长陈庆瑜兼任副主任。城防工程规模越来越大，既要扩建西安城壕，又要在西郊飞机场周围修筑碉堡。在这种情况下，仅靠西安市的人力、财力已难以负担，西安绥靖公署主任胡宗南要求陕西省政府主席兼保安司令祝绍周协助，祝绍周便调派西安周围若干县的民工赶赴工地。

此次城壕扩掘工程的重点工作仍是"城壕民"的迁移。1947年9月，为顺利推进迁移城壕沿岸居住的河南等省难民，西安警备司令部司令曹日晖、西安市市长王友直、陕西省会警察局局长萧绍文等人发起募款活动，计划选择其他适宜地点，建立"新村"，供难民集中居住。河南籍商人、民众纷纷慷慨解囊，积极捐助，充分发挥"救人自救之精神"，如华峰、关豫、和合三家面粉厂共捐洋1.5亿元，德泰祥、丰盛泰、物华、宝华、宝源等五家商号共捐洋3.5亿元，其他捐款包括长发祥1万、利通公司1万、宏蚨银号2万，以及中国工业社、协合纸烟商行等合捐1.2万。总计共捐国币5.52亿元，于29

日送交陕西省银行代收备用。①

　　时人认为，"老实说，中央这几年在陕，不管是政治和军事，都已失掉民心"②。在此情况下，"城外防卫工事天天兴造，成万的壮丁挖掘战壕，全城及龄壮丁亦在自卫训练。这更是十年来西安市民未曾遇到的惊慌"③。10月16日，陕西省会警察局会同有关机关，为加快解决难民聚居"有碍城防"的难题，向城壕两岸窑洞及棚房住户挨家挨户发给迁移费，计大口每人5万，小口（12岁以下儿童）每人3.5万元。17日，难民开始从城壕两岸迁往"运粮河"一带居住。④此处运粮河当是指西安北郊、渭河南侧的汉唐漕渠沿线。

　　原本聚居在中正门、中山门、西门外城壕的大批难民，因陕西省、西安市当局要求迁居他处，搭盖的草棚被强制拆除，无处栖身，遂于1947年10月22日上午9时许，结队前往西安市参议会呼吁当局暂缓办理，先宜设法解决居住问题。经议长李仲三劝慰，请愿难民推派代表直接前往西安警备司令部、西安市政府交涉，难民才逐渐散去。⑤

　　截至1947年11月中旬，西安市城防工程仍在加紧施工之中。按照市长王友直的说法，已支出350亿元，然而仍需要再耗费至少350亿元才能完工。⑥

　　至1948年1月上旬，一部分"城壕民"已搬迁至西北大学东墙外的高坡之上，搭盖有棚屋，或开掘有窑洞。⑦城壕沿岸难民的迁移直至1948年

---

①《城壕豫籍难民将择地建新村，该省同乡踊跃捐款》，《西京日报》1947年9月28日，第2版。

②黎明德：《西安漆黑》，《观察》1947年第3卷第8期，第14页。

③同上。

④《城壕居民今可领迁移费，大人五万儿童三万》，《西京日报》1947年10月16日，第2版。

⑤《新安商场兴建；城壕难民请愿》，《西北文化日报》1947年10月24日，第2版。

⑥《西安一片皓白》，《申报》（上海版）1947年11月19日，第25059号，第2版。

⑦茫子：《西安城壕民的新居》，《华北日报》1948年1月23日，第6版。

12月仍未完成，[①]北郊运粮河一带虽被选做疏散难民的地点，但尚未开始在这一带"挖筑窑洞"[②]，因而有一大批难民迁移至西南城墙外侧西北大学周边居住。

在1948年11月至12月，为推进城壕难民迁移进程，从军地政府到各团体，采取了多种措施。11月5日，西安市冬令救济会成立后，随即从美国援助的救济粮中划拨粮食，救助穷苦民众，并从捐献款项下拨付10万元，用于支付城壕附近居民迁移费，每户拨给100元。[③]

12月初，西安市市长王友直、西安警备司令部司令曹日晖专门赴中正门外视察城壕难民迁移及城防工程开工情形，饬令下属加紧办理难民迁移事宜，以使城防工程早日完工。5日，西安市政府秘书长、民工总队总队长叶新甫邀集各区区长在市政府开会，讨论城壕难民迁移及各区工程施工情形，决议中正门外城壕南侧棚户，限3日内迁移，由警察八分局负责选择新的居住地区，最有可能的是北郊运粮河一带。[④]

自1948年11月21日，西安市第四期军事工程开始施工，其重点地段为东门至玉祥门段城墙与城壕沿岸。[⑤]由于城壕周边的难民棚屋有碍施工，必须拆除，难民生活因此大受影响。他们于11月下旬纷纷呈请有关机关，请求免于拆除。有鉴于此，西安警备司令部、陕西省会警察局等机关在12月初会商，做出决议：第一，中正门外城壕南岸西小街房屋，先由规定壕沿向南，

① 《冬令救济费四十万，限本月中扫数征齐，将以四分之一迁移城壕难民》，《西京日报》1948年12月3日，第3版；《城壕难民加速迁移》，《西京日报》1948年12月6日，第3版。

② 《城壕非久居之地，难民将迁运粮河》，《西北文化日报》1948年11月30，第2版。

③ 《冬令救济费四十万，限本月中扫数征齐，将以四分之一迁移城壕难民》，《西京日报》1948年12月3日，第3版；《城壕难民加速迁移》，《西京日报》1948年12月6日，第3版。

④ 《城壕难民加速迁移》，《西京日报》1948年12月6日，第3版。

⑤ 同上。

按3丈宽拆迁；第二，北岸下坎一带的房屋一律拆迁。经西安市警察局第八分局及第八区公所居民代表会同勘验，选定警察局第八分局后边、电厂东边，军事工程区以外及含元殿附近空地，作为迁移难民的居住新址。[1]这一举措既缩小了城壕沿岸棚屋的拆迁范围，又通过选定新居地址解决了难民的后顾之忧，在一定程度上加快了难民迁移的进程。1949年1月，城壕难民迁移工作仍在进行之中。西安市政府为加快难民迁移速度，甚至通过出售原本使用救济特捐费购买的小麦等方式，筹措城壕难民迁移救济金，财政紧绌情形可见一斑。[2]2月18日，西安市民工总队部召集各有关机关代表在该部开会商讨，决定向每户城壕难民发放迁移费金圆券1500元，由救济特捐费用项下所购小麦变价开支，自2月23日起开始发放。[3]截至2月下旬，有待迁移的城壕难民共计225户，赈款总计33.75万元，由自卫特捐募集委员会支付。[4]在领取赈款后，难民们顺利迁往指定地点居住，促进了城防工程的进展。

1948年9月，胡宗南督令市长王友直加强城防工事，除战壕、碉堡以外，还在西安城东南角加筑内墙，密布电网。[5]与此相应，拓宽城壕工程的主要任务是"将旧有城壕、战沟放宽至十八公尺"[6]，同一时期，城壕规模又有"宽须五丈，深须掘至见水三尺"[7]之说；还有一种说法是"城壕就原来的规模扩大之，要阔五丈，深五丈。在这样深的情形下，是早已见水数尺了"[8]。浚深城壕、开掘机场外壕作为城防军事工程的重要组成部分，土方

---

① 《城壕难民勿过虑，当局拟拨地助迁，救济赤贫，市府将筹拨棉衣》，《西京日报》1948年12月9日，第3版。

② 《救济城壕难民，特捐小麦变价发放》，《西北文化日报》1949年1月27日，第2版。

③ 《城壕难民迁移费发放日期已决定》，《西京日报》1949年2月19日，第3版。

④ 《城壕难民即开始迁移》，《西京日报》1949年2月21日，第3版。

⑤ 蒙若：《从奖励囤粮看今日西安》，《中建》1948年第1卷第7期，第30—31页。

⑥ 张一文：《请看西安》，《观察》1948年第4卷第11期，第12页。

⑦ 文若：《城防储粮与人心》，《舆论》1949年第2卷第2期，第15页。

⑧ 蒙若：《风雪长安》，《展望》1948年第3卷第11期，第10页。

量达40万方，耗资估算多达300多亿。① 实际上，这项庞大工程并未能在短期内完成，一直持续至当年年底尚在兴工之中。

1948年11月，西安市第四区区公所奉命修筑城壕工程，为慎重并便于顺利完成该项工程，经区代表会组织"城壕工程委员会"。公推刘海亭、孟钰先、李精一、白慎修（时任第四区区长）、郝立绪（时任副区长）、卢振亚、马旭初、郭清荣、于原建、马如龙、焦藩东（砖瓦业同业公会代表）等11人为委员，刘海亭为主任委员，焦藩东、白慎修、郝立绪为副主任委员。② 除了城壕工程委员会的领导群体之外，据1948年11月7日《申报》报道，"西安城防工程已开工，民夫数万均已到齐，刻在城周修筑外壕"③。可见此次征调民夫数量之多，当时就有一种说法："普通民家每户要负担二十个工，以此为准，凡动用民工达八十万个以上！"④据《申报》载，这些"民工""民夫"来自18县市。⑤关于西安城角第四期城防工事劳动力的来源及其身份，一种说法是由长安县等15县"自卫团官兵"⑥整修。这与各县"民工总队"有所不同，但本质上都属于各县民众，并非正规军事人员。

虽然目前无从考证18县市的具体名目，但是可以推论的是，这些民工、民夫应当以关中各县域为主。毕竟修筑城壕工程的技术要求、工程做法相对简单，不像清代建盖城楼、卡房、马面等需要雇聘外省的能工巧匠。

有关关中各县征调民工的过程，可以关中西部的盩厔县为例说明。该县县长王岳东在接到胡宗南下达的为修建城防工程征调民工的命令后，即日召

---

①《西安城防工事即可全部完成》，《申报》（上海版）1948年4月16日，第25202号，第2版。

② 西安市档案馆，全宗号：01-8，案卷号：645。

③《西安修筑城防，民夫数万到齐》，《申报》（上海版）1948年11月7日，第25405号，第1版。

④ 蒙若：《风雪长安》，《展望》1948年第3卷第11期，第10页。

⑤《陕省设两守备区，西安城防工程月底可竣工》，《申报》1948年12月25日，第25453号，第1版。

⑥《戏剧业招待修城防兵工》，《西京日报》1948年12月17日，第3版。

开各乡镇长会议，按各乡镇人口多少如数征调，并限定在两日内，由乡镇长带队，到盩厔县西仓大操场集中点名。若按时不到，则以军法处置。各乡镇长当日会后，各回本地，积极编组，赴县城报到。该县县政府委派国民兵团副团长高文正为民工总队长，负责主办修筑城壕等事宜，任命刘志凝、赵寿春为中队长，编成"盩厔修筑西安城壕民工总队"①。民工的伙食费用由各乡镇自行征摊，运到西安交付。高文正等人带该县民工总队携带工具行李，徒步前往西安。受天雨影响，约160里的路走了5天，才抵达西安。盩厔县的城壕工段被分到西安城南门外东侧火巷一带，壕长1000米，宽20米、深15米，共挖土方3万立方米，限期一个月完成。为了按期完工，省政府、长官部、工程处派员督工。由于施工量巨大，期限又紧，盩厔县民工出现了较多生病者。民工总队遂向县政府请求增加民工，并将生病民工遣回。开掘城壕初期，民工用锨还可将土投到壕岸堆起，但堆土越来越高，壕底越来越深，用锨投不上来，只得又向盩厔县各乡镇索运木料、大绳，搭架用筐向上吊运。②

参加城壕工程的民工群体的劳作环境、居住条件非常艰苦、简陋。"百姓从数十里，甚而百里以外，扛东带西的来执行上级的命令。白天工作，晚间无处居住，无可奈何，只得将城壕内过去曾住难胞而为当局挖塌的烂窑，重行掘开，以作栖身之地。但不凑巧，上天又复多雨，烂窑洞终于不能住了，又只得迁居遥远的破庙之中。他们白天吃不饱，晚间睡不好。"③进入冬季后，扩掘城壕的民工的劳作环境更加恶劣："民工们便在这风雪齐作的天气，把身体浸在冰块泥浆中，掘城防，掘城防。至于掘来干什么用场，他们却很可以不知道。"④

民工们不但劳作环境恶劣、生活条件差，而且没有酬劳。当时的一则评

---

① 政协周至县委员会文史资料委员会编：《周至县解放四十周年》，载《周至文史资料》第4辑，1989，第112—113页。

② 同上。

③ 张一文：《请看西安》，《观察》1948年第4卷第11期，第12页。

④ 蒙若：《风雪长安》，《展望》1948年第3卷第11期，第10页。

论文章即载："这巨大的工程全系民工，市民普通家庭须出工五十名，商号则超过一百名，不过均须每名以金圆券廿元代之缴上。实力由西安附近县份派出，前来工作。然而工作并无代价。口号是'有钱出钱、有力出力，完成戡乱大业！'"①也有时人记载称，当时民工有90%是从难民群中雇来的，由西安市80万市民负担这笔工钱；另外10%是派来的工，"这些人多半是做小本生意，如卖油条的，派派到自己头上，出钱出不起，便只好硬着头皮自家来干了，虽然因而误了生意，饿了肚皮，也无如之何"②。反映出修建城壕工程一方面可能通过雇用难民，支付少量报酬，进而达到"以工代赈"的效果，另一方面对参加工程的城市小商贩群体，并不支付酬劳，对其生计、生活均有负面影响。

由于城壕内外居住有大量难民，所以修筑城壕也就意味着要驱散这些无处栖身的民众。早在1946年陕西地方政府就曾驱逐居住在城壕一带的河南难民。当年4月10日，陕西省政府发出布告，限7月1日以前困居西安城壕之河南流亡难民10余万人离境，否则即行填壕驱逐。河南旅陕知识界请求陕西省府悯情优容，以待泛区复兴后资遣回籍。③虽然已过2年之久，但1948年时城壕及其周边仍是大量穷苦者的栖居地。1948年12月6日《申报》报道称："西安城防工程积极进行，有关方面已决定令饬居住于工程地带之难民，限三日内迁出。"④这一阶段包括城壕修筑在内的城防工程持续至12月底竣工，"市民为慰劳其披雪冒风之苦，已筹备于竣工之日演映剧影慰劳"⑤。

与1946年修筑城壕的情况相似，1948年扩掘城壕期间，也强制驱离了大

---

① 文若：《城防储粮与人心》，《舆论》1949年第2卷第2期，第15页。

② 蒙若：《风雪长安》，《展望》1948年第3卷第11期，第10页。

③ 王天奖、庞守信、王全营等：《河南近代大事记1840—1949》，河南人民出版社，1990，第449页。

④ 《要闻简报》，《申报》（上海版）1948年12月6日，第25434号，第2版。

⑤ 《陕省设两守备区，西安城防工程月底可竣工》，《申报》1948年12月25日，第25453号，第1版。

量无家可归的贫民，尤其是在寒冬腊月，更加造成严重的社会民生问题。蒙若在《风雪长安》中记载道：（1948年12月）"物价飞涨，寒流突袭，清贫的公教员固然苦了，无告的乞儿难民就更叫苦不迭。古城长安本来就是个难民窟，几乎除了繁华的四大街外，无处没有草架席棚。而聚集得尤其多的地方则是火车站，外城壕。如今，由于挑掘城防，后一所在的贫民更纷纷走向火车站，火车站有人满之患。天寒地冻，饥肠千转，数万贫民一淘儿钻进自家的破巢等死！"[①]原本群集栖居在城壕沿线"草架席棚"中的数万贫民，由于扩掘工程的开展，不得不迁移至火车站暂时栖身，加剧了当时本已严重的城市治安、环境、生计等问题。

　　这一时期包括城壕等在内的大量城防工事的兴建、扩掘，耗资巨大，因而这些工程在很大程度上推进了当时所谓"戡建经济"的发展。当然，归根究底，这些建设经费主要是由政府向民众摊派"戡建捐""城防捐"[②]予以征收。总数仍按"商七民三"分配。商人按营业税的23倍缴纳，民宅按房间多少捐献。前者动辄数千万，后者亦达数百万。"此外还有什么壮丁费，粮草费，杂七杂八的款子，多的无以复加，简直使人喘不过气来。"[③]

　　对于城壕扩掘工程等城防建设经费来源的记述也有不同说法，蒙若就指出："西安市这一次的城防工作，在王市长刻意经营之下，的确是做得有声有色的。而工程之伟大，花费之巨大也的确前所未见。且不说由政院拨来的款项，光就地征收的款项，也平均每一个市民廿元整。征收办法是商六民四。"[④]这就与"商七民三"的征收比例有所不同，不过，都说明商人、商户是征收款项的主体，而民户承担的比例相对较小，属于辅助款项。

　　关于此次城防工程修建的工期，《西安市志》载：1948年2月，经西安

---

① 蒙若：《风雪长安》，《展望》1948年第3卷第11期，第10页。

② 文若：《城防储粮与人心》，《舆论》1949年第2卷第2期，第15页。

③ 张一文：《请看西安》，《观察》1948年第4卷第11期，第12页。

④ 蒙若：《风雪长安》，《展望》1948年第3卷第11期，第10页。

市参议会通过，西安市政府从是月起开征"戡乱建国费"。3月18日开始，分段挖掘西安城壕，修筑城防工事，5月初完工，耗资218.65亿元。20日动工分段开挖西安机场外壕，4月27日完工，耗资68.88亿元。①实际上，这只是其中一个阶段的城防建设，后续城防工程一直持续到了1949年春季。时任西安市市长王友直回忆称："本来我满腔热情地要做市政工作，没想到上任仅十多天就被绑在城防工事上了，一直修到西安解放的前几天才停下来。这样，我还有什么市政可言呢？"②从史料记载来看，确实如此，1949年1月13日，胡宗南指示陕西省政府主席董钊、西安市市长王友直、西安警备司令钟松，"迅速加强西安城防，应以非常时期手段，达成非常目的，限于2月15日完成之"③，而从实际进展看，城壕扩掘等城防工程确实持续到了西安解放前夕，④约在1949年1月中旬，西安市第四期城防工程完工。此时护城河沿第二层仍有300户居民有待迁移，西安市政府专门拨付10万元作为迁移救济费，⑤表明这一批难民在迁移后，当局仍会开展相应的城防工程建设。但此时的国民党政权已丧失民心，西北地区军事攻防形势发展迅速，耗资劳民的西安城防工事并未能阻挡人民解放军的进军步伐。1949年5月20日，西安解放，护城河也迎来了新的发展阶段。

---

① 西安市地方志编纂委员会编：《西安市志》，西安出版社，1996，第116页。

② 王友直：《我任国民党西安院辖市市长的前后》，载《雁塔文史资料》第3辑，1989，第13—15页。

③ 《胡上将宗南年谱》，载沈云龙主编《近代中国史料丛刊续编》第49辑，（台北）文海出版社有限公司印行，1978，第229页；经盛鸿：《胡宗南大传》，团结出版社，2009，第306页。

④ 韩光琦、王友直：《胡宗南逃离西安前夕的罪行片段》，载《陕西文史资料选辑》第8辑，1980，第183—189页。

⑤ 《冬赈款布尚有余额，发放工作延长三日，城壕居民迁移可获救济》，《西京日报》1949年1月23日，第3版。

结语

在依时代、分事件对明清民国时期西安城墙维修、保护的历程进行复原、论述之后，有必要基于整体性、贯通性、综合性的角度回顾、总结西安城墙修筑、保护等活动的重要特征及其影响，借以深入认识和理解西安城墙史与区域史、城市史之间所具有的紧密关系。

人类从原始社会开始聚居起就十分注重、不断提升居所和聚落的安全性，而开掘壕沟加以环护正是有效手段之一。例如西安半坡母系氏族社会大型聚落遗址就掘有深壕作为防御野兽或其他部族袭扰的基础设施。从功能上而言，这类壕沟与后世兴起的城墙、护城河一样发挥了重要的御敌于外的作用，而在形态上堪称"城壕"的雏形。夏、商、西周、春秋、战国时期，随着人口聚居规模的不断扩大、军事与经济活动的日渐频繁，城墙与护城河作为区域政治、经济、文化中心——城市的基础防御设施，更加受到王朝统治者、国家统治阶层与社会大众的重视，成为规划城市形态、构建城市格局、建设城市街巷与功能区的首要考虑因素。而自秦汉直至明清，在悠长的2000余年封建时代发展过程中，无论是一统王朝的国都、偏安一隅的首善之地，还是各个层级的行政区划治所，为了确保居住在城内的君王、官吏、百姓的安全，基本上都兴建有周长各异、高厚有别的城墙，甚或设有内城等多重城墙，防御更为严密的则在城墙外围掘有城壕，引水入内则成为护城河。由此可以认为，城墙与护城河堪称我国传统城市的"标配"设施，关系到阖城居民的安危，传承着自古以来人类将居所和聚落安全性置于首要考虑因素的"基因"。至于不同时代、特定区域的城墙是否高厚、护城河是否深阔、有水无水、城池残破与否、是否得以长期维护等问题，则需要结合具体情况进行探讨，而这些差异都不会影响对城墙、护城河作为传统城市基本设施和主要发挥军事防御功能的认识。

西安城位处关中平原中部，在明清时代不仅是管辖咸宁、长安两县的县城，也是管辖十余州县的府城，还是统辖陕北、关中、陕南近百州厅县的省城，更是朝廷与国家向来倚重的西北军政重镇。因而，作为区域中心城市，西安城墙、护城河的维修与保护就不单单是居住在城内官民才关心的事情，而属于西安城乡、关中、全省上下都瞩目的工程建设活动，并受到朝廷的一贯重视与多方支持。在西安城墙历次维修与日常保护过程中，大量官民参与其间，督工、运料、施工、维护等一系列环节绵密相扣，这就使得城墙的维修、保护与区域社会发展之间形成了紧密联系。关中、陕西乃至西北地区社会经济发展所遇到的积极因素，诸如风调雨顺、收成丰盈、吏治清明、社会安定，抑或消极因素，例如洪涝、大旱、地震、战火、匪患等，都会促进或迟滞西安城墙、护城河维修、保护活动的开展，因而经由大量官民参与的西安城墙维修保护的历史就是城市与区域历史的缩影，维修保护的背景与频次大体上与王朝和国家的脉搏起落多有呼应。

从功能上而言，与其他地区的城墙基本一致的是，西安城墙首先在于能够有效发挥"捍患御侮"的作用，为城区官民提供坚实的安全屏障。因而，但凡城墙出现残破、损毁等情况，自然而然会引发驻军、官府、士绅、商民等各个群体的重视，并进而通过维修、增建、扩建等工程恢复其雄阔面貌、提升其防御效能，这是明清民国时期西安城墙及护城河得到持续修缮和一贯保护的主要原因。

从景观上而言，高厚的城墙、宽深的护城河作为西安这座古都与重镇的基础性防御设施和标志性的城市景观，不仅会令来自外省、外国的往来游历者、官员、使节、商人在初次目睹时深感震撼，成为西北军政重镇毋庸置疑的"明证"，而且会让常居城内的西安市民在倍感自豪的同时，也会真切感受到发自心底的"归属感"与"安全感"。明、清、民国时期，西安大城区及四座关城内的常住人口一般维持在15万—25万，在天灾、战乱等特殊时期难民大量迁入时会增加至三四十万。了无疑义的是，无论是在社会安定的和平时期，还是在战火纷飞的动荡年代，对于同处一城的数十万人口来说，城墙不仅仅是分隔城市与乡野的物质界线、"城里人"与"乡下人"身份区别的象征性建筑，更是将全体城区居民安全与命运系于一体的实体纽带，其重要价值不言而喻。类比来看，一座城就如同一片大堡寨、一处大院落或一个大家庭，居于其间的人不能不同呼吸、共命运，而城墙就宛如堡墙、院墙、宅墙一样能让人感到心底的安稳和踏实。城墙所环护的区域在作为市民栖身居所的同时，更多具有一方精神家园的意涵。

城墙作为城市整体的防御设施和标志性景观，日常虽主要由军队驻守、官府采取相应管护措施，但对阖城官绅军民而言，城墙的"公共性"十分突出，即不仅关系到西安城区每一位居民的人身与财产安全，关系到城市社会的正常运作与发展，而且影响到诸如陕西乃至西北区域社会治理、军事布防体系的持久有效。基于城墙的这一广义上的"公共性"特点，其维修工程、保护措施中体现出的"众志成城"的群体精神就格外显著且易于理解了。在明清西安城墙、护城河的历次维修过程中，从朝廷到地方官府，从军队到民间社会，从士绅、商贾到工匠、民夫，众多阶层、不同群体积极参与其间，互有分工，彼此协作，共同为重修、加固城墙体系和提高城池防御能力倾竭智慧、付出汗水，无疑是诠释"众志成城"这一表述的最佳例证。可以看出，明清西安城工的开展不仅体现出陕西官府和官员的组织能力，也折射出区域社会和城市民众在面对战火威胁时表现出了难能可贵的凝聚力。相形之下，解放战争时期，国民党政府和军队虽然也强征大量关中各县民夫重修城墙、浚深护城河，试图以坚城深壕延缓其失败的命运，但在"人心向背"的时代背景下难以阻挡解放军胜利的步伐，这也充分说明"金城汤池"仅仅是坚守防御的工程基础，赢得社会大众支持、"万众一心"才能确保城池安全。

　　纵观明清民国西安城墙维修、保护的历程，从朝廷到地方官府在认识上逐渐形成了一系列建设原则与保护理念，诸如从经费开支角度而言的"不惜费"或"撙节用"，从建筑风貌角度而言的"修旧如旧"，从工程质量角度而言的"工坚料实"等，体现出传统建筑文化的智慧结晶。如从城墙维修工程经费划拨、成本投入的角度分析，"不惜费"的情况出现在国家财政经费充裕、地方收入丰盈、乡村风调雨顺、城市安定繁荣的时代与区域背景之下，偶有为之，但难成常态，"撙节用"才是城墙维修经费使用的普遍情形，多与工程规模相适应。"撙节用"并非单纯倡导节省工费，而是要在能够达成"工坚料实"效果的基础上，避免铺张浪费，但工程质量始终是考量的首要因素。"修旧如旧"是指后世在维修城墙时，一般依循前人的做法，按照城墙的原有形态，尽量使用同类型的建筑材料，以确保城墙风貌与前朝相差不大。当然，基于军事防御、景观构建等实际需要，不同阶段的城墙维修工程也会在"修旧如旧"的基础上加以增高、加厚和拓展，形成"旧中有新""新不离旧"的嵌合式面貌，留下不同时期的历史印记。

　　自1949年5月西安解放之后，城墙、护城河就已无须再发挥传统时代"资捍御"的军事防御功能，而是作为历史文化胜迹日益凸显出"壮观瞻"的重要价值，尤其是在当前国家对古城历史风貌和大遗址保护倍加重视、社会大众对文物古迹保护认知水平普遍提升、省市政府在遗址保护和旅游开发等方面不断增加投入的大背景下，西安城墙、护城河的保护与利用进入了全新的发展阶段。从根本上而言，保护城墙是为了更久远的传承和更合理的利用。一方面，通过城墙这一载体得以传承延绵的是区域历史文化根脉和城市精神，彰显的是中华文化与华夏文明，另一方面，原本作为军事防御工程的城墙已成为公共性的历史文化遗产，在当今时代更有条件发挥出"利民用"的社会效益，即经由历史文化遗产转化为旅游资源，在"全民共享"中发挥

其最大价值，焕发出勃勃生机与持久活力。要实现这一目标，不仅需要学界
对城墙维修、保护的历史与文化进行系统梳理和深入研究，充分挖掘其中所
蕴含的经验、智慧乃至教训，而且需要在城墙管理机关的倡导、引领和组织
下，调动社会各界的积极性，共同为城墙保护、利用出谋划策，组织开展形
式多样的文化活动，为社会大众了解、感知城墙历史文化提供便利条件，使
西安城墙成为展现城市形象、传播古都文化的良好舞台。

附

录

一、清代奏折

附录说明：笔者在开展本项研究过程中，搜集整理了中国第一历史档案馆保存的大量有关清代西安城垣修筑工程相关的珍贵奏折档案，以及民国报刊中的相关报道。以下特别选录了其中具有代表性的54件奏折（含朱批奏折与录副奏折）、3篇明清碑记与记事文，供相关学科研究者与读者参考，以期推进西安城墙历史的深入研究。

（一）乾隆朝（42件）

◎西安将军秦布、陕西巡抚[①]张楷：《奏为修筑西安满洲城墙相度留门事》，乾隆四年（1739）四月初七日，朱批奏折，档案号：04-01-37-0005-013。

奏

西安将军臣秦布、西安巡抚降一级留任臣张楷谨奏，为奏闻事。

臣等查西安八旗官兵驻扎界墙，因年久坍塌，内外通连。随经估计，题请修筑，奉旨允准。业经钦遵动工兴修。缘八旗俱驻省城内之东偏，东北为满洲城，东南为汉军。满洲城西面与汉城接界者，现开有三门，以通兵民行走，甚属便易。独汉军城系康熙二十二年续设，规制未能尽善，止北面有门，与满洲城相通，其西面长袤数里，并无一门。且粮道收贮兵米之敬录仓及咸宁县治，俱在南城之东，贴近汉军城傍。而咸宁县民人居住东门之外，因未经留门，是以民人由东门进城赴仓、赴县完纳粮石者，必自东而西，出满城之端履门往南，复自西而东，绕道迂回十余里。若遇天雨泥泞，挽运艰难，必致多添车价，百姓甚以为不便。今因坍塌重修，民人俱纷纷呈请于仓厩相近之处酌留一门，以便上粮行走，而兵丁亦以有门为便。臣等会同商酌，以此墙原系城内界墙，非城门可比。况满洲城既开有三门，则汉军城酌

---

① 原始著录信息写作"西安巡抚"，此处依照官职正式称呼改为"陕西巡抚"，以下不一一注出。

留一门，实与兵民有益。适有差往宁夏之钦天监博士钟之模在省经过，臣秦布令其相视。据称于相近敬录仓之羊市口原旧通衢酌留一门，于旗汉兵民俱属大利，并择四月二十四日安门大吉等因。除俟安门之后酌派官兵专司启闭外，所有相度留门事宜，谨据实会同奏闻，伏乞皇上睿鉴。谨奏。

乾隆四年四月初七日。

（朱批）好，知道了。

◎陕西巡抚张楷：《奏报修筑西安城垣完竣日期事》，乾隆五年（1740）十二月初一日，朱批奏折，档案号：04-01-37-0006-017。

奏

西安巡抚降一级留任臣张楷谨奏，为奏闻省城修筑完竣日期，仰祈睿鉴事。

窃查西安城垣系省会要区，年久坍塌，无以崇保障而壮观瞻。经臣会同前督臣查郎阿题请动帑兴修，奉旨允准。臣随委督粮道纳敏、驿盐道武忱总理监督，并委西安府理事同知常德、署清军同知王又朴、大荔县知县沈应俞办料鸠工。臣仍不时亲身查看督饬。自乾隆四年十一月初十日兴工起，周围四面大墙、女墙并城楼角楼、铺楼、炮台等一切倾坏陈朽者，俱行拆卸更新，今于乾隆五年十一月初六日全完工竣。臣逐处查勘无异，除将用过钱粮饬造细册题销外，所有省城修筑完竣日期，臣谨会同督臣尹继善据实奏闻，伏乞皇上睿鉴。谨奏。

乾隆五年十二月初一日。

（朱批）知道了。

◎陕西巡抚塞楞额：《奏为估修陕省各州县城垣用银次第办理事》，乾隆八年（1743）闰四月十二日，朱批奏折，档案号：04-01-37-0007-008。

奏

陕西巡抚臣塞楞额谨奏，为敬陈刍荛，仰祈睿鉴事。

　　案查乾隆元年十二月内，总理事务王大臣议覆监察御史刘永泰条奏，内开各处城垣偶有些小坍塌，令地方官于农隙及时修补。其原坍塌已多、需费浩繁者，该督抚分别缓急，查明报部。如有必应急修者，一并妥议具题等因，通行在案。前任抚臣张楷接准部咨，查明咸宁、长安二县系省会要区，临潼、咸阳、兴平、醴泉均系冲途要路，肤施、靖边等州县或路当孔道，或地接边疆，共计三十一州县城垣，均关紧要。

　　满城界墙系旗民分界，俱应急修，惟是工程浩大，需费颇多，请动正项钱粮等情具题。经部议覆，行令将所需工料银两据实确估，造册题报，于乾隆三年八月内奉旨依议。钦遵行文遵照等因，经前任抚臣张楷檄饬布政使帅念祖，即将应修城垣并满城界墙需用工料银两作速确估，造册请题。除西安省城并满城界墙已经修理完竣报销外，其余二十九州县共确估应需工料银四十三万一千余两等情，据布政使帅念祖面禀到臣。臣查要地城垣为地方保障，原应急修坚固，以壮金汤。但此项城工于乾隆三年奉部覆准急修以来，延今五载，不惟未曾兴修，抑且未经估报，则其尚可稍缓，已可明鉴。况陕省之经费每年必由邻省协济，兼之上年江南被水，一切赈济民艰、修复河道所费，不下千余万两。国家经费正宜慎重，乃以一省之城工而请动四五十万之帑，似于量入为出之道亦有未协。今查陕省耗羡，自军需事竣之后，除养廉公用支销外，每年尚可余存银四、五万两不等。臣请量余存之多寡，核定工程之大小。如本年余存耗羡银四、五万两，即核定四、五万两之工程，题估兴修。倘遇收成歉薄，耗羡不能如数征解，亦即照所余数目，题估兴修。似此年复一年，陆续修整，约十数年后，而二十九州县之城垣皆可渐次完固矣。但原系题准急修之工，可否分年办理，臣未敢擅便，理合恭请圣训批示遵行。倘蒙皇上俞允，臣请即以本年为始，一面确估造册具题，一面于农隙之时遴委贤员承修，并委大员稽查，务期实工实料，以仰副我圣主巩固边疆之至意。为此谨奏，伏祈皇上睿鉴。

　　乾隆八年闰四月十二日。

（朱批）所见甚妥，可具题办理可也。

◎川陕总督庆复：《奏为会勘办理陕省城垣事》，乾隆十年（1745）六月初八日，朱批奏折，档案号：04-01-37-0009-027。

奏

太子少保川陕总督领侍卫内大臣承恩公臣庆复谨奏，为覆奏事。

窃臣奏明巡边，于今年四月初五日，在甘省凉州府属之平番县接准工部咨，议覆臣与陕抚臣陈弘谋前奏城工一案，内称陕省一千两以内之缓工，该督等既经酌议州县合力捐修，督抚司道共襄其事，不出二年之内即可成功，应如所请，及时修理。又一千两以上之急工，是否俱系边疆重地，应行急修，抑或地非冲要，尚可缓修之处，今甘省一带城堡边墙奉旨着派户部侍郎三和前往查勘，庶请并令侍郎三和就近会同该督抚详查确勘，分别缓急，开列具奏。奉旨：此议覆内庆复等奏称一千两以内之工程，令州县合力捐修，督抚司道等共襄其事等语，部议准行。朕思大小各官所领养廉，原以资其用度，未必有余可以帮修工作。倘名为帮筑，而实派之百姓，其弊更大，转不若名正言顺，以民力襄事之为公也。此议不准行，余依议等因。钦此。仰见皇上睿鉴精详，至周至大。

臣随咨商侍郎臣三和订期会勘间，嗣闻三和将抵凉州。臣于四月初十日赶赴凉州相会，跪请圣安，叩聆训谕，钦承之下，感激无地，并将城工一案酌商。缘臣巡边及三和查勘甘省城墙各未完竣，难以定期。又陕抚臣陈弘谋接准部咨，以臣先经公出，势难会齐，移咨相订，先与三和会勘，俟勘毕再为公同定议。臣随将应修应缓工程与三和面为讲究，并经三和定议，俟甘省城垣勘毕，即赴陕省，于鄜州地方会同陕抚臣查勘，彼此咨移相订在案。至十八日，臣抵甘州边，三和亦由金塔寺一路查勘城工至甘。臣复与相会确商。迨四月二十九日，臣于口外卜隆吉途次复准工部咨开，御史彭肇洙奏请，将陕西各州县应修一千两以下之城垣令督抚司道等悉心商酌，务得办理良法，如何民自急工，如何官不扰民，相其机宜，次第办理。奉硃批：着三和、庆复等一并议奏。钦此。

臣查此时三和在凉州所属地方查勘城工尚未完竣，与臣相隔道路甚远，难以面议。或仍先与陕抚臣订期会勘，俟勘定咨移会议，或订定何处相会，俟兼程前赴面商。两次嵩差札商去后，经三和札覆，彼此相迎，未免程途回往跋涉，惟照前议，径至郿州会同陕抚相商，俟商妥之后，备文会商覆奏等因。今三和已与陕抚臣会勘定议，札商到臣，除核札覆会奏外，所有臣等接准部文在途办理缘由，理合恭折奏闻，伏祈皇上睿鉴。臣谨奏。

乾隆十年六月初八日。

（朱批）所奏俱悉。

◎川陕总督庆复、钦差户部左侍郎三和：《奏为遵旨商议分别缓急修理陕省城垣事》，乾隆十年（1745）六月初十日，朱批奏折，档案号：04-01-37-0009-028。

奏

钦差户部左侍郎臣三和、川陕总督臣庆复、陕西巡抚臣陈弘谋谨奏，为遵旨议奏事。

臣等伏查陕省咸阳等二十四州县急修城垣，经工部奏准，是否俱系边疆要地，路当孔道，应行急修，抑或地非冲要，尚可缓修之处。现今甘肃一带城堡边墙，奉旨着派户部侍郎三和就近会同该督抚详查确勘，分别缓急开列具奏等因。又御史彭肇洙奏请陕西各州县应修千两以下之城垣，令督抚会同司道等官悉心商酌办理良法一案，复奉朱批，着臣等一并议奏。钦此。钦遵。仰见我皇上慎重边疆，体恤民隐之盛心也。

伏查城垣工程，虽同属应行急修，而此中尚有缓急之分。臣三和奉命查勘甘肃一带城工，适臣庆复巡边赴甘，于四月初十日在凉州府相会，将应缓应急之处面为商酌。臣三和查勘甘省城工事竣，于五月初九日由兰州赴陕，一路查勘城工。五月十九日与陈弘谋在郿州相会，复又面相商酌。

查城垣自以边疆为要，榆林府属之榆林、府谷、神木三县，延安府属之定边县，逼近边墙，实关紧要，自宜急修。臣三和出京，先赴宁夏，取道榆、延，已经留心查勘，见各城紧临边墙，现今坍塌，允宜急为修筑，以重边防。鄜州北接延、榆，南通省会，历系咽喉险要之地，而城之东、北二面，久为洛水冲刷，年复一年，渐冲入城。东、北二面城垣久已冲去，民房拆毁甚多，衙署、仓厫亦将被冲，危险堪虞。臣等相度，惟有就势估筑石堤，即于堤上筑城，使水不复冲刷，庶衙署、仓库、民房可资捍卫，势难延缓。又延安府属之安塞县城，原在缓修之内，但城为水所冲，汕刷渐深，距衙署、仓房仅止十余丈，急须经理。臣三和、臣陈弘谋同往勘视，山水陡急，逼近城根，筑堤护城，另挑引河，使水有所归，不至再冲，以资防卫，先将冲缺之城垣补筑完好，其通体城垣仍列缓修。

以上六州县城垣、河工俱属应行急修，原估、续估经臣等酌核，约估榆林九千二百九两，府谷二万三千四百八十七两，神木二千九百九十七两，定边二万九千七百二十三两，鄜州二万二千七百九十两零，安塞四千二百二十八两零，共约估银九万二千四百三十四两，应请照原奏，于每年商杂税及公费余剩银两内动项，仍分作两年修筑完竣。其工料丈尺数目，于兴修之时照例饬造确册送部。其从前所拟急修工程内，尚有靖边、延川、米脂、华阴、咸阳、宜君、宁羌、长武等八州县，或系临边，或当孔道，亦属应行修筑，俟榆林等六州县工竣之后，臣庆复、臣陈弘谋再委道府大员确勘丈估，陆续奏闻请修。其兴平、醴泉、乾州、永寿、武功、甘泉、肤施、宜川、中部、邠州、山阳、略阳等十二州县城工，请俟咸阳等处城工修完之后，再请递修，统于每年商杂税及公项余剩银两动支。内中肤施城垣亦有为水冲刷之势，现在延安知府敦柱率同知县、绅士，用柳墩筑壩，百姓出夫，挑挖引河。现在河水不复侵城，试看一二年是否可以经久堵御，再为筹酌。其残缺城垣，亦俟河水顺轨后再为请修。其原议缓修之富平等三十六州县城工，惟令各州县不时粘补保固，徐筹次第修筑，如此则要工先得及时修建，而办理亦觉舒徐。

再查城垣所以卫民，国家修理城垣不惜百十万帑金，以为民居藩卫，恩至渥也。小民具有天良，岂无感激？趋事赴功，理所宜然。况重大工程，小民力不能办者，业皆动帑办理，仅于些小工程，俾农隙时补葺培护，实为曲礼民情，有司所宜善为董率者也。查陕省一千两以下之缓急城工共有十处，内中华阴一县原估五百二十九两零，因近年大雨时行，城垣倒坍过多，续估银至九千余两，因藩司驳查，未有定数详到，是以春间臣庆复、臣陈弘谋原奏尚列一千两以下之内。今既据藩司详到，臣三和、臣陈弘谋又亲往华阴查勘续坍属实，一切粘补修筑核定需银五千八百十两零，为数既多，自不便在民修之列，已入于第二次动支杂税银两急修项内。其余绥德、清涧、三原、高陵、鄠县、同官、城固、西乡褒城九属，原估在一千两以下，今内中虽亦续有坍塌增估之处，然为数尚不甚多，自应仍资民力补葺，但亦难一时并修，应先尽绥德、清涧二处急工，其余七处缓工陆续修葺。

夫力役之征，古之所有。况城垣为民居藩卫，陕民朴直，尊亲大义，一体相关，颇称笃至。况州县与民最亲，朝夕相见，宣布皇仁，俾知趋事赴功，义不容辞，当必踊跃从事。惟是此项工程，若经官分派，势必假于吏胥，最易滋强迫不均、需索扰累等弊，防虑不可不周。应令地方官传集乡耆士庶，令伊等各按里地，从公分认段落，于该地丰收之年、农隙之际，分年修葺。如工程在五百两内者，一年修完；一千两以内者，二年修完。小民或亲身赴工，或雇夫代役，听从其便。地方官仍不时留心稽查，如头人分派不公，或暗地滥派，告官究处，官司纵容失察，一并参处。至于小民急公趋事，分所应尔，而贫富不一，财物维艰，既用其力，不令再为出费，以昭体恤。所需砖、瓦、木、石、器具等项，自应官为购办，钦奉谕旨不准动用各官养廉。查有陕省鼓铸项下余剩息银八千六百一十四两零，原经题明，奉旨准留，仍用之于百姓之项，现存司库。所有修理一千两以下之城工，需用砖、灰、器具等件，即将此项银两酌动拨用，据实报销。如此重大城工，现动帑金，些小工程，方用民力，宽以岁月，不费民财，城垣可以渐次修整，小民亦服劳无怨。自此修整之后，责成地方官加意培护，如有些须坍损，令民按段随时粘补，官出费而民出力，不得坐视续坍，亦不得偏枯滋弊。官民有相关之义，城池有金汤之固，庶足仰副我皇上爱惜小民、慎重边防之至意也。

臣等相商，意见相同，并会商司道，公同定议，谨缮折覆奏，伏乞皇上睿鉴，敕部施行。谨奏。

乾隆十年六月初十日。

（朱批）该部议奏。

◎陕西巡抚陈弘谋：《奏为陕省办理一千两以下城工事》，乾隆十一年（1746）二月二十四日，朱批奏折，档案号：04-01-37-0010-007。

奏

陕西巡抚臣陈弘谋谨奏，为奏明办理一千两以下之城工缘由，仰祈圣鉴事。

臣伏查陕省城工，先经臣与督臣庆复奏请工程重大者动项兴修，其一千两以下之工程，请各官公捐养廉，陆续修理，未蒙准行。继经钦差户部侍郎三和到陕，会同查勘，分别缓急，定议会奏。经部议覆，应如所奏，工程重大之榆林等处工程，动项兴修；其一千两以下之绥德、清涧、三原、高陵、鄠县、同官、城固、西乡、襄城等九州县所需砖、灰、木、石等项，官为购办。所用夫工，令该督抚转饬地方官传集里民，各按地里分认段落，于丰收之年、农隙之际，分年次第修理。仍令地方官不时稽查，如有分派不公，或暗地滥派等弊，一经察出，即行究处，毋得累民。如该地方官纵容失察，该督抚一并严参。其所需砖、灰、器具银两，准于陕省鼓铸项下余剩息银，照数动给，完竣之后，造具册结报销。仍将前项城垣自修整之后，令地方官加意培护，如有些小坍塌，照例随时粘补等因。奉旨：依议。钦遵在案。

臣就原议一千两以下城工绥德等九处，逐一核计，除动项备办料物之外，所用土方夫工原不甚多，但既令小民出夫，所谓各按里地分认段落者，必须将如何出夫应役之处酌定章程，方免用少派多、偏枯需索等弊，因令地方官传齐士民，公同酌议。已据各属回覆，咸以城垣原系阖邑公事，自应阖邑公同出夫。若止就近城之民出夫，则未免偏枯；若按户口，则无业穷民亦须应役，未免苦累。惟有按照地粮，每里田粮若干，出夫若干，或自己应役，或雇夫代役，各从民便。每里公举殷实乡耆，经管夫工，不经胥役之手。官惟将每里应出夫数出示晓谕，有不公滥派者，许人指告，官为究处，绝无强派。陕民淳朴，颇觉踊跃，亦无田主派累佃户之事。臣思些小城工既用民力，其如何拨用正须筹定。若避派夫之名，漫无章程，其中必多偏枯扰累。惟按粮出夫，事属均平，既不累无业之穷民，亦觉众擎易举，民间公议，咸以为宜。

章程粗定，正拟斟酌次第兴工。兹接阅邸抄，钦奉上谕：从前朕巡幸直隶地方，见城垣多有残缺，皆因不能随时堵筑，以致出入践踏、踰越成路。因令大学士等寄谕各督抚，令其督率有司留心整饬。嗣据巡抚硕色奏请，分别工程一千两以上者，俟以工代赈之年动项兴修，一千两以内者令该州县分年修补。除土方小工酌用民力外，其余即于公费项下支修。朕将伊折令各督抚阅看，俾其仿照办理，但须善为经纪，勿致累民。而各督抚中遂有因此奏请开捐土方，并将各官养廉合力捐修者。或经批示，或经议驳，俱未准行。今鄂弥达覆奏折内又称按田起夫，诚恐占田之户必派之佃田之家，不若暂借税银生息以备修补等语。此奏甚属错误，全不知朕本意矣。盖城垣为国家保障，其责专在地方官员，其所以酌用民力者，盖因各处城垣偶有坍损，地方官并不查禁，任民践踏，甚且附近居民竟将城砖窃取，以供私用。是以令农隙之际酌用本地民夫补葺，使民知城垣之设，原以卫民，己身曾用力于其间，则遇有坍损，自然护惜，不肯任意践踏。且随时修补，亦易为力。此上下相维之义，并非令其按田起夫，竟成赋额之外增一力役之征也。如鄂弥达折内所称者，恐各省督抚亦错会朕旨，或致办理未善，致有累民之处，用是特颁此旨，晓谕各督抚知之。钦此。仰见我皇上睿虑周详，爱惜民力之至意。

　　伏查陕省一千两以下之城工，既用民力，惟有俯顺民情，按田出夫，庶为均匀省力，不致累及贫民，亦不致有如湖广田主派累佃户之虑。就陕省情形筹画，实有不得不按粮之处，但与上谕未符，臣不敢稍有粉饰，理合据实奏闻，伏候圣训遵行。臣更有请者。我朝轻徭薄赋，振古希逢。我皇上爱养民生，无微不至，御极以来，凡有工程，不惜百万帑金，为民兴举。此等一千两以下之些小城工，除官为备料外，所用民力为数无多，所以存上下相维、官民一体之意。惟是虑事不得不远，防弊不可不周，一经派用民夫，将来奉行不善，日久弊生，诚如圣谕所虑，正赋之外另增力役之征，此亦势所必至。倘蒙皇上特颁谕旨，将此等一千两以下之城工，一概不用民力，所需工料夫价总于地方杂项钱粮内，及充公项下酌量动支，次第修理，令地方官加意培护，不时粘补，并禁民践踏，则派累之弊永绝。我皇上诚求保赤、藏富于民之隆恩垂之久远无极矣。臣曷胜惶悚之至，谨奏。

　　乾隆十一年二月二十四日。

　　（朱批）此事亦因刘方霭之奏，即批照所请行矣。

　　◎陕西巡抚陈弘谋：《奏为陕省办理城工事》，乾隆十三年（1748）四月十八日，朱批奏折，档案号：04-01-37-0012-005。

　　奏

　　陕西巡抚革职留任臣陈弘谋谨奏，为钦奉上谕事。

　　乾隆十三年二月十四日接军机处寄字，内开乾隆十三年正月二十三日奉上谕：从前河南巡抚硕色奏称，豫省城垣工在一千两以内者，于每年州县额设公费银内动用，分年修葺，经朕降旨，除直隶城垣现在办理外，其余各省督抚俱将此折抄录，寄与阅看，令其仿照办理。各省督抚多以地方情形不同，一时难以仿照，惟就各本省情形，分别缓急，酌量兴修。今据硕色奏称，原议分年兴修各工俱已依限完竣。硕色办理此事，甚属妥协，而各省估报之后，事历数年，尚未有如硕色之及时竣工者。朕思北五省情形大率相近，即州县中无额设公费，而伊等原奏皆有酌量兴修之处，何以不能依限完竣？着将硕色此折再行抄寄山东、山西、陕西、甘肃等省督抚阅看，如现在未修工程有可以分别仿照河南之处，令其斟酌妥协，实心办理，具折奏闻。直隶总督那苏图亦着抄寄，令其酌办。钦此。遵旨寄信前来，并抄录硕色原折到臣。

准此。臣查陕西通省城工，乾隆十年经户部侍郎臣三和来陕，会同臣等查勘，分别缓急，奏准部议一千两以上之城工，首先急修者六处，如榆林、神木、府谷、定边、鄜州安塞是也。其次应修者八处，如靖边、延川、华阴、咸阳、米脂、宜君、长武、宁羌是也。再次，应修筑者十二处，如兴平、醴泉、乾州、永寿、武功、甘泉、肤施、宜川、中部、邠州、山阳、略阳是也。以上共二十六处，均经奏准，于陕省商杂税及公费余剩银两内动支。今首先急修之榆林等六处城工，皆经题明兴修，现在陆续报竣。俟此六处竣后，再请以次兴修。其富平等三十六州县城，议令州县官不时粘补，徐筹次第兴修。此陕省一千两以上城工之缓急次第也。其一千两以下之城工，则有绥德、清涧、三原、鄠县、高陵、同官、城固、西乡、襃城九处，先经前督臣庆复、臣陈弘谋会奏，陕省州县公费有限，难以仿照豫省办理，请于通省州县官以上、督抚以下各官养廉内公同捐修，未蒙俞允。嗣于侍郎臣三和会勘城工案内，续经奏准动支鼓铸项下余息银八千六百一十四两兴修，内有三原、鄠县二处，本地士民踊跃捐修，经臣陈弘谋奏闻，近已据报完工在案。绥德、襃城二处，前抚臣徐杞题明动支鼓铸余息兴修，现在修筑未报完竣。其未修者尚有清涧、高陵、同官、城固、西乡五处，内高陵续多坍塌，尚须确估。此陕省一千两以下城工之大概也。除已经动项兴修之榆林等六处，现在严催早为完竣，然后次第题请以次急修之工外，其一千两以下未修之清涧等五处，应遵照原奏动支鼓铸余息，不须另请动项。

臣当就中分别次第，及时兴修，以免复有倾圮，转致多费。惟有从前虽报完固，而历年久远、连遭大雨、又复续坍者，则有渭南、商南、盩厔、雒南、保安、陇州等六处。内雒南估需工料一千六百余两，万山之中，土瘠民贫，知县公费每年止有一百六十两，且非冲要之地，尚须徐筹办理。其余五处，自一百两以至六百余两不等，自应仿照豫省，责成地方官于公费内分年修茸，但陕省公费较少，若令每年修理二百两之工程，力有不逮，无济于事，且分年修茸，为日太久，前段甫修，后段复坍，究难一律完固。查州县公费，原系每年于司库内动支。臣拟将渭南等五处一千两以下工程，先于司库公项银内如数借动，令其即为兴修，勒限完工。所借动之公费，多者不过六百两，于该州县应得公费内每年扣还一百两，按年扣收，清款不致无着。官有更易，亦无偏枯。修完之后，交与地方官加意培护，小有坍损，不时修茸，责令交代，而城垣可以克期一律完固矣。

臣与暂理督臣黄廷桂相商，意见相同，并据布政使慧中具禀前来。所有陕省办理城工情由，理合遵旨覆奏，伏乞皇上训示。谨奏。

乾隆十三年四月十八日。

（朱批）知道了。

◎陕西巡抚陈弘谋：《奏为遵旨酌筹办理陕省城垣事》，乾隆十六年（1751）正月二十三日，朱批奏折，档案号：04-01-37-0015-002。

奏

陕西巡抚革职留任臣陈弘谋谨奏，为遵旨议奏事。

乾隆十五年八月初一日，准督臣尹继善札开，承准廷寄，乾隆十五年六月十七日奉旨：舒赫德此奏，着抄录，交各督抚，令就本处情形详细妥议具奏。钦此。遵旨寄信到督臣，抄录原奏，转札到臣。准此，除原奏各营公费名粮可否酌增，以备公用一节，督臣尹继善另行定议会奏外，其城垣、墩铺可否按粮摊派修理之处，督臣知会，令臣详议会奏。

臣查陕省城垣，于乾隆十年钦差侍郎臣三和来陕，会同臣逐加勘估，将通省城工分别急修、缓修，一千两以上者，动支每年商杂税及公费余剩等银，次第修理，一千两以下者，物料则动支旧存鼓铸余息，夫工则动用民力。修完之后，责成地方官加意培护，如有些小坍损，令民按段随时粘补，官出费而民出力。经部议覆，奉旨允行。继于湖广督臣鄂弥达条奏案内钦奉上谕：不许按田起夫，竟成赋额之外增一力役之征。钦此。钦遵。又经给事中刘芳霭条奏，州县城垣无论千两上下，统令动项修补，奉旨俞允通行，钦遵各在案。此陕省城垣分别动项修理之原委也。

今尚书臣舒赫德奏称，力役之征，自古为然。城垣一隅一角，动用民力，按粮摊派修理，节帑项而励急公，与陕省从前筹画大概相同。惟是城垣有新旧、完损之不同，工程有大小、多寡之不一。陕省节年办理，久有定议，难以概用民力，仍须分别筹办，方可循序兴修。通计陕省八十五厅州县城垣，内韩城、白水、沔阳、麟游、洵阳、澄城等六处，原系完固；西安、潼关、华州、临潼四处，已于乾隆五年暨十年先后动帑修理完固。此外应修之城，经侍郎臣三和会同查勘，分别缓急。内急修之榆林、神木、府谷、定边、鄜州及安塞河堤，已照原议于乾隆十一、十二等年，动支商杂税，兴修完固；其次急修八处，内华阴、咸阳亦于乾隆十四年动修完固，未修者尚有靖边、延川、米脂、宜君、宁羌、长武等六处耳；又其次急修者十二处，内醴泉已于乾隆十四年动修完固，未修者尚有兴平、乾州、永寿、武功、甘泉、肤施、宜川、中部、邠州、山阳、略阳等十一处耳。以上皆一千两以上之工，奏准于本省商杂税及公费余剩内动修。臣等现在择其临边冲要之处，委道府大员覆加勘估，另案题请兴修。

其一千两以下之工九处，原议动支旧存鼓铸余息银，内三原、鄠县已据士民合力公修，不须动项；绥德、清涧、城固、褒城已经动支鼓铸余息修完，西乡现在兴修，高陵、同官续有坍塌，原估不敷，计需工料已在一千两以上，现在委员覆估，另请仍动鼓铸余息兴修。此外，尚有原报完固、续经坍塌之渭南、商南、盩厔、保安、陇州、雒南六处，内雒南一处估费繁多，地非冲要，归于缓工，徐筹修理；其余五处，臣于乾隆十三年四月内奏准借支库项，责成地方官一面兴修，仍于该州县公费内分年扣还归款，业已修理完竣。至于缓修城工三十四处，内郃阳已据士民捐修完固，淳化覆估工料五百余两，照渭南等县之例，借支司库公银，责成该县一面兴修，分年扣还归款；其余富平等处，应俟徐筹次第修理。此陕西通省城工分别缓急、已修未修之大略也。

臣等通盘计画，陕省城垣八十四座[①]，原系完固者六处；动支帑项、商杂税银、鼓铸余息，并州县公费，及民力捐修者二十六处；现在未修之城五十二处，所估工料皆在一千两以上，至数万不等。既非一隅一角之工，断难派用民力，久经奏明，奉旨准动商杂税及公费余剩等银，原不须另请动用正项。章程已定，就此分别缓急，逐渐修筑，约计十余年间，通省城垣俱可次第修竣，一律完整，请仍照原奏办理，毋庸另议。惟是已修完固之城，向后不免复有坍塌，若不从长筹计通省城工，甫经动帑修完，势必又须请帑修补，则动帑修城，费无底止，亦非经久之策。臣等考之古者，力役之征与布缕粟米并重，惟征各以时，用一缓二。近代以来，地粮之外，设有丁银，兼有均徭，是力役之征，已在地丁银两之内，名虽异而义则同。今昔本无殊致，然我国家薄赋轻徭，远超前代，休养生息，百有余年，兼之蠲租赐复，赈恤灾荒，凡厥庶民沐浴于圣天子深仁厚泽之中者，已阅数世，则于正供之外，复出余力以执公工，论其谊，原所当然，揆其情，亦无勉强。况系已经修理完固之城，虽有坍塌，工段不多，随坍随修，为费亦少。陕民朴直，颇知急公，合力公修，亦尚易办，择可而劳，尤无不协。

通省城垣内，惟西安省会满汉同城，工程浩大，历系帑修，难责民力；潼关已裁县改厅，所辖屯民分隶各县，隶厅之屯民无几，遇有坍塌，无论工程大小，难以责令民修外；其余各城垣应请嗣后无论现在完固之城，及动项修理完固之城，与将来陆续动项修理之城，如在保固限内，遇有坍塌，责成

---

① 原文如此。同一时期奏折中亦有陕西省共"八十五座"城垣的记述。

承修官照例赔修，凡限外续有坍塌者，应如尚书臣舒赫德所奏，酌用民力修理。惟民修之工，若不立法平允，必致互诿偏枯。请将现在完固之城身段落丈尺，逐段丈明，照各乡里田粮均匀分认，取其认结，如有坍塌之处，该地方官立即一面通报，一面确估。工料在一千两以内，查明系某村某里所认段落，即令某村某里民人计所需之工料，合之该村之地粮，均匀摊派，合力承修，凡无产业之民，即不在摊派之内。如猝遇雨水，坍塌过多，工料在一千两以外者，仍归官办，动支商杂税及公费余剩等银，题明修理。倘地方官坐视因循，些小坍塌不即勘报粘补，以致工程续坍，需费繁多，希图动项修理者，该管上司查实，立即揭报严参。再修理既用民力，若复令官为经理，恐滋胥役勒索科派之弊，反阻小民急公之心，应令地方官遇有应修段落，确实估定，按照原派里分，于该里中选择殷实乡耆及素行端谨者经理其事，该地方官仍将所需工费出示该里，使小民明白周知。工竣之日，详报上司委勘立案。如此则责成既专，众擎易举，用民而民不为病，咸各趋事急公。各处城垣动帑修理之后，不致常常请帑，金汤可以永固矣。

至于墩铺一项，陕省凡遇剥落，需费无几，历系地方官于应得公费内随时修葺，造入交代，从无请动官帑之事，应请仍照向例办理，毋庸更用民力，以免用少派多之弊。倘地方官任意玩忽，不为修理，揭报参处。

臣等公同筹酌，并据升任布政使定长具详前来，谨会同陕甘总督行川陕总督事臣尹继善、护理陕甘总督事务甘肃巡抚臣鄂昌合词恭折具奏，是否有当，伏祈皇上睿鉴训示。谨奏。

乾隆十六年正月二十三日。

（朱批）原议大臣议奏。

◎陕西巡抚鄂弼：《奏为办理陕省城垣情形事》，乾隆二十七年（1762）八月二十八日，朱批奏折，档案号：04-01-37-0020-015。

奏

西安巡抚臣鄂弼谨奏，为奏明办理城工事。

窃照陕省八十五厅州县城垣，于乾隆十年间钦差户部侍郎臣三和会同前督臣庆复、前抚臣陈弘谋查明应修工程，逐加确估，分别急修、次修、缓修三项，以次兴工。其所需工料银两，请将递年征收商杂畜税并公费余剩银两留存司库，陆续动拨兴修，奏准在案。后于乾隆二十五年复经前抚臣钟音遵奉廷寄谕旨，查明已修、未修并应着落捐修各城工，其应动项兴修之肤施等四十一处工程，仍分急修、缓修，缮折覆奏，亦在案。

臣莅任后，查核档案，其因修竣未久、复有坍塌各城工，并工料无多之工程，着落地方官捐修；与绅士情愿捐修之咸阳、醴泉、三原、盩厔、榆林、神木、武功、绥德、永寿九州县城垣，俱已先后报竣；其余原列急修、缓修之肤施等四十一处城工，至今尚无一处领帑兴工。臣伏思城垣既有坍塌之处，每遇风雨，势必飘淋坍卸，是以接续报坍之城垣不一而足。原坍城工停修日久，工料年复加增，若不准其续估增修，领办之员实属办理棘手，如年复增估，则帑项愈久愈多，靡费更甚从前。因通省城工需费甚巨，公项不能济用，是以分为急工、次急工、缓工三等，以次兴修，俾公项不致匮乏也。

臣今查陕省年征商杂畜税一款银两，自乾隆十年奏准留存司库，备给城工之用，迄今已十七年。除陆续动拨城工济用外，现存司库银三十八万余两。工料银两既久贮司库，又何必仍拘泥原定，分急工、缓工？致使逐年增坍，工程愈大，办理愈难，于帑项、地方均无裨益。臣因现在近省西、同、凤、乾四府州属邑有被旱歉收之处，乘此农事既毕，佣工力作之贫民无从趁食，将附近城工及时兴工，既于佣雇贫民有益，城垣亦得及早完固。查省城咸、长二县城工，并鼓楼、钟楼等工，及肤施、乾州、邠州、甘泉、郃阳、泾阳、耀州、宝鸡、鄜县、蒲城、三水、淳化等共一十三处城垣等工，虽查原估、续估共约需银一十万数千两，但其中尚有可以节省之处。

臣现在分委谙练工程之员，督同各州县，就原估、续估各工所需工料银两详加核减，切实估定银两数目，一面将核实工料确数册报工部查核，一面核实给发工料，于九、十月内即行兴工，俾歉收地方贫民得藉佣工就食，城工按工料之多寡勒限告竣。其余尚应动帑兴修之靖边等二十八处城工，除安塞、宜君二县城垣因城基逼临山河，难议兴修外，其余二十六处城工，臣于冬底明春再行委员覆加确估，不必拘原定急工、缓工，酌其工程大小、应行速修与否，即分别造册报部，以次领银兴修。

谨将筹办通省城工情形，恭折具奏，伏乞皇上圣鉴，训示施行。谨奏。

乾隆二十七年八月二十八日。

（朱批）以工代赈，可行之事也。

◎护理陕西巡抚汤聘：《奏为遵旨筹办陕西通省城工事》，乾隆三十一年（1766）正月十二日，朱批奏折，档案号：04-01-37-0021-004。

奏

护理西安巡抚臣汤聘谨奏，为遵旨筹办陕西通省城工，仰祈睿鉴事。

窃照各省修理城垣，经部汇议奏覆，仰蒙皇上天恩，给发部库银五百余万两，酌拨直隶等省，统以五年为限，一律修竣。随于乾隆三十年十二月十四日准户部咨开，查陕西、甘肃地当西陲孔道，多系新疆回部来往之通衢，所有城垣亟宜修整，以壮观瞻，而资巩固。且今岁甘肃皋兰、巩昌等属间被偏灾，工作之兴于小民生计尤有裨益，自应一体速为兴修。查陕西原估需银五十八万九千余两，若俟部拨，恐致稍稽时日，应行令该督抚即动拨本省款项，购备物料，于新岁春融即行动工，先就陕甘各属驿站经由大路及被有偏灾处所城垣，于乾隆三十一年即行修竣，其余应修各处亦即于次年接办完工。所有动用银两仍令分晰报部，候拨归款等因。奉旨：依议。此次兴修城垣，费繁工巨，朕特发库帑，以期办理迅速。各该督抚务饬属悉心经理，俾工程巩固，帑归实用，并著遴委道府大员或藩臬两司分管督办，以专责成。其派出之员即行指名具折奏闻，将来奏报工竣后，朕当特派大臣前往查验，如有浮冒开销、草率了事，及藉工扰累等弊，惟派出督办之大员是问，即各该督抚亦难辞咎。钦此。钦遵。移咨到臣。

臣正在遵旨筹办间，复于十二月二十一日承准大学士公傅恒、大学士尹继善、大学士刘统勋字寄，内开乾隆三十年十一月初七日奉上谕：据户部议奏各省修理城垣一折，其停止劝捐之处已依议行，并降旨拨给库帑五百余万两，令直隶等省于五年内通行修举矣。城垣捍卫民生，所关綦重，是以不惜帑金，令其上紧兴修，以资巩固。但向来地方官承办城工，往往浮冒开销，草率了事，徒费工作而不能经久。此次特发内帑，一律普修，更非寻常陆续粘补可比。该督抚务须严饬应修城垣之各州县，确核估报，实用实销；并专派大员董率经理，覆估核查，务期工料坚完，足资久远，毋令不肖有司糜公帑而饱私囊，以致玩视工程，仅以结报保固塞责。将来工竣奏报之日，朕当特派大员前往，逐一查验，如有浮冒草率等弊，惟该督抚是问。前此尹继善条奏查验江省城工事宜颇为详尽，著将原折一并抄寄阅看，遵照办理。可将此传谕各该督抚知之。钦此。遵旨寄信前来。臣跪读之下，仰见圣主保障生民，不惜内帑，际丰亨之盛世，垂久大之鸿规，德意汪洋，睿谟广远，敢不悉心筹办，以期永固金汤。所有酌筹陕西通省城工事宜，臣谨分晰条款，敬为我皇上陈之：

——陕西通省城垣共计八十四座，内原报完整及陆续修竣者西安等府厅州县共五十二处，现在兴修报竣者长武县一处，业经修竣、又将原未入估之山上土城补修未竣者肤施县一处，业经动项兴修、尚未报竣者南郑、凤县、沔县、靖边、中部等五处，其余尚未兴修者耀州等二十五处。查西安省城通新疆驿站大路，自潼关以至长武，沿边一带通新疆驿站大路，自府谷以至定边，各州县城垣俱已新修完固，足壮观瞻。去岁秋成，亦并无间被偏灾之处。查有耀州、安塞、宜川、略阳、商州、山阳、兴安州等七处，或为各属赴省之通衢，或为总兵驻扎之要地，应请列为急工，即于乾隆三十一年动项兴修；其洋县、安定、麟游、澄城、韩城、白河、镇安等七处，不邻大路，虽属缓工，但需费无多，亦请于乾隆三十一年接续兴修；其余延长、葭州、

雒南、汉阴、紫阳、平利、石泉、洛川、宜君、吴堡等十州县，并未经勘估
之白水一县，或公费浩繁，或山僻小邑，向俱列为缓工，分别次第兴修。再
查延安、榆林两府所属之堡城，共计二十七座，内已经修竣者镇靖等六堡，
业经勘估、尚未兴修者龙州、镇罗、宁塞、长乐、双山、渔河、保宁、波
罗、响水、威武、清平等十一堡，未经勘估者砖井、柳树涧、盐场、永兴、
大柏油、高家、黄甫、清水、孤山、木瓜等十堡，因与州县城垣关系仓库、
监狱者有间，是以历次勘估列为最后缓工。查各堡地处边陲，多系将备驻扎
之所，自应一律修整，以张指臂而壮声援，应请俟各州县城垣修竣之后，接
续兴修。如此酌定先后章程，按年修葺，则承修各属自不敢观望因循，而通
省城堡可以克期完固矣。

　　——修理城工，估勘最关紧要。陕西通省城垣自乾隆五年、十年两次
估勘以来，已历二十年及二十余年之久，内有岁久续坍，业经报明在案，似
应于原估之外酌量加增，有从前查勘未确及今昔办理异宜之处，尤须确核估
计，以杜浮销。先经抚臣和其衷檄饬各该管道府确实覆估，迄今尚未报齐。
目下瞬届春融，所有本年应修处所亟宜派委道府，逐一覆估，以便及时兴
修。耀州城工酌委督粮道王太岳率同署西安府知府景明覆估督修，安塞、宜
川、安定三县城工委护延榆绥道赵铨率同延安府知府李承瑞覆估督修，麟游
县城工委驿盐道图桑阿率同凤翔府知府达灵阿覆估督修，澄城、韩城二县城
工委潼商道屠用中率同同州府知府林文德覆估督修，略阳、洋县二县城工委
汉兴道何履忠率同汉中府知府王时薰覆估督修，商州及山阳、镇安二县城工
委潼商道屠用中率同商州知州顾馨覆估督修，兴安州及白河县城工委汉兴道
何履忠率同兴安州知州舒世泰覆估督修。俟各该道府陆续勘履到日，臣即与
署布政使秦勇均遵照定例，分往覆勘，并一面酌拨银两，即令鸠工备料，务
于三月春融之际及时兴工。如有数逾万两以上，本地方官一人料理恐有未
周，即添派贤能丞倅，或邻近无城工之州县，酌定段落，协办兴修，以期竣
工迅速。所有需用物料购有成数，即令本管道府亲往点验，遵照大学士尹继

善江省原奉事宜确切查办。至需用工料银两，与从前原估相符及尚有应增、应减之处，随时咨部存案，以备核销。

——估勘既为先务，而董率尤在得人。查承办各员贤愚不一，虽历经勘估之后，工费不至浮开，其中选料不能坚好，鸠工或至迟延，以及藉工滋扰等弊，诚如圣虑所及，不能保其必无。除派本管道府严确稽查外，再当遴委大员，董率经理。查藩司为通省钱粮总汇，一切工程是其专责。新任西安布政使程焘不日到任，应请派为总理工务之员，饬令督率属员上紧办理。但藩司事务殷繁，除勘估、收工照例亲往查验外，势不能长川来往巡查，更宜于道府中遴选贤员，责成分理。查有督粮道王太岳在陕八年，办事认真精细，不肯欺饰；护理延榆绥道、榆林府知府赵铨久任知府，历练老成，事事靠实，均系熟谙人情风土之员，堪胜分管督办之任。请将西安、凤翔、汉中、同州四府、商州、鄜州、兴安三直隶州城工责成王太岳督办，延安、榆林二府、绥德一直隶州并沿边一带堡城，责成赵铨督办，并令不时巡历工所，实力稽查。倘督修州县并时兴工，一人不及分身，并听于丞倅中选委干员，帮同查办。估点物件务须合式齐全，不使稍有克减，以不合式之物滥充应用。督趱工程务期通力合作，不使稍有怠惰，亦不许短少工价，以致工力不能踊跃，贻误要工。城工报竣之日，抚藩亲往分收，按册核查，抽段拆看，务须表里如一，毋许以旧作新，总期帑不虚縻，工归实用。倘承办各员任意稽延，有心弊混，即行严揭请参。若徇庇属员，代为粉饰讳匿，一经察出，惟专派之司道大员是问。庶董率得人，而办理益昭慎重矣。

——城工原估有土城、砖城、石城之不同，各按旧城修葺，酌量地形，有须改建、添筑之处，似宜乘此巨工筹度稳妥。虽工费稍增，而城垣永固，庶为一劳永逸之计。即如耀州、安塞、宜君三州县城垣，向俱列入急工。嗣因耀州、安塞二处逼近山溪，易致冲圮。宜君一处，城居山上，土质松浮，难以修筑坚固，且土遥水远，施工较难，均于每年汇奏城工折内奏明暂请缓修在案。臣恐地方官不无畏难苟安、因循不办，以致城垣日就颓废。查耀州为沿边赴省之通衢，亟宜修葺。臣即率同督粮道王太岳亲往相度情形。缘漆、沮二水环抱州城，乾隆二十五年川流陡涨，冲刷城根，西南隅倾圮一处，曾经前抚臣鄂弼专折奏请停修，先筑乱石滚坝，防遏水势，俟河流远徙，再行请修亦在案。臣逐加履勘，沮水在西，漆水在东，该州地势较河身高三、四、五、六尺不等，惟西南一角地势平削，河流较近，即乾隆二十五年水涨坍卸之处。乾隆二十八年议筑石坝之后，河流渐次远徙。若于西北将旧河身再为疏通，使河流直下，并于西南城根再添建石堤三十余丈，水涨时即可捍御无患。又西南旧城倾圮，城内筑有夹城一道，城身坚固，即可就此修筑，以旧城为帮护城根之用。又城内西南隅有洼下积水之地一块，向来无处宣泄，未免浸啮城根，添建水洞一处，以泄通城积水，更于城身有益。现饬督粮道王太岳确核估勘，并一面给发库项，即令购备物料，兴工修筑。再据延安府知府李承瑞禀称，安塞县有北河一道，逼近北面城根，每逢山水骤发，水势奔突，非土石所能御，北面城身冲圮无存，若照旧基重筑，帑项必至虚糜。查该县南门外土地平坦，与旧城紧相连接，若将东、西、北三城向东南移建，北面依山，水不为患，而衙署、仓库、监狱等项，先经前任知县倪嘉谦详请移建南关之外，以避水患，将来移筑新城，其衙署等项无庸另建等语，改建是否合宜，工费有无增益，现饬护理延榆绥道赵铨确查覆估。宜君县城垣果否土质松浮，土遥水远，施工较难，并饬督粮道王太岳详悉查勘。统俟覆到之日，臣再亲往该二县察度情形，一面随宜办理，另行具折奏闻。此外各城堡尚有应须斟酌筹办之处，均俟该道府估覆到日，臣率同藩司严查确核，随时据实奏明，请旨办理。

——修理城垣务期巩固，理宜慎重周详。查陕西通省城工，如地居腹内之西安、同州、凤翔等府，久经修葺竣工。即有尚未兴修者，每府不过一、二州县而止。现在应修城堡多系山僻小邑及沿途一带地方，一切器具、物料均不如腹地之充裕，购办颇需时日；而工匠一项尤属本地所无，向来俱往山西雇募，既经来自外省，人数势不能多，且各州县多有工程，分散应用，恐以不谙工作之人滥行充数，以致工程不能坚久。臣再四筹画，若遵照部限，务于二年之内一律赶修，则修葺之处太多，工匠不敷，顾此失彼，转有草率了事之虑。臣不揣冒昧，仰恳皇上天恩，稍展限期，州县城垣共二十五处，请自乾隆三十一年兴修起，分作三年修理，统于乾隆三十三年一并竣工；堡城共二十一处，即自乾隆三十三年接修起，分作三年修理，统于乾隆三十五年一并竣工；其中地方偏僻、工费浩繁之处，俟估勘明确后，即酌拨库项，责成承修之州县、督修之道府预行购料鸠工，以便如期修葺。如此分别办理，凛遵圣谕，总不出五年之内一律修完，办理更觉详慎，而工程益资巩固，似亦因地制宜之道也。

——通省城工需用工料银两，查陕西原有商畜杂税银一项，曾经前任督抚奏明，留为修理城垣之用，每年额征银四万三千八百余两，现存司库银二十七万六千八百余两，原系修城专款，陆续拨给今岁修城之用。嗣后按年接修，遵照部议，即于司库中动项兴修，分晰报部，仍以每年商畜杂税银陆续补还司库原项，似可无须酌拨部库银两。

以上各条臣就愚见所及，复与署督臣和其衷往返札商，意见相同。臣谨分款缕陈，会同署督臣和其衷合词恭折具奏，伏祈皇上训示施行。再通省城垣是否完固，例应岁底汇奏之处，似毋庸重复具奏，合并陈明。谨奏。

乾隆三十一年正月十二日。

（朱批）该部议奏。

◎陕西布政使程焘：《奏为查勘陕省城垣情形事》，乾隆三十一年（1766）五月初十日，朱批奏折，档案号：04-01-37-0021-025。

奏

西安布政使臣程焘跪奏，为奏明事。

窃查各省城工荷蒙圣主发帑兴修，普天之下官民士庶无不感戴鸿恩，欢欣踊跃。陕西各属应修城垣经署抚臣汤聘酌议，以西安府属之耀州，延安府属之安塞、宜川两县，汉中府属之略阳县，直隶商州城暨所属之山阳县，并直隶兴安州城七处，列为急工，于乾隆三十一年估定动修，而洋县、麟游、澄城、安定、韩城、白河、镇安等县七处，需费无多，亦请于本年接续修理，俱请派委各该管道员率同知府、知州覆估督修，部覆准行在案。此内耀州一处，臣未到任以前即已估定兴修，现在工程将及一半，其余十三处城垣，有已经领银具报兴工者，有已领银未报兴工、现在饬催者，有尚未估报、现经叠檄严催者，有估报到司而所开价值浮多驳饬更换者。查各属应修城工虽经该管道员率同府州履勘确估，但臣身为藩司，则通省城工系臣之专责，若不亲往履勘，于确实情形未能稔悉，议驳议准皆系纸上空谈，凭虚悬拟。况如延安府属之安塞一城，因山水汕刷，北面城根旧址已成河道，现议移建改筑，而镇安、山阳两处城垣，岁久未修，全行坍塌，必须亲往酌度，勘估尤为紧要。

臣已面禀抚臣明山，定期前往。再此次发帑，一律兴修，臣仰体皇上圣心，总期工程坚固，并不爱惜费用。然承办之员，倘有丝毫浮冒，以致钱粮不归实用，而工程不能永远坚固，则辜负圣主鸿恩，其罪尤不可逭。然与其参劾惩处于事后，不若严查督办于事前。查陕省现有城工各州县，大抵俱在山陬，一切砖、灰、料物无处购买，皆须设立窑座，自行烧置，而砖之坚脆全在土坯之粗细，灰之美恶由于火力之浅深。至于夯筑城身，用实力则工费多，而成之较迟，脱版以后光润坚洁，此工程之坚实者也；不用实力，则工费省而成之较速，脱版以后松浮粗糙，此工程之草率者也。他如灰浆有浓淡，钩砌有疏密，凡此种种情节，一经完工以后即难辨识，必当兴作之际时时验看察查，不使稍有偷减，然后工程坚固，可垂永久。臣现严饬各该府就近往来，不时亲身察看，其有钱粮费多而工程较大之处，即令其驻宿稽查，纵有地方事务，亦可携带就近办理，并无旷废妨碍之虞；并移行各道一体周流查察，料物倘不如式，可以当时驳换，人工稍有草率，可以立加惩警。统俟完工以后，臣再亲往验收，总期帑项归于实用，工程不致偷减。所有臣现在办理缘由，理合奏闻，伏祈皇上睿鉴。谨奏。

乾隆三十一年五月初十日。

（朱批）好！实力督查可也。

◎陕西巡抚明山：《奏为查办陕省城工事》，乾隆三十一年（1766）八月二十五日，朱批奏折，档案号：04-01-37-0022-010。

奏

陕西巡抚臣明山谨奏，为奏闻事。

窃臣以庸才荷蒙圣恩，屡畀封疆，惟刻刻以诚实不欺自矢，藉以上酬主知，下饬属吏。臣数年间所历数省，各属中才能干练者颇不乏人，但求其实心实力、毫无欺隐者不可多得。惟一种阳奉阴违、苟安迁就之风习以为常，牢不可破，此实外吏不堪锢弊，急宜整理。今察看陕西吏治，虽无荡检踰闲、坏法舞弊，而此等因循习亦所不免。即如各州县办理城垣一事，经署抚臣汤聘奏明，将未修之耀州等二十五处分别急工、缓工，轮年修理。迨臣逐加确核，据各属纷纷详禀，其估报数目竟较乾隆五年、十年、二十一、二年原估之数加增至一、二倍不等。犹复种种畏难，百方延诿。臣专饬经管道员，分途踏勘。各据覆称，从前估计原未甚确切，且现有应添之护堤、石岸及城楼、墙垛等项势在必需，更有相隔前估二十余年，一应砖土风雨刮淋，实多剥落坍颓之处。今昔情形不同，若必使概照原估，承修之员实难办理。今虽竭力裁减，总不得不比前加增等情。

臣伏思我皇上发帑修城，原期永远巩固，足壮观瞻，不得稍从草率，致滋因陋就简之弊。既经委员往复确勘，必需酌增，自不容不为核发，俾令一律整齐，以竣全局。但查乾隆五年、十年工部两次议覆陕省缓修城垣预估原案，内开地方官不得藉有以工代赈，将少有坍塌处所不及时修理，致城垣日益倾颓，转滋需费浩繁，饬令如有些小坍塌，于农隙时修补，毋使任其坍塌等因，通行在案。是前次估修之后，若各地方官果能实力经理，设法防护，随时粘补，何至不数年间倾颓殆尽，于原估之外复如此多糜。其为积踵废弛，全不以地方公事为念，一任倒坏，直至动项兴修，无可掩饰，遂尽数开造，笼统增估。若竟听其加添，颟顸了事，既于国帑多縻，而从前遗误人员转得置身局外，实不足以惩积玩而振因循。

臣请将陕省此番城工一面确勘，切实估计，先行定数给发，督率次第兴修，仍俟汇总，分晰核算。除现在因地制宜，如迁改筑堤、挖掘引河、增造楼堞等项，不在原估数内者，酌准覈实开销外，其余俱以最后估计、前经造册咨部之数为准。凡有原估以后续坍添修者，总于现今估计动项兴修二十五处城工报竣之日通盘核明，共计增坍逾额实用数目，分晰据实奏明，著落漫不经心之历任地方官赔补，庶足以昭惩戒，而朦混玩忽之弊端亦自知儆惕矣。至现今鸠庀伊始，臣仍酌量逐处亲往履勘工料，并派委司道大员分路查察，倘稍有浮冒草率，立即严参究处，务使工归实用，帑不虚縻，以仰副我皇上捍卫民生、保固金汤之至意。

所有臣查办城工缘由，理合据实恭折奏闻，是否有当，伏祈睿鉴训示。谨奏。

乾隆三十一年八月二十五日。

（朱批）另有旨谕。

◎陕西巡抚明山：《奏为查明陕省乾隆三十一年分城垣并无损坏情形事》，乾隆三十一年（1766）十二月二十一日，朱批奏折，档案号：04-01-37-0022-038。

奏

陕西巡抚臣明山谨奏，为遵例查明汇奏事。

窃照乾隆三十一年八月二十七日准工部咨，议覆直隶按察使裴宗锡条奏，嗣后各省保固限外城工，令地方官遵照定例，时加保护，于年底将有无坍损修补之处造册具报各该管上司存查，并令道、府、直隶州等官留心查察，据实报明。各督抚分别查办，统于年底将有无坍损修补缘由核明具奏等因。

臣当即檄行该司道等，通饬各属实力遵行，悉心查勘。兹届奏报之期，据布政使程焘详称，查陕省城垣共计八十四座，又延安、榆林二府属堡城二十七座，共一百一十一座。内现在兴修、尚未报竣者一十七处；甫经修竣、现饬报销者二处；奏准暂缓一、二年另行办理者一处；又奏准乾隆三十二年接续兴修者一十一处；三十三年接续兴修者二十一处；已经修竣、保固年限未满者一十一处；以上已、未修各城，统俟通省城堡修竣，照例按年节报外，实在原报完好及修竣保固限外者四十九处，内永寿县一处先于乾隆三十年秋间报有坍损，业饬该县于三十一年二月修理完固；又陇州、凤翔县二处，据该府勘报，因今岁秋雨过多，城身堞垛间有坍损，现遇地土凝冻，难以兴工，俟来岁春融，督同州县如式赶备，以资巩固外，其余各城堡现俱完固，并无坍损，分晰核议，具结申赍前来。

臣覆查陕省未修城垣，现在分年赶办，业经前署抚臣汤聘奏请，将常例汇奏暂行停止在案。原报完好及修竣保固限外城堡四十九处，自应遵照现行新例分别查办。除督饬将稍有坍损之陇州、凤翔县于来岁春融日，修补完固，另行确勘外，所有其余城堡核明并无损坏缘由，理合会同陕甘总督臣吴达善合词具奏，并分晰开具清单，恭呈御览，伏乞皇上睿鉴。谨奏。

乾隆三十一年十二月二十一日。

（朱批）知道了。

◎陕西布政使程焘：《奏为次第兴修陕省僻属城工事》，乾隆三十二年（1767）六月十二日，朱批奏折，档案号：04-01-37-0023-026。

奏

西安布政使臣程焘跪奏，为奏明僻属城工酌请次第兴修事。

窃查陕省各属办理城工，兴安一州所属六县内，白河、紫阳、汉阴、石泉、平利五邑城垣俱在应修之列。前署抚臣汤聘奏明将白河一县并兴安州城于乾隆三十一年兴修，紫阳、汉阴、石泉、平利四县俱于乾隆三十二年兴修。伏查兴安僻处江滨，距省遥远，其所属各县更在万山之中，道路崎岖，民居稀少，修理城垣一切塼、土、木、石工程做法，必须熟谙之人方能如式估计、制造经营，而匠工兴作之际，更须时加督察，查验其料物，考覈其工程，俾家人、书役、工头人等不能串合扶同、偷减草率，始于要工乃为有益。今兴安州暨白河县城因上年秋季兴工之后，零雨较多，难以趱办，是以现在赶修，而紫阳、汉阴、石泉、平利又应估计兴修。伏查紫阳等县地居荒僻，其官吏、书役未必谙悉工程，且一州五邑俱有城工，同时并举，不惟购造物料、指示工作，恐不能皆得其人。而该州舒世泰一人，既应料理自己城工，又须往来督查五邑，势必顾此失彼。且自兴安以至紫阳等属，往回路程一千余里，尤难周流查察者也。

查平利一县距州一百里，其路尚近。臣愚请将平利一县城垣先行估办，务令与兴安、白河二城俱在今年先后完竣，其紫阳、汉阴、石泉三县城工请俱暂缓，俟兴安、白河、平利工竣之后，接续兴修。如此，则办理转觉从容，稽查易于周密，于僻属城工似为有益矣。

臣为慎重要工起见，是否有当，伏祈皇上睿鉴，训示遵行。谨奏。

乾隆三十二年六月十二日。

（朱批）知道了。

◎陕西巡抚文绶：《奏为查办陕省城垣情形事》，乾隆三十四年（1769）六月初四日，朱批奏折，档案号：04-01-37-0024-032。

奏

陕西巡抚奴才文绶跪奏，为钦奉上谕事。

窃奴才于本年五月二十八日承准大学士尹继善、大学士刘统勋字寄，乾隆三十四年五月十五日奉上谕：前以各省修理城垣，特发帑银五百万两，交各该督抚核实查办，以期工归实用，帑不虚糜。迄今已阅数年之久，虽该督抚等将分年修理、派委大员、确估核收情形奏及，而各该省现在已办、未办总数及帑项支存若何，从未见汇核详分、据实入告。近日富明安有请，将滨州原估砖城改办土城，以节糜费之奏，已交该部定议。可见各省兴修城工，原有随时酌量增减，不能拘泥原估者。若不将节年所办核计胪分，使工、帑各归实际，恐在工各员日久不无弊混。著传谕各督抚等，将该省原估城工几处、已修未修若干、有无改估，及原拨库项动用若干、曾否报部，及存留未用者若干、现贮何处，并作何稽查、察核及经理、督办各情形，逐一查明详晰，开具清单，即行覆奏。其有不由拨帑、动用该省公项者，亦著一体奏闻。钦此。奴才跪读之下，仰见我皇上保卫民生、永固金汤之至意。

伏查陕西通省城垣八十四座，除原报整齐及先经估修完固外，经前护抚臣汤聘奏请将坍塌之二十五处城垣内，以耀州等七处为通衢重镇，列为急工，即请兴修；其洋县等七处，接续兴修；其余延长等十一州县，地僻费繁，列为缓工；又延安、榆林两府属之波罗等处堡城二十一处，为边陲将备驻扎之所，俟城垣修竣再行续办，均请在陕省商杂税银内动支修理。经部议覆，于乾隆三十一年二月奉旨俞允在案。嗣历任各督抚将坍塌之二十五城先后经理，现已修竣一十九座，共动支过司库商杂税银二十六万七百三十一两零。其现修未竣者葭州、平利二城，现在查估兴修者系汉阴、紫阳、石泉三县，奴才现在饬查办理。惟安塞一县城垣，因城身北面有北河一道，每遇水发之时，奔腾莫遏，致将北城一面冲圮无存。经前抚臣明山亲勘，北岸土崖壁立，水冲根脚，下空上卸，请将北城土岸铲成坦坡，以免冲激，试看一二年有无成效，再行办理等因，具奏在案。

兹奴才查得该县城垣自连年试看以来，北来之水势甚汹涌，难以抵御。近据司道议详，请添建北河石堤，并请将县城移筑于前，以旧城之南门作新城之北垣，添砌南、东二面城墙，并傍山补筑土石墙垣，以成永固之势等情。奴才伏思此次修建城工，仰蒙圣主不惜帑金，期于巩固，自应筹度万全，一劳永逸。奴才因赴汉中府验解骡头，当与布政使勒尔谨商酌，委令粮道沈荣昌先行前往安塞县确加验看，俟该道查明到日，奴才另行确勘定议，奏请圣明训示遵行。此陕省二十五州县城垣，已竣一十九处、未竣六处之情形也。

至榆林、延安二府属波罗堡等村堡二十一处，上年系届应修之期，经前抚臣明山奏明，分别缓急，照案动用杂税银两办理。嗣据该二府属将波罗、龙州、响水、木瓜、孤山、镇罗、宁塞、高家、常乐、渔河等堡，估计开工兴修，其余双山等堡内，有地僻人少、路非冲要者，有沙壅城身、估费太繁、应加驳减者，均须确勘酌筹。奴才亦委粮道沈荣昌逐加查验，如有今昔异宜、应停应改之处，俟奴才另行覆核，奏请办理。此延安、榆林二十一堡之情形也。

至于查察各工，尤关紧要，均于兴作之初，即派本管道府严密督查，俱各按工验料，核实办理，俾资巩固。各属所领工程银两，系由司库动支杂税，核计城工分数，随时酌给。该州县领到银两之日，即就近封贮本管道府州库内，陆续监放。该道府州亦即随时验料发银，不令州县稍有侵那[①]滋弊。俟收工之时，奴才当按段拆验，倘稍有不符，除工程另办坚固外，并将督办之道府州一并严参分赔。再查榆、延村堡，原非州县城垣可比，其中砖石村堡有无应行改估，及地僻人稀之地应行停缓之处，容奴才确查办理，总期工归实用，帑不虚糜，以仰副我皇上惠爱斯民之至意。所有陕省城垣情形，敬缮清单，恭呈御览，伏祈圣主睿鉴。谨奏。

乾隆三十四年六月初四日。

（朱批）知道了。

◎陕西巡抚文绶：《奏为勘明乾隆三十四年分陕省各属城垣情形事》，乾隆三十四年（1769）十二月十二日，朱批奏折，档案号：04-01-37-0025-035。

奏

陕西巡抚奴才文绶跪奏，为钦遵圣谕保固城垣年底汇奏事。

窃查钦奉上谕：城垣为地方保障之资，自应一律完固，以资捍卫。嗣后

---

① 原文如此。同"挪"。

饬令各该管道府，将所属城垣细加查勘，如稍有坍卸，即随时修补，按例保固，仍于每年岁底将通省城垣是否完固之处，照奏报民谷数之例缮折汇奏一次。钦此。兹届乾隆三十四年分奏报之期，据西安布政使勒尔谨具详前来。

奴才伏查陕西通省府厅州县城垣共八十四座，内除兴修未竣及估修并另行酌议办理者共五座外，现在通共完固城垣七十九座；又现在兴修未竣堡城十一座、完固堡城六座，除饬令司道府督率各州县，将完固城垣随时察勘保护，奴才仍不时查察，务期永远巩固外，所有乾隆三十四年分陕省各属城垣完固缘由，谨会同陕甘督臣明山合词恭折具奏，并开列清单恭呈御览，伏祈皇上睿鉴。谨奏。

乾隆三十四年十二月十二日。

（朱批）知道了。

◎陕西巡抚文绶：《奏为勘明乾隆三十五年分陕省各属城垣完固情形事》，乾隆三十五年（1770）十二月初三日，朱批奏折，档案号：04-01-37-0027-024。

奏

陕西巡抚奴才文绶跪奏，为钦遵圣谕保固城垣年底汇奏事。

窃照钦奉上谕：城垣为地方保障之资，自应一律完固，以资捍卫。嗣后饬令各该管道府，将所属城垣细加查勘，如稍有坍卸，即随时修补，按例保固，仍于每年岁底将通省城垣是否完固之处，照奏报民谷数之例缮折汇奏一次。钦此。兹届乾隆三十五年分奏报之期，据西安布政使勒尔谨具详前来。

臣查陕西通省府厅州县城垣共八十四座内，兴修已竣城垣四座，奏明停修一座，现在通共完固城垣七十九座；又现在兴修已竣堡城四座，兴修未竣堡城七座，完固堡城六座。除饬令司道府督率各州县，将完固城垣随时查勘保护，臣仍不时查察，务期永远巩固外，所有乾隆三十五年分陕省各属城垣保固缘由，谨会同陕甘督臣明山合词恭折具奏，并开列清单恭呈御览，伏祈皇上睿鉴。谨奏。

乾隆三十五年十二月初三日。

（朱批）览。

◎陕西巡抚勒尔谨：《奏为勘明乾隆三十六年分陕省各属城垣情形事》，乾隆三十六年（1771）十一月十八日，朱批奏折，档案号：04-01-37-0029-015。

奏

陕西巡抚奴才勒尔谨跪奏，为保固城垣遵例汇奏仰祈睿鉴事。

窃照各省城垣，钦奉上谕：将是否完固之处，缮折汇奏等因。钦此。兹届乾隆三十六年分奏报之期，据西安布政使毕沅具详前来。

奴才覆查陕西通省府厅州县城垣共八十四座内，兴修已竣城垣四座，奏明停修一座，现在完固城垣七十五座；又本年夏秋雨水过多，据报间有坍损，应令承办之员照例补修四座，兴修已竣堡城十一座，完固堡城六座。除饬令司道府督率各州县，将完固城垣随时查勘保护，务期永远巩固外，所有乾隆三十六年分陕省各属城垣保固缘由，谨会同督臣文绶合词恭折具奏，并开列清单恭呈御览，伏祈皇上睿鉴。谨奏。

乾隆三十六年十一月十八日。

（朱批）知道了。

◎陕西巡抚巴延三：《奏为勘明乾隆三十七年分陕省各属城垣情形事》，乾隆三十七年（1772）十二月十四日，朱批奏折，档案号：04-01-37-0031-023。

奏

陕西巡抚臣觉罗巴延三跪奏，为保固城垣遵例汇奏仰祈睿鉴事。

窃照各省城垣，钦奉上谕：将是否完固之处，缮折汇奏等因。钦此。钦遵在案。兹届乾隆三十七年分奏报之期，据西安布政使毕沅具详前来。

臣覆查陕西通省府厅州县城垣共八十四座内，奏明停修一座，现在完固城垣七十九座，乾隆三十六年据报坍损、已经赔修城垣四座，缘上年夏秋雨水过多，间有坍损处所，俱经陆续如式赶修完竣，照例着落原办官赔补；又完固堡城一十七座，以上通省城堡俱各一律完固。除饬令司道府州督率各厅州县，将完固城垣随时查勘保护，务期永远巩固外，所有乾隆三十七年分陕省各属城垣保固缘由，谨会同督臣勒尔谨合词恭折具奏，并开列清单恭呈御览，伏祈皇上睿鉴。谨奏。

乾隆三十七年十二月十四日。

（朱批）览。

◎陕西巡抚毕沅：《奏为勘明乾隆三十九年分陕省各属城垣情形事》，乾隆三十九年（1774）十二月初四日，朱批奏折，档案号：04-01-37-0033-009。

　　奏

陕西巡抚臣毕沅跪奏，为陕省城垣保固遵例汇奏事。

案查乾隆二十八年七月内钦奉谕旨：城垣为地方保障，自应一律完固，以资捍卫，著各省督抚嗣后饬令该管道府，将各属城垣细加查勘，如稍有坍卸，即随时修补，按例保固，仍于每年岁底将通省城垣是否完固之处，缮折汇奏，钦此。钦遵在案。现届乾隆三十九年分奏报之期，臣先期檄饬布政使移行各该道府详查确勘去后，兹据布政使富纲分晰开列清折具详前来。

臣覆加查核，陕西通省府厅州县城堡共一百一座内，历年完固城垣七十九座；又沿边一带完固堡城一十七座；又从前奏明石泉县停修城垣一座；又上年因秋雨过多，兴安、平利、宁羌、商南城垣四座，各有坍损处所，现俱补修完竣，同完固各城堡，俱严饬地方各官，并该管道府随时留心经理，加意保护，俾金汤永固，不致有坍损之虞。

所有陕省各属城垣保固缘由，谨会同督臣勒尔谨合词恭折具奏，并开列清单恭呈御览，伏祈皇上睿鉴。谨奏。

乾隆三十九年十二月初四日。

（朱批）知道了。

◎陕西巡抚毕沅：《奏为勘明乾隆四十一年分陕省各属城垣情形事》，乾隆四十一年（1776）十一月二十六日，朱批奏折，档案号：04-01-37-0035-031。

奏

陕西巡抚臣毕沅跪奏，为陕省城垣保固遵例汇奏事。

案查乾隆二十八年七月内钦奉谕旨：城垣为地方保障，自应一律完固，以资捍卫，著各省督抚嗣后饬令该管道府，将各属城垣细加查勘，如稍有坍卸，即随时修补，按例保固，仍于每年岁底将通省城垣是否完固之处，缮折汇奏。钦此。钦遵在案。现届乾隆四十一年分奏报之期，臣先期檄饬布政使移行各该道府详查确勘去后，兹据布政使富纲分晰开列清折具详前来。

臣覆加查核，陕西通省各厅州县城堡共一百一座内，历年完固城垣八十一座；又沿边一带完固堡城一十七座；又从前奏明石泉县停修城垣一座；又上年因秋雨过多，褒城、镇安二处城垣间有坍损，已于今岁春融补修完竣。

臣伏思设城建堡，所以捍卫居民。皇上大发帑金，修筑各属城垣，一律新整，俾雉堞壮崇墉之势，而间阎无奸宄之虞。但新修城垣土性尚松，易于倾塌，全在地方有司随时实心经理。或遇大雨时行，城顶、城身间有渗漏鼓裂之处，即须填塞隙缝，如法补修。若稍不经意，必至汕刷坍塌，即使勒令赔修，未免费倍多而工不固。臣惟有严饬该管道府，督率各地方官，将完固各城堡加意保护，庶金汤巩固，不致有坍损之虞。

所有陕西省各厅州县城垣保固缘由，臣谨会同督臣勒尔谨合词恭折具奏，并开列清单恭呈御览，伏祈皇上睿鉴。谨奏。

乾隆四十一年十一月二十六日。

（朱批）知道了。

◎陕西巡抚毕沅：《奏为勘明乾隆四十四年分陕省各属城垣情形事》，乾隆四十四年（1779）十一月十九日，朱批奏折，档案号：

04-01-37-0036-021。

　　奏

　　陕西巡抚臣毕沅跪奏，为陕省城垣保固遵例汇奏事。

　　案查乾隆二十八年七月内钦奉谕旨：城垣为地方保障，自应一律完固，以资捍卫，著各省督抚嗣后饬令该管道府，将各属城垣细加查勘，如稍有坍卸，即随时修补，按例保固，仍于每年岁底将通省城垣是否完固之处，缮折汇奏。钦此。钦遵在案。现届乾隆四十四年分奏报之期，臣先期檄饬布政使移行各该道府详查确勘去后，兹据布政使尚安分晰开列清单具详前来。

　　臣覆加查核，陕西通省各厅州县城堡共一百一座内，历年完固城垣七十七座；沿边一带完固堡城一十六座；又从前奏明石泉县停修城垣一座；又上年洋县、雒南、镇安、宜君四处城垣有被雨淋坍卸处所，已于今春补修完竣；又咸宁、长安省会城垣一座，多有鼓裂、剥损之处，上年因夏秋以后雨水连绵，难以动工，今岁复加细勘，城身周围四十里，规模十分雄壮，现在损坏过多，若动手兴修，工程浩大，必须熟筹妥办，方可一劳永逸，现在遴委大员确加勘估，另行核实，奏请办理；又今岁兴安州城并定边县属之砖井堡二处，亦因大雨时行，各有淋坍丈尺，已饬勘估结报，俟来岁春融即行上紧补修，以期一律巩固。其各厅、州、县现在完固各城堡，俱经臣严饬各该地方官并该管道府，如城身垛堞略有损伤，即行随时修补，庶免坍塌之虞，并令加意稽查，实力保护，以资捍卫而固金汤。

　　所有陕西省各厅、州、县城垣保固缘由，臣谨会同督臣勒尔谨合词恭折具奏，并开列清单恭呈御览，伏祈皇上睿鉴。谨奏。

　　乾隆四十四年十一月十九日。

　　（朱批）览。

　　◎署理陕西巡抚毕沅：《奏请修茸城垣事》，乾隆四十六年（1781）十一月初三日，录副奏折，档案号：03-1133-016。

　　奏

署理陕西巡抚臣毕沅跪奏，为奏明请旨事。

窃照陕西西安省城，遥控陇蜀，近联豫晋，四塞河山，实为西陲重镇。所有城垣一座，外砖内土，周围四门，每门三重，上有城楼三座，共十二座，角楼四座，卡楼九十八座，形势雄壮，尚系隋唐旧基。本朝顺治十三年暨乾隆三年、二十八年略加葺治，但历年久远，城身多有鼓裂，垛堞亦间段残损，至四门券洞及城楼、角楼、卡楼等处，大半糟旧倾侧，日见坍卸。此时若不急加修治，恐将来一经倒塌，工费更属不赀。况西安系都会要区，必须巩固金汤，始足以壮观瞻，而资守御。

臣于去岁三月在苏州恭迎銮辂，瞻觐天颜，曾将现在城垣应须修葺情形详悉陈奏，仰蒙允准，并命臣寄信抚臣刘秉恬，即行估计办理在案。嗣刘秉恬调任云南，雅德接任未久，臣去冬仰承恩命，复莅兹土。抵任后，即率同在省司、道、府等周围履勘，拟于今春具奏兴工。旋因兰省有事，未及办理。目下关中一带地方安堵，诸事平宁，且连年岁序殷丰，人民无事，正可乘时兴作。但此项工程甚巨，估计最须确实。现在工部侍郎臣德成奉命前赴甘省估办城工，可否俟其回京时，路过西安，顺便将应行修葺之处，切实料估，酌筹动项办理。是否可行，谨缮折奏闻请旨，伏祈皇上训示遵行。谨奏。

十一月初三日。

乾隆四十六年十一月十一日奉硃批：是，知道了。钦此。

◎工部左侍郎德成、陕西巡抚毕沅：《奏为遵旨会勘城垣估计钱粮事》，乾隆四十七年（1782）三月初六日，录副奏折，档案号：03-1134-008。

奏

臣德成、臣毕沅跪奏，为遵旨会勘城垣、估计钱粮，仰祈圣鉴事。

窃照西安省外砖内土城垣一座，因年久失修，以致四面墙身俱多臌闪、沉陷，城顶旧无海墁，土牛冲溂浪窝，直透城根，楼座走闪，头停坍塌，城上卡房全行倾圮，均须上紧拆修。但此项工程业经恭折奏明，于正月初四日承准廷寄，钦奉上谕：陕省为三秦扼要、汉唐建都之地，其城垣形势本极崇闳壮丽，但历年久远，未经修整，自多坍卸之处。德成既经督率司道各员详慎勘估，不得存惜费之见。其一切久远基址，务从其旧，不可收小，以致规模狭隘，即费数十万帑金亦不为过。该侍郎在彼必须详悉指示，料理周委，不必急于回京。钦此。钦遵。寄信到臣。

臣等恭读谕旨，仰见我皇上加意西陲重镇，修复宏规，以期永固金汤、保障民生之至意。当即率同工部员外郎蓬琳、布政使尚安、升任按察使永庆、督粮道图萨布等，逐一详细覆加查勘。查得四门正楼四座，每座计七间，周围廊三重簷庑座，歇山成造；箭楼四座，每座均计十一间，后接廊三重簷庑座，前面两山安炮眼，歇山成造。以上八座，俱系在城台券洞之上成砌。查原旧系券上筑打素土，并无拦土礓墩，历年久远，土性浮松，是以柱木、柁、檩等项走错歪闪，头停椽望坍塌，木植亦多糟朽，石料砖块酥城，瓦片破坏，地脚沉陷，必得全行拆卸，照依做法修理。除旧料拣选抵用外，应添新木植等项，共核计工料银十三万八千四百三十六两七钱九分八厘。外层炮楼四座，每座计三间五檩，挑山成造，柱木歪斜，头停破坏，木植糟朽，石料、砖、瓦酥城破坏，除旧料拣选抵用外，应添新木植等项，共核计工料银四千八百三十八两六钱八分六厘。角楼四座内，三座四方重簷十字脊，四面显山，一座八方重簷成造，柱木走闪，头停破坏，除旧料拣选抵用外，应添新木植等项，共核计工料银四千九百七十二两七钱一分一厘。卡房九十八座，每座计三间，共计二百九十四间，旧系重簷，四面出簷，下簷三面接廊成造，柱木、椽、檩俱多糟朽，四面墙垣俱系土坯，年久土性松散，坍塌过甚，其下簷里面、两山三面接廊大半坍坏。臣等公同再四商酌，此项房间为兵丁守御而设，其下簷三面接廊，仅可适观，与防守毫无裨益，且易于损坏，不能经久。今拟将下簷三面毋庸接廊，上簷四面改做封护簷墙，前面两山添安炮眼，庶与捍卫有益，而工程亦得坚固。又看守楼座官厅四座，每座计三间，共十二间，柱木亦皆歪斜朽坏，俱应拆修，除旧料拣选抵用外，应添新木植等项，共核计工料银八万一千三百七十三两一钱八分八厘。四门正楼城台四座，箭楼城台四座，炮楼城台四座，共计十二座，外皮墙身砖块糟城臌闪，俱应拆做包砌城砖，下口四进，上口八进，均计六进；其箭楼四座券洞砖块间有脱落，旧系细砖成砌，大段尚属坚固，砖块糟城处则剔凿补砌；正楼、炮楼券洞旧系糙砖成砌，灰缝过宽，年久松散酥城，应需拆修；所有门洞内海墁石以及甬路，俱皆破坏，必须一律修理，除旧料拣选抵用，亦应添新砖石等项，共核计工料银十三万八千四百三十两八钱九分二厘。周围大城并炮台、角台外皮墙身，共凑长四千九百五十八丈一尺，墙身砖块糟城臌闪，旧式并无地脚，以致多有沉陷，除整齐毋庸修理凑长四百六十五丈三尺，其余俱应拆修，凑长四千四百九十二丈八尺，均高三丈六尺五寸。下脚添安围屏石一层，上砌城砖，下口九进，上口五进，均计七进，旧砖拣选二进，均添新砖五进；背后土牛铲刨缩蹬，均宽九尺，筑打素土；上砌排垛墙，高五尺五寸，灰砌城砖。除旧料拣选抵用外，应添新砖石等项，共核计工料银七十七万四千六百八十两八钱九分，里皮墙身共凑长四千九十七丈八尺，均高三丈五尺五寸，旧系素土，冲刷坍溜，应需铲刨缩蹬、拷板帮筑素土，间段添做水簸箕二百五个，两帮铺底，灰砌城砖，下安青石，衬添新砖等项，共核计工料银十九万七百五十四两五钱七分三厘。四门里、外月城凑长六百二十八丈三尺，均高二丈八尺，砖块糟城坍塌，土牛冲汕，券洞臌闪坍塌，俱应拆修；四门马道一十二座，中心台马道六座，仅存土基，并无砖块，另行添新，凑长二百三十六丈，马道门楼二十四座，俱应添修，除旧料拣选抵用外，应添新砖石等项，共核计工料银十五万一千二百十五两四钱三厘。

以上通共估需物料、匠夫工价银一百五十六万六千一百二十五两一钱九分五厘。如此办理，庶得体制堂皇，工程巩固，观瞻外壮，复唐汉之旧规，捍卫常资，表河山而永镇矣。理合将现在勘估情形绘图贴说，并缮清单谨呈御览。恭准命下之日，臣毕沅会同司道等督派委员，上紧购备物料，陆续雇觅匠工，务于今岁秋冬之日一切备办充裕，俟明年春融时候，即行择吉开工，如式妥办。伏祈皇上睿鉴。谨奏。

三月初六日。

乾隆四十七年三月十三日奉硃批：知道了。钦此。

◎陕西巡抚毕沅：《奏明酌筹城工动用银两缘由事》，乾隆四十七年（1782）三月初六日，录副奏折，档案号：03-1134-009。

奏

三品顶带办理陕西巡抚事务臣毕沅跪奏，为酌筹城工动用银两恭折具奏事。

窃照陕西西安城垣亟需上紧修筑，臣钦奉谕旨，与工部侍郎臣德成率同工部员外郎蓬琳、布政使尚安、督粮道图萨布等悉心查勘，讲求做法，并确核钱粮，切实估计，所有一切物料、工价、运脚等项，逐一详细核定，通计需银一百五十六万六千一百余两。现经会同另折具奏。

臣伏查西安省会为秦汉隋唐建都之地，城垣形势本极崇闳，惟因历久未修，倾卸近半，非大加兴作，不足以外壮观瞻，内资守御。但工程浩大，需项繁多。查陕省各属尚有报解商筏等税银两，本系从前奏明留备城工支用，据上年十二月司详，现存银四十五万七百余两，此项税银每岁征收可得四万四千余两。又司库向有备用银四十万两，于乾隆四十一年十月内经臣奏明，以三十万两赏借各商营运，以为修复关中陵墓及历代以来古迹之用。现在截至本年二月，共得息银十五万一百余两，内除修理华岳南峰之金天宫用银一万八千九百三十二两三钱七分六厘，山口之玉泉院用银一万八千一百七十九两二钱，置办岳庙神旛供器等项，用银二千两，现存银十一万余两。此项息银每岁可得三万两，而此次办理城工，约计须四、五年方能竣事。以上二项银两，嗣后每年尽收尽用，复可得四十万两，其余尚有存库备用银十万两，并朽木变价银一万六千八十余两，又查封甘省犯官张毓琳等家产共银一万四千九百余两。以上通盘核计，约得银一百余万两。现在先期购办物料，尽足以供支应，其余工价、运脚俱系随时领给。至需用之时，尚有不敷之数，即在西安藩库不拘何项内通融借支，俟将来商筏等税及赏借息银收回，按年陆续归款，尽属从容，毋庸另请拨项。

所有酌筹城工动用银两缘由，谨缮折恭奏，伏祈皇上睿鉴。谨奏。

三月初六日。

乾隆四十七年三月十三日奉硃批：知道了。钦此。

◎陕西巡抚毕沅：《奏为委派办理城工人员事》，乾隆四十七年（1782）五月二十日，录副奏折，档案号：03-1134-024。

奏

三品顶带办理陕西巡抚事务臣毕沅跪奏，为奏派办理城垣各员以重要工以专责成事。

窃照西安系全秦扼要、表里山河，为神京右臂，城垣形势本极崇雄，因岁久失修，坍损过甚。兹蒙皇上大发帑金，重加修葺，将来崇墉壮丽，百雉重新，驻扎满汉重兵，屹然为西陲重镇。此诚久远宏规，实一劳永逸之举。但此次工程浩大，任巨费繁，经理颇为不易。非但帑项紧绌，必须核实支销。承办人员虽不得丝毫侵蚀，而一切购备物料、雇觅匠工，头绪纷繁。若稍有讲求不到，匠作人等惟利是图，其暗中虚亏之处，即属不少，是此事全在慎之于始。（批注）是应留心者，汝尚能晓事。必须事事精详，将物料购备之法如何可得便宜，钱粮给发之时如何立以限制。

臣现在日与司道及熟悉工程之员详切讲究，通盘筹算，施行严定章程，以期一丝一毫俱归实用。而工程做法，尤须选材加工一律细致坚实，方为尽善。但要工之妥办，全赖经理之得人。臣近在本城，将来一切购料、鸠工事宜，自当亲为督率，实力料理。（批注）自然。至藩司图萨布仰荷殊恩优渥，自必感激奋勉，力图报称。所有一应工程即派该司总司其事，以崇责成。至臬司秦承恩、盐法道顾长绂，人俱明白谙练，虽不必令其经手钱粮，亦宜协同稽察。至西安府知府和明、清军同知欧焕舒均诚实勤慎，足任总催之责。其四门□分四段，每段须用印官各二员。臣详加遴选，查有署咸宁县知县郭履恒、长安县知县高珺、渭南县奏升华州知州汪以诚、盩厔县知县徐大文、郿县知县李带双、兴平县知县王垂纪、署旬邑县知县庄炘、永寿县知县许光基，俱久处繁剧，办事勇往，应即分派各员承办。（小字批注）伊等不误本任内事乎？尽今年秋冬之间上紧将一切物料工匠购办、雇觅，于明岁春融时候择吉鸠工。庶督办官员各有责成，而上司等又层层稽察，自不敢草率从事，虚耗帑金，以期工垂永久，巩固金汤。仰副圣主慎重严疆、捍卫民生之至意。

再此项工程浩大，所有购备物件、支放银两细数，及一切申移文稿档案端绪繁杂，动关紧要，必须设立总局，派员专司其事，庶几办理完备，并支用账目可以一目了然，以杜牟混等弊。查有咸宁县知县顾声雷、富平县知县张星文均属细心明白，勘以派委。其余差遣需用人员尚多，陕省现有分发知县及佐杂等员，临时尽堪挑选委用。

所有遴员分办城工缘由，谨缮折具奏，伏祈皇上睿鉴。谨奏。

五月二十日。

乾隆四十七年六月初十日奉硃批：览，奏俱悉。钦此。

◎陕西巡抚毕沅：《奏请借款修理西安城垣事》，乾隆四十九年（1784）八月十二日，朱批奏折，档案号：04-01-37-0040-005。

奏

陕西巡抚臣毕沅跪奏，为奏请借动银两以资城工支用事。

窃照西安省会城垣，奏明重加修葺，原估需用工料银一百五十六万六千一百余两内，请动商筏等税现存银四十五万七百余两，赏借息银十一万余两，存库备用银十万两，朽木变价银一万六千八十余两，查封甘省犯官张毓琳等家产银一万四千九百余两，又商筏等税并赏借生息二项，按年征收，四、五年内约可得银四十万两，共计有银一百九万一千余两，其不敷之数在藩库不拘何项银内通融借支，俟将来商筏等税及赏借息银收回，按年陆续归款等因，奏蒙俞允，遵办在案。又甘省解交银十一万六千余两，又本年奏准动拨宝陕局余存钱三万串，按时估钱价，合银三万一千五百余两，其余不敷之数，现据藩司查明存库城工项下银两，除陆续支发工料外，所存已属无多，自应照依原奏，将现计不敷银两在于司库各年地丁银两陆续借动，其所借之数即在每年春秋二拨册内开除，仍俟收有商筏等税并赏借息银，归还原款，按年造报拨用，统俟拨足所借地丁银数之日，咨部查核销案。

　　所有修理城垣应行借动银款缘由，理合恭折具奏，伏祈皇上睿鉴。谨奏。

　　乾隆四十九年八月十二日。

　　（朱批）该部知道。

　　◎陕西巡抚毕沅：《奏为西安城工成数并现交冬季暂停工作事》，乾隆四十九年（1784）十月二十八日，朱批奏折，档案号：04-01-37-0040-018。

　　奏

　　陕西巡抚臣毕沅跪奏，为奏闻事。

　　窃照西安省会城垣，动帑兴修，费繁工巨，必须尽心筹画，期于料实工坚，方可垂诸久远。计自上年六月内开工以来，臣与司道率同督办、承修各官，逐日轮赴工所察看。夯打地基、筑砌城身，悉照侍郎臣德成与臣奏定章程，并一切工程做法，如式妥办。所有在工承修各员俱知工程重大，勤慎小心，不敢丝毫懈忽。

　　现在东、南二门正楼城台二座、炮楼城台二座，凑长一百八丈一尺八寸，外皮砖砌，已经到顶。又西门正楼、箭楼城台二座，里月城一座，凑长三十八丈四尺，砖、土各工俱已筑砌到顶。又东、西、南三面城身，计共七十五段，连炮台共凑长三千四百四十七丈三尺，外皮砖、土各工已砌筑到顶者，共三千三十四丈九尺。其东、西、南三面里皮，并三门上正楼、箭楼、炮楼、角楼、卡房等项，以及北面城身，俱俟来岁春融以后挨次兴修。

现因西安一交冬令，天气渐寒，水土性凝，不宜工作，已于十月初一日照例暂行停工。

至所需砖、石、木料、石灰及一切褓项料物，俱系陆续办运到工，除已用外，现存者均属充裕。其余各处办就之料，乘此农隙之时，车马、人夫较易雇觅，且天气晴霁，饬令上紧尽数搬运前来，总期开春以后，物料齐全，在在应手，俾要工妥速赶办，不致稽迟。

所有西安城垣办理情形，及交冬暂停工作缘由，理合恭折奏闻，伏祈皇上睿鉴。谨奏。

乾隆四十九年十月二十八日。

（朱批）知道了。

◎陕西巡抚毕沅：《奏为勘明乾隆四十九年分陕省各属城垣情形事》，乾隆四十九年（1784）十一月二十三日，朱批奏折，档案号：04-01-37-0040-028。

奏

陕西巡抚臣毕沅跪奏，为陕省城垣保固遵例汇奏事。

案查乾隆二十八年七月内钦奉谕旨：城垣为地方保障，自应一律完固，以资捍卫，著各省督抚嗣后饬令该管道府，将各属城垣细加查勘，如稍有坍卸，即随时修补，按例保固，仍于每年岁底将通省城垣是否完固之处，缮折汇奏。钦此。钦遵在案。今届乾隆四十九年分奏报之期，据布政使图萨布分晰开列清单具详前来。

臣覆加查核，陕西通省各厅州县城堡共一百一座内，现在完固城垣七十七座；沿边一带完固堡城一十五座；又从前奏明停修石泉县城垣一座；又潼关厅城垣东、西两面应改易砖砌，业经奏明，俟省城修竣，再行勘估请修；又上年洋县、甘泉县、朝邑县并府谷县属之木瓜堡城，各有冲坍之处，今已修理完工，俱各一律坚固；又定边县城垣因上年夏间雨水过多，城身有淋坍之处，当即饬令委勘估报，旋值冬令，难以工作，奏明俟今岁春融赶

修。缘本年夏间，甘省逆回不法，该处地界毗连，城垣捍卫紧要，经该县咨
行捐廉，暂为堵筑，以资防守，嗣后仍行拆卸，照估兴工，旋因边地早寒，
水土不能胶粘，尚未完竣，应俟明春即行如式赶修完固。又西安省会城垣一
座，于上年六月内开工，现在上紧赶修；又今岁长武县城并怀远县属之波罗
堡城，俱因秋雨各有淋坍处所，均系急应补修之工，业经饬委确勘估报，俟
明岁春融即行赶修；其余各州县现在完固城堡，臣仍严饬该地方官，并本管
道、府、州，如城身、垛堞略有损伤，即随时修补，以免坍塌之虞，并令加
意稽查，实力保护，以资捍卫而固金汤。

所有陕西省各州县城垣保固缘由，谨会同督臣福康安合词恭折具奏，并
开列清单恭呈御览，伏祈皇上睿鉴。谨奏。

乾隆四十九年十一月二十三日。

（朱批）览。

◎护理陕西巡抚图萨布：《奏为督办西安城垣工程事》，乾隆
五十年（1785）二月二十七日，朱批奏折，档案号：04-01-37-
0041-003。

奏

护理陕西巡抚印务奴才图萨布跪奏，为奏闻事。

窃照西安省会城垣，四十八、九两年已将东、南二门正楼、炮楼各
城台外皮砖砌到顶；又西门正楼、箭楼各城台，并里月城砖土各工亦已筑
砌到顶；又东、西、南三面城身，连炮台外皮砖土各工，砌筑到顶者已有
三千三十余丈，尚未到顶者仅四百余丈，经抚臣毕沅于上年停工时奏明在
案。所有东、西、南三面外皮未到顶之砖工，并里皮以及三门上正楼、箭
楼、炮楼、角楼、卡房等项，及北面城身各工，俱于今岁正月二十七日开
工，挨次赶修。奴才等督同原派在工各员，一切照依侍郎德成与抚臣毕沅办
定章程，认真修筑，所需砖、石、木料、石灰，及一切杂项料物，已运到工
者，均属充裕应手，其余各处办就之料陆续办运来工，源源济用，不致稍有

稽迟。一月以来，奴才同司道等逐日轮流赴工查勘，并派承修各官亲身监视各工匠夯打、筑砌，务期一律如式坚固，不敢稍有懈忽。

所有西安城垣现在办理情形，理合恭折奏闻，伏祈皇上睿鉴。谨奏。

乾隆五十年二月二十七日。

（朱批）知道了。

◎陕西巡抚何裕城：《奏为查勘西安省会城工事》，乾隆五十年（1785）四月二十九日，朱批奏折，档案号：04-01-37-0041-011。

奏

陕西巡抚臣何裕城跪奏，为奏明查勘城工情形仰祈圣鉴事。

窃照西安省会城垣，实为全秦扼要。昨因岁久失修，经前抚臣毕沅具奏，仰蒙皇上大发帑金，重加兴葺，任巨费繁，于该省应办事宜最关紧要。臣于抵任后提取总局所存原估物料工价及支放钱粮册籍，细加查核清楚。随于四月二十八日率同总办之布政使图萨布、按察使王昶及道、府在工各员，亲赴工所，先将修葺完整之处，详悉履勘。城身已竣者周围三千五百五十余丈，核之钦差侍郎臣德成会同前抚臣毕沅原估物料成色，以及工段做法，俱各相符；尚有城身九百四十余丈，兼月城、门楼、角楼、箭楼、炮楼、卡房、海墁、甬路等项，虽据分头赶办，但完竣需时，统计全工，已有十分之六。臣复将在工木、石、砖、瓦、灰觔、颜料等物细加查核，并当场秤验，尚无短少偷减；其砖块间有松损者，饬即挑出易换，并严谕在工各员务须上紧妥办，计日观成。

臣看来此项城工章程已定，总理大员俱各董率认真，承办府、州、县亦尚能小心勤事，但工程一日不竣，即查察不可一日不周。臣仍当不时亲往督率稽查，釐剔诸弊，以期工归实用，帑不虚糜，仰副圣主轸念边圉，捍卫闾阎之至意。

所有臣抵任后勘过城工缘由，谨缮折具奏，伏乞皇上睿鉴。谨奏。

乾隆五十年四月二十九日。

（朱批）知道了。

◎陕西巡抚何裕城：《奏请将王垂纪仍留陕省城工事》，乾隆五十年（1785）六月二十二日，朱批奏折，档案号：04-01-12-0212-022。

奏

陕西巡抚臣何裕城跪奏，为请留承办城工之知县以专责成仰祈圣鉴事。

窃照陕西省会城垣，年久坍损，蒙皇上俯念边陲紧要，大发帑金，重加修筑。经前抚臣毕沅以工程浩大，经理不易，划分东、西、南、北为四段，奏明每段派委知县二员，共八员分头承办。所有支放帑银及一应料工，悉令该员等一手经理。查有兴平县调任长安县知县王垂纪在奏派八员之内，该员于本年二月在任，闻讣报，丁父忧，当经前护抚臣图萨布题报开缺，饬令离任。现据接任知县将王垂纪任内仓库等项逐一接收清楚，例应给咨回籍守制。兹据总理城工司道图萨布等以该员经管城工钱粮，不便另易生手，请留该员一手经理，具详到臣。

臣查西安城垣工巨任重，该员王垂纪领帑办工，自经管以来，工程已及六分，且收工以后有保固之责。自应令该员始终其事，庶不致有歧误。合无仰恳圣恩，准将王垂纪仍留陕省城工，一手经理，以专责成，至工竣之日，应否即将该员留于陕省补用，容臣届期察看，另行陈奏，请旨遵行，为此缮折具奏，伏乞皇上睿鉴。谨奏。

乾隆五十年六月二十二日。

（朱批）不可。另有旨谕。

◎陕西巡抚何裕城：《奏为验看西安城垣原筑土牛坚松情形事》，乾隆五十年（1785）八月二十六日，朱批奏折，档案号：04-01-37-0041-018。

奏

陕西巡抚臣何裕城跪奏，为刨验城工原筑土牛核实办理恭折奏闻事。

　　窃照西安城垣工程浩大，臣于抵任之始，详加履勘，业将一切情形分数恭折奏闻在案。臣查核案卷，先经侍郎德成会同前抚臣毕沅查勘原筑土牛，间有坚实之处，若照初估尽行刨切另筑，甚为可惜。当令总办司道等逐段刨验，俟得有确数，另行具奏等因，奏明在卷。因尚未刨竣具覆，经臣查催去后，兹据该司道申称，遵即督率在工各员，自去年奏明之日起，逐段拆刨，详看旧土情形，分别坚松，核定应铲、应留，务期要工永资坚实，而工价亦得节省。今已周围刨竣，查城工外砖内土，原估里皮土牛四面凑长三千九百七丈八尺内，酥松裂坍丈尺不敷者，计凑长五百七十丈，仍应拆刨缩蹬另筑；又上节裂缝兼有浪窝，而下节尚属坚实者，计凑长一千五百二十四丈九尺五寸，上节仍应改刨接筑，下节只须铲削取齐；又土尚坚实，而间有浪窝者，计凑长一千八百一十二丈八尺五寸，只须粘补拍平，毋庸另筑。以上土牛分别段落，一律铲削取平，仍满加添做捽挂灰皮、水缝，以期永固。其水簸箕、齐口砖、散水、灰土等项，俱照依原估办理。查城垣原估工料之内，里皮土牛一项，估计需银七万三千一百八十两零；今间段铲筑粘补，共止需用工料银三万二千一百五十一两零，实节省银四万一千二十八两零，造具细册，呈请核奏前来。

　　臣恐所报应刨土牛及所估铲筑粘补诸费尚有未实，又或各工员稍将松浮旧土迁就留存，以发帑一百数十万两之巨工，徒因稍从节省起见，转失一劳永逸之至计，大为未便。复亲率司道周围看验，面加刨切，与所报坚松段落俱各相符，并无浮冒迁就，实可于节省之中仍归巩固。除册咨部外，谨将核实办理缘由备悉奏闻。

　　再臣于五月间查勘，核计工程已有十分之六，当饬加紧赶办，现已办至七分有余。各工员亦尚小心勤事，但工程一日不竣，即查察不可一日不周。臣仍当躬亲督率稽查，务期工归实用，帑不虚糜，以仰副圣主轸念边圉，捍卫闾阎之至意，为此会同陕甘督臣福康安合词恭折具奏，伏乞皇上睿鉴。谨奏。

乾隆五十年八月二十六日。

（朱批）知道了。

◎陕西巡抚何裕城：《奏为商酌陕省城垣工程暂行停止事》，乾隆五十年（1785）十月初四日，朱批奏折，档案号：04-01-23-0102-036。

再查陕省城垣工程，每于冬间暂停工作。现今雪后冰冻，恐筑砌不能结实。臣与总理司道等商酌，饬将工程暂行停止，合并奏明，伏乞圣鉴。谨奏。

乾隆五十年十月初四日。

（朱批）览。

◎陕西巡抚永保：《奏为查看西安城工情形事》，乾隆五十年（1785）十月二十四日，朱批奏折，档案号：04-01-37-0041-024。

奏

陕西巡抚臣永保跪奏，为查勘西安城工情形恭折具奏事。

窃照西安为全秦扼要、东西冲衢、省会城垣，仰蒙皇上大发帑金，重加修葺，工巨费繁，自应实力查察，尽心妥办，俾工程久远坚固，以副圣主慎重严疆、捍卫民生之至意。臣前在热河跪聆圣训，并曾面奉圣谕。今于十月十六日到任后，于二十日即率同司道并承办各员，将城上、城下详细履勘。

查西安城工，自四十八年开工起，至现在止，其城垣之东、西、南三面外皮砖工已砌到顶，里皮补筑、铲削各土工，并城顶海墁、排垛、宇墙，以及三面正楼、箭楼、炮楼、角楼、卡房等项，现皆将次修竣。至北面城身，系于今年春间开工，现在外皮砖砌亦已成做，尚未全完，里皮土身现在补筑、铲削、城楼等项，亦次第动修。详询承办各工员，据称现交冬令，天气寒冷，遵于十月初一日已照例暂停工作，俟来年春融再行兴修，约于夏秋例限内，俱可一律告竣。臣统行计算，已做之工约计已有十之七八，其所需木、灰、砖、石及杂项料物已经办到者，逐加点验，与所报之数尚属相符。

其有各处办就之料，趁此农隙，亦正在陆续办运来工。其承办各员亦尚妥协，尽心将事，看来尚不致有贻误。惟正当上冻停工之际，且工作亦未全完，未便逐一刨验。况工程浩大，亦非暂时一看，即可知其实在虚实。一俟来岁春融开工，臣即当督饬承办各员妥速赶办。臣与司道等仍逐日轮流赴工查勘，务使照依办定章程尽心办理，以期坚固如式，早为妥协办竣，断不敢将就从事，草率完结，有负圣主委任之至意。所有城身里皮各土牛，经前抚臣何裕城率同司道工员查验刨切，详看旧土情形，分别坚松，一律铲削、补筑等情具奏。臣接奉谕旨，令臣于接任后，即查照督率工员实力赶办等因。臣遵将各土牛逐加查勘，其坚松段落情形与所奏俱属相符。至此项城工，原估、续估共银一百六十一万八千四十五两零。今刨切土牛，计可节省银四万一千二十八两零，实在需银一百五十七万七千一十七两零。臣细加查核，均无舛错，除俟来春开工时，臣自当遵旨督率各员敬谨接办外，所有臣到任后查看情形，理合恭折奏覆，伏祈皇上睿鉴。谨奏。

乾隆五十年十月二十四日。

（朱批）知道了。

◎陕西巡抚永保:《奏为勘明乾隆五十年分陕省各属城垣情形事》，乾隆五十年（1785）十一月二十八日，朱批奏折，档案号：04-01-37-0042-013。

奏

陕西巡抚臣永保跪奏，为陕省城垣保固遵例汇奏事。

案查乾隆二十八年七月内钦奉谕旨：城垣为地方保障，自应一律完固，以资捍卫，著各省督抚嗣后饬令该管道府，将各属城垣细加查勘，如稍有坍卸，即随时修补，按例保固，仍于每年岁底将通省城垣是否完固之处，缮折汇奏。钦此。钦遵在案。今届乾隆五十年分奏报之期，据署藩司王昶分晰开列清单具详前来。

臣覆加查核，陕西通省各厅州县城堡共一百一座内，现在完固城垣七十四座；沿边一带完固堡城一十五座；又从前奏明停修石泉县城垣一座；又潼关厅城垣东、西两面应改易砖砌，业经奏明，俟省城修竣再行勘估请修；又定边、长武二县城垣，前有雨淋坍塌之处，今已修理坚固；又前报怀远县属之波罗堡城，坍损之处今年已修理完固，嗣于别段续有坍损处所，系急应修补之工，业经饬令确勘估报，俟明岁春融后即行赶修；又西安省会城垣，前于四十八年六月内动工，现在上紧赶修，来年夏秋间可以全行告竣；又今岁朝邑、洋县、葭州、府谷、神木，并所属之柏林堡，各城垣均有被雨水冲坍处所，俱系急应补修之工，业经饬令确勘估报，俟明岁春融后即行赶修；其余各州县现在完固城堡，臣严饬各地方官并本管道、府、州，时加细看，如城身略有损伤，即随时修补完固，实力保护，以资捍卫。

所有陕西省各州县城垣保固缘由，谨会同督臣庆桂合词恭折具奏，并开列清单恭呈御览，伏祈皇上睿鉴。谨奏。

乾隆五十年十一月二十八日。

（朱批）览。

◎陕西巡抚永保：《奏为重修西安城垣四门匾额字样应否照旧抑或更定并翻清兼写请旨事》，乾隆五十一年（1786）二月二十日，朱批奏折，档案号：04-01-37-0043-007。

奏

陕西巡抚臣永保跪奏，为奏明请旨事。

窃照西安省会城垣，蒙皇上大发帑金，重加修葺，工程现已修至七八，计日崇墉壮丽，百雉聿新，诚可资捍御而壮观瞻，为万年一劳永逸。惟现驻满汉官兵，为西陲重镇门户，且系新疆往来孔道，其四面门名尤应妥协适当，以期合体。查旧有石刻，东曰长乐门，西曰安定门，南曰永宁门，北曰安远门，俱系楷书汉字。今皆以重修，其四门匾额应否仍照旧时字样，抑或量为更定，并应否翻清兼写之处，理合开单，恭折奏请，伏祈皇上钦定，训示遵行。谨奏。

乾隆五十一年二月二十日。

（朱批）已有旨了。

◎陕甘总督福康安、陕西巡抚永保：《奏为西安省会城垣工竣请旨简员验收事》，乾隆五十一年（1786）九月二十二日，朱批奏折，档案号：04-01-37-0043-018。

奏

陕甘总督臣福康安、陕西巡抚臣永保跪奏，为省会城垣修理完竣恭折奏请简派大臣验收事。

窃照西安省会城垣，因历年久远，未经修理，多有坍塌损坏。于乾隆四十六年经前抚臣毕沅奏准动项兴修，并蒙恩派侍郎德成来陕，切实料估，酌筹办理。嗣经德成、毕沅等详细勘估，计木、石、砖、瓦、灰觔、土方、匠夫工价，并一切杂费，共需银一百五十六万六千一百二十五两零，于四十七年三月内奏奉允准，即经奏派厅、州、县八员分段办理，藩司总司其事，臬司、各道协同稽察，知府、厅员派令总催。所有购办物料、支发银两及一切文案，设立总局，派员专司。随于四十八年六月十八日开工，嗣因城身所拆旧砖年久酥麗，破烂过多，不敷挑用，复经奏准，将原估旧砖以新造厚砖抵用，减省层数，统计减省砖、灰、匠夫工价，核抵银三万九千有奇外，尚不敷砖计增估银五万一千九百二十两零；又于乾隆五十年八月内，经前抚臣何裕城具奏，将刨验城工原筑土牛分别应去、应留，照原估核计，又节省银四万一千二十八两零；除前后增估核抵节省外，计共需银一百五十七万七千一十七两零。

开工以来，经前任督抚各臣分别督率办理。臣福康安于四十九年六月到任，因大工关重，谆饬承修各员妥协赶办。节据司道并各工员将办理情形以次禀报，不时留心访察，各工员以责任綦重，尚知实力认真，各司道亦皆尽心督办。臣永保于上年十月到任后，正值寒冬暂行停工之时，曾率同司道工员将城身上下详细履勘。其已做之工尚属坚固合式，物料亦足敷用。今岁春融，即催令开工，臣永保就近督率，承修各员如式加紧赶办，并与司道等不时轮流亲身赴工查验，督催一切，俱照原定章程妥协修理。此项工程原定约须四、五年竣事，今因物料、人工酌办妥协，各工员俱知认真经理，现于本年九月内各工俱一律完竣，所有御定四面城门清、汉兼写匾额已敬谨镌石安砌妥协。

查西安为西陲重镇、新疆孔道、蜀省通衢，蒙皇上特发百数十万帑金，将省会城垣重加修整，不特崇宏巍焕，克壮观瞻，抑且屹峙金汤，足资捍卫，诚为万年巩固、一劳永逸之计。惟工程浩大，虽称如式办理，而其中一切做法、详细情形是否均属妥当、合例、如法，全在收验查勘、逐一核计。臣福康安、臣永保受恩深重，一切事务断不敢稍存诿卸。惟陕省谙晓工程之员即系承办城工之人，难保其不无稍存回护。且此项巨工本系奏奉钦差勘估，臣等往返札商，惟有仰恳皇上天恩，简派大臣带领熟谙工程之人来陕验收，庶于要工更有裨益。俟收工后，即当饬令承办之员造册照例报销。是否有当，伏祈皇上睿鉴。谨奏。

乾隆五十一年九月二十二日。

（朱批）已有旨了。

◎陕西巡抚永保：《奏为查明西安省会城垣续有增修工程事》，乾隆五十一年（1786）九月二十二日，朱批奏折，档案号：04-01-37-0043-019。

奏

陕西巡抚臣永保跪奏，为省会城垣续有增修工程查明据实具奏仰恳圣鉴事。

窃照修理西安省会城垣，现于本年九月内工竣。前据城工总局司道会详，据承办工员等详称，原估四门箭楼城台券洞，系剔凿、粘补之工；又南门迤东城顶旧有魁星阁一座，原勘时未经估入。职等于四十九年将各箭楼城台券洞照估兴工，因东、西、北三面箭楼城台券洞历年久远，砖块率多齾酥，一经剔凿，连片坍塌，且门洞为出入要路，台上楼座承压甚重，倘粘补之后，旋有坍卸，关系非轻；至南城魁星阁，亦因年远地脚沉陷，木植糟朽过多，墙身亦多坍损，未便不加修葺，曾经禀请前任抚臣毕沅亲加勘明，谕令将各处箭楼城台券洞及魁星阁全行拆修，用过银数将来再行具奏等因，当即遵照一律拆修，兹已工竣。核计用过银两，除以原估剔凿、粘补工料银九十三两二钱零抵过外，共实用工料银一万八千五百五十八两零，祈准照依定例，统归报销等情。

臣详加查看以上之工，虽经拆修，而系原估所未载，但据称系面禀前任抚臣毕沅，勘明谕令全行拆修等语，一面之词，亦难为据。随经咨询去后，兹准毕沅覆称，西安四门箭楼城台券洞原估本系剔凿、粘补，嗣因东、西、北三面各砖块酥齁，剔凿辄坍，而券洞为出入要路，台上压势甚重，稍有损裂，所关非细；其魁星阁亦因年远坍塌，必须一律见新。是以前经勘明，谕令承办各员通行拆造，欲俟另行奏明，旋即调任等因前来。臣查西安四门箭楼城台券洞，原估均系剔凿、粘补，后因东、西、北三面各旧砖酥齁，剔凿辄坍，是以全拆改修；又南城魁星阁，虽原来估修，而年远朽损，一并拆造见新。既实系毕沅谕令办理各工员，并无饰捏，其所增银一万八千五百余两，合无仰恳皇上天恩俯准，一并查勘验收后，准令归案造册报销之处，伏候训示遵行。除将续增、改修各工估计细册送部查核外，谨据实恭折具奏，伏祈皇上睿鉴。谨奏。

乾隆五十一年九月二十二日。

（朱批）知道了。

◎陕西巡抚秦承恩：《奏为勘明乾隆五十五年分陕省各属城垣情形事》，乾隆五十五年（1790）十一月二十五日，朱批奏折，档案号：04-01-37-0046-016。

奏

陕西巡抚臣秦承恩跪奏，为查明通省城垣情形遵例汇奏仰祈圣鉴事。

窃照通省城垣是否完固，例应于年底汇奏。陕省各厅、州、县城垣、堡城共一百一座内，完固者八十九座，动项兴修者二座，赔修者五座，奏明缓修及本年报坍应行缓修者四座，停修者一座，由署布政使姚学瑛查明，分晰造册具详前来。

臣覆加查核，除缓修各城垣应俟兴工时确切勘估外，其完固城堡八十九座，饬令各地方官加意保护，如有应须粘补之处，随时禀请核办；至现在动项兴修及赔修各城垣，均经严督工员认真经理，毋许丝毫偷减，仍一并责成该管道府，就近查察完固者毋许稍有坍损，应修者务须工坚料实，堪经久远，总期一律巩固，足以资捍卫而壮观瞻。

所有查明陕省五十五年分各属城垣情形，臣谨会同督臣勒保合词恭折具奏，并缮清单恭呈御览，伏乞皇上睿鉴。谨奏。

乾隆五十五年十一月二十五日。

（朱批）知道了。

◎陕西巡抚秦承恩：《奏为勘明乾隆五十六年分陕省各属城垣情形事》，乾隆五十六年（1791）十二月初一日，朱批奏折，档案号：04-01-37-0048-027。

奏

陕西巡抚臣秦承恩跪奏，为查明通省城垣情形恭折汇奏仰祈圣鉴事。

窃照通省城垣是否完固，例应于年底汇奏。陕西省各厅、州、县城垣、堡城共一百一座内，完固者九十六座，奏明缓修者四座，停修者一座，由布政使和宁查明，分晰造册具详前来。

臣覆加查核无异，除将完固各城堡饬令地方官随时加意保护，仍责成该管道府就近查察，毋任因循懈忽，总期一律巩固，足资捍卫。其缓修各城垣应否动项修理，抑祇须责令地方官酌量粘补之处，应俟臣确切勘明，再行核实办理外，所有查明陕西省五十六年分各属城垣情形，谨会同督臣勒保合词恭折具奏，并缮清单恭呈御览，伏乞皇上睿鉴。谨奏。

乾隆五十六年十二月初一日。

（朱批）知道了。

◎陕西巡抚秦承恩：《奏为勘明乾隆五十七年分陕省各属城垣情形事》，乾隆五十七年（1792）十一月二十八日，朱批奏折，档案号：04-01-37-0049-022。

奏

陕西巡抚臣秦承恩跪奏，为查明通省城垣情形恭折汇奏仰祈圣鉴事。

窃照通省城垣是否完固，例应于年底汇奏。陕西省各厅、州、县城垣、堡城共一百一座内，完固者九十六座，奏明缓修、停修者五座，由布政使和宁查明，分晰造册具详前来。

臣覆加查核无异，除将完固各城堡饬令地方官随时加意保护，仍责成该管道、府就近查察，毋任因循懈忽，总期一律巩固，足资捍卫外，所有查明陕西省五十七年分各属城垣情形，谨会同督臣勒保合词恭折具奏，并缮清单恭呈御览，伏乞皇上睿鉴，谨奏。

乾隆五十七年十一月二十八日。

（朱批）知道了。

（二）嘉庆朝（4件）

◎陕西巡抚董教增：《奏为西安省会城垣坍损详请补修事》，嘉庆十五年（1810）十二月十一日，朱批奏折，档案号：04-01-37-0061-038。

奏

陕西巡抚臣董教增跪奏，为省会城垣坍损详请补修恭折具奏事。

据藩司朱勋详称，据咸长二县详报，西安省城楼座各房屋坍损，详请补修，当经批饬西安府知府周光裕确勘去后。兹据该府申称，西安省会城垣楼座房间系乾隆四十六年间前院毕沅奏明，动项兴修，至五十二年工竣，计今已历二十三年。现在西门头重正楼北边中簷全行倒塌，以致下簷坍损，其余三门正楼、箭楼、炮楼均皆渗漏，并四城角楼四座、官厅四座，瓦片亦皆脱落，房屋渗漏，南城魁星楼一座，木植朽腐，应拆卸头停，添换木植，并周围卡房九十八座，内有头停渗漏、苇箔朽湮，四城正楼、箭楼、角楼、官厅等房槅扇、窗门周围、上下簷、外面各柱木、枋梁，俱被风雨，飘摇朽损，不足以肃观瞻而资巩固，均应添料修葺，逐细勘明确估前来。

查新修房屋工程，照例保固十年。今西安省会城楼等工，以乾隆五十二年工竣，核计系在保固限外，既经该府履勘该二县所称坍损处所，按例撙节确估，除拆卸旧料拣用外，并一切运脚，实需工料银九千八百余两等情，似应俯准修理。查司存有历年兴办各项工程扣存市平银一万一千余两，足敷动用，毋庸请动正项钱粮。具详请奏到臣，臣复核无异，理合恭折奏闻，如蒙俞允，再行饬令造具估计册结，送部查核，伏乞皇上睿鉴训示。谨奏。

嘉庆十五年十二月十一日。

（朱批）工部议奏。

◎西安将军穆克登布、陕西巡抚朱勋：《奏为正月初二日省城南城门延烧情形请将失察清军同知杨超鋆交部议处事》，嘉庆十九年（1814）正月二十六日，朱批奏折，档案号：04-01-02-0025-011。

奏

奴才穆克登布、朱勋跪奏，为奏闻事。

窃奴才朱勋带兵驻扎峪口，督剿匪徒，奴才穆克登布在省弹压。正月初二日三更，据报南门城楼失火。奴才穆克登布查该处贮有军火，甚有关系，当即星飞驰往，与在省司道并清军同知杨超鋆督率兵役，先将军火抢出。因地高风大，致将内层城楼烧毁，极力扑救，幸未延及他处。查询看守更夫张玉身手俱被烧伤。据称奉派在楼看守军火，睡至三更，觉楼内忽有烟气，即起开门，讵风闪火燃，实系灯花爆落所铺草荐，以致延烧。再四研诘，实无别情。查城楼向贮军火，由清军同知造办，派人看守，乃不能随时稽查，致有失火焚烧城楼情事。该同知实有应得之咎，应请将清军同知杨超鋆交部议处。是日城上该班之章京阿木察布失于觉察，亦难辞咎，应请交部察议。奴才等未能先事预防，应请一并交部议处。

所有被毁城楼缘由，理合缮折具奏，伏祈皇上睿鉴。谨奏。

嘉庆十九年正月二十六日。

（朱批）另有旨。

◎陕西巡抚朱勋：《奏为借项修建西安省垣城楼事》，嘉庆二十年（1815）九月初九日，朱批奏折，档案号：04-01-37-0069-003。

奏

陕西巡抚臣朱勋跪奏，为借项修建省垣城楼仰祈圣鉴事。

窃查陕西西安省城南门正楼于上年正月初二日失火焚毁，当经奏明在案。伏查省垣城楼必须照旧修建，以资捍卫而壮观瞻。前经臣檄饬藩司，委员查勘确估，并筹款捐办去后。兹据该司陈观督饬西安府知府费溁，按照工程做法，逐加确估，共需工料、运脚等项银三万一千二百五十九两零。

查陕西每年额设公费银三万六百五十两，原为地方办公之用。此项工程需费，自应在于通省公费银内摊捐办理，按数分作五年捐扣归款，俾要工得以及时修理完固，而分年摊捐于办公亦不致掣肘。其应捐银数，应请在于司库耗羡项下先行借支，饬令地方官赶紧兴修。除俟工竣后造册具题报销，仍按照例限保固外，所有捐修省城门楼并借动银款缘由，理合恭折具奏，伏乞皇上睿鉴。谨奏。

嘉庆二十年九月初九日。

（朱批）工部知道。

◎陕西巡抚朱勋：《奏为查验南山保甲及各属应办城工情形事》，嘉庆二十一年（1816）正月二十日，朱批奏折，档案号：04-01-02-0025-019。

奏

陕西巡抚臣朱勋跪奏，为查验南山保甲及各属应办城工情形仰祈圣鉴事。

窃臣于上年十二月十九日自省起程，由咸宁县大峪入山，历查商州、兴安、汉中、凤翔各属山内保甲，均一律办理齐全，各处乡保百姓等均知缉拏匪类正为绥靖地方，办理甚属踊跃。臣于乡保中择其明白能事者，优加奖赏，并将最要、次要各犯年貌清单注填赏格，面交该乡保留心查拏。又面嘱各该地方官，如遇乡保拏获匪徒送官，有年貌口音与单内应辑各犯相似者，即行解省，不得遽加刑讯。至老林地方保甲，该厅、州、县因拘泥十家一牌、十牌一甲成例，是以办理掣肘，自应量为变通。每甲所管地方以三十里为率，每牌所管花户，户少之处即以七八家为一牌，或三五牌为一甲，耳目能周，查察较易，已饬各厅州县遵照办理，俟一律更正后，仍令该管道、府亲往抽查，以免驰懈。其平原及北山各属保甲，据该管道、府禀报，亲往抽查办理，尚属妥协。

至各属报坍城垣，除孝义厅城只有里皮坍塌九丈，已饬该厅捐廉修整外，华阳营土堡倒塌七十余丈，留垻厅东南城地势塌陷，坍塌城身十九丈外，尚有裂缝城身二十余丈，必须拆卸，另行修筑。以上二处，均在保固限内，例应借项兴修，于承办之员名下着追归款。宁羌州东南角南月城坍塌二十九丈余，系在保固限内，其东月城坍塌十八丈，系在保固限外，应分别赔修估办。褒城县城垣坍塌十九丈余，应须粘补，已饬该县照例勘估。沔县城垣节年被水冲塌处所，因岐、郿匪徒滋事，业经该县周赓先行修整，其北面城垣上年被雨淋塌九丈，应须修理，此外均属完整，毋庸估修，惟该县南门城根离汉江四五尺至一二丈不等，每遇夏秋水发，直涨至城根，必须于城外修筑土堤，以资巩固。定远厅治系嘉庆七年新设，该处两山夹峙，不能修筑城垣，因有衙署、监狱，经现任汉中府知府严如熤于定远厅任内捐修石脚土堡，上年山水较大，全行冲塌，臣仍饬严如熤前往勘估，照旧修筑。镇安县城垣东、西、北三面跨山，南面临河，城外向有护城石堤一道，上年山水陡发，将石堤冲塌，并将西南角城身冲塌六十七丈，冲去兵房五十间，直至游击署前，城内地基俱冲成深坎，必须将原旧石堤加长三十余丈，赶紧修筑完固，再行筑城。惟照例具题，奉准部覆，计期已在五月，恐夏间大雨时行，则迤南一带城垣、兵房均难保护，需费更多。臣现饬藩司，按照工程则例，将修筑石堤应需银两先行饬发，乘此春融赶紧办理，其东、西、北三面节次被雨淋塌城垣共三百余丈，仍俟奉准部覆，再行兴修。惟查城固县城垣，于十一年宁陕匪徒善后案内，经前抚臣方维甸奏请大修，列入急工，因南山工程较多，声明俟洋县、汉中等处城垣修毕之后，即修理城固城垣。

臣查向来陕西修理城工，系动支商筏、当商生息两项，现在司库止存商筏、当商生息银八万四千余两。臣查验城固城垣，除上年被雨淋塌三十三丈，应须修补外，其余砖工虽间有剥落，而城身尚属结实，足资捍卫。镇安县为南山适中扼要之地，现在情形较城固为尤急，应请先将镇安并各处倒塌城垣先行修理，其城固城垣，俟司库积存有项，再行兴修。除将应办工程照例分别具题外，所有查过南山保甲城垣情形理合缮折具奏，伏乞皇上睿鉴。再臣已于正月十六日回省，所有经过地方民情宁谧，粮价平减，合并陈明。谨奏。

嘉庆二十一年正月二十日。

（朱批）知道了。

（三）道光朝（4件）

◎陕西巡抚朱勋：《奏为估修省会城垣丈尺工料需银请于司库银项动支事》，道光元年（1821）九月二十二日，录副奏折，档案号：03-3622-022。

奏

陕西巡抚臣朱勋跪奏，为估修省会城工银数在千两以上循例奏闻事。

窃照陕西省会城垣自乾隆五十二年修理之后，历今三十余载，系在保固限外，城身里皮间有坍损，现在查勘另行办理。惟北门城台、月城等叠被雨淋塌，该处与大楼相近，必须赶紧修理。经臣饬司查勘确估，着抚署藩司陈廷桂详称，委员勘得北门城台、月城及里口宇墙等处，共坍塌四段，连刨拆接砌，计长五十九丈五尺零，又海墁城顶等项，共估需工料银三千二百五十八两零，由该管道、府加结移司，按例核算，并无浮冒，应请在于司库商筏畜税银内照数动支，饬令赶修完固，工竣勘验核实造销等情，具详请奏前来。臣覆核无异，除饬估计册结，另疏具题送部查核外，所有估修省会城工缘由，理合循例恭折具奏，伏乞皇上圣鉴。谨奏。

九月二十二日。

道光元年十月初五日奉硃批：工部议奏。钦此。

◎护理陕西巡抚徐炘：《奏为筹议捐修省会城垣事》，道光七年（1827）五月二十一日，朱批奏折，档案号：04-01-37-0088-005。

奏

护理陕西巡抚、布政使臣徐炘跪奏，为筹议捐修省会城垣恭折奏闻仰祈圣鉴事。

窃照西安省会原建城垣一座，外砖内土，周围四千九百余丈。自乾隆五十一年请项大修后，迄今四十余载，早经保固限满。阅时既久，积年雨水浸渗刷涤，海墁多有坍卸，地脚渐次锉陷。于嘉庆二十四年至道光六年，节据咸、长两县报坍里皮段落，共凑长二千余丈，宽二、三尺至二丈余不等，所有马道、卡房、角楼、垛口、女墙均经坍裂，外皮城身砖块亦间段剥落；又北门头重大楼接连城台券洞，于上年秋间被雨，坍塌十二丈。经臣与署藩司颜伯焘率同府县亲历查勘，委员确估。因正在办理口外军务，需用浩繁，准户部咨行，一切工程概行停缓三年，钦遵在案。

臣与署藩、臬两司再四熟筹，并与署督臣往返商议，当此经费支绌之时，固不敢冒昧请修，又未敢因循不办。因思陕省西安、同州、凤翔三府土沃风淳，绅民向知慕义急公，似应俯察舆情，量加劝谕。当将此项工程行司逐一核实估计，约需银十二万余两。由司拟定，于西安府属捐银六万两，同州府属捐银四万两，凤翔府属捐银二万两，转饬遵照妥办去后。旋据各州县陆续禀覆，该绅民等闻风踊跃，报效情殷，有已呈缴捐赀者，有先呈明捐数者，俟收有成数，随时解交司库，另款存贮。倘有不敷，仍当另行筹计。即责成该管粮道尹佩珩督同府、县，趁此天气晴和，未值大雨时行之候，先将坍卸各段鸠工清理，一面购集料物，次第兴办，由署藩司颜伯焘、署臬司何承薰会详请奏前来。

臣查西安省城为全秦保障，现在城垣既已坍塌过甚，若不亟筹兴修，势必坍卸愈多，工费益巨。溯查陕省三原县、三水县城垣，均经该绅民等捐赀修葺，本有成案可循，自应仿照办理，祇令殷实绅士、富饶商民，听其量力捐输，弗稍抑勒科派。欣逢本年麦收上稔，该绅民等咸知捍卫梓桑之举，无不勉抒芹曝之诚。除俟工竣后，将捐修数目分别等差，另行照例具奏，籲恳天恩奖励外，所有筹议捐修省会城垣缘由，谨会同署总督臣鄂山合词恭折具奏，伏祈皇上圣鉴。谨奏。

道光七年五月二十一日。

（朱批）奏到时再降谕旨。

◎护理陕西巡抚徐炘：《奏为西安省会城垣如式捐修完竣请奖捐输各员事》，道光八年（1828）八月二十二日，朱批奏折，档案号：04-01-37-0089-013。

奏

护理陕西巡抚布政使臣徐炘跪奏，为西安省会城垣如式捐修完竣恭折奏闻仰祈圣鉴事。

窃照西安省城为全秦保障，因阅时既久，渐次锉陷坍塌。经臣与前署藩司颜伯焘、署臬司何承薰筹议，在于西安、同州、凤翔三府属劝捐兴修，会同前署督臣鄂山恭折具奏，并声明俟工竣后，将捐修数目分别等差，照例籲恳天恩奖励，钦奉硃批：俟奏到时再降谕旨。钦此。当即行司移饬该管道、府，督率印委各员妥速兴修去后，兹据详报，修理完竣。

臣即会同西安将军萨秉阿率同司、道等亲诣勘验丈量，所有前次坍塌段落二十余丈，及马道、卡房、角楼、垛口、女墙，并北门头重大楼接连城台券洞坍塌十二丈，均照旧式修理完整。尚有续行增添之工，不在原估之内者，亦皆一律修补坚固。拆视外皮砖灰层数，及里面土胎包筑处所，俱按照工程做法，毫无偷减，洵足以经久远而资捍卫。

查定例与成案，士民捐资修城，十两以上者，赏给花红；三十两以上者，奖以匾额；五十两以上者，申报上司，递加奖励；捐至三、四百两者，奏请给以八品顶戴，其本有顶戴者给予议叙；捐银一千两以上者，酌给职衔优叙。今兴修西安省城，共捐银十二万四千五百九十七两。经臣等督率工员，撙节估用银十一万六千五百六十二两零，余剩银八千三十四两零，发商生息，留为岁修之用。该绅民等急公慕义，量力捐资，各抒芹曝之微诚，勉效桑梓之善举，允宜量加鼓励，其捐银在三百两以下者，应由臣及该管各衙门照例办理；至捐银在三百两以上之绅民，并地方官捐廉首倡者，谨开缮清单恭呈御览，合无仰恳圣主恩施，交部分别酌给议叙，以昭奖励。至此项工程，系属绅民捐修，应请毋庸报销。

所有西安省会城垣如式捐修完竣缘由，谨会同督臣杨遇春、抚臣鄂山合词恭折具奏，伏乞皇上圣鉴。谨奏。

道光八年八月二十二日。

（朱批）吏部议奏。

◎陕西巡抚杨名飏：《奏为陕省各属官民捐修城垣工程完竣核实汇奏请奖励事》，道光十六年（1836）三月二十日，朱批奏折，档案号：04-01-37-0098-004。

奏

陕西巡抚臣杨名飏跪奏，为各属官民捐修工程完竣核实汇奏恳恩奖励事。

窃照陕省州县城垣等项，多有历年久远、应行修葺之处，而经费浩繁，当此各工停缓之候，未便纷纷请项兴修。臣随饬道府设法妥办。兹据藩司牛鑑详称，查得同官县为北山冲途，原建土城，自乾隆十八年请项补修以来，迄今日久，城身、楼座均皆坍陷。兹该县监生孙绍闻等情愿输赀承修，改作砖城，复经该县知县刘用霖捐廉督办，计于道光十四年五月兴工，至十五年八月修竣，共用工料银三万二千二百五十两零。又南郑县城垣于道光十二年秋间，被阴雨淋塌城身一百六十余丈，俱在保固限外，经该县士民王心等量力乐输，于十三年正月兴工，至九月补修整齐，用过工料银三千八百五十两零。又富平县城垣四门，向无楼座，文庙、大成殿等处亦俱坍损，经该县监生刘鏵独力捐修，并在县城购买地基，建盖考棚，共用银四千六百两。以上各工均据委员勘明，一律坚固，并无偷减、草率情弊，由各道、府详司汇核，请奏前来。

臣查捐数例载，士民捐银二百两者，给予九品顶戴；三四百两以上者，给予八品顶戴；一千两以上，给予监知事职衔；又三四千两者，从优议叙；又现任官捐输一千两者，给予加一级等语。今同官等县士民捐修城垣、庙宇、考棚各工，急公趋事，洵属好义可嘉，除捐不及二百两者，由臣酌奖外，所有捐银一万两之监生孙绍闻、孙绍复，五千一百两之童生孙绍德、孙绍先，四千六百两之监生刘鏵五名，极力输将，实心乐善，非寻常倡捐可比，合无仰恳天恩，交部从优议叙；其捐银一千两之武生邢顺，六百两之监生王心，三百两之童生王永庆、徐海源，二百两之廪生翟章，民人杨进德、王悦恒、杨恒泰、周广同，捐银一千两之现任同官县知县刘用霖，一并请旨，交部议叙。再此项工程，均系官民捐办，请免报销。除饬取各绅士履历清册送部外，理合恭折具奏，伏乞皇上圣鉴。谨奏。

道光十六年三月二十日。

（朱批）另有旨。

（四）咸丰朝（1件）

◎陕西巡抚张祥河：《奏报官民捐修省会西安城垣等工完竣事》，咸丰三年（1853）三月二十七日，录副奏折，档案号：03-4517-067。

再西安省城，外砖内土，周围四千九百余丈，自道光七年补修后，迄今二十余载，积年雨水浸渗刷涤，坍塌城身里皮七段，凑长二千余丈，外皮砖墙臌裂，每处凑长七八十丈，宽二三尺至二丈余不等，城楼亦间有损坏。上年冬间，臣与司、道率同府、县确切估计。臣先捐银一千两，藩司吴式芬、前臬司升任奉天府府尹长臻、督粮道陈景亮亦各捐银一千两，共银四千两，为之倡率，于本年正月内饬派委员绅士购集料物，鸠工兴修。臣等仍同西安将军、副都统亲历查勘。现将坍塌、臌裂各工俱照旧式修理坚固，尚有炮台等工一律补葺，即可告竣，洵足以经久远而资捍卫。

又城外濠沟近亦多有埋塞，由商民乐输，督饬首府、县经办，均已一律挑挖深阔，四面通畅。向系从潏河引水，历通济渠，由西关堰口入濠。每于春夏，先尽农田灌溉，堰内常至缺水，日来普得甘雨，麦田透足，将水引入城濠，渐次将满。所有省垣修城浚濠免议，并不动项缘由，谨附片具奏。

咸丰三年三月二十七日奉硃批：知道了。钦此。

（五）同治朝（1件）

◎西安将军库克吉泰等：《奏为筹款兴修西安城墙卡房等工事》，同治六年（1867）九月初十日，录副奏折，档案号：03-4988-038。

奏

西安将军奴才库克吉泰、陕西巡抚臣乔松年、左翼都统奴才图明额跪奏，为西安城墙、卡房陆续坍卸，本年秋雨过大，内外倒塌尤多，亟应择要兴修，以杜捻回窥伺，恭折会奏仰祈睿鉴事。

窃查西安省城周遭二十七里有零，城墙高厚，面铺大砖，工料本极坚实，因年久失修，间有塌裂。自同治元年守城以来，历年在城开放大炮，地基震动，陆续内塌已有十数处。虽丈尺不同，所幸皆向里倒，城面较宽，仍可行走，外面砖墙完全如旧，无碍城守。乃本年自八月初六日起，直至二十一日，秋雨如注，连旦连宵，放晴后又大雨二、三次，以致城面震松之处，复向里倒又有二十余处。所最要者，东北城上炮台、垛口向外坐塌，计宽五丈，城砖斜坐，直至平地，有如阶段，循步可登。虽经奴才与臣松年添派官兵，在缺口筑立账房，安设枪炮，暂资守御，然必须赶紧兴修。其里倒之处，丈尺较宽者，不及时填补，恐愈塌愈宽，不但工程更巨，且恐贼踪逼近，一经开炮震裂，将致贻误大局。其城上卡房，本为守城官兵栖身之所，历年渗漏，又本年续塌者共四十余处。

奴才与臣松年通盘筹画，当此捻回交讧之秋，省城为根本重地，城内又有回民，时虑泄我虚实，尤当设法筹款兴工，方可以资捍卫。而当此饷源枯竭之时，征兵月饷尚忧匮乏，又安有余力补筑城垣？踌躇至再，只可于如何设法之中，作择要补苴之计，已令满城协佐诸官会同地方官，逐段详细勘估，开具丈尺清册，除外倒处所赶紧抢修外，其内塌之处由奴才与臣松年择其丈尺较大、地方紧要者，先行填补，其余从缓再办。至城上卡房，如有款可筹，亦应陆续修造。容奴才等督同藩司另行筹画办理。

所有西安省城因秋雨过大，里外倒塌及城上卡房塌漏亦多，亟须筹款、择要兴修各缘由。谨合词恭折具奏，伏乞皇上圣鉴训示。谨奏。

九月初十日。

同治六年九月十八日军机大臣奉旨：知道了。钦此。

（六）光绪朝（2件）

◎护理陕西巡抚张汝梅：《奏为修整陕省各属城垣及修理四川堡寨行坚壁清野之法办理情形事》，光绪二十一年（1895）七月初十日，录副奏折，档案号：03-7416-048。

再查陕省各属城垣年久失修，多形坍塌，西北延、榆各府州属为尤甚。比值甘省回匪滋事，急须修整，期于有备无患。惟工繁费巨，筹款不易。经臣通饬各道、府、州率属一律妥办，并选派妥员分赴各处帮同劝办，兼令修理四乡堡寨，行坚壁清野之法。现据各处禀报，百姓鉴于昔年回乱受害，均有戒心，一闻劝谕，无不踊跃乐从，齐心协办，富者出资，贫者出力，真可谓众志成城，定能一律完固，以资守御。际此时艰，百姓能如此急公，实非臣初料所及，固由民志惩前，易于劝导，亦实由风俗敦厚，始能如此。除俟各处工程报竣委验后，核其捐数，分别奏明办理外，所有现办情形，谨附片具陈，伏乞圣鉴。谨奏。

光绪二十一年七月初十日奉硃批：知道了。钦此。

◎西安将军松湉：《奏为陈明西安修复城工一律工竣事》，光绪三十三年（1907）正月二十日，朱批奏折，档案号：04-01-37-0147-002。

再奴才松湉到任后，会同左翼副都统恩存、右翼副都统克蒙额前往各城查看，见有坍塌之处颇多，又因去年秋雨较大，续有塌陷，当即咨行抚臣派员承修。现在一律工竣，应由抚臣验收报部。奴才等随后亲赴各城，履看所修各工，尚属坚固，相应附片奏闻。

光绪三十三年正月二十日。

（朱批）知道了。

二、明清碑记与记事文

◎（明）王恕：《王端毅公文集》卷一《记·增修龙首、通济二渠记》，明嘉靖三十一年乔世宁刻本。

陕西城中水苦咸不可用，故昔人凿龙首、通济二渠，引城外河水入城，由是城中王侯、官寮以及军民百万余家皆得甜水，以造饮食，厥功懋哉。龙首渠始凿于隋初，引浐河水，经倪家村、龙王庙、滴水崖、老虎窑、九龙池，至长乐门入城。分作三渠，一从玄真观南流，转羊市，过咸宁县、总府，西流转北，过马巷口；一从真武庵北流；一从羊市分流，过书院坊，西入秦府。始作之人无考。自隋唐至本朝成化间，虽尝有人修濬，惟总府前二十丈有砖甃砌，余皆土渠，用板木棚盖，以土覆之，常有损坏。通济渠乃太子太保兵部尚书青神余公子俊为西安知府时，于成化初因龙首渠水不足军民用，访得义峪等河水，经杜曲、御宿川等处，至丈八头入皂河。乃于丈八头造一石闸，穿渠引水西流，至郭村转东，筑堤为渠，至安定门入城，分作三渠，一从祠堂经长安县东流，过大菜市、真武庵，流出城，注于池；一从广济街北流，过钟楼转西，过永丰仓，流入贡院；一从永丰仓东街口北流。其渠自西关厢入城，俱用砖甃砌一千四百五十丈，甃砌未周处，亦有损坏。咸、长二县小民王恭等以告。钦差巡抚陕西右副都御史江右周公季麟以为此利济军民之渠，既有损坏，不可不修，慨然以增修为己任。乃檄西安知府西蜀马公炳然相度议处。知府公奉命，惟谨昼询夜思，以图坚久，区画停当，以白巡抚。公乃会同镇守太监刘公云、武安侯郑公英、巡按御史石公玠、王公绍议允，委右布政使陈公孜提督，专委知府公总理。知府公于是差人陶甓辇石，市材烧灰，度量工程，起倩夫匠，卜日兴工。西安左、右、前、后四卫及仪卫司、咸、长二县，各照地方，委官监工。左布政使文公贵、按察使张公泰、右参政才公宽、右参议李公思明、佥事任公鑑协赞其事。

　　修理龙首渠东关厢及城中三渠，俱用砖甃砌。其城外申家沟等处渠道，原系循岸随湾穿凿，每遇山水泛涨，被其衡①激辄坏，水不入城。今于两涯直处造桥架槽，引水入渠，遂免衡激之患。又将城外土渠六十里亦疏濬深阔，筑岸高厚，以防走泄。又于通济渠余公甃砌未周处，以砖甃砌七百二十丈。城外土渠亦疏濬修筑二十五里，视昔尤加深厚。昔二渠每十家作一井口汲水，因无遮拦，未免为尘垢所污。今则以砖为井栏，以磁为井口，以板为盖，启闭以时，则尘垢不洁之物无隙而入，湛然通流无阻。昔之未开通济渠也。汲之不足，城池惟西北一隅有水。自有通济渠之后，汲之不乏，城池四面举皆充溢周流。

　　是役也，经始于弘治十五年七月，落成于是年之九月。凡用砖以块计者九十七万三千有零，石以片计者一千有零，大小松木以根计者三百有零，板以片计者三千有零，用银二千九十五两。

　　于乎巡抚公主张是役也，询谋金同，委任得人，民不久劳，财不妄费，

---

　　① 原文如此。疑为"冲"之刊误。

成功甚速，实坚实好，增前人之未有，免后人之频劳。不惟可以济人之饥渴，亦可以保障乎城池，可谓经画周密，有益久远者矣。是宜记之，以告来者。

◎（清）赵希璜：《研椟斋文集》卷一《重修西安府城记（代）》，华东师范大学图书馆藏清嘉庆四年安阳县署刻本。

今天子御极之四十年春，巡幸江浙，阅视海塘。时抚臣毕公恭迎銮辂，瞻觐天颜。垂询陕服情形，首以修理城垣事宜条对，圣意俞之。越明年秋，钦差工部侍郎德公驰赴甘肃，估修兰州府城。公即陈奏及时兴作，并奏请德公于兰州工竣，路出西安，便宜指画，蒙旨允准。随奉上谕："陕西为三秦陕要，汉唐建都之地，其城垣形势本极崇闳壮丽，但历年久远，未经修整，其一切筑建基址，务从其旧，不可收小，以致规模狭隘，即费数十万帑金亦不为过"。

公闻命之下，即与德公悉心勘验。凡城身共长四千二百七十一丈八尺，北城长四百一十五丈二尺，毋庸修整，其余应改造者计长三千八百五十六丈六尺，高三丈六尺五寸。城上正楼四所，凡二十八间；箭楼四所，凡四十四间；礅楼四所，凡十二间；角楼四所，凡四间；魔楼九十八所，凡二百九十四间。所有门阙、睥睨、石承、平碾诸式，商运木植、砌石、甄甓、土灰、绳铁等事，无不详加周画，豫定章程。随饬发历年州县报解商筏税银及司库存留备用银百余万两，以供支应。

考西安府城，在汉为右内史理所。《汉书·地理志》京兆尹长安县，高帝五年置，惠帝元年初城，六年成。《惠帝本纪》元年正月城长安，三年春，发长安六百里内男女十四万六千人城长安，三十日罢。郑德曰：城一面，故速罢。又六月，发诸侯王、列侯徒隶二万人城长安。五年正月，复发长安六百里内男女十四万五千人城长安，三十日罢。九月，长安城成。《史记》惠帝三年方筑长安城，四年就半，五年、六年城就。《大事记》元年始作长安城西北方，三年初作长安城，五年成。《史记》与《汉书》纪载日月或不合。司马祯据《宫阙疏》曰：四年筑东面，五年筑北面，传以郑德云云，则《汉书》之说为正焉。《三辅黄图》初置长安城狭小，至惠帝更筑之，高三丈五尺，上阔九尺，下阔一丈五尺，周回六十五里。城南为南斗形，北为北斗形，今称为北斗城者是。《括地志》《元和郡县志》并云故城在今长安县西北十三里，盖隋时自汉城东南迁都龙首原，故旧址在唐城西北，今人呼之曰杨家城。《隋书·文帝本纪》开皇二年六月，诏左仆射高颎等创造新都；十二月，名曰大兴城。《地里志》开皇三年置雍州城，东西十八里一百十五步，南北十五里一百七十五步。《西京记》大兴城南直子午谷，在汉城东南十三里。《地里通释》云，南侵终南子午，北据渭水，东临浐灞，西枕龙首原。吕氏以为子午谷乃汉城所直，隋城南直石鳖谷，则已微西不正，与子午对，则就宋永兴军城言之，以证《隋书》故事，实非矣。宋敏求《长安志》叙唐京城坊巷，兴善寺在靖善坊，慈恩寺在晋昌坊，崇圣寺在崇德坊，庄严寺在永阳坊，元都观在崇业坊，乐游庙在升平坊，皆在城内。今兴善寺去城南五里，慈恩寺去城南十里，崇圣寺去城西五里，庄严寺去城南十二里，乐游庙更在慈恩之南，元都观则在兴善之西，并远居城外。李好文《长安志图》云，新城，唐天祐二年匡国军节度使韩建所筑，时朱全忠迁昭帝于洛，毁长安宫室百司及民庐舍，长安遂墟。因去宫城，又去外郭城，重修子城，是为新城，即今奉元路府治。然则今城于唐末为新城，于宋为永兴军城，于元为奉元路城，实盛唐子城遗址。

城自唐末迄今，有修筑，无改建。明洪武中，都督濮英设麗楼九十八所，环堵崇墉之制始肃。其四门，东曰长乐，西曰安定，南曰永宁，北曰安远。嗣是正统、嘉靖、隆庆年间复稍稍补缀之。

我朝顺治十三年、康熙元年暨乾隆三年、二十八年相继葺治，历时既久，土气浮薄，甄木剥蚀，关中形胜，西北屏藩，贡使往来，商贾辐辏，不兴巨役，莫肃观瞻。

毕公因大工伊始，奏请布政使司臣图公萨布、按察使司臣秦公承恩、盐法道臣顾公长绂课程稽覈。其分督四城，西城、北城则令盩厔县令徐君大文、长安县令高君燦、兴平县令王君垂纪、朝邑县令庄君炘主之；东城、南城则令华州牧汪君以诚、咸宁县令郭君履恒、永寿县令许君光基、郿县令李君带双主之。

《春秋左氏传》称士弥牟城成周，计丈尺，揣高卑，度厚薄，仞沟洫，物土方，议远迩，量事期，计徒庸，虑材用，书餱粮，公皆有之，以故总事四年，役徒日万，条分缕析，杂而不越。经始于乾隆四十八年六月十八日，竣工于五十一年九月二十二日。动用帑银，经工部奏请者，计一百五十八万五千一百五十八两有奇。凡历督臣三人，今嘉勇公大学士福公、今兵部尚书庆公、前昭信伯大学士李公；抚臣三人，曰毕公、何公、永公；布政使司臣二人，曰图公萨布、秦公承恩；按察使司臣二人，曰秦公、王公昶；督粮道臣三人，曰姚公颐、苏公楞泰、顾公长绂；盐法道臣三人，曰顾公、吴公之黼、舒公粥；西安府臣二人，曰和君明、徐君大文。徐君以盩厔令擢潼关司马，先后一再摄事焉。公身处梁苑，而心萦大工，偶有所见，必致书筹擘，盖用心深，历事久，经营周密，故规模闳耀若此。

五十一年十月十一日钦奉上谕：永保奏陕西西安城垣于九月内一律完竣，请派大臣带领谙熟工程之员来陕验收等语。西安省会城垣于乾隆四十六年降旨，令前抚臣毕沅动项兴修，并派德成前往勘估筹办。现在工程完竣，着派侍郎德成驰驿西安，将该城工履勘查收，是否如式坚固之处，据实具奏。

仰见我皇上慎重疆圉，捍卫民生之至意。由是垣墉陴堞，百雉重新，古称百二河山，洵推西陲巨镇，诚久远之宏规，非示一时之伟丽而已。臣承乏分陕，适遇告成，睹此盛业，例得记之。其在《国语》曰众志成城；《道德经》曰防意如城，城之时义大矣哉，宜圣天子之深谋远虑超迈汉唐也。

◎（清）路德：《咸宁县新建魁星阁碑记》，载《柽华馆全集·柽华馆骈文》，复旦大学图书馆藏清光绪七年解梁刻本。

咸宁县治之左有通化门焉。震维巽位，延庚挹辛，缭以鼍鼍之城，环以麟麟之屋。阛阓启而云簇，轮蹄过而霆砰。盖前代之旧基，四方之孔道也。顾其耸异峰峦，峙同培塿，有露台之平旷，无月殿之崔巍。昔有精形家言者，谓宜建阁其上，奉祀魁星，以壮舆图，以扶文运。

或难之曰："城东南隅有魁星阁矣，国士以无双而贵，山峰以独秀而奇，子欲重之，得无赘甚？"

形家曰："否！否！太仓之粟，非子敬之困；内府之金，非郭况之穴。兹一城之内两邑分焉，彼实三辅之总司，非为万年而特设。仅沿旧制，弗起新规，是何异？匡鼎读书，暗凿邻人之壁；安石好古，巧争谢传之墩也哉！"

或又谓："邱泽明禋，方圜恰肖；仪璘报祀，坛壝仅存。初无庙貌之修，藉妥神灵之位，惟星光竝日月，象丽穹苍，岂其离天上之舍，躔恋人间之栋宇？且一抔之土，何舆于人文？数仞之台，奚关乎地脉？而谓增高继长，即生栋梁之材；毓秀钟英，遂茁科名之草。言同谶纬，当不其然？"

形家曰："昔蔡邠望气贵，徵韦叡之宫；魏舒通经，相成宁氏之宅。地灵人杰，古古然矣。夫在天成象者，联珠编贝之光；依人而行者，雨师风伯之性。圣宿、贤宿，因所值以笃，生左更右，更慎厥司而罔忒。文星暗而试官惧，少微黄而处士升。有象毕呈，如响斯应。矧兹魁宿运乎中央，携龙枕参，宣德调政，祀典竝隆。于今古正位，何间于崇卑？果使瑶坛琳观，得所凭依，烟阁云台，通以呼吸。庶人惬好星之素多，士伸仰斗之私礼亦宜之吉，可知也。"

当时搢绅咸听斯语，惟是道谋筑室，创始良难；篑覆为山，程功匪易。

议举行而不果者，历多年矣。

　　静海高公①尹兹邑，修废举坠，考献征文。邑之士大夫以建阁为请。爰鸠工而诹吉，遂集腋以成裘。栌合楶连，修劳月斧；珉青甃碧，步即云梯；俯临鹑首之区，远竝雁王之塔。经始于某年某月，阅某月，工竣。将采乐石，特授鲰生。

　　夫右虎左龙之法，玉尺金斗之篇，古有其书，儒者不道。然培名胜，以励胶庠，良有司之盛举也。廓规模，以壮桑梓，都人士之美谈也。有志竟成，厥功不朽。从此贤人克聚，魁士迭兴，如商晋之主参辰，如吴越之戴牛斗。升阶斯吉，谓台曰灵。按九域以观文，本属雍州之恒曜；考六书以会意，莫疑奎字之沿讹。

---

　　① 高廷法，直隶静海县（今天津市静海区）人，乾隆五十九年（1794）举人，嘉庆二十年（1815）任咸宁知县。

参考文献

一、方志舆图

［1］骆天骧.类编长安志［M］.黄永年，点校.北京：中华书局，1990.

［2］马理，吕柟.陕西通志［M］.赵廷瑞，修.刻本，1542（明嘉靖二十一年）.

［3］冯从吾.陕西通志［M］.李思孝，修.刻本，1611（明万历三十九年）.

［4］何景明.雍大记［M］//四库全书存目丛书：史部：184.济南：齐鲁书社，1997.

［5］曹学佺.陕西名胜志［M］//四库全书存目丛书：史部：168.济南：齐鲁书社，1997.

［6］李贤.大明一统志［M］.明天顺刻本影印.西安：三秦出版社，1990.

［7］李楷.陕西通志［M］.贾汉复，修.刻本，1667（清康熙六年）.

［8］沈青崖.陕西通志［M］.刘於义，修.刻本，1735（清雍正十三年）.

［9］梁禹甸.长安县志［M］.刻本，1668（清康熙七年）.

［10］陈大经，杨生芝.咸宁县志［M］.黄家鼎，修.刻本，1668（清康熙七年）.

［11］蒋廷锡.古今图书集成：方舆汇编：职方典［M］.成都：巴蜀书社，1986.

［12］严长明.西安府志［M］.舒其绅，修.刻本，1779（清乾隆四十四年）.

［13］毕沅.关中胜迹图志［M］.上海：上海古籍出版社，1993.

［14］董曾臣.长安县志［M］.张聪贤，修.刻本，1815（清嘉庆二十年）.

［15］陆耀遹.咸宁县志［M］.高廷法，修.刻本，1819（清嘉庆二十四年）.

［16］王志沂.陕西志辑要［M］.清道光刻本.

［17］贺瑞麟.三原县新志［M］.焦云龙，修.刊本，1880（清光绪六年）.

［18］樊增祥.富平县志稿［M］.刊本，1891（清光绪十七年）.

［19］周斯亿.泾阳县志［M］.刘衷官，修.铅印本，1911（清宣统三年）.

［20］宋伯鲁，吴廷锡.续修陕西通志稿［M］.杨虎城，邵力子，修.铅印本，1934（民国二十三年）.

［21］翁柽修、宋联奎.咸宁长安两县续志［M］.铅印本，1936（民国二十五年）.

［22］曹骥观.续修醴泉县志稿［M］.张道芷，修.铅印本，1935（民国二十四年）.

［23］段光世.鄠县志［M］.赵葆真，修.铅印本，1933（民国二十二年）.

［24］程仲昭.韩城县续志［M］.赵本荫，修.石印本，1925（民国十四年）.

［25］任肇新.盩厔县志［M］.庞文中，修.铅印本，1925（民国十四年）.

［26］吴廷锡，冯光裕.重修咸阳县志［M］.刘安国，修.编印本.咸阳：咸阳市秦都区城乡建设环保局，1986.

［27］佚名.鄠县乡土志［M］.光绪末年抄本.

［28］陕西省地方志编纂委员会.陕西省志：第2卷　行政建置志［M］.西安：三秦出版社，1992.

［29］陕西省地方志编纂委员会.陕西省志：第79卷　人物志［M］.西安：三秦出版社，1998.

［30］陕西省地方志编纂委员会.陕西省志：第29卷　商业志［M］.西安：陕西人民出版社，1999.

［31］西安市地方志编纂委员会.西安市志［M］.西安：西安出版社，2000.

［32］长安县地方志编纂委员会.长安县志［M］.西安：陕西人民出版社，2000.

［33］陕西省地方志编纂委员会，曹占泉.陕西省志：人口志［M］.西安：三秦出版社，1986.

［34］洪亮吉.乾隆府厅州县图志［M］//续修四库全书：史部第625—627册.刻本，1803（清嘉庆八年）.

［35］西安府图［CM］.测绘本.中浣舆图馆，1893（清光绪十九年）.

［36］陕西全省舆地图［CM］.石印本，1899（清光绪二十五年）.

［37］西京胜迹图（1：100000）［CM］.1935（民国二十四年）.

［38］史念海.西安历史地图集［M］.西安：西安地图出版社，1996.

［39］国家文物局.中国文物地图集：陕西分册［M］.西安：西安地图出版社，1998.

二、史书文集

［1］朱元璋.皇明祖训［M］//四库全书存目丛书：史部：264/165.刻本：明洪武礼部.

［2］胡广.明太祖实录［M］.江苏国学图书馆传抄本.

［3］胡广.明宪宗实录［M］.江苏国学图书馆传抄本.

［4］胡广.明孝宗实录［M］.江苏国学图书馆传抄本.

［5］张廷玉.明史［M］.北京：中华书局，1974.

［6］赵尔巽.清史稿［M］.北京：中华书局，1977.

［7］谷应泰.明史纪事本末［M］.北京：中华书局，1977.

［8］托津.明鉴［M］.精刊本，1818（清嘉庆二十三年）.

［9］申时行.明会典［M］.北京：中华书局，1989.

［10］龙文彬.明会要［M］.北京：中华书局，1956.

［11］陈子龙.明经世文编［M］.北京：中华书局，1962.

［12］官修.八旗满洲氏族通谱［M］.清文渊阁四库全书本.

［13］鄂尔泰.钦定八旗则例［M］.刻本：清乾隆武英殿.

［14］于慎行.穀城山馆文集［M］.刻本：于纬，明万历.

［15］吴甡.柴庵疏集［M］.刻本，清初.

［16］冯从吾.少墟集［M］.清文渊阁四库全书本.

［17］毕自严.石隐园藏稿［M］.清文渊阁四库全书补配清文津阁四库全书本.

［18］张四维.条麓堂集［M］.刻本：张泰征，1595（明万历二十三年）.

［19］朱诚泳.小鸣稿［M］//四库全书集部，台北"故宫博物院"藏本.

［20］陆容.菽园杂记［M］.北京：中华书局，1985.

［21］赵崡.访古游记［M］//程大昌.雍录.西安：陕西师范大学出版社，
1996.

［22］朱国祯.涌幢小品［M］.北京：中华书局，1959.

［23］张瀚.松窗梦语［M］.上海：上海古籍出版社，1986.

［24］都穆.游名山记［M］//丛书集成，第2999册.辑刊本：陈继儒，明
万历.

［25］毕沅.关中胜迹图志［M］.清文渊阁四库全书本.

［26］毕沅.灵岩山人诗集［M］.刻本：经训堂，1799（清嘉庆四年）.

［27］李元度.国朝先正事略［M］.序本，1869（清同治八年）.

［28］潘耒.遂初堂集［M］.刻本，清康熙.

［29］钱陈群.香树斋诗文集［M］.刻本，清乾隆.

［30］钱仪吉.碑传集［M］.刻本：江苏书局，1893（清光绪十九年）.

［31］王先谦.东华录顺治朝［M］.周润蕃，校.铅印本：撷华书局，
1887（清光绪十三年）.

［32］赵希璜.研栊斋文集［M］.刻本：安阳县署，1799（清嘉庆四年）.

［33］杨应琚.据鞍录［M］//缪荃孙.藕香零拾.刻本：江阴缪氏，清宣统.

［34］徐栋.牧令书辑要［M］.丁日昌，选评.刻本：江苏书局，1868
（清同治七年）.

［35］董醇.度陇记［M］//周希武.宁海纪行.兰州：甘肃人民出版社，
2000.

［36］王庆云.石渠余纪［M］//沈云龙.近代中国史料丛刊：第8辑.台
北：文海出版社，1967.

［37］刘蓉.刘中丞奏议：第20卷［M］.思贤讲舍本，1885（清光绪
十一年）.

［38］邵亨豫.雪泥鸿爪四编：后编［M］.刻本：常熟邵氏，清光绪.

［39］张祥河.小重山房诗词全集：关中集［M］.清道光刻光绪增修本.

［40］樊增祥.樊山集：第28卷［M］.刻本：渭南县署，1893（清光绪
十九年）.

［41］樊增祥.樊山续集：第28卷［M］.刻本：西安臬署，1902（清光绪
二十八年）.

［42］路德.柽华馆全集：第20卷［M］.解梁刻本，1881（清光绪七年）.

［43］关中两朝文钞［M］.守朴堂藏版，1832（清道光十二年）.

［44］严如熤.三省边防备览［M］.刻本，清光绪.

［45］卢坤.秦疆治略［M］.刻本，清道光.

［46］臧励龢.陕西乡土地理教科书［M］.西安：陕西学务公所图书馆，
1908（清光绪三十四年）.

［47］足立喜六.长安史迹考［M］//杨炼，译.中国西北文献丛书编辑
委员会.中国西北文献丛书：西北史地文献：第38卷.兰州：兰州古籍书店，
1990.

［48］福克.西行琐录［M］//小方壶斋舆地丛钞：第6帙.

［49］伍铨萃.北游日记［M］//吴相湘.中国史学丛书.台北：台湾学生书
局，1976.

［50］唐晏.庚子西行记事［M］//刘承干，校.《中国野史集成》编委
会，四川大学图书馆.中国野史集成：第47册.成都：巴蜀书社，1993.

［51］赵怀玉.收庵居士自叙年谱略.清道光亦有生斋集本.

［52］罗正钧.左文襄公年谱［M］.刻本,清光绪.

［53］有泰.有泰驻藏日记［M］.吴丰培,整理.北京:中国藏学出版社,1988.

［54］叶昌炽.缘督庐日记钞［M］.石印本,1933（民国二十二年）.

［55］赵钧彤.西行日记［M］.铅印本,1943（民国三十二年）.

［56］徐珂.清稗类钞［M］.北京:中华书局,1984.

［57］吉田良太郎,八咏楼主人.西巡回銮始末记·两宫驻跸西安记［M］.影印本.台北:台湾学生书局,1973.

［58］陕西清理财政局.陕西清理财政说明书［M］.排印本,1909（清宣统元年）.

［59］佚名.陕甘水陆转运备览［M］.北京大学图书馆藏本.

［60］卞文鑑.西北考察记［M］//中国西北文献丛书编辑委员会.中国西北文献丛书·西北民俗文献:第127册.兰州:兰州古籍书店,1990.

［61］刘安国.陕西交通挈要［M］.北京:中华书局,1928.

［62］鲁涵之,张韶仙.西京快览［M］.西安:西京快览社,1936.

［63］长安县政府.长安经济调查［J］.陕行汇刊,1943,7（1）:39-42.

三、档案报刊

［1］中国第一历史档案馆藏清代朱批奏折、录副奏折、户部题本等档案.

［2］台北"中央研究院历史语言研究所"藏明清档案、近代史所藏民国档案.

［3］台北"故宫博物院"藏清代档案.

［4］陕西省档案馆藏民国档案.

［5］西安市档案馆藏民国档案.

［6］西安市档案局,西安市档案馆.筹建西京陪都档案资料选辑［M］.西

安：西北大学出版社，1994.

［7］陕西省图书馆藏《西京日报》《西安晚报》《西北文化日报》《工商日报》.

四、英文文献

［1］S. Wells Williams, The Middle Kingdom; A Survey of the Geography, Government, Education, Social life, Arts, Religion, &c. of the Chinese Empire and Its Inhabitants ［M］. New York & London: Wiley and Putnam. 1848.

［2］John Kesson, The Cross and the Dragon: With Notices of the Christian Missions and Missionaries and Some Account of the Chinese Secret Societies ［M］. London: Smith, Elder, and Co., 65 Cornhill, 1854.

［3］A. Wylie, On the Nestorian Tablet of Se-gan Foo ［J］. Journal of the American Oriental Society, Vol. 5. 1856.

［4］Alexander Williamson, Journeys in North China, Manchuria, and Eastern Mongolia; With Some Account of Corea ［M］. London: Smith, Elder& Co., 15, Waterloo Place. 1870.

［5］John Meiklejohn, Fifth Geographical Reader ［M］. Standard VI, London and Edinburgh: William Blackwood And Sons. 1884.

［6］William Woodville Rockhill, Land of the Lamas: Notes of A Journey Through China, Mongolia and Tibet ［M］. London: Longmans, Green, And Co., 1891.

［7］A. H. Keane, *Asia,* Vol. 1, Northern and Eastern Asia ［M］. London: Edward Stanford, 1896.

［8］Archibald R. Colquhoun, China in transformation ［M］. New York and London: Harper & Brothers Publishers, 1898.

［9］Clive Bigham, A Year in China 1899-1900 ［M］. London: Macmillan and

Co., Limited, New York: The Macmillan Company, 1901.

［10］Francis Henry Nichols, Through Hidden Shensi［M］. New York: Charles Scribner's Sons, 1902.

［11］Wilbur J. Chamberlin, Ordered to China［M］. New York: Frederick A. Stoked Company, 1903.

［12］Paul Carus, Alexander Wylie, Frits Holm, The Nestorian monument an ancient record of Christianity in China［M］. Chicago: The Open Court Publishing Company, 1909.

［13］William Edgar Geil, Eighteen Capitals of China［M］. Philadelphia & London: J.B. Lippincott Company, 1911.

［14］John Charles Keyte, The Passing of the Dragon: the Story of the Shensi Revolution and Relief Expedition［M］. London, New York: Hodder and Stoughton,1913.

［15］John Stuart Thomson, China Revolutionized［M］. Indianapolis: the Bobbs-Merrill company, 1913.

［16］Frederick McCormick, The Flowery Republic［M］. New York:D. Appleton And Company, 1913.

［17］Eric Teichman, Notes on a Journey through Shensi［J］. The Geographical Journal ,Vol. 52, No. 6,1918.

［18］Reginald John Farrer, My Second Year's Journey on the Tibetan Border of Kansu［J］. The Geographical Journal ,Vol. 51, No. 6,1918.

五、日文文献

［1］山口昴. 清国遊歴案内［M］. 東京：石塚書店，1902（明治三十五年）.

［2］安東不二雄. 支那帝国地誌［M］. 東京：普及舎，1903（明治三十六年）.

［3］小山田淑助. 徴塵録［M］. 東京：中野書店，1904（明治三十七年）.

［4］波多野養作. 新疆視察復命書［M］. 東京：外務省政務局，1907（明治四十年）.

［5］高島北海. 支那百景［M］. 東京：画報社，1907（明治四十年）.

［6］塚本靖. 清国工芸品意匠調査報告書［M］. 東京：農商務省商工局，1908（明治四十一年）.

［7］日野強. 伊犂紀行［M］. 東京：博文館，1909（明治四十二年）.

［8］川田鉄弥. 支那風韻記・長安の感慨［M］. 東京：大倉書店，1912（大正元年）.

［9］西山栄久. 最新支那分省図［M］. 東京：大倉書店，1914（大正三年）.

［10］福田眉仙. 支那大観：黄河の巻［M］. 東京：金尾文淵堂，1916（大正五年）.

［11］内藤民治. 世界実観：第12巻　支那・暹羅［M］. 東京：日本風俗図絵刊行会，1916（大正五年）.

［12］東亜同文会. 支那省別全誌：第7巻　陝西省［M］. 東京：東亜同文会，1917—1920（大正六—九年）.

［13］青島守備軍民政部鉄道部. 調査資料：第九輯［M］. 青島守備軍民政部鉄道部，1918（大正七年）.

［14］日本青年教育会. 世界一周：洛陽長安の旅［J］. 青年文庫，1918（1）.

［15］松本文三郎. 支那仏教遺物：西安懐古［M］. 東京：大鐙閣，1919（大正八年）.

［16］東亜同文書院. 粤射隴遊・長安に憧れて［M］. 上海：東亜同文書院，1921（大正十年）.

［17］東亜同文書院. 虎穴竜頷・青海行［M］. 上海：東亜同文書院，1922（大正十一年）.

［18］東亜同文書院.金声玉振·長安の月を戀ひて［M］.上海：東亜同文書院，1923（大正十二年）.

［19］東亜同文書院.彩雲光霞·太行の月に騎す［M］.上海：東亜同文書院，1924（大正十三年）.

［20］東亜同文書院.黄塵行；蜀秦行［M］.上海：東亜同文書院，1927（大正十六年）.

［21］一色忠慈郎.支那社会の表裏［M］.大阪：屋号書店，1931（昭和六年）.

［22］国際経済研究所.空軍支那の秘密［M］.東京：国際経済研究所，1934（昭和九年）.

［23］結城令聞.昭和十年度北支旅行報告［J］.東方学報，1936（6）.

［24］野村瑞峯.長安行［M］//日華仏教研究会.日華仏教研究会年報：第二年　支那仏教研究，1936—1940（昭和十一—十五年）.

［25］常盤大定，関野貞.支那文化史跡：第九輯［M］.東京：法蔵館，1939—1941（昭和十四—十六年）.

［26］支那省別全誌刊行会.新修支那省別全誌：第六巻　陝西省［M］.東京：東亜同文会，1941—1946（昭和十六—二十一年）.

［27］地質調査所.支那地質鉱物調査報告：第四号［M］.東京：北支那開発調査局，1942（昭和十七年）.

［28］桑原隲蔵.長安の旅［M］//桑原隲蔵全集：第五巻.東京：岩波書店，1968（昭和四十三年）.

六、文史资料

［1］西安市长安县调查记录［M］//马长寿.《陕西文史资料》第26辑，同治年间陕西回民起义历史调查记录.西安：陕西人民出版社，1993.

［2］中国人民政治协商会议陕西省西安市委员会文史资料研究委员会.西

安文史资料：第2辑，第4辑，第5辑，第6辑，第7辑，第9辑，第10辑，第11辑，第12辑［G］.内部资料，1982，1983，1983，1984，1984，1986，1986，1987，1987.

　　［3］政协西安市委员会文史资料委员会，西安市档案馆.西安解放　西安文史资料第15辑［M］.西安：陕西人民出版社，1989.

　　［4］中国人民政治协商会议西安市碑林区委员会文史资料研究委员会.碑林文史资料：第1辑，第2辑，第3辑［G］.内部资料，1987，1987，1988.

　　［5］中国人民政治协商会议西安市莲湖区委员会文史资料研究委员会.莲湖文史资料：第1辑，第2辑，第3辑［G］.内部资料，1986，1987，1988.

　　［6］中国人民政治协商会议西安市新城区委员会文史资料委员会.新城文史资料：第6辑，第7辑，第11辑［G］.内部资料，1989，1989，1992.

　　［7］中国人民政治协商会议西安市雁塔区委员会文史资料研究委员会.雁塔文史资料：第2辑［G］.内部资料，1987.

　　［8］中国人民政治协商会议西安市灞桥区委员会文史资料工作委员会.灞桥文史资料：第3辑［G］.内部资料，1989.

　　［9］政协西安市未央区文史资料委员会.未央文史资料：第4辑［G］.内部资料，1988.

　　［10］西安市莲湖区地名办公室.西安市莲湖区地名录［M］.内部资料，1984.

　　［11］西安市地名委员会，西安市民政局.陕西省西安市地名志［M］.内部资料，1986.

七、今人论著

（一）著作

　　［1］侯仁之.北京城市历史地理［M］.北京：北京燕山出版社，2000.

　　［2］戴应新.关中水利史话［M］.西安：陕西人民出版社，1977.

［3］王崇人.古都西安［M］.西安：陕西人民美术出版社，1981.

［4］马正林.丰镐—长安—西安［M］.西安：陕西人民出版社，1983.

［5］武伯纶.西安历史述略［M］.西安：陕西人民出版社，1984.

［6］李兴华，冯今源.中国伊斯兰教史参考资料选编［M］.银川：宁夏人民出版社，1985.

［7］《民族问题五种丛书》辽宁省编辑委员会.满族社会历史调查［M］.沈阳：辽宁人民出版社，1985.

［8］北京图书馆金石组.北图藏中国历代石刻拓本汇编［M］.郑州：中州古籍出版社，1989.

［9］王开.陕西古代道路交通史［M］.北京：人民交通出版社，1989.

［10］周生玉，张铭洽.长安史话：宋元明清分册［M］.西安：陕西旅游出版社，1991.

［11］定宜庄.清代八旗驻防制度研究［M］.天津：天津古籍出版社，1992.

［12］任桂淳.清朝八旗驻防兴衰史［M］.上海：生活·读书·新知三联书店，1993.

［13］米里拜尔.明代地方官吏及文官制度：关于陕西和西安府的研究［M］.郭太初，张上赐，蒋梓骅，译.西安：陕西人民出版社，1994.

［14］一丁，雨露，洪涌.中国古代风水与建筑选址［M］.石家庄：河北科学技术出版社，1996.

［15］向德，李洪渊，魏效祖.西安文物揽胜：续编［M］.西安：陕西科学技术出版社，1997.

［16］秦晖，韩敏，邵宏谟.陕西通史：明清卷［M］.西安：陕西师范大学出版社，1997.

［17］马正林.中国城市历史地理［M］.济南：山东教育出版社，1998.

［18］朱士光.黄土高原地区环境变迁及其治理［M］.郑州：黄河水利出版社，1999.

［19］张永禄.明清西安词典［M］.西安：陕西人民出版社，1999.

［20］陈景富.大慈恩寺志［M］.西安：三秦出版社，2000.

［21］田培栋.明清时代陕西社会经济史［M］.北京：首都师范大学出版社，2000.

［22］施坚雅.中华帝国晚期的城市［M］.叶光庭，徐自立，王嗣均，等，译.北京：中华书局，2000.

［23］薛平栓.陕西历史人口地理［M］.北京：人民出版社，2001.

［24］史红帅.明清时期西安城市地理研究［M］.北京：中国社会科学出版社，2008.

［25］史红帅.西方人眼中的辛亥革命［M］.西安：三秦出版社，2011.

［26］史红帅.近代西方人视野中的西安城乡景观研究：1840—1949［M］.北京：科学出版社，2014.

［27］尼科尔斯.穿越神秘的陕西［M］.史红帅，译.西安：三秦出版社，2009.

［28］克拉克，索尔比.穿越陕甘：1908—1909年克拉克考察队华北行纪［M］.史红帅，译.上海：上海科学技术文献出版社，2010.

［29］何乐模.我为景教碑在中国的历险［M］.史红帅，译.上海：上海科学技术文献出版社，2011.

［30］台克满.领事官在中国西北的旅行［M］.史红帅，译.上海：上海科学技术文献出版社，2013.

（二）论文

［1］马得志.西安元代安西王府勘查记［J］.考古，1960（5）：20-23.

［2］李健超.汉唐长安城与明清西安城地下水的污染［J］.西北历史资

料，1980（1）：78–86.

[3] 马正林.由历史上西安城的供水探讨今后解决水源的根本途径 [J].陕西师大学报（哲学社会科学版），1981（4）：70–77.

[4] 王长启.明秦王府遗址出土典膳所遗物 [J].考古与文物，1985（4）：25–27.

[5] 吴永江.关于西安城墙某些数据的考释 [J].文博，1986（6）：88–89.

[6] 景慧川，卢晓明.明秦王府布局形式及现存遗址考察 [J].文博，1990（6）：45–49.

[7] 祁恒文.秦王·秦王府·新城 [J].三秦文史，1990（3）：142–149.

[8] 马正林.汉长安城总体布局的地理特征 [J].陕西师大学报（哲学社会科学版），1994（4）：60–66.

[9] 王翰章.明秦藩王墓群调查记 [J].陕西历史博物馆馆刊，1995（2）：188–194.

[10] 史念海，史先智.说十六国和南北朝时期长安城中的小城、子城和皇城 [J].中国历史地理论丛，1997（1）：5–17.

[11] 刘清阳.明代泾阳洪渠与西安甜水井的兴建 [M] //陕西省文史研究馆.史学论丛.西安：陕西人民出版社，1998：342–353.

[12] 史念海.汉代长安城的营建规模——谨以此文恭贺白寿彝教授九十大寿 [J].中国历史地理论丛，1998（2）：1–40.

[13] 王其祎，周晓薇.明代西安通济渠的开凿及其变迁 [J].中国历史地理论丛，1999（2）：73–98.

[14] 王社教.论汉长安城形制布局中的几个问题 [J].中国历史地理论丛，1999（2）：131–143.

[15] 吴宏岐.论唐末五代长安城的形制和布局特点 [J].中国历史地理论丛，1999（2）：145–159.

[16] 吴宏岐，党安荣.关于明代西安秦王府城的若干问题 [J].中国历史地理论丛，1999（3）：150-165.

[17] 陕西省考古研究所北门考古队.明秦王府北门勘查记 [J].考古与文物，2000（2）：17-21.

[18] 李昭淑，徐象平，李继瓒.西安水环境的历史变迁及治理对策 [J].中国历史地理论丛，2000（3）：41-55.

[19] 尚民杰.明西安府城增筑年代考 [J].文博，2001（1）：38-44.

[20] 史红帅.清代后期西方人笔下的西安城——基于英文文献的考察 [J].中国历史地理论丛，2007（4）：71-80.

[21] 史红帅.民国西安的城市水利建设及其规划 [M]//徐卫民.长安学丛书·经济卷.西安：陕西师范大学出版社，2009.

[22] 史红帅.清乾隆四十六年至五十一年西安城墙维修工程考——基于奏折档案的探讨 [J].中国历史地理论丛，2011（1）：112-126.

[23] 史红帅.清代灞桥建修工程考论 [J].中国历史地理论丛，2012（2）：118-131，160.

[24] 史红帅.清乾隆五十二～五十六年潼关城工考论——基于奏折档案的探讨 [J].中国历史地理论丛，2016（2）：78-96.

[25] 史红帅.清中后期陕西捐修城工研究 [J].中国历史地理论丛，2019（3）：140-158.

后记

在2022年西安的盛夏酷暑时节，书稿即将付梓印行，不由令人想起诸多往事，特补记于此。

直到1993年进入西北大学历史系读书之前，我并没有目睹过西安的城墙、护城河，对城池没有什么认识，但与城墙功能相似的堡墙却是自幼时记事起就在印象中扎下了根。我出生于咸阳市秦都区钓台乡和兴堡，这是关中平原中部、渭河南岸一座普通的传统村落，位处泥河、沙河、新河、渭河的交汇地带。和兴堡南滨沙河，依河而建，傍河而兴。从形态上看，全村从首至尾宛如船型，村东头的一棵古柳就如同扬帆的桅杆。沙河曾是我和小伙伴们戏水摸鱼的乐园之一，而溜下河堰去河道边缘茂密的芦苇丛中寻鸟窝、掏鸟蛋，则是童年时代最具冒险性的快乐活动。与关中平原上诸多传统村落相似的是，和兴堡有一道长长的堡墙，依循地势兴建于沙河堤堰之上，由此既能防御某些年份夏秋时节漫溢的洪水，又能发挥围护村落、保障阖村安全的作用。这道并不算高厚的堡墙整体上看是屏障全村的长墙，分开来看则是各家各户的院落后墙，与村落安全、村民生活息息相关。儿时的我对于这道堡墙最基本的认识就是极有"安全感"，大概这也是村中大人们的共同感受。从二十世纪八九十年代起，随着沙河水量渐少、河堰维修废弛、村民挖壕卖沙、民宅翻新与村落拓展，本已老旧的和兴堡堡墙逐渐拆毁无存，传统村落的基本形态再也难以维系，成为关中地区大量传统村落堡墙、寨墙退出历史舞台的缩影之一。

在见证了老家的堡墙从破败直至消失之后，我终于在1993年进入西北大学读书后开始了解和"亲近"古老的西安城墙。西北大学位处西安环城南路西段南侧，与西安城墙、护城河仅一路之隔。出了学校北门，不用抬头，青灰色的城墙就会自然而然地映入眼帘。每次和同学在环城南路及城墙根下往来时，都会感叹与老家的堡墙相比，这省城的城墙才真正称得上高厚、雄伟。彼时虽然就读于历史系，但却未曾深究过近在眼前的古老城墙的历史，也从未想过这一标志性城市景观将会成为多年后的重要研究对象，仅仅是将城墙视为西安悠久历史的载体之一，既觉熟悉而又有陌生之感。实际上，那时给我们授课的张永禄老师已经在所著《唐都长安》《唐代长安词典》《明清西安词典》等著述中对西安城墙的历史和变迁进行了不同角度的总结，为此后西安城墙史研究的深入开展奠定了坚实基础，只是本科阶段的我集中学习的还只是通史、断代史等史学基础内容，尚未思考过如何从城市史、工程史等视角去看待西安城墙的沧桑之变。1997年，我进入西安南郊的陕西师范大学历史地理研究所攻读硕士学位，虽然自此没有了每天都能看到城墙的机会，但随着将明清西安作为研究对象，从历史城市地理角度开展研究之后，对城墙、护城河的了解和认识反而日渐加深，在脑海中城墙与护城河的形象远较以前更趋清晰，这就好像原本近在眼前却不甚了解的"陌生人"终于变成了虽不常见却越来越熟悉的老朋友。

此后，我于2000年进入北京大学历史地理研究中心攻读博士学位，毕业后于2003年起进入陕西师范大学西北历史环境与经济社会发展研究院工作，在不同阶段均以古都西安历史地理为研究重点，西安城墙的历史变迁始终占据着一席之地，但尚未开展具有针对性的专门研究。直至2011年，我在搜集、整理清代奏折档案的基础上，对乾隆年间西安城墙修筑工程进行了细致探究，发表了《清乾隆四十六年至五十一年西安城墙维修工程考——基于奏折档案的探讨》（载《中国历史地理论丛》2011年第1辑）一文，此后又延伸研究了乾隆年间潼关城工、清代中后期陕西捐修城工等问题，城池修筑工程成为我将历史地理与相关学科结合起来进行研究的重点专题之一。

恰逢其时的是，2013年4月，西安城墙历史文化研究会成立。作为专业化学术研究机构，该会肩负着挖掘城墙历史文化内涵、建立城墙文保体系、促进西安城墙申报世界文化遗产的重大责任。2014年5月，在该会的有力支持下，我与研究团队开始了《明清民国西安城墙维修保护史研究》的专项课题。这一课题的目标是对明代以迄民国581年间西安城墙维修保护史进行研究，全面梳理城墙维修保护的工程细节，系统阐明城墙维修保护的历史过程，客观总结城墙维修保护的经验教训，深入探察西安城墙景观面貌的发展变迁，为西安城墙保护、申报世界文化遗产等工作提供智识支撑。经过研究团队约一年的努力，2015年6月底，这一课题顺利结项，成果获得西安城墙历史文化研究会及相关专家的一致肯定。

在开展《明清民国西安城墙维修保护史研究》课题期间及其之后，为普及、宣传城墙历史文化，增进大众对西安城墙变迁的认识，我先后在西安城墙历史文化研究会、西安城墙保护基金会创办的《城墙》、西安城墙管委会主办的《城记》、西安市地方志办公室主办的《西安地方志》等刊物撰文，讲述西安城墙修筑的历史，总结城墙风貌保护的理念与举措。另外，应西安博物院、潼关县政府及相关院校等邀请，我就清代西安、潼关等城墙的历史变迁进行了多场讲座，并在中央电视台"探索·发现"栏目拍摄的《西安城墙》纪录片中担任访谈嘉宾，为宣传西安城墙历史文化贡献了一份心力。现在想来，这一时期也正是在管理部门精心组织、社会大众普遍关注的背景下，西安城墙历史文化研究、宣传工作最为活跃的阶段。

　　在完成《明清民国西安城墙维修保护史研究》专题研究之后，西安城墙历史文化研究会、西安城墙管委会计划委托我们团队进一步开展新中国以来西安城墙保护史的研究。但在我们向西安城墙管委会提交研究大纲，并通过了西安城墙历史文化研究会组织的开题报告后，此研究计划又因某些非学术因素束之高阁。从学术研究的角度而言，作为城墙维修保护的重要阶段，新中国以来西安城墙在旧貌换新颜的同时焕发了新的生机，足堪深入探讨。令人高兴的是，普林斯顿大学历史系博士生管筝业已注意到这一问题，并多次赶来西安，专门就此与我们团队进行交流、讨论。她在前往西安市档案馆、西安市城建档案馆等处查阅文献的同时，按照我的建议，沿着西安城墙内侧马道（即现今的顺城巷）进行了考察，逐处拍摄了各个城门附近镶砌的20世纪80年代城墙内侧砌砖和维修的碑记，力图以之为线索，从西安城墙建设与区域社会发展的角度开展探讨。应当说，这一工作将会与我们此前关于明清民国时期西安城墙保护、维修、建设的研究相互衔接，具有重要意义，在此也期待该项研究能别开生面、早结硕果。

　　西安城墙不仅为学术研究提供了典范标本，而且也成为我带领学生开展实地考察的重要对象。自2009年起，作为历史城市地理课程的一部分内容，我一直坚持带领学生开展西安老城区的实地调研和考察，涉及与城市历史发展相关的街巷、衙署、寺宇（佛寺、道观、清真寺、教堂）、书院、贡院、园林、民居等基址、旧迹、遗存等，而城墙始终是贯穿其中的主线。结合各类文献记载，通过在城墙上下的考察和讲解，同学们一方面能够通过宏伟的城墙、城楼与宽阔的护城河这类标志性的城市景观真切感知古都西安的历史气息，另一方面能够通过细致观察和记述城墙与护城河体系的各类建筑、设施、环境信息，逐渐了解和掌握历史地理田野调查的方法。在此感谢含光门遗址博物馆、西安城墙管委会多年来的大力支持，尤其要特别感谢含光门遗址博物馆的王肃研究员，在每一次考察时他都会从百忙中抽出时间，给同学们带来精彩的讲解，让大家充分感受到了一位长期研究城墙、保护城墙的专家的热忱与风采。

在认识、评价西安城墙的功能与地位时，与海内外现存城墙进行对比审视是有效途径之一。2009年至2012年，除考察过国内平遥、松潘、大理等古城外，我亦曾利用访学之便，考察了我国台北淡水红毛城基址、日本东京江户时期的城墙与水道旧迹、德国北部的吕贝克古城、德国与丹麦接壤地带罗马帝国时代遗留的古城址等。2016年至2017年，我获得英国剑桥李约瑟研究所"中国古代军事工程奖学金"的资助，赴剑桥大学、李约瑟研究所开展《历史时期中英城墙修筑工程比较研究》的课题。在此期间，系统考察了英国中北部地区的纽卡斯尔古城、约克古城、哈德良长城及其沿线军事城堡等城址、遗迹，真切认识了历史时期中外城池建筑方面的共有属性与显著差异，例如在城池规模、城墙形态、建筑材质、防御设施等方面均各有优长，对西安城墙的历史地位和重要价值也有了新的认识。2020年12月，西安城墙管委会提议并联合意大利威内托大区古城墙城市联盟、英国约克市城墙管理机构正式签署《国际古城墙（堡）联盟合作书》，为各方围绕加强古城墙（堡）保护与利用、研究城市融合发展、促进文化交流和文明互鉴等方面奠定了坚实基础。应当说，这一工作对于今后在国际范围内开展古城、古都的对比研究、学术交流、文化互动意义重大，尤其是以城墙历史变迁、大遗址保护为核心的研究无疑会成为国际城市史学界的热点之一。

　　2020年，经西安出版社组织申请，《西安城墙遗产保护与研究丛书》顺利获得国家出版基金资助，《明清民国西安城墙维修保护史研究》则为其中之一，与从文物保护等视角撰写的其他四册书稿相互呼应，共同呈现一幅立体的、动态的西安城墙变迁图景。我在以往撰写的有关西安城墙的论著中，受制于篇幅等因素，除绘制若干地图外，没有采用历史照片和现状照片，未能以图文并茂的方式向读者直观呈现城墙面貌与景象，引为憾事。此次为增进读者对西安城墙维修保护历史的认识，便于读者将文字描述与图片实景加以对照，专门搜集、添加了一批与城墙、城门、城楼、护城河等紧密相关的古旧地图、历史照片。此类历史照片多由清代后期至民国年间往来西安的域外人士拍摄，或引自于近代报刊等文献，真切反映了不同时期西安城墙、护城河体系宏伟壮阔的风貌。同时，为了反映西安秦王府城墙等遗址状况及其变迁，我在书中亦补入了十余年前实地考察时拍摄的照片。

　　在课题研究和实地考察过程中，西安城墙管委会、西安城墙历史文化研究会、含光门遗址博物馆给予了多方支持，深表感谢！西安出版社的编辑们在编校过程中认真细致、一丝不苟，尤其是张正原先生、陈梅宝女士先后多次联系、严谨负责，工作态度令人感佩！我所在的教育部人文社会科学重点研究基地——陕西师范大学西北历史环境与经济社会发展研究院对本研究也给予了持续关注与支持，特致谢忱。

　　感谢武颖华、武亨伟在分别撰写第八章第四节、第五节初稿中付出的努力。研究团队中的硕士生郑瑞、贺琦、张叶飞、熊楚、康舒婷、肖钰天、寇玉蓉、王文丹、冯向婷、田雪楠等同学在资料整理、地图绘制、文字核订等方面多有协助，在此一并致谢。

回过头看，我对明清民国时期西安城墙变迁的研究虽已开展多年，认识亦渐趋深化，但关于西安城墙仍有诸多未解谜题等待破译，仍有大量相关人物与事件的历史细节有待厘清，因而深感这一领域的研究道远任重，尚需今后继续融合多学科研究方法与优势，继续在西安城墙史研究领域深耕与拓垦，以期为西安历史文化的深入研究与宣传推广添砖加瓦。

史红帅

2022年盛夏于陕西师范大学笃学斋